动物卫生行业标准选编

(2019 版)

全国动物卫生标准化技术委员会　组编
滕翔雁　王媛媛　主编

中 国 农 业 出 版 社
北　京

编写人员名单

主　　编：滕翔雁　王媛媛

副 主 编：肖　肖　周晓翠　李　昂

翟海华

参编人员（按姓氏笔画排序）：

万玉秀　王　岩　闫若潜

邵卫星　范佳琪　贾智宁

盖文燕　董雅琴　韩凤玲

主　　审：刘德萍　李卫华

前　言

动物卫生标准是科学开展动物卫生工作的重要工具，是重大动物疫病防控的重要技术基础，在保障养殖业生产安全、动物源性食品安全、公共卫生安全、生态安全以及畜牧业持续健康发展等方面有着不可或缺的作用。

近年来，全国动物卫生标准化技术委员会基于动物疫病防控实际需要，积极推进动物卫生标准制修订工作，取得了显著成效。迄今，共发布实施264项动物卫生标准，内容涵盖动物疫病防控、动物产品卫生、动物卫生监督、动物疾病临床诊疗，以及近年来国际上关注度很高的动物福利、动物卫生评估等领域。这些标准为基层开展动物疫病防控工作提供了有用的技术参考，对动物卫生相关行业、产业发挥了重要作用。

为进一步加大动物卫生标准宣贯力度，满足和方便有关单位的参考使用，全国动物卫生标准化技术委员会挑选、整理了涉及国家一、二类重要动物疫病诊断和检测，以及兽医卫生、流行病学调查、监测、风险分析等方面的标准64项，分为猪病诊断及检测类、家禽疫病诊断及检测类、牛羊及多种动物疫病诊断及检测类、兽医卫生技术规范类4部分，包含40余种动物疫病。为便于查阅，每一部分将内容相关的标准集中编排在一起。本选编集成了常用和先进的动物疫病实验室诊断及兽医卫生技术，可用于从事动物疫病预防控制、检疫监督执法、科研教学和畜禽养殖等工作参考。

特别声明：本着尊重原著的原则，除明显差错外，对标准中所涉及的有关量、符号、单位和编写体例均未做统一改动。

由于本选编涉及动物疫病病种较多，标准数量大，整理时间短，书中可能会出现不妥和疏漏之处，敬请广大读者批评指正。

编　者

2019年8月

目　　录

第四部分 兽医卫生技术规范类

第一部分

猪病诊断及检测类

ICS 11.220
B 41

中华人民共和国农业行业标准

NY/T 544—2015
代替 NY/T 544—2002

猪流行性腹泻诊断技术

Diagnostic techniques for porcine epidemic diarrhea

2015-05-21 发布 2015-08-01 实施

中华人民共和国农业部 发布

前 言

本标准按照 GB/T 1.1—2009 给出的规则起草。

本标准代替 NY/T 544—2002《猪流行性腹泻诊断技术》。

本标准与 NY/T 544—2002 相比,病原检测部分增加了 RT - PCR 检测方法。

本标准由中华人民共和国农业部提出。

本标准由全国动物防疫标准化技术委员会(SAC/TC 181)归口。

本标准起草单位:中国农业科学院哈尔滨兽医研究所。

本标准主要起草人:冯力、陈建飞、时洪艳、张鑫。

本标准的历次版本发布情况为:

——NY/T 544—2002。

猪流行性腹泻诊断技术

1 范围

本标准规定了猪流行性腹泻的病原学检测和血清学检测。病原学检测包括病毒分离与鉴定、直接免疫荧光法、双抗体夹心酶联免疫吸附试验和反转录-聚合酶链式反应。血清学检测包括血清中和试验和间接酶联免疫吸附试验。

本标准适用于对猪流行性腹泻的诊断、产地检疫及流行病学调查等。

2 规范性引用文件

下列文件对于本文件的应用是必不可少的。凡是注日期的引用文件，仅注日期的版本适用于本文件。凡是不注日期的引用文件，其最新版本（包括所有的修改单）适用于本文件。

GB/T 6682 分析实验室用水规格和实验方法

GB 19489 实验室生物安全通用要求

GB/T 27401 实验室质量控制规范 动物检疫

3 术语和定义

下列术语和定义适用于本文件。

3.1

猪流行性腹泻 *porcine epidemic diarrhea*，PED

猪流行性腹泻是由尼多目（*Nidovirales*）、冠状病毒科（*Coronaviridae*）、α-冠状病毒属的猪流行性腹泻病毒（*porcine epidemic diarrhea virus*，PEDV）引起的猪的一种高度接触传染性的肠道疾病，以呕吐、腹泻、脱水和哺育仔猪高死亡率为主要特征。

4 缩略语

下列缩略语适用于本文件。

CPE：细胞病变作用（cytopathic effect）

DIA：直接免疫荧光法（direct immunofluorescence assay）

ELISA：酶联免疫吸附试验（enzyme-linked immunosorbent assay）

PBS：磷酸盐缓冲液（phosphate buffered saline）

PED：猪流行性腹泻（porcine epidemic diarrhea）

PEDV：猪流行性腹泻病毒（porcine epidemic diarrhea virus）

RT-PCR：反转录-聚合酶链式反应（reverse transcription-polymerase chain reaction）

5 临床诊断

5.1 流行特点

本病一年四季均可发生，主要发生在每年的12月到翌年的3月，有时也发生于夏季、秋季。各种年龄的猪均可感染，尤其是1周龄内的哺乳仔猪，发病率和死亡率可高达100%。病猪、带毒猪和隐性感染猪是本病的主要传染源。病毒通过粪-口途径或感染母猪的乳汁进行传播。

5.2 临床症状

病猪首先表现为呕吐，多发生在吮乳或吃食后，吐出的胃内容物呈黄色或乳白色。随后出现水样腹泻，腹泻物呈灰黄色、灰色，或呈透明水样，顺肛门流出，沾污臀部。表现脱水、眼窝下陷，行走蹒跚，精神沉郁，食欲减退或停食。症状与年龄大小有关，年龄越小症状越重。1周龄以内的仔猪在发生腹泻3 d～4 d后，常因严重脱水而死亡。断乳猪、育肥猪以及母猪症状较哺乳仔猪轻，表现精神不振、厌食，持续腹泻4 d～7 d后逐渐恢复正常，少数猪生长发育不良。成年猪表现为厌食和腹泻，个别表现为呕吐。

5.3 病理变化

肉眼可见的病理变化只限于小肠，可见小肠膨胀，肠壁变薄，外观明亮，肠管内有黄色或灰色液体或带有气体。肠系膜充血及肠系膜淋巴结肿大。组织学检查可见，小肠绒毛细胞的空泡形成和脱落，肠绒毛萎缩、变短，绒毛高度与隐窝深度从正常的7：1降低为3：1。超微结构的变化，主要发生在肠细胞的胞浆，可见细胞器的减少，产生电子半透明区，微绒毛终末网消失。细胞变得扁平。细胞脱落，进入肠腔。在结肠也可见到细胞变化，但未见到脱落。

6 实验室诊断

6.1 病毒分离与鉴定

6.1.1 仪器、材料与试剂

除特别说明以外，本标准所用试剂均为分析纯，水为符合GB/T 6682规定的灭菌双蒸水或超纯水。

倒置显微镜、冷冻离心机、微孔滤器、细胞培养瓶、盖玻片、温箱等。Vero细胞系、仔猪空肠内容物及小肠内容物或粪便。磷酸盐缓冲液(PBS)、细胞培养液、病毒培养液、N-2-羟乙基哌嗪-N′-2-乙烷磺酸(HEPES)液(配制方法见附录A)。

6.1.2 病毒分离

将采集的小段空肠连同肠内容物或粪便用含1 000 IU/mL青霉素、1 000 μg/mL链霉素的PBS制成5倍悬液，在4℃条件下3 000 r/min离心30 min，取上清液，经0.22 μm微孔滤膜过滤，分装，立即使用或置－20℃保存备用。将过滤液(病毒培养液的10%)接种于Vero细胞单层上，同时加过滤液量50%的病毒培养液，37℃吸附1 h。根据组织培养瓶大小添加病毒培养液至病毒培养总量，置37℃培养，逐日观察3 d～4 d，按致细胞病变作用(CPE)变化情况，可盲传2代～3代。

6.1.3 结果判定

CPE变化的特点是细胞面粗糙、颗粒增多，有多核细胞(7个～8个甚至几十个)，并可见空斑样小区，细胞逐渐脱落。这是特征性的CPE，可与猪传染性胃肠炎(TGE)病毒的CPE相区别。同时，在细胞培养瓶中加盖玻片，收毒后用直接荧光做鉴定试验。有条件时可进行电镜观察，用负染法在阳性样品中电镜观察，可见到冠状病毒粒子。

6.2 直接免疫荧光法

6.2.1 仪器、材料与试剂

除特别说明以外，本标准所用试剂均为分析纯，水为符合GB/T 6682规定的灭菌双蒸水或超纯水。

荧光显微镜、冷冻切片机、载玻片、盖玻片、温箱、滴管等。荧光抗体(FA)、急性期内(5 d～7 d)患猪空肠中段的黏膜上皮或肠段。磷酸盐缓冲液(PBS)、0.1%伊文思蓝原液、磷酸盐缓冲甘油(配制方法见附录B)。

6.2.2 标本片的制备

6.2.2.1 组织标本

采急性期内(5 d～7 d)患猪空肠中段的黏膜上皮做涂片或肠段做冷冻切片(4 μm～7 μm)，丙酮中固定10 min，置于PBS中浸泡10 min～15 min，风干或自然干燥。

6.2.2.2 细胞培养盖玻片

将分离毒细胞培养24 h～48 h的盖玻片及阳性、阴性对照片在PBS中冲洗数次，放入丙酮中固定10 min，再置于PBS中浸泡10 min～15 min，风干。

6.2.3 **FA 染色**

用 0.02%伊文思蓝原液将 FA 稀释至工作浓度(1∶8 以上合格)。4 000 r/min 离心 10 min,取上清液滴于标本上。37℃恒温恒湿染色 30 min,用 PBS 冲洗 3 次,依次为 3 min、4 min、5 min,风干,滴加磷酸盐缓冲甘油,盖玻片封固,荧光显微镜检查。

6.2.4 **结果判定**

判定标准:在荧光显微镜下检查,被检标本的细胞结构应完整清晰,并在阳性、阴性对照均成立时判定。在胞浆中见到特异性苹果绿色荧光判定为阳性,如所有细胞浆中无特异性荧光判定为阴性。

可根据细胞内荧光亮度强、弱分别做如下记录:

a) ++++:呈闪亮苹果绿色荧光;

b) +++:呈明亮苹果绿色荧光;

c) ++:呈一般苹果绿色荧光;

d) +:呈较弱绿色荧光;

e) -:呈红色。

结果为 a)~d)者均判为阳性。

6.3 **双抗体夹心 ELISA**

6.3.1 **仪器、材料与试剂**

除特别说明以外,本标准所用试剂均为分析纯,水为符合 GB/T 6682 规定的灭菌双蒸水或超纯水。

定量加液器、微量移液器及配套吸头、96 孔或 40 孔聚乙烯微量反应板、酶标测试仪。猪抗 PED-IgG、猪抗 PED-IgG-HRP(HRP 为辣根过氧化物酶)、发病仔猪粪便或肠内容物。洗液、包被稀释液、样品稀释液、酶标抗体稀释液、底物溶液、终止液(配制方法见附录 C)。

6.3.2 **操作方法**

将发病仔猪粪便或肠内容物用浓盐水 1∶5 稀释,3 000 r/min 离心 20 min,取上清液待检。

6.3.2.1 **冲洗包被板**

向各孔注入无离子水,浸泡 3 min 甩干,重复 3 次,甩干孔内残液,在滤纸上吸干。

6.3.2.2 **包被抗体**

用包被稀释液稀释猪抗 PED-IgG 至使用倍数,每孔加 100 μL,置于 4℃过夜,弃液,用洗液冲洗 3 次,每次 3 min。

6.3.2.3 **加样品**

将被检样品用样品稀释液(见附录 C.3)做 5 倍稀释,加入 2 孔,每孔 100 μL,每块反应板设阴性抗原、阳性抗原及稀释液对照各 2 孔。置于 37℃作用 2 h,弃样品,冲洗同 6.3.2.2。

6.3.2.4 **加酶标记抗体**

每孔加 100 μL 经酶标抗体稀释液稀释至使用浓度的猪抗 PED-IgG-HRP,置于 37℃ 2 h,弃液,冲洗同 6.3.2.2。

6.3.2.5 **加底物溶液**

每孔加新配置的底物溶液 100 μL,置于 37℃ 30 min。

6.3.2.6 **终止反应**

每孔加终止液 50 μL,置于室温 15 min。

6.3.3 **结果判定**

用酶标测试仪在波长 492 nm 下测定吸光度(OD)值。阳性抗原对照 2 孔平均 OD 值>0.8,阴性抗原对照 2 孔平均 OD 值≤0.2 为正常反应。按以下 2 个条件判定结果:P/N 值≥2,且被检抗原 2 孔平均 OD 值≥0.2 判为阳性,否则为阴性。

注: P 为阳性孔的 OD 值,N 为阴性对照孔的 OD 值。

6.4 RT-PCR

6.4.1 仪器、材料与试剂

除特别说明以外，本标准所用试剂均为分析纯，水为符合 GB/T 6682 规定的灭菌双蒸水或超纯水。

PCR 扩增仪、1.5 mL 离心管、0.2 mL PCR 反应管、电热恒温水槽、台式高速低温离心机、电泳仪、微量移液器及配套吸头、微波炉、紫外凝胶成像仪、冰箱。TRIzol® 试剂、核糖核酸酶(RNase)抑制剂(40 U/μL)、反转录酶(M-MLV)(200 U/μL)、dNTPs 混合物(各 10 mmol/L)、无 RNase dH_2O、EmeraldAmp™ PCR Master Mix(2×)、DL 2 000 DNA Marker、10×或 6×DNA 上样缓冲液、PBS(配制方法见附录 A)、TAE 电泳缓冲液(配制方法见附录 D)、三氯甲烷、异丙醇、三羟甲基氨基甲烷(Tris 碱)、琼脂糖、乙二胺四乙酸二钠(Na_2EDTA)、冰乙酸、氯化钠、溴化乙锭、灭菌双蒸水。

6.4.2 引物

6.4.2.1 反转录引物(ORF3RL)

5′-GGTGACAAGTGAAGCACAGA-3′；

引物储存浓度为 10 μmol/L，使用时终浓度为 500 pmol/L。

6.4.2.2 PCR 反应引物

上游引物(ORF3U)：5′-CCTAGACTTCAACCTTACGA-3′；

下游引物(ORF3L)：5′-CAGGAAAAAGAGTACGAAAA-3′；

引物储存浓度为 10 μmol/L，使用时终浓度为 200 pmol/L。

6.4.3 样品制备

将小肠内容物或粪便与灭菌 PBS 按 1∶5 的重量体积比制成悬液，在涡旋混合器上混匀后 4℃ 5 000 r/min离心 10 min，取上清液于无 RNA 酶的灭菌离心管中，备用。制备的样品在 4℃保存时不应超过 24 h，长期保存应分装成小管，置于－70℃以下，避免反复冻融。

6.4.4 病毒总 RNA 提取

取 6.4.3 制备的待检样品上清液 300 μL 于无 RNA 酶的灭菌离心管(1.5 mL)中，加入 500 μL RNA 提取液(TRIzol® Reagent)，充分混匀，室温静置 10 min；加入 500 μL 三氯甲烷，充分混匀，室温静置10 min，4℃ 12 000 r/min 离心 10 min，取上清液(500 μL)于新的离心管(1.5 mL)中，加入 1.0 mL 异丙醇，充分混匀，－20℃静置 30 min，4℃ 12 000 r/min 离心 10 min。小心弃上清液，倒置于吸水纸上，室温自然风干。加入 20 μL 无 RNase dH_2O 溶解沉淀，瞬时离心，进行 cDNA 合成或置于－70℃以下长期保存。若条件允许，病毒总 RNA 还可用病毒 RNA 提取试剂盒提取。

6.4.5 cDNA 合成

反应在 20 μL 体系中进行。取 6.4.4 制备的总 RNA 12.5 μL 于无 RNA 酶的灭菌离心管(1.5 mL)中，加入 1 μL 反转录引物(ORF3RL)混匀，70℃保温 10 min 后迅速在冰上冷却 2 min，瞬时离心使模板 RNA/引物混合液聚集于管底；然后，依次加入 4 μL 5×M-MLV 缓冲液、1 μL dNTPs 混合物(各 10 mmol/L)、0.5 μL RNase 抑制剂、1.0 μL 反转录酶 M-MLV 混匀，42℃保温 1 h；最后，70℃保温 15 min 后冰上冷却，得到 cDNA 溶液，立即使用或置于－20℃保存。

6.4.6 PCR 反应

6.4.6.1 反应体系(25 μL)

2×EmeraldAmp™ PCR Master Mix	12.5 μL
ORF3U	0.5 μL
ORF3L	0.5 μL
模板(cDNA)	2 μL
无菌双蒸水加至	25 μL

PCR 反应时，要设立阳性对照和空白对照。阳性对照模板为猪流行性腹泻病毒 ORF3 基因重组质

粒,空白对照模板为提取的总 RNA。

6.4.6.2 **PCR 反应程序**

94℃预变性 5 min,然后 30 个循环(98℃变性 10 s、55℃退火 30 s、72℃延伸 50 s),最后 72℃延伸 7 min,4℃保存。

6.4.7 **电泳**

6.4.7.1 **制胶**

1%琼脂糖凝胶板的制备:将 1 g 琼脂糖放入 100 mL 1×TAE 电泳缓冲液中,微波炉加热融化。待温度降至 60℃左右时,加入 10 mg/mL 溴化乙锭(EB)5 μL,均匀铺板,厚度为 3 mm~5 mm。

6.4.7.2 **加样**

PCR 反应结束后,取 5 μL 扩增产物(包括被检样品、阳性对照、空白对照)、5 μL DL 2 000 DNA Marker 进行琼脂糖凝胶电泳。

6.4.7.3 **电泳条件**

150 V 电泳 10 min~15 min。

6.4.7.4 **凝胶成像仪观察**

反应产物电泳结束后,用凝胶成像仪观察检测结果、拍照、记录试验结果。

6.4.8 **PCR 结果判定**

各被检样品在同一块凝胶板上电泳后,当 DNA 分子质量标准、各组对照同时成立时,被检样品电泳道出现一条 774 bp 的条带,判为阳性(+);被检样品电泳道没有出现大小为 774 bp 的条带,判为阴性(—)。结果判定参见附录 D 图 D.1。

6.5 **血清中和试验**

6.5.1 **仪器、材料与试剂**

除特别说明以外,本标准所用试剂均为分析纯,水为符合 GB/T 6682 规定的灭菌双蒸水或超纯水。

微量移液器及配套吸头、96 孔微量平底反应板、二氧化碳培养箱或温箱、倒置显微镜、微量振荡器、小培养瓶等。Vero 细胞系、病毒抗原和标准阴性血清、阳性血清、指示毒(毒价测定后立即小量分装,—30℃冻存,避免反复冻融,使用剂量为 500 $TCID_{50}$~1 000 $TCID_{50}$)、同头份的健康(或病初)血清和康复 3 周后的双份被检血清或单份血清。稀释液、细胞培养液、病毒培养液、HEPES 液。

6.5.2 **操作方法**

用稀释液倍比稀释血清,每份血清加 4 孔,每孔 50 μL,再分别加 50 μL 指示毒。经微量振荡器振荡 1 min~2 min,置于 37℃中和 1 h。每孔加细胞悬液 100 μL(2×10^5 个细胞/mL~3×10^5 个细胞/mL),微量板置于 37℃、二氧化碳培养箱或用胶带封口置于 37℃温箱培养,72 h~96 h 判定结果。设阴性对照、阳性对照,病毒对照和细胞对照,阴性血清与待检血清同倍稀释,阳性血清做 2^{-6}稀释。

6.5.3 **结果判定**

当病毒抗原及阴性血清对照组均出现 CPE,阳性血清及细胞对照组均无 CPE 时,试验成立。以能抑制 50%以上细胞出现 CPE 的血清最高稀释度的倒数判定为该血清 PED 抗体效价的滴度。

血清中和抗体效价 1∶8 以上为阳性反应;1∶4 为疑似反应;小于 1∶4 为阴性反应。疑似血清复检一次,仍为可疑时,则判为阴性。

发病后 3 周以上的康复血清滴度是健康(或病初)血清滴度的 4 倍或以上,判为阳性反应。

6.6 **间接 ELISA**

6.6.1 **仪器、材料与试剂**

除特别说明以外,本标准所用试剂均为分析纯,水为符合 GB/T 6682 规定的灭菌双蒸水或超纯水。

定量加液器、微量移液器及配套吸头、96 孔或 40 孔聚乙烯微量反应板、酶标测试仪等。

抗原和酶标抗体。磷酸盐缓冲液、包被稀释液、样品稀释液、酶标抗体稀释液、底物溶液及终止液。

6.6.2 操作方法

6.6.2.1 冲洗包被板

向各孔注入无离子水，浸泡 3 min，甩干，重复 3 次。甩干孔内残液，在滤纸上吸干。

6.6.2.2 抗原包被

用包被稀释液稀释抗原至使用浓度，包被量为每孔 100 μL，置于 4℃冰箱湿盒内过夜。弃掉包被液，用冲洗液洗 3 次，每次 3 min。

6.6.2.3 加被检及对照血清

将每份被检血清样品用血清稀释液做 1∶100 稀释，加入 2 个孔，每孔 100 μL。每块反应板设阳性、阴性血清及稀释液对照各 2 孔，每孔 100 μL，盖好包被板置 37℃湿盒内 1 h，冲洗同 6.6.2.2。

6.6.2.4 加酶标抗体

用酶标抗体稀释液将酶标抗体稀释至使用浓度，每孔加 100 μL，置于 37℃湿盒内 1 h，冲洗同 6.6.2.2。

6.6.2.5 加底物溶液

每孔加新配制的底物溶液 100 μL，在 37℃湿盒内反应 5 min～10 min。

6.6.2.6 终止反应

每孔加终止液 50 μL。

6.6.3 结果判定

6.6.3.1 目测法

阳性对照血清孔呈鲜明的橘黄色，阴性对照血清孔无色或基本无色，被检血清孔凡显色者即判抗体阳性。

6.6.3.2 比色法

用酶标测试仪，在波长 492 nm 下，测定各孔 OD 值。阳性对照血清的 2 孔平均 OD 值＞0.6，阴性对照血清的 2 孔平均 OD 值≤0.162 为正常反应，OD 值≥0.200 为阳性；OD 值为 0.200～0.400 时判为"＋"；0.400～0.800 判为"＋＋"；OD 值＞0.800 判为"＋＋＋"；OD 值在 0.163～0.200 之间为疑似；OD 值＜0.163 为"－"。对疑似样品可复检一次，复检结果如仍为疑似范围，则看 P/N 比值，P/N 比值≥2 判为阳性，P/N 比值＜2 者判为阴性。

7 结果判定

只要实验室诊断中的任何一种方法的结果成立，即可判断该病为猪流行性腹泻。

附 录 A
(规范性附录)
溶 液 的 配 制

A.1 0.02 mol/L pH 7.2 磷酸盐缓冲液(PBS)的配制

A.1.1 0.2 mol/L 磷酸氢二钠溶液:称取磷酸氢二钠($Na_2HPO_4 \cdot 12H_2O$)71.64 g,先加适量无离子水溶解,最后定容至 1 000 mL,混匀。

A.1.2 0.2 mol/L 磷酸二氢钠溶液:称取磷酸二氢钠($NaH_2PO_4 \cdot 12H_2O$)31.21 g,先加适量无离子水溶解,最后定容至 1 000 mL,混匀。

A.1.3 量取 0.2 mol/L 磷酸氢二钠溶液 360 mL,0.2 mol/L 磷酸二氢钠溶液 140 mL,称取氯化钠 38 g,用无离子水溶解至稀释至 5 000 mL,4℃保存。

A.2 细胞培养液的配制

含 10%灭活犊牛血清的 1640 营养液,加 100 IU/mL 青霉素、100 μg/mL 链霉素,用 5.6%碳酸氢钠($NaHCO_3$)调 pH 至 7.2。如需换液,则血清含量为 5%。

A.3 病毒培养液的配制

1640 培养液中加下列成分,使最终浓度各达到:

1%二甲基亚砜(DMSO);

5 μg/mL~10 μg/mL 胰酶;

100 IU/mL 青霉素;

100 μg/mL 链霉素;

以 5.6%碳酸氢钠($NaHCO_3$)调节 pH 至 7.2。

A.4 HEPES 液的配制

称取 0.238 5 g HEPES 溶于 100 mL 无离子水中,用 1 mol/L 氢氧化钠(NaOH)调节 pH 至 7.0~7.2,过滤后置 4℃备用。

附 录 B
(规范性附录)
直接荧光抗体法溶液的配制

B.1 0.1%伊文斯蓝原液的配制

称取伊文斯蓝 0.1 g 溶于 100 mL 0.02 mol/L pH 7.2 的 PBS 中，4℃保存。使用时，稀释成 0.02% 的浓度。

B.2 磷酸盐缓冲甘油的配制

量取丙三醇 90 mL，0.02 mol/L pH 7.2 的 PBS 10 mL，振荡混合均匀即成，4℃保存。

附 录 C
(规范性附录)
双抗体夹心 ELISA 溶液的配制

C.1 洗液的配制

量取 50 μL 吐温-20,加入 100 mL 0.02 mol/L pH 7.2 磷酸盐缓冲液(见 A.1)中。

C.2 包被稀释液的配制

C.2.1 0.1 mol/L pH 9.5 碳酸盐缓冲液:

0.1 mol/L 碳酸钠液:称取碳酸钠 10.6 g,加无离子水至 1 000 mL。

0.1 mol/L 碳酸氢钠液:称取碳酸氢钠 8.4 g,加无离子水至 1 000 mL。

C.2.2 量取 0.1 mol/L 碳酸钠液 200 mL,0.1 mol/L 碳酸氢钠液 700 mL,混合即成。

C.3 样品稀释液的配制

加 0.05%吐温-20,1%明胶的 0.02 mol/L pH 7.2 磷酸盐缓冲液。

C.4 酶标抗体稀释液的配制

加 0.05%吐温-20,1%明胶及 5%灭活犊牛血清的 0.02 mol/L pH 7.2 磷酸盐缓冲液。

C.5 底物溶液的配制

pH 5.0 磷酸盐柠檬酸缓冲液(内含 0.04%邻苯二胺及 0.045%过氧化氢)。

pH 5.0 磷酸盐柠檬酸缓冲液:称取柠檬酸 21.01 g,加无离子水 1 000 mL,量取 243 mL 与 0.2 mol/L 磷酸氢二钠液(见 A.1.1)257 mL 混合,于 4℃冰箱中保存不超过 1 周。

称取 40 mg 邻苯二胺,溶于 1 000 mL pH 5.0 磷酸盐柠檬酸缓冲液中(用前从 4℃冰箱中取出,在室温下放置 20 min~30 min)。待溶解后,加入 150 μL 过氧化氢,根据试验需要量可按此比例增减。

C.6 终止液的配制

2 mol/L 硫酸,并取浓硫酸 4 mL 加入 32 mL 无离子水中混匀。

附　录　D
（资料性附录）
RT-PCR

D.1　TAE 电泳缓冲液(pH 8.5)的配制

50×TAE 电泳缓冲储存液：

三羟甲基氨基甲烷(Tris 碱)	242 g
乙二胺四乙酸二钠(Na_2EDTA)	37.2 g
双蒸水	800 mL

待上述混合物完全溶解后，加入 57.1 mL 的醋酸充分搅拌溶解，加双蒸水至 1 L 后，置于室温保存。应用前，用双蒸水将 50×TAE 电泳缓冲液 50 倍稀释。

D.2　样品检测结果判定图

见图 D.1。

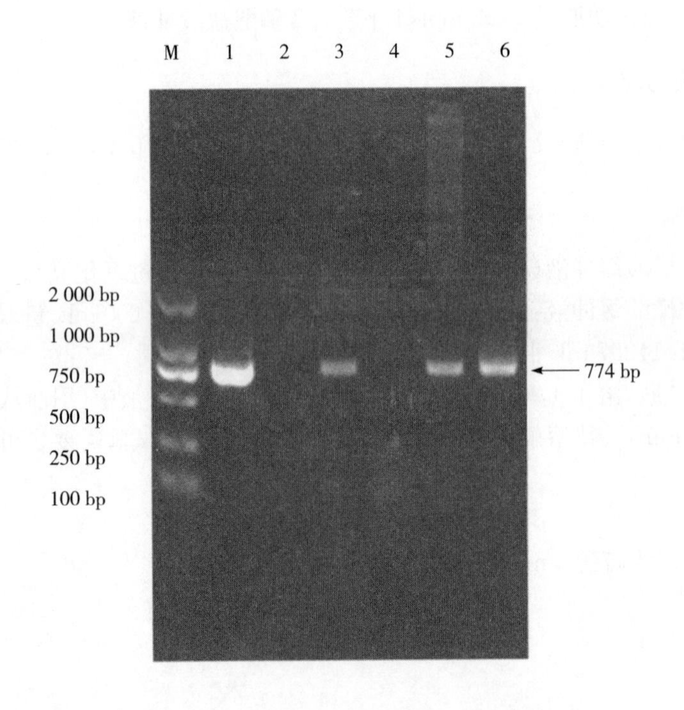

说明：
M——DL 2 000 DNA Marker；
1 ——阳性对照；
2 ——阴性对照；
3,5,6——阳性样品；
4 ——阴性样品。

图 D.1　样品检测结果

ICS 11.220
B 41

中华人民共和国农业行业标准

NY/T 546—2015
代替 NY/T 546—2002

猪传染性萎缩性鼻炎诊断技术

Detection of infectious atrophic rhinitis for swine

2015-05-21 发布

2015-08-01 实施

中华人民共和国农业部 发布

前　言

本标准按照 GB/T 1.1—2009 给出的规则起草。

本标准代替 NY/T 546—2002《猪传染性萎缩性鼻炎诊断技术》。

本标准与 NY/T 546—2002 相比，病原部分增加了病原菌的 PCR 诊断方法。

本标准由中华人民共和国农业部提出。

本标准由全国动物防疫标准化技术委员会(SAC/TC 181)归口。

本标准起草单位：中国农业科学院哈尔滨兽医研究所。

本标准主要起草人：彭发泉、杨旭夫、苑士祥、王春来。

本标准的历次版本发布情况为：

——NY/T 546—2002。

猪传染性萎缩性鼻炎诊断技术

1 范围

本标准规定了猪传染性萎缩性鼻炎的诊断标准及技术方法。

本标准适用于猪传染性萎缩性鼻炎的诊断和检疫。

2 规范性引用文件

下列文件对于本文件的应用是必不可少的。凡是注日期的引用文件，仅注日期的版本适用于本文件。凡是不注日期的引用文件，其最新版本（包括所有的修改单）适用于本文件。

GB/T 6682 分析实验室用水规格和实验方法

GB 19489 实验室 生物安全通用要求

GB/T 27401 实验室质量控制规范 动物检疫

3 术语和定义

下列术语和定义适用于本文件。

3.1

支气管败血波氏杆菌 ***bordetella bronchiseptica***

波代杆菌属。

3.2

产毒素性多杀巴氏杆菌 **toxigenic** ***pasteurella multocida***

巴氏杆菌属。

4 缩略语

下列缩略语适用于本文件。

AR：萎缩性鼻炎（atrophic rhinitis）

DNA：脱氧核糖核酸（deoxyribonucleic acid）

NLHMA：新霉素洁霉素血液马丁琼脂

HFMA：血红素呋喃唑酮改良麦康凯琼脂

PBS：磷酸盐缓冲液（phosphate buffer solution）

PCR：聚合酶链式反应（polymerase chain reaction）

Taq 酶：*Taq* DNA 聚合酶（*taq* DNA polymerase）

5 临床诊断

5.1 流行特点

猪传染性萎缩性鼻炎是由于仔猪生后早期在鼻腔感染支气管败血波氏杆菌Ⅰ相菌或其后重复感染产毒素性多杀巴氏杆菌（主要为荚膜D型，也有荚膜A型）引起的。这两种致病菌均产生细胞内皮肤坏死毒素，在感染过程中释放，穿透被破坏的鼻黏膜屏障，作用于生长迅速的仔猪鼻甲骨及鼻中隔骨组织，引起骨吸收、骨坏死及骨再造障碍变化，并可引起全身骨骼钙代谢障碍和淋巴免疫系统抑制。致病力不同的菌株产生毒素的能力也不同；毒素的致病作用具有明显的年龄和剂量依赖性。病菌通常通过病猪和带菌猪的鼻汁，经直接或间接接触而传播。支气管败血波氏杆菌越在生后早龄感染，病变越重。1 月龄以后感染时，多为中等或轻症病例，且鼻甲骨容易再生修复；2 月龄～3 月龄时感染，仅呈组织学的轻症经过，不引起肉眼的鼻甲骨萎缩病变。支气管败血波氏杆菌引起的鼻甲骨萎缩，只在少数严重病例伴有鼻部变形变化。多杀巴氏杆菌的鼻腔感染在猪的日龄上晚于支气管败血波氏杆菌。产毒素性多杀巴氏杆菌菌株尽管在实验室人工感染证明在辅助刺激下可单独引起猪的萎缩性鼻炎，但至今在疫群仍发现是支气管败血波氏杆菌Ⅰ相菌的重复或继发感染病原菌。产毒素性多杀巴氏杆菌菌株与支气管败血波氏杆菌Ⅰ相菌菌株重复或继发感染，可在更年长的仔猪引起不可逆的持续的鼻甲骨萎缩病变[即所谓“进行性萎缩性鼻炎”(progressive atrophic rhinitis)]，在疫群中产生较多的鼻部变形病猪，尤以早龄感染两种菌的强毒力株时为严重。饲养管理和环境应激因素及其他继发病原，均可影响仔猪的发病程度。

5.2 临床症状

5.2.1 仔猪群

有一定数目的仔猪流鼻汁、流泪、经常喷嚏、鼻塞或咳嗽，但无热，个别鼻汁混有血液。一些仔猪发育迟滞，犬齿部位的上唇侧方肿胀。

5.2.2 育成猪群和成猪群

a) 鼻塞，不能长时间将鼻端留在粉料中采食；衄血，饲槽沿染有血液。

b) 两侧内眼角下方颊部形成“泪斑”。

c) 鼻部和颜面变形：

  1) 上颚短缩，前齿咬合不齐(评定标准：下中切齿在上中切齿之后为阴性，反之为阳性)；

  2) 鼻端向一侧弯曲或鼻部向一侧歪斜；

  3) 鼻背部横皱褶逐渐增加；

  4) 眼上缘水平上的鼻梁变平变宽。

d) 伴有生长欠佳。

5.2.3 检疫对象猪群

发现有上述征候群，可以临床上初步诊断猪群有支气管败血波氏杆菌Ⅰ相菌的传染或与产毒素性多杀巴氏杆菌的混合感染，特别是 5.2.2 中 c)具有本病临床指征意义，需进行检菌、血清学试验及病理解剖检查，予以确诊。

5.3 病理变化

5.3.1 尸体外观检查

主要检查有无鼻部和颜面变形及发育迟顿，记录其状态和程度。对上颚短缩可以做定性，下中切齿在上中切齿之后判为“－”，反之判定为“＋”；测量上中切齿与下中切齿的离开程度，如－3 mm 或＋12 mm 分别判定为正常或阳性。

5.3.2 鼻部横断检查

5.3.2.1 查鼻腔是在鼻部做 1 个～3 个横断，检查横断面。鼻部的标准横断水平在上颚第二前臼齿的前缘(此部鼻甲骨卷曲发育最充分)。先除去术部皮肉，然后用锐利的细齿手锯或钢锯以垂直方向横断鼻部。可再向前(通过上颚犬齿)或向后做第二和第三新的横断，其距离大猪为 1.5 cm～2 cm，哺乳仔猪约 0.5 cm。

5.3.2.2 为便于检查断面，先用脱脂棉轻轻除去锯屑。如果拍照，应将鼻道内的凝血块等填物除去，使断面构造清晰完整。必要时，可用吸水纸吸除液体。

5.3.2.3 检查鼻道内分泌物的性状和数量及黏膜的变化(水肿、发炎、出血、腐烂等)。

5.3.2.4 主要检查鼻甲骨、鼻中隔和鼻腔周围骨的对称性、完整性、形态和质地(变形、骨质软化或疏松、萎缩以至消失)以及两侧鼻腔的容积。如果需要，可以测量鼻中隔的倾斜或弯曲程度、鼻腔纵径及两侧鼻腔的最大横径。除肉眼检查外，应对鼻甲骨进行触诊，以确定卷曲及其基础部骨板的质地(正常骨板坚硬，萎缩者软化以至消失)。鼻甲骨萎缩主要发生于下鼻甲骨，特别是腹卷曲。鼻腔标准横断面的萎缩性鼻炎分级标准见附录 A。

5.3.3 肺部检查

少数病仔猪伴有波氏杆菌性支气管肺炎。肺炎区主要散在于肺前叶及后叶的腹面部分,特别是肺门部附近,也可能散在于肺的背面部分。病变呈斑块状或条状发生。急性死亡病例均为红色肺炎灶。

5.3.4 具有鼻甲骨萎缩病变的病猪

不论有或无临床鼻部弯曲等颜面变形症状,判定为萎缩性鼻炎病猪。

6 实验室诊断

6.1 仪器、材料与试剂

除特别说明以外,本标准所用试剂均为分析纯,水为符合 GB/T 6682 的灭菌双蒸水或超纯水。

6.1.1 试剂

蛋白胨、琼脂粉、氯化钠、氯化钾、葡萄糖、乳糖、三号胆盐、中性红、呋喃唑酮二甲基甲酰胺、牛或绵羊红细胞裂解液、马丁琼脂、脱纤牛血、硫酸新霉素、盐酸洁霉素、多型蛋白胨、牛肉膏、磷酸二氢钾、磷酸氢二钠、硫代硫酸钠、硫酸亚铁铵、混合指示剂、尿素、酸性品红、马铃薯、甘油、盐酸、dNTPs、*Taq* 酶。

6.1.2 材料

无菌棉拭子、无菌 1.5 mL 离心管、无菌试管、PCR 管、一次性培养皿。

6.2 病原分离

由猪鼻腔采取鼻黏液,同时进行支气管败血波氏杆菌Ⅰ相菌及产毒素性多杀巴氏杆菌的分离。猪群检疫以 4 周龄～16 周龄特别是 4 周龄～8 周龄猪的检菌率最高。

6.2.1 鼻黏液的采取

6.2.1.1 由两侧鼻腔采取鼻黏液,可用一根棉头拭子同时采取两侧鼻黏液,或每侧鼻黏液分别用一根棉头拭子采取。

6.2.1.2 拭子的长度和粗细视猪的大小而定,应光滑可弯曲,由竹皮等材料削成,前部钝圆,缠包脱脂棉,装入容器,高压灭菌。

6.2.1.3 小猪可仰卧保定,大猪用鼻拧子保定。用拧去多余酒精的酒精棉先将鼻孔内缘清拭,然后清拭鼻孔周围。

6.2.1.4 拭子插入鼻孔后,先通过前庭弯曲部,然后直达鼻道中部,旋转拭子将鼻分泌物取出。将拭子插入灭菌空试管中(不要贴壁推进),用试管棉塞将拭子杆上端固定。

6.2.1.5 夏天不能立即涂抹培养基时,应将拭子试管立即放入冰箱或冰瓶内。鼻黏液应在当天最好在几小时内涂抹培养基,拭子仍保存于 4℃冰箱备复检。

6.2.1.6 采取鼻汁时病猪往往喷嚏,术者应注意消毒手,防止材料交叉污染。

6.2.1.7 解剖猪时,应采取鼻腔后部(至筛板前壁)和气管的分泌物及肺组织进行培养。鼻锯开术部及鼻锯应火焰消毒,由鼻断端插入拭子直达筛板,采取两侧鼻腔后部的分泌物。气管由声门插入拭子达气管下部,在气管壁旋转拭子取出气管上下部的分泌物。肺在肺门部采取肺组织,如有肺炎并在病变部采取组织块;也可以用拭子插入肺断面采取肺汁和碎组织。

6.2.2 分离培养

所有病料都直接涂抹在已干燥的分离平板上。分离支气管败血波氏杆菌使用血红素呋喃唑酮改良麦康凯琼脂(HFMA)平板(配方见附录 B),分离多杀巴氏杆菌使用新霉素洁霉素血液马丁琼脂(NLHMA)平板(配方见附录 C)。棉拭子应尽量将全部分泌物浓厚涂抹于平板表面,组织块则将各断面同样浓厚涂抹。重要的检疫,如种猪检疫对每份鼻腔病料应涂抹每种分离平板 2 个。不同种分离平板不能混涂同一拭子(因抑菌剂不同)。对伴有肠道感染(腹泻)的或环境严重污染的猪群,每份鼻腔病料可用一个平板做浓厚涂抹，另一个平板做划线接种，即先将棉拭子病料在平板的一角做浓厚涂抹，然后以铂圈做划线稀释接种。

6.2.2.1 猪支气管败血波氏杆菌的分离培养

将接种的FHMA平板于37℃培养40 h～72 h，猪支气管败血波氏杆菌集落不变红，直径为1 mm～2 mm，圆整、光滑、隆起、透明，略呈茶色。较大的集落中心较厚，呈茶黄色，对光观察呈浅蓝色。用支气管败血波氏杆菌OK抗血清做活菌平板凝集反应呈迅速的典型凝集。有些例集落黏稠或干韧，在玻片上不能做成均匀菌液，须移植一代才能正常进行活菌平板凝集试验。未发现典型集落时，对所有可疑集落，均需做活菌平板凝集试验，以防遗漏。如菌落小，可移植增菌后进行检查。如平板上有大肠杆菌类细菌（变红、粉红或不变红）或绿脓杆菌类细菌（产生或不产生绿色素但不变红）覆盖，应将冰箱保存的棉拭子再进行较稀的涂抹或划线培养检查，或重新采取鼻汁培养检查。

平板目的菌集落计数分级见附录D。

6.2.2.2 产毒素性多杀巴氏杆菌的分离培养

将接种的NLHMA平板于37℃培养18 h～24 h，根据菌落形态和荧光结构，挑取可疑集落移植鉴定。多杀巴氏杆菌集落直径1 mm～2 mm，圆整、光滑、隆起、透明，集落或呈黏液状融合；对光观察有明显荧光；以45°折射光线于暗室内在实体显微镜下扩大约10倍观察，呈特征的橘红或灰红色光泽，结构均质，即FO虹光型或FO类似菌落。间有变异型菌落，光泽变浅或无光泽，有粗纹或结构发粗，或夹有浅色分化扇状区等。

平板目的菌集落计数分级见附录D。

6.3 分离物的特性鉴定

6.3.1 猪支气管败血波氏杆菌分离物的特性鉴定

6.3.1.1 一般特性鉴定

革兰氏阴性小杆菌，氧化和发酵（O/F）试验阴性，即非氧化非发酵严格好氧菌。具有以下生化特性（一般37℃培养3 d～5 d记录最后结果）：

a） 糖管：包括乳糖、葡萄糖、蔗糖在内的所有糖类不氧化、不发酵（不产酸、不产气），迅速分解蛋白胨明显产碱，液面有厚菌膜；
b） 不产生靛基质；
c） 不产生硫化氢或轻微产生；
d） MR试验及VP试验均阴性；
e） 还原硝酸盐；
f） 分解尿素及利用枸橼酸，均呈明显的阳性反应；
g） 不液化明胶；
h） 石蕊牛乳产碱不消化；
i） 有运动性，在半固体平板表面呈明显的膜状扩散生长，扩散膜边沿比较光滑；但0.05%～0.1%琼脂半固体高层穿刺37℃培养，只在表面或表层生长，不呈扩散生长。

6.3.1.2 菌相鉴定

将分离平板上的典型单个菌落划种于绵羊血改良鲍姜氏琼脂（配方见附录E）平板（凝结水已干燥）上，于37℃潮湿温箱中培养40 h～45 h。Ⅰ相菌落小，光滑，乳白色，不透明，边沿整齐，隆起呈半圆形或珠状，钩取时质地致密柔软，易制成均匀菌液。菌落周围有明显的β溶血环。菌体呈整齐的革兰氏阴性球杆状或球状。活菌玻片凝集定相试验，对K抗血清呈迅速的典型凝集，对O抗血清完全不凝集。Ⅰ相菌感染病例在平板上，应不出现中间相和Ⅲ相菌落。Ⅲ相菌落扁平，光滑，透明度大，呈灰白色，比Ⅰ相菌落大数倍，质地较稀软，不溶血。活菌玻片凝集定相试验，对O抗血清呈明显凝集，对K抗血清完全不凝集。中间相菌落形态在Ⅰ相及Ⅲ相之间，对K及O抗血清都凝集。中间相及Ⅲ相菌，以杆状为主。

6.3.2 产毒素性多杀巴氏杆菌分离物的特性鉴定

6.3.2.1 一般特性鉴定

6.3.2.1.1 革兰氏阴性小杆菌呈两极染色，不溶血，无运动性。具有以下生化特性：

a) 糖管：对蔗糖、葡萄糖、木糖、甘露醇及果糖产酸；对乳糖、麦芽糖、阿拉伯糖及杨苷不产酸；

b) VP、MR、尿素酶、枸橼酸盐利用、明胶液化、石蕊牛乳均为阴性；

c) 不产生硫化氢；

d) 硝酸还原及靛基质产生均为阳性。

6.3.2.1.2 对分离平板上的可疑菌落，也可先根据三糖铁脲半固体高层（配方见附录 F）小管穿刺生长特点进行筛检：

将单个集落以接种针由斜面中心直插入底层，轻轻由原位抽出，再在斜面上轻轻涂抹，37℃斜放培养 18 h。多杀巴氏杆菌生长特点：

a) 沿穿刺线呈不扩散生长，高层变橘黄色；

b) 斜面呈薄苔生长，变橘红或橘红黄色；

c) 凝结水变橘红色，轻浊生长，无菌膜；

d) 不产气、不变黑。

6.3.2.2 皮肤坏死毒素产生能力检查

体重 350 g～400 g 健康豚鼠，背部两侧注射部剪毛（注意不要损伤皮肤），使用 1 mL 注射器及 4 号～6 号针头，皮内注射分离株马丁肉汤 37℃ 36 h（或 36 h～72 h）培养物 0.1 mL。注射点距背中线 1.5 cm，各注射点相距 2 cm 以上。设阳性及阴性参考菌株和同批马丁肉汤注射点为对照。并在大腿内侧肌内注射硫酸庆大霉素 4 万 IU（1 mL）。注射后 24 h、48 h 及 72 h 观察并测量注射点皮肤红肿及坏死区的大小。坏死区直径 1.0 cm 左右为皮肤坏死毒素产生（DNT）阳性；$<$0.5 cm 为可疑；无反应或仅红肿为阴性。可疑须复试。阳性株对照坏死区直径应$>$1.0 cm，阴性株及马丁汤对照应均为阴性。阳性结果记为 DNT^{+}，阴性结果记为 DNT^{-}。

6.3.2.3 荚膜型简易鉴定法

6.3.2.3.1 透明质酸产生试验（改良 Carter 氏法）

在 0.2%脱纤牛血马丁琼脂平板上于中线以直径 2 mm 铂圈均匀横划一条已知产生透明质酸酶的金黄色葡萄球菌（ATCC 25923）或等效的链球菌新鲜血斜培养物，将每株多杀巴氏杆菌分离物的血斜过夜培养物，与该线呈直角于两侧划线，各均匀划种一条同样宽的直线。并设荚膜 A 型及 D 型多杀巴氏杆菌参考株做对照。37℃培养 20 h，A 型株临接葡萄球菌菌苔应产生生长抑制区。此段菌苔明显薄于远端未抑制区，荧光消失，长度可达 1 cm，远端菌苔生长丰厚，特征虹光型（FO 型）不变，两段差别明显。D 型株则不产生生长抑制区，FO 型虹光不变。个别 A 型分离物不产生明显多量的透明质酸。本法及吖啶黄试验时判定为 D 型，间接血凝试验（Sawada 氏法）则判定为 A 型。

6.3.2.3.2 吖啶黄试验（改良 Carter 氏法）

分离株的 0.2%脱纤牛血马丁琼脂 18 h～24 h 培养物，刮取菌苔，均匀悬浮于 pH 7.0 0.01 mol/L 磷酸盐缓冲生理盐水中。取 0.5 mL 细菌悬液加入小试管中，与等容量 0.1%中性吖啶黄蒸馏水溶液振摇混合，室温静置。D 型菌可在 5 min 后自凝，出现大块絮状物，30 min 后絮状物下沉，上清透明。其他型菌不出现或仅有细小的颗粒沉淀，上清浑浊。

6.4 PCR 检测

6.4.1 样品处理

6.4.1.1 鼻或气管拭子

将鼻或气管拭子浸入 1 mL 0.01 mol/L PBS（pH 7.4）缓冲液中（配方见附录 G），反复挤压，将混悬液作为聚合酶链式反应(PCR)的模板。

6.4.1.2 肺组织

将肺组织样品剪碎,取 1 g 加入 1 mL 0.01 mol/L PBS 缓冲液中研磨后,用双层灭菌纱布过滤。收集过滤液于 2 mL 灭菌离心管,4℃ 7 500 *g* 离心 15 min。弃上清液,收集沉淀,用 0.1 mL PBS 缓冲液重悬。

6.4.2 PCR 检测

6.4.2.1 反应体系(50 μL)

10×PCR buffer(含 Mg^{2+})	5 μL
脱氧三磷酸核苷酸混合液(dNTPs,各 200 μmol/L)	4 μL
上游引物(10 μmol/L)	1 μL
下游引物(10 μmol/L)	1 μL
模板(上述制备样品)	1 μL
无菌超纯水	37.5 μL
Taq DNA 聚合酶(5 U/μL)	0.5 μL

样品检测时,同时要设阳性对照和阴性对照。阳性对照模板为细菌的基因组,阴性对照为不含模板的反应体系。检测所用引物序列见附件 H。

6.4.2.2 PCR 反应程序

所有程序均 95℃预变性 5 min,然后扩增 35 个循环,如下:

a) 鉴定支气管败血波氏杆菌:(94℃ 30 s,55℃ 30 s,72℃ 20 s)35 个循环,72℃ 5 min;
b) 鉴定多杀巴氏杆菌:(94℃ 30 s,55℃ 1 min,72℃ 30 s)35 个循环,72℃ 7 min;
c) 鉴定产毒素多杀巴氏杆菌:(94℃ 30 s,50℃ 1 min,72℃ 1 min)35 个循环,72℃ 7 min;
d) 鉴定 A、D 型多杀巴氏杆菌:(94℃ 30 s,56℃ 30 s,72℃ 1 min)35 个循环,72℃ 10 min。

6.4.2.3 电泳检测

PCR 反应结束,取扩增产物 5 μL(包括被检样品、阳性对照、阴性对照)与 1 μL 上样缓冲液混合,同时取 DL 2 000 DNA 分子质量标准 5 μL,点样于 1%琼脂糖凝胶中,100 V 电泳 30 min。

6.4.3 PCR 试验结果判定

6.4.3.1 将扩增产物电泳后用凝胶成像仪观察,DNA 分子质量标准、阳性对照、阴性对照为如下结果时试验方成立,否则应重新试验。

a) DL 2 000 DNA 分子质量标准电泳道,从上到下依次出现 2 000 bp、1 000 bp、750 bp、500 bp、250 bp、100 bp 共 6 条清晰的条带;
b) 阳性样品泳道出现一条约 187 bp 清晰的条带(猪支气管败血波氏杆菌),457 bp 的条带(多杀巴氏杆菌),812 bp 条带(产毒素多杀巴氏杆菌),1 050 bp(A 型多杀巴氏杆菌)或 648 bp 条带(D 型多杀巴氏杆菌);
c) 阴性对照泳道不出现条带。

6.4.3.2 被检样品结果判定

在同一块凝胶板上电泳后,当 DNA 分子质量标准、各组对照同时成立时,被检样品电泳道出现一条 187 bp 的条带,判为猪支气管败血波氏杆菌阳性(+);被检样品电泳道出现一条 457 bp 的条带,判为多杀巴氏杆菌阳性(+);被检样品电泳道出现一条 812 bp 的条带,判为产毒素多杀巴氏杆菌阳性(+);被检样品电泳道出现一条 1 050 bp 的条带,判为 A 型多杀巴氏杆菌阳性(+);被检样品电泳道出现一条 648 bp 的条带,判为 D 型多杀巴氏杆菌阳性(+);被检样品泳道没有出现以上任一条带,判为阴性(-)。阳性和阴性对照结果不成立时,应检查试剂是否过期、污染等,试验需重做。结果判定参见附录 I。

6.5 血清学检测

6.5.1 使用范围

6.5.1.1 本试验是使用猪支气管败血波氏杆菌Ⅰ相菌福尔马林死菌抗原，进行试管或平板凝集反应检测感染猪血清中的特异性K凝集抗体。其中，平板凝集反应适用于对本病进行大批量筛选试验，试管凝集反应作为定性试验。

6.5.1.2 哺乳早期感染的仔猪群，自1月龄左右逐渐出现可检出的K抗体，到5月龄～8月龄期间，阳性率可达90%以上，以后继续保持阳性。最高K抗体价可达1∶(320～640)或更高，3周龄以上的猪一般可在感染后10 d～14 d出现K抗体。

6.5.1.3 感染母猪通过初乳传递给仔猪的K抗体，一般在出生后1个月～2个月内消失；注射过猪支气管败血波氏杆菌菌苗的母猪生下的仔猪，则被动抗体价延缓消失。

6.5.2 试验材料

6.5.2.1 抗原按说明书要求使用。

6.5.2.2 标准阳性和阴性对照血清按说明书要求使用。

6.5.2.3 被检血清必须新鲜，无明显蛋白凝固，无溶血现象和无腐败气味。

6.5.2.4 稀释液为pH 7.0磷酸盐缓冲盐水。配方为：$Na_2HPO_4 \cdot 12H_2O$ 2.4 g(或Na_2HPO_4 1.2 g)，NaCl 6.8 g，KH_2PO_4 0.7 g，蒸馏水1 000 mL，加温溶解，2层滤纸滤过，分装，高压灭菌。

6.5.3 操作方法及结果判定

6.5.3.1 试管凝集试验

6.5.3.1.1 被检血清和阴、阳性对照血清同时置于56℃水浴箱中灭能30 min。

6.5.3.1.2 血清稀释方法：每份血清用一列小试管(口径8 mm～10 mm)，第一管加入缓冲盐水0.8 mL，以后各管均加入0.5 mL，加被检血清0.2 mL于第一管中。换另一支吸管，将第一管稀释血清充分混匀，吸取0.5 mL加入第二管，如此用同一吸管稀释，直至最后一管，取出0.5 mL弃去。每管为稀释血清0.5 mL。一般稀释到1∶80，大批检疫时可稀释到1∶40。阳性对照血清稀释到1∶160～1∶320；阴性对照血清至少稀释到1∶10。

6.5.3.1.3 向上述各管内添加工作抗原0.5 mL，振荡，使血清和抗原充分混匀。

6.5.3.1.4 放入37℃温箱18 h～20 h。然后，取出在室温静置2 h，记录每管的反应。

6.5.3.1.5 每批试验均应设有阴、阳性血清对照和抗原缓冲盐水对照(抗原加缓冲盐水0.5 mL)。

6.5.3.1.6 结果判定：

"＋＋＋＋"：表示100%菌体被凝集。液体完全透明，管底覆盖明显的伞状凝集沉淀物。

"＋＋＋"：表示75%菌体被凝集。液体略呈混浊，管底伞状凝集沉淀物明显。

"＋＋"：表示50%菌体被凝集。液体呈中等程度混浊，管底有中等量伞状凝集沉淀物。

"＋"：表示25%菌体被凝集。液体不透明或透明度不明显，有不太显著的伞状凝集沉淀物。

"－"：表示菌体无凝集。液体不透明，无任何凝集沉淀物。细菌可能沉于管底，但呈光滑圆坨状，振荡时呈均匀混浊。

当抗原缓冲盐水对照管、阴性血清对照管均呈阴性反应，阳性血清对照管反应达到原有滴度时，被检血清稀释度≥10出现"＋＋"以上，判定为猪支气管败血波氏杆菌阳性反应血清。

6.5.3.2 平板凝集试验

6.5.3.2.1 被检血清和阴、阳性对照血清均不稀释，可以不加热灭能。

6.5.3.2.2 于清洁的玻璃板或玻璃平皿上，用玻璃笔划成约2 cm^2 的小方格。以1 mL吸管在格内加一小滴血清(约0.03 mL)，再充分混合一铂圈(直径8 mm)抗原原液，轻轻摇动玻璃板或玻璃平皿，于室温(20℃～25℃)放置2 min。室温在20℃以下时，适当延长至5 min。

6.5.3.2.3 每次平板试验均应设有阴、阳性血清对照和抗原缓冲盐水对照。

6.5.3.2.4 结果判定：

"++++"：表示100%菌体被凝集。抗原和血清混合后，2 min内液滴中出现大凝集块或颗粒状凝集物，液体完全清亮。

"+++"：表示约75%菌体被凝集。在2 min内液滴有明显凝集块，液体几乎完全透明。

"++"：表示约50%菌体被凝集。液滴中有少量可见的颗粒状凝集物，出现较迟缓，液体不透明。

"+"：表示25%以下菌体被凝集。液滴中有很少量仅仅可以看出的粒状物，出现迟缓，液体混浊。

"－"：表示菌体无任何凝集。液滴均匀混浊。

当阳性血清对照呈"++++"反应，阴性血清和抗原缓冲盐水对照呈"－"反应时，被检血清加抗原出现"+++"到"++++"反应，判定为猪支气管败血波氏杆菌阳性反应血清。"++"反应判定为疑似，"+"至"－"反应判定为阴性。

7 结果判定

对猪群的检疫应综合应用临床检查、细菌检查及血清学检查，并选择样品病猪作病理解剖检查。检疫猪群诊断有鼻漏带血、泪斑、鼻塞、喷嚏，特别有鼻部弯曲等颜面变形的临床指征病状，鼻腔检出支气管败血波氏杆菌Ⅰ相菌及/或产毒素性多杀巴氏杆菌，判定该猪群为传染性萎缩性鼻炎疫群。具有鼻甲骨萎缩病变，无论有或无鼻部弯曲等症状的猪，诊断为典型病变猪。检出支气管败血波氏杆菌Ⅰ相菌及/或产毒素性多杀巴氏杆菌的猪，诊断为病原菌感染、排菌猪。检出猪支气管败血波氏杆菌K凝集抗体的猪，判定为猪支气管败血波氏杆菌感染血清阳转猪。疫群中的检菌及血清阴性的外观健康猪，需隔离多次复检，才能做最后阴性判定。

附 录 A
(规范性附录)
鼻腔标准横断面的萎缩性鼻炎(AR)分级标准

A.1 正常("−")

两侧鼻甲骨对称,骨板坚硬,正常占有鼻腔容积(间腔正常),鼻中隔正直。两侧鼻腔容积对称,鼻腔纵径大于横径。

A.2 可疑("?")

鼻甲骨形态异常(变形)、不对称,不完全占有鼻腔容积。卷曲特别是腹卷曲疑有萎缩,但肉眼不能判定,鼻中隔或有轻度倾斜。

A.3 轻度萎缩("+")

一侧或两侧卷曲主要是腹卷曲轻度或部分萎缩,相应间腔加大;或卷曲变小,卷度变短,骨板变粗,相应间腔增大。也有轻度萎缩和变粗同时存在的病例。或伴有鼻中隔轻度倾斜或弯曲。表现出两侧或背、腹卷曲及其相应间腔的轻度不对称。

A.4 中等萎缩("++")

腹卷曲基本萎缩,背卷曲部分萎缩。

A.5 重度萎缩("+++")

腹卷曲完全萎缩,背卷曲大部分萎缩。

A.6 完全萎缩("++++")

背卷曲及腹卷曲均完全萎缩。

鼻甲骨中等到完全萎缩的病例,间或伴有鼻中隔不同程度的歪斜和弯曲,两侧鼻腔容积不对称或鼻腔的横径大于纵径。严重者鼻腔周围骨(鼻骨、上颚骨)可能萎缩变形。

卷曲萎缩明显以至消失者不难判定,但是腹卷曲的轻度萎缩有时难以判定,且易与发育不全混淆。卷曲往往只有变形而看不到萎缩。

鼻甲骨轻度萎缩与发育不全的鉴别:腹鼻甲骨发育不全是腹卷曲小,卷曲不全,甚至呈鱼钩状,但骨板坚硬,几乎正常占据鼻腔容积,两侧对称,其他鼻腔结构正常。如背卷曲同时变形,疑有萎缩,鼻中隔倾斜,则分级为"?"。

附 录 B
(规范性附录)
血红素呋喃唑酮改良麦康凯琼脂(HFMA)培养基配制方法

B.1 成分

B.1.1 基础琼脂(改良麦康凯琼脂)

蛋白胨[日本大五牌多型蛋白胨(Polypeptone)或 Oxoid 牌胰蛋白胨(Tryptone)]	2%
氯化钠	0.5%
琼脂粉(青岛)	1.2%
葡萄糖	1.0%
乳糖	1.0%
三号胆盐(Oxoid)	0.15%
中性红	0.003%(1%水溶液 3 mL/L)
蒸馏水加至	1 000 mL

加热溶化,分装。110℃ 20 min,pH 7.0～7.2。培养基呈淡红色。储存室温或 4℃冰箱备用。

B.1.2 添加物

1%呋喃唑酮二甲基甲酰胺溶液	0.05 mL/100 mL(呋喃唑酮最后浓度为 5 μg/mL)
10%牛或绵羊红细胞裂解液	1 mL(最后浓度为 1∶1 000)

4℃冰箱保存备用。呋喃唑酮二甲基甲酰胺溶液临用时加热溶解。

B.2 配制方法

基础琼脂水浴加热充分溶化,凉至 55℃～60℃,加入呋喃唑酮二甲基甲酰胺溶液及红细胞裂解液,立即充分摇匀,倒平板,每个平皿 20 mL(平皿直径 90 cm)。干燥后使用,或置于 4℃冰箱 1 周内使用。防霉生长可加入两性霉素 B 10 μg/mL 或放线酮 30 μg/mL～50 μg/mL。对污染较重的鼻腔拭子,可再加入壮观霉素 5 μg/mL～10 μg/mL(活性成分)。

B.3 用途

用于鼻腔黏液分离支气管败血波氏杆菌。

附　录　C
（规范性附录）
新霉素洁霉素血液马丁琼脂(NLHMA)培养基配制方法

C.1　成分

马丁琼脂	pH 7.2～7.4
脱纤牛血	0.2%
硫酸新霉素	2 μg/mL
盐酸洁霉素（林可霉素）	1 μg/mL

C.2　配制方法

马丁琼脂水浴加热充分溶化，凉至约55℃加入脱纤牛血、新霉素及洁霉素，立即充分摇匀，倒平板，每个平皿15 mL～20 mL（平皿直径90 cm）。干燥后使用，或保存4℃冰箱1周内使用。

C.3　用途

用于鼻腔黏液分离多杀巴氏杆菌。

附　录　D
（规范性附录）
分离平板目的菌落计数分级

D.1　－目的菌落阴性。

D.2　＋目的菌落 1 个～10 个。

D.3　＋＋目的菌落 11 个～50 个。

D.4　＋＋＋目的菌落 51 个～100 个。

D.5　＋＋＋＋目的菌落 100 个以上。

D.6　目的菌落密集成片不能计数。

D.7　×非目的菌（如大肠杆菌、绿脓杆菌、变形杆菌等）生长成片，复盖平板，不能判定有无目的菌落。

附 录 E
（规范性附录）
绵羊血改良鲍姜氏琼脂培养基的配制方法

E.1 成分

E.1.1 基础琼脂（改良鲍姜氏琼脂）

E.1.1.1 马铃薯浸出液

白皮马铃薯（去芽，去皮，切长条）500 g，甘油蒸馏水（热蒸馏水 1 000 mL，甘油 40 mL，甘油最后浓度 1%），洗净去水的马铃薯条加入甘油蒸馏水，119℃～120℃加热 30 min，不要振荡，倾出上清液使用。

E.1.1.2 琼脂液

氯化钠 16.8 g（最后浓度 0.6%），蛋白胨（大五牌多型蛋白胨或 Oxoid 牌胰蛋白胨）14 g（最后浓度 0.5%），琼脂粉（青岛）33.6 g（最后浓度 1.2%），蒸馏水加至 2 100 mL。120℃加热溶解 30 min，加入马铃薯浸出液的上清液 700 mL（即两液比例为 75%∶25%）。混合，继续加热溶化，4 层纱布滤过，分装，116℃ 30 min。不调 pH，高压灭菌后 pH 一般为 6.4～6.7，储于 4℃冰箱或室温备用。备做斜面的基础琼脂加蛋白胨，备做平板的不加蛋白胨。

E.1.2 脱纤绵羊血

无菌新采取，支气管败血波氏杆菌 K 和 O 凝集价均<1∶10，10%。

E.2 配制方法

基础琼脂溶化后凉至 55℃，加入脱纤绵羊血，立即充分混合，勿起泡沫，制斜面管或倒平板（直径 90 cm，平皿每皿 20 mL），放 4℃冰箱约 1 周后使用为佳。

E.3 用途

用于支气管败血波氏杆菌的纯菌培养及菌相鉴定。

附 录 F
（规范性附录）
三糖铁脲半固体高层培养基配制方法

F.1 成分

多型蛋白胨(Polypeptone)	1.0%
牛肉膏	0.5%
氯化钠	0.3%
磷酸二氢钾(KH_2PO_4)	0.1%
琼脂粉	0.3%
硫代硫酸钠	0.03%
硫酸亚铁铵	0.03%
混合指示剂	5 mL
葡萄糖	0.1%
乳糖	1.0%
尿素	2.0%

注：混合指示剂配制：0.2% BTB水溶液(0.2 g BTB溶于50 mL酒精中，加蒸馏水50 mL)2.0 mL，0.2% TB水溶液(0.4 g TB溶于17.2 mL N/20 NaOH，加蒸馏水100 mL，再加水稀释1倍)1.0 mL，0.5%酸性品红水溶液2.0 mL。

F.2 配制方法

将前7种成分充分溶解于蒸馏水后，修正pH为6.9。再加入混合指示剂、葡萄糖、乳糖及尿素，充分溶解。每支小试管分装2 mL～2.5 mL，流动蒸气灭菌100 min，冷却放成半斜面，无菌检验，4℃冰箱保存备用。

F.3 用途

用于筛检鼻腔黏液分离平板上的可疑多杀巴氏杆菌集落。

附　录　G
（规范性附录）
0.01 mol/L PBS 缓冲液（pH 7.4）的配制

G.1 成分

NaCl	8 g
KCl	0.2 g
Na_2HPO_4	1.44 g
KH_2PO_4	0.24 g

G.2 配制方法

将以上 4 种成分溶于 800 mL 蒸馏水中，用 HCl 调节溶液的 pH 至 7.4，最后加蒸馏水定容至 1 L。115℃高压灭菌 10 min～15 min，常温保存备用。

附 录 H
(规范性附录)
引 物 序 列

H.1 检测猪支气管败血波氏杆菌的引物序列

Bb-F:5′-CAGGAACATGCCCTTTG-3′;
Bb-R:5′-TCCCAAGAGAGAAAGGCT-3′。

H.2 检测多杀巴氏杆菌的引物序列

Pm-F:5′-ATCCGCTATTTACCCAGTGG-3′;
Pm-R:5′-GCTGTAAACGAACTCGCCAC-3′。

H.3 检测产毒素多杀巴氏杆菌的引物序列

T+Pm-F:5′-CTTAGATGAGCGACAAGG-3′;
T+Pm-R:5′-ACATTGCAGCAAATTGTT-3′。

H.4 检测A型多杀巴氏杆菌的引物序列

Pm A-F:5′-TGCCAAAATCGCAGTCAG-3′;
Pm A-R:5′-TTGCCATCATTGTCAGTG-3′。

H.5 检测D型多杀巴氏杆菌的引物序列

Pm D-F:5′-TTACAAAAGAAAGACTAGGAGCCC-3′;
Pm D-R:5′-CATCTACCCACTCAACCATATCAG-3′。

附 录 I
（资料性附录）

I.1 猪支气管败血波氏杆菌 PCR 检测结果判定图见图 I.1。

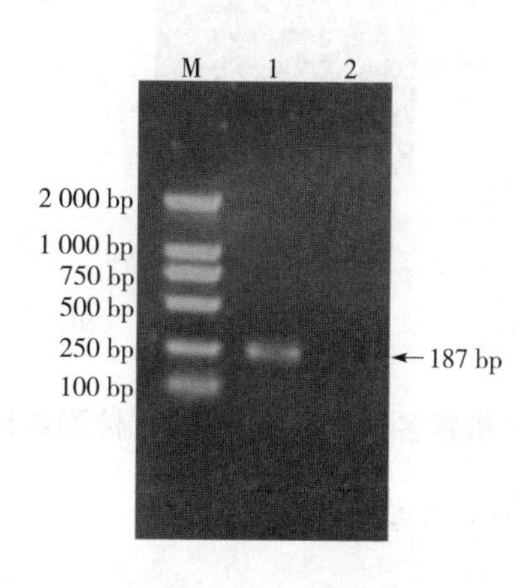

说明：

M ——DL 2 000 DNA 分子质量标准；

泳道 1——阳性；

泳道 2——阴性。

图 I.1 猪支气管败血波氏杆菌 PCR 检测结果电泳图

I.2 多杀巴氏杆菌 PCR 检测结果判定图见图 I.2。

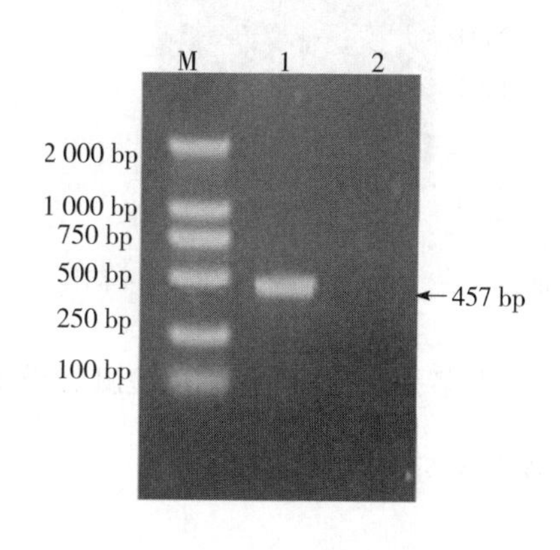

说明：

M ——DL 2 000 DNA 分子质量标准；

泳道 1——阳性；

泳道 2——阴性。

图 I.2 多杀巴氏杆菌 PCR 检测结果电泳图

I.3 产毒素多杀巴氏杆菌 PCR 检测结果判定图见图 I.3。

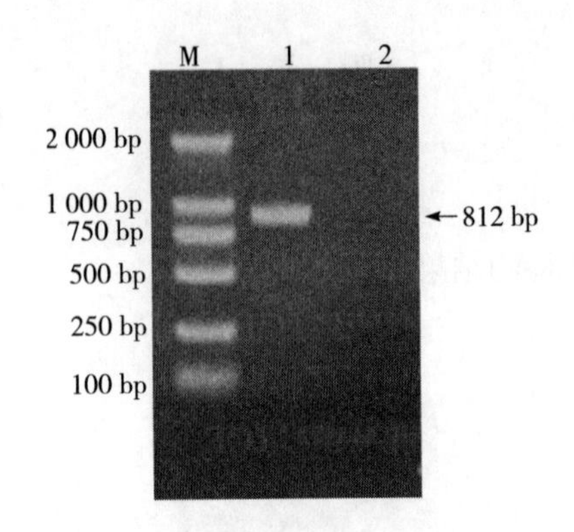

说明：

M ——DL 2 000 DNA 分子质量标准；

泳道 1——阳性；

泳道 2——阴性。

图 I.3 产毒素多杀巴氏杆菌 PCR 检测结果电泳图

I.4 A 型多杀巴氏杆菌 PCR 检测结果判定图见图 I.4。

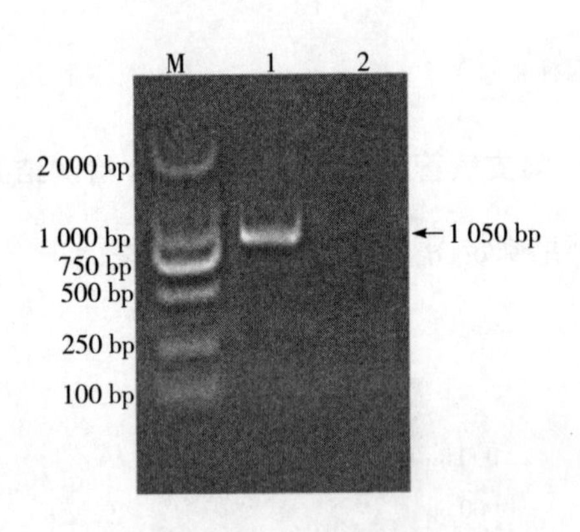

说明：

M ——DL 2 000 DNA 分子质量标准；

泳道 1——阳性；

泳道 2——阴性。

图 I.4 A 型多杀巴氏杆菌 PCR 检测结果电泳图

I.5 D 型多杀巴氏杆菌 PCR 检测结果判定图见图 I.5。

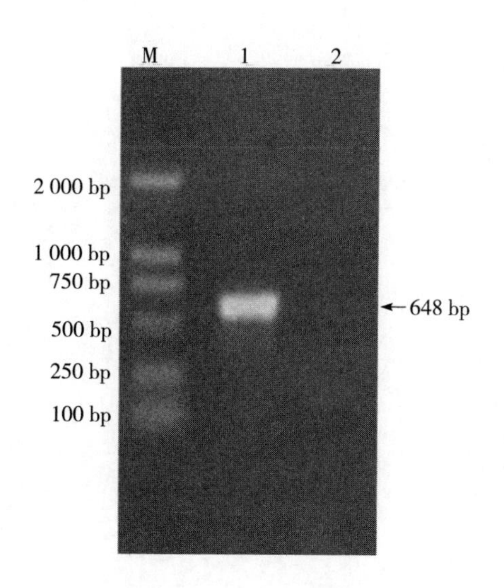

说明：

M ——DL 2 000 DNA 分子质量标准；

泳道 1——阳性；

泳道 2——阴性。

图 I.5 D型多杀巴氏杆菌 PCR 检测结果电泳图

ICS 11.220
B 41

中华人民共和国农业行业标准

NY/T 548—2015
代替 NY/T 548—2002

猪传染性胃肠炎诊断技术

Diagnostic techniques for transmissible gastroenteritis

2015-05-21 发布 2015-08-01 实施

中华人民共和国农业部 发布

前　言

本标准按照 GB/T 1.1—2009 给出的规则起草。

本标准代替 NY/T 548—2002《猪传染性胃肠炎诊断技术》。

本标准与 NY/T 548—2002 相比，病原检测部分增加了 RT-PCR 检测方法。

本标准由中华人民共和国农业部提出。

本标准由全国动物防疫标准化技术委员会(SAC/TC 181)归口。

本标准起草单位：中国农业科学院哈尔滨兽医研究所。

本标准主要起草人：冯力、陈建飞、时洪艳、张鑫。

本标准的历次版本发布情况为：

——NY/T 548—2002。

猪传染性胃肠炎诊断技术

1 范围

本标准规定了猪传染性胃肠炎的病原学检测和血清学检测。病原学检测包括病毒分离鉴定、直接免疫荧光法、双抗体夹心酶联免疫吸附试验和反转录-聚合酶链式反应。血清学检测包括血清中和试验和间接酶联免疫吸附试验。

本标准适用于对猪传染性胃肠炎的诊断、产地检疫及流行病学调查等。

2 规范性引用文件

下列文件对于本文件的应用是必不可少的。凡是注日期的引用文件,仅注日期的版本适用于本文件。凡是不注日期的引用文件,其最新版本(包括所有的修改单)适用于本文件。

GB/T 6682 分析实验室用水规格和实验方法

GB 19489 实验室生物安全通用要求

GB/T 27401 实验室质量控制规范 动物检疫

3 术语和定义

下列术语和定义适用于本文件。

3.1

猪传染性胃肠炎 *transmissible gastroenteritis*,TGE

猪传染性胃肠炎是由尼多目(*Nidovirales*)、冠状病毒科(*Coronaviridae*)、α-冠状病毒属的猪传染性胃肠炎病毒(*transmissible gastroenteritis virus*,TGEV)引起的猪的一种急性、高度接触传染性的肠道疾病,以呕吐、水样腹泻、脱水和10日龄以内仔猪的高死亡率为主要特征。

4 缩略语

下列缩略语适用于本文件。

CPE:细胞病变作用(cytopathic effect)

DIA:直接免疫荧光法(direct immunofluorescence assay)

ELISA:酶联免疫吸附试验(enzyme - linked immunosorbent assay)

PBS:磷酸盐缓冲液(phosphate buffered saline)

PRCV:猪呼吸道冠状病毒(porcine respiratory coronavirus)

TGE:猪传染性胃肠炎(transmissible gastroenteritis)

RT - PCR:反转录-聚合酶链式反应(reverse transcription - polymerase chain reaction)

5 临床诊断

5.1 流行特点

TGE的发生和流行有暴发流行、地方流行和周期性地方流行3种形式。若感染了TGEV的变异株PRCV,则会出现不同的流行模式,从而使TGEV的流行更加复杂化。本病一年四季均可发生,一般多发生在冬季和春季,有时也发生于夏季、秋季。各种年龄的猪均可感染,尤其是10日龄以内的哺乳仔猪,发病率和死亡率可高达100%。病猪、带毒猪和隐性感染猪是本病的主要传染源。病毒通过粪-口途径、气溶胶或感染母猪的乳汁进行传播。

5.2 临床症状

本病的潜伏期较短，通常为 18 h 至 3 d。感染发生后，传播迅速，2 d～3 d 可波及整个猪群。临床表现因猪龄大小而异，新生仔猪的典型症状是呕吐、水样腹泻、脱水、体重迅速下降，导致新生仔猪高发病率和高死亡率。腹泻严重的仔猪，常出现未消化的乳凝块。粪便腥臭，病程短，症状出现后 2 d～7 d 死亡。泌乳母猪发病，则一过性体温升高、呕吐、腹泻、厌食、无乳或泌乳量急剧减少，小猪得不到足够乳汁，进一步加剧病情，营养严重失调，增加了小猪的病死率。3 周龄仔猪、生长期猪和出栏期猪感染时仅表现厌食，腹泻程度较轻，持续期相对较短，偶尔伴有呕吐，极少发生死亡。

5.3 病理变化

TGEV 引起的腹泻，尽管症状很严重，但是病理变化较轻微。肉眼可见的病理变化常局限于消化道，特别是胃和小肠。胃膨胀，胃内充满凝乳块，胃黏膜充血或出血，胃大弯部黏膜淤血。小肠壁弛缓、膨满，肠壁菲薄呈半透明。小肠内容物呈黄色、透明泡沫状的液体，含有凝乳块。空肠黏膜可见肠绒毛萎缩，哺乳仔猪肠系膜淋巴管的乳糜管消失。

组织学变化主要以空肠为主，从胃至直肠呈广范围的渗出性卡他性炎症变化。其特征是肠绒毛萎缩变短，回肠变化稍轻微。小肠变化有较明显的年龄特征，新生猪变化严重。电子显微镜观察，可见小肠上皮细胞的微绒毛、线粒体、内质网以及其他细胞质内的成分变性。在细胞质空泡内有病毒粒子存在。

6 实验室诊断

6.1 仪器、材料与试剂

除特别说明以外，本标准所用试剂均为分析纯，水为符合 GB/T 6682 规定的灭菌双蒸水或超纯水。

倒置显微镜、冷冻离心机、微孔滤膜、滤器、细胞培养瓶、盖玻片、温箱、荧光显微镜、冷冻切片机、载玻片、滴管、定量加液器、微量吸液器及配套吸头、96 孔或 40 孔聚乙烯微量反应板、单通道、8 通道微量吸液器及配套吸头、二氧化碳培养箱、微量振荡器及小培养瓶、酶标检测仪等。仔猪肾原代细胞或 PK15、ST 细胞系。荧光抗体(FA)，猪抗 TGE-IgG 及猪抗 TGE-IgG-HRP，病毒抗原和标准阴性血清、阳性血清，抗原和酶标抗体。磷酸盐缓冲液(PBS)、细胞培养液、病毒培养液、HEPES 液、0.1%伊文斯蓝原液、磷酸盐缓冲甘油、吸液、包被稀释液、样品稀释液、酶标抗体稀释液、底物溶液、终止液(配制方法见附录 A)。

6.2 病毒分离鉴定

6.2.1 病料处理

将采集的小段空肠剪碎及肠内容物或粪便用含 10 000 IU/mL 青霉素、10 000 μg/mL 链霉素的磷酸盐缓冲液(PBS)(见 A.1)制成 5 倍悬液，在 4℃条件下 3 000 r/min 离心 30 min，取上清液，经0.22 μm 微孔滤膜过滤，分装，−20℃保存备用。

6.2.2 接种及观察

将过滤液(病毒培养液的 10%)接种细胞单层上，37℃吸附 1 h 后补加病毒培养液，逐日观察细胞病变(CPE)，连续 3 d～4 d，按 CPE 变化情况可盲传 2 代～3 代。

6.2.3 病毒鉴定

CPE 变化的特点：细胞颗粒增多，圆缩，呈小堆状或葡萄串样均匀分布，细胞破损，脱落。对不同细胞培养物，CPE 可能有些差异。分离病毒用细胞瓶中加盖玻片培养，收毒时取出盖玻片(包括接毒与不接毒对照片)用直接荧光法做鉴定。鉴定方法和结果判定见 6.3。

6.3 直接免疫荧光法

6.3.1 样品

组织样本:从急性病例采取空肠(中段)或肠系膜淋巴结。

6.3.2 操作方法

6.3.2.1 标本片的制备

将组织样本制成 4 μm～7 μm 冰冻切片。或将组织样本制成涂片:肠系膜淋巴结用横断面涂抹片;空肠则刮取黏膜面做压片。标本片制好后,风干。于丙酮中固定 15 min。再置于 PBS 中浸泡 10 min～15 min,风干。

细胞培养盖玻片:将分离毒细胞培养 24 h～48 h 的盖玻片及阳性、阴性对照片在 PBS 中冲洗 3 次,风干。于丙酮中固定 15 min,再置于 PBS 中浸泡 10 min～15 min,风干。

6.3.2.2 染色

用 0.02%伊文思蓝溶液(见 A.5)将 FA 稀释至工作浓度(1∶8 以上合格)。4 000 r/min 离心 10 min,取上清液滴于标本上,37℃恒温恒湿染色 30 min,取出后用 PBS 冲洗 3 次,依次为 3 min、4 min 和5 min,风干。

6.3.2.3 封固

滴加磷酸盐缓冲甘油(见 A.6),用盖玻片封固。尽快做荧光显微镜检查。如当日检查不完则将荧光片置于 4℃冰箱中,不超过 48 h 内检查。

6.3.3 结果判定

被检标本的细胞结构应完整清晰,并在阳性、阴性对照均成立时判定。细胞核暗黑色、胞浆呈苹果绿色判为阳性;所有细胞浆中无特异性荧光判定为阴性。

按荧光强度划为 4 级:

a) ++++:胞浆内可见闪亮苹果绿色荧光;

b) +++:胞浆内为明亮的苹果绿色荧光;

c) ++:胞浆内呈一般苹果绿色荧光;

d) +:胞浆内可见微弱荧光,但清晰可见。

凡出现 a)～d)不同强度荧光者均判定为阳性。当无特异性荧光,细胞浆被伊文斯蓝染成红色,胞核黑红色者判为阴性。

6.4 双抗体夹心 ELISA

6.4.1 材料准备

6.4.1.1 洗液、包被稀释液、样品稀释液、酶标抗体稀释液、底物溶液、终止液配制方法见附录 A。

6.4.1.2 待检样品:取发病仔猪粪便或仔猪肠内容物,用浓盐水 1∶5 稀释,3 000 r/min 离心 20 min,取上清液,分装,−20℃保存备用。

6.4.2 操作方法

6.4.2.1 冲洗包被板

向各孔注入洗液(见 A.7),浸泡 3 min,甩干,再注入洗液,重复 3 次。甩去孔内残液,在滤纸上吸干。

6.4.2.2 包被抗体

用包被稀释液(见 A.8)稀释猪抗 TGE - IgG 至使用倍数,每孔加 100 μL,置于 4℃过夜,弃液,冲洗同 6.4.2.1。

6.4.2.3 加样品

将制备的被检样品用样品稀释液(见 A.9)做 5 倍稀释,加入 2 个孔,每孔 100 μL。每块反应板设阴性抗原、阳性抗原及稀释液对照各 2 孔,置于 37℃作用 2 h,弃样品,冲液,冲洗同 6.4.2.1。

6.4.2.4 加酶标记抗体

每孔加 100 μL 经酶标抗体稀释液(见 A.10)稀释至使用浓度的猪抗 TGE - IgG - HRP,置于 37 ℃ 2 h,冲洗同 6.4.2.1。

6.4.2.5 加底物溶液

每孔加新配制的底物溶液(见 A.11)100 μL,置于 37 ℃ 30 min。

6.4.2.6 终止反应

每孔加终止液(见 A.12)50 μL,置于室温 15 min。

6.4.3 结果判定

用酶标测试仪在波长 492 nm 下,测定吸光度(OD)值。阳性抗原对照 2 孔平均 OD 值>0.8(参考值),阴性抗原对照 2 孔平均 OD 值≤0.2 为正常反应。按以下 2 个条件判定结果:*P*/*N*(被检抗原 OD 值/标准阴性抗原 OD 值)值≥2,且被检抗原 2 孔平均 OD 值≥0.2 判为阳性;否则为阴性。如其中一个条件稍低于判定标准,可复检一次,最后仍按照 2 个条件判定结果。

6.5 **RT - PCR**

6.5.1 仪器、材料与试剂

PCR 扩增仪、1.5 mL 离心管、0.2 mL PCR 反应管、电热恒温水槽、台式高速低温离心机、电泳仪、微量移液器及配套吸头、微波炉、紫外凝胶成像仪、冰箱。TRIzol® 试剂、核糖核酸酶(RNase)抑制剂(40 U/μL)、反转录酶(M - MLV) (200 U/μL)、dNTPs 混合物 (各 10 mmol/L)、无 RNase dH_2O、EmeraldAmp™ PCR Master Mix (2×)、DL 2 000 DNA Marker、10×或 6× DNA 上样缓冲液、PBS(配制方法见附录 A)、TAE 电泳缓冲液(配制方法见附录 B)、三氯甲烷、异丙醇、三羟甲基氨基甲烷(Tris 碱)、琼脂糖、乙二胺四乙酸二钠(Na_2EDTA)、冰乙酸、氯化钠、溴化乙锭、灭菌双蒸水。

6.5.2 引物

6.5.2.1 反转录引物(F_2)

5′- TTAGTTCAAACAAGGAGT - 3′;

引物储存浓度为 10 μmol/L,使用时终浓度为 500 pmol/L。

6.5.2.2 **PCR** 反应引物

F1(上游引物):5′- ATATGCAGTAGAAGACAAT - 3′;

F2(下游引物):5′- TTAGTTCAAACAAGGAGT - 3′。

引物储存浓度为 10 μmol/L,使用时终浓度为 20 pmol/L。

6.5.3 样品制备

将小肠内容物或粪便与灭菌 PBS 按 1∶5 的重量体积比制成悬液,在涡旋混合器上混匀后 4 ℃ 5 000 r/min离心 10 min,取上清液于无 RNA 酶的灭菌离心管中,备用。制备的样品在 4 ℃保存时不应超过 24 h,长期保存应分装成小管,置于−70℃以下,避免反复冻融。

6.5.4 病毒总 RNA 提取

取 6.5.3 制备的待检样品上清液 300 μL 于无 RNA 酶的灭菌离心管(1.5 mL)中,加入 500 μL RNA 提取液(TRIzol® Reagent),充分混匀,室温静置 10 min;加入 500 μL 三氯甲烷,充分混匀,室温静置 10 min,4℃ 12 000 r/min 离心 10 min,取上清液(500 μL)于新的离心管(1.5 mL)中,加入 1.0 mL 异丙醇,充分混匀,−20℃静置 30 min,4℃ 12 000 r/min 离心 10 min。小心弃上清液,倒置于吸水纸上,室温自然风干。加入 20 μL 无 RNase dH_2O 溶解沉淀,瞬时离心,进行 cDNA 合成或置−70℃以下长期保存。若条件允许,病毒总 RNA 还可用病毒 RNA 提取试剂盒提取。

6.5.5 **cDNA** 合成

反应在 20 μL 体系中进行。取 6.5.4 制备的总 RNA 12.5 μL 于无 RNA 酶的灭菌离心管(1.5 mL)中,加入 1 μL 反转录引物(F2)混匀,70℃保温 10 min 后迅速在冰上冷却 2 min, 瞬时离心使模板 RNA/

引物混合液聚集于管底；然后，依次加入 4 μL 5× M-MLV 缓冲液、1 μL dNTPs 混合物（各 10 mmol/L）、0.5 μL RNase 抑制剂、1.0 μL 反转录酶 M-MLV 混匀，42℃保温 1 h；最后，70℃保温 15 min 后冰上冷却，得到 cDNA 溶液，立即使用或置于－20℃保存。

6.5.6 PCR 反应

6.5.6.1 反应体系(25 μL)

2×EmeraldAmp™ PCR Master Mix	12.5 μL
F1	0.05 μL
F2	0.05 μL
模板(*c*DNA)	2 μL
无菌双蒸水加至	25 μL

PCR 反应时，要设立阳性对照和空白对照。阳性对照模板为猪传染性胃肠炎病毒 ORF3 基因重组质粒，空白对照模板为提取的总 RNA。

6.5.6.2 PCR 反应程序

94℃预变性 5 min，然后 30 个循环(98℃变性 10 s、55℃退火 30 s、72℃延伸 84 s)，最后 72℃延伸 7 min，4℃保存。

6.5.7 电泳

6.5.7.1 制胶

1%琼脂糖凝胶板的制备：将 1 g 琼脂糖放入 100 mL 1×TAE 电泳缓冲液中，微波炉加热融化。待温度降至 60℃左右时，加入 10 mg/mL 溴化乙锭(EB)5 μL，均匀铺板，厚度为 3 mm～5 mm。

6.5.7.2 加样

PCR 反应结束后，取 5 μL 扩增产物（包括被检样品、阳性对照、空白对照)、5 μL DL 2 000 DNA Marker 进行琼脂糖凝胶电泳。

6.5.7.3 电泳条件

150 V 电泳 10 min～15 min。

6.5.7.4 凝胶成像仪观察

反应产物电泳结束后，用凝胶成像仪观察检测结果、拍照、记录试验结果。

6.5.8 结果判定

在同一块凝胶板上电泳后，当 DNA 分子质量标准、各组对照同时成立时，被检样品电泳道出现一条 1 400 bp 的条带，判为阳性(＋)；被检样品电泳道没有出现大小为 1 400 bp 的条带，判为阴性(－)。结果判定见附录 C。

6.6 血清中和试验

6.6.1 指示病毒

指示病毒毒价测定后立即小量分装，置于－30℃冻存，避免反复冻融，使用剂量为 500 $TCID_{50}$～1 000 $TCID_{50}$。

6.6.2 样品

被检血清，同一动物的健康血清(或病初)血清和康复 3 周后血清(双份)，被单份血清也可以进行检测，被检样品需 56 ℃灭活 30 min。

6.6.3 溶液配制

稀释液、细胞培养液、病毒培养液、HEPES 液，配制方法见附录 A。

6.6.4 操作方法

6.6.4.1 常量法

用稀释液倍比稀释血清，与稀释至工作浓度的指示毒等量混合，置于37℃感作1 h(中间摇动2次)。选择长满单层的细胞瓶，每份样品接4个培养瓶，再置于37℃吸附1 h(中间摇动2次)。取出后，加病毒培养液，置于37 ℃温箱培养，逐日观察细胞病变(CPE)72 h～96 h最终判定。每批对照设标准阴性血清对照、阳性血清对照，病毒抗原和细胞对照各2瓶，均加工作浓度指示毒，阴性血清、阳性血清做2^6稀释。

6.6.4.2 微量法

用稀释液倍比稀释血清，每个稀释度加4孔，每孔50 μL，再分别加入50 μL工作浓度指示毒，经微量振荡器振荡1 min～2 min，置于37℃中和1 h后，每孔加入细胞悬液100 μL(1.5×10^5个细胞/mL～2.0×10^5个细胞/mL)，微量板置于37℃二氧化碳培养箱，或用胶带封口置37℃温箱培养，72 h～96 h判定结果，对照组设置同常量法。

6.6.5 结果判定

在对照系统成立时(病毒抗原及阴性血清对照组均出现CPE，阳性血清及细胞对照组均无CPE)，以能保护半数接种细胞不出现细胞病变的血清稀释度作为终点，并以抑制细胞病变的最高血清稀释度的倒数来表示中和抗体滴度。

发病后3周以上的康复血清滴度是健康(或病初)血清滴度的4倍，或单份血清的中和抗体滴度达1∶8或以上，均判为阳性。

6.7 间接ELISA

6.7.1 操作方法

6.7.1.1 冲洗包被板

向各孔注入无离子水，浸泡3 min，再注入洗液(见A.7)，重复3次。甩干孔内残液，在滤纸上吸干。

6.7.1.2 抗原包被

用包被稀释液(见A.8)稀释抗原至使用浓度，包被量为每孔100 μL。置于4℃冰箱湿盒内24 h，弃掉包被液，用洗液冲洗3次，每次3 min。

6.7.1.3 加被检及对照血清

将每份被检血清样品用血清稀释液(见A.12)做1∶100稀释，加入2个孔，每个孔100 μL。每块反应板设阳性血清、阴性血清及稀释液对照各2孔，每孔100 μL盖好包被板置于37℃湿盒内1 h，冲洗同6.7.1.2。

6.7.1.4 加酶标抗体

用酶标抗体稀释液(见A.10)将酶标抗体稀释至使用浓度，每孔加100 μL，置于37℃湿盒内1 h，冲洗同6.7.1.2。

6.7.1.5 加底物溶液

每孔加新配制的底物溶液100 μL，在37℃湿盒内反应5 min～10 min。

6.7.1.6 终止反应

每孔加终止液50 μL。

6.7.2 结果判定

6.7.2.1 目测法

阳性对照血清孔呈鲜明的橘黄色，阴性对照血清孔无色或基本无色。被检血清孔凡显色者即判抗体阳性。

6.7.2.2 比色法

用酶标测试仪，在波长492 nm下，测定各孔OD值。阳性对照血清的2孔平均OD值>0.7(参考值)，阴性对照血清的2孔平均OD值≤0.183为正常反应。OD值≥0.2为阳性；OD值<0.183时为阴性；OD值在0.183～0.2之间为疑似。对疑似样品可复检一次，如仍为疑似范围，则看P/N比值，P/N

比值≥2 判为阳性,P/N 比值<2 者判为阴性。

7 结果判定

只要实验室诊断中的任何一种方法的结果成立,即可判断该病为猪传染性胃肠炎。

附 录 A
（规范性附录）
溶液的配制

A.1 0.02 mol/L pH 7.2 磷酸盐缓冲液(PBS)的配制

A.1.1 0.2 mol/L 磷酸氢二钠溶液

磷酸氢二钠($Na_2HPO_4 \cdot 12H_2O$)71.64 g,无离子水加至 1 000 mL。

A.1.2 0.2 mol/L 磷酸二氢钠溶液

磷酸二氢钠($NaH_2PO_4 \cdot 2H_2O$)31.21 g,无离子水加至 1 000 mL。

A.1.3 0.2 mL/L 磷酸氢二钠溶液 360 mL

0.2 mol/L 磷酸二氢钠溶液 140 mL,氯化钠 38 g,无离子加至 5 000 mL。4℃保存。

A.2 细胞培养液的配制

含 10%灭活犊牛血清的 1640 营养液,加 100 IU/mL 青霉素及 100 μg/mL 链霉素,用 5.6%碳酸氢钠($NaHCO_3$)调 pH 至 7.2。如需换液,则血清含量为 5%。

A.3 病毒培养液的配制

1640 培养液中加下列成分,使最终浓度各达到:1%HEPES,1%二甲基亚砜(DMSO),5 μg/mL～10 μg/mL 胰酶(原代肾细胞为)5 μg/mL,100 IU/mL 青霉素、100 μg/mL 链霉素,以 5.6%碳酸氢钠($NaHCO_3$)调至 pH 7.2。

A.4 HEPES 液的配制

称取 0.238 5 g HEPES 溶于 100 mL 无离子水中,用 1 mol/L 氢氧化钠(NaOH)调整 pH 至 7.0～7.2,过滤后置于 4℃备用。

A.5 0.1%伊文斯蓝原液的配制

称取伊文斯蓝 0.1 g 溶于 100 mL ,0.02 mol/L pH 7.2 PBS 中,4℃保存。使用时,稀释成 0.02%浓度。

A.6 磷酸盐缓冲甘油的配制

量取丙三醇 90 mL,0.02 mol/L pH 7.2 PBS 10 mL,振荡混合均匀即成,4℃保存。

A.7 洗液的配制

量取 50 μL 吐温-20,加入 100 mL 0.02 mol/L pH 7.2 磷酸盐缓冲液(见 A.1)中。

A.8 包被稀释液的配制

A.8.1 0.1 mol/L 碳酸钠液:称取碳酸钠 10.6 g,加无离子水至 1 000 mL。

A.8.2 0.1 mol/L 碳酸氢钠液:称取碳酸氢钠 8.4 g,加无离子水至 1 000 mL。

A.8.3 量取 0.1 mol/L 碳酸钠液 200 mL,0.1 mol/L 碳酸氢钠液 700 mL,混合即成。

A.9 样品稀释液的配制

加 0.05%吐温-20 及 1%明胶的 0.02 mol/L pH 7.2 磷酸盐缓冲液。

A.10 酶标抗体稀释液的配制

加 0.05%吐温-20,1%明胶及 5%灭活牛血清的 0.02 mol/L pH 7.2 磷酸盐缓冲液。

A.11 底物溶液的配制

A.11.1 pH 5.0 磷酸盐-柠檬酸缓冲液:称取柠檬酸 21.01 g,加无离子水至 1 000 mL,量取 243 mL 与 0.2 mol/L 磷酸氢二钠液(见 A.1)257 mL 混合,于 4℃冰箱中保存不超过 1 周。

A.11.2 称取 40 mg 邻苯二胺,溶于 100 mL pH 5.0 磷酸盐-柠檬酸缓冲液(用前从 4 ℃冰箱中取出,在室温下放置 20 min~30 min)。待溶解后,加入 150 μL 过氧化氢,根据试验需要量可按比例增减。

A.12 终止液的配制

2 mol/L 硫酸,量取浓硫酸 4 mL 加入 32 mL 无离子水中混匀。

附　录　B
(规范性附录)
TAE 电泳缓冲液(pH 约 8.5)的配制

50×TAE 电泳缓冲储存液：

三羟甲基氨基甲烷(Tris 碱)　　　　242 g

乙二胺四乙酸二钠(Na_2EDTA)　　　37.2 g

双蒸水　　　　　　　　　　　　800 mL

待上述混合物完全溶解后，加入 57.1 mL 的醋酸充分搅拌溶解，加双蒸水至 1 L 后，置于室温下保存。

应用前，用双蒸水将 50×TAE 电泳缓冲液 50 倍稀释。

附　录　C
（规范性附录）
样品检测结果判定图

样品检测结果判定见图 C.1。

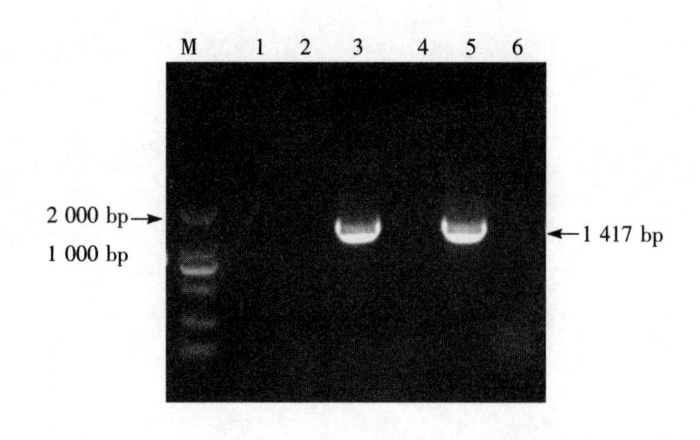

说明：

M ——DL 2 000 DNA Marker；

1,2,4 ——阴性样品；

3 ——阳性样品；

5——阳性对照；

6——阴性对照。

图 C.1　猪传染性胃肠炎病毒 PCR 检测结果

ICS 11.220
B 41

中华人民共和国农业行业标准

NY/T 2841—2015

猪传染性胃肠炎病毒RT-nPCR检测方法

Method of detecting transmissible gastroenteritis virus by RT-nPCR

2015-10-09 发布

2015-12-01 实施

中华人民共和国农业部 发布

前　言

本标准按照 GB/T 1.1—2009 给出的规则起草。

本标准由中华人民共和国农业部提出。

本标准由全国动物卫生标准化技术委员会归口(SAC/TC 181)。

本标准起草单位:中国动物卫生与流行病学中心、东北农业大学、河南农业大学、河南牧业经济学院。

本标准起草人:邵卫星、魏荣、李晓成、李一经、黄耀华、魏战勇、徐耀辉、吴发兴、张志、刘爽、董亚琴、孙映雪、李卫华、王树双、黄保续。

猪传染性胃肠炎病毒 RT - nPCR 检测方法

1 范围

本标准规定了检测猪传染性胃肠炎病毒 RT - nPCR 方法的技术要求。

本标准适用于检测疑似感染猪传染性胃肠炎病毒的猪的新鲜粪便、小肠组织及肠内容物和细胞培养物中的猪传染性胃肠炎病毒的核酸,可作为猪传染性胃肠炎的辅助诊断方法和细胞培养物中猪传染性胃肠炎病毒的鉴定。

2 规范性引用文件

下列文件对于本文件的应用是必不可少的。凡是注日期的引用文件,仅注日期的版本适用于本文件。凡是不注日期的引用文件,其最新版本(包括所有的修改单)适用于本文件。

GB/T 6682 分析实验室用水规格和试验方法

3 缩略语

下列缩略语适用于本文件:

AMV:禽成髓细胞瘤病毒(avian myeloblastosis virus)

RT - nPCR:反转录-巢式聚合酶链式反应(reverse transcriptase - nested polymerase chain reaction)

RNA:核糖核酸(ribonucleic acid)

DEPC:焦碳酸二乙酯(diethypyrocarbonate)

PBS:磷酸盐缓冲液(配方见附录 A.1)(phosphate - buffered saline buffer)

Taq 酶:*Taq* DNA 聚合酶(*Taq* DNA polymerase)

dNTPs:脱氧核糖核苷三磷酸(deoxyribonucleoside triphosphates)

bp:碱基对(base pair)

4 试剂

除另有规定外,所用生化试剂均为分析纯,水为符合 GB/T 6682 的灭菌双蒸水或超纯水。提取 RNA 所用试剂均须使用无 RNA 酶水配制,分装的容器需无 RNA 酶。

4.1 磷酸盐缓冲液:配方见附录 A.1。

4.2 RNA 提取试剂: Trizol LS。

4.3 氯仿(**警告:危险**)。

4.4 异丙醇。

4.5 75%的乙醇。

4.6 DNA 分子量标准:DL 2 000。

4.7 AMV 反转录酶及反应缓冲液。

4.8 dNTPs Mixture。

4.9 RNA 酶抑制剂 (40 U/μL)。

4.10 r*Taq* mix。

4.11 反转录及 PCR 扩增引物:见附录 B。

4.12　无 RNA 酶超纯水。

4.13　1.5%琼脂糖：配方见 A.3。

4.14　电泳缓冲液(TAE)：配方见 A.4。

4.15　样品处理液：配方见 A.2。

4.16　阳性样品：参见 C.1。

4.17　阴性样品：参见 C.2。

5　仪器设备

5.1　高速冷冻离心机：要求最大离心力在 12 000 ×*g* 以上。

5.2　PCR 扩增仪。

5.3　核酸电泳仪和水平电泳槽。

5.4　恒温水浴锅。

5.5　2℃～8℃ 冰箱和－18℃冰箱。

5.6　微量加样器(0.5 μL～10 μL，2 μL～20 μL，20 μL～200 μL，100 μL～1 000 μL)。

5.7　组织研磨器或研钵。

5.8　凝胶成像系统(或紫外透射仪)。

6　样品的采集、运输和处理

6.1　样品采集和运输

宜采集腹泻急性期的小肠或新鲜粪便。采集小肠(5 cm～10 cm)或新鲜粪便(5 g～10 g)，置于样品密封袋中，在低温保存箱中送实验室，应确保样品到实验室时附带的冰袋未完全融化；如不能及时检测，应将样品置于低于－18℃冰箱中保存。

6.2　样品处理

6.2.1　小肠样品

取 1 cm～3 cm 小肠组织，用剪刀剪碎，加入 10 mL 的 PBS。用组织研磨器研磨后反复冻融 3 次，经 12 000 r/min 离心 5 min，取上清液备用。

6.2.2　粪便样品

取 0.5 g～1.0 g 新鲜粪便，加入 800 μL 样品处理液。反复冻融 3 次，经 12 000 r/min 离心 5 min，取上清液备用。

6.2.3　细胞培养物样品

取细胞培养物 300 μL～500 μL，无需任何处理，备用。

7　RNA 的提取

下列方法任选其一。在提取 RNA 时，应设立阳性对照样品和阴性对照样品，按同样的方法提取 RNA。RNA 的提取宜在无 RNA 污染的外排式生物安全柜中进行。

a)　Trizol 法。按照生产厂家提供的操作说明进行，步骤如下：取 250 μL 上清液作为待提取样品。加入 750 μL Trizol，振荡混匀后，室温放置 5 min。加入氯仿 250 μL，振荡混匀后，室温放置 5 min～15 min，4℃ 12 000 r/min 离心 15 min。取上层水相 400 μL～500 μL，加入等体积的异丙醇，混匀，－20℃放置 2 h 以上或－80℃放置 0.5 h，4℃ 12 000 r/min 离心 10 min。去上清液，缓缓加入 75%乙醇(用 DEPC 水配制)1.0 mL 洗涤，4℃ 12 000 r/min 离心 5 min。去上清液，室温干燥 20 min，加入 DEPC 水 20 μL，使充分溶解。

b) 选择市售商品化 RNA 提取试剂盒,按照试剂盒说明进行 RNA 的提取。

8 RT-nPCR 程序*

8.1 反转录(RT)

8.1.1 RT 反应体系(20 μL 体系)

参见附录 D.1。

8.1.2 RT 反应程序

室温放置 5 min,42℃ 水浴 1 h,70℃ 15 min,冰浴 5 min。取出后可以直接进行 PCR,或者放于 -20℃保存备用。试验中,同时设立阳性对照和阴性对照。

8.2 第一轮 PCR 扩增

8.2.1 PCR 体系(20 μL 体系)

参见 D.2。

8.2.2 PCR 程序

94℃预变性 5 min 后进入 PCR 循环,94℃ 变性 30 s,60℃退火 30 s,72℃延伸 90 s,20 个循环,最后 72℃终延伸 10 min,结束反应。同时,设阳性对照和阴性对照。

8.3 第二轮 PCR 扩增

8.3.1 PCR 体系(20.0 μL 体系)

参见 D.3。

8.3.2 PCR 程序

95℃预变性 5 min 后进入 PCR 循环,94℃变性 20 s,60℃退火 15 s,72℃延伸 15 s,30 个循环,最后 72℃终延伸 10 min,结束反应。

9 电泳

9.1 制备 1.5%琼脂糖凝胶板。

9.2 取第二轮 PCR 扩增产物 5.0 μL,加入琼脂糖凝胶板的加样孔中,同时加入 DNA 分子量标准作对照。

9.3 盖好电泳仪盖子,插好电极,电压为 10 V/cm~20 V/cm,时间为 30 min。

9.4 用紫外凝胶成像系统对图片拍照、存档。

9.5 与 DNA 分子量标准进行比较,判断 PCR 片段大小。

10 结果判定

10.1 试验成立的条件

阳性对照有 210 bp 的特异扩增条带,阴性对照没有相应条带,否则试验不成立。

10.2 样品检测结果判定

在阳性对照、阴性对照都成立的前提下,若检测样品有 210 bp 的条带,则判定该样品中猪传染性胃肠炎病毒阳性;若检测样品没有 210 bp 的条带,则判定该样品中猪传染性胃肠炎病毒为阴性(参见附录 E)。在需要的情况下,可对扩增的条带进行回收,克隆到 T 载体,进行测序,所得序列与 GenBank 上的猪传染性胃肠炎病毒 S 基因的序列进行同源性比较,以进一步验证 PCR 检测结果。

---

* 可以将反转录和第一轮 PCR 扩增合并在一个管中进行反应,即所谓的反转录和 PCR 一步法。反应体系可按试剂生产商提供的进行;反转录条件可按试剂生产商提供的进行,但 PCR 条件宜根据 8.2.2 PCR 程序进行。

附 录 A
（规范性附录）
溶 液 的 配 制

A.1 PBS液(0.01 mol/L PBS,pH 7.4)

磷酸二氢钾(KH_2PO_4)	0.20 g
磷酸氢二钠($Na_2HPO_4 \cdot 12H_2O$)	2.90 g
氯化钠(NaCl)	8.00 g
氯化钾(KCl)	0.20 g
蒸馏水	加至1 000.00 mL

溶解后,调节pH至7.4,保存于4℃备用。

A.2 样品处理液(200 mL)

氯化钠(NaCl)	1.6 g
氯化钾(KCl)	0.04 g
磷酸氢二钠($Na_2HPO_4 \cdot 12H_2O$)	0.288 g
磷酸二氢钾(KH_2PO_4)	0.048 g
乙二胺四乙酸二钠($Na_2EDTA \cdot 2H_2O$)	3.722 4 g

加去离子水定容至200 mL,121℃ 灭菌25 min后备用。

A.3 1.5% 琼脂糖凝胶

琼脂糖	1.5 g
1×TAE电泳缓冲液	加至100 mL

微波炉中完全融化,待冷至50℃～60℃ 时,加溴化乙锭(EB)溶液或其他替代染料5 μL,摇匀,倒入电泳板上,凝固后取下梳子,备用。

A.4 电泳缓冲液

50×TAE核酸电泳缓冲液(250 mL):

Tris	60.5 g
冰醋酸	14.3 mL
乙二胺四乙酸二钠($Na_2EDTA \cdot 2H_2O$)	9.3 g

加去离子水定容至250 mL,4 ℃ 保存备用。电泳时,用蒸馏水稀释50倍使用。

附 录 B
(规范性附录)
检测猪传染性胃肠炎病毒 RT - nPCR 方法的引物序列

检测猪传染性胃肠炎病毒 RT - nPCR 方法的引物序列见表 B. 1。

表 B. 1

引物名称	引物浓度	引 物 序 列
F1	10 pmol/μL	5′- GGGTAAGTTGCTCATTAGAAATAATGG - 3′
R1	10 pmol/μL	5′- CTTCTTCAAAGCTAGGGACTG - 3′
F2	10 pmol/μL	5′- GCAGGTTAAACCATAAGTTCCCTA - 3′
R2	10 pmol/μL	5′- GGTCTACAAGCGTGCCAGCG - 3′
注:第一轮 PCR 扩增片段大小为 1 006 bp;第二轮 PCR 扩增片段大小为 210 bp。		

附 录 C
(资料性附录)
猪传染性胃肠炎病毒阳性样品和阴性样品的制备

C.1 阳性样品制备

取 TGEV 细胞毒,用 100 mL 的 PBS 稀释至 1 个 $TCID_{50}$,向其中加入不含 TGEV 的猪新鲜粪便 10 g,摇匀,分装,0.5 mL/管,备用。

C.2 阴性样品制备

用 PBS 按 10∶1 的比例稀释不含 TGEVV 的猪新鲜粪便,摇匀,分装,0.5 mL/管,备用。

附　录　D
(资料性附录)
反转录和 PCR 扩增体系

D.1　反转录体系

RNA 模板	2.0 μL
反转录引物 R1(见附录 B)	1.5 μL
dNTPs(2.5 mmol/L)	8.0 μL
RNA 酶抑制剂(40 U/μL)	0.5 μL
5×反应缓冲液	4.0 μL
AMV 反转录酶(5 U/μL)	1.0 μL
无 RNA 酶水	3.0 μL
总体积(Total)	20.0 μL

D.2　第一轮 PCR 体系

cDNA(反转录产物)	3.0 μL
r*Taq* mix	10.0 μL
上游引物 F1(见附录 B)	1.0 μL
下游引物 R1(见附录 B)	1.0 μL
DEPC 水	5.0 μL
总体积(Total)	20.0 μL

D.3　第二轮 PCR 体系

DNA (第一轮 PCR 产物)	1.0 μL
r*Taq* mix	10.0 μL
上游引物 F2(见附录 B)	1.0 μL
下游引物 R2(见附录 B)	1.0 μL
DEPC 水	5.0 μL
总体积(Total)	20.0 μL

附 录 E
(资料性附录)
样品中猪传染性胃肠炎病毒核酸阳性电泳例图

样品中猪传染性胃肠炎病毒核酸阳性电泳例图见图 E. 1。

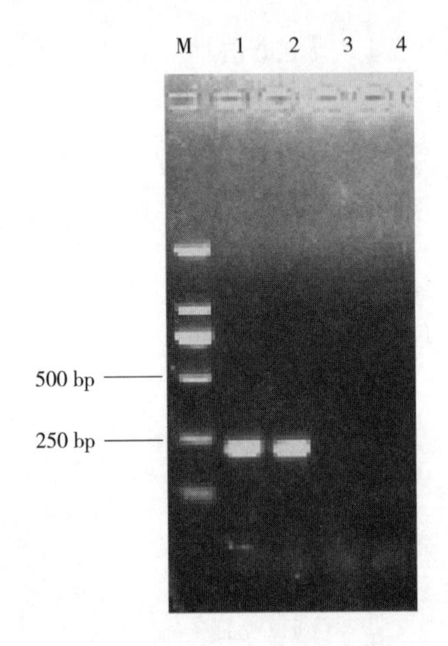

说明:
M ——DNA Marker(1 000 bp Ladder);
1 ——阳性对照;
2 ——阳性样品;
3——阴性样品;
4——阴性对照。

图 E. 1 样品中猪传染性胃肠炎病毒核酸阳性电泳例图

ICS 11.220
B 41

中华人民共和国农业行业标准

NY/T 564—2016
代替 NY/T 564—2002

猪巴氏杆菌病诊断技术

Diagnostic techniques for swine pasteurellosis

2016-10-26 发布　　2017-04-01 实施

中华人民共和国农业部　发布

前　言

本标准按照GB/T 1.1—2009给出的规则起草。

本标准代替NY/T 564—2002《猪巴氏杆菌病诊断技术》。与NY/T 564—2002相比，除编辑性修改外主要技术变化如下：

——“范围”部分增述了多杀性巴氏杆菌定种的PCR鉴定方法和荚膜定型的多重PCR鉴定方法的适用性(见1)；

——“临床诊断”及“病理剖检”部分参照《兽医传染病学》(陈溥言主编)中相关描述进行了修改(见2和3)；

——“病原分离”部分删除了不适宜多杀性巴氏杆菌生长的麦康凯琼脂培养基，并将改良马丁琼脂培养基和马丁肉汤培养基改为更适宜多杀性巴氏杆菌生长的胰蛋白大豆琼脂培养基和胰蛋白大豆肉汤培养基(见4.1.1.1)；

——新增了定种PCR鉴定方法(见4.4)；

——“荚膜血清型鉴定”部分在原有的间接血凝试验(Carter氏荚膜定型法)的基础上又新增了另一种选择——多重PCR荚膜定型法，并对多杀性巴氏杆菌间接血凝试验程序表也进行了完善(见4.5.1.3和4.5.2)；

——“附录A”部分增添了胰蛋白大豆琼脂培养基(TSA)和胰蛋白大豆肉汤培养基(TSB)的制备方法(见附录A.6和A.7)。

本标准由农业部兽医局提出。

本标准由全国动物卫生标准化技术委员会(SAC/TC 181)归口。

本标准起草单位：中国兽医药品监察所。

本标准起草人：蒋玉文、张媛、李建、李伟杰、魏财文。

本标准的历次版本发布情况为：

——NY/T 564—2002。

猪巴氏杆菌病诊断技术

1 范围

本标准规定了猪巴氏杆菌病诊断的技术要求。

本标准所规定的临床诊断、病理剖检和病原分离鉴定，适用于猪巴氏杆菌病的诊断。定种 PCR 适用于多杀性巴氏杆菌种的鉴定；间接血凝试验、荚膜定型多重 PCR 适用于多杀性巴氏杆菌荚膜血清型的鉴定；琼脂扩散沉淀试验适用于多杀性巴氏杆菌菌体血清型的鉴定。

2 临床诊断

潜伏期 1 d～5 d。临诊上，一般分为最急性型、急性型和慢性型 3 种形式。

2.1 最急性型

2.1.1 突然发病，迅速死亡。

2.1.2 体温升高(41℃～42℃)，食欲废绝，全身衰弱，卧地不起，焦躁不安，呼吸困难，心跳加快。

2.1.3 颈下咽喉部发热、红肿、坚硬，严重者向上延至耳根，向后可达胸前。呼吸极度困难，常做犬坐姿势，伸长头颈呼吸，有时发出喘鸣声，口、鼻流出泡沫。

2.1.4 可视黏膜发绀，腹侧、耳根和四肢内侧皮肤出现红斑。

2.1.5 病程 1 d～2 d。

2.2 急性型

2.2.1 体温升高(40℃～41℃)，咳嗽，呼吸困难，鼻流黏稠液混有血液，触诊胸部有剧烈的疼痛，听诊有啰音和摩擦音，张口吐舌，犬坐姿势。

2.2.2 皮肤有瘀血和小出血点，可视黏膜蓝紫，常有黏脓性结膜炎。

2.2.3 初便秘，后腹泻。

2.2.4 心脏衰竭，心跳加快。

2.2.5 病程 5 d～8 d。

2.3 慢性型

2.3.1 持续性咳嗽，呼吸困难，鼻流少许黏脓性分泌物。

2.3.2 出现痂样湿疹。

2.3.3 关节肿胀。

2.3.4 食欲不振，进行性营养不良，泻痢，极度消瘦。

3 病理剖检

3.1 最急性型

3.1.1 皮肤有红斑；切开颈部皮肤时，可见大量胶冻样蛋黄或灰青色纤维素性黏液；咽喉部及其周围结缔组织出血性浆液浸润；全身黏膜、浆膜和皮下组织有大量出血点；水肿可自颈部蔓延至前肢。

3.1.2 全身淋巴结出血，切面红色。

3.1.3 心外膜和心包膜有小出血点。

3.1.4 肺急性水肿。

3.1.5 脾有出血，但不肿大。

3.1.6 胃肠黏膜有出血性炎症变化。

3.2 急性型

3.2.1 胸腔及心包积液;胸腔淋巴结肿胀,切面发红,多汁;全身黏膜、浆膜实质器官和淋巴结出血性病理变化。

3.2.2 纤维素性肺炎,肺有不同程度的肝变区,周围伴有水肿和气肿,病程长的肝变区内还有坏死灶,肺小叶间浆液浸润,切面呈大理石样纹理;胸膜常有纤维素性附着物,严重的胸膜与病肺粘连。

3.2.3 支气管、气管内含有多量泡沫状黏液,黏膜发炎。

3.3 慢性型

3.3.1 肺肝变区扩大并有黄色或灰色坏死灶,外面有结缔组织包裹,内含干酪样物质,有的形成空洞并与支气管相通。

3.3.2 心包与胸腔积液,胸腔有纤维素性沉着。

3.3.3 肋膜肥厚,与病肺粘连;在肋间肌、支气管周围淋巴结、纵隔淋巴结以及扁桃体、关节和皮下组织可见有坏死灶。

4 病原分离鉴定

4.1 病原分离

4.1.1 材料

4.1.1.1 培养基

胰蛋白大豆琼脂培养基(TSA,配制见 A.6)、胰蛋白大豆肉汤培养基(TSB,配制见 A.7)。

4.1.1.2 试剂

绵羊脱纤血、绵羊裂解血细胞全血、健康动物血清。

4.1.2 器材

二级生物安全柜、恒温培养箱(37℃)。

4.1.3 操作

猪濒死或死亡后,无菌采取病死猪的心血或肝脏组织,接种含 4%健康动物血清的 TSB,置 35℃～37℃培养 16 h～24 h。取 TSB 培养物划线接种含 0.1%绵羊裂解血细胞全血和 4%健康动物血清的 TSA 平板,置 35℃～37℃培养 16 h～24 h。挑取在 TSA 平板上生长的光滑圆整的单个菌落传代接种含 0.1%绵羊裂解血细胞全血和 4%健康动物血清的 TSA 平板,置 35℃～37℃培养 16 h～24 h,获得纯培养物。

4.2 病原鉴定

4.2.1 材料

4.2.1.1 待检样品

分离的细菌纯培养物。

4.2.1.2 培养基

培养基质量满足 GB/T 4789.28 规定的要求,按附录 A 方法配制改良马丁琼脂(配制方法见 A.4)、马丁肉汤(配制方法见 A.5)、麦康凯琼脂(配制方法见 A.13)、运动性试验培养基(配制方法见 A.8)。

4.2.1.3 试剂

葡萄糖、蔗糖、果糖、半乳糖、甘露醇、鼠李糖、戊醛糖、纤维二糖、棉子糖、菊糖、赤藓糖、戊五醇、M-肌醇、水杨苷糖发酵小管(配制方法见 A.10)、吲哚试剂(配制方法见 A.11)、氧化酶试剂(配制方法见 A.12)、绵羊脱纤血、绵羊裂解血细胞全血、健康动物血清、革兰氏染色液、瑞氏染色液、1%蛋白胨水(制备方法见 A.9)。

4.2.2 器材

二级生物安全柜、显微镜、恒温培养箱(37℃)。

4.2.3 镜检样品的制备

取病变组织肝或脾的新鲜切面在载玻片上压片或涂抹成薄层;用灭菌剪刀剪开心脏,取血液进行推片,或取凝血块新鲜切面在载玻片上压片或涂抹成薄层;培养纯化的细菌从菌落挑取少量涂片。

4.2.4 病原鉴定

4.2.4.1 培养特性

4.2.4.1.1 多杀性巴氏杆菌为兼性厌氧菌,最适生长温度为35℃~37℃。在改良马丁琼脂平皿(含有0.1%绵羊裂解血细胞全血及4%健康动物血清)上有单个菌落,肉眼观察光滑圆整,直径2 mm~3 mm,半透明,呈微蓝色。在低倍显微镜45°折光下观察,有虹彩,可见蓝绿色荧光(Fg菌落型)或橘红色荧光(Fo菌落型)。

4.2.4.1.2 改良马丁琼脂斜面生长纯粹的培养物,呈微蓝色菌苔或菌落。

4.2.4.1.3 马丁肉汤培养物呈均匀混浊,不产生菌膜。

4.2.4.1.4 麦康凯琼脂平皿上不生长。

4.2.4.1.5 含10%绵羊脱纤血的改良马丁琼脂平皿上生长的菌落不出现溶血。

4.2.4.2 显微镜鉴定

4.2.4.2.1 样品的干燥和固定:挑取菌落,涂于载玻片,采用甲醇固定或火焰固定。

4.2.4.2.2 染色及镜检:甲醇固定的镜检样品进行瑞氏或美蓝染色。镜检时,多杀性巴氏杆菌呈两极浓染的菌体,常有荚膜。火焰固定的镜检样品进行革兰氏染色,镜检时多杀性巴氏杆菌为革兰氏阴性球杆菌或短杆菌,菌体大小为(0.2~0.4) μm×(0.6~2.5) μm,单个或成对存在。

4.2.4.3 生化鉴定特性

4.2.4.3.1 接种于葡萄糖、蔗糖、果糖、半乳糖和甘露醇发酵管产酸而不产气。接种于鼠李糖、戊醛糖、纤维二糖、棉子糖、菊糖、赤藓糖、戊五醇、M-肌醇、水杨苷发酵管不发酵。

4.2.4.3.2 接种于蛋白胨水培养基中,可产生吲哚。

4.2.4.3.3 产生过氧化氢酶、氧化酶,但不能产生尿素酶、β-半乳糖苷酶。

4.2.4.3.4 维培(VP)试验为阴性。

4.3 毒力测定

4.3.1 材料

4.3.1.1 待检样品

从病料中分离的细菌纯培养物。

4.3.1.2 培养基

马丁肉汤。

4.3.1.3 试验动物

18 g~22 g小白鼠。

4.3.2 器材

二级生物安全柜、恒温培养箱。

4.3.3 操作

取马丁肉汤24 h培养物,用马丁肉汤稀释为1 000 CFU/mL,皮下注射18 g~22 g小鼠4只,每只0.2 mL;另取相同条件小鼠2只,每只皮下注射马丁肉汤0.2 mL作为阴性对照。

4.3.4 结果判定

观察 3 d～5 d，阴性对照组小鼠全部健活试验方成立。注射细菌培养物组小鼠全部死亡者为阳性。

4.4 培养物定种 PCR 鉴定

4.4.1 材料

4.4.1.1 待检样品

从病料中分离的细菌纯培养物。

4.4.1.2 试剂的一般要求

除特别说明以外，本方法中所用试剂均为分析纯级，水为符合 GB/T 6682 规定的灭菌双蒸水或超纯水。

4.4.1.3 电泳缓冲液(TAE)

50×TAE 储存液和 1×TAE 使用液(配制方法见 A.14)。

4.4.1.4 1.5%琼脂糖凝胶

将 1.5 g 琼脂糖干粉加到 100 mL TAE 使用液中，沸水浴或微波炉加热至琼脂糖熔化，待凝胶稍冷却后加入溴化乙锭替代物，终浓度为 0.5 μg/mL。

4.4.1.5 PCR 配套试剂

10×PCR Buffer、dNTPs、*Taq* 酶、DL 2 000 DNA Marker。

4.4.1.6 PCR 引物

根据 *kmt* Ⅰ 基因序列设计、商业合成，引物序列见表 B.1。

4.4.1.7 阳性对照

多杀性巴氏杆菌。

4.4.1.8 阴性对照

除多杀性巴氏杆菌外的其他细菌。

4.4.2 器材

二级生物安全柜、制冰机、高速离心机、水浴锅、PCR 仪、电泳仪、凝胶成像仪。

4.4.3 样品处理

对分离鉴定和纯培养的细菌液体培养样品，直接保存于无菌 1.5 mL 塑料离心管中，密封，编号，保存，送检。

4.4.4 基因组 DNA 的提取

下列方法任择其一，在提取 DNA 时，应设立阳性对照样品和阴性对照样品，按同样的方法提取 DNA。

a) 取 1 个～2 个纯培养的单菌落加入 100 μL 无菌超纯水中，混匀，沸水浴 10 min，冰浴 5 min，12 000 r/min 离心 1 min，上清液作为基因扩增的模板。

b) 取纯培养的单菌落接种含 0.1%绵羊裂解血细胞全血的马丁肉汤，(37±1)℃过夜培养，取 1.0 mL 菌液加入 1.5 mL 离心管，12 000 r/min 离心 1 min，弃上清液，加入 100 μL 无菌超纯水，反复吹吸重悬，沸水浴 10 min，冰浴 5 min，12 000 r/min 离心 1 min，上清液作为基因扩增的模板。

4.4.5 反应体系及反应条件

4.4.5.1 对 4.4.4 提取的 DNA 进行扩增，每个样品 50 μL 反应体系，见表 C.1。

4.4.5.2 样品反应管瞬时离心，置于 PCR 扩增仪内进行扩增。95℃预变性 5 min，95℃变性 30 s，55℃退火 30 s，72℃延伸 1 min，30 个循环，72℃延伸 10 min，结束反应。同时设置阳性对照及阴性对照。PCR 产物用 1.5%琼脂糖凝胶进行电泳，观察扩增产物条带大小。若不立即进行电泳，可将 PCR 产物置于－20℃冻存。

4.4.6 **凝胶电泳**

4.4.6.1 在1×TAE缓冲液中进行电泳，将4.4.5.2的扩增产物、DL 2 000 DNA Marker分别加入1.5%琼脂糖凝胶孔中，每孔加扩增产物10 μL。

4.4.6.2 80 V～100 V电压电泳30 min，在紫外灯或凝胶成像仪下观察结果。

4.4.7 **结果判定**

4.4.7.1 **试验成立的条件**

当阳性对照扩增出约460 bp的片段，阴性对照未扩增出片段时，试验成立。

4.4.7.2 **阳性判定**

符合4.4.6.1的条件，被检样品扩增出约460 bp的片段，则判定被检病原为多杀性巴氏杆菌。

4.4.7.3 **阴性判定**

符合4.4.6.1的条件，被检样品未扩增出约460 bp的片段，则判定被检细菌纯培养物不是多杀性巴氏杆菌。

4.5 **培养物荚膜血清型鉴定**

4.5.1 **间接血凝试验(Carter氏荚膜定型法)**

4.5.1.1 **材料**

4.5.1.1.1 待检样品：从病料中分离的多杀性巴氏杆菌纯培养物。

4.5.1.1.2 多杀性巴氏杆菌荚膜定型血清：A型、B型、D型多杀性巴氏杆菌荚膜定型血清。

4.5.1.1.3 试剂：含0.3%甲醛溶液生理盐水、新鲜绵羊红细胞(配制见D.2)、抗原致敏红细胞(配制见D.3)。

4.5.1.2 **器材**

二级生物安全柜、恒温培养箱、水浴锅。

4.5.1.3 **操作**

4.5.1.3.1 将荚膜定型血清于56℃水浴30 min，用含0.3%甲醛溶液生理盐水做5倍稀释后再进行连续对倍稀释至第8管，每个稀释度取0.2 mL加到小试管。每种血清单独稀释成一排。

4.5.1.3.2 每支小试管加入抗原致敏红细胞0.2 mL。

4.5.1.3.3 设对照组。

血清对照：血清(5倍稀释)0.2 mL+新鲜红细胞0.2 mL；

新鲜红细胞对照：新鲜红细胞0.2 mL+含0.3%甲醛溶液生理盐水0.2 mL；

抗原对照：致敏红细胞0.2 mL+含0.3%甲醛溶液生理盐水0.2 mL。

间接血凝试验程序，见表1。

表1 多杀性巴氏杆菌间接血凝试验程序

单位为毫升

反应物	1	2	3	4	5	6	7	8	抗原对照	红细胞对照	血清对照
血清稀释倍数	5	10	20	40	80	160	320	640			
含0.3%甲醛溶液生理盐水		0.2	0.2	0.2	0.2	0.2	0.2	0.2	0.2	0.2	
血清	0.4	0.2	0.2	0.2	0.2	0.2	0.2	0.2 弃去0.2			0.2
1%致敏红细胞	0.2	0.2	0.2	0.2	0.2	0.2	0.2	0.2	0.2		
1%新鲜红细胞										0.2	0.2

4.5.1.3.4 充分振荡小试管后，置室温1 h～2 h判定结果。

4.5.1.4 结果判定

4.5.1.4.1 判定标准:每个试管按其管底红细胞的凝集现象分别记为“#”、“+++”、“++”、“+”及“—”。

“#”:红细胞凝集形成坚实的凝块,边缘不整齐。

“+++”:凝集的红细胞平铺管底,但有卷边或缺口。

“++”:凝集的红细胞平铺管底。

“+”:红血胞凝集面积较小,有狭窄的增厚边缘或中心的红细胞凝集。

“—”:红细胞形成小的光滑圆盘。

4.5.1.4.2 试验成立的条件:当血清对照、新鲜红细胞对照、抗原对照均不出现凝集,且被检菌株抗原致敏红细胞仅与一种定型血清出现“++”或以上凝集时,试验成立。

4.5.1.4.3 阳性判定:符合4.5.1.4.2的条件,被检菌株抗原致敏红细胞与哪种定型血清出现“++”或以上凝集,即可判定被检菌株为该荚膜血清型。

4.5.1.4.4 阴性判定:符合4.5.1.4.2的条件,被检菌株抗原致敏红细胞与任一定型血清均未出现“++”或以上凝集,即可判定被检菌株为荚膜A型、荚膜B型和荚膜D型以外的其他荚膜血清型或不能定荚膜型的多杀性巴氏杆菌。

4.5.2 多重PCR荚膜定型法

4.5.2.1 材料

4.5.2.1.1 待检样品:从病料中分离的多杀性巴氏杆菌纯培养物。

4.5.2.1.2 通用试剂:4.4.1.2～4.4.1.5的试剂适用于本方法。

4.5.2.1.3 阳性对照:荚膜A型、荚膜B型或荚膜D型多杀性巴氏杆菌。

4.5.2.1.4 阴性对照:荚膜E型或荚膜F型多杀性巴氏杆菌或除多杀性巴氏杆菌以外的其他细菌。

4.5.2.1.5 引物:根据编码多杀性巴氏杆菌A型、B型和D型不同的基因设计引物,商业合成,序列见表B.2。

4.5.2.2 器材

二级生物安全柜、PCR仪、电泳仪和凝胶成像仪。

4.5.2.3 基因组DNA的提取

细菌基因组的提取同4.4.4。

4.5.2.4 荚膜多重PCR反应体系及反应条件

4.5.2.4.1 每个样品建立50 μL反应体系,见表C.2。

4.5.2.4.2 反应管加入反应液后,瞬时离心,置于PCR扩增仪内进行扩增。95℃预变性10 min,95℃变性30 s,55℃退火30 s,72℃延伸1 min,30个循环,72℃延伸10 min结束反应。同时设置阳性对照及阴性对照。PCR产物用1.5%琼脂糖凝胶进行电泳,观察扩增产物条带大小。若不立即进行电泳,可将PCR产物置于-20℃中冻存。

4.5.2.5 琼脂糖凝胶电泳

按4.4.6的方法进行。

4.5.2.6 结果判定

4.5.2.6.1 试验成立的条件:当荚膜A型阳性对照扩增出约1 044 bp的片段,荚膜B型阳性对照扩增出约760 bp的片段,荚膜D型阳性对照扩增出约657 bp的片段,阴性对照未扩增出片段时,试验成立。

4.5.2.6.2 阳性判定:符合4.5.2.6.1的条件,被检样品扩增出约1 044 bp的片段,判定为荚膜A型;扩增出约760 bp的片段,判定为荚膜B型;扩增出约657 bp的片段,判定为荚膜D型。

4.5.2.6.3 阴性判定:符合4.5.2.6.1的条件,被检样品若未扩增出4.5.2.6.2所描述的各片段,判定为荚膜A型、荚膜B型和荚膜D型以外的其他荚膜血清型或不能定荚膜型的多杀性巴氏杆菌。

4.6 菌体血清型鉴定琼脂扩散沉淀试验(Heddleston氏菌体定型法)

4.6.1 材料

4.6.1.1 待检样品

从病料中分离的多杀性巴氏杆菌纯培养物。

4.6.1.2 多杀性巴氏杆菌菌体定型血清

4.6.1.3 试剂

生理盐水、8.5%氯化钠溶液、优级琼脂(DIFCO)粉、1%硫柳汞溶液。

4.6.2 抗原制备

取一支改良马丁琼脂中管斜面24 h培养物,用3 mL生理盐水洗一下,置于100℃水浴1 h,4 000 r/min离心30 min,上清液即为琼脂凝胶免疫扩散试验抗原。

4.6.3 菌体血清型鉴定

取琼脂1.0 g加8.5%氯化钠溶液100 mL,加热溶化。溶化后再加1 mL 1%硫柳汞,混合凉至60℃左右,倒入平皿内,琼脂厚度2.5 mm~3 mm,琼脂凝固后用7孔梅花形打孔器打孔。孔径4 mm,孔与孔中心距离为6 mm,中心孔加入被检抗原,外周1孔~5孔加入定型血清,第6孔加入生理盐水为阴性对照。置于(37±1)℃孵育24 h~48 h判定结果。

4.6.4 结果判定

将琼脂板置于日光灯或侧强光下观察,抗原与生理盐水孔之间不出现沉淀线,则试验成立。抗原与标准定型血清之间出现明显的沉淀线,即判定该血清型为待检多杀性巴氏杆菌的菌体血清型。

5 诊断判定

5.1 疑似

符合第2章中咳嗽、呼吸困难等临床表征,且符合第3章中肺脏水肿、肝变或坏死等病理变化者,可判定为猪巴氏杆菌病疑似病例。

5.2 确诊

同时满足以下3个条件者,可确诊猪巴氏杆菌病病例:

a) 符合5.1疑似病例的判定;

b) 经4.1、4.2确定病原为多杀性巴氏杆菌;或4.2结果部分不符合,但4.4结果阳性;

c) 4.3结果阳性。

5.3 荚膜血清型鉴定

按4.5.1.4或4.5.2.6判定被检病原的荚膜血清型。

5.4 菌体血清型鉴定

按4.6.4判定被检病原的菌体血清型。

附 录 A
（规范性附录）
培养基的制备

A.1 牛肉汤的配制

将牛肉除去脂肪、筋膜，用绞肉机绞碎。肉和水按质量体积比 1∶2 比例混合，搅拌均匀。用不锈钢或耐酸陶瓷双层锅加温至 65℃～75℃，保持 15 min，继续加热至沸腾，保持 1 h，全部过程均应不断搅拌。煮沸完成后，捞出肉渣，沉淀 30 min，抽上清液，经绒布滤过，将滤过的肉汤与从肉渣中压榨出的肉汤混合即成。制成的肉汤，即可与猪胃消化液（配制见 A.3）混合配制成马丁肉汤；或分装经 121℃灭菌 30 min～40 min，储存备用。制备少量肉汤时，也可采用将绞碎的牛肉在 2 倍体积的 4℃～8℃水中浸泡 12 h～24 h，再煮沸 30 min，过滤，分装灭菌后备用。

A.2 改良猪胃消化液

将猪胃除去脂肪，用绞肉机绞碎。碎猪胃 350 g 加 65℃左右温水 1 000 mL，并加盐酸 8.5 mL，放置于 51℃～55℃中消化 18 h～22 h。前 12 h 至少搅拌 6 次～10 次。待胃组织溶解，液体澄清，即表示消化良好；否则，可酌情延长消化时间。取出后全部倒入中性容器，并加氢氧化钠溶液，调成弱酸性，然后煮沸 10 min，使其停止消化。以粗布过滤后，即成。

A.3 猪胃消化液

将猪胃 300 g 除去脂肪，用绞肉机绞碎。加入 65℃左右 1 000 mL 温水混合均匀，再加入盐酸 10 mL，使 pH 为 1.6～2.0，保持消化液 51℃～55℃，消化 18 h～24 h。在消化过程的前 12 h 至少搅拌 6 次～10 次，然后静置。至胃组织溶解、液体澄清，表示消化完全。如消化不完全，可酌情延长消化时间。除去脂肪和浮物，抽清液煮沸 10 min～20 min，放缸内静置沉淀 48 h 或冷却到 80℃～90℃，加氢氧化钠使成弱酸性，经灭菌储存备用。

A.4 改良马丁琼脂

A.4.1 配方

牛肉汤（配制见 A.1）	500 mL
改良猪胃消化液（配制见 A.2）	500 mL
氯化钠	2.5 g
琼脂粉	12 g

A.4.2 制备方法

将牛肉汤、改良猪胃消化液、氯化钠和琼脂粉混合，加热溶解。待琼脂完全溶化后，以氢氧化钠溶液调整 pH 为 7.4～7.6。以卵白澄清或凝固沉淀法沉淀。分装于试管或中性玻璃瓶中，以 121℃灭菌 30 min～40 min。

A.5 马丁肉汤

A.5.1 配方

牛肉汤（配制见 A.1）	500 mL
猪胃消化液（配制见 A.3）	500 mL
氯化钠	2.5 g

A.5.2 制备方法

将A.5.1材料混合后，以氢氧化钠溶液调pH 7.6～7.8，煮沸20 min～40 min，补足失去的水分。冷却沉淀，抽取上清液，经滤纸或绒布滤过，滤液应为澄清、淡黄色。按需要分装，经121℃灭菌30 min～40 min。pH应为7.2～7.6。

A.6 胰蛋白大豆琼脂培养基(TSA)

A.6.1 配方

胰蛋白胨	15 g
大豆蛋白胨	5 g
氯化钠	5 g
琼脂粉	15 g
去离子水	1 000 mL

A.6.2 制备方法

将A.6.1材料混合，加热溶解，调整pH 7.1～7.5，滤过分装于中性容器中，121℃高压灭菌后备用。

A.7 胰蛋白大豆肉汤培养基(TSB)

A.7.1 配方

胰蛋白胨	15 g
大豆蛋白胨	5 g
氯化钠	5 g
去离子水	1 000 mL

A.7.2 制备方法

将A.7.1材料混合，加热溶解，调整pH 7.1～7.5，滤过分装于中性容器中，121℃高压灭菌后备用。

A.8 运动性试验培养基

将马丁肉汤(配制见A.5)1 000 mL、琼脂粉3.5 g～4 g混合加热溶解。121℃灭菌40 min，置于室温保存备用。加热溶解琼脂粉，分装到内装有套管的试管中，以121℃灭菌30 min～40 min。

A.9 1%蛋白胨水

A.9.1 配方

蛋白胨	10 g
氯化钠	5 g
蒸馏水	1 000 mL

A.9.2 制备方法

将A.9.1材料混合，加热溶解，调整pH 7.4。煮沸滤过，分装于中性容器中，121℃灭菌20 min。

A.10 糖发酵培养基

每种糖(或醇)按质量浓度为1%比例分别加入到装有1%蛋白胨水(配制见A.9)的瓶中。加热溶解后，按0.1%的比例加入1.6%溴甲酚紫指示剂。摇匀后，分装小试管(内装有倒置小管)，每支大约6 mL，流通蒸汽灭菌3次，每天1次，每次30 min。

A.11 靛基质试验用试剂——吲哚试验试剂(欧-波 Ehrlich-Boehme 二氏试剂)

A.11.1 配方

对二甲氨基苯甲醛	1.0 g
95%乙醇	95 mL
纯浓盐酸	20 mL

A.11.2 制备方法

将对二甲氨基苯甲醛溶于乙醇中，然后慢慢加进盐酸。此试剂应如量配制，并保存于冰箱内。

A.12 氧化酶试剂(1%盐酸四甲基对苯二胺溶液)

将1.0 g的盐酸四甲基对苯二胺溶于100 mL的去离子水中。

A.13 麦康凯琼脂培养基

A.13.1 配方

蛋白胨	17 g
眎胨	3 g
猪胆盐(牛胆盐或羊胆盐)	5 g
氯化钠	5 g
琼脂粉	17 g
蒸馏水(或去离子水)	100 mL
乳糖	10 g
0.01%结晶紫水溶液*	10 mL
0.5%中性红水溶液*	5 mL

A.13.2 制备方法

将蛋白胨、眎胨、胆盐和氧化钠溶解于400 mL蒸馏水中，校正pH为7.2。将琼脂粉加入600 mL蒸馏水中，加热溶解。将两液合并，分装于烧瓶内，121℃高压灭菌15 min，备用。临用时加热融化琼脂，趁热加乳糖，冷至50℃～55℃时，加入结晶紫和中性红水溶液，摇匀后倾注平板。

A.14 电泳缓冲液(TAE)

50×TAE储存液：分别量取$Na_2EDTA \cdot 2H_2O$ 37.2 g、冰醋酸57.1 mL、Tris·Base 242 g，用一定量(约800 mL)的灭菌双蒸水溶解。充分混匀后，加灭菌双蒸水补齐至1 000 mL。

1×TAE缓冲液：取10 mL储存液加490 mL蒸馏水即可。

---

* 配好后须高压灭菌。

附 录 B
(规范性附录)
多杀性巴氏杆菌 *kmt* Ⅰ 基因扩增引物序列及多杀性巴氏杆菌多重 PCR 荚膜定型基因扩增引物序列

B.1 多杀性巴氏杆菌 *kmt* Ⅰ 基因扩增引物序列

见表 B.1。

表 B.1 多杀性巴氏杆菌 *kmt* Ⅰ 基因扩增引物序列

检测目的	引物序列(5′-3′)	扩增大小,bp
多杀性巴氏杆菌定种	上游引物:ATC CGC TAT TTA CCC AGT GG	460
	下游引物:GCT GTA AAC GAA CTC GCC AC	

B.2 多杀性巴氏杆菌多重 PCR 荚膜定型基因扩增引物序列

见表 B.2。

表 B.2 多杀性巴氏杆菌多重 PCR 荚膜定型基因扩增引物序列

检测目的		引物序列(5′-3′)	扩增大小,bp
荚膜定型	A 型	上游引物:TGC CAA AAT CGC AGT CAG	1 044
		下游引物:TTG CCA TCA TTG TCA GTG	
	B 型	上游引物:CAT TTA TCC AAG CTC CAC C	760
		下游引物:GCC CGA GAG TTT CAA TCC	
	D 型	上游引物:TTA CAA AAG AAA GAC TAG GAG CCC	657
		下游引物:CAT CTA CCC ACT CAA CCA TAT CAG	

附　录　C
（规范性附录）
多杀性巴氏杆菌 *kmt* Ⅰ 基因扩增反应体系及多杀性巴氏杆菌多重 PCR 荚膜定型基因扩增反应体系

C.1　多杀性巴氏杆菌 *kmt* Ⅰ 基因扩增反应体系

见表 C.1。

表 C.1　多杀性巴氏杆菌 *kmt* Ⅰ 基因扩增反应体系

组　　分	体积，μL
超纯水	36.75
10×PCR Buffer	5
dNTPs(2.5 mmol/L)	4
上游引物(10 μmol/L)	1
下游引物(10 μmol/L)	1
Taq 酶(5 U/μL)	0.25
DNA 模板或阴阳性对照	2

C.2　多杀性巴氏杆菌多重 PCR 荚膜定型基因扩增反应体系

见表 C.2。

表 C.2　多杀性巴氏杆菌多重 PCR 荚膜定型基因扩增反应体系

组　　分	体积，μL
超纯水	24.5[1)]
10×PCR Buffer	5
dNTP(2.5 mmol/L)	4
荚膜 A 型上游引物(10 μmol/L)	4
荚膜 A 型下游引物(10 μmol/L)	4
荚膜 B 型上游引物(10 μmol/L)	2
荚膜 B 型下游引物(10 μmol/L)	2
荚膜 D 型上游引物(10 μmol/L)	2
荚膜 D 型下游引物(10 μmol/L)	2
Taq 酶(5 U/μL)	0.5
DNA 模板或阴阳性对照	菌落[2)]

1)　模板为菌落时，体系中超纯水的体积为 24.5 μL；模板为质粒时，体系中超纯水的体积为 23.5 μL。

2)　模板为菌落时，用 10 μL Tip 头蘸取少许细菌，沿 PCR 管壁搅拌；模板为质粒时，体系中模板的体积为 1 μL。

附　录　D
（规范性附录）
多杀性巴氏杆菌荚膜定型抗原及致敏红细胞的制备方法

D.1　多杀性巴氏杆菌荚膜抗原的制备

D.1.1　材料

D.1.1.1　改良马丁琼脂。

D.1.1.2　生理盐水、pH 6.0 磷酸盐缓冲盐水。

D.1.1.3　透明质酸酶。

D.1.2　方法

D.1.2.1　1 支改良马丁琼脂斜面中管(30 mm×230 mm)的 7 h～16 h 生长的培养物，用 3 mL 灭菌生理盐水洗下，置于 56℃水浴中加热 30 min，8 000 r/min 离心 15 min，取上清液，即为荚膜抗原。

D.1.2.2　对黏液型菌株，应采用透明质酸酶进行预处理。

制备方法：1 支改良马丁琼脂斜面中管 7 h～16 h 的培养物，用 3 mL pH 6.0 磷酸盐缓冲盐水洗下，加入 1 mL(含 15 IU)的透明质酸酶溶液(透明质酸酶用 pH 6.0 的磷酸盐缓冲盐水稀释)。混匀后，置于(37±1)℃水浴中 3 h～4 h，再用 8 000 r/min 离心 15 min，上清液即为荚膜抗原。

D.2　新鲜红细胞的制备

D.2.1　材料

绵羊脱纤血。

D.2.2　方法

新鲜绵羊脱纤血用 6 倍～8 倍体积的生理盐水洗 3 次，每次 2 000 r/min 离心 15 min，最后一次收集的红细胞，恢复到原血量的一半。置于 2℃～8℃保存，2 d 内使用。

D.3　致敏红细胞的制备

D.3.1　材料

D.3.1.1　荚膜抗原(配制见 D.1)。

D.3.1.2　新鲜红细胞(配制见 D.2)。

D.3.1.3　生理盐水。

D.3.2　方法

取荚膜抗原 3 mL，加入 0.2 mL 洗净的红细胞，混合均匀后置于(37±1)℃中作用 2 h，离心弃上清液，再用 10 mL 生理盐水洗 1 次，最后悬浮于 20 mL 生理盐水中，配制成 1%的致敏红细胞悬液。

ICS 11.220
B 41

中华人民共和国农业行业标准

NY/T 566—2002

猪丹毒诊断技术

Diagnostic techniques for swine erysipelas

2002-08-27 发布 2002-12-01 实施

中华人民共和国农业部 发布

前　言

猪丹毒是丹毒丝菌引起的严重传染病，为我国“三大猪传染病之一”。世界动物卫生组织[World Organization for Animal Health(英)，Office Intentional des Epizootic(法)，OIE]尚未将本病列入三大类动物疫病名录，未推荐诊断技术。但某些国家如日本、澳大利亚将猪丹毒列入动物疫病诊断标准中。某些国家如日本、丹麦将猪丹毒列为无特定病原(SPF)猪监测疫病之一。本标准是依据我国长期的研究成果和诊断的实践经验，参考国际通用方法制定的。

猪丹毒(swine erysipelas)是由猪丹毒杆菌(*Erysipelothrix rhusipathiae*)引起的一种急性、热性传染病。死亡率可达80%～90%，病程多为急性败血型或亚急性的疹块型，转为慢性的多发生关节炎和心内膜炎，主要侵害架子猪，猪丹毒广泛流行于世界各地，对养猪业危害很大。

人也可感染猪丹毒杆菌，称为“类丹毒”，人的病例多是由损伤皮肤感染，一般经2周～3周而自愈，类丹毒是一种职业病，多发生于兽医、屠宰人员以及渔业工作者等，迄今未见人感染猪丹毒杆菌而死亡的报告。

猪丹毒杆菌是一种纤细的革兰氏阳性小杆菌，不产生芽孢和荚膜，猪丹毒杆菌的抗原结构比较简单，有一种或多种不耐热的共同抗原，它们是蛋白质或蛋白质-糖-脂复合物，另外一种抗原为型特异性抗原，对热稳定，是血清型分类的基础，这些抗原由细胞壁的肽糖组成，采用高压浸出抗原和琼脂双扩散试验，可将猪丹毒杆菌分为1～25型，大量资料证明80%的猪源猪丹毒杆菌属于1型和2型。

本标准的附录A为规范性附录。

本标准由农业部畜牧兽医局提出。

本标准由全国动物检疫标准化技术委员会归口。

本标准起草单位：中国兽医药品监察所。

本标准起草人：夏业才、钱心元、罗玉峰、姚文生。

猪丹毒诊断技术

1 范围

本标准规定了猪丹毒的诊断技术。

本标准规定的临床症状观察和病原分离鉴定适用于猪丹毒的诊断；血清培养凝集试验用于流行病学调查和SPF猪群的监测。

2 临床症状观察

根据症状观察可作出怀疑性诊断。临床症状一般表现为以下几种类型：

a） 急性败血型：此型最为常见，以突然暴发，急性经过和高的致死率为特征，病猪体温升高达42℃～43℃。高烧不退，卧地，不食，病程短，可突然死亡。

b） 亚急性皮肤疹块型：病猪食欲减退，体温升高41℃～42℃，精神不振，不愿走动，发病2 d～3 d后在胸、腹、背、肩、四肢的皮肤上发生疹块，呈方形或菱形，稍凸起于皮肤表面，具有特殊诊断意义。

c） 慢性关节炎型：病猪一般由败血型或皮肤疹块型转变而来，也有原发性，主要表现为慢性关节炎，病猪出现皮肤大块坏死，四肢关节肿胀、疼痛、跛行。

d） 青霉素对本病有明显疗效，也有一定诊断意义。

3 病原分离和鉴定

根据病原分离鉴定3.3～3.6即可作出确切诊断。

3.1 所需材料

3.1.1 培养基：马丁琼脂、马丁肉汤，配制方法见附录A。

3.1.2 定型血清：1～2型定型血清和1～2型阳性抗原。

3.2 采集病料

急性病例可采集被检猪的心血、肝，脾、淋巴结等脏器，亚急性疹块病例可采集皮肤疹块病料；慢性病例可采集关节液和心内膜的增生物。

3.3 菌体形态

用采集到的心血及脏器制备抹片，染色镜检，为革兰氏阳性细小杆菌。

3.4 动物试验

用病料制成1∶10悬液，接种小白鼠（0.2 mL）或鸽（大胸肌接种1 mL，经3 d～5 d死亡，取心血、肝、脾等病料进行分离培养。同时接种豚鼠（1 mL）则不死亡。

3.5 分离培养

将病料划线接种于加10％健康马血清马丁琼脂（见第A.1章）平皿，37℃培养36 h～48 h，肉眼观察，若菌落较小，表面圆整光滑，呈微蓝灰色露珠状，判为可疑菌落，进一步做血清型鉴定。

3.6 生化试验

生化试验见表1。

表 1　丹毒丝菌生化反应

葡萄糖	果糖	乳糖	山和木醇	肌醇	水杨素苷	鼠李糖	蔗糖	海藻糖	柿实糖	菊糖	硫化氢(H_2S)试验	吲哚试验	分解尿素	甲基红	维培(VP)试验	氧化酶	过氧化氢酶	牛奶培养基	马铃薯培养基	明胶穿刺	液化明胶	运动性	新生霉素	溶血型
产酸不产气	产酸不产气	产酸不产气	—	—	—	—	—	—	—	—	＋	—	—	—	—	—	—	凝固产酸	—	试管刷状生长	—	—	抵抗	α

3.7　血清型鉴定

3.7.1　被检抗原制备

将可疑菌落接种马丁肉汤(见第 A.2 章)100 mL(加 10%健康马血清),37℃培养 36 h,纯粹检验合格后加 0.5%甲醛溶液灭活 24 h,用 0.5%甲醛磷酸盐缓冲液(PBS)溶液离心(8 000 r/min,15 min)洗涤 2 次,在沉淀物中加 3 mL 蒸馏水,经 112 kPa 高压 1 h,离心(8 000 r/min,15 min),上清液为被检抗原。

3.7.2　琼脂双相扩散试验

3.7.2.1　用 pH 7.2 的 PBS 配制 1.2%琼脂凝胶,加热融化后,在平皿中铺制成 3 mm 厚的胶板,打六角梅花型孔,孔径 3 mm,孔间距离 4 mm。在酒精灯火焰之上加热封底。

3.7.2.2　定型血清加满中央孔。

3.7.2.3　周围孔加满阳性对照抗原和被检抗原及 PBS。

3.7.2.4　置 37℃湿盒扩散 24 h 判定,定型血清与相对应的阳性抗原应出现沉淀线,与 PBS 不出现沉淀线,被检抗原与定型血清孔之间出现沉淀线为阳性。无沉淀线为阴性。

4　猪丹毒血清培养凝集试验

此试验为测抗体用。

4.1　所需材料

4.1.1　培养基:马丁氏肉汤(见第 A.2 章)。

4.1.2　菌种:猪丹毒杆菌 C43-8 强毒菌种。

4.2　操作步骤

4.2.1　无菌采被检猪血 5 mL,分离血清。

4.2.2　将被检血清用马丁肉汤分别稀释成 1∶10 和 1∶20。

4.2.3　每个稀释度的血清分别取 5 mL,56℃灭活 30 min。

判为可疑的血清应重做。

4.2.4　待灭活血清冷至 37℃以下时,每管加入猪丹毒 C43-8,经 18 h 培养的马丁肉汤菌液 0.1 mL,置 36℃～37℃静置培养 18 h,再取出放室温 2 h 后判定结果。

4.2.5　本试验同时设马丁肉汤和马丁肉汤培养的猪丹毒菌液作为对照管。

4.3　判定标准

4.3.1　被检血清培养物与菌液对照管比较观察,被检管和对照管一样均匀一致混浊,管底无凝集块者为阴性(—)。

4.3.2　被检管培养物上层液体稍混浊,管底有凝集物沉淀者为弱阳性(＋或＋＋)。

4.3.3 被检管培养物澄清，无混浊状，管底有大量凝集物沉淀者为阳性(＋＋＋或＋＋＋＋)。

4.4 定性判定根据血清 1∶10 和 1∶20 两个稀释度出现的凝集程度综合判定

4.4.1 两个稀释度出现凝集程度的总和≥5 个(＋)者，判为阳性。

4.4.2 两个稀释度出现凝集程度的总和＝4 个(＋)者，判为可疑。

4.4.3 两个稀释度出现凝集程度的总和≤3 个(＋)者，判为阴性。

附　录　A
(规范性附录)
培养基配制

A.1　马丁琼脂

A.1.1　成分

牛肉汤	500 mL
猪胃消化液	500 mL
氯化钠(NaCl)	2.5 g
琼脂	13 g

A.1.2　制法

A.1.2.1　将上述成分混合加热溶解。

A.1.2.2　待琼脂完全溶化后，以氢氧化钠溶液调整 pH 为 7.4～7.6。

A.1.2.3　以卵白澄清法或凝固沉淀法除去沉淀。

A.1.2.4　分装于中性玻璃瓶中，经 103.7 kPa 灭菌 30 min～40 min。

A.1.2.5　灭菌完毕，pH 应为 7.2～7.6。

A.1.2.6　按 10%加入健康动物血清，充分混合，分装于平皿中，制成 10%血清马丁琼脂。

A.2　马丁肉汤

A.2.1　成分

牛肉汤	500 mL
猪胃消化液	500 mL
氯化钠(NaCl)	2.5 g

A.2.2　制法

A.2.2.1　将上述成分混合，以氢氧化钠溶液调整 pH 为 7.6～7.8，煮沸 20 min～40 min，补足失去的水分。

A.2.2.2　冷却沉淀，抽取上清液，经滤纸或绒布滤过，滤液应为澄清、淡黄色，按需要量分装，经 103.7 kPa 灭菌 30 min～40 min。

A.2.2.3　灭菌完毕，pH 应为 7.2～7.6。

ICS 11.220
B 41

中华人民共和国农业行业标准

NY/T 678—2003

猪伪狂犬病免疫酶试验方法

Enzyme immunoassay for porcine pseudorabies

2003-07-30 发布 2003-10-01 实施

中华人民共和国农业部 发布

前　言

本标准的附录 A 是规范性附录。

本标准由农业部畜牧兽医局提出并归口。

本标准起草单位:农业部兽医诊断中心。

本标准主要起草人:王宏伟、吴清民、童光志、田克恭、陈西钊、苏敬良、王传彬。

猪伪狂犬病免疫酶试验方法

1 范围

本标准规定了猪伪狂犬病E糖蛋白(gE,即gpⅠ)酶联免疫吸附试验和免疫酶组织化学试验方法。

本标准适用于检测猪血清中的猪伪狂犬病病毒gE特异性抗体和组织中的猪伪狂犬病病毒抗原。

2 E糖蛋白酶联免疫吸附试验(gE-ELISA)

2.1 材料准备

2.1.1 试剂

a) ELISA抗原包被板;

b) 标准阳性血清:伪狂犬病病毒gE单克隆抗体;

c) 标准阴性血清:无伪狂犬病病毒gE抗体的猪血清;

d) 酶结合物:辣根过氧化物酶(HRP)标记的抗伪狂犬病病毒gE单克隆抗体;

e) 磷酸盐缓冲液(PBS):配制见第A.1章;

f) 洗涤液:配制见第A.2章;

g) 样品稀释液:配制见第A.3章;

h) 底物溶液:配制见第A.5章;

i) 终止液:配制见第A.6章。

2.1.2 器材

a) 酶联检测仪;

b) 微量加样器,容量50 μL~200 μL;

c) 37℃恒温培养箱。

2.1.3 样品

采集被检猪血液,分离血清,血清应新鲜、透明、不溶血、无污染,密装于灭菌小瓶内,4℃或-30℃保存或立即送检。试验前将被检血清统一编号,并用样品稀释液做2倍稀释。

2.2 操作方法

2.2.1 取出包被板,并将样品位置准确记录在记录单上。

2.2.2 向A_1、A_2、A_3孔中分别加入100 μL未经稀释的阴性对照血清,A_4、A_5、A_6孔中分别加入100 μL未经稀释的阳性对照血清,其他各孔加入100 μL稀释好的待检样品。

2.2.3 置室温1 h。

2.2.4 弃去孔内液体,再在纱布或吸水纸上拍干。

2.2.5 用洗涤液将反应板洗涤3次~5次,每次洗涤后均弃去孔内液体。最后一次洗涤后,除净孔内液体,拍干。

2.2.6 每孔加入100 μL酶结合物溶液,室温下作用20 min。

2.2.7 重复2.2.4和2.2.5。

2.2.8 各孔加入100 μL底物液。

2.2.9 室温放置15 min。

2.2.10 各孔加入50 μL终止液,立即用酶标仪于650 nm测定各孔吸光度(OD)值。

2.3 结果判定

2.3.1 只有在阴性对照 OD 值的均值减去阳性对照 OD 值的均值大于等于 0.3 时,试验成立。

2.3.2 待检样品是否含有针对 gE 抗原的抗体取决于每个样品的 *S*/*N* 值,*S*/*N* 等于样品 OD 值除以阴性对照 OD 均值。

2.3.2.1 如果样品的 *S*/*N* 值小于等于 0.6,表明血清中含伪狂犬病病毒 gE 抗体。

2.3.2.2 如果 *S*/*N* 值大于 0.6、小于等于 0.7,应重新检测样品。如仍得到相同的结果,3 周后应重新采样检测。

2.3.2.3 如果 *S*/*N* 值大于 0.7,表明血清中无 gE 抗体。

3 免疫酶组织化学法

3.1 材料准备

3.1.1 试剂

a) 磷酸盐缓冲液(PBS):配制见第 A.1 章;
b) 标准阳性血清:伪狂犬病病毒实验感染猪制备的血清;
c) 标准阴性血清:无伪狂犬病病毒感染、未经免疫的猪血清;
d) 酶结合物:HRP 标记的 SPA;
e) 底物溶液:配制见第 A.7 章;
f) 过氧化氢甲醇溶液:配制见第 A.8 章;
g) 盐酸酒精溶液:配制见第 A.9 章;
h) 胰蛋白酶溶液:配制见第 A.10 章。

3.1.2 器材

a) 普通光学显微镜;
b) 微量加样器,容量 50 μL~200 μL;
c) 石蜡切片机或冷冻切片机;
d) 载玻片及盖玻片;
e) 37℃恒温培养箱或水浴箱。

3.1.3 样品

对疑似伪狂犬病的病死猪或扑杀猪,立即采集肺、扁桃体和脑等组织数小块,置冰瓶内立即送检。不能立即送检者,将组织块切成 1 cm×1 cm 左右大小,置体积分数为 10%的福尔马林溶液中固定,保存,送检。

3.2 操作方法

3.2.1 新鲜组织按常规方法制备冰冻切片。冰冻切片风干后用丙酮固定 10 min~15 min;新鲜组织或固定组织按常规方法制备石蜡切片,常规脱蜡至 PBS(切片应用白胶或铬矾明胶作黏合剂,以防脱片)。

3.2.2 去内源酶:用过氧化氢甲醇溶液或盐酸酒精溶液 37℃作用 20 min。

3.2.3 胰蛋白酶消化:室温下,用胰蛋白酶溶液消化处理 2 min,以便充分暴露抗原。

3.2.4 漂洗:PBS 漂洗 3 次,每次 5 min。

3.2.5 封闭:滴加体积分数为 5%的新生牛血清或 1∶10 稀释的正常马血清,37℃湿盒中作用 30 min。

3.2.6 加适当稀释的标准阳性血清或标准阴性血清,37℃湿盒中作用 1 h 或 37℃湿盒中作用 30 min 后 4℃过夜。

3.2.7 漂洗同 3.2.4。

3.2.8 加适当稀释的酶结合物,37℃湿盒作用 1 h。

3.2.9 漂洗同3.2.4。

3.2.10 底物显色：新鲜配制的底物溶液显色5 min～10 min后漂洗。

3.2.11 衬染：苏木素或甲基绿衬染细胞核或细胞质。

3.2.12 从90％乙醇开始脱水、透明、封片，普通光学显微镜观察。

3.2.13 试验同时设阳性对照和阴性对照。

3.3 结果判定

阳性和阴性对照片本底清晰，背景无非特异着染，阳性对照组织细胞胞核呈黄色至棕褐色着染，试验成立；被检组织细胞胞核、偶见胞浆呈黄色至棕褐色着染，即可判为伪狂犬病病毒抗原阳性。

附 录 A
(规范性附录)
试 剂 的 配 制

A.1 磷酸盐缓冲液(PBS,0.01 mol/L pH 7.4)

氯化钠	8 g
氯化钾	0.2 g
磷酸二氢钾	0.2 g
十二水磷酸氢二钠	2.83 g
蒸馏水	加至 1 000 mL

A.2 洗涤液

PBS	1 000 mL
吐温-20	0.5 mL

A.3 样品稀释液

含体积分数为10%新生牛血清的洗涤液。

A.4 磷酸盐-柠檬酸缓冲液(pH 5.0)

柠檬酸	3.26 g
十二水磷酸氢二钠	12.9 g
蒸馏水	700 mL

A.5 gE-ELISA 底物溶液

用二甲基亚砜将3′3′5′5′-四甲基联苯胺(TMB)配成1%质量浓度,4℃保存。使用时按下列配方配制底物溶液。

磷酸盐-柠檬酸缓冲液	9.9 mL
1% 3′3′5′5′-四甲基联苯胺	0.1 mL
30%双氧水	1 μL

A.6 终止液

氢氟酸	0.31 mL
蒸馏水	100 mL

A.7 免疫酶组织化学底物溶液

3,3-二氨基联苯胺盐酸盐(DAB)	40 mL
PBS	100 mL
丙酮	5 mL
30%过氧化氢	0.1 mL

滤纸过滤后使用,现用现配。

A.8 过氧化氢甲醇溶液(0.3%)

30%过氧化氢	1 mL
甲醇	99 mL

现用现配。

A.9 盐酸酒精溶液(1%)

盐酸	1 mL
70%乙醇	99 mL

A.10 胰蛋白酶溶液(0.5%)

胰蛋白酶	0.5 g
PBS	100 mL

低温保存。使用时,用 PBS 稀释为 0.05%。

ICS 11.220
B 41

中华人民共和国农业行业标准

NY/T 679—2003

猪繁殖与呼吸综合征免疫酶试验方法

Enzyme immunoassay for porcine reproductive and respiratory syndrome

2003-07-30 发布

2003-10-01 实施

中华人民共和国农业部 发布

前　言

本标准的附录A为规范性附录。

本标准由农业部畜牧兽医局提出并归口。

本标准起草单位:农业部兽医诊断中心。

本标准主要起草人:王宏伟、王传彬、陈西钊、田克恭。

猪繁殖与呼吸综合征免疫酶试验方法

1 范围

本标准规定了猪繁殖与呼吸综合征(PRRS)免疫酶试验和免疫酶组织化学方法。

本标准适用于检测猪血清中的猪繁殖与呼吸综合征病毒(PRRSV)抗体和组织中的PRRSV抗原。

2 免疫酶试验

2.1 材料准备

2.1.1 试剂

2.1.1.1 磷酸盐缓冲液(PBS):配制见第A.1章。

2.1.1.2 抗原涂片的制备:PRRSV接种于生长至70%～80%单层的Marc-145细胞。接种后3 d～4 d,病变达50%～75%时,用胰蛋白酶消化分散感染的细胞单层,PBS洗涤3次后,稀释至1×10^6个细胞/mL。取印有10个～40个小孔的室玻片,每孔滴加10 μL。室温自然干燥后,冷丙酮(4℃)固定10 min。密封包装,置−20℃备用。

2.1.1.3 标准阳性血清:PRRSV试验感染猪制备的血清。

2.1.1.4 标准阴性血清:无PRRSV感染、未经免疫的猪血清。

2.1.1.5 酶结合物:辣根过氧化物酶(HRP)标记的葡萄球菌A蛋白(SPA)。

2.1.1.6 底物溶液:配制见第A.2章。

2.1.2 器材

a) 普通光学显微镜;

b) 印有10个～40个小孔的室玻片;

c) 微量加样器,容量5 μL～50 μL;

d) 37℃恒温培养箱或水浴箱。

2.1.3 样品

采集被检猪血液,分离血清。血清应新鲜、透明、不溶血、无污染,密装于灭菌小瓶内,4℃或−30℃保存或立即送检。试验前将被检血清统一编号,并用PBS做10倍稀释。

2.2 操作方法

2.2.1 取出抗原涂片,室温干燥后,滴加10倍稀释的待检血清和标准阴性血清、标准阳性血清,每份血清加2个病毒细胞孔和1个正常细胞孔,置湿盒内,37℃ 30 min。

2.2.2 PBS漂洗3次,每次5 min,室温干燥。

2.2.3 滴加适当稀释的酶结合物,置湿盒内,37℃ 30 min。

2.2.4 PBS漂洗3次,每次5 min。

2.2.5 将室玻片放入底物溶液中,室温下显色5 min～10 min。PBS漂洗2次,再用蒸馏水漂洗1次。

2.2.6 吹干后,在普通光学显微镜下观察,判定结果。

2.3 结果判定

2.3.1 在阴性血清对照、阳性血清对照成立的情况下:即阴性血清与正常细胞和病毒感染细胞反应均无色;阳性血清与正常细胞反应无色,与病毒感染细胞反应呈棕黄色至棕褐色,即可判定结果;否则应重试。

2.3.2 待检血清与正常细胞和病毒感染细胞反应均呈无色，即可判为PRRSV抗体阴性。

2.3.3 待检血清与正常细胞反应呈无色，而与病毒感染细胞反应呈棕黄色至棕褐色，即可判为PRRSV抗体阳性。

3 免疫酶组织化学法

3.1 材料准备

3.1.1 试剂

3.1.1.1 磷酸盐缓冲液(PBS)：配制见第A.1章。

3.1.1.2 标准阳性血清：PRRSV实验感染猪制备的血清。

3.1.1.3 标准阴性血清：无PRRSV感染、未经免疫的猪血清。

3.1.1.4 酶结合物：HRP标记的SPA。

3.1.1.5 底物溶液：配制见第A.2章。

3.1.1.6 过氧化氢甲醇溶液：配制见第A.3章。

3.1.1.7 盐酸酒精溶液：配制见第A.4章。

3.1.1.8 胰蛋白酶溶液：配制见第A.5章。

3.1.2 器材

a) 普通光学显微镜；

b) 微量加样器，容量50 μL～200 μL；

c) 石蜡切片机或冷冻切片机；

d) 载玻片及盖玻片；

e) 37℃恒温培养箱或水浴箱。

3.1.3 样品

对疑似PRRS的病死猪或扑杀猪，立即采集肺、扁桃体和脾等组织数小块，置冰瓶内立即送检。不能立即送检者，将组织块切成1 cm×1 cm左右大小，置体积分数为10%的福尔马林溶液中固定，保存，送检。

3.2 操作方法

3.2.1 新鲜组织按常规方法制备冰冻切片。冰冻切片风干后用丙酮固定10 min～15 min；新鲜组织或固定组织按常规方法制备石蜡切片，常规脱蜡至PBS(切片应用白胶或铬矾明胶作黏合剂，以防脱片)。

3.2.2 去内源酶：用过氧化氢甲醇溶液或盐酸酒精37℃作用20 min。

3.2.3 胰蛋白酶消化：室温下，用胰蛋白酶溶液消化处理2 min，以便充分暴露抗原。

3.2.4 漂洗：PBS漂洗3次，每次5 min。

3.2.5 封闭：滴加体积分数为5%的新生牛血清或1∶10稀释的正常马血清，37℃湿盒中作用30 min。

3.2.6 加适当稀释的标准阳性血清或标准阴性血清，37℃湿盒中作用1 h或37℃湿盒中作用30 min后4℃过夜。

3.2.7 漂洗同3.2.4。

3.2.8 加适当稀释的酶结合物，37℃湿盒作用1 h。

3.2.9 漂洗同3.2.4。

3.2.10 底物显色：新鲜配制的底物溶液显色5 min～10 min后漂洗。

3.2.11 衬染：苏木素或甲基绿衬染细胞核或细胞质。

3.2.12 从90%乙醇开始脱水、透明、封片、普通光学显微镜观察。

3.2.13 试验同时设阳性对照和阴性对照。

3.3 结果判定

阳性和阴性对照片本底清晰，背景无非特异着染，阳性对照组织细胞胞浆呈黄色至棕褐色着染，试验成立；被检组织细胞胞浆、偶见胞核呈黄色至棕褐色着染，即可判为PRRSV抗原阳性。

附 录 A
（规范性附录）
试 剂 的 配 制

A.1 磷酸盐缓冲液(PBS,0.01 mol/L pH 7.4)

氯化钠	8 g
氯化钾	0.2 g
磷酸二氢钾	0.2 g
十二水磷酸氢二钠	2.83 g
蒸馏水	加至 1 000 mL

A.2 底物溶液

3,3-二氨基联苯胺盐酸盐(DAB)	40 mg
PBS	100 mL
丙酮	5 mL
30%过氧化氢	0.1 mL

滤纸过滤后使用,现用现配。

A.3 过氧化氢甲醇溶液(0.3%)

30%过氧化氢	1 mL
甲醇	99 mL

现用现配。

A.4 盐酸酒精溶液(1%)

盐酸	1 mL
70%乙醇	99 mL

A.5 胰蛋白酶溶液(0.5%)

胰蛋白酶	0.5 g
PBS	100 mL

低温保存。使用时,用 PBS 稀释为 0.05%。

ICS 11.220
B 41

中华人民共和国农业行业标准

NY/T 1186—2017
代替 NY/T 1186—2006

猪支原体肺炎诊断技术

Diagnostic techniques for mycoplasmal pneumonia of swine

2017-06-12 发布

2017-10-01 实施

中华人民共和国农业部 发布

前　言

本标准按照 GB/T 1.1—2009 给出的规则起草。

本标准代替 NY/T 1186—2006《猪支原体肺炎诊断技术》。与 NY/T 1186—2006 相比，除编辑性修改外主要技术变化如下：

——"范围"部分增述了临床诊断和实验室诊断，并对实验室检测技术重新调整为病原学诊断与血清学诊断技术(见第 5 章和第 6 章;2006 年版的第 3 章)；

——"临床诊断与病理学检查"一项综合为临床诊断，并细化为流行病学、临床特征、病理特征和判定标准，删除了 X 线检查诊断(见第 5 章，2006 版的第 3 章)；

——"病原分离与鉴定"一项归入实验室诊断中，更新了猪肺炎支原体培养基和培养条件，病原鉴定加入了 PCR 方法，删除了溶血试验、精氨酸利用试验、薄膜和斑点形成试验、红细胞吸附试验(见第 6 章，2006 版的第 4 章)；

——新增 PCR 检测和 ELISA 检测两种诊断方法(见 6.2.2 和 6.3.2)；

——规范了样品采集和运送操作(见 6.1)；

——增加了综合结果判定说明(见第 7 章)。

本标准由农业部兽医局提出。

本标准由全国动物卫生标准化技术委员会(SAC/TC 181)归口。

本标准起草单位：江苏省农业科学院兽医研究所、中国动物卫生与流行病学中心、西北农林科技大学。

本标准主要起草人：邵国青、冯志新、刘茂军、熊祺琰、张磊、郑增忍、张彦明、白昀、王海燕、武昱孜、韦艳娜、刘蓓蓓、甘源、华利忠、王丽、张衍海、王娟。

本标准所代替标准的历次版本发布情况为：

——NY/T 1186—2006。

猪支原体肺炎诊断技术

1 范围

本标准规定了猪支原体肺炎临床诊断、实验室病原学诊断与血清学诊断的技术要求。

本标准适用于猪支原体肺炎人工发病和临床病例的诊断、疫苗免疫效果的确定以及猪场内该病的净化监测。

2 规范性引用文件

下列文件对于本文件的应用是必不可少的。凡是注日期的引用文件，仅注日期的版本适用于本文件。凡是不注日期的引用文件，其最新版本(包括所有的修改单)适用于本文件。

GB/T 6682 分析实验室用水规格和试验方法

NY/T 541 兽医诊断样品采集、保存与运输技术规范

3 术语和定义

下列术语和定义适用于本文件。

3.1

猪支原体肺炎

猪支原体肺炎(MPS)俗称猪气喘病或猪地方流行性肺炎(EPS)。它是由支原体科支原体属(*Mycoplasma*)中的猪肺炎支原体(MHP)引起的一种呼吸道疾病，是严重危害养猪业健康发展的主要猪病之一。

4 缩略语

下列缩略语适用于本文件。

CCU:颜色变化单位(color change unit)

dNTPs:脱氧核糖核苷三磷酸(deoxyribonucleoside triphosphates)

ELISA:酶联免疫吸附试验(enzyme-linked immunosorbent assay)

EPS:猪地方流行性肺炎(enzootic pneumonia of swine)

HRP:辣根过氧化物酶(horseradish peroxidase)

IHA:间接血凝试验(indirect hemagglutination assay)

MHP:猪肺炎支原体(*Mycoplasma hyopneumoniae*)

MPS:猪支原体肺炎(Mycoplasmal pneumonia of swine)

PBS:磷酸盐缓冲液(phosphate-buffered saline buffer)

PCR:聚合酶链式反应(polymerase chain reaction)

TAE:TAE 电泳缓冲液(tris-acetate-ethylene diamine tetraacetic acid buffer)

Taq 酶:*Taq* DNA 聚合酶(*Taq* DNA Polymerase)

TBE:TBE 电泳缓冲液(tris-borate-ethylene diamine tetraacetic acid buffer)

5 临床诊断

5.1 流行病学

猪气喘病仅发生于猪，不同品种、年龄、性别的猪均能感染。其中，以幼猪最易感，发病率高，病死率

低。本病一年四季均可发生,猪舍通风不良、猪群拥挤、气候突变、阴湿寒冷、饲养管理和卫生条件不良均可促进本病发生,加重病情。带菌猪是猪肺炎支原体感染的主要传染源。在许多猪群中,猪肺炎支原体是从母猪通过接触传染给仔猪。少数猪感染后,就会在同圈猪之间发生接触传染。

5.2 临床特征

5.2.1 急性型

5.2.1.1 病猪呼吸困难,严重者张口喘气,腹式呼吸或犬坐姿势,时发痉挛性阵咳。

5.2.1.2 食欲大减或废绝,日渐消瘦。

5.2.1.3 病程 1 周~2 周,病猪可因窒息而死。

5.2.2 慢性型

5.2.2.1 长期咳嗽,清晨进食前后及剧烈运动时最明显,严重的可发生痉挛性咳嗽。

5.2.2.2 病猪体温一般正常,但消瘦,发育不良,被毛粗乱。

5.2.2.3 病程长达 2 个月~3 个月,有的在半年以上。

5.3 病理特征

5.3.1 病理学诊断

5.3.1.1 急性病例可见不同程度的肺水肿与肺气肿。在心叶、尖叶、中间叶及部分病例的膈叶前缘出现融合性支气管肺炎,以心叶最为显著,尖叶和中间叶次之,然后波及膈叶。

5.3.1.2 早期病理变化发生在心叶粟粒大至绿豆大,逐渐扩展为淡红色或灰红色,半透明状,界限明显,俗称“肉变”。

5.3.1.3 后期或病情加重,病理变化部颜色转为浅红色、灰白色或灰红,半透明状态减轻,俗称“胰变”或“虾肉样实变”。继发感染细菌时,引起肺和胸膜的纤维素性、化脓性和坏死性病理变化。

5.3.2 组织病理学诊断

5.3.2.1 早期以间质性肺炎为主,以后则演变为支气管性肺炎。支气管和细支气管上皮细胞纤毛数量减少,小支气管周围的肺泡扩大,泡腔充满多量炎性渗出物,肺泡间组织有淋巴样细胞增生。

5.3.2.2 急性病例中,扩张的泡腔内充满浆液性渗出物,杂有单核细胞、中性粒细胞、少量淋巴细胞和脱落的肺泡上皮细胞。

5.3.2.3 慢性病例中,其肺泡腔内的炎性渗出物中液体成分减少,主要是淋巴细胞浸润。

5.4 判定标准

猪群出现 5.2.1 或 5.2.2 的临床特征,并出现病理特征 5.3.1 或 5.3.2 中一条及一条以上,且符合 5.1 流行病学,可判定为疑似猪支原体肺炎。

6 实验室诊断

6.1 样品采集和运送

6.1.1 新鲜肺组织样品采集和运输

按照 NY/T 541 规定的方法采样。剖检病死猪或发病猪,采集病肺中具有特征病变组织与未见异常组织连接处的肺组织 0.5 g~1.0 g,置于无菌密封袋或密封容器中,于 2℃~8℃下 24 h 内完成运送工作。如样品不能被及时送到实验室,应置于−20℃以下冰箱中保存。

6.1.2 支气管肺泡灌洗液采集和运输

采集新鲜未破损的猪肺脏,经气管注入 50 mL~100 mL 灭菌的 0.01 mol/L PBS 溶液(见附录 A 中的 A.1),轻揉肺脏 3 min~5 min,转移 5 mL~10 mL 灌洗液至无菌容器中。运输与保存方法同 6.1.1。

6.1.3 鼻拭子采集和运输

将猪保定后,采样人员将棉拭子与猪鼻中隔呈 45°角轻轻插入。遇到鼻中隔后,稍作拐弯,绕过骨状瓣膜，与鼻中隔平行方向插入 2 cm～5 cm，轻轻旋转棉拭子。当猪出现喷嚏反射后，轻轻抽出棉拭子，将该鼻拭子样品端置于含有 1 mL 0.01 mol/L PBS 溶液的灭菌离心管中。运输与保存方法同 6.1.1。

6.1.4 血清样品采集和运输

按 NY/T 541 规定的方法采样。

6.2 病原学诊断

6.2.1 病原分离与鉴定

6.2.1.1 仪器设备

无菌操作台、CO_2 培养箱、低倍显微镜、移液器、载玻片和微量加样器。

6.2.1.2 试剂

除另有规定外，试剂均为分析纯或生化试剂，试验用水符合 GB/T 6682 的要求。

Hank's 液(见 A.2)、猪肺炎支原体液体培养基(见 A.3)、猪肺炎支原体固体培养基(见 A.4)、瑞士染色配套试剂、青霉素。

6.2.1.3 分离和培养

将 6.1.1 采集的肺组织剪成 2 mm^3 以下的碎块，用 Hank's 液洗涤一次；

取 3 块～5 块浸泡在盛有 2 mL 猪肺炎支原体液体培养基(含 2 000 IU/mL 青霉素)的西林瓶或试管中，置 37℃传代培养；

第 1 代～第 3 代分离时，每 3 d～5 d，以 10%～20%的接种量连续进行盲传；随后，每 5 d～7 d 连续传代至第 4 代～第 5 代，以提高分离率；

连续传代过程中，如培养物变色，进行涂片镜检。

6.2.1.4 染色镜检

瑞氏染色以环形为主，也见球状、两极杆状、新月状、丝状等形态多样、大小不等的疑似菌体(参见附录 B 中的 B.1)。

6.2.1.5 培养鉴定

取 0.2 mL 培养物涂布于猪肺炎支原体固体培养基表面，置 37℃、5%～10% CO_2 环境中培养 3 d～10 d。若出现圆形、边缘整齐、似露滴状、中央有颗粒且稍隆起的疑似菌落(参见 B.2)，将其重新接种猪肺炎支原体液体培养基。待培养物变色后，按照 6.2.2 的方法做进一步鉴定。

6.2.1.6 结果判定

样品呈现出镜检和培养的疑似特征，且猪肺炎支原体 PCR 检测结果阳性，则判为病猪猪肺炎支原体分离阳性，表述为检出猪肺炎支原体；否则，表述为未检出猪肺炎支原体。

6.2.2 猪肺炎支原体 PCR 检测

6.2.2.1 仪器

高速冷冻离心机、PCR 扩增仪、核酸电泳仪、恒温水浴锅、组织匀浆器、凝胶成像系统、水平电泳槽、微量加样器(量程：0.5 μL～10 μL；2 μL～20 μL；20 μL～200 μL；100 μL～1 000 μL)。

6.2.2.2 试剂

除另有规定外，试剂为分析纯或生化试剂，试验用水符合 GB/T 6682 的要求。

6.2.2.2.1 引物

上游引物：5′-GAGCCTTCAAGCTTCACCAAGA-3′；

下游引物：5′-TGTGTTAGTGACTTTTGCCACC-3′。

6.2.2.2.2 阳性对照样品与阴性对照样品

以灭活前浓度为 1×10^5 CCU/mL～1×10^8 CCU/mL 的猪肺炎支原体菌液培养物，经 PCR 检测不含猪絮状支原体、猪滑液支原体和猪鼻支原体后作为阳性对照样品(由指定单位提供)，以灭菌双蒸水为阴性对照样品。

6.2.2.2.3 *Taq*酶、PCR反应缓冲液（与*Taq*酶匹配）、氯化镁（25 mmol/L）、dNTPs（dATP、dCTP、dGTP、dTTP各2.5 mmol/L）、酚/三氯甲烷/异戊醇（体积比25：24：1）、三氯甲烷、异丙醇（−20℃预冷）、琼脂糖、DNA相对分子量标准物Marker DL 2 000。

6.2.2.2.4 0.01 mol/L PBS液、DNA提取液、75%乙醇、TE溶液（pH 8.0）、电泳缓冲液（1×TBE或1×TAE）、溴化乙锭溶液（10 mg/mL）、上样缓冲液，配制方法见附录A。

6.2.2.3 样品处理与DNA提取

6.2.2.3.1 肺组织处理与DNA提取

6.2.2.3.1.1 肺组织的前处理

取0.5 g～1.0 g肺组织样品，先加入少量0.01 mol/L PBS溶液后，充分匀浆，最终制成10%～20%（*W*/*V*）的悬液。

6.2.2.3.1.2 肺组织悬液DNA提取

取肺组织悬液200 μL，加入750 μL DNA提取液，65℃温浴30 min。加酚/三氯甲烷/异戊醇500 μL，振荡混匀，12 000 r/min离心5 min。吸取上清液加入等体积的三氯甲烷，振荡混匀，12 000 r/min离心5 min。吸取500 μL上清液与400 μL的异丙醇充分混合，12 000 r/min离心5 min，75%乙醇冲洗沉淀一次，12 000 r/min离心5 min。弃去上清液，沉淀干燥后溶于30 μL TE溶液中，立即用于检测或保存于−20℃。

也可使用其他经验证的DNA提取方法或等效的商品化DNA提取试剂盒，按照其使用说明操作。

6.2.2.3.2 支气管肺泡灌洗液处理与DNA提取

6.2.2.3.2.1 支气管肺泡灌洗液前处理

取5 mL～10 mL支气管肺泡灌洗液，12 000 r/min离心20 min。弃去上清液，沉淀用200 μL 0.01 mol/L PBS溶液重悬。

6.2.2.3.2.2 支气管肺泡灌洗液重悬液DNA提取

取支气管肺泡灌洗液重悬液200 μL，按6.2.2.3.1.2的规定提取DNA。

6.2.2.3.3 鼻拭子处理与DNA提取

6.2.2.3.3.1 鼻拭子前处理

将浸有鼻拭子的离心管振荡5 s，2℃～8℃放置2 h，用无菌镊子取出棉拭子，即成鼻拭子浸出物。

6.2.2.3.3.2 鼻拭子浸出物DNA提取

采用水煮法提取鼻拭子样品DNA。取鼻拭子浸出物，12 000 r/min离心20 min，弃去上清液。沉淀用50 μL灭菌水重悬，于100℃水浴10 min后立即放置到冰浴中冷却10 min，于−20℃以下保存作为DNA模板。

6.2.2.3.4 培养物和阳性对照样品处理与DNA提取

采用水煮法提取未知培养物样品和阳性对照样品DNA。取6.2.1.3制备的培养菌液1 mL，按6.2.2.3.3.2的规定提取DNA。

6.2.2.4 反应体系

10×PCR缓冲液2.5 μL、dNTPs（10 mmol/L）2 μL、氯化镁（25 mmol/L）2 μL、引物（10 μmol/L）各0.5 μL、*Taq* DNA聚合酶（5 U/μL）0.5 μL、模板DNA 2 μL～5 μL，用灭菌的双蒸水补足反应体积至25 μL。

也可使用等效商品化PCR反应预混液。

6.2.2.5 PCR反应程序

95℃预变性12 min后进入PCR循环：94℃变性20 s，60℃退火30 s，72℃延伸40 s，进行30个循环；最后72℃延伸7 min。2℃～8℃暂存反应产物。反应体系与条件可以根据仪器型号或反应预混液类型进行等效评估，并做适当的参数调整。

6.2.2.6 **PCR产物电泳**

称取1.0 g琼脂糖，加入100 mL电泳缓冲液加热溶解，加入终浓度为1 μg/mL的溴化乙锭溶液，制胶。PCR扩增产物与上样缓冲液按5∶1混合，加样，同时分别加Marker DL 2 000(0 bp～2 000 bp)、阴性对照样品和阳性对照样品，100 V～120 V恒压电泳20 min～40 min，凝胶成像系统观察并记录结果。

6.2.2.7 **结果判定**

6.2.2.7.1 **试验成立的条件**

若阳性对照样品出现649 bp的目标扩增条带，同时阴性对照样品无目标扩增条带，则试验成立；否则试验不成立。

6.2.2.7.2 **检测结果判定**

符合6.2.2.7.1的要求，被检样品扩增产物出现649 bp目标条带，判为猪肺炎支原体核酸检出阳性(参见附录中C的C.1)；被检样品未扩增出649 bp目标条带，则判为猪肺炎支原体核酸检出阴性。为进一步验证，可对PCR扩增产物进行测序，其目标序列参见C.2。

6.3 **血清学诊断**

6.3.1 **间接血凝试验(IHA)**

6.3.1.1 **试剂与材料**

6.3.1.1.1 96孔(12×8)V型(110°)有机玻璃血凝板或一次性微量血凝板、微量移液器、微量振荡器。

6.3.1.1.2 阳性血清、阴性血清(由指定单位提供)。

6.3.1.1.3 2%醛化红细胞悬液、2%抗原致敏的红细胞悬液、血清稀释液，详细配置方法见A.15～A.17。

6.3.1.2 **操作方法**

6.3.1.2.1 取被检血清0.2 mL于无菌小试管中，56℃水浴30 min灭活。冷却后，加入0.3 mL 2%戊二醛化红细胞悬液，摇匀，置37℃水浴30 min，期间不断混匀。室温1 500 r/min离心10 min后，吸出上清供检验用。阳性血清、阴性血清的处理同被检血清。

6.3.1.2.2 用微量移液器先向血凝板拟使用的每孔中加入25 μL血清稀释液，再向第1孔加入25 μL已处理好的被检血清，充分混匀后，吸取25 μL加入第2孔……依次做倍比连续稀释至第6孔(血清的稀释倍数为1∶5、1∶10、1∶20、1∶40、1∶80、1∶160)，混匀后从第6孔取出25 μL弃去。

6.3.1.2.3 向每个加样孔中加入25 μL 2%抗原致敏的红细胞悬液。同时，设阴性血清对照、阳性血清对照及2%戊二醛化红细胞空白对照。

6.3.1.2.4 置微量振荡器上振荡30 s后，室温静置2 h，观察结果。

6.3.1.3 **结果判定**

6.3.1.3.1 **试验成立的条件**

抗原致敏的红细胞对照无自凝现象，阳性对照血清抗体效价>1∶20(++)；阴性对照血清抗体效价<1∶5(-)时试验成立。

6.3.1.3.2 **判定标准**

++++：红细胞100%凝集，在孔底凝结浓缩成团，面积较大；

+++：红细胞75%凝集，形成网络状沉积物，面积较大，卷边或锯齿状；

++：红细胞50%凝集，其余不凝集的红细胞在孔底中央集中成较大的圆点；

+：红细胞25%凝集，不完全沉于孔底，周围有散在少量的凝集；

-：红细胞呈点状沉于孔底，周边光滑。

6.3.1.3.3 **判定**

被检血清抗体效价≥1∶10(+)者，判为阳性，表明样品中存在猪肺炎支原体抗体；被检血清抗体效价<1∶5(−)者，判为阴性，表明样品中不存在猪肺炎支原体抗体；介于二者之间判为可疑。将可疑猪隔离饲养1个月后再做检验，若仍为可疑反应，则判定为阳性。

6.3.2 酶联免疫吸附试验(ELISA)

6.3.2.1 试剂材料与仪器设备

酶标检测仪、恒温培养箱、酶标板、可调移液器(1 μL～10 μL、20 μL～200 μL、100 μL～1 000 μL)。

猪肺炎支原体抗原(1 mg/mL)、猪肺炎支原体阳性对照血清(阳性对照)、猪肺炎支原体阴性对照血清(阴性对照)、辣根过氧化物酶(HRP)标记的抗猪 IgG 抗体：均由指定单位提供。

洗液、包被液、样品稀释液、酶标抗体稀释液、底物溶液、终止液配制方法见附录 A。

6.3.2.2 操作方法

6.3.2.2.1 包被抗原

将猪支原体肺炎抗原用包被液稀释成工作浓度，包被酶标板，每孔 100 μL，加盖后，置 2℃～8℃冰箱过夜。

6.3.2.2.2 封闭

翌日取出酶标板，置 37℃恒温箱或室温 30 min 后，弃去包被液，每孔加入 200 μL 样品稀释液，37℃孵育 1 h。

6.3.2.2.3 洗板

取出酶标板弃去液体后，每孔加入洗液 300 μL 洗板，共 3 次～5 次。最后一次倒置拍干。

6.3.2.2.4 加样

被检血清用样品稀释液做 1∶40 稀释，每份血清加 2 孔，每孔 100 μL。同时，设立同样稀释与加样的阳性对照、阴性对照和直接加样品稀释液的空白对照各 2 孔。室温(18℃～25℃)下作用30 min。

6.3.2.2.5 洗板

按 6.3.2.2.3 的规定操作。

6.3.2.2.6 加 HPR 标记的抗猪 IgG 抗体

用样品稀释液将酶标抗体稀释成工作浓度，加样孔中每孔加入 100 μL，室温(18℃～25℃)作用 30 min。

6.3.2.2.7 洗板

按 5.3.2.2.3 的规定操作。

6.3.2.2.8 加酶底物溶液

加样孔中每孔加 100 μL，室温(18℃～25℃)作用 15 min。

6.3.2.2.9 终止反应

取出酶标板，加样孔中每孔加 100 μL 终止液终止反应。

6.3.2.2.10 测吸光值

酶标板在酶标仪 650 nm 波长下，以空白对照为“0”参照，测定加样孔吸光值(OD)。

6.3.2.3 结果计算

6.3.2.3.1 只有在阳性对照平均值减去阴性对照平均值的差值≥0.15、阴性对照平均值≤0.15 时，检测结果才有效。

6.3.2.3.2 计算平均吸光度值：分别计算被检样品和各对照样品的平均值。

6.3.2.3.3 计算 S/P 值：样本的 S/P 值按式(1)计算。

$$S/P = \frac{A - NC_{\bar{x}}}{PC_{\bar{x}} - NC_{\bar{x}}} \quad \cdots\cdots (1)$$

式中：

A ——样品的吸光度值；

$NC_{\bar{x}}$——阴性对照平均值；

$PC_{\bar{x}}$——阳性结果平均值。

6.3.2.4 判定标准

阳性反应：被检血清相对平均吸光度值（S/P 值）>0.40；

可疑反应：被检血清相对平均吸光度值（S/P 值）≥0.30，但≤0.40；

阴性反应：被检血清相对平均吸光度值（S/P 值）<0.30；

将出现可疑反应的血清重新再检，若仍为可疑反应，则结果判定为阳性反应。

也可使用经验证的等效的商品化 ELISA 抗体检测试剂盒进行检测，具体操作及结果判定参照试剂盒说明书进行。

7 综合结果判定

7.1 符合以下情况，判定为疑似猪支原体肺炎：

猪群出现临床症状 5.2.1 或 5.2.2，且出现 5.3 病理特征中一条或一条以上，疾病发生符合 5.1 流行病学，可判定为疑似猪支原体肺炎。

7.2 符合以下情况，判定为确诊猪支原体肺炎：

a) 符合结果判定 7.1，且符合 6.2.1 或 6.2.2 任一种方法的检测结果为阳性；

b) 符合结果判定 7.1，且符合 6.3.1 或 6.3.2 任一种方法的检测结果为阳性。

附 录 A
(规范性附录)
溶 液 的 配 制

A.1 0.01 mol/L PBS 溶液(pH 7.2～pH 7.4)

准确称量下面各试剂，加入到 800 mL 蒸馏水中溶解，调节溶液的 pH 至 7.2～7.4，加水定容至1 L。分装后在 121℃灭菌 15 min～20 min，或过滤除菌，保存于室温。

氯化钠(NaCl)	8.00 g
氯化钾(KCl)	0.20 g
磷酸二氢钾(KH_2PO_4)	0.24 g
磷酸氢二钠($Na_2HPO_4 \cdot 12H_2O$)	3.65 g
双蒸水	加至 1 000 mL

A.2 Hank's 液

甲液：

氯化钠(NaCl)	160.00 g
氯化钾(KCl)	8.00 g
硫酸镁($MgSO_4 \cdot 7H_2O$)	2.00 g
氯化镁($MgCl_2 \cdot 6H_2O$)	2.00 g
加蒸馏水	至 800 mL
氯化钙($CaCl_2$)	2.80 g
加蒸馏水	至 100 mL

将上述 2 种溶液混合后，加蒸馏水至 1 000 mL，并加 2 mL 氯仿作为防腐剂，保存于 2℃～8℃。

乙液：

磷酸氢二钠($Na_2HPO_4 \cdot 12H_2O$)	3.04 g
磷酸二氢钾(KH_2PO_4)	1.20 g
葡萄糖	20.00 g

将上述成分溶于 800 mL 蒸馏水中，再加入 100 mL 0.4%酚红液。加蒸馏水至 1 000 mL，并加 2 mL 氯仿作为防腐剂，保存于 2℃～8℃。

按下述比例配置：

甲液	1 份
乙液	1 份
蒸馏水	18 份

高压灭菌后至 2℃～8℃保存备用。使用时，于 100 mL Hank's 液内加入 35 g/L 碳酸氢钠($NaHCO_3$)液，pH 7.2～7.6。

也可使用经验证的等效的商品化 Hank's 溶液。

A.3 猪肺炎支原体液体培养基

Eagle's 液	50%
1%水解乳蛋白磷酸缓冲液	29%
猪血清	20%

鲜酵母浸出汁	1%
青霉素	200 U/mL
酚红	0.002%
NaOH 溶液调 pH 至	7.4～7.6

上述溶液除血清和青霉素外，115℃高压灭菌 30 min，无菌操作加入猪血清和青霉素，2℃～8℃保存备用。

A.4 猪肺炎支原体的固体培养基

液体培养基中除血清和青霉素外，按 10 g/L 加入琼脂。高压灭菌后，冷至 56℃左右，无菌操作分别加入猪血清及青霉素。趁热倒成平板，凝固后即成，2℃～8℃保存备用。

A.5 电泳缓冲液(1×TAE 或 1×TBE)

A.5.1 0.5 mol/L EDTA(pH 8.0)的配制

称取 $Na_2EDTA \cdot 2H_2O$ 18.61 g，用 80 mL 蒸馏水充分搅拌，用 NaOH 颗粒调 pH 至 8.0，再用蒸馏水定容至 100 mL。

EDTA 二钠盐需加入 NaOH 将 pH 调至接近 8.0 时，才会溶解。

A.5.2 TAE 的配制

分别准确称取 Tris 碱 242.0 g、冰乙酸 57.1 mL，加入配置好的 0.5 mol/L EDTA(pH 8.0)100 mL 溶解并调 pH 至 8.0，用蒸馏水补足至 1 000 mL，充分混匀后即为 50×TAE，4℃保存备用。使用前，用蒸馏水将其做 50 倍稀释即为 1×TAE，现用现配。

A.5.3 TBE 的配制

分别准确称取 Tris 碱 54.0 g、硼酸 27.5 g，加入配置好的 0.5 mol/L EDTA(pH 8.0)20 mL，加蒸馏水 800 mL 溶解并调 pH 至 8.0，用蒸馏水补足至 1 000 mL，充分混匀后即为 5×TBE，2℃～8℃保存备用。使用前，用蒸馏水将其做 5 倍稀释即为 1×TBE，现用现配。

A.6 DNA 提取液

配置终浓度分别为 100 mmol/L Tris-HCl(pH 8.0)、25 mmol/L EDTA(pH 8.0)、500 mmol/L NaCl、1% SDS 的混合溶液，混匀后 4℃保存备用。具体配法如下：

500 mmol/L Tris-HCl(pH 8.0)：称取 15.14 g Tris，加入 150 mL 蒸馏水，加入 HCl 调 pH 至 8.0，定容至 250 mL。

100 mmol/L EDTA(pH 8.0)：称取 8.46 g $Na_2EDTA \cdot 2H_2O$，加入 200 mL 蒸馏水，调 pH 至 8.0，定容至 250 ml。

5 mol/L NaCl：称取 29.22 g NaCl，加入蒸馏水溶解，并定容至 100 mL。

10% SDS：称取 10 g SDS，加入蒸馏水溶解，并定容至 100 mL。

配制 1 000 mL DNA 提取液：先加入 500 mmol/L Tris-HCl(pH 8.0)200 mL，再加入 100 mmol/L EDTA(pH 8.0)250 mL、5 mol/L NaCl 100 mL，然后加入 10% SDS 100 mL，最后用蒸馏水补足至 1 000 mL。

也可使用经验证的等效的商品化 DNA 提取试剂盒，具体操作参照试剂盒说明书进行。

A.7 上样缓冲液(6×)

配置终浓度分别为 0.25%溴酚蓝、0.25%二甲苯青 FF、40%蔗糖的混合溶液，混匀后 2℃～8℃保存备用。

也可使用商品化的核酸凝胶电泳上样缓冲液，按照说明书要求进行操作。

A.8 TE 溶液(pH 8.0)

配置终浓度为 10 mmol/L Tris-HCl(pH 8.0)和 1 mmol/L EDTA(pH 8.0)的混合溶液，高压灭菌后，2℃～8℃保存备用。具体配法如下：

1 mol/L Tris-HCl(pH 8.0)：称取 Tris 碱 12.12 g，加蒸馏水 80 mL 溶解，滴加浓 HCl 调 pH 至 8.0，定容至 100 mL。

0.5 mol/L EDTA(pH 8.0)：称取 $Na_2EDTA \cdot 2H_2O$ 18.61 g，用 80 mL 蒸馏水充分搅拌，用 NaOH 颗粒调 pH 至 8.0，再用蒸馏水定容至 100 mL。EDTA 二钠盐需加入 NaOH 将 pH 调至接近 8.0 时，才会溶解。

配制 100 mL TE 溶液(pH 8.0)：加入 1 mol/L Tris-HCl(pH 8.0)1 mL、0.5 mol/L EDTA(pH 8.0)0.2 mL，用蒸馏水补足至 100 mL。

A.9 溴化乙锭溶液(10 mg/mL)

准确量取溴化乙锭 0.1 g，加蒸馏水 10.0 mL，充分溶解后即为 10 mg/mL 溴化乙锭溶液。

也可使用商品化的溴化乙锭溶液或其他等效商品化的核酸电泳染料，按照说明书要求进行操作。

A.10 75%乙醇

无水乙醇 75 mL，加双蒸水定量至 100 mL，充分混匀后，－20℃预冷备用。

A.11 1/15 mol/L PBS 溶液(pH 7.2～7.4)

准确称量磷酸氢二钠($Na_2HPO_4 \cdot 12H_2O$)1.74 g、磷酸二氢钾(KH_2PO_4)0.24 g、氯化钠(NaCl)8.5 g，加入到 800 mL 蒸馏水中溶解，调节溶液的 pH 至 7.2～7.4，加水定容至 1 L。分装后在 121℃灭菌 15 min～20 min，或过滤除菌，保存于室温。

A.12 1/15 mol/L PBS 溶液(pH 6.4)

准确称量磷酸氢二钠($Na_2HPO_4 \cdot 12H_2O$)0.64 g、磷酸二氢钾(KH_2PO_4)0.66 g、氯化钠(NaCl)8.5 g，加入到 800 mL 蒸馏水中溶解，调节溶液的 pH 至 6.4，加水定容至 1 L。分装后在 121℃灭菌 15 min～20 min，或过滤除菌，保存于室温。

A.13 1%戊二醛溶液

将 4 mL 戊二醛溶液(25%)加入 96 mL 1/15 mol/L PBS 溶液(pH 7.2～7.4)中，颠倒混匀，现配现用。

A.14 0.005%鞣酸溶液

称取 0.5 g 鞣酸粉末，溶于 100 mL 1/15 mol/L PBS 溶液(pH 7.2～7.4)，37℃水浴充分溶解，制成 100×鞣酸母液；将 100×鞣酸母液用 1/15 mol/L PBS 溶液(pH 7.2～7.4)做 1∶100 稀释，即成 0.005%鞣酸溶液，现配现用。

A.15 2%戊二醛化红细胞悬液

无菌采集公绵羊血液，用玻璃球轻摇脱纤维后，在 2℃～8℃静置保存 2 d～3 d。经双层纱布过滤，用 1/15 mol/L PBS 溶液(pH 7.2～7.4)洗涤 5 次，每次 4 500 r/min 离心 30 min，最后一次洗涤离心后，弃上清液，轻敲离心管壁，使红细胞自然沉降。按每 10 mL 沉集红细胞加入 90 mL 1%的戊二醛溶液(见 A.13)，在 2℃～8℃环境中搅拌醛化 30 min～45 min。醛化后的红细胞用 1/15 mol/L PBS 溶液

(pH 7.2～7.4)洗涤5次，再用灭菌水洗涤3次，最后用灭菌蒸馏水(含0.01%硫柳汞)配成10%戊二醛红细胞悬液。取制成的10%戊二醛化红细胞经1/15 mol/L PBS(pH 7.2～7.4)洗涤2次，最后用1/15 mol/L PBS溶液(pH 7.2～7.4)配成2%戊二醛化红细胞悬液。

A.16 2%抗原致敏的红细胞悬液

取2%戊二醛化红细胞悬液，加等体积现配的0.005%鞣酸溶液(见A.14)，摇匀后置37℃水浴中鞣化30 min，用1/15 mol/L PBS溶液(pH 7.2～7.4)洗涤3次，最后用1/15 mol/L PBS溶液(pH 6.4)配成2%鞣化红细胞悬液。按1份稀释后的猪肺支原体纯化灭活抗原(含1个～2个致敏单位，由指定单位提供)加2份2%鞣化细胞悬液，混匀置37℃水浴中致敏45 min，用血清稀释液(见A.17)洗涤2次，再用血清稀释液配成2%抗原致敏红细胞悬液。

A.17 血清稀释液(IHA用)

含1%健康兔血清的1/15 mol/L PBS溶液(pH 7.2～7.4)。

A.18 ELISA包被液(0.05 mol/L碳酸盐缓冲液，pH 9.6)

准确称量Na_2CO_3 1.59 g、$NaHCO_3$ 2.93 g，用950 mL灭菌双蒸水溶解，调节溶液的pH至9.6，加双蒸水定容至1 000 mL。

A.19 样品稀释液(ELISA用)

每100 mL 0.01 mol/L pH 7.2 PBS溶液中加牛血清白蛋白(BSA)0.2 g～1 g，加50 μL吐温-20(0.05%Tween-20)，即成稀释液。

A.20 洗液(ELISA用)

每100 mL 0.01 mol/L pH 7.2 PBS溶液中加50 μL吐温-20，即成洗液。

A.21 酶底物溶液的配制(ELISA用)

按每21 mg 3,3′,5,5′-四甲基联苯胺(TMB)溶于5 mL无水乙醇，制备底物溶液A；按每33 mg尿素过氧化氢(UHP)溶于200 mL磷酸盐缓冲液($Na_2HPO_4 \cdot 12H_2O$ 2.7 g，KH_2PO_4 13.2 g，定容于500 mL无菌去离子水，pH 5.2)制备底物溶液B，0.22 μm滤膜过滤除菌，2℃～8℃避光保存；临用前，按照底物液A与底物液B体积比为1∶40进行混合，制备酶底物溶液。

也可使用商品化的TMB酶底物溶液，按照说明书要求进行操作。

A.22 ELISA终止液(2 mol/L H_2SO_4)

取分析纯硫酸(H_2SO_4)22.2 mL(含量95%～98%)缓慢加入到177.8 mL蒸馏水中，混匀即成2 mol/L硫酸(H_2SO_4)溶液。

附 录 B
（资料性附录）
猪肺炎支原体形态图

B.1 猪肺炎支原体菌体瑞氏染色镜检形态图

见图 B.1。

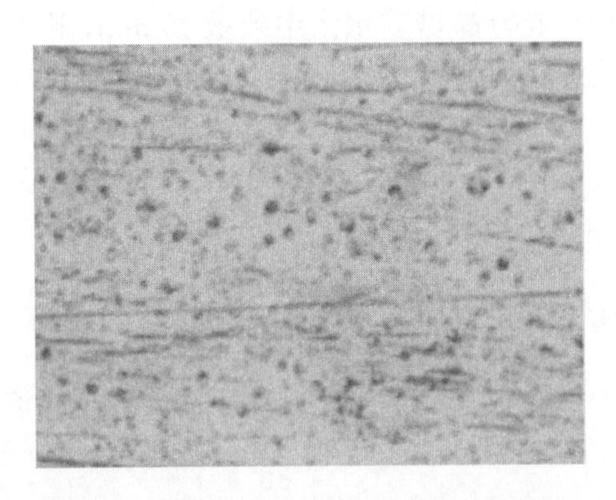

图 B.1 猪肺炎支原体菌体瑞氏染色镜检形态图（×100）

B.2 猪肺炎支原体菌落形态图

见图 B.2。

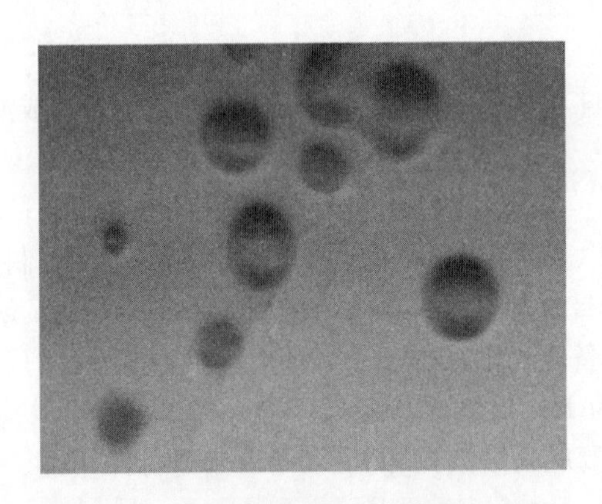

图 B.2 猪肺炎支原体菌落图（×40）

附　录　C

（资料性附录）

PCR 电泳图及扩增产物目标序列

C.1　检测样品中猪肺炎支原体 PCR 电泳图

猪肺炎支原体 PCR 检测电泳图见图 C.1。

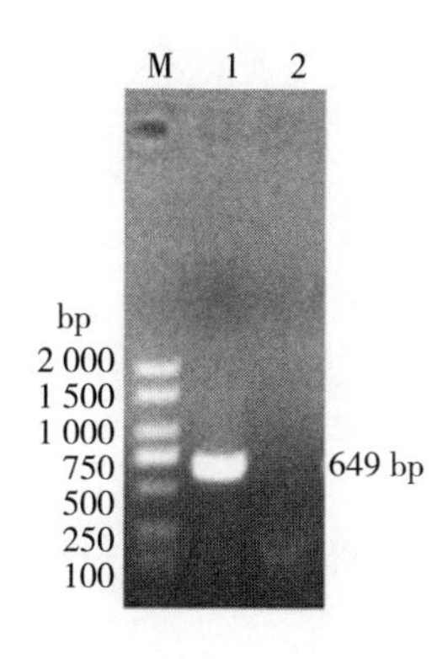

说明：

M ——DL 2 000 Marker；

1 ——阳性对照；

2 ——阴性对照。

图 C.1　猪肺炎支原体 PCR 检测电泳结果

C.2　PCR 扩增产物目标序列

649 bp DNA 参考序列

5′-<u>GAGCCTTCAAGCTTCACCAAGA</u>AATGGGGGTGCGCAACATTAGTTAGTTGGTAGGGTAAAA
GCCTACCAAGACGATGATGTTTAGCGGGGCCAAGAGGTTGTACCGCCACACTGGGATTGAGATA
CGGCCCAGACTCCTACGGGAGGCAGCAGTAAGGAATATTCCACAATAAGCGAAAGCTTGATGGA
GCGACACAGCGTGCAGGATGAAGTCTTTCGGGATGTAAACTGCTGTTGTAAGGGAAGAAAAAAC
TAGATAGGAAATGCTCTAGTCTTGACGGTACCTTATTAGAAAGCGACGGCAAACTATGTGCCAGC
AGCCGCGGTAATACATAGGTCGCAAGCGTTATCCGGAATTATTGGGCGTAAAGCGTCCGTAGGTT
TTTTGTTAAGTTTAAAGTTAAATGCTAAAGCTCAACTTTAGTCCGCTTTAGATACTGGCAAAATAG
AATTATGAAGAGGTTAGCGGAATTCCTAGTGGAGTGGTGGAATACGTAGATATTAGGAAGAACA
CCAATAGGCGAAGGCAGCTAACTGGTCATATATTGACACTAAGGGACGAAAGCGTGGGGAGCAA
ACAGGATTAGATACCCTGGTAGTCCACGCCGTAAACGATGATCATTAGTT<u>GGTGGCAAAAGTCAC
TAACACA</u>-3′

ICS 11.220
B 41

中华人民共和国农业行业标准

NY/T 1188—2006

水泡性口炎诊断技术

Diagnosis techniques for vesicular stomatitis

2006-07-10 发布　　　　2006-10-01 实施

中华人民共和国农业部　发布

前言

水泡性口炎(VS)是由弹状病毒科的水泡性口炎病毒(VSV)引起的马、牛和猪的一种水泡性疾病，被世界动物卫生组织(OIE)列为A类动物疫病，我国将其列为二类疫病。本病临床上与口蹄疫、猪水泡病、猪水泡疹很难区别，主要表现为口唇部有水泡、溃疡、糜烂，影响采食，导致生长缓慢，影响经济效益。

OIE采用组织细胞、鸡胚、实验动物等方法分离水泡性口炎病毒，进一步用间接夹心酶联免疫吸附试验(IS-ELISA)和补体结合试验(CF)对分离的病毒进行鉴定；在国际贸易中，OIE指定用液相阻断酶联免疫吸附试验(LP-ELISA)、病毒中和试验(VN)和补体结合试验(CF)检测水泡性口炎血清样品。

本标准中水泡性口炎的病毒分离试验、IS-ELISA试验和病毒中和试验，是根据OIE《哺乳动物、禽、蜜蜂A和B类疾病诊断实验和疫苗标准手册》(2000版)中的诊断技术以及国内近年来在水泡性口炎方面的研究成果而制定的，其中病毒分离试验、IS-ELISA试验和病毒中和试验均与OIE的标准性文件等效。

本标准的附录A为规范性附录。

本标准由中华人民共和国农业部提出。

本标准由全国动物防疫标准化技术委员会归口。

本标准起草单位：农业部动物检疫所。

本标准主要起草人：李其平、龚振华、陆明哲、郑增忍、郭福生、蒋正军、王海霞。

水泡性口炎诊断技术

1 范围

本标准规定了水泡性口炎(VS)的病毒分离鉴定试验、间接夹心酶联免疫吸附试验(IS-ELISA)和病毒中和试验(VN)的技术要求。

本标准适用于水泡性口炎流行病学调查、临床诊断和实验室检测等。

2 病原分离与鉴定

2.1 病原分离

2.1.1 器材

100 mL 玻璃细胞培养瓶,恒温水浴箱,CO_2 培养箱,超净工作台,倒置显微镜。

2.1.2 试剂及溶液配制

MEM 营养液,PBS 缓冲液,犊牛血清,7.5%碳酸氢钠溶液,青霉素(10^4 IU/mL)与链霉素(10^4 mg/mL)溶液,3%的谷氨酰胺溶液,Hank's 液,灭菌生理盐水,0.25%胰蛋白酶溶液,缓冲甘油(pH 7.2～7.7),配制方法见附录 A。

2.1.3 样品的采集

2.1.3.1 采集发病动物口鼻部位的水泡皮和水泡液,水泡皮加入含 50%甘油的 PBS 缓冲液中,水泡液置于含 2%犊牛血清和 5%葡萄糖的灭菌生理盐水中,冷藏送检。保存液的体积不能超过水泡皮或水泡液体积的 2 倍。

2.1.3.2 不能获得水泡皮和水泡液时,牛可用探杯采集食道/咽(OP)黏液,猪可采集咽喉拭子,置于无血清的细胞培养液中,冷藏送检。无血清细胞培养液的体积不能超过黏液或咽喉拭子的 2 倍。

2.1.4 样品的处理

2.1.4.1 将水泡皮剪碎,研磨,悬浮于 5 倍体积的 pH 7.2、0.2 mol/L 的 PBS 缓冲液中(含青霉素1 000 IU/mL、链霉素 1 000 mg/mL),4℃浸渍 16 h～20 h,以 3 000 r/min 离心 15 min,取上清液,用 0.2 μm 微孔滤膜过滤。

2.1.4.2 将水泡液、OP 液、棉拭子浸液加青霉素至 1 000 IU/mL、链霉素至 1 000 mg/mL,离心,取上清液,用 0.2 μm 微孔滤膜过滤。

2.1.5 细胞接种

2.1.5.1 将 2.1.4 的样品 1 mL 接种长成单层的 VERO 细胞、BHK-21 细胞或 IB-RS-2 细胞,37℃吸附 1 h,中间摇动一次。

2.1.5.2 加入 9 mL 维持液,37℃、5%CO_2 培养箱中培养。

2.1.5.3 每天观察细胞病变效应(CPE),连续观察 3 d。

2.1.5.4 如果细胞出现圆缩、聚集、固缩、脱落等病变,则进一步按方法 2.2 进行病原鉴定。盲传 3 代无病变者按 2.1.8 处理。

2.1.6 鸡胚接种

2.1.6.1 将鸡胚卵置于蛋架上,气室朝上,以碘酒、酒精棉球消毒气室,用剪刀去除气室部蛋壳。

2.1.6.2 用无菌眼科镊子撕去一小片内壳膜,在绒毛尿囊膜上滴入 2.1.4 中的样品 0.2 mL。

2.1.6.3 用无菌脱脂棉撕成薄片盖住蛋壳,用蜡封口,于 37℃孵育。

2.1.6.4 如果鸡胚2 d内死亡，鸡胚周身呈明显充血、出血，尿囊膜肥厚，收获尿囊膜按2.2方法做进一步鉴定。盲传3代无病变者按2.1.8处理。

2.1.7 乳鼠接种

2.1.7.1 将2.1.4的样品颈部皮下接种2日龄～7日龄乳鼠，每只接种0.2 mL。

2.1.7.2 每天观察乳鼠病变，连续观察5 d。

2.1.7.3 如果乳鼠出现死亡、生长不良等病变，则按2.2方法进一步鉴定。盲传3代无病变者按2.1.8处理。

2.1.8 可疑非免疫动物样品

盲传3代未分离到病毒者，可进一步采集7 d～14 d后的该动物血清，用方法3进行抗体检测。若检测结果为阴性，则判为无VSV感染；若检测结果为阳性，则判为有VSV感染。

2.2 病原鉴定-间接夹心酶联免疫吸附试验(IS-ELISA)

2.2.1 器材

40孔带盖灭菌酶标板，单道可调(10 μL～200 μL)移液器，8道和12道可调(50 μL～200 μL)移液器，灭菌塑料滴头。

2.2.2 试剂及溶液

2.2.2.1 试剂：抗原，豚鼠抗VSV的标准NJ型和IND型血清，兔抗VSV的标准NJ型和IND型血清，兔抗豚鼠IgG，正常兔血清，卵白蛋白，TMB底物。

2.2.2.2 溶液：pH 7.2、0.2 mol/L的PBS缓冲液，pH 9.6的碳酸盐/碳酸氢盐缓冲液，PBSTB，配制见附录A。

2.3 样品

样品采集、处理与2.1.3～2.1.4相同。

2.4 操作方法

2.4.1 用pH 9.6的碳酸盐/碳酸氢盐缓冲液将兔抗VSV的NJ型阳性血清、IND型阳性血清和正常兔血清包被ELISA板，每孔50 μL，于4℃过夜。

2.4.2 弃包被液，每孔用磷酸缓冲盐水(PBS)洗1次，加50 μL 1%的卵白蛋白(用PBS液稀释)，在室温下封板1 h。

2.4.3 弃封闭液，每孔用PBSTB冲洗3次。

2.4.4 将被检样品悬液或2.1中致病变的分离培养物50 μL加到相应的孔中，每份样品均做双孔，振荡，37℃孵育30 min。

2.4.5 弃反应液，每孔用PBSTB冲洗5次。

2.4.6 将与包被ELISA板的兔抗VSV标准阳性血清相应的豚鼠抗VSV的标准NJ型和IND型阳性血清用PBSTB稀释，分别加50 μL到相应的孔中，振荡，37℃孵育30 min。

2.4.7 重复2.4.5。

2.4.8 将过氧化物酶兔抗豚鼠IgG结合物用PBSTB稀释，每孔加入50 μL，振荡，37℃孵育30 min。

2.4.9 重复2.4.5。

2.4.10 每孔加活化的TMB底物50 μL，在室温下反应15 min，随后加入50 μL 1 mol/L硫酸终止反应，用酶标仪测定吸光值。

2.4.11 设标准阳性抗原对照。

2.4.12 结果判定

2.4.12.1 读取样品与抗VSV的NJ型、IND型阳性血清和正常兔血清反应的吸光值，计算双孔平均值。

2.4.12.2 对照抗原与其相应血清反应的吸光值较其与另一型血清反应的吸光值和正常兔血清反应的吸光值大 20%,试验成立。

2.4.12.3 如果某个血清型反应的吸光值与另一血清型反应的吸光值和正常兔血清反应的吸光值相比较,其样品吸光值大于后两者 20%,则被检样品为感染该相应血清型的 VSV。

2.4.12.4 如果某个血清型反应的吸光值与另一血清型反应的吸光值和正常兔血清反应的吸光值相比较,其样品吸光值大于后两者,但不超过 20%,应重复试验,如仍不超过 20%,则为阴性。

3 中和试验(本方法用于检测 VSV 抗体)

3.1 器材

96 孔细胞培养板,其他器材同 2.1。

3.2 试剂及溶液配制

VSV 的 NJ 型、IND 型病毒,VSV 的 NJ 型、IND 型阳性血清和阴性血清,细胞培养用培养液及溶液配制与 2.1.2 相同。

3.3 样品的采集和处理

无菌采集血液,常规分离血清,将待检血清样品置 56℃水浴灭活 30 min。

3.4 操作方法

3.4.1 病毒半数组织培养感染量($TCID_{50}$)的测定

3.4.1.1 将 VSV 标准毒株接种于长成单层的 IB - RS - 2 细胞,接种量为培养基液的 1/10,37℃培养,待出现病变后,冻融,收获病毒。

3.4.1.2 用 MEM 培养液将 VSV 病毒做连续 10 倍稀释,即 10^{-1}、10^{-2}……每个稀释度取 50 μL 加入 96 孔细胞培养板中,随后加入经 0.25%胰酶消化的 IB - RS - 2 细胞悬液 150 μL(总细胞数约为 3×10^5 个),每个稀释度做 8 个孔重复,并设正常细胞对照。置 37℃ 5% CO_2 培养箱中。

3.4.1.3 逐日观察细胞病变,共观察 3 d~4 d,记录细胞病变孔数。按照 Reed-Muench 法计算病毒的 $TCID_{50}$。

3.4.2 中和试验

3.4.2.1 在细胞培养板各孔中加入 50 μL MEM 培养液,随后在第 1 孔中加入 1∶2 稀释待检血清 50 μL混合后,用微量移液器取出 50 μL,加到第 2 孔中,混匀后取出 50 μL 再加入第 3 孔中,依此类推,直到第 10 孔,血清稀释度即为 1∶4、1∶8……1∶2 048,每份待检血清稀释度做 4 个孔重复。

3.4.2.2 将 50 μL 含 1 000 个 $TCID_{50}$的病毒液加到不同稀释度血清孔中,37℃作用 1 h。

3.4.2.3 每血清孔中加入 100 μL 经胰酶消化分散的 IB - RS - 2 细胞悬液(总细胞数约为 3×10^5 个左右)。

3.4.2.4 设立对照组。

3.4.2.4.1 病毒回归试验:每次试验每一块板上都设立病毒对照,先将 1 000 $TCID_{50}$/50 mL 病毒液做 0.1、1、10、100、1 000 倍稀释,每个稀释度做 4 孔,每孔加 50 μL 病毒液,然后每孔加 150 μL IB - RS - 2 细胞悬液(总细胞数约为 3×10^5 个)。

3.4.2.4.2 阳性血清、阴性血清、待检血清和正常细胞对照。

3.4.2.5 逐日观察,记录病变和非病变孔数,共观察 3 d~4 d。病毒回归试验 1 000 $TCID_{50}$值应为 500~1 330 之间,阳性血清和阴性血清的滴度在其预先测定的平均值 2 倍以内,待检血清和正常细胞对照成立,测定结果方有效,否则该试验不能成立。

3.4.3 抗体中和效价

按照 Spearmann-Karber 法计算抗体中和效价。如抗体效价大于 1∶40,则判为 VSV 抗体阳性。

附 录 A
（规范性附录）
培养基及溶液的配制

A.1 细胞生长液

MEM	按常规方法配制
犊牛血清	10%
双抗溶液	1%
谷氨酰胺	1%
丙酮酸钠	1%

用7.5%的碳酸氢钠调pH至7.0～7.2。置4℃保存。

A.2 细胞维持液

按常规方法配制MEM，在MEM中按体积比加入：

犊牛血清	2%
双抗溶液	1%
3%谷氨酰胺	1%

用7.5%的碳酸氢钠调pH至7.0～7.2。置4℃保存。

A.3 双抗（青链霉素）溶液

青霉素	100万IU
链霉素	100万mg
双蒸水	100 mL

将双蒸水放于500 mL瓶中高压103.4 kPa 20 min。青链霉素用少量双蒸水溶解后，再用双蒸水定容至100 mL。

A.4 7.5%的碳酸氢钠溶液

碳酸氢钠（$NaHCO_3$）	7.5 g
双蒸水	100 mL

先将滤器灭菌后，加入液体过滤后分装于青霉素瓶中放4℃保存备用。

A.5 3%谷氨酰胺溶液

谷氨酰胺	3 g
双蒸水	100 mL

过滤除菌，分装于青霉素瓶中冻结保存。

A.6 0.25%胰蛋白酶溶液

氯化钠（NaCl）	8.0 g
氯化钾（KCl）	0.2 g
柠檬酸钠（2个结晶水）	1.0 g
磷酸二氢钠（1个结晶水）	0.05 g
葡萄糖	1.0 g

胰蛋白酶	2.5 g
0.5%酚红	4 mL
加双蒸水	1 000 mL

上述试剂依次溶解，胰酶可先用少量水 37℃温箱中水浴溶解至透彻清亮，倒入量筒中，用 7.5%的碳酸氢钠调 pH 至 7.6～7.8，定容至 1 000 mL，过滤除菌，分装小瓶，置－20℃冰箱保存。

A.7 生理盐水

氯化钠(NaCl)	8.5 g
双蒸水	1 000 mL

氯化钠融化后分装，103.4 kPa 15 min 高压，室温保存。

A.8 Hank's 原溶液

氯化钠(NaCl)	80 g
磷酸氢二钠(12 个结晶水)	0.6 g
氯化钾(KCl)	4.0 g
磷酸二氢钾(KH_2PO_4)	0.6 g
硫酸镁(7 个结晶水)	2.0 g
葡萄糖	10.0 g
无水氯化钙($CaCl_2$)	1.4 g
双蒸水	1 000 mL

在配制时，应先将无水氯化钙用一小烧杯加入约 100 mL 双蒸水，置 4℃冰箱中溶解。等其他药品融完后，加入混匀，定容至 1 000 mL。用滤纸过滤后，加入 2 mL 氯仿，经充分混匀后，置 4℃冰箱中保存。

A.9 pH 7.2、0.2 mol/L PBS 溶液

溶液甲(A9.1)	28 mL
溶液乙(A9.2)	72 mL
氯化钠(NaCl)	0.85 g

等氯化钠溶解后，置室温保存备用。

A.9.1

磷酸氢二钠(12 个结晶水)	71.632 g
双蒸水	1 000 mL

A.9.2

磷酸二氢钠(2 个结晶水)	31.2 g
双蒸水	1 000 mL

A.10 pH 9.6 的碳酸盐/碳酸氢盐缓冲液

碳酸钠(Na_2CO_3)	1.59 g
碳酸氢钠($NaHCO_3$)	2.93 g
迭氮钠	0.2 g
双蒸水	加至 1 000 mL

A.11 PBSTB

吐温-20	0.05%

卵白蛋白	1%
正常兔血清	2%
正常牛血清	2%
PBS 补足至	100 mL

ICS 11.220
B 41

中华人民共和国农业行业标准

NY/T 1873—2010

日本脑炎病毒抗体间接检测
酶联免疫吸附法

Indirect ELISA for antibody detection of Japanese encephalitis virus

2010-05-20 发布　　　　2010-09-01 实施

中华人民共和国农业部　发布

前　言

本标准的附录 A 为资料性附录。

本标准由中华人民共和国农业部提出。

本标准由全国动物防疫标准化技术委员会归口。

本标准起草单位:中国动物卫生与流行病学中心。

本标准主要起草人:陈义平。

日本脑炎病毒抗体间接检测　酶联免疫吸附法

1　范围

本标准规定了日本脑炎病毒抗体的间接ELISA检测技术操作程序。

本标准适用于进出口检疫及流行病学调查时对猪血清中日本脑炎病毒抗体的检测。

2　间接ELISA

2.1　材料准备

2.1.1　器材

37℃恒温培养箱、微量移液器、振荡混匀仪、酶标仪、酶标板等。

2.1.2　包被抗原

包被用抗原为日本脑炎病毒囊膜蛋白结构域Ⅲ重组蛋白(re-DⅢ),经大肠杆菌表达后亲和层析纯化而成。每孔包被量为100 ng。

2.1.3　阴性对照血清

SPF猪血清,经pH 7.4的磷酸盐缓冲液(附录A)1∶40稀释后作为阴性对照血清。

2.1.4　阳性对照血清

日本脑炎病毒疫苗免疫健康猪,抗体中和效价达到1∶640时采血分离血清,将中和效价为1∶640的阳性血清用pH 7.4的磷酸盐缓冲液(附录A)做1∶160稀释,即为阳性对照血清。

2.1.5　包被液、洗涤液、封闭液、酶标抗体稀释液、底物液、终止液

配制方法见附录A。

2.1.6　检测前,先将各种试剂材料平衡至室温。

2.2　操作方法

2.2.1　抗原包被

以pH 9.6的碳酸盐缓冲液稀释抗原(将re-DⅢ重组抗原稀释至1 μg/mL),按每孔100 μL包被酶标板,37℃作用2 h后,洗涤液(PBST)洗板3次,每次5 min。

2.2.2　封闭

每孔加入200 μL封闭液,37℃封闭2 h,洗板同上。

2.2.3　加待检血清及对照血清

以pH 7.4的磷酸盐缓冲液作为样本稀释液,将待检血清按1∶40稀释后100 μL/孔加样,每板同时设置2孔阴性血清对照、2孔阳性血清对照,并设1孔空白对照。37℃作用1 h,洗板同上。

2.2.4　加酶标抗体

每孔加入工作浓度的100 μL兔抗猪酶标抗体,37℃作用1 h,洗板同上。

2.2.5　加底物液

每孔加入底物液100 μL,37℃显色作用10 min。

2.2.6　加终止液

每孔加入100 μL终止液终止反应,15 min之内测定OD_{450}值。

2.2.7　结果判定

在酶标仪上读出OD_{450}的值。以空白值调零,计算阳性对照OD_{450}平均值、阴性对照OD_{450}平均值。

阴性对照 OD_{450} 平均值≤0.2 时试验成立。此时，样品 OD_{450} 值与阳性对照 OD_{450} 平均值比值≥0.35 判为阳性；样品 OD_{450} 值与阳性对照 OD_{450} 平均值比值<0.35 判为阴性。

附 录 A
(资料性附录)
溶液的配制

A.1 包被液(碳酸盐缓冲液,pH 9.6)

$NaHCO_3$(分析纯)	2.98 g
Na_2CO_3(分析纯)	1.5g

定容至 1 000 mL,混匀。

A.2 洗涤液(PBST,pH 7.4)

NaCl(分析纯)	8.0 g
KH_2PO_4(分析纯)	0.2 g
$Na_2HPO_4 \cdot 12H_2O$(分析纯)	2.9 g
KCl(分析纯)	0.2 g
Tween-20(分析纯)	0.5 mL
硫柳汞(分析纯)	0.1 g

加双蒸水至 1 000 mL,调至 pH 7.4。

A.3 封闭液(1%BSA/PBST 溶液,pH 7.4)

BSA(生物技术级)5 g,加 PBST 至 500 mL。

A.4 磷酸盐缓冲液(pH 7.4)

NaCl(分析纯)	8.0 g
KH_2PO_4(分析纯)	0.2 g
$Na_2HPO_4 \cdot 12H_2O$(分析纯)	2.9 g
KCl(分析纯)	0.2 g
硫柳汞(分析纯)	0.1 g

加双蒸水至 1 000 mL,调至 pH 7.4。

A.5 酶标抗体稀释液

将小牛血清 10 mL 加入到 90 mL PBST 中,混匀。

A.6 底物缓冲液(TMB-过氧化氢脲溶液)

A.6.1 底物缓冲液 A

TMB(生物技术级)200 g,无水乙醇(或 DMSO)100 mL,加双蒸水至 1 000 mL。

A.6.2 底物缓冲液 B(0.1 mol/L 柠檬酸－0.2 mol/L Na_2HPO_4缓冲液,pH 5.0～5.4)

Na_2HPO_4 14.60 g,柠檬酸 9.33 g,0.75%过氧化氢尿素 6.4 mL,加双蒸水至 1 000 mL,调至 pH 5.0～5.4。

A.6.3 将底物缓冲液 A 和底物缓冲液 B 按 1∶1 混合即成底物缓冲液。

A.7 底物液

TMB 1 mg,1% H_2O_2 25 μL,底物缓冲液 10 mL,混合即成。

A.8　终止液（2M H_2SO_4）

将 50 mL 浓 H_2SO_4 缓慢滴加入 300 mL 蒸馏水中，边加边搅拌，补充蒸馏水至 450 mL。

ICS 11.220
B 41

中华人民共和国农业行业标准

NY/T 2417—2013

副猪嗜血杆菌PCR检测方法

Polymerase chain reaction (PCR) for detection of *Haemophilus parasuis*

2013-09-10 发布

2014-01-01 实施

中华人民共和国农业部 发布

前言

本标准按照 GB/T 1.1—2009 给出的规则起草。

本标准由中华人民共和国农业部提出。

本标准由全国动物防疫标准化技术委员会(SAC/TC 181)归口。

本标准起草单位:中国农业科学院兰州兽医研究所。

本标准主要起草人:逯忠新、贺英、储岳峰、赵萍、高鹏程。

副猪嗜血杆菌 PCR 检测方法

1 范围

本标准规定了检测副猪嗜血杆菌(*Haemophilus parasuis*,HPS)的聚合酶链式反应(Polymerase chain reaction,PCR)技术。

本标准适用于副猪嗜血杆菌病的病原学检测。

2 材料准备

2.1 器材

PCR 扩增仪、1.5 mL 离心管、2.0 mL 离心管、0.2 mL PCR 反应管、水浴箱、台式高速温控离心机、电泳仪、移液器、移液器吸管、紫外凝胶成像仪、冰箱。

2.2 试剂

NET 缓冲液(配制方法参见 A.1)、TAE 电泳缓冲液(配制方法参见 A.2)、RNaseA 酶、蛋白酶 K、*Taq* DNA 聚合酶(5 U/μL)、10×PCR 缓冲液(含 Mg^{2+})、脱氧三磷酸核苷酸混合液(dNTPs,各 2.5 mmol/μL)、125 bp DNA 分子质量标准、无水乙醇、酚-氯仿-异戊醇(25∶24∶1)、三羟甲基氨基甲烷(Tris 碱)、琼脂糖、乙二胺四乙酸二钠(Na_2EDTA)、冰醋酸、氯化钠、溴酚蓝、溴化乙锭、十二烷基硫酸钠(SDS)、灭菌超纯水。

2.3 引物

引物序列:F1∶5′- TAT CGG GAG ATG AAA GAC - 3′;F2∶5′- GTA ATG TCT AAG GAC TAG -3′;Revx:5′- CCT CGC GGC TTC GTC - 3′。引物在使用时用灭菌超纯水稀释为 20 μmol/L。靶基因片段序列及引物在靶基因中的位置参见 A.3。

2.4 样品采集

2.4.1 气管分泌物

用灭菌棉拭子蘸取气管分泌物,放入无菌试管中。

2.4.2 肺脏

无菌采集肺脏病变部位或病变/非病变部位交界处的样品。

2.4.3 关节液

若有关节囊肿,在囊肿部位表面常规碘酊消毒,用 2 mL 或 5 mL 灭菌注射器穿刺,无菌吸取 1 mL～2 mL关节渗出液。

2.4.4 采集的样品

应在 4℃条件下立即送到实验室。

2.5 DNA 提取

2.5.1 样品处理

2.5.1.1 气管分泌物拭子

将每支拭子浸入 1 mL～2 mL NET 缓冲液中 30 min,反复挤压。将浸出液经 4℃ 7 500 *g* 离心 15 min后,弃上清液。收集沉淀,用 1 mL NET 缓冲液重悬。

2.5.1.2 肺组织

将肺组织样品剪碎,按 1 g 加入 0.9 mL NET 缓冲液研磨后,用双层灭菌纱布过滤。收集过滤液于 2 mL灭菌离心管,4℃ 7 500 *g* 离心 15 min,弃上清液。收集沉淀,用 1 mL NET 缓冲液重悬。

2.5.1.3 关节液

将 500 μL 关节液和 500 μL NET 缓冲液等体积混匀后，4℃ 7 500 *g* 离心 20 min，弃上清液，收集沉淀，用 1 mL NET 缓冲液重悬。

2.5.2 DNA 的提取方法

2.5.2.1 取 2.5.1 中制备的样品悬液 500 μL，加入 100 μL 20%的 SDS(终浓度 3.4%)，混匀。在 95℃～100℃孵育 10 min 后，迅速放置于冰上冷却 10 min～15 min。

2.5.2.2 在样品中加入 RNaseA 至终浓度为 40 μg/ mL，50℃水浴 30 min。然后，加入蛋白酶 K 至终浓度为 200 μg/ mL，50 ℃水浴 30 min。

2.5.2.3 加入等体积的酚-氯仿-异戊醇(25∶24∶1)，手颠倒摇匀 2 次～3 次，4℃ 9 000 *g* 离心10 min。

2.5.2.4 转移上清液于另一离心管中。

2.5.2.5 重复 2.5.2.3、2.5.2.4 操作过程，加入 2.5 倍体积的预冷无水乙醇，手颠倒摇匀 2 次～3 次，－20℃沉淀 30 min，4℃ 12 000 *g* 离心 10 min，弃去液相。

2.5.2.6 用 1 mL 70%乙醇漂洗，4℃ 12 000 *g* 离心 2 min，弃上清液，真空或室温下干燥 DNA 沉淀。

2.5.2.7 DNA 沉淀用 25 μL～50 μL 无菌超纯水溶解作为模板，保存在－20℃备用。

3 PCR 试验

3.1 反应体系

10×PCR buffer(含 Mg^{2+})	5 μL
脱氧三磷酸核苷酸混合液(dNTPs)	4 μL
F1 引物和 F2 引物	各 0.5 μL
Revx 引物	1 μL
模板(被检样品总 DNA)	2 μL
无菌超纯水	36.5 μL
Taq DNA 聚合酶	0.5 μL

样品检测时，同时要设阳性对照和空白对照，阳性对照模板为靶基因(副猪嗜血杆菌 16S rRNA 基因片段)重组质粒，空白对照为灭菌超纯水。

3.2 PCR 反应程序

94℃变性 3 min，然后 35 个循环，分别为：94℃变性 1 min，56℃退火 45 s，72℃延伸 1 min；最后 72℃延伸 10 min，4℃保存。

3.3 电泳

3.3.1 1%琼脂糖凝胶板的制备

称取 1 g 琼脂糖置于 100 mL TAE 电泳缓冲液中，加热融化。待温度降至 60℃左右时，加入 10 mg/ mL溴化乙锭(EB)3 μL～5 μL，均匀铺板，厚度为 3 mm～5 mm。

3.3.2 加样

PCR 反应结束，取扩增产物 5 μL(包括被检样品、阳性对照、空白对照)、125 bp DNA 分子质量标准 5 μL、上样缓冲液 1 μL 进行琼脂糖凝胶电泳。

3.3.3 电泳条件

100 V 电泳 30 min。

3.3.4 凝胶成像仪观察

扩增产物电泳结束后，用凝胶成像仪观察、拍照，记录试验结果。

4 PCR 试验结果判定

4.1 将扩增产物电泳后用凝胶成像仪观察，DNA 分子质量标准、阳性对照、空白对照为如下结果时试验方成立，否则应重新试验。

a) 125 bp DNA 分子质量标准电泳道，从上到下依次出现 2 000 bp、1 250 bp、1 000 bp、750 bp、500 bp、375 bp、250 bp、125 bp 共 8 条清晰的条带。

b) 阳性样品电泳道出现一条约 1 090 bp 清晰的条带。

c) 阴性样品电泳道不出现约 1 090 bp 条带。

4.2 被检样品结果判定

在同一块凝胶板上电泳后，当 DNA 分子质量标准、各组对照同时成立时，被检样品电泳道出现一条 1 090 bp 的条带，判为阳性（＋）；被检样品电泳道没有出现大小为 1 090 bp 的条带，判为阴性（－）。

结果判定参见附录 B。

附 录 A
(资料性附录)
PCR 试验试剂的配制

A.1 NET 缓冲液(pH 7.6)的配制

Tris 碱	6.06 g(0.05 mol/L)
$Na_2EDTA \cdot 2H_2O$	0.37 g(1 mol/L)
NaCl	8.77 g (0.151 mol/L)
超纯水	930 mL

待上述混合物完全溶解后,加超纯水至 1 L,用 1 mol/L HCl 滴度至 pH 7.6,置于室温保存。

A.2 TAE 电泳缓冲液(pH 约 8.5)的配制

50×TAE 电泳缓冲储存液:

三羟甲基氨基甲烷(Tris 碱)	242 g
乙二胺四乙酸二钠(Na_2EDTA)	37.2 g
超纯水	800 mL

待上述混合物完全溶解后,加入 57.1 mL 的醋酸充分搅拌溶解,加超纯水至 1 L 后,置室温保存。使用前,用超纯水将 50×TAE 电泳缓冲液 50 倍稀释。

A.3 靶基因片段序列及引物在靶基因中的位置

A.3.1 引物 F1、Revx(适合于副猪嗜血杆菌血清型 1-4,6-11)。

agagtttgatcatggctcagattgaacgctggcggcaggcttaacacatgcaagtcgaacggtagcaggaagaag
cttgcttctttgctgacgagtggcggacgggtgagtaatgcttgggaatctggcttatggaggggataactacg
ggaaactgtagctaataccgc
F1→ gtag***tatcgggagatgaaagac***tgggaccgcaaggccagttgccataagatgagcccaagtgggattaggtagtt
ggtggggtaaaggcctaccaagccgacgatctctagctggtctgagaggatgaccagccacactggaactgagac
acggtccagactcctacgggaggcagcagtggggaatattgcacaatgggggaaccctgatgcagccatgccgc
gtgaatgaagaaggccttcgggttgtaaagttctttcggtgatgaggaagggtgatgttttaatagagcattaca
ttgacgttagtcacagaagaagcaccggctaactccgtgccagcagccgcggtaatacggagggtgcgagcgtta
atcggaatgactgggcgtaaagggcacgcaggcggtgacttaagtgggatgtgaaagccccgagcttaacttggg
aattgcatttcatactgggttgctagagtattttagggaggggtagaattccacgtgtagcggtgaaatgcgtag
agatgtggaggaataccgaaggcgaaggcagccccttgggaaaatactgacgctcatgtgcgaaagcgtggggag
caaacaggattagataccctggtagtccacgctgtaaacgctgtcgatttggggattgggctttatgtttggtgc
ccgtagctaacgtgataaatcgaccgcctggggagtacggccgcaaggttaaaactcaaatgaattgacgggggc
ccgcacaagcggtggagcatgtggtttaattcgatgcaacgcgaagaaccttacctactcttgacatcctaagaa
gaactcagagatgagtttgtgccttcgggaacttagagacaggtgctgcatggctgtcgtcagctcgtgttgtga
aatgttgggttaagtcccgcaacgagcgcaacccttatcctttgttgccagcgattcggtcgggaactcaaagga
gactgccagtgataaactggaggaaggtggggatgacgtcaagtcatcatggcccttacgagtagggctacacac
gtgctaca
Revx→ atggtgcatacagagggc***gacgaagccgcgagg***tggagtgaatctcagaaagtgcatctaagtccggattgga
gtctgcaactcgactccatgaagtcggaatcgctagtaatcgcgaatcagaatgtcgcggtgaatacgttcccgg
gccttgtacacaccgcccgtcacaccatgggagtgggttgtaccagaagtagatagcttaactgaaaggggcgt
ttaccacggtatgattcatgact

A. 3. 2 引物 F2、Revx(适合于副猪嗜血杆菌血清型 5,12 - 15)。

agagtttgatcatggctcagattgaacgctggcggcaggcttaacacatgcaagtcgaacggtagcaggaaggaa
gcttgctttctttgctgacgagtggcggacgggtgagtaatgcttggggatctggcttatggaggggataacga
cgggaaactgtcgctaataccgc
F2→ ***gtaatgtctaaggactag***agggtgggactttcgggccacctgccataagatgagcccaagtgggattaggtagtt
ggtggggtaaaggcctaccaagccgacgatctctagctggtctgagaggatgaccagccacactggaactgagac
acggtccagactcctacgggaggcagcagtggggaatattgcacaatgggggaaccctgatgcagccatgccgc
gtgaatgaagaaggccttcgggttgtaaagttctttcggtgatgaggaagggtgatgttttaatagagcattaca
ttgacgttagtcacagaagaagcaccggctaactccgtgccagcagccgcggtaatacggagggtgcgagcgtta
atcggaatgactgggcgtaaagggcacgcaggcggtgacttaagtgagatgtgaaagccccgagcttaacttggg
aattgcatttcatactgggttgctagagtattttagggaggggtagaattccacgtgtagcggtgaaatgcgtag
agatgtggaggaataccgaaggcgaaggcagccccttgggaaaatactgacgctcatgtgcgaaagcgtggggag
caaacaggattagataccctggtagtccacgctgtaaacgctgtcgatttggggattgggctttatgtttggtgc
ccgtagctaacgtgataaatcgaccgcctggggagtacggccgcaaggttaaaactcaaatgaattgacgggggc
ccgcacaagcggtggagcatgtggtttaattcgatgcaacgcgaagaaccttacctactcttgacatcctaagaa
gctttcagagatgagagtgtgccttcgggaacttagagacaggtgctgcatggctgtcgtcagctcgtgttgtga
aatgttgggttaagtcccgcaacgagcgcaacccttatcctttgttgccagcgattcggtcgggaactcaaagga
gactgccagtgataaactggaggaaggtggggatgacgtcaagtcatcatggcccttacgagtagggctacacac
gtgctaca
Revx→ atggtgcatacagagggc***gacgaagccgcgagg***tagagtgaatctcagaaagtgcatctaagtccggattgga
gtctgcaactcgactccatgaagtcggaatcgctagtaatcgcgaatcagaatgtcgcggtgaatacgttcccgg
gccttgtacacaccgcccgtcacaccatgggagtgggttgtaccagaagtagatagcttaactgaaaggggcgt
ttaccacggtatgattcatgact

附 录 B
（资料性附录）
样品检测结果判定图

副猪嗜血杆菌 PCR 检测结果电泳图见图 B.1。

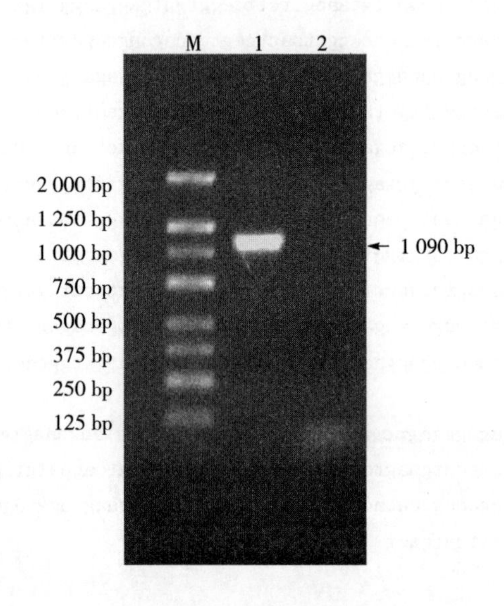

说明：

M——125 bp DNA 分子质量标准；

1 ——阳性；

2 ——阴性。

图 B.1 副猪嗜血杆菌 PCR 检测结果电泳图

ICS 11.220
B 41

中华人民共和国农业行业标准

NY/T 2839—2015

致仔猪黄痢大肠杆菌分离鉴定技术

Isolation and Identification of *Escherichia coli* Causing Piglet's Yellow Dysentery

2015-10-09 发布　　2015-12-01 实施

中华人民共和国农业部　发布

前　言

本标准按照 GB/T 1.1—2009 给出的规则起草。

本标准由中华人民共和国农业部提出。

本标准由全国动物卫生标准化技术委员会(SAC/TC 181)归口。

本标准起草单位:中国动物卫生与流行病学中心、扬州大学、青岛易邦生物工程有限公司。

本标准主要起草人:陈义平、郭玉广、南文龙、高崧、成大荣、杜元钊、高清清、马爽、程增青。

引　言

仔猪黄痢是由致病性大肠杆菌引起的以初生仔猪下痢为特征的传染病。该病主要引起7日龄以内的仔猪发病,特征是排出黄色水样粪便以及渐进性死亡,病死率达30%以上,甚至全窝死亡,是影响仔猪成活率的主要疾病之一。根据仔猪的发病日龄和临床症状可以初步做出诊断,但是确诊则需要对致病菌株进行分离鉴定。因此,进行致仔猪黄痢大肠杆菌的分离鉴定,对仔猪黄痢的防治具有重要意义。

本标准制定了致仔猪黄痢大肠杆菌的病料采集、病原菌分离及鉴定方法。

致仔猪黄痢大肠杆菌分离鉴定技术

1 范围

本标准规定了致仔猪黄痢大肠杆菌分离鉴定的操作程序和判定标准。

本标准适用于致仔猪黄痢大肠杆菌的分离鉴定。

2 规范性引用文件

下列文件对于本文件的应用是必不可少的。凡是标注日期的引用文件，仅注日期的版本适用于本文件。凡是不注日期的引用文件，其最新版本（包括所有的修改单）适用于本文件。

GB 4789.38—2012 食品安全国家标准 食品微生物学检验大肠埃希氏菌计数

GB/T 6682 分析实验室用水规格和实验方法

GB 19489 实验室生物安全通用要求

GB/T 27401 实验室质量控制规范 动物检疫

SN/T 0169—2010 进出口食品中大肠菌群、粪大肠菌群和大肠杆菌检测方法

中华人民共和国农业部公告〔2003〕第302号 兽医实验室生物安全技术管理规范

3 缩略语

下列缩略语适用于本文件：

V-P：乙酰甲基甲醇试验（voges-proskauer reaction）

PCR：聚合酶链式反应（polymerase chain reaction）

PBS：磷酸盐缓冲液（phosphate buffer saline）

SPF：无特定病原微生物（specific pathogen free）

DMEM：培养基（dulbecco's modification of eagle's medium）

PEG：聚乙二醇（polyethyleneglycol）

HAT：含黄嘌呤（hypoxantin）、氨基蝶呤（aminopterin）和胸腺嘧啶脱氧核苷（thymidin）的 DMEM

HT：含黄嘌呤（hypoxantin）和胸腺嘧啶脱氧核苷（thymidin）的 DMEM

dNTPs：脱氧核糖核苷三磷酸（deoxyribonucleoside triphosphates）

bp：碱基对（base pair）

TBE：Tris-硼酸电泳缓冲液

r/min：转/分钟（rotations per minute）

min：分钟（minute）

h：小时（hour）

4 试剂

4.1 麦康凯、大豆胨琼脂、Minca、Slanetz 等培养基：制备参见附录 A。

4.2 葡萄糖发酵、吲哚、甲基红、V-P、枸橼酸盐利用等生化试验管：制备参见附录 B。

4.3 兔抗 K88、K99、987P、F41 菌毛阳性血清及阴性对照兔血清：制备参见附录 C。

4.4 K88、K99、987P、F41 菌毛特异性单克隆抗体及阴性对照鼠血清：制备参见附录 D。

5 器材

超净工作台、恒温培养箱、酒精灯、接种环、手术刀、玻璃板或载玻片、微量移液器（10 μL、20 μL、

200 μL、1 000 μL)。

6 病料样品的处理

6.1 病料样品采集:仔猪黄痢多发于7日龄以内仔猪,发病仔猪不愿吃奶,拉黄痢,多呈黄色水样,内含凝乳小片,后肢常被粪液。发病严重的仔猪很快消瘦,最后衰竭死亡。胃肠呈卡他性炎症,病变主要表现为胃黏膜红肿,肠黏膜肿胀、充血或出血,肠系膜淋巴结肿大。

采集疑似病例的肛拭子或肠道(十二指肠、空肠、回肠)作为细菌分离用病料。

6.2 病料样品的存放与运送:病料样品置2℃~8℃条件下保存,并在3 d内进行细菌分离。如果超过3 d,应置含10%甘油的0.01 mol/L pH 7.4 PBS中,-15℃以下暂时保存,并尽快进行细菌分离。运输时确保低温运送,并及时送达,以防样品腐败。按照中华人民共和国农业部公告〔2003〕第302号的规定进行样品的生物安全标识。

7 致仔猪黄痢大肠杆菌的分离鉴定方法

7.1 细菌分离与纯化:将肠道病料置超净工作台中,固定,手术刀片火焰灼烧后,烙烫肠道浆膜层消毒,无菌打开肠腔,接种环灼烧消毒,冷却后伸入肠道,刮取病变部位肠道黏膜,划线接种于麦康凯培养基。或取肛拭子直接接种于麦康凯培养基。37℃培养18 h~24 h,挑取疑似菌落(菌落呈鲜红色或粉红色,极少数呈无色,中等大小,1.0 mm~2.5 mm,圆形,边缘整齐,表面光滑),纯化后进行以下试验。

7.2 生化特性鉴定:取纯化菌落分别接种葡萄糖发酵、吲哚、甲基红、V-P、枸橼酸盐利用生化试验管,参见附录B进行,观察并记录结果。

7.3 菌毛型鉴定:以下2种方法可任选其一。

7.3.1 玻板凝集试验:取菌落分别接种于大豆胨琼脂、Minca培养基、Slanetz培养基,37℃培养18 h~24 h,取各培养基上菌苔与适量生理盐水制成均匀混悬液(浊度与麦氏比浊管第三管相当)。参见附录E方法,将菌苔混悬液分别与不同的单克隆抗体或阳性血清进行玻板凝集试验:

——大豆胨琼脂培养基上生长的菌苔制成的混悬液,与大肠杆菌K88菌毛特异性单克隆抗体或阳性血清进行玻板凝集试验,3 min~5 min后观察结果;

——Minca培养基上生长的菌苔制成的混悬液,分别与大肠杆菌K99、F41菌毛特异性单克隆抗体或阳性血清进行玻板凝集试验,3 min~5 min后观察结果;

——Slanetz培养基上生长的菌苔制成的混悬液,与大肠杆菌987P菌毛特异性单克隆抗体或阳性血清进行玻板凝集试验,3 min~5 min后观察结果;

——同时取菌苔混悬液与生理盐水以及相应的阴性对照血清分别进行玻板凝集试验,作为阴性对照,3 min~5 min后观察结果。

如果菌苔混悬液与生理盐水以及相应的阴性对照血清均不发生凝集,则试验成立。观察菌苔混悬液与特异性单克隆抗体或阳性血清的凝集情况,出现凝集,结果判为相应菌毛型阳性;如无凝集,则传代后重新检测,传代三次仍然未出现凝集,则判为相应菌毛型阴性。

7.3.2 菌毛型的PCR鉴定:挑取单个疑似菌落,重悬于100 μL灭菌去离子水中,煮沸5 min,作为样品DNA模板。分别用K88、K99、987P、F41菌毛型特异性引物进行PCR扩增,同时设立相应的阴、阳性对照。具体试验方案及操作程序参见附录F。

如作为阳性对照的大肠杆菌K88、K99、987P、F41菌毛型菌株的DNA模板经PCR扩增后,分别出现841 bp、543 bp、463 bp、682 bp大小的扩增条带,且阴性对照未出现扩增条带时,试验成立。被检样品经PCR扩增后,若出现相应的特异性条带,即判为该菌毛型阳性,否则判为该菌毛型阴性。

8 结果判定

如果完全符合下述3个条件,结果判定为致仔猪黄痢大肠杆菌阳性;如果其中任何一项不符合,结果判定为致仔猪黄痢大肠杆菌阴性：

——可在麦康凯培养基上生长，菌落颜色为红色(极少数为无色菌落)；

——可发酵葡萄糖，吲哚、甲基红试验均呈阳性反应，V-P试验、枸橼酸盐利用试验均呈阴性反应；

——能和大肠杆菌K88、K99、987P、F41特异性单克隆抗体或阳性血清中的至少一种发生凝集反应；或者大肠杆菌K88、K99、987P、F41菌毛型PCR鉴定时，至少一种为阳性。

9 废弃物与病料处理方法

废弃物处理参照中华人民共和国农业部〔2003〕第302号的规定进行。

10 注意事项

10.1 所有操作应严格遵守生物安全规定。

10.2 玻板凝集试验可以在玻璃板上进行，样品较少时也可以在载玻片上进行。

10.3 试验时，若采用商品化的培养基、生化试验鉴定管、特异性抗体等试剂，可根据说明书进行操作及结果判定。

附 录 A
(资料性附录)
培养基的配制

A.1 大豆胨琼脂培养基

胰蛋白胨	17.0 g
大豆蛋白胨	3.0 g
NaCl(分析纯)	5.0 g
KH_2PO_4(分析纯)	2.5 g
葡萄糖(分析纯)	2.5 g
琼脂粉	12.0 g

先称取除琼脂粉以外的其他试剂,加入约 800 mL 双蒸水,溶解后调 pH 至 7.4。再加入琼脂粉并加热溶解,定容至 1 000 mL,115℃高压灭菌 15 min,制成平板,置 2℃~8℃备用。

A.2 Minca 培养基

A.2.1 微量盐溶液

$MgSO_4 \cdot 7H_2O$(分析纯)	10.0 g
$MnCl_2 \cdot 2H_2O$(分析纯)	1.0 g
$FeCl_3 \cdot 6H_2O$(分析纯)	0.135 g
$CaCl_2$(分析纯)	0.4 g

加双蒸水至 1 000 mL,115℃高压灭菌 15 min,置 2℃~8℃备用。

A.2.2 Minca 培养基

KH_2PO_4(分析纯)	1.36 g
$Na_2HPO_4 \cdot 12H_2O$(分析纯)	20.3 g
酪蛋白氨基酸	1.0 g
葡萄糖(分析纯)	1.0 g
微量盐溶液	1 mL
琼脂粉	12.0 g

先称取除琼脂粉以外的其他试剂,加入约 800 mL 双蒸水,溶解后调 pH 至 7.5。再加入琼脂粉并加热溶解,定容至 1 000 mL,115℃高压灭菌 15 min,制成平板,置 2℃~8℃备用。

A.3 Slanetz 培养基

胰蛋白胨	20.0 g
葡萄糖(分析纯)	1.0 g
NaCl(分析纯)	9.0 g
琼脂粉	12.0 g

先称取除琼脂粉以外的其他试剂,加入约 800 mL 双蒸水,溶解后调 pH 至 7.6。再加入琼脂粉并加热溶解,定容至 1 000 mL,115℃高压灭菌 15 min,制成平板,置 2℃~8℃备用。

A.4 麦康凯培养基

胰蛋白胨	27.0 g

多价蛋白胨	3.0 g
乳糖(分析纯)	10.0 g
纯化胆盐(分析纯)	1.5 g
NaCl(分析纯)	5.0 g
琼脂粉	12.0 g

先称取除琼脂粉以外的其他试剂,加入约 800 mL 双蒸水,溶解后调 pH 至 7.1。然后加入琼脂粉并加热溶解,再加入 0.1%结晶紫水溶液 1 mL、1%中性红水溶液 5 mL,混匀,定容至 1 000 mL,115℃高压灭菌 15 min,制成平板,置 2℃～8℃备用。

附 录 B
(资料性附录)
生化试验培养基的制备及生化试验方法

B.1 葡萄糖发酵试验

B.1.1 培养基

胰蛋白胨	2.0 g
葡萄糖(分析纯)	10.0 g
NaCl(分析纯)	5.0 g
KH_2PO_4(分析纯)	0.3 g

加入约 800 mL 双蒸水,调 pH 至 7.2。再加入 1%溴麝香草酚蓝水溶液 3 mL,定容至 1 000 mL,按 2 mL/管分装试管,115℃高压灭菌 15 min,置 2℃~8℃备用。

B.1.2 试验方法

取少量幼龄纯培养物,每个菌株接种 2 管培养基,接种后其中 1 管液面上滴加一层(高度约 10 mm)灭菌的液体石蜡。37℃恒温培养 24 h~48 h,每天观察并记录结果。

B.1.3 结果判定

若 2 支试验管培养基均由蓝紫色变为黄色,则判定该菌株为发酵葡萄糖阳性;若仅不滴加液体石蜡的试验管培养基由蓝紫色变为黄色,或者 2 支试验管培养基均依然为蓝紫色,则判定该菌株为发酵葡萄糖阴性。

B.2 吲哚生化试验

B.2.1 培养基

胰蛋白胨	20.0 g
NaCl(分析纯)	5.0 g

加入约 800 mL 双蒸水溶解上述培养基组分,调 pH 至 7.4,定容至 1 000 mL。按 2 mL/管分装试管,115℃高压灭菌 15 min,置 2℃~8℃备用。

B.2.2 柯凡克氏试剂

对二甲氨基苯甲醛(分析纯)	5.0 g
戊醇(分析纯)	75 mL
浓盐酸(37%)	25 mL

先将对二甲氨基苯甲醛溶于戊醇中,再慢慢加入浓盐酸,混匀后置 2℃~8℃备用。

B.2.3 试验方法与结果判定

取少量幼龄纯培养物,接种 2 mL 培养基,37℃培养 24 h~48 h(必要时可培养至 120 h)。然后加入 0.2 mL 乙醚,摇动试管以提取和浓缩吲哚,待其浮于培养基表面后,再沿管壁徐徐加入柯凡克氏试剂数滴。立即在接触面呈现红色者为阳性反应,无红色反应者为阴性反应。

B.3 甲基红生化试验

B.3.1 培养基

KH_2PO_4(分析纯)	5.0 g
多价蛋白胨	7.0 g

葡萄糖(分析纯)　　　　　　　　　5.0 g

加双蒸水至 1 000 mL,调 pH 至 7.0,按 2 mL/管分装试管,115℃高压灭菌 15 min,置 2℃～8℃备用。

B.3.2 甲基红指示剂

甲基红(分析纯)　　　　　　　　　0.1 g

95%酒精　　　　　　　　　　　300 mL

蒸馏水　　　　　　　　　　　　200 mL

先将甲基红用酒精溶解后,再加入蒸馏水,置 2℃～8℃备用。

B.3.3 试验方法与结果判定

取少量幼龄纯培养物,接种 3 管培养基,置 37℃培养 24 h。取 1 管培养物加入甲基红指示剂 2 滴～4 滴,立即观察结果,呈鲜红色的判为阳性反应,呈橘红色判为弱阳性,呈黄色或橙色判为阴性。若为阴性,则将其余 2 管继续培养,分别于 48 h 和 120 h 再次进行测试,120 h 培养物仍为阴性则判为阴性反应。

B.4 V-P 生化试验

B.4.1 培养基

与甲基红生化试验所用培养基相同。

B.4.2 试剂(贝立脱氏法)

甲液为 5% α-萘酚酒精溶液;乙液为 40%的 KOH 水溶液。

B.4.3 试验方法与结果判定

取少量幼龄纯培养物,接种 2 mL 培养基,37℃培养 48 h～96 h。然后,加入甲液 0.6 mL,再加乙液 0.2 mL,充分混匀,阳性反应菌即刻或在 5 min 内呈现红色,若无红色出现,可静置于室温或 37℃下 2 h 内观察结果,仍不出现红色者为阴性。

B.5 枸橼酸盐利用生化试验

B.5.1 培养基

NaCl(分析纯)　　　　　　　　　5.0 g

$MgSO_4$(分析纯)　　　　　　　　0.2 g

K_2HPO_4(分析纯)　　　　　　　1.0 g

$NH_4H_2PO_4$(分析纯)　　　　　　1.0 g

枸橼酸钠(分析纯)　　　　　　　　2.0 g

琼脂粉　　　　　　　　　　　　12.0 g

先称取除琼脂粉以外的其他试剂,加入约 800 mL 双蒸水,溶解后调 pH 至 6.8。然后加入琼脂粉并加热溶解,再加入 0.2%溴麝香草酚蓝溶液 40 mL,定容至 1 000 mL,混匀后按 5 mL/管分装试管,115℃高压灭菌 15 min,制成斜面,置 2℃～8℃备用。

B.5.2 试验方法与结果判定

将少量幼龄纯培养物,用接种环涂布于琼脂斜面上,37℃培养 96 h～168 h。其间,每天观察 1 次,在斜面上有菌苔生长,培养基由绿色变为蓝色,则结果判为阳性反应,否则判为阴性反应。

附 录 C
(资料性附录)
兔抗 K88、K99、987P、F41 菌毛阳性血清及其阴性对照血清的制备

C.1 材料和试剂

C.1.1 实验动物

体重 1.5 kg～3.0 kg 的 SPF 兔。

C.1.2 菌株

大肠杆菌 E68 株(产 K88ab 菌毛)、大肠杆菌 C83912 株(产 K99 菌毛)、大肠杆菌 C83710 株(产 987P 菌毛)、大肠杆菌 C83919 株(产 F41 菌毛)。

C.1.3 培养基

大豆胨琼脂、Minca、Slanetz 等培养基。

C.2 方法

C.2.1 兔抗 K88、K99、987P、F41 菌毛阳性血清的制备

C.2.1.1 免疫原的制备

C.2.1.1.1 菌毛化菌体的制备

将大肠杆菌 E68 株接种大豆胨琼脂培养基、大肠杆菌 C83912 株接种 Minca 培养基、大肠杆菌 C83710 株接种 Slanetz 培养基、大肠杆菌 C83919 株接种 Minca 培养基,37℃培养 18 h～24 h,用 0.01 mol/L pH 7.4 PBS 洗下菌苔。4℃ 5 000 r/min 离心 5 min 洗涤 1 次,置 2℃～8℃保存。

C.2.1.1.2 菌毛纯化

将上述菌液置 60℃水浴 30 min,每隔 5 min 轻轻振摇 1 次。4℃ 10 000 r/min 离心 30 min,收集上清液。加入饱和硫酸铵至 60%饱和度,2℃～8℃放置过夜。4℃ 10 000 r/min 离心 30 min,沉淀用 0.01 mol/L pH 7.4 PBS 悬浮。再经层析或密度梯度离心获得纯化的菌毛抗原,以此作为免疫原。小量分装后−20℃保存。

C.2.1.2 实验兔免疫和采血

将纯化的菌毛抗原用等体积的弗氏完全佐剂进行乳化,背部多点皮内注射免疫试验兔,抗原免疫量为 1 mg/只。首免 2 周后,取免疫原用等体积的弗氏不完全佐剂进行乳化,背部多点皮内注射免疫试验兔,抗原免疫量为 1 mg/只。免疫后兔血清与相应的菌毛型抗原的凝集效价不低于 1∶512 时,心脏采血,分离血清,−20℃保存。阳性血清仅与相应的菌毛型抗原发生凝集反应,不与其他菌毛型抗原出现凝集反应。

C.2.2 阴性对照兔血清的制备

C.2.2.1 实验兔的选择

体重 1.5 kg～3.0 kg 的 SPF 兔。

C.2.2.2 采血和保存

心脏采血,分离血清,−20℃保存。作为阴性对照的兔血清应不与任何菌毛型抗原发生凝集反应。

附　录　D
(资料性附录)
K88、K99、987P、F41 菌毛特异性单克隆抗体及其阴性对照血清的制备

D.1　材料和试剂

D.1.1　实验动物

适龄 BALB/c 小鼠。

D.1.2　菌株

大肠杆菌 E68 株(产 K88ab 菌毛)、大肠杆菌 C83912 株(产 K99 菌毛)、大肠杆菌 C83710 株(产 987P 菌毛)、大肠杆菌 C83919 株(产 F41 菌毛)。

D.1.3　SP2/0 细胞

D.1.4　试剂

大豆胨琼脂培养基、Minca 培养基、Slanetz 培养基、DMEM、HAT、HT、PEG。

D.2　器材

CO_2培养箱、倒置显微镜、离心机、超净工作台、微量移液器(20 μL～200 μL;100 μL～1 000 μL)。

D.3　方法

D.3.1　单克隆抗体的制备

D.3.1.1　免疫原的制备

分别用纯化的 K88、K99、987P、F41 菌毛作为免疫原,制备方法同 C.2.1 项。

D.3.1.2　BALB/c 小鼠免疫

将免疫原用等体积的弗氏完全佐剂乳化,皮下注射免疫 6 周龄～8 周龄的 BALB/c 小鼠,抗原免疫量为 0.5 mg/只。首免 2 周后,经尾静脉注射免疫原,抗原免疫量为 0.5 mg/只,3d 后进行细胞融合。

D.3.1.3　细胞融合

无菌摘取免疫小鼠脾脏,收集小鼠脾细胞,用无血清 DMEM 重悬,进行细胞计数。将制备的脾细胞和 SP2/0 细胞按照(5～8):1 的比例混合,1 000 r/min 离心 10 min,弃上清液。缓慢加入 1 mL 50% PEG 1 000,再滴加 25 mL 无血清 DMEM。1 000 r/min 离心 10 min,弃上清液。加入 30 mL HAT 重悬,分装到 96 孔细胞培养板中,置CO_2培养箱内 5 % CO_2 37℃培养。

D.3.1.4　抗体检测及筛选

细胞融合 7 d～10 d 后,从有克隆生长的细胞孔中吸取培养上清,用玻板凝集试验进行抗体检测,能与相应菌毛型抗原发生特异性凝集的克隆为阳性克隆。

D.3.1.5　亚克隆

用 HT 培养基按有限稀释法进行亚克隆。用玻板凝集试验进行抗体检测,能与相应菌毛型抗原发生特异性凝集的克隆为阳性克隆。

D.3.1.6　腹水制备

扩大培养杂交瘤细胞,将细胞浓度为(1～2)×10^6 细胞/mL 的杂交瘤细胞经腹腔接种 10 周龄 BALB/c 小鼠(小鼠在接种杂交瘤细胞前 1 周预注液体石蜡),每只接种 0.5 mL。待腹水形成后,用注射器抽取。收集的腹水经 5 000 r/min 离心 10 min,取上清液,与相应菌毛型抗原的凝集效价应不低于 1:512,−20℃保存。4 种菌毛型的特异性单克隆抗体仅与相应的菌毛型抗原发生特异性凝集反应,与

其他菌毛型及肠杆菌科其他种属的细菌均应无交叉反应。

D.3.2 阴性对照鼠血清的制备

D.3.2.1 实验鼠的选择

10 周龄的 BALB/c 小鼠。

D.3.2.2 采血和保存

采血，分离血清，−20℃保存。阴性血清应不与任何菌毛型抗原发生凝集反应。

附 录 E
(资料性附录)
玻 板 凝 集 试 验

E.1 试剂

K88、K99、987P、F41 菌毛特异性单克隆抗体及阴性对照鼠血清，或抗 K88、K99、987P、F41 菌毛阳性兔血清及阴性对照兔血清，生理盐水。

E.2 器材

玻璃板、微量移液器(100 μL)。

E.3 方法

E.3.1 待检菌苔混悬液制备

将待检菌苔刮下，用生理盐水稀释至麦氏比浊管第 3 管浊度。

E.3.2 玻板凝集

取一块洁净玻板，在玻板的不同位置分别用微量移液器滴加 3 滴待检菌苔混悬液，每滴 20 μL。如果选用单克隆抗体作为凝集抗体，则分别向 3 滴待检菌苔混悬液中滴加相应的单克隆抗体、阴性对照鼠血清、生理盐水各 20 μL；如果选用阳性兔血清作为凝集抗体，则分别向 3 滴待检菌苔混悬液中滴加相应的阳性兔血清、阴性对照兔血清、生理盐水各 20 μL。用移液器吸头(或牙签)将血清与抗原混匀，轻柔摇动玻板 3 min～5 min，判定结果。

E.4 结果判定

＋＋＋＋：出现大的凝集块，液体完全清亮透明，即 100％凝集。

＋＋＋：有明显的凝集片，液体几乎完全透明，即 75％凝集。

＋＋：有可见的凝集片，液体不甚透明，即 50％凝集。

＋：液体混浊，有小的颗粒状物，即 25％的凝集。

－：液体均匀混浊，即不凝集。

以出现"＋"以上凝集判为凝集反应阳性，以出现"－"凝集判为凝集反应阴性。

附 录 F
（资料性附录）
致仔猪黄痢大肠杆菌菌毛型的 PCR 方法鉴定

F.1 材料和试剂

F.1.1 菌株

大肠杆菌 E68 株（产 K88ab 菌毛）、大肠杆菌 C83912 株（产 K99 菌毛）、大肠杆菌 C83710 株（产 987P 菌毛）、大肠杆菌 C83919 株（产 F41 菌毛）。

F.1.2 试剂

Taq DNA 聚合酶、dNTPs、琼脂糖、核酸染料、DNA 分子量标准（DL 2 000 DNA Marker）、上样缓冲液、TBE 电泳缓冲液均为商品化试剂。

F.2 仪器

高速冷冻离心机、PCR 扩增仪、核酸电泳仪和水平电泳槽、凝胶成像系统（或紫外透射仪）、微量移液器（10 μL、20 μL、200 μL、1 000 μL）。

F.3 引物

大肠杆菌菌毛型 PCR 鉴定用引物见表 F.1。

表 F.1 大肠杆菌菌毛型 PCR 鉴定用引物

引物名称	引物序列	片段长度，bp
上游引物 K88F	5′- GATGAA AAAGAC TCTGAT TGC A - 3′	841
下游引物 K88R	5′- GAT TGC TACGTT CAG CGG AGCG - 3′	
上游引物 K99F	5′- CTGAAAAAAACACTGCTAGCTATT - 3′	543
下游引物 K99R	5′- CATATAAGTGACTAAGAAGGATGC - 3′	
上游引物 987PF	5′- GTTACTGCCAGTCTATGCCAAGTG - 3′	463
下游引物 987PR	5′- TCGGTGTACCTGCTGAACGAATAG - 3′	
上游引物 F41F	5′- GATGAAAAAGACTCTGATTGCA - 3′	682
下游引物 F41R	5′- TCTGAGGTCATCCCAATTGTGG - 3′	

F.4 操作程序

F.4.1 DNA 模板制备

挑取单个疑似菌落，重悬于 100 μL 灭菌去离子水中，煮沸 5 min，作为样品 DNA 模板；按相同方法分别制备大肠杆菌 E68 株（产 K88ab 菌毛）、C83912 株（产 K99 菌毛）、C83710 株（产 987P 菌毛）、C83919 株（产 F41 菌毛）的 DNA 模板，作为大肠杆菌 K88、K99、987P、F41 菌毛型菌株的阳性对照模板。

F.4.2 PCR

分别用 K88F/K88R、K99F/K99R、987PF/987PR、F41F/F41R 4 对引物，扩增样品 DNA 模板。同时，用 K88F/K88R 引物扩增 K88 阳性对照 DNA 模板、用 K99F/K99R 引物扩增 K99 阳性对照 DNA 模板、用 987PF/987PR 引物扩增 987P 阳性对照 DNA 模板、用 F41F/F41R 扩增 F41 阳性对照 DNA 模板，作为阳性对照。用上述 4 对引物，分别对去离子水进行扩增，作为阴性对照。PCR 反应体系及反应程序如下。

F.4.2.1 **PCR 反应体系**

$MgCl_2$(25 mmol/L)	1.5 μL
样品模板	1.0 μL
10×*Taq* DNA 聚合酶反应缓冲液	2.5μL
dNTPs(10 mmol/L)	0.5 μL
上游引物(50 pmol/μL)	0.5 μL
下游引物(50 pmol/μL)	0.5 μL
Taq DNA 聚合酶(5 U/μL)	0.5 μL
灭菌去离子水	18.0 μL
总体积(Total)	25.0 μL

F.4.2.2 **PCR 反应程序**

94℃ 5 min;94℃ 30 s,62℃ 30 s,72℃ 1 min,32 个循环;72℃延伸 10 min,结束反应。

F.4.3 **扩增产物的电泳检测**

用 TBE 电泳缓冲液配制 1.0%琼脂糖凝胶,加热融化后,添加工作浓度的核酸染料,凝固备用。将 PCR 产物与上样缓冲液混合后,加入加样孔,同时加 DNA Marker 作为分子量参考。5 V/cm 恒压下电泳 30 min,紫外凝胶成像系统下观察 PCR 扩增条带及其大小。

F.5 结果判定

如果作为阳性对照的大肠杆菌 K88、K99、987P、F41 菌毛型菌株的 DNA 模板经 PCR 扩增后,分别出现 841 bp、543 bp、463 bp、682 bp 大小的扩增条带,且阴性对照未出现扩增条带时,试验成立。

被检样品经 PCR 扩增后,若出现相应的特异性条带,即判为该菌毛型阳性,否则判为该菌毛型阴性。

ICS 11.220
B 41

中华人民共和国农业行业标准

NY/T 2840—2015

猪细小病毒间接ELISA抗体检测方法

Indirect ELISA for detection of antibodies against Porcine parvovirus

2015-10-09 发布　　　　2015-12-01 实施

中华人民共和国农业部　发布

前　言

本标准按照 GB/T 1.1—2009 给出的规则起草。

本标准由中华人民共和国农业部提出。

本标准由全国动物卫生标准化技术委员会(SAC/TC 181)归口。

本标准起草单位:中国动物卫生与流行病学中心。

本标准主要起草人:陈义平、南文龙、周洁、陆明哲、魏荣。

猪细小病毒间接 ELISA 抗体检测方法

1 范围

本标准规定了细小病毒科细小病毒属的猪细小病毒抗体的间接 ELISA 检测方法。

本标准适用于猪细小病毒抗体监测以及流行病学调查。

2 规范性引用文件

下列文件对于本文件的应用是必不可少的。凡是注日期的引用文件,仅注日期的版本适用于本文件。凡是不注日期的引用文件,其最新版本(包括所有的修改单)适用于本文件。

GB/T 6682 分析实验室用水规格和实验方法

GB 19489 实验室生物安全通用要求

GB/T 27401 实验室质量控制规范 动物检疫

中华人民共和国农业部公告〔2003〕第 302 号 兽医实验室生物安全技术管理规范

3 缩略语

下列缩略语适用于本文件:

PPV:猪细小病毒(porcine parvovirus)

ELISA:酶联免疫吸附试验(enzyme - linked immunosorbent assay)

OD:光密度(optical density)

r/min:转/分钟(rotations per minute)

4 试剂

4.1 猪细小病毒 VP2 重组蛋白(re - VP2)

克隆猪细小病毒结构蛋白 VP2 抗原优势区基因,用 pET - 32a 表达载体进行原核表达,亲和层析法纯化重组蛋白。获得的重组蛋白浓度应≥1 mg/mL,纯度应≥95%。具体过程见附录 A。

4.2 阳性血清对照

选取 5 月龄健康猪 2 头,用猪细小病毒疫苗按规定剂量进行免疫,间隔 3 周免疫 2 次,第二次免疫 1 个月后开始采血分离血清,用血凝抑制试验测定其抗体效价。当抗体的血凝抑制效价达到 1∶1 024 时采血分离血清,将血凝抑制效价为 1∶1 024 的阳性血清用样品稀释液(参见 B. 4)进行 1∶50 稀释,即为阳性血清对照。

4.3 阴性血清对照

采集无母源抗体、未免疫猪细小病毒疫苗的健康猪血清,经血凝抑制试验检测,结果为猪细小病毒抗体阴性,用样品稀释液(参见 B. 4)进行 1∶50 稀释,即为阴性血清对照。

4.4 包被液、洗涤液、封闭液、样品稀释液、酶标抗体稀释液、底物显色液、终止液配制方法分别见 B. 1、B. 2、B. 3、B. 4、B. 5、B. 6、B. 7。

5 器材和设备

一次性注射器、恒温培养箱、振荡混匀仪、移液器(200 μL、1 000 μL)、多道移液器(200 μL)、酶标板、酶联免疫检测仪等。

6 血清样品的处理

6.1 血清样品的采集和处理

静脉采血,每头猪不少于 2 mL。血液凝固后分离血清,4 000 r/min 离心 10 min,用移液器吸出上层血清。

6.2 血清样品的储存和运输

血清样品置−20℃以下冷冻保存。运输时确保低温运送,并及时送达,以防血清样品腐败。按照中华人民共和国农业部〔2003〕第 302 号公告的规定进行样品的生物安全标识。

7 间接 ELISA 抗体检测操作方法

7.1 包被抗原

以纯化的猪细小病毒 VP2 重组蛋白(re-VP2)作为包被用抗原,将重组蛋白 re-VP2 用包被液稀释至 3 μg/mL,每孔加入 100 μL(每孔抗原包被量为 300 ng),37℃包被 2 h,用洗涤液洗板 3 次,每次 5 min。

7.2 封闭

每孔加入 200 μL 封闭液,37℃封闭 2 h,洗板同上。

7.3 加待检血清及阳性血清对照、阴性血清对照

将待检血清用样品稀释液进行 1∶50 稀释,每孔加入 100 μL,每板同时设置 2 孔阳性血清对照、2 孔阴性血清对照。当待检血清样品较多时,可根据试验进度,提前进行样品稀释,再一并加样,以确保所有待检样品的反应时间准确、一致。37℃作用 1 h,洗板同上。

7.4 加酶标抗体

将兔抗猪酶标抗体用酶标抗体稀释液稀释至工作浓度,每孔加入 100 μL,37℃作用 1 h,洗板同上。

7.5 加底物显色液

每孔加入 100 μL 底物显色液,37℃避光显色作用 10 min。

7.6 加终止液

每孔加入 100 μL 终止液终止反应,10 min 之内测定 OD_{450}值。

7.7 结果判定

在酶联免疫检测仪上读取 OD_{450}值,计算阳性血清对照 OD_{450}平均值 OD_P、阴性血清对照 OD_{450}平均值 OD_N。阳性血清对照 OD_{450}平均值 $OD_P \geqslant 0.5$,阴性血清对照 OD_{450}平均值 $OD_N \leqslant 0.2$ 时,试验成立。待检血清样品的 $OD_{450} \geqslant 0.2 \times OD_P + 0.8 \times OD_N$判为阳性,反之判为阴性。

8 注意事项

8.1 相关试剂需在 2℃~8℃保存,使用前平衡至室温。

8.2 操作时,注意取样或稀释准确,并注意更换吸头。

8.3 底物溶液避光保存,避免与氧化剂接触。

8.4 终止液有腐蚀作用,使用时避免直接接触。

8.5 废弃物处理参照中华人民共和国农业部〔2003〕第 302 公告的规定进行。

附　录　A
（规范性附录）
猪细小病毒 VP2 蛋白的表达及纯化

A.1　材料和试剂

猪细小病毒 NADL－2 株；大肠杆菌 DH5a 和 BL21（DE3）感受态细胞、pMD18－T 克隆载体、pET－32a表达载体、核酸提取试剂盒、质粒提取试剂盒、限制性内切酶、蛋白纯化试剂盒、培养基均为商品化试剂。

A.2　器材和设备

恒温培养箱、高速离心机、PCR 扩增仪、核酸电泳仪和水平电泳槽、凝胶成像系统（或紫外透射仪）、恒温空气浴摇床、移液器（10 μL、200 μL、1 000 μL）、分光光度计等。

A.3　引物序列

VP2－P1：5′－AACAGGATCCCACAGTGACATTATG－3′；
VP2－P2：5′－AGAAAGCTTATGCTTTGGAGCTCTTC－3′。

A.4　猪细小病毒结构蛋白 VP2 抗原优势区基因序列

本标准表达的猪细小病毒结构蛋白 VP2 抗原优势区基因序列如下：

CACAGTGACATTATGTTCTACACAATAGAAAATGCAGTACCAATTCATCTTCTAAGAAC

AGGAGATGAATTCTCCACAGGAATATATCACTTTGACACAAAACCACTAAAATTAACTC

ACTCATGGCAAACAAACAGATCTCTAGGACTGCCTCCAAAACTACTAACTGAACCTAC

CACAGAAGGAGACCAACACCCAGGAACACTACCAGCAGCTAACACAAGAAAAGGTTA

TCACCAAACAATTAATAATAGCTACACAGAAGCAACAGCAATTAGGCCAGCTCAGGTA

GGATATAATACACCATACATGAATTTTGAATACTCCAATGGTGGACCATTTCTAACTCCTA

TAGTACCAACAGCAGACACACAATATAATGATGATGAACCAAATGGTGCTATAAGATTT

ACAATGGATTACCAACATGGACACTTAACCACATCTTCACAAGAGCTAGAAAGATACA

CATTCAATCCACAAAGTAAATGTGGAAGAGCTCCAAAGCAT

A.5　方法

A.5.1　VP2 抗原优势区基因的表达质粒构建

将 PPV 接种 PK15 细胞，在 5% CO_2的条件下 37℃培养 24 h～36 h，当 70%的细胞出现细胞病变时，收集培养物，反复冻融 3 次。用核酸提取试剂盒提取病毒 DNA，然后用 VP2－P1 和 VP2－P2 引物扩增 VP2 基因，琼脂糖凝胶电泳并纯化回收相应的扩增片段，片段大小为 510 bp。纯化产物连接 pMD18－T 克隆载体，转化 DH5a 感受态细胞，筛选获得的重组阳性质粒命名为 pMD18－T－VP2。用

BamH I 和 Hind III 双酶切 pMD18 - T - VP2 和 pET - 32a，将 VP2 基因片段连接到 pET - 32a 表达载体，转化 DH5a 感受态细胞，筛选获得的重组阳性质粒命名为 pET - 32a - VP2。

A.5.2 VP2 抗原优势区基因的表达与纯化

将 pET - 32a - VP2 转化 BL21(DE3)感受态细胞，筛选获得含重组质粒的阳性菌株。取重组 BL21(DE3)菌种 5 μL，接种至 5 mL 含 50 μg/mL 氨苄青霉素的 LB 培养基(蛋白胨 1%，氯化钠 1%，酵母提取物 0.5%)。37℃振摇培养至 OD_{600} 值为 0.4～0.6 时，加入终浓度为 1 mmol/L 的异丙基- β - D -硫代半乳糖苷(IPTG)进行诱导，继续 37℃振摇培养 4 h。按照蛋白纯化试剂盒说明书纯化目的蛋白(即 VP2 重组蛋白)，目的蛋白大小约 39.1 kDa。

A.5.3 重组蛋白的纯度及浓度测定

取 5 μL 重组蛋白进行 SDS - PAGE 电泳，考马斯亮蓝染色，用蛋白密度扫描分析纯度，重组蛋白的纯度应≥95%；用紫外分光光度计测定重组蛋白在 280 nm 和 260 nm 波长的 OD 值，计算蛋白浓度，重组蛋白的浓度应≥1 mg/mL。将检测合格的重组蛋白，分装后－20℃保存。

附 录 B
(资料性附录)
溶 液 的 配 制

B.1 包被液(碳酸盐缓冲液,pH 9.6)

$NaHCO_3$(分析纯)	2.98 g
Na_2CO_3(分析纯)	1.5 g

加双蒸水至 1 000 mL,混匀。

B.2 洗涤液(磷酸盐缓冲液-吐温,PBST,pH 7.4)

NaCl(分析纯)	8.0 g
KH_2PO_4(分析纯)	0.2 g
$Na_2HPO_4 \cdot 12H_2O$(分析纯)	2.9 g
KCl(分析纯)	0.2 g
硫柳汞(分析纯)	0.1 g
Tween - 20(分析纯)	0.5 mL

加双蒸水至 1 000 mL,调至 pH 7.4。

B.3 封闭液(10%小牛血清/PBST 溶液,pH 7.4)

吸取小牛血清(优级)100 mL,加 PBST 至 1 000 mL,混匀。

B.4 样品稀释液(磷酸盐缓冲液,pH 7.4)

NaCl(分析纯)	8.0 g
KH_2PO_4(分析纯)	0.2 g
$Na_2HPO_4 \cdot 12H_2O$(分析纯)	2.9 g
KCl(分析纯)	0.2 g
硫柳汞(分析纯)	0.1 g

加双蒸水至 1 000 mL,调至 pH 7.4。

B.5 酶标抗体稀释液

同 B.3 封闭液。

B.6 底物显色液(TMB -过氧化氢尿素溶液)

B.6.1 底物液 A

TMB(分析纯)200 mg,无水乙醇(或 DMSO)100 mL,加双蒸水至 1 000 mL,混匀。

B.6.2 底物缓冲液 B

Na_2HPO_4(分析纯)	14.6 g
柠檬酸(分析纯)	9.33 g
0.75%过氧化氢尿素	6.4 mL

加双蒸水至 1 000 mL,调至 pH 5.0～5.4。

B.6.3 将底物液 A 和底物缓冲液 B 按 1∶1 混合,即成底物显色液。

B.7 终止液(2 mol/L H_2SO_4)

将 22.2 mL 浓 H_2SO_4(98%)缓慢滴加入 150 mL 双蒸水中,边加边搅拌,加双蒸水至 200 mL。

ICS 11.220
B 41

中华人民共和国农业行业标准

NY/T 3190—2018

猪副伤寒诊断技术

Diagnostic techniques of swine paratyphoid

2018-03-15 发布 2018-06-01 实施

中华人民共和国农业部 发布

前 言

本标准按照 GB/T 1.1—2009 给出的规则起草。

本标准由农业部兽医局提出。

本标准由全国动物卫生标准化技术委员会(SAC/TC 181)归口。

本标准起草单位:扬州大学、中国动物卫生与流行病学中心。

本标准主要起草人:吴艳涛、张小荣、陈健皓、姜雯、王岩、高崧、陈素娟、彭大新、焦新安。

引　言

猪副伤寒即猪沙门氏菌病，主要包括由猪霍乱沙门氏菌所导致的仔猪急性败血症、亚急性和慢性坏死性肠炎，以及由鼠伤寒沙门氏菌引起的仔猪小肠结肠炎。虽然猪霍乱沙门氏菌和鼠伤寒沙门氏菌以外的其他沙门氏菌亦有可能感染猪，但仅偶尔引起临床疾病。猪副伤寒对养猪业危害很大，我国将其列为二类动物疫病。此外，沙门氏菌也是人类食物中毒的常见病原菌。除了依据临床诊断外，猪副伤寒的诊断依赖于对沙门氏菌的分离和鉴定，尤其是对猪霍乱沙门氏菌和鼠伤寒沙门氏菌的分离和鉴定。制定猪副伤寒诊断技术标准对于有效防控该病以及保障人类食品安全具有重要的意义。

猪副伤寒诊断技术

1 范围

本标准规定了猪副伤寒临床诊断和实验室诊断的技术要求。

本标准适用于猪副伤寒的诊断。

2 规范性引用文件

下列文件对于本文件的应用是必不可少的。凡是注日期的引用文件,仅注日期的版本适用于本文件。凡是不注日期的引用文件,其最新版本(包括所有的修改单)适用于本文件。

GB 4789.4—2016 食品安全国家标准 食品微生物学检验 沙门氏菌检验

3 缩略语

DMSO:二甲基亚砜(dimethyl sulfoxide)

dNTP:三磷酸脱氧核苷酸(deoxynucleoside triphosphate)

EB:溴化乙锭(ethidium bromide)

TBE:三羟甲基氨基甲烷-硼酸-乙二胺四乙酸缓冲液(tris-boracic acid-EDTA buffer)

4 设备和材料

4.1 仪器设备及耗材

4.1.1 37℃培养箱和42℃培养箱。

4.1.2 玻璃研磨器或组织匀浆机。

4.1.3 台式高速离心机。

4.1.4 生物安全柜。

4.1.5 PCR扩增仪。

4.1.6 电泳仪。

4.1.7 电泳槽。

4.1.8 紫外凝胶成像系统。

4.1.9 冰箱(2℃~4℃、-20℃和-70℃三种)。

4.1.10 微量移液器(5 μL,10 μL,20 μL,100 μL,1 000 μL)及配套的吸头。

4.2 试剂

4.2.1 普通营养琼脂、鲜血琼脂、电泳缓冲液(0.5×TBE)的配制,参见附录A。

4.2.2 麦康凯琼脂、亚硫酸铋(BS)琼脂、Hektoen Enteric(HE)琼脂、木糖赖氨酸脱氧胆盐(XLD)琼脂、沙门氏菌属显色培养基、亚硒酸盐胱氨酸(SC)增菌液、四硫磺酸钠煌绿(TTB)增菌液、缓冲蛋白胨水(BPW)、三糖铁(TSI)琼脂、蛋白胨水及靛基质试剂、尿素琼脂(pH 7.2)、氰化钾(KCN)培养基、赖氨酸脱羧酶试验培养基、糖发酵管的配制见GB 4789.4—2016附录A。

4.2.3 生化鉴定试剂盒。

4.2.4 沙门氏菌O和H诊断血清。

4.2.5 *Taq* DNA聚合酶。

4.2.6 DNA 分子量标准品。

4.2.7 PCR 引物，参见附录 B。

5 临床诊断

5.1 流行病学

猪副伤寒散发于 6 月龄以下的猪群（尤其是 1 月龄 ～ 4 月龄的仔猪群），在饲养管理条件较差的猪群中可呈地方流行性。

5.2 临床症状

5.2.1 败血症

病猪体温突然升高（41℃～42℃），精神不振，不食；随后腹泻，呼吸困难，耳根、胸前和腹下皮肤有紫红色斑点。病程 2 d～4 d，病死率高。

5.2.2 坏死性肠炎

病猪体温升高（40.5℃～41.5℃），畏寒，食欲不振，眼有黏性或脓性分泌物。初便秘后腹泻，粪便淡黄色或灰绿色，恶臭。部分病猪出现弥漫性皮肤湿疹和溃疡，特别在腹部皮肤。病程 2 周～3 周或更长，最后极度消瘦，衰竭而死亡。

5.2.3 小肠结肠炎

病猪腹泻，排黄色水样稀粪，持续 3 d～7 d。有时反复腹泻 2 次～3 次，病程长达数周，粪便中可见少量血液。大多数病猪可康复，少数生长发育不良。

5.3 病理变化

5.3.1 败血症

病猪的脾脏肿大，色暗，坚实似橡皮，脾髓质不软化；肝和肾也有不同程度的肿大、充血和出血，肝脏上有灰黄色坏死点；肠系膜淋巴结索状肿大；全身黏膜、浆膜均有不同程度的出血斑点，胃肠黏膜有急性卡他性炎症。

5.3.2 坏死性肠炎

病猪盲肠、结肠或回肠后段的肠壁增厚，黏膜表面覆盖糠麸状伪膜，伪膜剥开后可见不规则的溃疡面；少数病例的淋巴滤泡周围黏膜坏死，有纤维蛋白渗出物积聚，呈隐约可见的轮环状。肠系膜淋巴结索状肿胀，脾脏肿大，肝脏上有灰黄色坏死点。

5.3.3 小肠结肠炎

病猪出现局灶性或弥散性的坏死性小肠炎、结肠炎或盲肠炎。肠黏膜粗糙，表面黏附有灰黄色的组织残骸，结肠和盲肠内容物被胆汁所染色，混有黑色、沙子样坚硬物质。

5.4 结果判定

符合 5.1 和 5.2.1、5.2.2、5.2.3、5.3.1、5.3.2、5.3.3 中的任一条，判为猪副伤寒疑似病例。

6 实验室诊断

6.1 细菌分离与生化、血清型鉴定

6.1.1 样品的采集

无菌采集存活猪的新鲜粪便、肛拭子，以及病死猪或剖检猪的肝脏、脾脏、肾脏、淋巴结、胆囊内容物和肠内容物。组织样品可剪碎或制成匀浆。

6.1.2 样品保存与运输

样品于 4℃冰箱内保存，并在 24 h 内送到实验室。如果在 24 h 内不能送达的，应将样品放入 50%甘油生理盐水或 15%二甲基亚砜 PBS 中，混匀，置于－20℃或－70℃冰箱内保存。

6.1.3 培养方法

6.1.3.1 非污染样品

取组织样品或胆囊内容物，无菌条件下在非选择性琼脂(普通营养琼脂或鲜血琼脂)平板和选择性琼脂(麦康凯琼脂、HE琼脂、XLD琼脂、BS琼脂或沙门氏菌显色培养基等)平板上三区划线接种，置于37℃培养24 h～48 h。同时，将组织匀浆按1∶10的体积接种缓冲蛋白胨水(BPW)，置于37℃培养4 h～8 h；按1∶10的体积转接种SC增菌液或TTB增菌液，分别置于37℃(SC增菌液)或42℃(TTB增菌液)培养24 h；接种选择性琼脂平板，置于37℃培养24 h～48 h。

6.1.3.2 污染样品

将肛拭子、新鲜粪便、肠内容物等样品按1∶10的体积接种SC增菌液或TTB增菌液，置于37℃(SC增菌液)或42 ℃(TTB增菌液)培养24 h；接种选择性琼脂平板，置于37℃培养24 h～48 h。

6.1.4 可疑菌落特征

沙门氏菌在不同培养基上的菌落特征见表1。

表1 沙门氏菌属在不同培养基上的菌落特征

培养基种类	沙门氏菌的菌落特征
普通营养琼脂	菌落无色、透明或半透明，圆形、光滑、较扁平，直径2 mm～4 mm。但猪伤寒沙门氏菌的菌落细小、生长贫瘠
血琼脂	菌落常为灰白色、不溶血
麦康凯琼脂	菌落无色至浅橙色，透明或半透明，中心有时为暗色
HE琼脂	菌落呈蓝绿色或蓝色，多数菌落中心黑色或全黑色；有些菌株为黄色，中心黑色或几乎全黑色。其中，猪霍乱沙门氏菌的菌落呈蓝绿色或蓝色，鼠伤寒沙门氏菌的菌落呈蓝绿色或蓝色且菌落中心黑色或全黑色
BS琼脂	菌落为黑色有金属光泽、棕褐色或灰色，菌落周围培养基可呈现黑色或棕色，有些菌株形成灰绿色的菌落，周围培养基颜色不变。其中，猪霍乱沙门氏菌的菌落呈棕色或灰绿色，周围培养基颜色不变；鼠伤寒沙门氏菌的菌落呈黑色，有金属光泽，菌落周围培养基可呈黑色或棕色
XLD琼脂	菌落呈粉红色，带或不带黑色中心，有些菌株可呈现大的带光泽的黑色中心，或呈现全部黑色的菌落；有些菌株为黄色菌落，带或不带黑色中心。其中，猪霍乱沙门氏菌的菌落呈粉红色，不带黑色中心；鼠伤寒沙门氏菌呈现大的带光泽的黑色中心，或呈现全部黑色的菌落
沙门氏菌属显色培养基	菌落呈紫红色，突起、边缘整齐，湿润，直径1 mm～2 mm

6.1.5 细菌生化鉴定

按照GB 4789.4—2016中5.4的规定执行。

猪霍乱沙门氏菌和鼠伤寒沙门氏菌使三糖铁(TSI)琼脂斜面呈碱性(红色)、底层呈酸性(黄色)。

猪霍乱沙门氏菌和鼠伤寒沙门氏菌的吲哚试验为阴性，甲基红试验为阳性，V-P试验为阴性，不利用柠檬酸盐；赖氨酸脱羧酶阳性，尿素酶阴性，氰化钾(KCN)试验阴性；分解葡萄糖、麦芽糖，产酸产气；不分解乳糖。

6.1.6 细菌血清型鉴定

按照GB 4789.4—2016中5.5的规定执行。

猪霍乱沙门氏菌和鼠伤寒沙门氏菌的抗原组分见表2。

表2 猪霍乱沙门氏菌和鼠伤寒沙门氏菌的抗原组分

菌　　名	血清群	O抗原	H抗原	
			第Ⅰ相	第Ⅱ相
猪霍乱沙门氏菌	C_1	6,7	c	1,5
鼠伤寒沙门氏菌	B	1,4,5,12	i	1,2

6.1.7 结果判定

同时符合 6.1.4、6.1.5 和 6.1.6 的结果，可判定样品中检出猪霍乱沙门氏菌或鼠伤寒沙门氏菌。

6.2 沙门氏菌多重 PCR 检测方法

适用于临床样品中沙门氏菌的快速鉴定，也适用于对 6.1.4 的可疑菌落鉴定。

6.2.1 样品的采集、保存与运输

同 6.1.1 和 6.1.2。

6.2.2 样品的增菌

将样品按照 1∶10 的体积(或单个菌落)接入 SC 增菌液或 TTB 增菌液，置于 37℃(SC 增菌液)或 42℃(TTB 增菌液)培养 4 h～6 h。

6.2.3 基因组 DNA 的提取

有关生物安全和防止交叉污染的措施见附录 C。

取出 1 mL 增菌培养物，12 000 *g* 离心 1 min，弃去上清液。加入 1 mL 无菌超纯水，重悬沉淀，12 000 *g* 离心 1 min，弃去上清液；重复操作 3 次。再加入 100 μL 无菌超纯水，混匀；沸水浴 10 min，冰浴 5 min；12 000 *g* 离心 1 min，取上清液备用。

亦可使用市售的 DNA 提取试剂盒，具体操作步骤参照说明书。

6.2.4 PCR 引物

多重 PCR 引物由沙门氏菌属特异引物(invAF、invAR)、猪霍乱沙门氏菌特异引物(CSR2F、CSR2R)和鼠伤寒沙门氏菌特异引物(TSR3F、TSR3R)组成，引物的序列及特异性参见附录 B。各引物的终浓度为 10 μmol/L。

6.2.5 对照样品

PCR 试验中对照分别为猪霍乱沙门氏菌、鼠伤寒沙门氏菌、肠炎沙门氏菌、德尔卑沙门氏菌、都柏林沙门氏菌的液体培养物。阴性对照为灭菌超纯水。

6.2.6 PCR 反应体系及反应条件

采用 25 μL 反应体系，在 PCR 管中按顺序加入以下成分：

10×缓冲液(含 1.5 mmol/L $MgCl_2$)	2.5 μL
超纯水	15.25 μL
2.5 mmol/L dNTPs	2.0 μL
5 U/μL *Taq* DNA 聚合酶	0.25 μL
10 μmol/L 引物	3.0 μL
模板 DNA	2.0 μL

瞬时离心混匀后，置于 PCR 仪中扩增。同时设阳性对照、阴性对照。反应条件：94℃预变性 5 min，94℃变性 45 s，60℃退火 45 s，72℃延伸 45 s，35 个循环，72℃延伸 10 min。

6.2.7 PCR 产物检测

6.2.7.1 琼脂糖凝胶电泳

PCR 产物使用含 0.5 μg/mL EB 的 1%琼脂糖凝胶电泳，在 5 V/cm 的电场强度的 TBE 缓冲液中电泳 30 min～40 min。在紫外灯下观察结果。

6.2.7.2 质量控制

如果猪霍乱沙门氏菌阳性对照、鼠伤寒沙门氏菌阳性对照和其他沙门氏菌对照均扩增出大小约 605 bp 的特异性条带，猪霍乱沙门氏菌阳性对照扩增出大小约 198 bp 的特异性条带，鼠伤寒沙门氏菌对照扩增出大小约 303 bp 的特异性条带，而阴性对照未扩增出相应大小的条带，则 PCR 试验有效(参见附录 D)。

6.2.8 结果判定

在 PCR 试验有效的前提下，如扩增出大小约 605 bp 和 198 bp 的特异性条带，判为样品中检出猪霍乱沙门氏菌；如扩增出大小约 605 bp 和 303 bp 的特异性条带，判为样品中检出鼠伤寒沙门氏菌(参见附录 D)。

7 诊断结果判定

猪副伤寒疑似病例：同 5.4。

猪副伤寒确诊病例：5.4 判定的疑似病例按 6.1 或 6.2 的方法检出猪霍乱沙门氏菌或鼠伤寒沙门氏菌。

附 录 A
(资料性附录)
培养基的配方和制法

A.1 普通营养琼脂

A.1.1 成分

蛋白胨	10 g
牛肉膏	3 g
氯化钠	5 g
琼脂	15 g～20 g
蒸馏水	1 000 mL

A.1.2 制法

将除琼脂以外的各成分溶解于蒸馏水内,加入15%氢氧化钠溶液约2 mL,调pH至7.2～7.4。加入琼脂,加热煮沸,使琼脂溶化。分装,121℃高压灭菌15 min。

A.2 鲜血琼脂

A.2.1 成分

蛋白胨	10 g
牛肉膏	3 g
氯化钠	5 g
琼脂	15 g～20 g
蒸馏水	1 000 mL
灭菌脱纤维羊血或兔血	50～100 mL

A.2.2 制法

取高压好的普通营养琼脂待冷至45℃～50℃(调pH至7.2～7.4),用无菌操作于每100 mL营养琼脂中加灭菌脱纤维羊血或兔血5 mL～10 mL,轻轻摇匀,立即倾注于平板或分装试管,制成斜面备用。

A.3 0.5×TBE溶液

A.3.1 成分

硼酸	2.75 g
Tris碱	5.4 g
0.5 mol/L EDTA pH 8.0	2 mL
蒸馏水	1 000 mL
pH	7.3±0.2

A.3.2 制法

0.5 mol/L EDTA pH 8.0的配制:在800 mL水中加入186.1 g二水乙二胺四乙酸二钠,在磁力搅拌器上剧烈搅拌,用NaOH调节溶液的pH至8.0,然后定容至1 L,分装后121℃高压灭菌15 min备用。

称取2.75 g硼酸,5.4 g Tris碱溶解在少量蒸馏水中,摇匀,再加入2 mL pH 8.0 0.5 mol/L EDTA混匀到1 000 mL,备用。

附 录 B
（资料性附录）
引物及 PCR 产物大小

引物及 PCR 产物大小见表 B.1。

表 B.1 引物及 PCR 产物大小

基因	引物名称	引物序列	目的片段大小 bp	引物特异性
CSR2	CSR2F	5′- GGCGAAAGAGCTTAACGTGA - 3′	198	猪霍乱沙门氏菌
	CSR2R	5′- TTACCATCGGGACCAAATGT - 3′		
TSR3	TSR3F	5′- TTTACCTCAATGGCGGAACC - 3′	303	鼠伤寒沙门氏菌
	TSR3R	5′- CCCAAAAGCTGGGTTAGCAA - 3′		
invA	invAF	5′- AAACCTAAAACCAGCAAAGG - 3′	605	沙门氏菌属
	invAR	5′- TGTACCGTGGCATGTCTGAG - 3′		

附 录 C
（规范性附录）
检测过程中生物安全和防止交叉污染的措施

C.1 样品处理和核酸制备

按照《兽医系统实验室考核管理办法》中要求，样品处理过程中必须在符合要求的分子生物学检测室中进行，并且严格执行有关的生物安全要求，穿实验服，戴一次性手套、口罩和帽子，一次性手套要经常更换。提取DNA过程或PCR反应液配制过程应分别在专用的超净工作台上进行；若没有专用超净工作台时可选取一个相对洁净的专用区域。

C.2 PCR检测过程

C.2.1 使用75%的酒精或0.1%的新洁尔灭擦拭工作台面，注意保持工作台面和环境的清洁干净。

C.2.2 使用紫外灯对超净工作台进行照射，消除DNA交叉污染。

C.2.3 抽样和制样工具必须清洁干净，经无菌处理，PCR试验的器皿、离心管和PCR管等必须经过121℃，15 min高压灭菌后才可使用。

C.2.4 扩增前应检查各PCR管盖是否盖紧，对于采用热盖加热（PCR管中不加石蜡油）的PCR扩增仪除要注意检查各PCR管盖是否盖紧外，还要注意检查不同PCR管放入加热槽后高度是否一致，以保证热盖压紧所有PCR反应管。

C.2.5 PCR反应混合液配制、DNA提取、PCR扩增、电泳和结果观察等应分区或分室进行，实验室运作应从洁净区到污染区单方向进行。

C.2.6 所有的试剂、器材、仪器都应专用，不得交叉互用。

C.3 培养物等废弃物无害化处理

将细菌培养物及相关已污染的器械用可高压灭菌袋分装，封口，贴灭菌指示带，置于高压锅中121℃高压灭菌20 min，按《兽医系统实验室考核管理办法》中要求处理。

附 录 D
(资料性附录)
沙门氏菌多重 PCR 检测对照样品电泳图

D.1 沙门氏菌多重 PCR 检测对照样品电泳图

见图 D.1。

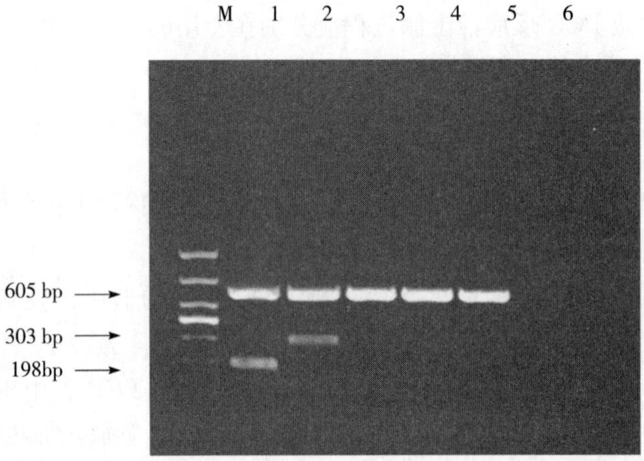

说明:

M——DL 1 000 DNA Marker;

1 ——猪霍乱沙门氏菌阳性对照;

2 ——鼠伤寒沙门氏菌阳性对照;

3 ——德尔卑沙门氏菌对照;

4——都柏林沙门氏菌对照;

5——肠炎沙门氏菌对照;

6——阴性对照。

图 D.1 沙门氏菌多重 PCR 检测对照样品电泳图

D.2 说明

琼脂糖凝胶的浓度为 1%。

ICS 11.220
B 41

中华人民共和国农业行业标准

NY/T 3237—2018

猪繁殖与呼吸综合征间接ELISA抗体检测方法

Indirect ELISA for detection of antibodies against porcine reproductive and respiratory syndrome virus

2018-05-07 发布　　2018-09-01 实施

中华人民共和国农业农村部　发布

前　言

本标准按照 GB/T 1.1—2009 给出的规则起草。

本标准由农业农村部兽医局提出。

本标准由全国动物卫生标准化技术委员会(SAC/TC 181)归口。

本标准起草单位:中国农业科学院兰州兽医研究所。

本标准主要起草人:刘湘涛、田宏、陈妍、吴锦艳、尚佑军、何继军。

猪繁殖与呼吸综合征间接 ELISA 抗体检测方法

1 范围

本标准规定了猪繁殖与呼吸综合征间接 ELISA 抗体检测方法的技术要求。

本标准适用于猪繁殖与呼吸综合征病毒 GP5 蛋白抗体检测。

2 规范性引用文件

下列文件对于本文件的应用是必不可少的。凡是注日期的引用文件,仅注日期的版本适用于本文件。凡是不注日期的引用文件,其最新版本(包括所有的修改单)适用于本文件。

GB 19489 实验室 生物安全通用要求

GB/T 27401 实验室质量控制规范 动物检疫

3 缩略语

下列缩略语适用于本文件。

ELISA:酶联免疫吸附试验

PBS:磷酸盐缓冲液(phosphate - buffered saline buffer)

4 材料准备

4.1 猪繁殖与呼吸综合征病毒 GP5 蛋白

GP5 蛋白的表达与纯化见附录 A。

4.2 兔抗猪 IgG -辣根过氧化物酶

试验前,用样品稀释液做 1∶40 000 稀释。

4.3 阳性对照血清

猪繁殖与呼吸综合征病毒(PRRSV)疫苗免疫仔猪制备,经间接免疫荧光检测 PRRSV 抗体为阳性。

4.4 阴性对照血清

未免疫猪繁殖与呼吸综合征病毒疫苗及未感染猪繁殖与呼吸综合征病毒的仔猪血清,经间接免疫荧光检测 PRRSV 抗体为阴性。

4.5 包被液

配制见附录 B 中的 B.1。

4.6 PBS

配制见 B.2。

4.7 洗涤液

配制见 B.3。

4.8 封闭液

配制见 B.4。

4.9 稀释液

配制见 B.5。

4.10 底物溶液

配制见 B.6。

4.11 终止液

配制见 B.7。

5 仪器及设备

5.1 酶标测定仪。

5.2 恒温培养箱。

5.3 微量移液器及配套吸头(20 μL～200 μL;100 μL～1 000 μL)。

5.4 酶标板。

5.5 1.5 mL 离心管。

5.6 一次性注射器。

5.7 稀释槽。

6 血清样本的处理

6.1 血清样本的采集和处理

静脉采血,每头猪使用一个注射器,采血量不少于 2 mL。将血液置于 15℃～25℃静置 2 h,待其自然凝固后,2℃～8℃冰箱中静置不少于 2 h,4 000 r/min 离心 10 min。用移液器小心吸出上层血清。

6.2 血清样本的储存与运输

一周以内检测的血清样本可置于 2℃～8℃冰箱中保存,保存时间超过一周的样本应置于－20℃以下冷冻保存。低温运送并及时送达,以确保血清样本有效。

7 操作方法

7.1 PRRSV 重组抗原包被

取 96 孔微量反应板,每孔加入用包被缓冲液稀释至工作浓度的 PRRSV 重组抗原 100 μL(5 μg/mL),置 4℃过夜。

7.2 洗板

弃去板中包被液,每孔加入 220 μL 洗涤液,重复洗 3 次,甩掉洗涤液并在吸水纸上拍干残留液体。

7.3 加封闭液

每孔加入封闭液 200 μL,置于 37℃恒温箱内 2 h。封闭结束后,弃去板中的封闭液,于吸水纸上拍干后,置于 4℃保存备用。

7.4 加待检血清、阳性对照血清及阴性对照血清

将待检血清、阳性对照血清及阴性对照血清用稀释液分别做 1∶20 稀释,每孔加入 100 μL,每个待检样品及对照血清做 2 孔重复,置于 37℃恒温箱内反应 30 min,取出反应板,弃去反应液,洗板同 7.2。

7.5 加酶标抗体

将兔抗猪 IgG-辣根过氧化物酶用样品稀释液做 1∶40 000 稀释至工作浓度,每孔加入 100 μL,置于 37℃恒温箱内反应 30 min,取出反应板,弃去反应液,洗板同 7.2。

7.6 加底物溶液

每孔加入底物溶液 100 μL(TMB),置于 37℃恒温箱内避光反应 15 min。

7.7 终止反应

每孔加入终止液(2 mol/L H_2SO_4)100 μL,终止反应。

7.8 读数

在酶标测定仪上读取各孔吸光值($OD_{450\ nm}$)。

8 结果分析

8.1 试验成立条件

在酶标测定仪上检测各孔光吸收值($OD_{450\ nm}$),计算阳性对照平均 $OD_{450\ nm}$ 值和阴性对照平均 $OD_{450\ nm}$ 值。阳性对照平均 $OD_{450\ nm}$ 值>1.0,阴性对照平均 $OD_{450\ nm}$ 值<0.2,试验成立。

8.2 结果判定

计算待检血清平均 $OD_{450\ nm}$ 值和阴性对照孔平均 $OD_{450\ nm}$ 值之比。当样品孔平均 $OD_{450\ nm}$ 值(S)与阴性对照平均 $OD_{450\ nm}$ 值(N)之比不低于 2.4(即 $S/N \geqslant 2.40$)时,判定为猪繁殖与呼吸综合征病毒抗体阳性;当样品孔平均 $OD_{450\ nm}$ 值(S)与阴性对照平均 $OD_{450\ nm}$ 值(N)之比小于 1.90(即 $S/N<1.90$ 时),判定为猪繁殖与呼吸综合征病毒抗体阴性;当 S/N 介于 1.90 和 2.40 之间则判定为可疑,应重测,重测后 $S/N \geqslant 2.40$ 判定为阳性,$S/N<2.40$ 判定为阴性。

9 注意事项

9.1 所有操作应严格按照 GB 19489 和 GB/T 27401 的规定执行。

9.2 所有试剂需在 2℃～8℃保存,使用前恢复至室温。

9.3 操作时,注意取样、稀释准确、移液器进行校准,并注意更换吸头。

9.4 底物溶液和终止液对眼睛、皮肤及呼吸道有刺激性作用,使用过程应注意防护,防止直接接触和吸入。

9.5 底物溶液应避光保存,避免与氧化剂接触。

附 录 A
（规范性附录）
猪繁殖与呼吸综合征病毒 GP5 蛋白的表达与纯化

A.1 材料和试剂

猪繁殖与呼吸综合征病毒 NX/HY 株、大肠杆菌 JM109 和 BL21(DE3)、pGEX-6P-1 载体、RNA 提取试剂盒、质粒提取试剂盒、反转录试剂盒、胶回收试剂盒、限制性内切酶、T4 DNA 连接酶、*Taq* DNA 聚合酶、蛋白纯化试剂盒、Marc145 细胞、培养基均为商品化试剂。

A.2 引物序列

上游引物 P5S1：5′-CGGGATCCATGTTGGTGAAGTGCTTGACC-3′；
下游引物 P5R1：5′-CGGAATTCCTAGACACGACTCCATTGT-3′。

A.3 方法

A.3.1 GP5 重组蛋白原核表达载体的构建

将猪繁殖与呼吸综合征病毒 NX/HY 株接种 Marc145 细胞，在 5% CO_2、37℃的条件下培养 48 h～72 h。当 70%的细胞出现病变时，收集细胞培养物，反复冻融 3 次。利用 RNA 提取试剂盒提取病毒的 RNA，并反转录成 cDNA。用上下游引物扩增 GP5 基因，琼脂糖凝胶电泳并纯化回收相应的扩增片段，片段大小为 650 bp。纯化产物与原核表达载体 pGEX-6P-1 分别用限制性内切酶 *Bam*H Ⅰ和 *Eco*R Ⅰ在 37℃双酶切 2 h。回收目的基因 GP5 和 pGEX-6P-1 载体片段，用 T4 DNA 连接酶 4℃连接过夜。转化大肠杆菌感受态细胞 JM109，筛选获得阳性重组质粒，命名为 pGEX-6P-1-5。重组质粒转化大肠杆菌 BL21(DE3)感受态细胞，获得阳性菌株。

A.3.2 GP5 重组目的蛋白的表达与纯化

将 2 mL 的阳性菌液加入 100 mL 含 Amp 的 LB 液体培养基中，37℃振荡培养至 OD_{600} 值达到 0.6～0.8 时，加入终浓度 0.5 mmol/L 的 IPTG，28℃低温诱导 12 h 后，收集菌液，5 000 r/min 离心 5 min，收集菌体沉淀。菌体沉淀用 PBS 洗 3 遍，超声裂解，12 000 r/min、4℃离心 10 min，收集上清液。上清液经 GST Bind 树脂纯化，分步洗脱并收集目的蛋白洗脱液，即为纯化的目标蛋白。

A.3.3 重组蛋白的纯度及浓度测定

分别取 5 μL、2.5 μL 和 1 μL 纯化的重组蛋白进行 SDS-PAGE 电泳，用凝胶成像仪成像并用薄层扫描法测定蛋白纯度，蛋白纯度应≥90%。同时利用 BCA 法测定蛋白浓度，具体过程参见说明书，纯化后蛋白浓度应≥0.2 mg/mL。

附 录 B
（规范性附录）
溶 液 的 配 制

B.1 包被液(0.05 mol/L 碳酸盐缓冲液,pH 9.6)

碳酸钠(Na_2CO_3,分析纯)	1.59 g
碳酸氢钠($NaHCO_3$,分析纯)	2.93 g
蒸馏水	加至 1 000 mL

溶解后,调节 pH 至 9.6,4℃保存备用。

B.2 PBS(0.01 mol/L PBS,pH 7.4)

磷酸二氢钾(KH_2PO_4,分析纯)	0.2 g
十二水磷酸氢二钠($Na_2HPO_4 \cdot 12H_2O$,分析纯)	2.89 g
氯化钠(NaCl,分析纯)	8.0 g
氯化钾(KCl,分析纯)	0.2 g
蒸馏水	加至 1 000 mL

溶解后,调节 pH 至 7.4,4℃保存备用。

B.3 洗涤液(含 0.01 mol/L PBS,0.05%吐温-20,pH 7.4)

磷酸二氢钾(KH_2PO_4,分析纯)	0.2 g
十二水磷酸氢二钠($Na_2HPO_4 \cdot 12H_2O$,分析纯)	2.89 g
氯化钠(NaCl,分析纯)	8.0 g
氯化钾(KCl,分析纯)	0.2 g
吐温-20	0.5 mL
蒸馏水	加至 1 000 mL

B.4 封闭液

称取 1 g 明胶,加入 100 mL PBST 溶液中。

B.5 稀释液

10 mL 马血清,10 mL 大肠杆菌裂解液,加入 PBST 溶液定容至 100 mL,混匀。

B.6 底物溶液

B.6.1 底物溶液 A

TMB(3,3′,5,5′-Tetramethylbenzidine,分析纯)	200 mg
无水乙醇	100 mL
蒸馏水	加至 1 000 mL

B.6.2 底物溶液 B

磷酸氢二钠(Na_2HPO_4,分析纯)	71.7 g
柠檬酸($C_6H_8O_7$,分析纯)	9.33 g
0.75%过氧化氢尿素	6.4 mL

蒸馏水　　加至 1 000 mL,pH 调至 5.0～5.4

B.6.3 将底物溶液 A 和底物溶液 B 按 1∶1 混合,即成底物溶液,现配现用。

B.7 终止液

硫酸(H_2SO_4,分析纯)　　58 mL

蒸馏水　　442 mL

第二部分

家禽疫病诊断及检测类

ICS 11.220
B 41

中华人民共和国农业行业标准

NY/T 536—2017
代替 NY/T 536—2002

鸡伤寒和鸡白痢诊断技术

Diagnostic techniques for fowl typhoid and pullorum disease

2017-06-12 发布　　2017-10-01 实施

中华人民共和国农业部　发布

前 言

本标准按照 GB/T 1.1—2009 给出的规则起草。

本标准代替 NY/T 536—2002《鸡伤寒和鸡白痢诊断技术》。与 NY/T 536—2002 相比，除编辑性修改外主要技术变化如下：

——增加了鸡伤寒和鸡白痢的临床诊断和病理变化(见第 2 章)；

——增加了鸡沙门菌和雏沙门菌鉴别 PCR(见 3.1.3.4)。

本标准由农业部兽医局提出。

本标准由全国动物卫生标准化技术委员会(SAC/TC 181)归口。

本标准起草单位：中国兽医药品监察所。

本标准主要起草人：康凯、李伟杰、陈小云、赵耘、岂晓鑫、张敏。

本标准所代替标准的历次版本发布情况为：

——NY/T 536—2002。

引　言

鸡伤寒和鸡白痢(fowl typhoid and pullorum disease)分别是由鸡沙门菌(*Salmonella gallinarum*)和雏沙门菌(*Salmonella pullorum*)引起的鸡和火鸡等的传染病,是危害我国养鸡业的重要疾病。我国将鸡白痢列为二类动物疫病,世界动物组织[World Organization for Animal Health (英), Office International des Epizooties(法),OIE]在"*Manual of Diagnostic Tests and Vaccines for Terrestrial Animals*,2016"中规定了鸡伤寒和鸡白痢诊断标准和相应生物制品(多价抗原)的制造、标定和使用的国际标准。

本标准主要参考 OIE"*Manual of Diagnostic Tests and Vaccines for Terrestrial Animals*,2016"中的 2.3.11 章"FOWL TYPHOID AND PULLORUM DISEASE"以及相关文献,建立了鸡沙门菌和雏沙门菌的鉴别 PCR 方法,并在复核验证的基础上,对《鸡伤寒和鸡白痢诊断技术》(NY/T 536—2002)进行了修订,增加了鸡沙门菌和雏沙门菌鉴别的双重 PCR 方法。同时,参考《兽医传染病学》(第五版,陈溥言主编),增加了鸡伤寒和鸡白痢的临床诊断和病理变化等内容。

鸡伤寒和鸡白痢诊断技术

1 范围

本标准规定了鸡伤寒和鸡白痢诊断的技术要求。

本标准所规定的临床诊断和实验室诊断适用于各种日龄鸡的鸡沙门菌和雏沙门菌感染的诊断。其中,PCR方法可用于鸡沙门菌和雏沙门菌的鉴别,全血平板凝集试验适用于成年鸡的鸡沙门菌和雏沙门菌抗体的检测。本标准也可用于鸡伤寒和鸡白痢的流行病学调查和健康鸡群监测。

2 临床诊断

2.1 临床症状

2.1.1 鸡伤寒临床症状

成年鸡易感,一般呈散发性。潜伏期一般为4 d～5 d。在年龄较大的鸡和成年鸡,急性经过者突然停食,排黄绿色稀粪,体温上升1℃～3℃。病鸡可迅速死亡,通常经5 d～10 d死亡。雏鸡发病时,临诊症状与鸡白痢相似。

2.1.2 鸡白痢临床症状

各品种鸡对本病均易感,以2周龄～3周龄雏鸡的发病率和死亡率为最高,呈流行性。本病在雏鸡和成年鸡中所表现的症状和经过有显著的差异。

a) 雏鸡潜伏期4 d～5 d,出壳后感染的雏鸡,多在孵出后几天才出现明显临诊症状,在第2周～第3周内达到高峰。发病雏鸡呈最急性者,无临诊症状迅速死亡。稍缓者表现精神委顿,绒毛松乱,两翼下垂,缩颈闭眼,昏睡,不愿走动,拥挤在一起。病初食欲减少,后停食,多数出现软嗉临诊症状。腹泻,排稀薄如糨糊状粪便。有的病雏出现眼盲或肢关节肿胀,呈跛行临诊症状。
b) 成年鸡感染后常无临诊症状,母鸡产蛋量与受精率降低。有的因卵黄囊炎引起腹膜炎,腹膜增生而呈"垂腹"现象。

2.2 病理变化

2.2.1 鸡伤寒病理变化

死于鸡伤寒的雏鸡病理变化与鸡白痢相似。成年鸡,最急性者眼观病理变化轻微或不明显,急性者常见肝、脾、肾充血肿大。亚急性和慢性病例,特征病理变化是肝肿大呈青铜色,肝和心肌有灰白色粟粒大坏死灶,卵子及腹腔病理变化与鸡白痢相同。

2.2.2 鸡白痢病理变化

a) 雏鸡急性死亡,病理变化不明显。病期长者,在心肌、肺、肝、盲肠、大肠及肌胃肌肉中有坏死灶或结节,胆囊肿大。输尿管扩张。盲肠中有干酪样物,常有腹膜炎。稍大的病雏有出血性肺炎,肺有灰黄色结节和灰色肝变。育成阶段的鸡肝肿大,呈暗红色至深紫色,有的略带土黄色,表面可见散在或弥散性的小红色或黄白色大小不一的坏死灶,质地极脆,易破裂,常见有内出血变化。
b) 成年母鸡最常见的病理变化为卵子变形、变色,呈囊状。有腹膜炎及腹腔脏器粘连。常有心包炎。成年公鸡睾丸极度萎缩,有小肿胀,输精管管腔增大,充满稠密的均质渗出物。

3 实验室诊断

3.1 病原分离和鉴定

3.1.1 采集病料

可采集被检鸡的肝、脾、肺、卵巢等脏器，无菌取每种组织 5 g～10 g，研碎后进行病原分离培养。

3.1.2 分离培养

3.1.2.1 培养基

增菌培养基：亚硒酸盐煌绿增菌培养基、四硫磺酸钠煌绿增菌培养基。

鉴别培养基：SS 琼脂和麦康凯琼脂。

以上各培养基配制方法见附录 A。

3.1.2.2 操作

将研碎的病料分别接种亚硒酸盐煌绿增菌培养基或四硫磺酸钠煌绿增菌培养基和 SS 琼脂平皿或麦康凯琼脂平皿，37℃培养 24 h～48 h，在 SS 琼脂或麦康凯平皿上若出现细小无色透明或半透明、圆形的光滑菌落，判为可疑菌落。若在鉴别培养基上无可疑菌落出现时，应从增菌培养基中取菌液在鉴别培养基上划线分离，37℃培养 24 h～48 h，若有可疑菌落出现，则进一步做鉴定。

3.1.3 病原鉴定

3.1.3.1 生化试验和运动性检查

3.1.3.1.1 生化反应试剂

三糖铁琼脂和半固体琼脂。

3.1.3.1.2 操作

将可疑菌落穿刺接种三糖铁琼脂斜面，并在斜面上划线，同时接种半固体培养基，37℃培养 24 h 后观察。

3.1.3.1.3 结果判定

若无运动性，并且在三糖铁琼脂上出现阳性反应时，则进一步做血清学鉴定；若有运动性，说明不是鸡沙门菌或雏沙门菌感染。三糖铁琼脂典型阳性反应为斜面产碱、变红，底层产酸、变黄；部分菌株斜面和底层均产酸、变黄。半固体琼脂阳性反应为穿刺线呈毛刷状。

3.1.3.2 血清型鉴定

3.1.3.2.1 沙门菌属诊断血清

沙门菌 A－F 多价 O 血清、O9 因子血清、O12 因子血清、H－a 因子血清、H－d 因子血清、H－g. m 因子血清和 H－g. p 因子血清。

3.1.3.2.2 操作

对初步判为沙门菌的培养物做血清型鉴定。取可疑培养物接种三糖铁琼脂斜面，37℃培养 18 h～24 h，先用 A－F 多价 O 血清与培养物进行平板凝集试验，若呈阳性反应，再分别用 O9、O12、H－a、H－d、H－g. m 和 H－g. p 因子血清做平板凝集试验。

具体操作如下：用接种环取两环因子血清于洁净玻璃板上，然后再用接种环取少量被检菌苔与血清混匀，轻轻摇动玻璃板，于 1 min 内呈明显凝集反应者为阳性，不出现凝集反应者为阴性。试验同时设生理盐水对照，应无凝集反应。

3.1.3.2.3 结果判定

如果培养物与 O9、O12 因子血清均呈阳性反应，而与 H－a、H－d、H－g. m 和 H－g. p 因子血清均呈阴性反应，则鉴定为鸡沙门菌或雏沙门菌。

3.1.3.3 鸡沙门菌和雏沙门菌初步鉴别生化试验

3.1.3.3.1 生化反应试剂

鸟氨酸脱羧酶试验小管、卫茅醇试验小管和葡萄糖（产气）小管。

3.1.3.3.2 操作

对鉴定为鸡沙门菌或雏沙门菌的菌株接种鸟氨酸脱羧酶、卫茅醇和葡萄糖(产气)生化小管,37℃培养 24 h 后观察。

3.1.3.3.3 结果判定

鸟氨酸脱羧酶和葡萄糖(产气)为阴性,卫茅醇为阳性的为鸡沙门菌;鸟氨酸脱羧酶和葡萄糖(产气)为阳性,卫茅醇为阴性的为雏沙门菌。

3.1.3.4 鸡沙门菌和雏沙门菌鉴别 PCR

3.1.3.4.1 PCR 试剂

10×PCR Buffer、dNTP、*Taq* 酶、DL 2 000 DNA Marker、TAE、琼脂糖、阳性对照(已鉴定的鸡沙门菌和雏沙门菌)和阴性对照。

3.1.3.4.2 引物

见表 1。

表 1 鸡沙门菌和雏沙门菌鉴别 PCR 引物

检测目的基因	引物序列(5′- 3′)	扩增大小,bp
glgC 基因	*glgC* 上游引物:GATCTGCTGCCAGCTCAA	174
	glgC 下游引物:GCGCCCTTTTCAAAACATA	
speC 基因	*speC* 上游引物:CGGTGTACTGCCCGCTAT	252
	speC 下游引物:CTGGGCATTGACGCAAA	

3.1.3.4.3 DNA 的提取

取纯培养细菌一接种环加入 100 μL 无菌超纯水中,混匀,沸水浴 10 min,冰浴 5 min,12 000 r/min 离心 1 min,上清液作为基因扩增的模板。

3.1.3.4.4 PCR 反应体系(50 μL)

见表 2。

表 2 鸡沙门菌和雏沙门菌鉴别 PCR 反应体系

组 分	体积,μL
无菌超纯水	34.75
10×PCR Buffer(含 Mg^{2+})	5
dNTP(2.5 mmol/L)	4
glgC 上游引物(10 μmol/L)	1
glgC 下游引物(10 μmol/L)	1
speC 上游引物(10 μmol/L)	1
speC 下游引物(10 μmol/L)	1
Taq 酶(5 U/μL)	0.25
DNA 模板	2

同时设置阳性对照和阴性对照。PCR 反应条件为:95℃预变性 5 min,95℃变性 30 s,56℃退火 30 s,72℃延伸 30 s,30 个循环,72℃延伸 7 min。

3.1.3.4.5 PCR 产物的检测

PCR 产物用 1.5%~2.0%琼脂糖凝胶进行电泳,观察扩增产物条带大小。

3.1.3.4.6 结果判定

阳性对照扩增出约 174 bp 和 252 bp 的片段,阴性对照未扩增出片段,试验成立。若被检样品扩增出约 174 bp 和 252 bp 的片段,判定为鸡沙门菌;若被检样品只扩增出约 252 bp 的片段,判定为雏沙门菌。结果判定电泳图参见附录 B。

3.2 全血平板凝集试验

3.2.1 材料

3.2.1.1 鸡伤寒和鸡白痢多价染色平板抗原、强阳性血清(500 IU/mL)、弱阳性血清(10 IU/mL)、阴性血清。

3.2.1.2 玻璃板、吸管、金属丝环(内径 7.5 mm～8.0 mm)、反应盒、酒精灯、针头、消毒盘和酒精棉等。

3.2.2 操作

在 20℃～25℃环境条件下,用定量滴管或吸管吸取抗原,垂直滴于玻璃板上 1 滴(约 0.05 mL),然后用消毒的针头刺破鸡的翅静脉或冠尖,取血 0.05 mL(相当于内径 7.5 mm～8.0 mm 金属丝环的两满环血液),与抗原混合均匀,并使其散开至直径约为 2 cm,计时判定结果。同时,设强阳性血清、弱阳性血清和阴性血清对照。

3.2.3 结果判定

3.2.3.1 凝集试验判定标准如下:

100%凝集(++++):紫色凝集块大而明显,反应液清亮;

75%凝集(+++):紫色凝集块较明显,反应液有轻度浑浊;

50%凝集(++):出现明显的紫色凝集颗粒,反应液较为浑浊;

25%凝集(+):仅出现少量的细小颗粒,反应液浑浊;

0%凝集(-):无凝集颗粒出现,反应液浑浊。

3.2.3.2 在 2 min 内,抗原与强阳性血清应呈 100%凝集(++++),弱阳性血清应呈 50%凝集(++),阴性血清不凝集(-),则判试验有效。

3.2.3.3 在 2 min 内,被检全血与抗原出现 50%(++)以上凝集者为阳性,不发生凝集则为阴性,介于两者之间为可疑反应。将可疑鸡隔离饲养 1 个月后,再做检测,若仍为可疑反应,按阳性判定。

4 综合判定

4.1 符合 2.1.1 和 2.2.1,可判为疑似鸡伤寒;符合 2.1.2 和 2.2.2,可判为疑似鸡白痢。

4.2 符合 2.1.1、2.2.1、3.1.3.1、3.1.3.2、3.1.3.4 中扩增出约 174 bp 和 252 bp 的片段和/或 3.1.3.3 中鸟氨酸脱羧酶和葡萄糖(产气)为阴性,卫茅醇为阳性,判为鸡伤寒。符合 2.1.2、2.2.2、3.1.3.1、3.1.3.2、3.1.3.4 中只扩增出约 252 bp 的片段和/或 3.1.3.3 中鸟氨酸脱羧酶和葡萄糖(产气)为阳性,卫茅醇为阴性,判为鸡白痢。

4.3 符合 2.1.1、2.2.1 和 3.2,判为鸡伤寒;符合 2.1.2、2.2.2 和 3.2,判为鸡白痢。

附 录 A
（规范性附录）
培养基的制备

A.1 亚硒酸盐煌绿增菌培养基

A.1.1 成分

酵母浸出粉	5.0 g
蛋白胨	10.0 g
甘露醇	5.0 g
牛磺胆酸钠	1.0 g
K_2HPO_4	2.65 g
KH_2PO_4	1.02 g
$NaHSeO_3$	4.0 g
新鲜 0.1%煌绿水溶液	5.0 mL
去离子水	加至 1 000 mL

A.1.2 制法

A.1.2.1 除 $NaHSeO_3$ 和煌绿溶液外，其他成分混合于 800 mL 去离子水中，加热煮沸溶解，冷至 60℃以下，待用。

A.1.2.2 将 $NaHSeO_3$ 加入，再加 200 mL 去离子水，加热煮沸溶解，冷至 60℃以下，待用。

A.1.2.3 将煌绿溶液加入，调整 pH 至 6.9～7.1。

A.1.3 用途

为沙门菌选择性增菌培养基。

A.2 四硫磺酸钠煌绿增菌培养基

A.2.1 成分

脲蛋白胨或多价蛋白胨	5.0 g
胆盐	1.0 g
$CaCO_3$	10.0 g
NaS_2O_3	30.0 g
0.1%煌绿溶液	10.0 mL
碘溶液	20.0 mL
去离子水	加至 1 000 mL

A.2.2 制法

A.2.2.1 除碘溶液和煌绿溶液外，其他成分混合于水中，加热溶解，分装于中号试管或玻璃瓶，试管每支 10 mL，玻璃瓶每瓶 100 mL。分装时振摇，使 $CaCO_3$ 均匀地分装于试管或玻璃瓶。121℃高压灭菌 15 min，备用。

A.2.2.2 临用时，每 10 mL 或 100 mL 上述混合溶液中，加入碘溶液 0.2 mL 或 2.0 mL 和 0.1%煌绿溶液 0.1 mL 或 1.0 mL（碘溶液由碘片 6.0 g、KI 5.0 g，加 20.0 mL 灭菌的蒸馏水配制而成）。

A.2.3 用途

供沙门菌增菌培养用。

A.3 SS 琼脂

A.3.1 成分

牛肉浸粉	5.0 g
脲蛋白胨	5.0 g
胆盐	2.5 g
蛋白胨	10.0 g
乳糖	10.0 g
NaS_2O_3	8.5 g
$Na_3C_6H_5O_7$	8.5 g
$FeC_6H_5O_7$	1.0 g
1%中性红溶液	2.5 mL
0.01%煌绿溶液	3.3 mL
琼脂粉	12.0 g
去离子水	加至 1 000 mL

A.3.2 制法

A.3.2.1 将 A.3.1 中的成分(除中性红和煌绿溶液外)混合,加热溶解。

A.3.2.2 待琼脂完全溶化后,调整 pH 至 7.1～7.2。

A.3.2.3 将中性红和煌绿溶液加入,混合均匀后,分装。

A.3.2.4 116℃灭菌 20 min～30 min。

A.3.3 用途

供鉴定沙门菌用。

A.4 麦康凯琼脂

A.4.1 成分

蛋白胨	20.0 g
乳糖	10.0 g
NaCl	5.0 g
胆盐	5.0 g
1%中性红水溶液	7.5 mL
琼脂粉	12.0 g
去离子水	加至 1 000 mL

A.4.2 制法

A.4.2.1 将 A.4.1 中的成分除中性红水溶液外,其他成分混合,加热溶解。

A.4.2.2 待琼脂完全溶化后,调整 pH 至 7.4。

A.4.2.3 加入中性红水溶液,混合均匀后,分装于容器中。

A.4.2.4 以 116℃灭菌 20 min～30 min。

A.4.3 用途

供分离培养沙门菌和大肠杆菌等肠道菌用。

附 录 B
（资料性附录）
鸡沙门菌和雏沙门菌鉴别 PCR 结果判定

B.1 鸡沙门菌和雏沙门菌鉴别 PCR 电泳图

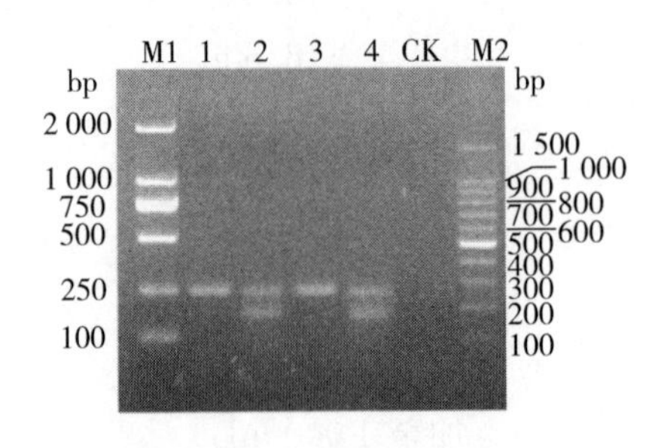

说明：

M1 ——DL 2 000 DNA Maker；

1 ——雏沙门菌；

2 ——鸡沙门菌；

3 ——雏沙门菌阳性对照；

4 ——鸡沙门菌阳性对照；

CK ——阴性对照；

M2 ——100 bp DNA Ladder。

图 B.1 鸡沙门菌和雏沙门菌鉴别 PCR 电泳图

B.2 PCR 扩增产物序列

B.2.1 *glgC* 序列

GATCTGCTGCCAGCTCAACAGCGTATGAAGGGCGAAAACTGGTATCGCGGCACGGCAGACGCGGT
GACCCAGAACCTGGATATTATTCGTCGCTATAAAGCGGAATATGTCGTCATCCTGGCAGGCGATCAT
ATCTACAAGCAGGACTACTCGCGTATGTTTGAAAAGGGCGC

B.2.2 *speC* 序列

CGGTGTATCGCCCACTATCGGCATCAATACCTGGCGTGGTCAGTAACAGTTTACAGGGGTCGACAA
AATACTGGTCATCCGCATAGCCCTCAAAGCCATGCCATTTCGCCCCGGGTTCAAAACTGAAGAAAC
GACGATTGCTGGCAATGGTCTCCGTCGGATATGCCTGCCACGGCTTGCCGTCAACCACCAGTGGGA
TAAAGGGCTGAAGCAGTTTGCAACGGGCGAGAATGGCTTTGCGTCAATGCCCAG

ICS 11.220
B 41

中华人民共和国农业行业标准

NY/T 551—2017
代替 NY/T 551—2002

鸡产蛋下降综合征诊断技术

Diagnostic techniques for egg drop syndrome

2017-06-12 发布

2017-10-01 实施

中华人民共和国农业部 发布

前　言

本标准按照GB/T 1.1—2009给出的规则起草。

本标准代替NY/T 551—2002《产蛋下降综合征诊断技术》。与NY/T 551—2002相比，除编辑性修改外主要技术变化如下：

——“范围”部分增述了产蛋下降综合征病毒PCR检测方法的适用性；

——对血凝和血凝抑制试验进行了修改；

——删除了原标准中血清学诊断内容；

——增加产蛋下降综合征病毒PCR检测方法。

本标准由农业部兽医局提出。

本标准由全国动物卫生标准化技术委员会(SAC/TC 181)归口。

本标准起草单位：中国农业科学院哈尔滨兽医研究所。

本标准主要起草人：刘胜旺、李慧昕、韩宗玺、王娟、邵昱昊。

本标准所代替标准的历次版本发布情况为：

——NY/T 551—2002。

鸡产蛋下降综合征诊断技术

1 范围

本标准规定了产蛋下降综合征的临床诊断和实验室诊断(病毒分离、血凝和血凝抑制试验及 PCR 检测方法)的技术方法和实验程序。

本标准适用于鸡产蛋下降综合征的诊断、监测和检疫。

2 规范性引用文件

下列文件对于本文件的应用是必不可少的。凡是注日期的引用文件,仅注日期的版本适用于本文件。凡是不注日期的引用文件,其最新版本(包括所有的修改单)适用于本文件。

GB/T 6682 分析实验室用水规格和试验方法

GB/T 16550 新城疫诊断技术

NY/T 541 兽医诊断样品采集、保存与运输技术规范

3 术语和定义

下列术语和定义适用于本文件。

3.1

产蛋下降综合征 egg drop syndrome, EDS

又名减蛋综合征,是由产蛋下降综合征病毒引起的一种无明显症状、仅表现产蛋母鸡产蛋量明显下降的疾病。

3.2

产蛋下降综合征病毒 egg drop syndrome virus, EDSV

产蛋下降综合征病毒为腺病毒科、腺胸腺病毒属成员,为 20 面体对称、无囊膜双链 DNA 病毒。

4 临床诊断

4.1 临床症状

4.1.1 鸡群在产蛋高峰期(27 周龄~49 周龄)产蛋下降 15%~50%,一般持续 4 周~10 周产蛋逐渐恢复到正常水平。

4.1.2 鸡蛋破损率 5%~20%。

4.1.3 鸡蛋中有较多的畸形蛋、软壳蛋、无壳蛋、薄壳蛋、砂壳蛋,时有水样蛋清,褐壳蛋鸡产浅壳蛋、白壳蛋。

4.1.4 不同品种鸡感染时,产褐壳蛋的品种减蛋甚于白壳蛋的品种。

4.2 病理变化

本病一般没有明显的特征性病理变化,可见输卵管卡他性炎症,偶见输卵管黏膜水肿和/或腔内有白色渗出物。

4.3 结果判定

鸡群出现 4.1 中任何一种临床症状和/或剖检出现 4.2 中的病理变化,可判定为疑似产蛋下降综合征,应进行实验室确诊。

5 实验室确诊

5.1 病毒分离

5.1.1 试剂

磷酸盐缓冲液(PBS,0.01 mol/L,pH 7.2),配制方法见附录A的A.1。

5.1.2 样品的采集和处理

按照NY/T 541的规定进行样品采集,选择下列1种或2种样品:

a) 扑杀疑似EDSV感染鸡,取适量输卵管和卵泡膜样品,研磨。加PBS制成1∶5混悬液后冻融3次,3 000 *g* 离心10 min,取上清液,加入青霉素(终浓度为1 000 IU/mL)和链霉素(终浓度为1 000 μg/mL),37℃作用1 h。

b) 采集劣质蛋清,加等量PBS,并加入青霉素(终浓度为1 000 IU/mL)和链霉素(终浓度为1 000 μg/mL),37℃作用1 h。

5.1.3 鸭胚接种及尿囊液收获

取孵育10日龄～12日龄SPF鸭胚或来自产蛋下降综合征病毒抗体阴性鸭场的非免疫鸭胚,将0.2 mL样品(5.1.2)经尿囊腔接种鸭胚,另设接种PBS的鸭胚做对照,37℃孵育。弃掉48 h内死亡的鸭胚,收获48 h～120 h死亡和存活的鸭胚尿囊液。

5.2 分离物血凝(HA)和血凝抑制(HI)试验鉴定

5.2.1 血凝试验

5.2.1.1 材料

5.2.1.1.1 96孔V型微量反应板。

5.2.1.1.2 微量移液器。

5.2.1.2 试剂

5.2.1.2.1 EDSV标准抗原。

5.2.1.2.2 磷酸盐缓冲液(PBS,0.01 mol/L,pH 7.2),配制方法见A.2。

5.2.1.2.3 1%鸡红细胞悬液,配制方法见附录B。

5.2.1.3 血凝试验操作步骤

按照GB/T 16550的规定执行。

5.2.1.3.1 取96孔V型微量反应板,用微量移液器在1孔～12孔每孔加PBS 25 μL。

5.2.1.3.2 吸取25 μL标准抗原或者待检尿囊液的混悬液加入第1孔中,吹打3次～5次,充分混匀。

5.2.1.3.3 从第1孔中吸取25 μL混匀后的标准抗原或者待检尿囊液加到第2孔,混匀后吸取25 μL加入到第3孔,依次进行系列倍比稀释到第11孔,最后从第11孔吸取25 μL弃之,设第12孔为PBS对照。

5.2.1.3.4 每孔再加25 μL PBS。

5.2.1.3.5 每孔加入25 μL 1%的鸡红细胞悬液。

5.2.1.3.6 振荡混匀反应混合液,20℃～25℃下静置40 min后观察结果,或4℃静置60 min,PBS对照孔的红细胞呈明显的纽扣状沉到孔底时判定结果。

5.2.1.4 结果判定

结果判定细则如下:

a) 在PBS对照孔出现红细胞完全沉淀的情况下,将反应板倾斜,观察各检测孔红细胞的凝集情况。以红细胞完全凝集的病毒尿囊液最大稀释倍数为该抗原的血凝滴度,以使红细胞完全凝集的病毒尿囊液的最高稀释倍数为1个血凝单位(HAU)。

b) 如果尿囊液没有血凝活性或血凝效价小于4log2,则用初代分离的尿囊液在SPF鸭胚或非免疫鸭胚中继续传代两代。若血凝试验检测仍为阴性,则判定产蛋下降综合征病毒分离结果为阴性。

c) 对于血凝试验呈阳性的样品,应采用EDSV标准阳性血清进一步做血凝抑制试验,并与NDV

和 AIV 阳性血清(H7 亚型和 H9 亚型 AIV 阳性血清)进行鉴别诊断。

5.2.2 **血凝抑制试验**

5.2.2.1 **材料**

5.2.2.1.1 96 孔 V 型微量反应板。

5.2.2.1.2 微量移液器。

5.2.2.2 **试剂**

5.2.2.2.1 标准抗原:EDSV 抗原。

5.2.2.2.2 标准阳性血清:EDSV 标准阳性血清。

5.2.2.2.3 其他阳性血清:新城疫病毒(NDV)阳性血清,禽流感病毒(AIV)阳性血清(H7 亚型和 H9 亚型 AIV 阳性血清)。

5.2.2.2.4 阴性血清:SPF 鸡血清。

5.2.2.2.5 磷酸盐缓冲液(PBS,0.01 mol/L,pH 7.2),配制方法见 A.1。

5.2.2.2.6 1%鸡红细胞悬液,配制方法见附录 B。

5.2.2.3 **4 个血凝单位(4HAU)的 EDSV 抗原制备**

根据 5.2.1 测定的病毒尿囊液的 HA 效价,推定 4HAU 抗原的稀释倍数,配制抗原工作浓度。按下列方法计算:如尿囊液中病毒抗原的 HA 效价为 9log2,其 4HAU 为 7log2,则将尿囊液稀释 128 倍即可。稀释后,应将制备的 4HAU 进行 HA 效价测定以复核验证(见 5.2.1)。

5.2.2.4 **血凝抑制试验操作步骤**

5.2.2.4.1 按照 GB/T 16550 的规定执行。

5.2.2.4.2 根据血凝试验结果配制 4HAU 抗原(见 5.2.2.3)。

5.2.2.4.3 取 96 孔 V 型微量反应板,用移液器在第 1 孔~第 11 孔各加入 25 μL PBS,第 12 孔加入 50 μL PBS。

5.2.2.4.4 在第 1 孔加入 25 μL EDSV 标准阳性血清,充分混匀后移出 25 μL 至第 2 孔,倍比稀释至第 10 孔,第 10 孔弃去 25 μL,第 11 孔为阳性对照,第 12 孔为 PBS 对照。

5.2.2.4.5 在第 1 孔~第 11 孔各加入 25 μL 含 4HAU EDSV 抗原,轻晃反应板,使反应物混合均匀,室温下(20℃~25℃)静置不少于 30 min,4℃不少于 60 min。

5.2.2.4.6 每孔加入 25 μL 的 1%鸡红细胞悬液,轻晃混匀后,室温(20℃~25℃)静置 40 min,或 4℃静置 60 min。当 PBS 对照孔红细胞呈明显纽扣状沉到孔底时判定结果。

5.2.2.4.7 若血凝抑制效价高于 10log2 时,可继续增加稀释的孔数。

5.2.2.5 **与新城疫和禽流感鉴别诊断**

应以 NDV 和 AIV 阳性血清对分离物做鉴别诊断,用 NDV 阳性血清和/或 AIV 阳性血清代替 EDSV 标准阳性血清,进行血凝抑制试验(见 5.2.2.4)。NDV 阳性血清和 AIV 阳性血清应不能对分离物产生血凝抑制,表 1 中示例结果表示 EDSV 分离结果阳性。

表 1 应用血凝抑制试验鉴定分离物

抗 原	血 清			
	EDSV 阳性血清	NDV 阳性血清	H7 亚型 AIV 阳性血清	H9 亚型 AIV 阳性血清
分离毒株	+	—	—	—
EDSV 标准抗原	+	—	—	—
应进行新城疫、禽流感的鉴别诊断。				

5.2.2.6 **结果判定**

结果判定细则如下：

a) 在 PBS 对照孔出现正确结果的情况下，将反应板倾斜，判定 HI 滴度。HI 滴度是使红细胞完全不凝集(红细胞完全流下)的阳性血清最高稀释倍数。当阴性血清对标准抗原的 HI 滴度不大于 2log2，阳性血清对标准抗原的 HI 滴度与已知滴度相差在 1 个稀释度范围内，并且所用阴、阳性血清都不自凝的情况下，HI 试验结果方判定有效。

b) 尿囊液血凝效价≥4log2，且 EDSV 标准阳性血清对其血凝抑制效价≥4log2 时判产蛋下降综合征病毒分离结果为阳性。

c) NDV 阳性血清和 AIV 阳性血清应不能对分离物产生血凝抑制。

5.3 聚合酶链式反应(ploymerase chain reaction，PCR)检测

5.3.1 试剂和材料

5.3.1.1 去离子水(dH_2O)按照 GB/T 6682 的规定制备。

5.3.1.2 PCR 扩增用 DNA 聚合酶(商品化试剂)。

5.3.1.3 琼脂糖凝胶(配制方法见 A.3)。

5.3.1.4 病毒基因组 DNA 提取试剂盒(商品化试剂盒)。

5.3.2 仪器

5.3.2.1 PCR 仪。

5.3.2.2 微量移液器。

5.3.2.3 小型离心机。

5.3.2.4 凝胶成像仪。

5.3.3 病毒基因组 DNA 提取

样品的采集和处理选择下列 1 种或 2 种：

a) 取接种样品后 48 h～120 h 死亡或存活的鸭胚尿囊液于微量离心管中，3 000 *g* 离心 5 min，取上清液 200 μL，备用。

b) 采集鸡输卵管组织，匀浆，将混悬液冻融 3 次，3 000 *g* 离心 5 min，取上清液 200 μL，备用。

阳性对照为含有 EDSV 的尿囊液，阴性对照为 SPF 鸭胚尿囊液或非免疫鸭胚尿囊液。应用商品化 DNA 提取试剂盒，按试剂盒说明书方法提取上述 a)和/或 b)样品病毒基因组以及阳性对照和阴性对照样品基因组 DNA。

5.3.4 PCR 检测

5.3.4.1 PCR 检测用引物序列如下：

EPF：5′- TAATTTTCTCGGGACTTTCG - 3′(上游引物)；

EPR：5′- ACAGATGAGGTTTGGAAGGA - 3′(下游引物)。

5.3.4.2 在样品准备区内，按表 2 提供体系(25 μL)配制 PCR 反应体系于 PCR 反应管中。

表 2 PCR 反应体系配置表

试 剂	体积，μL
dH_2O	5.5
2×Ex *Taq* Premix	12.5
EPF	1.0
EPR	1.0
模板 DNA	5.0

5.3.4.3 同时设检测样品的模板空白对照，平行加样，体系同 5.3.4.1，模板用 dH_2O 5.0 μL 代替。

5.3.4.4 设 EDSV 基因组为阳性对照，阴性尿囊液提取的 DNA 为阴性对照，平行加样，体系同

5.3.4.2,模板用已知 EDSV 基因组 DNA 或阴性尿囊液提取的基因组 DNA 5.0 μL。

5.3.4.5 将 PCR 反应管放入热循环仪(PCR 仪),按下列程序设置,进行 PCR 反应。

1 个循环:	94℃	5 min
40 个循环:	94℃	50 s
	55℃	45 s
	72℃	30 s
1 个循环:	72℃	7 min
	12℃	保存 PCR 产物

5.3.4.6 PCR 反应结束后,PCR 反应管在电泳鉴定前可置 2℃~8℃冰箱中保存。

5.3.5 琼脂糖凝胶电泳分析 PCR 产物

5.3.5.1 配制 1×TAE 缓冲液(见 A.3.2),制备 2%琼脂糖凝胶(见 A.3)。

5.3.5.2 取 10 μL PCR 产物,根据加样缓冲液浓度标识按比例与加样缓冲液混合,进行电泳,加入 DNA Marker 作为分子标准。

5.3.5.3 连接电源,进行电泳,80 V~100 V(按电泳槽装置设定,电压 3 V/cm~5 V/cm)恒压电泳 20 min~30 min(Loading Buffer 指示电泳至大约凝胶的一半时),使用凝胶成像仪进行凝胶成像,拍照,记录结果。

5.3.6 结果判定

5.3.6.1 实验成立的条件

EDSV 阳性对照应有大小约 0.43 kb(431 bp)扩增条带,阴性对照和模板空白对照应无扩增条带,说明 PCR 反应体系成立。

5.3.6.2 阴阳性判定

符合 5.3.6.1 条件:

a) 检测样品中若有大小约 0.43 kb 扩增条带,说明样品中有 EDSV 基因组 DNA 存在,判定为阳性;

b) 检测样品中若无 0.43 kb 扩增条带,说明样品中没有 EDSV 基因组 DNA 存在,判定为阴性。

6 诊断结果判定

临床诊断符合第 4 章中规定的临床症状和病理变化,5.2 和/或 5.3 试验为阳性结果,可判定为产蛋下降综合征。

附 录 A
(规范性附录)
试 剂 配 制

A.1 磷酸盐缓冲液(0.01 mol/L,pH 7.2)的配制

A.1.1 成分

磷酸氢二钠($Na_2HPO_4 \cdot 12H_2O$)	2.62 g
磷酸二氢钾(KH_2PO_4)	0.37 g
氯化钠(NaCl)	8.5 g

A.1.2 配制

将A.1.1成分加入定量容器内,加800 mL去离子水,充分搅拌溶解,用NaOH或HCl调pH至7.2,定容至1 000 mL,分装,112 kPa灭菌20 min,2℃~8℃保存备用。

A.2 50×TAE缓冲液的配制(pH 8.0)

A.2.1 成分

Tris	242 g
$Na_2EDTA \cdot 2H_2O$	37.2 g

A.2.2 配制

将A.2.1成分加入定量容器内,加入800 mL去离子水,充分搅拌溶解,加入57.1 mL的冰醋酸(CH_3COOH),充分混匀,用NaOH或HCl调pH至8.0,加去离子水定容至1 000 mL,室温保存。

A.3 2%琼脂糖凝胶的配制

A.3.1 成分

琼脂糖	2 g
1×TAE缓冲液	100 mL

A.3.2 配制

取50×TAE缓冲液2 mL,加入98 mL去离子水,配成100 mL 1×TAE缓冲液,加入三角烧瓶。将A.3.1成分加入三角烧瓶,加热充分溶解,当温度降低至约50℃,加入3 μL~5 μL EB或EB替代物,混匀后倒入制胶模具内,插入齿梳,等待凝胶凝固。

附 录 B
(规范性附录)
1%鸡红细胞悬液制备

采集至少3只SPF公鸡或无产蛋下降综合征病毒、禽流感病毒和新城疫病毒抗体的非免疫鸡的抗凝血液,放入离心管中,加入3倍~4倍体积的PBS混匀,以2 000 r/min离心5 min~10 min。去掉血浆和白细胞层,重复以上过程,反复洗涤3次(洗净血浆和白细胞)。最后,吸取压积红细胞,用PBS配成体积分数为1%的悬液,于4℃保存备用。

ICS 11.220
B 41

中华人民共和国农业行业标准

NY/T 556—2002

鸡传染性喉气管炎诊断技术

Diagnostic techniques for avian infectious laryngotracheitis

2002-08-27 发布　　　　2002-12-01 实施

中华人民共和国农业部 发布

前　言

鸡传染性喉气管炎是鸡的重要疫病之一，世界动物卫生组织[World Organization for Animal Health(英)，Office International des Epizooties(法)，OIE]将本病定为B类动物疾病，我国定为二类动物疫病。

本标准主要参照OIE推荐的鸡传染性喉气管炎(ILT)诊断方法制定。

本标准的附录A、附录B为规范性附录。

本标准由农业部畜牧兽医局提出。

本标准由全国动物检疫标准化技术委员会归口。

本标准起草单位：农业部动物检疫所。

本标准主要起草人：范根成、王永玲、刘相娥、王红。

鸡传染性喉气管炎诊断技术

1 范围

本标准规定了鸡传染性喉气管炎病毒分离及琼脂凝胶免疫扩散试验的技术要求。

本标准规定的病毒分离技术，适用于本病的确诊。琼脂凝胶免疫扩散试验，适用于传染性喉气管炎的血清学诊断及用传染性喉气管炎疫苗免疫后的抗体检测。

2 病毒分离鉴定技术

2.1 材料准备

2.1.1 病料的准备

2.1.1.1 活体采样：用灭菌棉拭子伸入口咽或气管采集分泌物，放入含青霉素 4 000 IU/mL，链霉素 4 000 μg/mL的无菌生理盐水中。也可用棉拭子刮取眼分泌物，处理方法同上。

2.1.1.2 尸体采样：无菌采取病死鸡喉头和气管，放入无菌的平皿或烧杯中，密封。

2.1.2 样品的运送

采集的样品应立即放入 4℃冰箱保存，24 h 内送到实验室；不能在 24 h 内送到实验室时，应将所采样品冷冻保存和运输。

2.1.3 样品处理

2.1.3.1 收到棉拭子样品后，先经冻融 2 次，并充分振动、挤干棉拭子，将样品液经 10 000 r/min 离心 10 min，取上清液，加入青霉素 4 000 IU/mL、链霉素 4 000 μg/mL，于 37℃作用 30 min，作为接种材料。

2.1.3.2 组织样品：无菌条件下将组织剪碎，按 1∶4 加入生理盐水后用研磨器研磨制成 20%的匀浆悬浮液，再经 10 000 r/min 离心 10 min，取上清液，加入青霉素 4 000 IU/mL，链霉素 4 000 μg/mL，于 37℃作用 30 min，作为接种材料。

2.2 操作方法

2.2.1 样品接种

取经处理过的样品，接种 9 日龄～12 日龄的鸡胚绒毛尿囊膜。每枚 0.2 mL，接种后的鸡胚在 37℃孵育，每天观察鸡胚 2 次，连续观察 7 d，弃去 24 h 内死亡的鸡胚，24 h～120 h 内死亡的鸡胚，放 4℃冷却后，观察鸡胚绒毛尿囊膜上有无痘斑形成；120 h 仍不死亡的鸡胚，亦取出，置 4℃冷却后，观察鸡胚绒毛尿囊膜上有无痘斑形成。有痘斑者，取出鸡胚绒毛尿囊膜和尿囊液，无菌研磨后，置－20℃冻存备用；无痘斑者，亦取出鸡胚绒毛尿囊膜和尿囊液，无菌研磨，反复冻融，离心后，接种 9 日龄～12 日龄的鸡胚绒毛尿囊膜盲传。如此盲传 3 代以上，如仍无病变，则判为鸡传染性喉气管炎阴性。

2.2.2 病毒鉴定

病毒分离物的鉴定：用鸡传染性喉气管炎标准阳性血清（效价在 1∶32 以上）和标准阴性血清与分离物做鸡胚中和试验，固定血清，稀释病毒法中和试验操作方法。

血清处理：将传染性喉气管炎标准阳性血清和标准阴性血清 56℃灭活处理 30 min，

病毒稀释：将病毒分离物用含青霉素 1 000 IU/mL、链霉素 1 000 μg/mL，的灭菌生理盐水稀释，稀释方法见表 1。

表 1　病毒分离稀释方法

管　　号	病毒分离物稀释度	试管中的混合液
1	2×10^{-1}	1 mL 病毒分离物原液+4 mL 稀释液
2	2×10^{-2}	1 mL 2 号管液+9 mL 稀释液
3	2×10^{-3}	1 mL 3 号管液+9 mL 稀释液
4	2×10^{-4}	1 mL 4 号管液+9 mL 稀释液
5	2×10^{-5}	1 mL 5 号管液+9 mL 稀释液

病毒-血清混合液：设 2 排试验管，每排 4 个管，第 1 排每管放 0.6 mL 标准阳性血清，第 2 排每管放 0.6 mL 阴性血清，然后向每排 1 号～4 号试验管内分别加入（2×10^{-2}～2×10^{-5}）稀释的病毒悬液各 0.6 mL，将病毒-血清悬液混合并置冰箱(4℃～8℃)4 h。

鸡胚接种及结果判定：取经处理过的病毒-血清混合液，分别接种 9 日龄～12 日龄的鸡胚绒毛尿囊膜，0.2 mL/枚，每管接种 5 枚，接种后的鸡胚在 37℃孵育，每天观察鸡胚 2 次，连续观察 7 d，弃去 24 h 内死亡的鸡胚，24 h～120 h 内死亡的鸡胚，放 4℃冷却后，观察鸡胚绒毛尿囊膜上有无痘斑形成；120 h 仍不死亡的鸡胚，亦取出，置 4℃冷却后，观察鸡胚绒毛尿囊膜上有无痘斑形成。记录观察结果，按半数致死量(Reed-Muench)方法计算 EID_{50}，计算方法见附录 A(规范住附录)。

2.3　结果判定

如分离物能引起鸡胚绒毛尿囊膜出现典型的痘斑，并且经鸡胚中和试验，其阴性血清组和阳性血清组的 EID_{50} 的对数之差大于或等于 2.5 时，则判定分离物为鸡传染性喉气管炎病毒。

3　琼脂凝胶免疫扩散试验

3.1　材料准备

3.1.1　器材：烧杯，直径 85 mm 培养皿，孔径 4 mm 的打孔器，6 号～9 号针头，微量移液器及针头。

3.1.2　琼脂扩散抗原。

3.1.3　标准阳性血清。

3.1.4　被检血清：无菌采血，分离血清，4℃或－20℃保存备用。

3.1.5　琼脂平板：配制方法见附录 B(规范性附录)。

3.2　操作方法

3.2.1　琼脂板打孔

在琼脂糖平皿上，按坐标纸上画好的梅花型(见图 1)打孔，孔径 4 mm，孔间距 3 mm。挑出孔内琼脂，在火焰上封底。

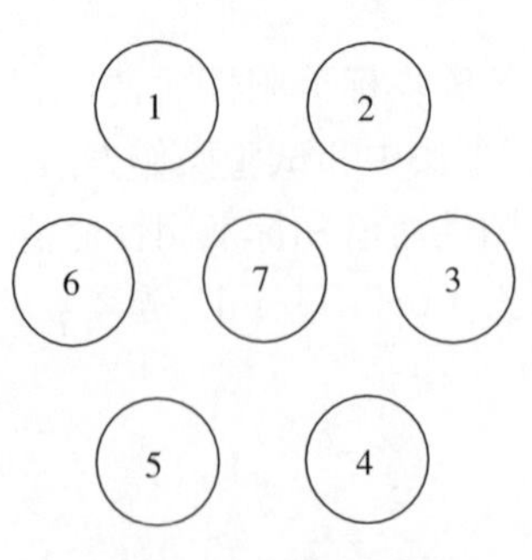

图 1　打孔样式

3.2.2 加样

用微量移液器加样，中央孔(7 孔)加抗原，1 孔、3 孔、5 孔加标准阳性血清，2 孔、4 孔、6 孔加待检血清，每孔均以加满不溢出为度。

3.2.3 反应

加样完毕后，静置 10 min，放入 37℃带盖的湿盒中反应，分别在 12 h、24 h、36 h 观察并记录结果。

3.3 结果判定

3.3.1 判定方法

将琼脂板置暗背景或强光照射下观察。标准阳性血清孔与抗原孔之间出现一条清晰的沉淀线，则试验成立；若无沉淀线或沉淀线不明显，则试验不成立，应重做。

3.3.2 判定标准

3.3.2.1 被检样品孔与中央孔之间形成清晰的沉淀线，并与标准阳性血清孔的沉淀线相融合者，为阳性。

3.3.2.2 被检血清孔与抗原之间不形成完整的沉淀线，但标准阳性血清孔与抗原孔之间的沉淀线末端向被检血清孔的内侧弯曲看，为弱阳性。

3.3.2.3 被检血清孔与抗原之间无沉淀线，标准阳性血清孔与抗原孔之间的沉淀线直伸向被检血清孔的边沿无弯曲者，判为阴性。

3.3.2.4 有的被检血清与抗原之间可能出现 2 条以上沉淀线，其中一条与标准阳性血清-抗原间沉淀线融合者判为阳性；均不融合者为阴性，此沉淀线为非特异性沉淀线。

附　录　A
（规范性附录）
鸡胚半数感染量（EID_{50}）测定方法（Reed-Muench 法）

A.1　定义

鸡胚半数感染量（EID_{50}）指能使 50％鸡胚感染的病毒量，常用 Reed-Muench 法计算。

A.2　计算公式

按式（A.1）、式（A.2）计算。

$$\lg EID_{50} = \text{高于 50\% 死亡率的病毒稀释度的对数} + \text{距离比例值} \times \text{稀释倍数的对数} \quad \cdots\cdots (A.1)$$

$$\text{距离比例值} = \frac{\text{高于 50\% 死亡率} - 50\%}{\text{高于 50\% 死亡率} - \text{低于 50\% 的死亡率}} \quad \cdots\cdots (A.2)$$

A.3　举例

病毒毒价测定（接种数量 0.1 mL/枚）见表 A.1。

表 A.1

接种病毒稀释	鸡　胚		累计数		死亡数/总数比例	死亡百分数，％
	死亡数	健活数	死	活		
10^{-4}	5	0	12	0	12/12	100
10^{-5}	4	1	7	1	7/8	88
10^{-6}	2	3	3	4	3/7	43
10^{-7}	1	4	1	8	1/9	11

表中第 1 列为接种的稀释度，第 2 列为死亡鸡胚数，第 3 列为活鸡胚数，后面的 2 列分别是第 2 列和第 3 列的累计数。

$$\text{距离比值} = \frac{88\% - 50\%}{88\% - 43\%} = \frac{38}{45} = 0.84$$

$$\lg EID_{50} = -5 + 0.84 \times (-1)$$

$$= -5.84$$

$$EID_{50} = 10^{-5.84}/0.1\ \text{mL}$$

附　录　B
（规范性附录）
琼脂平板制备方法

用含8%氯化钠的蒸馏水加万分之一叠氮化钠配制成1%琼脂糖，103 kPa高压蒸汽灭菌或水浴加热使琼脂充分溶化，加入直径为85 mm的培养皿中，每皿16 mL，平置，室温下凝固后，置4℃备用。

ICS 11.220
B 42

中华人民共和国农业行业标准

NY/T 905—2004

鸡马立克氏病强毒感染诊断技术

Diagnostic technique for virulent marek's disease virus infection of chickens

2005-01-04 发布　　2005-02-01 实施

中华人民共和国农业部　发布

前　言

本标准的附录A和附录B都是规范性附录。

本标准由中华人民共和国农业部提出。

本标准由全国动物检疫标准化技术委员会归口。

本标准起草单位:安徽技术师范学院。

本标准主要起草人:张训海、朱鸿飞、吴延功、张忠诚、陈溥言。

鸡马立克氏病强毒感染诊断技术

1 范围

本标准规定了马立克氏病病毒(Marek's disease virus, MDV)琼扩抗原和 MDV 琼扩抗体同时检测进行鸡 MDV 强毒感染诊断的两种操作方法。

本标准适用于鸡马立克氏病(Marek's disease, MD)临诊鉴别诊断、MD 流行病学调查、MDV 强毒感染的诊断、鸡群 MDV 强毒污染监测、产地和口岸检疫。

2 MD 琼脂免疫扩散试验检测技术与方法

该技术与方法适用于 14 日龄以上鸡的羽毛囊(含髓羽毛根或羽液)MDV 抗原和 30 日龄以上鸡的血清或羽髓液中 MDV 特异抗体的检测。

2.1 材料准备

2.1.1 器材:1 mL 注射器及 9 号针头;1.5 mL 离心管;微量移液器及移液器吸头;尖头眼科摄和手术剪;孔径 3 mm 的打孔器。

2.1.2 MDV 特异琼扩阳性抗原和琼扩阳性抗体:按说明书保存与使用。

2.1.3 琼脂凝胶平板的制备:见附录 B。

2.2 操作方法

2.2.1 羽液 MDV 抗原和抗体的同时检测法

2.2.1.1 羽液样品的制备

从被检鸡股胫外侧、胸部和背颈交界处羽区及翅羽,采集较粗大的富含羽髓的羽毛根 3 根～10 根。挤压出羽髓于 1.5 mL 离心管中,离心分离出羽液,作为试样直接检测或置于－20℃下待检。

2.2.1.2 打孔

将已制备的琼脂凝胶平板放在预先画好的如图 1 所示的 7 孔梅花型图案上,用打孔器垂直打孔,相邻孔孔边距均为 3 mm。用 9 号针头小心剔除孔内凝胶,勿损坏孔的边缘,避免凝胶层脱离平板底部。视琼脂凝胶平板面积可同时做多个梅花型孔。

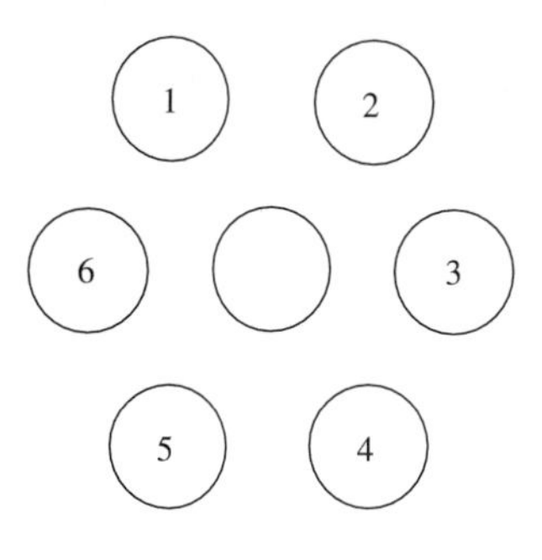

图 1 7 孔梅花型图案

2.2.1.3 封底

用酒精灯火焰烧烤该处平板底至约 70℃(可以用手腕皮肤感受至不能承受为止),以防样品溶液从孔底侧漏。

2.2.1.4 加样

用微量移液器分别在外周中的 2 号、3 号、5 号、6 号孔,分别加注 4 份被检样品;向 1 号、4 号孔加注 MDV 特异琼扩阳性抗体/抗原。向中心孔内加注与 1 号、4 号孔相对应的 MDV 特异琼扩阳性抗原/抗体。以上孔均以加满不溢出为度。每加一个样品,应更换一个吸头。

2.2.1.5 感作

将加样完毕的琼脂板加盖后,随即进行标识与记录,而后将琼脂板轻轻倒置平放在湿盒内,置于 37℃温箱中感作,24 h 内观察并记录结果。

2.2.2 羽毛根及血清 MDV 抗原和血清 MDV 抗体的同时检测法

2.2.2.1 样品的制备

被检鸡的羽毛根样品和血清样品应同步采集。

2.2.2.1.1 羽毛根样品：从被检鸡股胫外侧、胸部和背颈交界处羽区或翅羽拔取较细小的富含羽髓的羽毛根，剪下 0.5 mm 长的羽毛根尖，每个试样 2 根～3 根即可，直接用于 MDV 抗原的检测或置于－20℃下待检。

2.2.2.1.2 血清样品：从被检鸡翅静脉/心脏抽取不少于 0.2 mL 血液，注入 1.5 mL 离心管，待血液凝结后使之自然析出或离心分离出血清，直接用于检测或置 于－20℃下待检。

2.2.2.2 羽毛根 MDV 抗原检测

将已制备的琼脂凝胶平板放在预先画好的 7 孔梅花型图案上，用打孔器垂直打出中心孔。在中心孔周围 6 个孔的中心，用尖头眼科摄的摄尖或牙签分别垂直插 2 个～3 个紧密的孔眼。每号孔依次插入同一被检鸡 2 个～3 个羽毛根样品。如此，每个中心孔周围可检测 6 份样。酒精灯火焰封底后，冷却至室温。向中心孔内加注 MDV 特异琼扩阳性抗体，以加满不溢出为度。加盖与标记后，将平板倒置平放在湿盒内，置于 37℃温箱中感作，24 h 内观察并记录结果。

2.2.2.3 血清 MDV 抗体的检测

操作方法同 2.2.1，其区别是在加样时，2 号、3 号、5 号、6 号外周孔中依此加注 4 份被检血清，1 号、4 号孔加注 MDV 特异琼扩阳性抗体，向中心孔加注 MDV 特异琼扩阳性抗原。

2.3 结果判定及判定标准

被检样品 MDV 抗原和 MDV 抗体的检测，任何一种出现阳性结果或 2 种都出现阳性结果，则判被检样品鸡为 MDV 强毒感染阳性；都呈阴性者，则判为被检样品鸡无 MDV 强毒感染。

2.3.1 被检样品孔或羽毛根与相邻的已知阳性抗体孔或阳性抗原孔之间形成一条清晰的沉淀线，并与已知阳性抗原孔和阳性抗体孔的沉淀线末端相互融合者，则判被检样品为阳性。

2.3.2 被检样品孔或羽毛根与相邻的已知阳性抗原孔或阳性抗体孔之间都不出现沉淀线，而已知阳性抗原孔和阳性抗体孔之间有明显的沉淀线，则判被检样品为阴性。

2.3.3 介于阴性、阳性之间者判为可疑，应重新采样复检。若仍为可疑，则判为阳性。

附 录 A
(规范性附录)
溶 液 的 配 制

A.1 pH 7.0～7.4 0.01 mol/L 磷酸盐缓冲液的配制

磷酸氢二钠（$Na_2HPO_4 \cdot 12H_2O$） 2.9 g
磷酸二氢钾（KH_2PO_4） 0.3 g
氯化钠（NaCl） 8.0 g
将上述试剂依次加入容器，用去离子水或蒸馏水溶解后定容至 1 000 mL。

A.2 2%叠氮钠溶液的配制

叠氮钠（NaN_3） 2.0 g
蒸馏水 100 mL
溶解后置 100 mL 瓶中盖塞存放备用。

附 录 B
（规范性附录）
琼脂凝胶平板的制备

量取pH 7.0～7.4的0.01 mol/L的磷酸盐缓冲液(附录A中A.1)100 mL,加入氯化钠8.0 g、琼脂糖或优质琼脂粉1.0 g,配制成含8%氯化钠的1%琼脂糖或琼脂溶液,8磅10 min高压或水浴加热使其充分融化,加入2%叠氮钠(附录A中A.2)1.0 mL,混合均匀,冷却至60℃～65℃时,倾注于洁净干燥灭菌的培养皿中,使平置后的液面高约3 mm,加盖待室温下冷却凝固后,倒置放入湿盒(湿盒用含消毒液的纱布铺底),密封后置于4℃条件下保存备用(时间可达2个月以上)。

ICS 11.220
B 41

中华人民共和国农业行业标准

NY/T 554—2002

鸭病毒性肝炎诊断技术

Diagnostic techniques for duck viral hepatitis

2002-08-27 发布　　2002-12-01 实施

中华人民共和国农业部 发布

前言

鸭病毒性肝炎(duck viral hepatitis,简称DVH)是雏鸭的一种急性接触传染性疾病,以肝炎为主要特征,世界动物卫生组织[World Organization for Animal Health(英),Office Intentional des Epizootic(法),OIE]把该病列为B类疫病,我国农业部列为二类疫病。DVH的病原为鸭肝炎病毒(DHV),根据病毒的特性不同,DHV分为3种类型(DHV_{I}、DHV_{II}、DHV_{III})。最常见的为DHV_{I}属肠道病毒(我国仅有此型);DHV_{II}为星状病毒;DHV_{III}为小核糖核酸病毒。

本标准规定的雏鸭接种/保护试验和鸭(鸡)胚接种/中和试验与OIE推荐的相应方法一致。

本标准由农业部畜牧兽医局提出。

本标准由全国动物检疫标准化技术委员会归口。

本标准起草单位:华南农业大学、江苏省农业科学院。

本标准主要起草人:贺东生、黄引贤、张则斌、罗函禄、刘福安。

鸭病毒性肝炎诊断技术

1 范围

本标准规定了鸭病毒性肝炎的雏鸭接种/保护试验和鸭(鸡)胚接种/中和试验的技术要求。

本标准适用于鸭病毒性肝炎的诊断及检疫。

2 雏鸭接种/保护试验

2.1 材料准备

2.1.1 研钵或平皿,玻璃匀浆器,10 mL 带胶塞玻璃瓶。

2.1.2 1 mL 和 5 mL 注射器及针头。

2.1.3 0.22 μm 微孔滤膜及滤头。

2.1.4 离心管、手术剪刀和手术镊子。

2.1.5 0.85%生理盐水:在使用前加入青霉素和链霉素,使其最终浓度分别为 2 000 IU/mL 和 2 000 μg/mL。

2.1.6 DHV 高免血清(在国内诊断检疫仅用 DHV_{I},对进境鸭的检疫还应加上 DHV_{I}、DHV_{II} 抗血清)。

2.1.7 雏鸭:1 日龄~5 日龄 75 只易感健康雏鸭。

2.2 操作方法

2.2.1 病料处理

在无菌室内超净台上无菌采取数例病鸭的肝脏组织 10 g,于研钵或平皿中剪碎,用玻璃匀浆器制备组织匀浆,按 1∶10(*W*/*V*)加入生理盐水。将匀浆液转至离心管中,3 000 r/min 离心 10 min。弃去上层脂肪,抽取中间清亮的液体,再经过 0.22 μm 的灭菌微孔滤膜过滤,收集滤过的液体,作为病料样品直接接种;或装入 10 mL 玻璃瓶中,盖上胶塞,置专用的密闭铁盒里,于-20℃保存待检,保存期不超过 1 年。

2.2.2 试验

选取 75 只健康雏鸭,分为 A、B 和 C 3 组,每组 25 只,做如下处理:

A 组(攻毒保护组):每只鸭颈背部皮下注射 1 mL DHV 高免血清。24 h 后,每只鸭皮下注射 0.2 mL 的待检样品。

B 组(攻毒组):每只鸭颈背部皮下注射 0.2 mL 的待检样品。

C 组(对照组):每只鸭颈背部皮下注射 0.2 mL 的生理盐水。

将上述 3 组鸭置于相同的管理条件下,隔离饲养,连续观察。

2.3 结果判定

当 C 组没有任何一只雏鸭死亡时,对照试验才成立,可进行如下判定,否则应重检。

阳性(+):B 组特征性死亡[1)]的鸭只总数达 30%以上(含 30%),而 A 组死亡的鸭只总数低于 10%(含 10%)。

可疑(±):B 组特征性死亡的鸭只总数低于 30%,而 A 组的鸭只不死亡。此可疑结果应重检,仍为可疑时则判为阳性。

---

1) 特征性死亡指死亡的胚胎出现如下任何一种病变:尿囊液变绿、肝脏肿大、肝有出血斑点或有坏死灶。

阴性(－):B组的鸭只均不死亡。

3 鸭(鸡)胚接种/中和试验

3.1 材料准备

3.1.1 1 mL注射器及针头4套。

3.1.2 生理盐水:在使用前加入青霉素和链霉素,使其最终浓度分别为2 000 IU/mL和2 000 μg/mL。

3.1.3 DHV高免血清。

3.1.4 鸭(鸡)胚:75枚12日龄～14日龄的易感健康鸭胚;也可选用9日龄～10日龄的无特定病原(SPF)鸡胚。

3.2 操作方法

3.2.1 取0.5 mL病料样品,加入4.5 mL的生理盐水,制备成100倍稀释的待检病毒液。

3.2.2 选取75只鸭或鸡胚,分为A、B和C共3组,每组25只胚,处理如下:

A组(中和试验组):取2 mL高免血清和2 mL的待检病毒液,混合均匀。置于37℃温箱中作用30 min后,每胚经尿囊腔接种0.2 mL。

B组(接种试验组):取2 mL的生理盐水,加入2 mL待检病毒液,混匀,每只胚经尿囊腔接种0.2 mL。

C组,对照组:每只胚经尿囊腔接种0.2 mL的生理盐水。

将上述3组接种的鸭(鸡)胚用石蜡或无菌胶布封口后,置于37℃孵化箱内继续孵化,每天照蛋2次,剔除接种后24 h内A、B、C 3组因细菌污染而死亡的胚,分组记录其死亡情况及胚胎剖检病变。观察至第7 d(如用鸡胚,则为10 d)。

3.3 结果判定

当C组中没有任何胚胎死亡,才可进行如下判定,否则应重检。

阳性(＋):B组特征性死亡的鸭(鸡)胚总数达20%以上(含20%),而A组的胚不死亡。

可疑(±):B组特征性死亡的鸭(鸡)胚总数低于20%,而A组的胚不死亡。此可疑结果应重检,仍为可疑时则判为阳性。

阴性(－):B组和A组的胚均不死亡。

ICS 11.220
B 41

中华人民共和国农业行业标准

NY/T 3188—2018

鸭浆膜炎诊断技术

Diagnostic techniques for duck serositis

2018-03-15 发布　　2018-06-01 实施

中华人民共和国农业部　发布

前　言

本标准按照 GB/T 1.1—2009 给出的规则起草。

本标准由农业部兽医局提出。

本标准由全国动物卫生标准化技术委员会(SAC/TC 181)归口。

本标准起草单位:中国农业科学院兰州兽医研究所。

本标准主要起草人:郑福英、刘永生、陈启伟、宫晓炜。

引　言

鸭浆膜炎是由鸭疫里默氏杆菌（*Riemerella anatipestifer*）引起的一种鸭的接触性传染病，又称为新鸭病、鸭败血症、鸭疫综合征、鸭疫巴氏杆菌病等。该病多见于1周龄～8周龄的雏鸭，呈急性或慢性败血症，临诊上主要表现为精神沉郁，采食量下降，眼和鼻分泌物增多，头颈震颤或歪斜，共济失调。剖检眼观病变为纤维素性心包炎、肝周炎、气囊炎，部分病例出现关节炎，常引起雏鸭大批发病和死亡，目前已成为危害鸭养殖业的一种最常见的细菌病。

鉴于目前我国关于鸭传染性浆膜炎的标准化诊断技术还是空白，因此我们制定了该标准，以便有效地诊断和监控该病。

鸭浆膜炎诊断技术

1 范围

本标准规定了鸭浆膜炎的临床诊断和实验室诊断技术要求。

本标准适用于鸭浆膜炎的诊断。

2 规范性引用文件

下列文件对于本文件的应用是必不可少的。凡是注日期的引用文件,仅注日期的版本适用于本文件。凡是不注日期的引用文件,其最新版本(包括所有的修改单)适用于本文件。

GB 19489 实验室 生物安全通用要求

NY/T 541 兽医诊断样品采集、保存与运输技术规范

3 生物安全措施

进行鸭浆膜炎实验室诊断时,如细菌分离、核酸提取等,按照GB/T 19489的规定执行;样品采集、保存与运输按照NY/T 541的规定执行。

4 临床诊断

4.1 流行特点

4.1.1 1周龄~8周龄的鸭均易感,但以2周龄~3周龄的雏鸭最易感。

4.1.2 本病主要经呼吸道或通过皮肤伤口感染而发病。

4.1.3 饲养管理不良,如密度过大,空气不流通,潮湿,过冷或过热,饲料中缺乏维生素、微量元素或蛋白质等均可诱发该病。

4.1.4 本病的感染率有时可达90%以上,患病鸭的死亡率从5%至75%不等。

4.2 临床症状

4.2.1 急性病例

4.2.1.1 多见于2周龄~3周龄雏鸭。

4.2.1.2 病鸭表现为倦怠,缩颈,不愿走动或行动迟缓,采食量下降。

4.2.1.3 眼、鼻有分泌物。

4.2.1.4 濒死前出现神经症状,头颈震颤,角弓反张,不久抽搐而死。

4.2.1.5 病程一般1 d~3 d。

4.2.2 慢性病例

4.2.2.1 多见于4周龄~7周龄的鸭。

4.2.2.2 病鸭精神沉郁,食欲降低。

4.2.2.3 病鸭共济失调,痉挛性点头或摇头摆尾,前仰后翻,呈仰卧姿态,有时头颈歪斜,做转圈或倒退运动,最后衰竭死亡。

4.2.2.4 病程达1周或1周以上。

4.3 剖检病变

4.3.1 纤维素性心包炎、肝周炎、气囊炎。

4.3.2 慢性病例常见胫跖关节及跗关节肿胀，切开见关节液增多。

4.4 结果判定

符合 4.1 中的某些流行特点，病鸭出现 4.2 中的临床症状和 4.3 中的眼观病变，可判断为疑似鸭浆膜炎。

5 实验室诊断

5.1 样品采集与运输

5.1.1 样品采集

5.1.1.1 样品数量

每个发病鸭群最少选择 5 只病鸭采集样品。

5.1.1.2 血清

选择具有临床症状的活鸭，从颈静脉或翅静脉无菌采集血液 1 mL～2 mL，用常规方法分离血清。

5.1.1.3 组织

若为活鸭，从颈动脉放血处死，无菌采集其脑、心脏和肝脏组织，分别放入无菌带有螺旋盖的离心管中。若为死亡鸭，则直接无菌采集其脑、心脏和肝脏组织。

5.1.2 样品的运输与储存

5.1.2.1 样品采集后，置于冰上冷藏送至实验室。

5.1.2.2 血清和病料组织冻存于－20℃以下。

5.2 鸭疫里默氏杆菌分离鉴定

5.2.1 仪器

电子天平，光学显微镜，组织破碎仪，低温高速离心机，恒温培养箱。

5.2.2 耗材

载玻片，枪头，无菌 2 mL 和 5 mL 离心管，一次性培养皿。

5.2.3 试剂

灭菌双蒸水或去离子水，胰蛋白胨大豆培养基，胰蛋白胨大豆琼脂培养基，绵羊抗凝血，小牛血清，商品化细菌生化鉴定管，磷酸盐缓冲液(PBS，0.01 mol/L，pH 7.2)。相关试剂配制方法见附录 A。

5.2.4 样品处理

5.2.4.1 无菌取鸭的脑、心脏、肝脏组织 0.5 g～1 g，分别放入 5 mL 容量的无菌离心管中，在天平上称量所取病料组织的重量(离心管的重量在加入组织前已经称量)。

5.2.4.2 以 2 mL/管加入 PBS(0.01 mol/L，pH 7.2)，以 50 Hz 在组织破碎仪内研磨 3 min。

5.2.4.3 吸取 100 μL 组织混悬液，放入 2 mL 容量的无菌离心管中，用适量 PBS(0.01 mol/L，pH 7.2)稀释至 1∶10(W/V)，混匀后取 100 μL 作为接种材料。

5.2.5 细菌分离

5.2.5.1 将 100 μL 组织混悬液涂布于胰蛋白胨大豆琼脂(含 5%绵羊血)平板上，倒置放于 5% CO_2 培养箱中，37℃培养 20 h～24 h。

5.2.5.2 挑取疑似鸭疫里默氏杆菌的单菌落接种到 3 mL 胰蛋白胨大豆肉汤(含 5%小牛血清)中，37℃、200 r/min 振荡培养 8 h～10 h。

5.2.5.3 用接种环蘸取少量菌液，划线接种于胰蛋白胨大豆琼脂(含 5%小牛血清)平板上，再置于 5% CO_2 培养箱中，37℃培养 20 h～24 h。

5.2.5.4 挑取符合鸭疫里默氏杆菌菌落特征的单菌落，再次接种到 3 mL 胰蛋白胨大豆肉汤(含 5%小牛血清)中，37℃、200 r/min 振荡培养 8 h～10 h。

5.2.5.5 如5.2.5.3,再次划线接种于胰蛋白胨大豆琼脂(含5%小牛血清)平板上并培养。

5.2.5.6 得到的菌落形态眼观一致,用革兰氏染色后观察到的菌体形态一致,视为得到纯化菌株。

5.2.6 细菌形态观察

5.2.6.1 菌落特征

无色、半透明、光滑、湿润、微隆起、呈露珠状、直径0.5 mm～1 mm。

5.2.6.2 革兰氏染色镜检

革兰氏阴性小杆菌,多单个存在,少数成双,偶尔呈链状排列,可形成荚膜,无芽孢,无鞭毛。

5.2.7 细菌生化鉴定

5.2.7.1 细菌生化鉴定管中提前添加5%小牛血清,保证鸭疫里默氏杆菌良好的生长状态。

5.2.7.2 一般菌株不分解葡萄糖、果糖、木糖、阿拉伯糖、蔗糖、蕈糖、乳糖、半乳糖和棉子糖;少数菌株发酵甘露糖和麦芽糖。不能利用山梨醇、肌醇、卫茅醇、甘露醇。

5.2.7.3 不能利用水杨苷和西蒙氏枸橼酸盐。

5.2.7.4 明胶液化试验、鸟氨酸脱羧酶活性试验、硝酸盐还原试验、甲基红试验、V-P试验均为阴性。

5.2.7.5 不产生吲哚和硫化氢。

5.2.7.6 氧化酶、触酶试验阳性。

5.2.8 细菌鉴定

符合菌落特征,革兰氏染色阴性,并且符合生化反应特性的菌株,按照5.3做进一步鉴定。

5.2.9 结果判定

菌落特征明显,革兰氏染色阴性,符合生化反应特性的菌株,如果5.3鉴定结果阳性,则判定为鸭疫里默氏杆菌分离阳性。否则,判定为未检出鸭疫里默氏杆菌。

5.3 PCR检测方法

5.3.1 仪器

PCR热循环仪,核酸电泳仪和电泳槽,全自动凝胶成像系统。

5.3.2 耗材

PCR反应管,移液器,枪头。

5.3.3 试剂

灭菌双蒸水或去离子水,组织DNA提取试剂盒,2×PCR反应预混酶,DL 2 000 DNA分子质量标准,琼脂糖,1倍TAE缓冲液,引物(PAGE纯化,上下游引物浓度分别配成20 pmol/μL)。相关溶液的配制方法见附录B。

可以采用引物1119F/1119R用于鸭疫里默氏杆菌核酸的检测,引物的靶基因、序列和扩增产物的大小见表1。

表1 PCR检测鸭疫里默氏杆菌核酸的引物

引物	目的	靶基因	序列(5′-3′)	产物大小
1119F	正向引物	外膜蛋白A(OmpA)基因	ATGTTGATGACTGGACTTGGT	1 119 bp
1119R	反向引物	外膜蛋白A(OmpA)基因	CTTCACTACTGGAAGATCAGA	

5.3.4 样品处理

5.3.4.1 胰蛋白胨大豆琼脂(含5%绵羊血)平板上的单克隆菌落,胰蛋白胨大豆肉汤菌液,均可以直接作为DNA模板。

5.3.4.2 用组织DNA提取试剂盒从鸭的脑、心脏、肝脏组织中提取总DNA,提取步骤按照说明书进行。提取到的DNA冻存于-20℃,作为模板备用。

5.3.5 PCR 反应

5.3.5.1 对照设置

每次进行 PCR 反应时均设置阳性对照和阴性对照。以鸭疫里默氏杆菌 CVCC3966 株作为阳性对照菌株，多杀性巴氏杆菌 CVCC453 株作为阴性对照菌株。

5.3.5.2 反应体系

50 μL/管，包括 2×PCR 反应预混酶 25 μL，1119F 和 1119R 引物各 1 μL(引物终浓度为 0.4 pmol/μL)，无菌去离子水 18 μL，模板 5 μL。

5.3.5.3 PCR 扩增程序

94℃ 5 min，35 个循环(94℃ 30 s，51℃ 60 s，72℃ 90 s)，最后 72℃ 10 min。

5.3.6 PCR 产物的电泳

PCR 反应结束后，PCR 产物各 5 μL，再取 DL 2 000 DNA 分子质量标准 5 μL，用 1%琼脂糖凝胶进行电泳，以 100 mA 电泳 20 min，然后用凝胶成像系统观察结果并拍照保存。

5.3.7 结果判定

阳性对照出现一条 1 119 bp 的扩增条带，阴性对照无 1 119 bp 的扩增条带，说明试验成立。被检样品出现一条 1 119 bp 的扩增条带，判为 PCR 结果阳性，表述为检出鸭疫里默氏杆菌核酸。被检样品无 1 119 bp的扩增条带，判为 PCR 结果阴性，表述为未检出鸭疫里默氏杆菌。

6 综合判定

凡具有 5.2.9、5.3.7 中任何一项阳性者，均判为鸭疫里默氏杆菌阳性。

附 录 A
(规范性附录)
鸭疫里默氏杆菌分离鉴定溶液的配制

A.1 胰蛋白胨大豆琼脂(含5%绵羊血)平板

胰蛋白胨	15.00 g
植物蛋白胨	5.00 g
氯化钠	5.00 g
琼脂	15.00 g

加950 mL蒸馏水溶解,用HCl或NaOH调pH至7.3±0.2,再加蒸馏水定容至1 000 mL,121℃、15 min高压灭菌。取出后室温冷却至45℃~50℃,每1 000 mL培养液加无菌抗凝绵羊血50 mL,轻轻摇匀,立即倾倒于直径90 mm的细菌培养皿内,每个培养皿倒入15 mL~20 mL,待其凝固并冷却至室温后,用封口胶封边,倒置4℃保存,1周内使用。

A.2 胰蛋白胨大豆肉汤(含5%绵羊血)

胰蛋白胨	15.00 g
植物蛋白胨	5.00 g
氯化钠	5.00 g

加950 mL蒸馏水溶解,用HCl或NaOH调pH至7.3±0.2,再加蒸馏水定容至1 000 mL,121℃、15 min高压灭菌,4℃保存,1月内使用。临用前加入5%的绵羊抗凝血。

A.3 PBS(0.01 mol/L,pH 7.2)

氯化钠(NaCl)	8.00 g
氯化钾(KCl)	0.20 g
磷酸二氢钾(KH_2PO_4)	0.20 g
磷酸氢二钠($Na_2HPO_4 \cdot 12H_2O$)	2.90 g

加入去离子水800 mL,待固体试剂全部溶解后,定容至1 000 mL,用HCl或NaOH调节pH至7.2,121℃、30 min高压灭菌,4℃保存。

附 录 B
（规范性附录）
PCR 试验溶液的配制

B.1 50 倍 TAE 电泳缓冲液

Tris 碱	242.00 g
EDTA	37.20 g
冰乙酸	57.1 mL

加入去离子水 800 mL，待固体试剂全部溶解后，定容至 1 000 mL。

使用前用去离子水将 50 倍 TAE 电泳缓冲液稀释至 1 倍使用浓度。

B.2 1% 琼脂糖电泳凝胶板的配方和制备

琼脂糖	1 g
1×TAE 电泳缓冲液	100 mL

将琼脂糖放入 1×TAE 电泳缓冲液中，加热溶化，温度降至 60℃左右时加入 10 mg/mL 溴化乙锭（EB）3 μL～5 μL，混匀后均匀铺板，厚度为 3 mm～5 mm。

ICS 11.220
B 41

中华人民共和国农业行业标准

NY/T 560—2018
代替 NY/T 560—2002

小鹅瘟诊断技术

Diagnostic techniques for gosling plague

2018-05-07 发布　　2018-09-01 实施

中华人民共和国农业农村部 发布

前 言

本标准按照 GB/T 1.1—2009 给出的规则起草。

本标准代替 NY/T 560—2002《小鹅瘟诊断技术》。与 NY/T 560—2002 相比,除编辑性修改外主要技术变化如下:

——“范围”部分增述了免疫荧光(IFA)试验和多聚酶链式反应(PCR)检测方法的适用性;

——“病毒分离”部分将“鹅胚接种”与“番鸭胚接种”合并为“鹅胚或番鸭胚接种”(见 3.1.4.3);

——“间接酶联免疫吸附试验(间接 ELISA)”修改为“夹心酶联免疫吸附试验(夹心 ELISA)”(见 3.2.2);

——增加了小鹅瘟病毒抗原和抗体间接免疫荧光方法(见 3.2.3;4.3);

——增加了小鹅瘟病毒 PCR 检测方法(见 3.2.4)。

本标准由农业农村部兽医局提出。

本标准由全国动物卫生标准化技术委员会(SAT/TC 181)归口。

本标准起草单位:扬州大学、中国动物疫病预防控制中心。

本标准主要起草人:秦爱建、钱琨、叶建强、蒋菲、邵红霞、刘洋。

本标准所代替标准的历次版本发布情况为:

——NY/T 560—2002。

引　言

小鹅瘟又称鹅细小病毒(Goose parvovirus)病，或称德兹西氏病(Derzsy's disease)，是雏鹅的一种急性败血性传染病。世界所有养鹅的国家均有此病的发生。本病主要侵害1月龄以内雏鹅和雏番鸭，多呈最急性和急性感染而迅速致死。1月龄以上的小鹅发病减少，呈慢性过程。本病一旦发生、流行，常引起大批雏鹅死亡，造成重大经济损失。

本病病原为小鹅瘟病毒，最早由我国方定一先生发现鉴定。根据其病毒分类地位，又称鹅细小病毒。应用中和试验、琼脂扩散试验等方法证明各国分离的毒株具有相同的抗原关系，即目前仅有一种血清型。小鹅瘟病毒与番鸭细小病毒存在抗原相关性，而与哺乳动物和其他禽类的细小病毒没有抗原相关性。本病病毒分离常用鹅胚或番鸭胚。鹅胚或番鸭胚原代细胞感染病毒后，用特异的鹅细小病毒多抗血清或单克隆抗体进行免疫荧光染色，能确定感染细胞内病毒的存在。PCR、双抗体夹心ELISA和冰冻切片等方法能快速检测病鹅组织样本中的小鹅瘟病毒。

小鹅瘟诊断技术

1 范围

本标准规定了小鹅瘟诊断技术的要求。

本标准所规定的病毒分离方法适用于小鹅瘟病毒分离；多聚酶链式反应(PCR)、琼脂扩散试验、中和试验、夹心酶联免疫吸附(夹心 ELISA)试验、免疫荧光(IFA)试验等诊断方法适用于病毒分离株的鉴定、鹅群小鹅瘟检疫、流行病学调查和免疫鹅群抗体水平的检测。

2 临床症状与病理变化

2.1 流行病学

主要致 1 月龄内的雏鹅发病，发病率和病死率可达 90%～100%，传播快。3 周龄以内的番鸭也可感染，并发病死亡。随着日龄增大，发病率逐渐降低。成年鹅感染病毒通常不会出现临床症状。病鹅的排泄物含有大量病毒，是重要的传染源。

2.2 临床症状

发病雏鹅精神沉郁、昏睡，缩头垂翅，食欲减退；病鹅出现稀粪，粪便中含有气泡或纤维碎片，甚至有血黏液，肛门附近有稀粪黏附；常伴随着呼吸困难症状，脚发绀；少数病鹅有神经症状，并出现抽搐倒地死亡现象；病程 2 d～3 d，发病急且病死率高。

2.3 病理变化

剖检肉眼可见小肠的中后段肠管肿胀变粗，肠壁紧张，肠道黏膜脱落与内容物形成同心圆栓塞(肠栓)，易剥离，肠壁光滑且变薄，部分肠道卡他性出血。

肝脏肿大淤血呈古铜色，胆囊稍有肿大，充满蓝绿色胆汁。

肾脏肿胀，输尿管可见尿酸盐沉积；个别病死鹅胰腺有出血点；有神经症状的病死鹅脑膜充血或有出血点。

2.4 结果判定

符合上述 2.1、2.2 和 2.3 基本特征的小鹅病例，可以初步判定为小鹅瘟。确诊需要病原学鉴定。

3 病毒的分离、检测和鉴定

3.1 病毒分离

3.1.1 仪器

组织研磨器、恒温孵化箱、手持式照蛋器、无菌巴氏吸管、台式离心机(≥10 000 r/min)、－20℃冰箱、4℃冰箱。

3.1.2 耗材

12 日龄无小鹅瘟病毒抗体的鹅胚或番鸭胚、眼科剪、镊子、Eppendorf 管(微量离心管)。

3.1.3 试剂

0.015 mol/L pH 7.2 磷酸盐缓冲液(PBS)(见附录 A 中的 A.2)、生理盐水(见 A.9)、青霉素(10 万 IU/mL)、链霉素(10 万 IU/mL)。

3.1.4 方法及程序

3.1.4.1 无菌取患病雏鹅或死亡雏鹅的肝、脾、肾、肠道等内脏器官，病料放置灭菌的平皿中，－20℃保存，作为病毒分离材料备用。

3.1.4.2 将组织剪碎、磨细，置于1.5 mL的Eppendorf管中，用含有青霉素和链霉素各2 000 IU/mL的灭菌生理盐水或灭菌PBS(pH 7.2)进行1∶10稀释(*W*/*V*)，37℃作用30 min后，8 000 r/min离心10 min。取上清液经0.22 μmol/L滤膜过滤除菌后，作为病毒分离材料。

3.1.4.3 **鹅胚或番鸭胚接种**

将3.1.4.2病毒分离材料接种5枚12日龄无小鹅瘟病毒抗体的鹅胚或番鸭胚，每胚尿囊腔接种0.2 mL，置于37℃～38℃孵化箱内孵化，每天照胚2次，观察9 d。

接种后24 h内死亡的胚胎废弃，24 h以后死亡的鹅胚或番鸭胚取出，置于4℃冰箱内过夜冷却收缩血管。翌日无菌收获尿囊液，并观察胚体病变。做无菌检验后封装冻存。无菌的尿囊液于－20℃保存，做传代及检验用。

接种后9 d内未见死亡的鹅胚或番鸭胚取出后，置于4℃冰箱内过夜冷却收缩血管。翌日用无菌操作方法收获尿囊液，盲传一代。

3.1.4.4 **结果判定**

由本病毒致死的鹅胚或番鸭胚具有相同的肉眼可见病变。绒尿膜增厚，全身皮肤充血，翅尖、趾、胸部毛孔、颈、喙均有较严重的出血点，胚肝边缘出血，心脏和后脑出血，头部皮下及两肋皮下水肿。接种后7 d以上死亡的鹅胚或番鸭胚胚体发育停滞，胚体小。出现以上胚体病变可初步判定为病毒分离阳性，但需进一步鉴定是否为小鹅瘟病毒。

3.2 病毒检测及鉴定

3.2.1 琼脂扩散试验

3.2.1.1 **仪器**

灭菌的二重皿、湿盒、打孔器(中心1孔，周围6孔，孔径3 mm，孔距4 mm)、37℃温箱、烧杯、搅拌棒、电磁炉。

3.2.1.2 **试剂**

标准小鹅瘟阳性血清、小鹅瘟阴性血清、标准小鹅瘟琼脂扩散抗原、琼脂粉、0.015 mol/L pH 7.2 PB(见A.1)、生理盐水(见A.9)、氯化钠。

3.2.1.3 **试验方法及程序**

3.2.1.3.1 **待检小鹅瘟琼脂扩散抗原**

制备方法见附录B。

3.2.1.3.2 **琼脂板制备**

称取琼脂粉1 g，量取100 mL的PB(见A.1)或生理盐水(见A.9)，置于烧杯中加热融解，琼脂粉溶解后再加入氯化钠8 g，混匀，制成3 mm厚的琼脂板。

3.2.1.3.3 **打孔**

在制备好的琼脂板上用琼扩打孔器进行打孔，并挑出孔中的琼脂。中心1孔，周围6孔，孔径3 mm，孔距4 mm，用融化琼脂补孔底。

3.2.1.3.4 **加样**

中央孔加标准阳性小鹅瘟琼扩血清或抗小鹅瘟病毒单克隆抗体；周围1孔加入标准小鹅瘟琼扩抗原，其他孔加待检抗原。各孔均以加满不溢出为度。将加样后的琼脂板放入填有湿纱布的盒内，置于20℃～25℃室温或37℃温箱，24 h初判，72 h终判。

3.2.1.4 **质控标准**

当标准琼扩抗原孔与阳性血清孔之间形成清晰沉淀线时，说明质控合格。

3.2.1.5 **结果判定**

待检抗原孔与阳性血清孔之间也出现沉淀线，且与标准抗原沉淀线末端相吻合，即待检抗原判为阳性。

待检抗原孔与阳性血清孔或单克隆抗体孔之间无沉淀线出现，即待检抗原判为阴性。

3.2.2 夹心酶联免疫吸附试验(夹心 ELISA)

3.2.2.1 仪器

96 孔酶标板、多孔道移液器(50 μL～300 μL)、单孔道移液器(10 μL、200 μL、1 000 μL)、吸水纸、稀释加样槽、37℃水浴温箱、酶标仪。

3.2.2.2 试剂

纯化的抗小鹅瘟病毒单克隆抗体、HRP 酶标记的不同表位抗小鹅瘟病毒单克隆抗体、标准小鹅瘟病毒(SYG61 株)尿囊液、阴性鹅胚或番鸭胚尿囊液、待检鹅胚或番鸭胚尿囊液(见 3.1.4.3)、待检病料(见附录 C)、生理盐水(见 A.9)、5%脱脂乳(见 A.6)、PBS(见 A.2)、PBST(见 A.3)、碳酸盐包被缓冲液(见 A.4)、TMB 显色液(见 A.5)、2 mol/L H_2SO_4(见 A.10)。

3.2.2.3 试验方法及程序

3.2.2.3.1 将小鹅瘟单克隆抗体用碳酸盐包被液稀释为 6.25 μg/mL，在 96 孔酶标板中每孔加入 100 μL，4℃包被 12 h～14 h。

3.2.2.3.2 用 PBST 洗涤 1 次，5 min。

3.2.2.3.3 加入 5%脱脂乳至满孔，37℃水浴封闭 2 h。

3.2.2.3.4 用 PBST 洗涤 2 次，5 min/次；拍干，可加干燥剂并进行密封，4℃或室温保存。

3.2.2.3.5 将阴性鹅胚或番鸭胚尿囊液加入 A1、A2 孔中，将标准小鹅瘟病毒阳性尿囊液加入 A3、A4 孔中，其他待检鹅胚、番鸭胚尿囊液或待检病料样本分别加入 A5、A6 等各孔中，100 μL/孔，37℃水浴作用 1.5 h。

3.2.2.3.6 用 PBST 洗涤 3 次，5 min/次。

3.2.2.3.7 用 PBST 稀释酶标单克隆抗体至工作浓度，加入上述各孔中，100 μL/孔，于 37℃水浴作用 1 h。

3.2.2.3.8 用 PBST 洗涤 5 次，5 min/次。

3.2.2.3.9 加入新鲜配置的 TMB 底物显色液，100 μL/孔，于 37℃水浴作用 15 min。

3.2.2.3.10 终止：加入 2 mol/L H_2SO_4，50 μL/孔，在酶标仪上读取 OD_{450}值。

3.2.2.4 质控标准

小鹅瘟病毒标准株(SYG61)尿囊液应 $OD_{450} \geq 0.5$，阴性鹅胚尿囊液应 $OD_{450} \leq 0.2$，则试验成立。

3.2.2.5 结果判定

待检尿囊液或待检病料样品的 $OD_{450} \geq 0.298$ 时为阳性，$OD_{450} \leq 0.2$ 时为阴性，当 $0.2 < OD_{450} < 0.298$ 时判为可疑。

3.2.3 冰冻切片免疫荧光方法

3.2.3.1 仪器

阳离子载玻片、手术刀片、组织包埋器、冰冻切片机、37℃水浴培养箱、−20℃冰箱、荧光显微镜。

3.2.3.2 试剂

已处理的发病鹅或病死鹅肝脏、肠和脾脏冰冻切片(见附录 D)、正常鹅肝脏、脾脏或肠冰冻切片(见附录 D)、已知阳性发病鹅测肝脏冰冻切片、组织包埋剂、抗小鹅瘟病毒单克隆抗体、FITC 标记的羊抗小鼠 IgG 抗体、50%甘油(见 A.7)、丙酮、乙醇、PBS(见 A.2)。

3.2.3.3 方法及程序

3.2.3.3.1 将 3.2.3.2 中的冰冻切片组织先用 PBS 湿润。

3.2.3.3.2 将小鹅瘟单克隆抗体用 PBS 稀释至工作浓度，加在冰冻切片上，覆盖所有组织面；37℃水浴 30 min。

3.2.3.3.3 用PBS洗涤3次,5 min/次。

3.2.3.3.4 加入工作浓度FITC标记的羊抗鼠IgG荧光抗体,加在冰冻切片上,覆盖所有组织面;37℃水浴孵育30 min。

3.2.3.3.5 用PBS洗涤5次,5 min/次,加50%的甘油PB封片,荧光显微镜下观察结果。

3.2.3.4 质控标准

正常鹅肝脏、脾脏或肠冰冻切片未见亮绿色荧光,已知阳性肝脏冰冻切片出现亮绿色荧光,则试验成立。

3.2.3.5 结果判定

待检样品冰冻切片在荧光显微镜下见到亮绿色核内荧光,判为阳性;未见明显亮绿色荧光,判为阴性。

3.2.4 PCR方法

3.2.4.1 仪器

单孔道微量移液器(10 μL、200 μL、1 000 μL)、台式高速离心机(≥10 000 r/min)、核酸扩增仪、核酸电泳仪、涡旋振荡器、胶槽、紫外凝胶成像系统。

3.2.4.2 耗材

0.2 mL PCR管、Eppendorf管(微量离心管)。

3.2.4.3 试剂

10×PCR Buffer、25 mmol/L $MgCl_2$、10 mmol/L dNTP、引物F和R(见附录E)、*Taq* DNA聚合酶、灭菌去离子水、DL 2 000标准DNA、待检样品基因组DNA、小鹅瘟阳性基因组DNA、琼脂粉、TAE缓冲液(见A.8)、溴化乙锭、6×核酸电泳缓冲液、10%SDS、蛋白酶K、核酸提取试剂盒、无水乙醇、70%乙醇。

3.2.4.4 试验方法及程序

3.2.4.4.1 待检样品基因组DNA提取

3.2.4.4.1.1 分别取标准小鹅瘟病毒阳性尿囊液、小鹅瘟病毒阴性尿囊液、待检鹅胚或番鸭胚尿囊液、待检病料(见附录C)各437.5 μL于1.5 mL Eppendorf管内,在90℃水浴10 min。

3.2.4.4.1.2 在Eppendorf管中加入12.5 μL蛋白酶K(终浓度为500 μg/mL)和50 μL的10%SDS。

3.2.4.4.1.3 将Eppendorf管置于56℃水浴作用40 min。

3.2.4.4.1.4 取出后,按核酸提取说明书提取组织DNA。

3.2.4.4.1.5 最终用30 μL超纯水重悬沉淀,并置于−20℃保存备用。

3.2.4.5 PCR扩增体系及其参数

3.2.4.5.1 将引物F和R稀释到工作浓度为10 pmol/μL。

3.2.4.5.2 每个PCR管中分别依次加入33.5 μL的超纯水、5 μL的10×PCR Buffer、5 μL的25 mmol/L $MgCl_2$、2 μL的10 mmol/L dNTP、各1 μL的引物F和R、0.5 μL的*Taq* DNA聚合酶。

3.2.4.5.3 在其中一支PCR管里加入2 μL小鹅瘟阳性基因组DNA,设为阳性对照;在另一支PCR管中加入2 μL超纯水,设为阴性空白对照;在其他PCR管中分别加入2 μL待检样品基因组DNA模板。

3.2.4.5.4 PCR反应程序为:95℃预变性5 min;随即进行30个循环:94℃变性1 min、50℃退火1 min、72℃延伸2 min;最后72℃延伸10 min;4℃保存备用。

3.2.4.6 琼脂糖凝胶电泳

3.2.4.6.1 配制1%的琼脂糖凝胶:称取1 g琼脂糖加入100 mL的TAE缓冲液,用微波炉煮沸。待琼脂溶解并适当冷却后,加入2 μL溴化乙锭。随即将凝胶倒入准备好的胶槽,完全凝固后即可加样。

3.2.4.6.2 将 PCR 产物从 4℃取出后，加入 1/6 体积的 6×核酸电泳缓冲液，用微量移液器分别加入 Marker 和 PCR 产物，每孔 20 μL，进行电泳分析。最后，由紫外凝胶成像系统观察结果并拍照记录。

3.2.4.7 质控标准

阳性对照样品出现 776 bp 扩增条带，同时阴性对照样品无扩增目标条带，说明质控合格。

3.2.4.8 结果判定

待检样品扩增产物电泳出现 776 bp 目标条带，判为 PCR 扩增阳性，表明样品中存在小鹅瘟病毒核酸，送公司测序进一步确证。被检样品无扩增条带，判为 PCR 扩增阴性，表明样品中无小鹅瘟病毒核酸(参见附录 F)。

4 小鹅瘟血清特异性抗体的检测

4.1 琼脂扩散试验

4.1.1 仪器

灭菌的二重皿、湿盒、打孔器(中心 1 孔，周围 6 孔，孔径 3 mm，孔距 4 mm)、37℃温箱、烧杯、搅拌棒、电磁炉、单孔道移液器(10 μL、200 μL、1 000 μL)。

4.1.2 试剂

标准小鹅瘟阳性血清、标准阴性血清、标准小鹅瘟琼扩抗原、待检血清(见附录 G)、琼脂粉、0.015 mol/L pH 7.2 PB(见 A.1)、生理盐水(见 A.9)、氯化钠。

4.1.3 试验方法及程序

4.1.3.1 琼脂板制备

称取琼脂粉 1 g，量取 100 mL 的 PB(见 A.1)，置烧杯容器中加热溶解，再加入氯化钠 8 g，溶解后混匀，制成 3 mm 厚的琼脂板。

4.1.3.2 打孔

在制备好的琼脂板上用打孔器打孔，并挑出孔中的琼脂。中心 1 孔，周围 6 孔，孔径 3 mm，孔距 4 mm，用熔化琼脂补孔底。

4.1.3.3 加样

中央孔加入标准小鹅瘟琼扩抗原，1 孔、4 孔加入标准小鹅瘟阳性血清和小鹅瘟阴性血清，其他孔分别加入待检血清；或 1 孔加入标准小鹅瘟阳性血清，其他孔分别加入倍增稀释的待检血清。各孔均以加满不溢出为度。将加样后的琼脂板放入填有湿纱布的盒内，置于 20℃～25℃室温或 37℃温箱，24 h 后初判，72 h 终判。

4.1.4 质控标准

当标准小鹅瘟阳性血清孔与标准琼扩抗原孔之间形成清晰沉淀线，小鹅瘟阴性血清与标准琼扩抗原孔之间未形成沉淀线时，说明质控合格。

4.1.5 结果判定

待检血清孔与抗原孔之间出现沉淀线，且与标准阳性血清沉淀线末端相吻合，即被检血清判为阳性；阴性血清孔和待检血清孔与抗原孔之间无沉淀线出现时，即待检血清判为阴性。

标准小鹅瘟琼扩抗原孔与待检血清之间形成清晰沉淀线的血清最高稀释倍数，即判为待检血清琼扩效价。

4.2 中和试验(鹅胚中和试验)

4.2.1 仪器

单孔道移液器(10 μL、200 μL、1 000 μL)、37℃温箱、37℃～38℃孵化箱。

4.2.2 耗材

灭菌试管(5 mL 或 10 mL)、1 mL 无菌注射器。

4.2.3 试剂

12 日龄无小鹅瘟病毒抗体的鹅胚、灭活的标准阴性血清、灭活并除菌的待检血清(见附录 G)、标准小鹅瘟病毒(SYG61 株)、生理盐水(见 A.9)。

4.2.4 试验方法及程序

先将标准小鹅瘟病毒用灭菌生理盐水做 10 倍递增系列稀释,分装到 2 列灭菌试管中。第一列分别加等量标准阴性血清混合作为对照组,第二列分别加等量待检血清混合,置于 37℃温箱作用 1 h。每个稀释度病毒液接种 5 枚 12 日龄无小鹅瘟病毒抗体的鹅胚,每胚尿囊腔接种 0.2 mL。置于 37℃~38℃孵化箱继续孵化,观察 9 d,记录每组鹅胚的存活数,计算半数鹅胚致死量(ELD_{50})和中和指数。

4.2.5 质控标准

标准阴性血清混合对照组接种的鹅胚出现正常死亡,并且鹅胚死亡数随着病毒稀释倍数增加而逐渐减少,说明质控合格。

4.2.6 结果判定

中和指数为对照组与待检组 ELD_{50} 差数的反对数。中和指数小于 10 为阴性,10~49 为可疑,50 以上为阳性。

4.3 免疫荧光试验

4.3.1 仪器

单孔道微量移液器(10 μL、200 μL、1 000 μL)、多孔道微量移液器(50 μL~300 μL)、37℃水浴培养箱、荧光显微镜。

4.3.2 耗材

小鹅瘟病毒抗体检测板(见附录 H)。

4.3.3 试剂

待检血清(见附录 G)、标准小鹅瘟阳性血清、标准阴性血清、抗鹅 IgG 单克隆抗体、FITC 标记的羊抗小鼠 IgG 抗体、0.015 mol/L pH 7.2 PBS(见 A.2)、50%甘油(见 A.7)。

4.3.4 试验方法及程序

4.3.4.1 将待检血清、已知标准阳性血清、已知标准阴性血清分别用 PBS 做 1∶10 稀释,将稀释后的血清分别加入小鹅瘟病毒抗体检测板,100 μL/孔,37℃水浴 30 min。

4.3.4.2 用 PBS 洗涤 3 次,5 min/次。

4.3.4.3 加入工作浓度的抗鹅 IgG 单克隆抗体,100 μL/孔,37℃水浴 30 min。

4.3.4.4 用 PBS 洗涤 3 次,5 min/次。

4.3.4.5 加入工作浓度的 FITC 标记的抗小鼠 IgG 抗体,100 μL/孔,37℃水浴 30 min。

4.3.4.6 用 PBS 洗涤 5 次,5 min/次;加 50%的甘油 PB 覆盖,100 μL/孔,荧光显微镜下观察结果。

4.3.5 质控标准

标准阳性血清应出现细胞核中亮绿色核内荧光,同时标准阴性血清应无亮绿色荧光,则试验成立。

4.3.6 结果判定

待检血清孔荧光显微镜下见到亮绿色核内荧光,判为阳性,阳性荧光主要表现为细胞核荧光;未见明显亮绿色荧光,判为阴性。

5 诊断结果

凡符合 2.4,并且 3.2.1、3.2.2、3.2.3、3.2.4 和 4.2 中任何一项阳性者,均诊断为小鹅瘟。

附 录 A
(规范性附录)
溶液配制(试剂要求分析纯)

A.1 0.015 mol/L pH 7.2 PB

KCl 0.02 g,Na_2HPO_4 0.115 g(如为 $Na_2HPO_4 \cdot 12H_2O$,则为 0.289 g),KH_2PO_4 0.02 g,将上述试剂依次溶于 1 000 mL 去离子水中。完全溶解后,121℃高压灭菌 30 min,置于 4℃冰箱中备用。

A.2 0.015 mol/L pH 7.2 PBS

在 100 mL PB(见 A.1)中加入 0.85 g 氯化钠。

A.3 PBST

在 100 mL PBS(见 A.2)中加入 0.05 mL 的 Tween-20。

A.4 0.05 mol/L 碳酸盐包被缓冲液

Na_2CO_3 0.32 g,$NaHCO_3$ 0.58 g,去离子水搅拌溶解后,定容至 200 mL。

A.5 TMB 显色液配方(避光,显色液现配现用)

10 mL TMB 底物显色母液、42 μL 0.75%的 H_2O_2、100 μL 10 mg/mL TMB,混匀即可使用。

TMB 底物显色母液:25.7 mL A 液,24.3 mL B 液,混匀后用去离子水定容至 100 mL。

A 液:$Na_2HPO_4 \cdot 12H_2O$ 0.2 mol/L,即用 1 L 去离子水溶解 71.7 g $Na_2HPO_4 \cdot 12H_2O$。

B 液:柠檬酸 0.1 mol/L,即用 1 L 去离子水溶解 21.8 g 柠檬酸。

A.6 5%脱脂乳

5 g 全脱脂奶粉溶于 100 mL PBS(见 A.2)中。

A.7 50%甘油

100%甘油与 PBS(见 A.2)1∶1 充分混匀。

A.8 TAE 缓冲液

A.8.1 50×TAE 缓冲液

A.8.1.1 称量 242 g Tris 以及 37.2 g $Na_2EDTA \cdot 2H_2O$ 于 1 L 烧杯中。

A.8.1.2 向烧杯中加入约 800 mL 去离子水,充分搅拌均匀。

A.8.1.3 加入 57.1 mL 的冰乙酸,充分溶解。

A.8.1.4 加去离子水定容至 1 L 后,室温保存。

A.8.2 1×TAE 缓冲液

10 mL 50×TAE 加入 490 mL 去离子水,充分混匀。

A.9 生理盐水

0.9 g 氯化钠溶于 100 mL 去离子水中,完全溶解后,121℃高压灭菌 30 min,置于 4℃冰箱中备用。

A.10　2 mol/L H_2SO_4

98％的浓硫酸与水 1∶9 充分混匀。

附 录 B
（规范性附录）
待检琼扩抗原制备

待检琼扩抗原制备：分离病毒的鹅胚或番鸭胚尿囊液中加入等量三氯甲烷（氯仿），强烈振摇 10 min，6 000 r/min 离心 15 min。收集上层水相，装入已处理过的透析袋中。PEG6000 包埋，置于 4℃浓缩至原尿囊液的 1/50 体积，吸出置于无菌 1.5 mL Eppendorf 管内，加入 0.01％硫柳汞防腐，－20℃保存，即为待检琼扩抗原。

附 录 C
（规范性附录）
待 检 病 料

待检病料:将疑似小鹅瘟病例的肝、脾、肠等病料加 1 倍体积的无菌生理盐水研磨成匀浆,反复冻融 3 次,转入 Eppendorf 管中,8 000 r/min 离心 10 min,取上清液,做待检样本。

附　录　D
（规范性附录）
病料采集及冰冻切片制备

病料采集及冰冻切片制备：发病鹅或病死鹅以及正常鹅肝脏、肠、脾脏，割成 1 cm×1 cm×0.4 cm 的小块，包埋剂覆盖，置于冰冻切片机冷冻台上速冻后进行切片。切成<5 μm 的薄片，并置于载玻片上，用－20℃预冷的丙酮：乙醇（3：2）固定 5 min，PBS 洗涤一遍后晾干，备用。

附 录 E
(规范性附录)
检测小鹅瘟病毒 PCR 引物

引物 F 和 R 序列见表 E.1。

表 E.1 引物 F 和 R 序列

引物	目的	靶基因	序列(5′-3′)	产物大小,bp
F	PCR	VP3	5′-GGAGTGGGTAATGCCTCG-3′	776
R	PCR	VP3	5′-GGTCCTGGCAGCCAATTG-3′	

附 录 F
（资料性附录）
小鹅瘟 PCR 扩增图

小鹅瘟 PCR 扩增图见图 F.1。

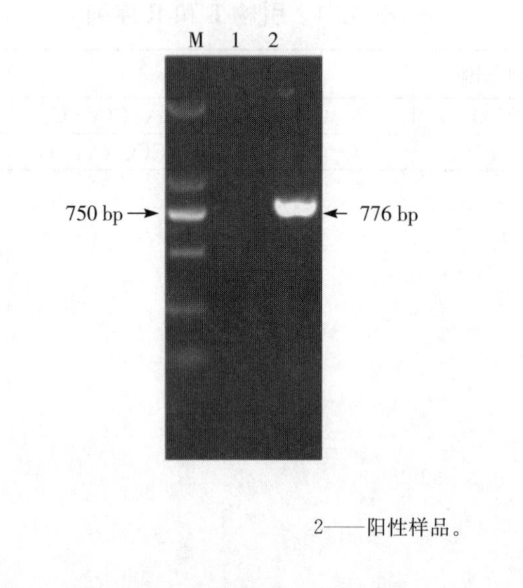

说明：
M——Marker；
1——阴性样品；
2——阳性样品。

图 F.1 小鹅瘟 PCR 扩增图

附 录 G
(规范性附录)
待检血清制备

待检血清:无菌操作方法采取血液,分离血清,按 0.01%量加入硫柳汞防腐,−20℃保存待检。

附 录 H
(规范性附录)
小鹅瘟病毒抗体检测板的制备

用96孔细胞培养板培养GEF细胞，12 h～16 h后，将GPV细胞适应毒(ZM株)以MOI为5.0感染GEF细胞。感染GPV的GEF细胞培养5 d后弃去上清液，PBS(pH 7.2)洗一遍后，用-20℃预冷的丙酮：乙醇(3：2)，室温固定5 min；PBS(pH 7.2)洗一遍，吹干，-20℃保存，备用。

ICS 11.220
B 41

中华人民共和国农业行业标准

NY/T 553—2015
代替 NY/T 553—2002

禽支原体PCR检测方法

Detection of avian *mycoplasmas* by polymerase chain reaction(PCR)

2015-05-21 发布

2015-08-01 实施

中华人民共和国农业部 发布

前言

本标准按照 GB/T 1.1—2009 给出的规则起草。

本标准代替 NY/T 553—2002《禽支原体病诊断技术》。

本标准与 NY/T 553—2002 相比,删除了血清凝集实验,选取了 PCR 方法检测鸡毒支原体和滑液囊支原体。

本标准由中华人民共和国农业部提出。

本标准由全国动物防疫标准化技术委员会(SAC/TC 181)归口。

本标准起草单位:中国动物卫生与流行病学中心。

本标准主要起草人:王娟、李卫华、王玉东、黄秀梅、龚振华、郭福生。

本标准的历次版本发布情况为:

——NY/T 553—2002。

禽支原体 PCR 检测方法

1 范围

本标准规定了禽支原体 PCR(聚合酶链式反应)的检测技术要求。

本标准适用于禽支原体病的流行病学调查和辅助性诊断。

2 缩略语

下列缩略语适用于本文件。

MG:鸡毒支原体(*mycoplasma gallisepticum*)

MS:滑液囊支原体(*mycoplasma synoviae*)

PBS:磷酸盐缓冲液(*phosphate buffered solution*)

3 实验室设备要求

3.1 仪器

基因序列分析仪、台式高速冷冻离心机、电泳仪、电泳槽、冰箱、紫外凝胶成像系统、微量移液器、水浴锅、涡旋仪等。

3.2 操作区域

样品处理区要有相应的生物安全设施;配液区要求高度洁净;电泳区要与其他操作区域相互隔离。

3.3 操作者

操作者应接受过 PCR 技术培训,熟悉防止核酸污染和溴化乙锭污染的具体措施,熟悉电泳结果的判断方法。

4 相关试剂

4.1 2×*Taq* Master Mix

生物试剂公司生产。

4.2 1.5%琼脂糖凝胶

见 A.1。

4.3 1×TAE 缓冲液

见 A.2。

4.4 溴化乙锭(10 μg/μL)

见 A.3。

4.5 商品化的 DNA 分子量标准

要求在 100 bp~300 bp 之间有 5 条以上的指示条带。

4.6 标准菌株

S6 株、WVU1853 株购自中国兽医药品监察所。

4.7 阴性对照品

用高压灭菌的 PBS 作为阴性对照标准品。

5 操作程序

5.1 样品处理

将气管拭子、关节囊穿刺液、关节面拭子样品悬浮于 1 mL PBS 溶液中，混匀成悬浮液；气管、肺、气囊等组织器官充分研磨后，加入适量的 PBS 溶液，制成混悬液，备用；也可用分离培养后的菌液作为样品。

5.2 DNA 提取

将制成的悬浮液或悬液 2 000 r/min 离心 5 min，将离心后的上清液或分离培养后的菌液置于 1.5 mL 带盖的微量离心管中，在 4℃条件下，14 000 *g* 离心 30 min。用微量加样器仔细除去上清液，并将沉淀悬浮于 25 μL 双蒸水中。将置于离心管中的内容物隔水煮沸 10 min，然后冰浴 10 min，14 000 *g* 离心 10 min，上清液为 DNA 模板，用于扩增其 16 S rDNA。

5.3 引物

5.3.1 MG 引物序列

MG-14F：5′-GAG CTA ATC TGT AAA GTT GGT C-3′；

MG-13R：5′-GCT TCC TTG CGG TTA GCA AC-3′。

5.3.2 MS 引物序列

MS-F：5′-GAG AAG CAA AAT AGT GAT ATC A-3′；

MS-R：5′-CAG TCG TCT CCG AAG TTA ACA A-3′。

5.4 PCR 反应体系

25μL PCR 反应体系包括：

ddH_2O	9.5 μL
DNA 模板	2.0 μL
2×*Taq* Master Mix	12.5 μL
上、下游引物混合物	1.0 μL

每次试验应设阳性对照和阴性对照。

先 94℃变性 5 min，然后按 94℃变性 30 s、55℃退火 30 s、72℃延伸 60 s 的顺序循环，共循环 35 次，最后在 72℃温度下延伸 10 min，于 4℃保存，备用。

5.5 PCR 产物电泳

PCR 反应结束后，每个 PCR 管中加入 5 μL 加样缓冲液，充分混匀，再每管取 5 μL 加入琼脂糖凝胶板的加样孔中，在位于凝胶中央的孔加入 DNA 分子量标准。加样后，按照 5 V/cm 电压，电泳 20 min～40 min(每次电泳时，每隔 10 min 观察 1 次。当加样缓冲液中溴酚蓝电泳过半至凝胶下 2/5 处时，可停止电泳)。电泳后，置于紫外凝胶成像仪下观察，用分子量标准判断 PCR 扩增产物大小。

6 结果判定

阳性对照出现相应大小的扩增条带，且阴性对照无此扩增带时，判定检测有效；否则判定检测结果无效，不能进行判断。

MG 的 PCR 产物为 185 bp。如果在阳性对照出现 185 bp 扩增带，阴性对照无带出现(引物二聚体除外)时，试验成立。被检样品出现 185 bp 扩增带为 MG 阳性，否则为阴性。

MS 的 PCR 产物为 207 bp。如果在阳性对照出现 207 bp 扩增带，阴性对照无带出现(引物二聚体除外)时，试验成立。被检样品出现 207 bp 扩增带为 MS 阳性，否则为阴性。

附 录 A
（规范性附录）
相关试剂的配制

A.1 1.5%琼脂糖凝胶的配制

琼脂糖 1.5 g
0.5×TAE电泳缓冲液加至 100 mL

微波炉中完全融化，待冷至50℃～60℃时，加入溴化乙锭（EB）溶液5 μL，摇匀，倒入电泳板上，凝固后取下梳子，备用。

A.2 1×TAE缓冲液的配制

A.2.1 配制0.5 mol/L乙二胺四乙酸二钠（$EDTA\text{-}Na_2$）溶液（pH 8.0）

二水乙二胺四乙酸二钠（$EDTA\text{-}Na_2 \cdot 2H_2O$）	18.61 g
灭菌双蒸水	80 mL
氢氧化钠调pH至	8.0
灭菌双蒸水加至	100 mL

用于配制A.2.2中的50×TAE。

A.2.2 配制50×TAE电泳缓冲液

羟基甲基氨基甲烷（Tris）	242 g
冰乙酸	57.1 mL
0.5 mol/L乙二胺四乙酸二钠溶液（pH 8.0）	100 mL
灭菌双蒸水加至	1 000 mL

用于配制A2.3中的1×TAE。

A.2.3 配制1×TAE缓冲液

50×TAE电泳缓冲液	100 mL
灭菌双蒸水加至	1 000 mL

A.3 溴化乙锭（10 μL）的配制

溴化乙锭	20 mg
灭菌双蒸水加至	20 mL

A.4 10×加样缓冲液

聚蔗糖	25 g
灭菌双蒸水	100 mL
溴酚蓝	0.1 g
二甲苯青	0.1 g

附 录 B
(规范性附录)
PBS 溶液的配制

PBS 溶液的配制如下：

NaCl	3.9 g
$Na_2HPO_4 \cdot 12H_2O$	0.2 g
KH_2PO_4	0.2 g
双蒸馏水加至	1 000 mL

附　录　C
（规范性附录）
PCR 产物大小对照

PCR 产物大小对照见图 C.1。

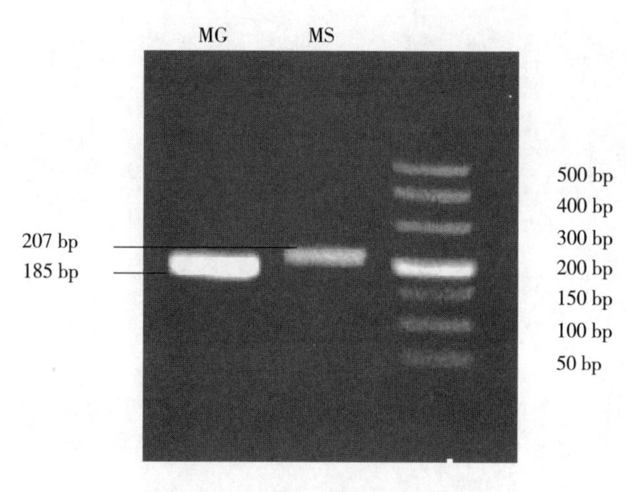

图 C.1　PCR 产物大小对照

ICS 11.220
B 41

中华人民共和国农业行业标准

NY/T 563—2016
代替 NY/T 563—2002

禽霍乱(禽巴氏杆菌病)诊断技术

Diagnostic techniques for fowl cholera (avian pasteurellosis)

2016-10-26 发布　　2017-04-01 实施

中华人民共和国农业部　发布

前　言

本标准按照GB/T 1.1—2009给出的规则起草。

本标准代替NY/T 563—2002《禽霍乱(禽巴氏杆菌病)诊断技术》。与NY/T 563—2002相比，除编辑性修改外主要技术变化如下：

——“范围”部分增述了多杀性巴氏杆菌PCR检测方法和荚膜多重PCR鉴定方法的适用性(见1)；

——“病原分离”部分增加了多杀性巴氏杆菌生长的脑心浸出液琼脂培养基和脑心浸出液肉汤培养基(见6.1)；

——增加了多杀性巴氏杆菌PCR检测方法(见6.2)；

——增加了用于多杀性巴氏杆菌荚膜型鉴定的多重PCR检测方法(见6.3)。

本标准由农业部兽医局提出。

本标准由全国动物卫生标准化技术委员会(SAT/TC 181)归口。

本标准起草单位：中国农业科学院哈尔滨兽医研究所。

本标准主要起草人：曲连东、郭东春、刘家森、姜骞、刘培欣。

本标准的历次版本发布情况为：

——NY/T 563—2002。

禽霍乱(禽巴氏杆菌病)诊断技术

1 范围

本标准规定了禽霍乱的临床诊断和实验室诊断(病原分离鉴定、琼脂扩散试验、PCR 检测方法和荚膜多重 PCR 检测方法)的技术要求。

本标准所规定的临床诊断、病理剖检和病原分离鉴定,适用于禽霍乱的诊断;多杀性巴氏杆菌 PCR 适用于多杀性巴氏杆菌种的鉴定;荚膜多重 PCR 适用于多杀性巴氏杆菌荚膜血清型的鉴定。

2 规范性引用文件

下列文件对于本文件的应用是必不可少的。凡是注日期的引用文件,仅注日期的版本适用于本文件。凡是不注日期的引用文件,其最新版本(包括所有的修改单)适用于本文件。

GB/T 4789.28 食品卫生微生物学检验培养基和试剂质量要求

GB/T 6682 分析实验室用水规格和试验方法

NY/T 541 兽医诊断样品采集、保存和运输技术规范

3 术语和定义

下列术语和定义适用于本文件。

3.1

禽霍乱 fowl cholera

又名禽巴氏杆菌病,是由多杀性巴氏杆菌引起的家禽和野禽的接触性细菌传染病。

4 临床诊断

4.1 症状

4.1.1 急性型症状

急性感染的禽群中禽只突然死亡,随后即出现感染禽只发热、厌食、沉郁、流涎、腹泻、羽毛粗乱、呼吸困难,临死前出现发绀。

4.1.2 慢性型症状

急性型耐过或由弱毒菌株感染的禽只可呈慢性型病程,其特征为局部感染,在关节、趾垫、腱鞘、胸骨黏液囊、眼结膜、肉垂、咽喉、肺、气囊、骨髓、脑膜等部位呈现纤维素性化脓性渗出、坏死或不同程度的纤维化。

4.2 病理变化

急性型的病变主要是淤血、出血,肝、脾肿大和局灶性坏死,肺炎、腹腔和心包液增多。慢性型主要是局灶性化脓性渗出、坏死和纤维化。

5 血清学检测方法:琼脂扩散试验(该方法不适用于水禽)

5.1 试剂材料

5.1.1 禽霍乱琼脂扩散抗原、标准阳性血清和标准阴性血清

按说明书使用。

5.1.2 溶液配制

1%硫柳汞溶液、pH 6.4 的 0.01 mol/L 磷酸盐缓冲(PBS)溶液和生理盐水,配制方法见 A.1、A.2 和 A.3。

5.1.3 琼脂板

制备方法见 B.4。

5.2 操作方法

5.2.1 打孔

在制备的琼脂板上,用直径 4 mm 的打孔器按六角形图案打孔或用梅花形打孔器打孔。中心孔与外周孔之间的距离为 3 mm。将孔中的琼脂挑出,勿伤边缘,避免琼脂层脱离平皿底部。

5.2.2 封底

用酒精灯轻烤平皿底部至琼脂微熔化为止,封闭孔的底部,以防侧漏。

5.2.3 加样

灭菌生理盐水(A.3)稀释抗原,用微量移液器将稀释的抗原加入到中间孔,标准阳性血清分别加入外周的 1 孔、4 孔中,标准阴性血清(每批样品仅做一次)和待检血清按顺序分别加入外周的 2 孔、3 孔、5 孔、6 孔中。每孔均以加满不溢出为度,每加一个样品应换一个吸头。

5.2.4 感作

加样完毕后,静止 5 min~10 min,将平皿轻轻倒置,放入湿盒内,置于 37℃温箱中作用,分别在 24 h 和 48 h 观察结果。

5.3 结果判定

5.3.1 实验成立条件

将琼脂板置于日光灯或侧强光下观察,标准阳性血清与抗原孔之间出现一条清晰的白色沉淀线,标准阴性血清与抗原孔之间不出现沉淀线,则试验成立。

5.3.2 结果判定

符合 5.3.1 的条件。

a) 若被检血清孔与中心孔之间出现清晰沉淀线,并与标准阳性血清孔与中心孔之间沉淀线的末端相吻合,则被检血清判为阳性;
b) 若被检血清孔与中心孔之间不出现沉淀线,但标准阳性血清孔与中心孔之间的沉淀线一端在被检血清孔处向中心孔方向弯曲,则此孔的被检样品判为弱阳性,应重复试验,如仍为可疑则判为阳性;
c) 若被检血清孔与中心孔之间不出现沉淀线,标准阳性血清孔与中心孔之间的沉淀线指向被检血清孔,则被检血清判为阴性;
d) 若被检血清孔与中心孔之间出现的沉淀线粗而混浊和标准阳性血清孔与中心孔之间的沉淀线交叉并直伸,待检血清孔为非特异性反应,应重复试验,若仍出现非特异性反应则判为阴性;
e) 出现上述 a)或 b)的阳性结果,可判定禽体内存在禽霍乱抗体。

6 病原学检测及鉴定方法

6.1 病原分离鉴定方法

6.1.1 样品采集

按照 NY/T 541 的要求采集并保存样品:最急性和急性病例,可采集濒死或死亡禽只的肝、脾、心血;慢性病例,一般采集局部病灶组织;活禽,通过鼻孔挤出黏液或将棉拭子插入鼻裂中采样。对不新鲜或已被污染的样品,可采集骨髓样。

6.1.2 镜检样品的制备

取病变组织肝或脾的新鲜切面,在载玻片上压片或涂抹成薄层;用灭菌剪刀剪开心脏,取血液进行推片，或取凝血块新鲜切面在载玻片上压片或涂抹成薄层；培养纯化的细菌，从菌落挑取少量涂片。

6.1.3 培养基制备

培养基和试剂质量应满足 GB/T 4789.28 的要求，按附录 B 方法配制 5%鸡血清葡萄糖淀粉琼脂（B.1）、鲜血琼脂培养基（B.2）、5%鸡血清脑心浸出液琼脂培养基（B.3）。

6.1.4 细菌培养

将病料接种于 5%鸡血清葡萄糖淀粉琼脂、鲜血琼脂培养基或 5%鸡血清脑心浸出液琼脂培养基，在 35℃～37℃温箱中培养 18 h～24 h，观察。

6.1.5 病原鉴定

6.1.5.1 培养特性

多杀性巴氏杆菌为兼性厌氧菌，最适生长温度为 35℃～37℃，经 18 h～24 h 培养后，菌落直径为 1 mm～3 mm，呈散在的圆形凸起，露珠样，有荚膜菌落稍大。

6.1.5.2 显微镜鉴定

a） 样品的干燥和固定：挑取菌落，涂于载玻片，采用甲醇固定或火焰固定；

b） 染色及镜检：甲醇固定的镜检样品进行瑞氏或美蓝染色，镜检时多杀性巴氏杆菌呈两极浓染的菌体，常有荚膜。火焰固定的镜检样品进行革兰氏染色，镜检时多杀性巴氏杆菌为革兰氏阴性球杆菌或短杆菌，菌体大小为（0.2～0.4）μm×（0.6～2.5）μm，单个或成对存在。

6.1.5.3 生化鉴定特性

a） 接种于葡萄糖、蔗糖、果糖、半乳糖和甘露醇发酵管产酸而不产气，接种于鼠李糖、戊醛糖、纤维二糖、棉子糖、菊糖、赤藓糖、戊五醇、M-肌醇、水杨苷发酵管不发酵；

b） 接种于蛋白胨水培养基中，可产生吲哚；

c） 鲜血液琼脂上不产生溶血；

d） 麦康凯琼脂上不生长；

e） 产生过氧化氢酶、氧化酶，但不能产生尿素酶、β-半乳糖苷酶；

f） 维培（VP）试验为阴性。

6.1.5.4 动物接种试验

细菌纯培养物计数稀释后，以 1 000 CFU 细菌经皮下或腹腔内接种小鼠、兔或易感鸡，接种动物在 24 h～48 h 内死亡，并可从肝脏、心血中分离到多杀性巴氏杆菌。

6.1.6 结果判定

符合 6.1.5.1，6.1.5.2，6.1.5.3 和 6.1.5.4 的鉴定特征，可确认分离的病原为多杀性巴氏杆菌。

6.2 多杀性巴氏杆菌 PCR 检测方法

6.2.1 主要试剂

6.2.1.1 试剂的一般要求

除特别说明以外，本方法中所用试剂均为分析纯级；水为符合 GB/T 6682 要求的灭菌双蒸水或超纯水。

6.2.1.2 电泳缓冲液（TAE）

50×TAE 储存液和 1×TAE 使用液，配置方法见 A.5。

6.2.1.3 1.5 %琼脂糖凝胶

将 1.5 g 琼脂糖干粉加到 100 mL TAE 使用液中，沸水浴或微波炉加热至琼脂糖熔化。待凝胶稍冷却后加入溴化乙锭替代物，终浓度为 0.5 μg/mL。

6.2.1.4 PCR 配套试剂

DNA 提取试剂盒、10×PCR Buffer、dNTPs、*Taq* 酶、DL 2 000 DNA Marker。

6.2.1.5　**PCR 引物**

根据 *kmt Ⅰ* 基因序列设计、商业合成，引物 KMTⅠT7、KMTⅠSP6 序列见附录 C。

6.2.1.6　**阳性对照(模板 DNA)**

菌数达到 10^8 CFU/mL 以上的液体培养基繁殖的多杀性巴氏杆菌 C48－1 株制备的 DNA。

6.2.1.7　**阴性对照**

灭菌纯水。

6.2.2　**样品处理**

6.2.2.1　**组织样品的处理**

取约 0.5 g 的待检组织样品于灭菌干燥的研钵中充分研磨，加 2 mL 灭菌生理盐水混匀，反复冻融 3 次，3 000 r/min 离心 5 min，取上清液转入无菌的 1.5 mL 塑料离心管中，编号。样本在 2℃～8℃条件下保存，应不超过 24 h。若需长期保存，应放在－70℃以下冰箱，但应避免反复冻融。

6.2.2.2　**纯化培养的细菌样品处理**

对分离鉴定和纯培养的细菌液体培养样品，直接保存于无菌 1.5 mL 塑料离心管中密封、编号、保存和送检。

6.2.3　**基因组 DNA 的提取**

按照 DNA 提取试剂盒说明书提取 6.2.2.1 中的组织、6.2.2.2 中的细菌培养物、阳性对照、阴性对照的基因组 DNA。

6.2.4　**反应体系及反应条件**

6.2.4.1　对 6.2.3 提取的 DNA 进行扩增，每个样品 20 μL 反应体系，组成如下：

10×PCR 缓冲液	2.0 μL
dNTPs(2.5 mmol/L)	1.5 μL
引物 KMTⅠT7(10 μmol/μL)	1.0 μL
引物 KMTⅠSP6(10 μmol/μL)	1.0 μL
模板 DNA(样品)	1.0 μL
Taq DNA 聚合酶	0.5μL
纯水	13.0 μL
总体积	20.0 μL

6.2.4.2　样品反应管瞬时离心，置于 PCR 扩增仪内进行扩增。95℃预变性 5 min；94℃ 30 s，55℃ 30 s，72℃ 60 s，30 个循环；72℃延伸 10 min。

6.2.5　**凝胶电泳**

6.2.5.1　在 1×TAE 缓冲液中进行电泳，将 6.2.4.2 的扩增产物、DL 2 000 DNA Marker 分别加入 1.5%琼脂糖凝胶孔中，每孔加扩增产物 10 μL。

6.2.5.2　80 V～100 V 电压电泳 30 min，在紫外灯或凝胶成像仪下观察结果。

6.2.6　**结果分析与判定**

6.2.6.1　**实验成立条件**

阳性对照样品扩增出 460 bp 片段，且阴性对照没有扩增出任何条带。

6.2.6.2　**结果判定**

符合 6.2.6.1 的条件，待检样品扩增出的 DNA 片段为 460 bp，可判定待检样品为阳性，否则待检样品判为阴性。

6.3　**荚膜多重 PCR 检测方法**

6.3.1　**主要试剂**

6.3.1.1 通用试剂

6.2.1.1～6.2.1.4 的试剂适用于本方法。

6.3.1.2 阳性对照

已鉴定的 A 型、B 型、D 型、E 型和 F 型荚膜型多杀性巴氏杆菌或含有多杀性巴氏杆菌型特异性基因的质粒。

6.3.1.3 阴性对照

灭菌纯水。

6.3.1.4 引物

多杀性巴氏杆菌荚膜分为 A 型、B 型、D 型、E 型和 F 型，根据编码 A 型、B 型、D 型、E 型和 F 型不同的基因设计引物，商业合成，序列见 D.1。

6.3.2 基因组 **DNA** 的提取

细菌基因组的提取同 6.2.3。

6.3.3 荚膜多重 **PCR** 反应体系及反应条件

6.3.3.1 每个样品建立 25 μL 反应体系，组成如下：

10×PCR 缓冲液	2.5 μL
dNTPs(2.5 mmol/L)	2.0 μL
$MgCl_2$(50 mmol/L)	1.0 μL
上游引物(10 μmol/μL)	各 0.8 μL
下游引物(10 μmol/μL)	各 0.8 μL
模板 DNA	1.0 μL
Taq DNA 聚合酶	0.5 μL
纯水	10.0 μL
总体积	25.0 μL

6.3.3.2 反应管加入反应液后，瞬时离心，置于 PCR 扩增仪内进行扩增。95℃预变性 5 min；94℃ 30 s，55℃ 30 s，72℃ 60 s，30 个循环；72℃延伸 10 min。

6.3.4 琼脂糖凝胶电泳

按 6.2.5 规定的方法进行。

6.3.5 实验结果判定

6.3.5.1 实验成立条件

A 型、B 型、D 型、E 型和 F 型荚膜型阳性对照样品扩增出 1 044 bp、760 bp、657 bp、511 bp、851 bp 片段，且阴性对照不能扩增出任何条带。

6.3.5.2 结果判定

符合 6.3.5.1 的条件，根据电泳结果出现目的条带大小判定细菌的荚膜型。荚膜 A 型引物扩增的目的条带为 1 044 bp，荚膜 B 型引物扩增的目的条带为 760 bp，荚膜 D 型引物扩增的目的条带为 657 bp，荚膜 E 型引物扩增的目的条带为 511 bp，荚膜 F 型引物扩增的目的条带为 851 bp。

7 诊断结果判定

7.1 临床符合第 4 章的症状且 6.1 方法检测为阳性，或临床符合第 4 章的症状且 6.2 方法检测结果为阳性，可确诊为禽霍乱。

7.2 根据第 5 章的方法检测结果为阳性，可判定存在禽霍乱抗体。

7.3 根据 6.3.5.2 的判定结果，可鉴定禽多杀性巴氏杆菌的荚膜型。

附　录　A
（规范性附录）
溶液配制

A.1　1%硫柳汞溶液的配制

硫柳汞	0.1 g
蒸馏水	100 mL

溶解后，存放备用。

A.2　pH 6.4 的 0.01 mol/L PBS 溶液的配制

甲液：

磷酸氢二钠（$Na_2HPO_4 \cdot 12H_2O$）	3.58 g
加蒸馏水至	1 000 mL

乙液：

磷酸二氢钾（KH_2PO_4）	1.36 g
加蒸馏水至	1 000 mL

充分溶解后分别保存。

用时取甲液 24 mL、乙液 76 mL 混合，即为 100 mL pH 6.4 的 0.01 mol/L PBS 溶液。

A.3　生理盐水的配制

氯化钠（NaCl）	8.5 g
蒸馏水	1 000 mL

溶解后，置于中性瓶中灭菌后存放备用。

A.4　琼脂板的制备

取 pH 6.4 的 0.01 mol/L PBS 溶液 100 mL 放于三角瓶中，加入 0.8 g～1.0 g 琼脂糖、8 g 氯化钠。三角瓶在水浴中煮沸，使琼脂糖等充分熔化，再加 1%硫柳汞溶液 1 mL，冷却至 45℃～50℃时，取 18 mL～20 mL 倾注于洁净灭菌的直径为 90 mm 的平皿中。加盖待凝固后，把平皿倒置以防水分蒸发。放2℃～8℃冰箱中保存备用（时间不超过 2 周）。

A.5　电泳缓冲液（TAE）

50×TAE 储存液：分别量取 $Na_2EDTA \cdot 2H_2O$ 37.2 g、冰醋酸 57.1 mL、Tris · Base 242 g，用一定量（约 800 mL）的灭菌双蒸水溶解。充分混匀后，加灭菌双蒸水补齐至 1 000 mL。

1×TAE 缓冲液：取 10 mL 储存液，加 490 mL 蒸馏水即可。

附　录　B
（规范性附录）
培养基的配制

B.1　5%鸡血清葡萄糖淀粉琼脂培养基制备

营养琼脂	85 mL
3%淀粉溶液	10 mL
葡萄糖	10 g
鸡血清	5 mL

将灭菌的营养琼脂加热熔化，使冷却到50℃，加入灭菌的淀粉溶液、葡萄糖及鸡血清，混匀后，倾注平板。

B.2　鲜血琼脂培养基制备

肉浸液肉汤	85 mL
蛋白胨	10 g
磷酸氢二钾（K_2HPO_4）	1.0 g
氯化钠（NaCl）	5 g
琼脂	25 g

灭菌加热溶化，使冷却到50℃，加入无菌鸡鲜血达10%，混匀后，倾注平板。

B.3　5%鸡血清脑心浸出液琼脂培养基制备

脑心浸出液	37 g
琼脂	15 g
加蒸馏水至	1 000 mL

灭菌加热溶化，使冷却到50℃，加入无菌鸡鲜血达5%，混匀后，倾注平板。

附　录　C
（规范性附录）
多杀性巴氏杆菌 *kmt* Ⅰ 基因 PCR 引物序列

多杀性巴氏杆菌 *kmt* Ⅰ 基因扩增引物见表 C.1。

表 C.1　*kmt* Ⅰ 基因扩增引物

检测目的	引物序列(5′- 3′)	扩增大小,bp
多杀性巴氏杆菌定种	上游引物:ATC CGC TAT TTA CCC AGT GG 下游引物:GCT GTA AAC GAA CTC GCC AC	460

附 录 D
(规范性附录)
多杀性巴氏杆菌荚膜多重 PCR 引物序列

荚膜多重 PCR 扩增引物序列见表 D.1。

表 D.1 荚膜多重 PCR 扩增引物序列

检测目的	引物序列(5′-3′)	扩增大小,bp
荚膜定型	荚膜 A 型上游引物:TGC CAA AAT CGC AGT CAG	1 044
	荚膜 A 型下游引物:TTG CCA TCA TTG TCA GTG	
	荚膜 B 型上游引物:CAT TTA TCC AAG CTC CAC C	760
	荚膜 B 型下游引物:GCC CGA GAG TTT CAA TCC	
	荚膜 D 型上游引物:TTA CAA AAG AAA GAC TAG GAG CCC	657
	荚膜 D 型下游引物:CAT CTA CCC ACT CAA CCA TAT CAG	
	荚膜 E 型上游引物:TCCGCAGAAAATTATTGACTC	511
	荚膜 E 型下游引物:GCTTGCTGCTTGATTTTGTC	
	荚膜 F 型上游引物:AATCGGAGAACGCAGAAATCAG	851
	荚膜 F 型下游引物:TTCCGCCGTCAATTACTCTG	

ICS 11.220
B 41

中华人民共和国农业行业标准

NY/T 680—2003

禽白血病病毒p27抗原酶联免疫吸附试验方法

Enzyme-linked immunosorbent assay for avian leukosis virus p27 antigen

2003-07-30 发布　　2003-10-01 实施

中华人民共和国农业部 发布

前　言

本标准的附录 A 为规范性附录。

本标准由农业部畜牧兽医局提出并归口。

本标准起草单位:农业部兽医诊断中心。

本标准主要起草人:陈西钊、苏敬良、王宏伟、田克恭、吴清民、王传彬。

禽白血病病毒 p27 抗原
酶联免疫吸附试验方法

1 范围

本标准规定了禽白血病病毒(ALV)p27 抗原酶联免疫吸附试验方法。

本标准适用于检测鸡蛋蛋清以及鸡胚组织细胞培养物中的 ALV p27 蛋白抗原。

2 p27 抗原酶联免疫吸附试验

2.1 试验材料

2.1.1 试剂

2.1.1.1 抗 p27 蛋白抗体:应用提纯的禽成髓细胞性白血病病毒 p27 蛋白免疫家兔制备。

2.1.1.2 阳性抗原:含鸡白血病/肉瘤病毒群特异性 p27 蛋白抗原的鸡蛋清。

2.1.1.3 阴性抗原:无鸡白血病/肉瘤病毒群特异性 p27 蛋白抗原的 SPF 鸡蛋清。

2.1.1.4 酶结合物:辣根过氧化物酶标记的抗 p27 蛋白抗体。

2.1.1.5 磷酸盐缓冲液(PBS):配制见第 A.1 章。

2.1.1.6 包被液:配制见第 A.2 章。

2.1.1.7 洗涤液:配制见第 A.3 章。

2.1.1.8 样品稀释液:配制见第 A.4 章。

2.1.1.9 底物溶液:配制见第 A.6 章。

2.1.1.10 终止液:配制见第 A.7 章。

2.1.2 器材

a) 酶联检测仪;

b) 聚苯乙烯板;

c) 微量加样器,容量 50 μL~200 μL;

d) 37℃恒温培养箱。

2.1.3 样品

2.1.3.1 鸡蛋样品:将待检鸡蛋小的一端朝上放置,打碎蛋壳,用移液器无菌吸取蛋清,密装于灭菌小瓶内。

2.1.3.2 细胞培养物:用移液器无菌吸取细胞培养物,密装于灭菌小瓶内,4℃或-30℃保存或立即送检。试验前将送检样品统一编号,试验时不做稀释。

2.2 操作方法

2.2.1 用包被液将抗 p27 蛋白抗体做 4 000 倍稀释,每孔 100 μL 加入 96 孔聚苯乙烯板中,4℃过夜。

2.2.2 取出包被好的聚苯乙烯板,将液体倒弃,每孔加 250 μL 洗涤液漂洗 3 次,每次 2 min,甩干。

2.2.3 每孔加 150 μL 质量浓度为 1%的明胶封闭液,37℃反应 60 min。

2.2.4 重复 2.2.2。

2.2.5 在 A_1、A_2 孔各加 100 μL 标准阴性对照,A_3、A_4 孔各加 100 μL 标准阳性对照。

2.2.6 将待检样品加入其他各孔,每个待检样本加 2 孔,每孔 100 μL,37℃反应 60 min。

2.2.7 重复2.2.2。

2.2.8 每孔加100 μL工作浓度的辣根过氧化物酶标记的抗p27蛋白抗体,37℃反应60 min。

2.2.9 重复2.2.2。

2.2.10 每孔加100 μL新配制的底物溶液,室温,避光反应10 min。

2.2.11 每孔加100 μL终止液。

2.2.12 置酶联检测仪于450 nm测定各孔吸光度(OD)值。

2.3 结果判定

2.3.1 阴性对照OD均值等于(A_1孔OD值+A_2孔OD值)/2;阳性对照OD均值等于(A_3孔OD值+A_4孔OD值)/2。

2.3.2 阴性对照OD均值小于0.15,阳性对照OD均值减去阴性对照OD均值大于0.3时试验成立,否则重做。

2.3.3 S/P等于(样品孔OD均值-阴性对照OD均值)÷(阳性对照OD均值-阴性对照OD均值)。

待检样本S/P小于等于0.2判为阴性,表示待检样品中无ALVs p27蛋白抗原。

待检样本S/P大于0.2判为阳性,表示待检样品中有ALVs p27蛋白抗原。

附 录 A
(规范性附录)
试剂的配制

A.1 磷酸盐缓冲液(PBS,0.01 mol/L pH 7.4)

氯化钠	8 g
氯化钾	0.2 g
磷酸二氢钾	0.2 g
十二水磷酸氢二钠	2.38 g
蒸馏水	加至 1 000 mL

A.2 包被液(0.05 mol/L pH 9.6)

碳酸钠	1.59 g
碳酸氢钠	2.93 g
蒸馏水	加至 1 000 mL

A.3 洗涤液

PBS	1 000 mL
Tween - 20	0.5 mL

A.4 样品稀释液

含体积分数 10%新生牛血清的洗涤液。

A.5 磷酸盐-柠檬酸缓冲液(pH 5.0)

柠檬酸	3.26 g
十二水磷酸氢二钠	12.9 g
蒸馏水	700 mL

A.6 底物溶液

用二甲基亚砜将 3′3′5′5′-四甲基联苯胺(TMB)配成 1%的浓度,4℃保存。使用时按下列配方配制底物溶液。

磷酸盐-柠檬酸缓冲液	9.9 mL
1% 3′3′5′5′-四甲基联苯胺	0.1 mL
30%双氧水	1 μL

A.7 终止液

硫酸	58 mL
蒸馏水	442 mL

ICS 11.220
B 41

中华人民共和国农业行业标准

NY/T 772—2013
代替 NY/T 772—2004

禽流感病毒RT-PCR检测方法

RT-PCR detection method for avian influenza viruses

2013-09-10 发布 2014-01-01 实施

中华人民共和国农业部 发布

前　言

本标准按照 GB/T 1.1—2009 给出的规则起草。

本标准代替 NY/T 772—2004《禽流感病毒 RT-PCR 试验方法》。与 NY/T 772—2004 相比，除编辑性修改外主要变化如下：

——将原标准名称中“试验方法”改为“检测方法”；

——将原标准中两套操作标准，合并成一套操作标准；

——将原标准中异硫氰酸胍提取 RNA 方法，改用商品化 RNA 提取试剂提取方法；

——将原标准中 RT-PCR 检测模式，改为商品化一步法 RT-PCR 试剂盒的检测模式；

——更新了检测 H7 亚型禽流感病毒的引物序列，新增通用型 HA 和 NA 基因全长的 RT-PCR 检测方法；

——更新了 RT-PCR 扩增产物与加样缓冲液进行混合的方法；

——增设检测流程，说明如何搭配使用此标准中含有的多对引物，实现不同的检测目的。

本标准由农业部兽医局提出。

本标准由全国动物防疫标准化技术委员会(SAC/TC 181)归口。

本标准起草单位：中国农业科学院哈尔滨兽医研究所、中国动物卫生与流行病学中心。

本标准主要起草人：王秀荣、刘朔、陈继明、蒋文明、包红梅、陈化兰。

本标准所代替标准的历次版本发布情况为：

——NY/T 772—2004。

禽流感病毒 RT - PCR 检测方法

1 范围

本标准规定了禽流感病毒型特异性 RT - PCR(反转录-聚合酶链式反应)检测技术(各亚型通用),以及禽流感病毒 H5、H7、H9 血凝素(HA)亚型和 N1、N2 神经氨酸酶(NA)亚型的 RT - PCR 检测技术。

本标准适用于检测禽组织、分泌物、排泄物和禽胚尿囊液中禽流感病毒的核酸。

2 规范性引用文件

下列文件对于本文件的应用是必不可少的。凡是注日期的引用文件,仅注日期的版本适用于本文件。凡是不注日期的引用文件,其最新版本(包括所有的修改单)适用于本文件。

GB/T 18936 高致病性禽流感诊断技术

3 实验室条件

3.1 仪器

PCR 仪、台式低温高速离心机、电泳仪、电泳槽、冰箱、紫外凝胶成像仪、微量移液器和水浴箱等。

3.2 操作区域

样品处理区要有相应的生物安全设施;RNA 提取区和 RT - PCR 配液区要求高度洁净;电泳区要其他操作区域相互隔离。

3.3 操作者

操作者应接受过 RT - PCR 技术培训;熟悉防止 RNA 降解、核酸污染和溴化乙锭污染的具体措施;熟悉 RT - PCR 检测结果的判断方法。

4 试剂的准备

4.1 试剂

4.1.1 商品化的 RNA 提取试剂盒。

4.1.2 商品化的一步法 RT - PCR 试剂盒。

4.1.3 1.5%琼脂糖凝胶,见 A.1。

4.1.4 1×TAE 缓冲液:见 A.2。

4.1.5 溴化乙锭(10 μg/μL),见 A.3。

4.1.6 核酸电泳加样缓冲液,见 A.4。

4.1.7 商品化的 DNA 分子量标准,要求在 100 bp～1 000 bp 之间有 5 条以上的指示条带。

4.1.8 用已知的含有与 RT - PCR 检测引物(附录 B)相对应的且灭活的禽流感病毒制作的阳性对照标准品(来自商品化试剂盒或者省部级以上的实验室)。

4.1.9 用高压灭菌的蒸馏水作为阴性对照标准品。

4.2 引物

序列见附录 B,浓度均为 10 μmol/L,在 RT - PCR 反应体系的最终浓度是 0.4 μmol/L。

5 操作程序

5.1 样品采集和处理

按照 GB/T 18936 中提供的方法进行。

5.2 对照设置

每次检测每对引物，用相应的阳性对照标准品和阴性对照标准品，至少设置一个或一个以上的阴性对照和样品对照。

5.3 RNA 提取

按照 RNA 提取试剂盒的说明书，提取样品和对照的 RNA。提取的 RNA 应随即进行检测，否则应于－70℃冻存。

5.4 RNA 扩增体系的配制

按照商品化的一步法 RT－PCR 试剂盒说明书，配制 RT－PCR 反应体系。例如，在 RT－PCR 管中，依次加入 DEPC 水 13 μL、2×RT－PCR 缓冲液 25 μL、RT－PCR 酶混合物 2 μL、上下游引物（10 μmol/L）各 2 μL、待检测的 RNA 6 μL；如果同时进行多个样品的检测，可以按照上述比例，将待测的 RNA 以外的溶液混合在一起，然后每个 RT－PCR 管中分别加入 44 μL 此混合液，再加入 6 μL 对应样品的 RNA。对于采用 PCR 管底部加热的 PCR 仪，每管加样后，需要再加 PCR 专用的 20 μL 石蜡油。有时可以选择总体积为 25 μL 的 RT－PCR 反应体系。

5.5 RT－PCR 反应

按一步法 RT－PCR 试剂盒操作说明，设置反应条件。通常，第一步是 RT，AMV 反转录酶最适反应温度是 42℃，MMLV 反转录酶最适反应温度是 37℃，还有一些反转录酶最适反应温度是 50℃，反转录时间为 30 min；第二步是灭活反转录酶，95℃、3 min；第三步是 PCR。各对引物反应条件见附录 B。

5.6 RT－PCR 产物电泳

RT－PCR 结束后，每个 RT－PCR 管加入 5 μL 核酸电泳加样缓冲液，密闭 RT－PCR 管，充分混合，再每管取 5 μL～10 μL 加入琼脂糖凝胶板的加样孔中，在位于凝胶中央的孔加入 DNA 分子量标准。对于加封石蜡油的 RT－PCR 扩增产物，需要吸取 RT－PCR 产物，按比例加入核酸电泳加样缓冲液充分混匀。加样后，按照每厘米凝胶 5 V 电压，电泳 20 min～40 min（每次电泳时，每隔 10 min 观察一次。当加样缓冲液中溴酚蓝电泳过半至凝胶下 2/5 处时，可停止电泳）。电泳后，置于紫外凝胶成像仪下观察，用分子量标准判断 RT－PCR 扩增产物大小。

5.7 RT－PCR 产物测序

RT－PCR 阳性扩增产物，用 Sanger 方法进行序列测定。

6 结果判定

6.1 阳性对照出现相应大小的扩增条带，且阴性对照无此扩增带时，判定检测有效；否则，判定检测结果无效，不能进行下面的判断。

6.2 用附录 B 中的 M－229 或 NP－330 引物检测，电泳出现对应大小的扩增条带，判定为禽流感病毒核酸阳性；否则，判定为禽流感病毒核酸阴性。

6.3 用附录 B 中的 H5－380 或 H5－545 引物检测，电泳出现对应大小的扩增条带，判定为 H5 亚型禽流感病毒核酸阳性；否则，判定为 H5 亚型禽流感病毒核酸阴性。

6.4 用附录 B 中的 H7－263 引物检测，电泳出现对应大小的扩增条带，判定为 H7、H10 或 H15 亚型禽流感病毒核酸阳性（对扩增产物进行测序分析，可以确定是 H7 亚型禽流感病毒核酸阳性，还是 H10 或 H15 亚型禽流感病毒核酸阳性）；否则，判定为 H7 亚型禽流感病毒核酸阴性。

6.5 用附录 B 中的 H9－487 引物检测，电泳出现对应大小的扩增条带，判定为 H9 亚型禽流感病毒核酸阳性;否则,判定为 H9 亚型禽流感病毒核酸阴性。

6.6 用附录 B 中的 N1 - 358 引物检测,电泳出现对应大小的扩增条带,判定为 N1 亚型禽流感病毒核酸阳性;否则,判定为 N1 亚型禽流感病毒核酸阴性。

6.7 用附录 B 中的 N2 - 377 引物检测,电泳出现对应大小的扩增条带,判定为 N2 亚型禽流感病毒核酸阳性;否则,判定为 N2 亚型禽流感病毒核酸阴性。

6.8 用附录 B 中的 HA - WL 引物检测,电泳出现对应大小的扩增条带,判定为禽流感病毒核酸阳性;由于该方法灵敏度不高,电泳未出现对应大小的扩增条带,不能判定为禽流感病毒核酸阴性。

6.9 用附录 B 中的 NA - WL 引物检测,电泳出现对应大小的扩增条带,判定为禽流感病毒核酸阳性;由于该方法灵敏度不高,电泳未出现对应大小的扩增条带,不能判定为禽流感病毒核酸阴性。

7 检测流程

7.1 为确定样品是否含有禽流感病毒或其核酸,用通用引物(如 M - 229 或 NP - 330)检测。

7.2 为确定样品是否含有某一(或某些)亚型的禽流感病毒或其核酸,用这一(或这些)亚型引物(如 H5 -380、H7 - 263、H9 - 487)检测。

7.3 对于大量的待测样品,可以先用通用引物 M - 229 或 NP - 330 进行检测,确定样品是否含有禽流感病毒或其核酸。如果发现阳性样品,再用某一(或某些)亚型引物进行检测,确立样品是否含有这一(或这些)亚型的禽流感病毒的核酸。

7.4 对于大量的待测样品,如果其中流感病毒含量较高,也可以先用通用引物 HA - WL 和/或 NA - WL 检测,确定样品是否含有禽流感病毒或其核酸。如果发现阳性样品,进行扩增产物的核酸序列测定,可以确立禽流感病毒的 HA 和/或 NA 亚型。

附 录 A
(规范性附录)
相关试剂的配制

A.1 1.5%琼脂糖凝胶

琼脂糖	1.5 g
0.5×TAE 电泳缓冲液	加至 100 mL

微波炉中完全融化,待冷至50℃～60℃时,加溴化乙锭(EB)溶液 5 μL,摇匀,倒入电泳板上,凝固后取下梳子,备用。

A.2 1×TAE 电泳缓冲液

A.2.1 配制 0.5 mol/L 乙二铵四乙酸二钠(EDTA)溶液(pH 8.0)

二水乙二铵四乙酸二钠	18.61 g
灭菌双蒸水	80 mL
氢氧化钠	调 pH 至 8.0
灭菌双蒸水	加至 100 mL

A.2.2 配制 50×TAE 电泳缓冲液

羟基甲基氨基甲烷(Tris)	242 g
冰乙酸	57.1 mL
0.5 mol/L 乙二铵四乙酸二钠溶液(pH 8.0)	100 mL
灭菌双蒸水	加至 1 000 mL

用时用灭菌双蒸水稀释 50 倍使用。

A.2.3 配制 1×TAE 电泳缓冲液

50×TAE 电泳缓冲液	100 mL
灭菌双蒸水	加至 1 000 mL

A.3 溴化乙锭(EB)溶液

溴化乙锭	20 mg
灭菌双蒸水	加至 20 mL

A.4 10×加样缓冲液

聚蔗糖	25 g
灭菌双蒸水	100 mL
溴酚蓝	0.1 g
二甲苯青	0.1 g

附 录 B
（规范性附录）
检测引物

检测引物名称、序列、特异性、基因等见表 B.1。

表 B.1

引物名称	引物序列（上下两行分别为上下游引物序列）*	产物大小	特异性	PCR 反应条件	基因
M-229	5′-TTCTAACCGAGGTCGAAAC-3′ 5′-AAGCGTCTACGCTGCAGTCC-3′	229 bp	甲型通用	94℃ 45 s，52℃ 45 s，72℃ 45 s，35 个循环	M
NP-330（备选）	5′-CAGRTACTGGGCHATAAGRAC-3′ 5′-GCATTGTCTCCGAAGAAATAAG -3′	330 bp	甲型通用	95℃ 30 s，50℃ 40 s，72℃ 45 s，35 个循环	NP
HA-WL	5′-GGGAGCAAAAGCAGGGG-3′ 5′-GGAGTAGAAACAAGGGTGTTTT-3′	1 778 bp	甲型通用	94℃ 45 s，57℃ 45 s，72℃ 3 m，35 个循环	HA
NA-WL	5′-GGGAGCAAAAGCAGGAGT-3′ 5′-GGAGTAGAAACAAGGAGTTTTTT-3′	1 413 bp	甲型通用	94℃ 45 s，57℃ 45 s，72℃ 3 m，35 个循环	NA
H5-380	5′-AACTGAGTGTTCATTTTGTCAAT -3′ 5′-AATGCACARGGAGGAGGAACT-3′	380 bp	H5 亚型	94℃ 45 s，52℃ 45 s，72℃ 45 s，35 个循环	HA
H5-545（备选）	5′-ACACATGCYCARGACATACT-3′ 5′-CTYTGRTTYAGTGTTGATGT-3′	545 bp	H5 亚型	94℃ 30 s，55℃ 30 s，72℃ 30 s，35 个循环	HA
H7-263	5′-AATGCTGARGAAGATGG-3′ 5′-CGCATGTTTCCATTYTT-3′	263 bp	H7 亚型	94℃ 30 s，50℃ 30 s，72℃ 30 s，35 个循环	HA
H9-487	5′-CTCCACACAGAGCAYAATGG-3′ 5′-GYACACTTGTTGTTGTRTC-3′	487 bp	H9 亚型	95℃ 30 s，55℃ 40 s，72℃ 40 s，35 个循环	HA
N1-358	5′-ATTRAAATACAAYGGYATAATAAC-3′ 5′-GTCWCCGAAAACYCCACTGCA-3′	358 bp	N1 亚型	94℃ 45 s，52℃ 45 s，72℃ 45 s，35 个循环	NA
N2-377	5′-GTGTGYATAGCATGGTCCAGCTCAAG-3′ 5′-GAGCCYTTCCARTTGTCTCTGCA-3′	377 bp	N2 亚型	94℃ 45 s，52℃ 45 s，72℃ 45 s，35 个循环	NA

* 序列中含有的简并碱基 W=A/T，Y=C/T，R=A/G，H=A/C/T。

ICS 11.220
B 41

中华人民共和国农业行业标准

NY/T 1247—2006

禽网状内皮增生病诊断技术

Diagnostic technique for avian reticuloendotheliosis

2006-12-06 发布　　2007-02-01 实施

中华人民共和国农业部　发布

前言

禽网状内皮增生病病毒(Reticuloendotheliosis Viruses,REV)是一群不同于禽白血病病毒(Avian Leukosis Viruses,ALV)的反转录病毒,它包括一群血清学上密切相关的从不同种禽类分离到的病毒。代表毒株有:从患有肿瘤的火鸡分离到的T株、鸭坏死性肝炎病毒(SNV)、鸡合胞体病毒(CSV)、鸭传染性贫血病毒(DIAV)。以后又不断从不同的家禽和野禽分离到该类病毒,就不再单独命名,只给予病毒株名。

REV属C-型反转录病毒,有囊膜,呈球形,直径80 μm~110 μm。其病毒粒子中的基因组是由2条相同的单股RNA以非共价键连接在一起组成的,每条链长8 kb~9 kb核苷酸。

REV被列为鸡群中除马立克氏病病毒(MDV)和ALV外的第三类致肿瘤病毒。由于REV可感染不同禽类,分别引起从亚临床感染到生长迟缓、免疫抑制和肿瘤等不同的临床和病理变化,很容易与其他引起类似症状和病理变化的疾病相混淆,在现场对该病的鉴别诊断就比较困难。人们注意到REV常常污染活疫苗(如马立克氏病和禽痘的活疫苗),但对其自然感染造成的经济损失还一直估计不足。

本标准的编制参考了世界动物卫生组织(OIE)的《诊断试验和疫苗标准手册》(2000版)有关章节。

本标准的附录A、附录B、附录C和附录D为规范性附录。

本标准由中华人民共和国农业部提出。

本标准由全国动物防疫标准化技术委员会归口。

本标准起草单位:山东农业大学。

本标准主要起草人:崔治中、孙淑红。

禽网状内皮增生病诊断技术

1 范围

本标准规定了禽网状内皮增生病诊断的技术要求。它包括两方面：

对禽网状内皮增生病病毒(REV)特异血清抗体的检测；

病料及生物制品中传染性 REV 的检测。

本标准适用于：

检测 REV 的特异性抗体，用以判断禽群体(场)或个体是否感染过 REV；特别适用于 SPF 鸡场中是否存在 REV 感染的大批样品的抽检；

检测疑似病禽的病料或某些弱毒疫苗中是否存在传染性 REV。

2 疾病的流行病学和致病作用

禽网状内皮增生病的病原 REV 可感染鸡、火鸡、鹌鹑、鸭和鹅等多种家禽及一些野生鸟类。该病毒既可水平感染，也可通过鸡(禽)胚垂直感染。当种禽在开产后才感染 REV 时，会有一短暂的病毒血症期，此期间可造成垂直感染。此外，部分个体在感染后可呈现耐受性病毒血症，即持续性的病毒血症。这些个体血清中可能产生抗体，但也可能不产生抗体。这些鸡(禽)不一定表现临床症状，但它们更是鸡(禽)群体中造成垂直感染的主要来源。垂直感染的禽或在出壳后不久感染 REV 的个体(如由于应用了污染 REV 的疫苗)，最容易产生耐受性病毒血症。

REV 感染鸡群后，虽然可分别引起生长迟缓、免疫抑制或肿瘤发生，诱发完全不同的临床表现和病理变化，但在过去几十年中，并没有造成严重的流行。只是在 REV 污染的活病毒疫苗大面积使用时，才会造成严重的经济损失。

当 REV 感染雏鸡群后，可在一部分鸡引起无特殊临床表现的生长迟缓和免疫抑制。剖检时可见法氏囊和胸腺不同程度的萎缩，并导致对某些疫苗(如新城疫疫苗)免疫反应的显著下降。REV 引起的肿瘤既可见于 6 月龄以上的成年鸡，也可见于 2 月龄～3 月龄鸡。既可引发网状细胞或其他非淋巴细胞类细胞的肿瘤，也可诱发淋巴细胞肿瘤(T 淋巴细胞肿瘤或 B 淋巴细胞肿瘤)。因此，除非做病原学鉴定，仅根据流行病学、临床表现和病理变化是很难与鸡的马立克氏病或白血病肿瘤相鉴别的，也很难与其他免疫抑制性病毒(如鸡传染性贫血病毒)感染相区别。

近两年来，在我国所做的血清流行病学调查和现场病例实验室诊断结果分析表明，在 60%以上的鸡群(场)已有 REV 感染。在病理上诊断为马立克氏病肿瘤或 J -亚型白血病肿瘤的现场样品中，在分离到马立克氏病病毒(MDV)或 J -亚型白血病病毒(ALV - J)的同时，也有近 50%的样品同时分离到 REV。在表现为生长迟缓及免疫抑制的青年鸡群中，也常常证明存在着 REV 与鸡传染性贫血病毒的共感染。显然，在鸡群感染 REV 时，其发病作用往往是在与其他病毒共感染过程中，以相互协同作用的形式表现出来的。正因为 REV 感染时还经常发生其他病毒的多重感染，使现场病例的鉴别诊断变得更为复杂。因此，对 REV 感染的实验室诊断显得更为重要。

3 病毒的分离培养和鉴定

3.1 病料的采集

疑似病鸡的血清或血浆，采集后经处理立即用于接种鸡胚成纤维细胞(CEF)培养或置于－70℃保存备用。疑似病鸡的脾脏、肝脏、肾脏，采集后立即研磨成悬浮液供接种 CEF，或立即置于－70℃保存。疑似污染 REV 的活病毒疫苗，在用于分离病毒前必须保存在相应疫苗规定的条件下。

3.2 分离病毒用细胞

可选用需新鲜制备的原代或次代 CEF 单层，也可用悬浮培养的细胞系 MSB_1 细胞。

3.2.1 **CEF 细胞单层**

按中国农业出版社 2001 年版《中华人民共和国兽用生物制品质量标准》附录“细胞制备方法”介绍的方法进行(见附录 A)。

从 SPF 鸡胚制备的原代或次代 CEF 悬液，接种于细胞培养瓶(皿)中形成细胞单层。为便于连续检测病毒，可在培养皿中加入数片盖玻片。

3.2.2 **MSB_1 细胞**

为马立克氏病肿瘤细胞系，可连续悬浮培养，所用培养液为加 5%～10%胎牛血清的 DMEM 培养液(见附录 B)。

3.3 待检样品的处理与接种

3.3.1 血清或血浆

置于小离心管中，在 10 000 r/min 转速下离心 5 min 后，取上清液经 0.45 μm 滤器过滤后，取 0.1 mL～0.2 mL接种于面积约 30 cm^2 的含有 CEF 单层培养瓶(皿)中，或约含 3 mL MSB_1 细胞悬液的培养瓶(皿)中。将细胞置于含 5%二氧化碳的 37℃恒温箱中继续培养。

3.3.2 脏器标本

将不同脏器充分研磨后，逐渐加入少量灭菌生理盐水继续研磨直至成匀浆，然后按脏器重量的 1 倍～2 倍加入生理盐水。将悬液移至小离心管中充分振摇后，在 10 000 r/min 下离心 5 min。将上清液用 0.45 μm 滤器过滤，按 3.3.1 方法和接种的量接种 CEF 单层或 MSB_1 细胞悬液。将细胞置于含 5%二氧化碳的 37℃恒温箱中继续培养。

3.3.3 疫苗样品

3.3.3.1 马立克氏病细胞结合疫苗

从液氮中取出后，在含疫苗的细胞悬液中加入 9 倍～10 倍量的灭菌注射用水，将细胞悬液移入小试管混匀，在 4℃下放置 10 min，让细胞在低渗下裂解死亡。按 3.3.1 方法和接种量接种于含 CEF 单层的培养瓶(皿)中。在 37℃孵育 2 h 后，吸去细胞培养液，换入新鲜的细胞培养液。将细胞置于 5%二氧化碳的 37℃恒温箱中继续培养。

3.3.3.2 其他病毒冻干活疫苗

将冻干活疫苗用无菌注射用水按每羽份加入 0.2 mL 进行稀释。取 0.2 mL 疫苗悬液与 0.2 mL 抗相应疫苗毒株的单因子血清(必须来自 REV 的 SPF 鸡)混合，在 4℃下作用 60 min 后，接种于面积约 30 cm^2的已长成 CEF 单层的细胞培养瓶(皿)中。在 37℃下孵化 2 h 后，倾去细胞培养液，换入新鲜的含 3%单因子鸡血清的细胞培养液继续培养。如相关疫苗病毒在细胞培养上不易产生细胞病变，则不须加血清进行中和。

3.4 接种后细胞培养的维持

3.4.1 **CEF**

接种后，将细胞培养瓶(皿)置于 37℃培养箱中培养 2 h。然后吸去培养液，换入新鲜培养液，以后每 2 d～3 d 更换一次培养液。从第 4 d 起，可每隔 1 d 取出一片盖玻片供间接免疫荧光抗体反应(IFA)检测病毒用。REV 感染 CEF 后通常不产生细胞病变，也不影响 CEF 的生长复制。如果细胞密度过大，细胞单层有脱落的可能，可将细胞单层再次用 0.25%胰酶溶液消化成细胞悬液后离心，悬浮于新鲜培养液中，将 1/3～1/2 的细胞再接种于另一新的已置入盖玻片的空白细胞培养瓶(皿)中，继续培养。由于 REV 复制较慢，当原始病料中病毒滴度很低时，接种病料的 CEF 至少维持培养和观察10 d。

3.4.2 MSB_1 细胞悬液

接种样品后，每天观察细胞的密度，细胞密度控制在 5×10^5 个/mL 左右。当细胞密度明显升高时，去掉一半细胞悬液，加入一半新鲜细胞培养液。一般每天观察和处理一次。从第 4 d 开始，每隔 1 d 取一滴细胞悬液于载玻片上，任其自然干燥，备作 IFA 检测。

3.5 用特异性抗体作间接免疫荧光抗体反应(IFA)鉴定病毒

3.5.1 细胞的固定

将盖玻片上的 CEF 或滴在载玻片上的 MSB_1 细胞，在自然干燥后滴加丙酮：乙醇(6：4)混合液固定 5 min，待其自然干燥后，立即用于 IFA，或置于－20℃保存备用。

3.5.2 REV 特异性抗体

作为第一抗体，可用 REV 单克隆抗体，REV 单因子鸡血清。

3.5.3 FITC 标记抗体

如第一抗体为 REV 特异性单克隆抗体，则选用市售的 FITC 标记的抗小鼠 IgG 山羊血清作为第二抗体。如第一抗体为抗 REV 单因子鸡血清，则选用市售的 FITC 标记的抗鸡 IgY 兔或山羊血清为第二抗体。

3.5.4 间接荧光抗体试验(IFA)操作过程

在固定有 CEF 细胞的盖玻片或 MSB_1 的载玻片上，分别滴加一滴第一抗体，即用 pH 7.4 的 PBS 作工作浓度的单克隆抗体，或抗 REV 单因子鸡血清，在含 100%相对湿度的 37℃培养箱中作用 40 min，然后用 PBS 洗涤 3 次。再加入工作浓度的第二抗体，即用 PBS 稀释 FITC 标记的抗小鼠 IgG 或鸡 IgY 的兔或山羊血清，在 37℃继续作用 40 min，用 PBS 洗涤 3 次。在样品上加少量 50%甘油水后将盖玻片上的样品倒扣于载玻片上，或在载玻片的样品上，加盖一张盖玻片。在荧光显微镜下用 510 nm 波长的紫外线观察。同时，设未感染的 CEF 或 MSB_1 细胞作为阴性对照，及对检测样品设 SPF 血清作阴性对照。

3.5.5 结果的判定

被感染梭状的 CEF 细胞内呈现黄绿色荧光，周围未被感染的细胞不被着色或颜色很淡。在放大 200×～400×时，可见被感染细胞胞浆着色，细胞核不易着色。因此，在一部分感染细胞中，可见荧光着色的细胞浆使细胞呈梭状，而其中的细胞核很暗，不着色。被 REV 感染的 MSB_1，显示黄绿色的荧光，细胞质着色，而细胞核不着色。由于 MSB_1 细胞的细胞核较大，有的阳性细胞显示出一圈黄绿色的荧光，周围尚未被感染的细胞可显出细胞轮廓。在隔日连续取样过程中，阳性细胞的比例明显增加。一般情况下，两种细胞在接种阳性病料 5 d～7 d 后，呈现荧光染色阳性的细胞比例应在 70%以上。

4 血清特异性抗体的检测

检测鸡(禽)群(场)的 REV 抗体是否阳性或阳性率程度可用于以下几个流行病学研究的目的：①该鸡群(场)是否已有 REV 感染，SPF 鸡群必须定期检测其中是否出现抗体阳性的群体；②根据种鸡开产前后对 REV 抗体阳性率的变化趋势，判断种鸡产生垂直感染的可能性大小；③雏鸡出壳后，检测母源抗体存在与否及阳性率，可判断其对水平感染的易感性。

4.1 样品的采集

可采集不同年龄鸡全血置于 1.5 mL 的已编号的 Eppendof 离心管中，在室温下放置 20 min，待血液自然凝固后，在台式离心机中以 10 000 r/mim 离心 5 min。吸取血清，置于另一已编号的离心管中，于－20℃冰箱中冻存备用。

4.2 抗体的检测方法

取决于实验室设备条件，既可采用 ELISA 也可选用 IFA。

4.2.1 ELISA

可选用进口的试剂盒，严格按厂家提供的说明书操作。可适于大批量样品检测。

4.2.2 **IFA**

IFA 可用来比较个体抗体水平，检测时需用自制抗原，在荧光显微镜下人工判读，不适于大批量样品，但成本较低。

4.2.2.1 **抗原**

为固定在盖玻片或载玻片上(适用于少量样品)或 96 孔细胞培养板上(适用于大量样品，特别是需确定抗体滴度时)的 REV 感染的 CEF 或 MSB_1 细胞(制备方法见附录 D)。若同时用两种细胞比较，更能提高判断的准确性。盖玻片适宜于高放大倍数观察细胞(如 400×)，在 96 孔培养板上的 IFA 结果只能在 100×～200×下观察。

4.2.2.2 **操作过程**

在相应的盖玻片上或抗原孔中加入用 PBS 作不同滴度稀释的血清，在 37℃下作用 40 min，用 PBS 洗涤 3 次。再加入用 PBS 做 1∶100 稀释(或按厂家说明)的 FITC 标记的抗鸡 IgY 兔血清(第二抗体)，在 37℃作用 40 min，用 PBS 洗涤 3 次，加少量 50%甘油水后在荧光显微镜下观察。

4.2.2.3 **结果的判定**

同 3.5.5。

附 录 A
（规范性附录）
鸡胚成纤维细胞（CEF）的制备

选择 9 日龄～10 日龄发育良好的 SPF 鸡胚。先用碘酒棉再用酒精棉消毒蛋壳气室部位，无菌取出鸡胚，去头、四肢和内脏，放入灭菌的玻璃器皿内，用汉克氏液洗涤胚体。用灭菌的剪刀剪成米粒大的小组织块，再用汉克氏液洗 2 次～3 次，然后加 0.25％胰酶溶液（每个鸡胚约加 4 mL），在 37.5℃～38.5℃水浴中消化 20 min～30 min。吸出胰酶溶液消化产生的悬液，再加入适量的营养液（用含 5％～10％犊牛血清的汉克氏液，加适宜的抗生素适量）吹打，用 4 层～6 层纱布滤过。取少量过滤后的细胞悬液做细胞计数，其余在 2 000 r/min 下离心 5 min。将细胞沉淀再混悬于细胞培养液中，制成每毫升含活细胞数 100 万～150 万的细胞悬液，分装于培养瓶（皿）中，进行培养。形成单层后备用（一般在 24 h 内应用）。

附 录 B
（规范性附录）
MSB_1 细胞培养基配制

商品化的 DMEM 液，加 5%胎牛血清，pH 7.6。

青、链霉素：各 250 IU/mL。

培养条件：37℃，5% CO_2。

附 录 C
（规范性附录）
抗 REV 单因子鸡血清的制备

选择经鉴定无任何其他潜在病毒的 REV 参考株作为种毒，接种 CEF 后复制和扩增病毒。CEF 在接种病毒后，继续培养，每隔 1 d～2 d 换一次培养液，在第三次换液后 48 h 收取上清液（通常可达到最高病毒效价），分装在小试管中，每支 1 mL，于－70℃冰箱保存。2 d～3 d 后，取出一支，用细胞培养液做 10 倍系列稀释后，分别接种于含有新鲜配制的 CEF 单层（细胞覆盖面应 70％）96 孔培养板上，每个稀释度 8 孔。在 37℃下培养 6 d 后，弃上清液，用 PBS 洗一次后，加入丙酮：乙醇（6：4）固定。待干燥后，用抗 REV 的单克隆抗体，以 IFA 的结果来判定病毒感染的终点，测定其中 REV 的 $TCID_{50}$ 量。

选用 3 周龄以上 SPF 鸡，隔离器饲养。每只鸡皮下接种 10^4 个 $TCID_{50}$ 的 REV 悬液。3 周后采集血清。IFA 抗体滴度应≥1：200。

附 录 D
（规范性附录）
IFA 法抗体检测用 REV 感染细胞的制备

REV - CEF 在 10 cm^2 CEF 单层细胞瓶（皿）中加入 10^3 $TCID_{50}$ 的 REV 悬液，隔 1 d 换液。换液 2 d 后将细胞单层用胰酶（见附录 A）溶液消化分散成悬液，经离心后，重新悬浮于新鲜细胞培养液中。将细胞浓度调至每毫升 5×10^5 个细胞。在加入盖玻片的培养皿（直径 10 cm^2）中加入 10 mL 细胞悬液，或在 96 孔培养板上每孔加入 100 μL 细胞悬液。在 37℃继续培养 3 d。将盖玻片从培养皿中取出，在 PBS 中漂洗后，滴加丙酮：乙醇（6：4）固定液固定 5 min。弃去 96 孔板中培养液，用 PBS 洗一次后，滴加丙酮：乙醇（6：4）固定液固定 5 min。干燥后，用塑料薄膜包裹后置－20℃保存。

REV - MSB_1 在含有 10 mL MSB_1 细胞悬液（10^5 个/mL）的细胞培养瓶（皿）中，接种 10^4 $TCID_{50}$ REV 悬液。每天观察细胞悬液中细胞密度，当细胞密度增大时，加入等量新鲜培养液，混匀后分至 2 块培养瓶（皿）中，继续培养。在接种病毒后 5 d～6 d，取少量细胞悬液按 3.5 方法做 IFA，观察 IFA 阳性细胞比率，当阳性细胞达到 50%时，即可收获细胞。将细胞悬液滴加于 96 孔板中，每孔 100 μL。将 96 孔板在相应离心机上离心使细胞沉底贴壁，弃去上清液，加入 50 μL 丙酮：乙醇（6：4）混合液固定细胞。或将细胞悬液滴加于盖玻片上或载玻片上，任其自然干燥，再加丙酮：乙醇固定液固定 5 min。干燥后用薄膜包裹后于－20℃保存。

ICS 11.220
B 41

中华人民共和国农业行业标准

NY/T 2838—2015

禽沙门氏菌病诊断技术

Diagnostic techniques of avian salmonellosis

2015-10-09 发布

2015-12-01 实施

中华人民共和国农业部 发布

前言

本标准按照GB/T 1.1—2009给出的规则起草。

本标准由中华人民共和国农业部提出。

本标准由全国动物卫生标准化技术委员会(SAC/TC 181)归口。

本标准起草单位:扬州大学、中国动物卫生与流行病学中心。

本标准主要起草人:陈素娟、魏荣、彭大新、杨林、陈继明。

禽沙门氏菌病诊断技术

1 范围

本标准规定了禽沙门氏菌病诊断技术操作规范。

本标准适用于禽沙门氏菌病的诊断和禽沙门氏菌携带者判定。

2 规范性引用文件

下列文件对于本文件的应用是必不可少的。凡是注日期的引用文件，仅注日期的版本适用于本文件。凡是不注日期的引用文件，其最新版本适用于本文件。

GB 4789.4—2010 食品微生物学检验 沙门氏菌检验

GB/T 6682 分析实验室用水规格和试验方法

SN/T 1222—2012 禽伤寒和鸡白痢检疫技术规范

世界动物卫生组织(OIE)陆生动物诊断试验和疫苗标准手册(第七版，2012)

3 缩略语

下列缩略语适用于本文件。

DMSO：二甲基亚砜(dimethyl sulfoxide)

DNA：脱氧核糖核酸(deoxyribonucleic acid)

dNTP：三磷酸脱氧核苷酸(deoxynucleoside triphosphate)

PCR：聚合酶链式反应(polymerase chain reaction)

SPF：无特定病原(specific pathogen free)

TBE：三羟甲基氨基甲烷-硼酸-乙二胺四乙酸(trihydroxymethyl aminomethane-borecic acid-ethylene diaminetetra acetic acid)

EB：溴化乙锭(ethidium bromide)

4 培养基和试剂

本方法实验操作中所用各类培养基以及试剂如下：

a) 除另有规定，本方法实验用水应按照 GB/T 6682 中规定的二级水，所用化学试剂均为分析纯。

b) 亮绿-胱氨酸-亚硒酸氢钠增菌液、普通营养琼脂、鲜血琼脂、麦康凯琼脂、沙门-志贺菌属(SS)琼脂、去氧胆酸盐枸橼酸盐琼脂、伊红美蓝琼脂和亮绿中性红琼脂的配制，参见附录 A。

c) 缓冲蛋白胨水(BPW)、四硫磺酸钠煌绿(TTB)增菌液、亚硒酸盐胱氨酸(SC)增菌液、亚硫酸铋(BS)琼脂、Hektoen Enteric(HE)琼脂、木糖赖氨酸脱氧胆盐(XLD)琼脂、三糖铁(TSI)琼脂、蛋白胨水及靛基质试剂、尿素琼脂(pH 7.2)、氰化钾(KCN)培养基、赖氨酸脱羧酶试验培养基、糖发酵管、邻硝基酚β-D-半乳糖苷(ONPG)培养基、半固体琼脂和丙二酸钠培养基的配制，见 GB 4789.4—2010 附录 A。

d) 沙门氏菌 O 和 H 诊断血清。

e) 生化鉴定试剂盒。

f) *Taq* DNA 聚合酶。

g) 电泳缓冲液(TBE)。

h) DNA 分子量标准品。

i) PCR 引物。

j) 鸡白痢/鸡伤寒多价染色抗原和凝集抗原:见附录 B。

k) 阳性血清:用标准株和变异株鸡白痢沙门氏菌制成的灭活抗原分别接种 SPF 鸡,采血,分离制得血清。

l) 阴性血清:SPF 鸡采血,分离制得血清。

m) 生理盐水。

5 设备和器材

本方法实验操作中所用各种设备以及器材如下:

a) 37℃培养箱;玻璃研磨器或组织匀浆机;台式高速离心机;生物安全柜或者超净工作台;振荡混匀器;PCR 扩增仪;电泳仪;电泳槽;紫外凝胶成像系统;水浴锅;2℃～4℃冰箱;－20℃冰箱。

b) 酒精灯;玻璃板或白瓷板;剪刀;镊子;灭菌试管;试管架;滴管;一次性注射器等。可调微量移液器一套:0.5 μL～10 μL、20 μL～200 μL、100 μL～1 000 μL,12 道可调微量移液器 10 μL～100 μL,及与移液器配套的滴头。1.5 mL PE 管;0.2 mL PCR 管;96 孔 U 型微量反应板。

c) 工作服;一次性手套;口罩;帽子等。

6 临床诊断

6.1 总则

当禽出现 6.2 至 6.4 中部分或全部情形时,作为初步诊断的依据之一。

6.2 流行病学

不同种类、不同日龄的家禽均可感染沙门氏菌,鸡白痢多见于雏鸡,禽伤寒多见于青年鸡或成年鸡。病禽和带菌禽是本病主要传染源。病原随粪便排出,污染水源和饲料等,经消化道感染。本病还可通过呼吸道感染,也可经蛋垂直传播。鼠类可传播本病。本病发生无季节性,但多雨潮湿季节多发。一般呈散发性或地方流行性,应激因素可促进本病的发生。

6.3 临床症状

6.3.1 鸡白痢

6.3.1.1 雏鸡

垂直传播的雏鸡出雏后品质差、发病迅速,1 周内为死亡高峰;出壳后感染的雏鸡,2 周龄～3 周龄为死亡高峰,死亡率可高达 100%。最急性者,无临诊症状迅速死亡。稍缓者,精神不振,嗜睡,开始采食减少或废绝,嗉囊空虚,两翼下垂,绒毛松乱,腹泻,粪便呈石灰样,封肛,发出尖锐叫声,最后因呼吸困难及心力衰竭而死。引起关节炎时,胫跗关节肿胀,跛行。引起全眼球炎时,角膜混浊呈云雾状,失明。耐过鸡生长发育不良,成为慢性病例或带菌者。

6.3.1.2 成年鸡

一般无临诊症状,产蛋量与受精率有所下降。极少数病鸡下痢,产蛋下降甚至停止。有的病鸡因卵黄囊炎引起腹膜炎,腹膜增生出现“垂腹”现象。

6.3.2 禽伤寒

雏鸡和雏鸭发病症状与 6.3.1.1 相似。

青年鸡及成年鸡易感。急性型病鸡突然停食,排黄绿色稀粪,体温升高至 43℃～44℃,拉稀,迅速死亡,死亡率 10%～90%。慢性型可拖延数周,贫血,渐进性消瘦,死亡率低。

6.3.3 禽副伤寒

2 周龄以内的鸡感染呈败血症经过,突然死亡,症状与 6.3.1.1 相似。雏鸭感染后表现为颤抖、喘息及眼睑浮肿。年龄较大的幼禽常取亚急性经过,表现为精神萎靡、闭眼、翅下垂、羽毛粗乱、怕冷、扎堆、拉稀、脱水、肛门有稀粪，病死率10%～20%，严重者高达80%以上。成年禽一般无临诊症状，为隐性带菌。

6.4 病理变化

6.4.1 鸡白痢

6.4.1.1 雏鸡

急性病例肝脏呈土黄色，有大量灰白色坏死点。卵黄吸收不良，其内容物色黄如油脂状或干酪样。病程稍长者，在心肌、肺、肝、肌胃和其他脏器中可见灰白色坏死结节。有的有出血性肺炎，稍大的病雏，肺有灰黄色结节和灰色肝变。胆囊肿胀。盲肠中有干酪样渗出物堵塞肠腔，有时还混有血液，常有腹膜炎。输尿管充满尿酸盐而扩张。育成阶段的鸡肝肿大，呈暗红色至深紫色，表面可见散在或弥漫性的出血点或黄白色大小不一的坏死灶，质地脆，易破裂，常见有内出血变化，腹腔内积有大量血水，肝表面有较大的凝血块。

6.4.1.2 成年鸡

成年母鸡最常见卵子变形、变色、变质。与卵巢相连的卵子内容物色黄如油脂状或干酪样，卵黄囊增厚。有些卵子经输卵管逆行坠入腹腔，引起广泛的腹膜炎及腹腔脏器粘连。常有心包炎。成年公鸡的睾丸极度萎缩，有小脓肿，输精管管腔增大，充满稠密的均质渗出物。

6.4.2 禽伤寒

雏禽病理变化与6.4.1.1相似。

成年鸡急性型常见肝、脾、肾充血肿大。亚急性和慢性型表现肝肿大，呈青铜色。肝和心肌有灰白色粟粒状坏死灶，大小不等。脾肿大，可达正常的2倍～3倍，出血，表面有坏死点。小肠出血严重，有时可见溃疡灶。慢性型卵子及腹腔的病理变化与6.4.1.2相似。

6.4.3 禽副伤寒

6.4.3.1 雏禽

雏鸡卵黄吸收不良和脐炎。肝脏轻度肿大，病程稍长的肝脏充血并有条纹状出血和灰白色坏死灶。盲肠内有干酪样渗出物。有时有心包炎及心包粘连。肠道发生出血性、卡他性炎症。雏鸭肝脏显著肿大或呈青铜色，有灰白色坏死灶。

6.4.3.2 成年鸡

急性型肝、脾、肾充血肿胀，有出血性坏死性肠炎、心包炎，输卵管坏死增生，卵巢坏死化脓，形成腹膜炎。慢性型和带菌者一般无明显病变，有的可见肠道变性、坏死性溃疡，心脏有结节，卵子变形。

7 细菌分离培养

7.1 样品采集

无菌采集存活禽的新鲜粪便、泄殖腔棉拭样品；病死或带菌禽的肝脏、胆囊、脾脏及其他病变组织，盲肠扁桃体及肠内容物。

7.2 样品的保存

样品均放入4℃冰箱内保存，并在24 h内送到指定实验室。如果在24 h内不能送达的，应将组织块剪碎加入无菌的终浓度为50%甘油生理盐水或15%二甲基亚砜(DMSO)PBS，与样本混匀后放－20℃或－70℃冰箱保存。

7.3 培养方法

7.3.1 非污染样品

取组织器官和胆囊内容物，无菌条件下在非选择性琼脂平板(普通琼脂平板或鲜血琼脂平板)和选择性琼脂平板(麦康凯琼脂、伊红美蓝琼脂、SS琼脂、去氧胆酸钠-枸橼酸盐琼脂、HE琼脂、木糖赖氨酸脱氧胆酸钠琼脂、亚硫酸铋BS琼脂或亮绿中性红琼脂等)上使用接种环三区划线培养，同时将组织器官均浆，1∶10的体积接种缓冲蛋白胨水，37℃培养24 h，之后再按1∶10的体积转接增菌培养液（四硫磺酸钠煌绿增菌液、亚硒酸盐胱氨酸增菌液或亮绿-胱氨酸-亚硒酸氢钠增菌液），培养24 h和48 h后，再在选择性琼脂平板传代。

7.3.2 污染样品

将泄殖腔棉拭、新鲜粪便、盲肠扁桃体、肠内容物等样品（非液体性样品先制成匀浆液），按1∶10的体积接种缓冲蛋白胨水，37℃培养24 h，之后再按1∶10的体积转接增菌培养液（四硫磺酸钠煌绿增菌液、亚硒酸盐胱氨酸增菌液或亮绿-胱氨酸-亚硒酸氢钠增菌液），培养24 h和48 h后，再在非选择性和选择性琼脂平板传代。

7.4 结果判定

各种培养基平板上沙门氏菌的菌落特征见表1。

表1 沙门氏菌属在不同琼脂平板上的菌落特征

培养基种类	沙门氏菌的菌落特征
普通营养琼脂	光滑型菌落，一般呈无色、透明或半透明，圆形、光滑、较扁平的菌落，菌落直径2 mm～4 mm，但鸡白痢、鸡伤寒及猪伤寒等少数菌型菌落细小、生长贫瘠
血琼脂	菌落常为灰白色、不溶血
麦康凯琼脂	菌落呈无色至浅橙色，透明或半透明，菌落中心有时为暗色。鸡白痢沙门氏菌比其他沙门氏菌小
伊红美蓝琼脂	无色至浅橙色，透明或半透明，光滑湿润的圆形菌落
SS琼脂	无色至灰白色，半透明或不透明，菌落中心有时带黑色
去氧胆酸钠枸橼酸钠琼脂(DC)	菌落呈无色至淡黄色，半透明或不透明，菌落中心有时带黑褐色。鸡白痢沙门氏菌形成很小的，稀疏的红色菌落；鸡伤寒沙门氏菌形成中间有黑点的隆起菌落
HE琼脂	蓝绿色或蓝色，多数菌落中心黑色或全黑色；有些菌株为黄色，中心黑色或几乎全黑色
亚硫酸铋(BS)琼脂	菌落为黑色有金属光泽、棕褐色或灰色，菌落周围培养基可呈现黑色或棕色，有些菌株形成灰绿色的菌落，周围培养基颜色不变
木糖赖氨酸脱氧胆酸钠琼脂(XLD)	菌落呈粉红色，带或不带黑色中心，有些菌株可呈现大的带光泽的黑色中心，或呈现全部黑色的菌落；有些菌株为黄色菌落，带或不带黑色中心
亮绿中性红琼脂	菌落粉红色，半透明。鸡白痢沙门氏菌比其他沙门氏菌小

8 细菌生化鉴定

按照GB 4789.4—2010中5.4的规定执行。

区别鸡白痢沙门氏菌和鸡伤寒沙门氏菌的生化特征见表2。

表2 鸡白痢沙门氏菌和鸡伤寒沙门氏菌的生化试验

试验	鸡白痢沙门氏菌	鸡伤寒沙门氏菌
三糖铁葡萄糖(产酸)	+	+
三糖铁葡萄糖(产气)	V	−
三糖铁乳糖	−	−
三糖铁蔗糖	−	−
三糖铁硫化氢	V	V
葡萄糖产气(Durham培养基管)	+	−
分解尿素	−	−
赖氨酸脱羧作用	+	+
鸟氨酸脱羧作用	+	−
麦芽糖发酵	−，或后+	+
卫矛醇	−	+
运动性	−	−

注：+，在1 d～2 d有90%以上为阳性；−，90%以上没有反应；V，有不同的反应。

9 细菌血清型鉴定

按照 GB 4789.4—2010 中 5.5 的规定执行。

10 鸡白痢/鸡伤寒血清学试验

按照《陆生动物诊断试验和疫苗标准手册》的要求，适用于鸡白痢沙门氏菌和鸡伤寒沙门氏菌感染鸡的抗体检测。

10.1 快速全血凝集试验

按照 SN/T 1222—2012 第 6 章中的规定执行。

10.2 快速血清凝集试验

10.2.1 血清样品的采集

以一次性注射器于家禽翅静脉采血 1 mL～2 mL，斜放凝固析出血清，分离血清，置 4℃待检。

10.2.2 操作方法

与快速全血凝集试验相同，以血清代替全血。

10.2.3 结果判定

与快速全血凝集试验相同。

10.3 试管凝集试验

10.3.1 操作方法

在试管架上依次摆放 3 支试管，吸取多价抗原 2 mL 置第 1 管，吸取各 1 mL 置第 2、第 3 管。先吸取被检血清 80 μL 注入第 1 管，充分混匀后再吸取 1 mL 移入第 2 管，充分混匀后再吸取 1 mL 移入第 3 管，混合后吸出 1 mL 舍弃。最后将试管振摇数次，使抗原血清充分混合，37℃温箱孵育 18 h～24 h 后观察结果，同时设阳性和阴性血清对照。

10.3.2 结果判定

如果阳性血清对照呈现阳性结果，而阴性血清对照呈现阴性结果，则检测结果可信。试管 1、试管 2、试管 3 的血清稀释倍数依次分别为 1∶25、1∶50 和 1∶100，凝集阳性者，抗原显著凝集于管底，上清液透明；阴性者，试管呈现均匀浑浊；可疑者，介于前两者之间。在鸡 1∶50 以上凝集者为阳性，在火鸡 1∶25 以上凝集者为阳性。

10.4 微量凝集试验

10.4.1 操作方法

使用 96 孔一次性 U 形反应板，每 1 列为 1 份样本，1 板可同时检测 12 份样本。用 12 道可调微量移液器，在 A 行各孔中加入 90 μL 0.85%生理盐水，其余各孔加入 50 μL。用单道微量移液器，将样本 10 μL 分别加入到 A 行各孔中。12 道移液器调至 50 μL，从 A 行开始，同时将 12 份样本倍比稀释到 H 行，最后 50 μL 去掉。每孔中加入 50 μL 沙门氏菌凝集抗原，轻轻振荡混匀后，加盖板，放入温箱。将反应板封好，置 37℃培养 18 h～24 h 或 48 h，同时设阳性和阴性血清对照。最终稀释度从 A 行到 H 行为 1∶20～1∶2 560。

10.4.2 结果判定

如果阳性血清对照呈现阳性结果，而阴性血清对照呈现阴性结果，则检测结果可信。阳性反应会出现明显的絮状沉淀，上清液清亮；而阴性反应则呈现纽扣状沉淀。滴度为 1∶40 通常被认为是阳性，但火鸡血清常出现假阳性反应。

11 细菌多重 PCR 鉴定

适用于临床样品中沙门氏菌和培养细菌的快速鉴定。

11.1 样品的采集

同7.1。

11.2 基因组 DNA 的提取

在样本制备区进行，有关生物安全和防止交叉污染的措施见附录C。

使用市售的DNA提取试剂盒提取组织、培养物中的DNA，具体操作参照试剂盒说明。

11.3 多重 PCR 反应所用的混合引物

引物hut-F、hut-R、SE-F、SE-R、SPY-F、SPY-R、SGP-F、SGP-R、SG-F、SG-R的序列及其特异性参见附录D。各引物浓度用灭菌双蒸水稀释为25 μmol/L，然后等体积混合，每个引物的终浓度为2.5 μmol/L。

11.4 对照样品

多重PCR试验中阳性对照样品分别为热灭活的猪霍乱沙门氏菌、鼠伤寒沙门氏菌、鸡伤寒沙门氏菌、鸡白痢沙门氏菌和肠炎沙门氏菌标准株的液体培养物。阴性对照样品为灭菌双蒸水。

11.5 多重 PCR 反应体系及反应条件

采用25 μL反应体系，在PCR管中按顺序加入以下成分：

10 × 缓冲液	2.5 μL
双蒸水	14.3 μL
10 mmol/L dNTPs	0.2 μL
25 mmol/L Mg^{2+}	1.5 μL
1 U/μL *Taq* DNA 聚合酶	1.5 μL
混合引物	5.0 μL
模板 DNA	2.0 μL
总体积	25.0 μL

除模板DNA，上述组分应在反应混合物配制区进行，模板DNA加样在样本处理区进行。

瞬时离心后，置PCR扩增仪内进行扩增。同时设阳性对照、阴性对照。反应条件为：94℃预变性4 min，94℃变性45 s，56℃退火30 s，72℃延伸45 s，30个循环，72℃延伸10 min。

11.6 检测与结果判定

11.6.1 产物检测

使用2%琼脂糖凝胶在5 V/cm的电场强度的TBE缓冲液中电泳1.5 h～2 h。在紫外灯下观察结果。

11.6.2 质量控制

如阳性对照样品扩增出相应大小的片段而阴性对照未扩增出相应大小的片段，则PCR反应判定为有效；如阳性对照样品未扩增出相应大小的片段，或阴性对照扩增出相应大小的片段，则反应无效。

11.6.3 多重 PCR 结果判定

阳性对照样品多重PCR检测电泳结果参见附录E。在PCR反应有效的前提下，按以下方法进行判定：如果扩增出495 bp和304 bp大小的2个特异性条带，则判断为肠炎沙门氏菌PCR扩增阳性；如果扩增出495 bp和401 bp大小的2个条带，则判断为鼠伤寒沙门氏菌PCR扩增阳性；如果扩增出495 bp和252 bp大小的2个条带，则判断为鸡白痢沙门氏菌PCR扩增阳性；如果扩增出495 bp、252 bp和174 bp大小的3个条带，则判断为鸡伤寒沙门氏菌PCR扩增阳性；如果扩增出495 bp大小的1个条带，且没有其他条带或者其他条带的大小与上述情形都不符合，则判断为其他沙门氏菌PCR扩增阳性；如果未扩增出495 bp大小的条带，则判断为沙门氏菌PCR扩增阴性。

12 诊断结果判定

符合第6章中规定的流行病学、临诊症状、病理变化，判定为临床疑似病例。

疑似病例按第7、8、9章中规定进行细菌的分离与鉴定，根据细菌鉴定结果可确诊为鸡白痢、禽伤寒或禽副伤寒。

疑似病例按第11章中多重PCR方法进行细菌鉴定，根据细菌鉴定结果可确诊为鸡白痢、禽伤寒或禽副伤寒。

无临诊症状禽，按第7、8、9章中规定进行细菌的分离与鉴定，或按第11章中多重PCR方法进行细菌鉴定，阳性者判为禽沙门氏菌携带者。

无临诊症状禽，按第10章中进行任一血清学试验，阳性者判为禽沙门氏菌携带者。

附 录 A
(资料性附录)
培养基的配方和制法

A.1 亮绿-胱氨酸-亚硒酸氢钠增菌液

A.1.1 成分

蛋白胨	5 g
乳糖	4 g
亚硒酸氢钠	4 g
磷酸氢二钠	5.5 g
磷酸二氢钠	4.58 g
L-胱氨酸	0.01 g
蒸馏水	1 000 mL
0.1%亮绿	0.33 mL

A.1.2 制法

1% L-胱氨酸-氢氧化钠溶液的配法:称取 L-胱氨酸 0.1 g(或 DL-胱氨酸 0.2 g),加 1 mol/L 氢氧化钠 1.5 mL,使溶解,再加入蒸馏水 8.5 mL 即成。

将除亚硒酸氢钠和 L-胱氨酸以外的各成分溶解于 900 mL 蒸馏水中,加热煮沸,待冷备用。另将亚硒酸氢钠溶解于 100 mL 蒸馏水中,加热煮沸,待冷,以无菌操作与上液混合。再加入 1% L-胱氨酸-氢氧化钠溶液 1 mL。分装于灭菌瓶中,每瓶 100 mL,pH 应为(7.0±0.1)。

A.2 营养琼脂(普通琼脂)

A.2.1 成分

蛋白胨	10 g
牛肉膏	3 g
氯化钠	5 g
琼脂	15 g～20 g
蒸馏水	1 000 mL

A.2.2 制法

将除琼脂以外的各成分溶解于蒸馏水内,加入 15%氢氧化钠溶液约 2 mL,调 pH 至 7.2～7.4。加入琼脂,加热煮沸,使琼脂溶化。分装,121℃高压灭菌 15 min。

A.3 鲜血琼脂

A.3.1 成分

蛋白胨	10 g
牛肉膏	3 g
氯化钠	5 g
琼脂	15 g～20 g
蒸馏水	1 000 mL
灭菌脱纤维羊血或兔血	50 mL～100 mL

A.3.2 制法

取高压好的普通营养琼脂待冷至45℃～50℃(调pH至7.2～7.4),用无菌操作于每100 mL营养琼脂加灭菌脱纤维羊血或兔血5 mL～10 mL,轻轻摇匀,立即倾注于平板或分装试管,制成斜面备用。

A.4 麦康凯培养基

A.4.1 成分

蛋白胨	20 g
氯化钠	5 g
乳糖	10 g
琼脂	20 g
蒸馏水	1 000 mL
1%中性红溶液	3 mL～4 mL
1%结晶紫	0.1 mL

A.4.2 制法

除去中性红水溶液外,其余各成分混合于锅内加热溶解。调pH至7.0～7.2,煮沸,以脱脂棉过滤。加入1%中性红水溶液,摇匀,121℃高压灭菌15 min,待冷却至50℃时,倾倒平皿。待平皿内培养基凝固后,置温箱内烤干表面水分即可用。保存于冰箱内(4℃)。现有厂家专门配制、出售麦康凯琼脂干粉剂,用时,加水溶解,灭菌后即成。

A.5 伊红美蓝琼脂

A.5.1 成分

蛋白胨	10 g
蔗糖	5 g
琼脂	15 g
0.65%美蓝溶液	10 mL
乳糖	5 g
磷酸氢二钾	2 g
20%伊红水溶液	20 mL
蒸馏水	1 000 mL

A.5.2 制法

上述成分混合溶解后,调pH至7.2,加入指示剂。121℃高压灭菌15 min灭菌后,倾倒平皿备用。已有市售粉剂,加水溶解,灭菌,即可使用。

A.6 去氧胆酸盐枸橼酸盐琼脂

A.6.1 成分

牛肉粉	9.5 g
蛋白胨	10.0 g
乳糖	10.0 g
柠檬酸钠	20.0 g
柠檬酸铁铵	2.0 g
去氧胆酸钠	5.0 g
中性红	0.02 g

琼脂	13.0 g

A.6.2 制法

称取本品 69.52 g,加热溶解于 1 000 mL 蒸馏水中,不停搅拌,煮沸 1 min,冷却至 50℃左右时,倾入无菌平皿,无需高压灭菌。在 25℃下,pH 为 6.9～7.5。

A.7 SS 琼脂(Salmonella Shigella agar)

A.7.1 成分

蛋白胨	5 g
乳糖	10 g
胆盐	10 g
枸橼酸钠	10 g～14 g
硫代硫酸钠	8.5 g
枸橼酸铁	0.5 g
牛肉膏	5 g
琼脂	25 g～30 g
0.5%中性红	4.5 mL
0.1%亮绿	0.33 mL
蒸馏水	1 000 mL

A.7.2 制法

除中性红与亮绿溶液外,其余各成分混合,煮沸溶解。调 pH 至 7.0～7.2,加入中性红与亮绿溶液,充分混合后再加热煮沸,待冷却至 45℃左右时,制成平板。制备好的培养基应在 2 d～3 d 内用完,否则影响细菌分离效果。亮绿溶解好后置暗处,于一周内用完。

A.8 亮绿中性红琼脂培养基

A.8.1 成分

蛋白胨或酪蛋白胨	10.0 g
酵母提取物	3.0 g
氯化钠	5.0 g
乳糖	10.0 g
蔗糖	10.0 g
Agar 琼脂	20.0 g
中性红	80.0 mg
亮绿	12.5 mg
蒸馏水	1 000 mL

A.8.2 制法

称取本品 58 g,加入 1 000 mL 蒸馏水中,调 pH 至 6.7～7.1,加热煮沸溶解,分装,121℃高压灭菌 15 min 备用。

A.9 0.5×TBE 溶液

A.9.1 成分

硼酸	2.75 g
Tris 碱	5.4 g

0.5 mol/L EDTA (pH 8.0)	2 mL
蒸馏水	1 000 mL
pH	7.3±0.2

A.9.2 制法

0.5 mol/L EDTA pH 8.0 的配制：在 800 mL 水中加入 186.1 g 二水乙二胺四乙酸二钠，在磁力搅拌器上剧烈搅拌，用 NaOH 调节溶液的 pH 至 8.0，然后定容至 1 L，分装后 121℃高压灭菌 15 min 备用。

称取 2.75 g 硼酸，5.4 g Tris 碱溶解在少量蒸馏水中，摇匀，再加入 2 mL 0.5 mol/L EDTA(pH 8.0)混匀到 1 000 mL，备用。

A.10 生理盐水

A.10.1 成分

氯化钠	8.5 g
蒸馏水	1 000 mL
pH	7.3±0.2

A.10.2 制法

称取 8.5 g 氯化钠，溶解在少量蒸馏水中，稀释到 1 000 mL，分装，121℃高压灭菌 15 min 备用。

附　录　B
（规范性附录）
鸡白痢/鸡伤寒多价染色抗原和多价凝集抗原的制备

B.1　鸡白痢/鸡伤寒多价染色抗原

选择鸡白痢标准菌株（O：1，9、12_3）和变异株（O：1，9、12_2）各1株，分别在琼脂斜面划线接种，置37℃ 培养24 h后，用无菌生理盐水洗下，接种琼脂平皿，培养48 h，此时可产生很多单个菌落，选择典型的单个菌落用含1：500吖啶黄的盐水在玻板上进行凝集试验。挑出不产生凝集反应的光滑菌落，接种琼脂斜面，培养24 h。大量培养后收获培养物，以含1%福尔马林溶液的磷酸盐缓冲液制成菌液，振摇，直至培养物成均匀悬液，静置15 min，革兰氏染色，检测细菌形态和悬液纯度。用1：2的乙醇处理，振摇混匀，静置36 h，至完全沉淀。取少许上述混合物离心去酒精，用无菌盐水稀释，然后用已知阳性和阴性血清检查标准株和变异株的凝集性，如合格，将两种菌株2 000 *g* 离心10 min去掉上层乙醇，等量混合后加终浓度为1%的结晶紫乙醇溶液（3%）和10%的甘油磷酸盐缓冲液作用48 h后，配制成每毫升含150亿个细菌的标准抗原。密封保存于0℃～4℃，有效期为6个月。

B.2　鸡白痢/鸡伤寒多价凝集抗原

培养和处理过程同染色抗原，等量混合后加10%的甘油磷酸盐缓冲液制成，每毫升含菌3亿个。

附 录 C
（规范性附录）
检测过程中生物安全和防止交叉污染的措施

C.1 样品处理和核酸制备

按照《兽医系统实验室考核管理办法》中要求，样品处理过程中必须在符合要求的分子生物学检测室中进行，并且严格执行有关的生物安全要求，穿实验服，戴一次性手套、口罩和帽子，一次性手套要经常更换。提取 DNA 过程或 PCR 反应液配制过程应分别在专用的超净工作台上进行；若没有专用超净工作台时可选取一个相对洁净的专用区域。

C.2 PCR 检测过程

C.2.1 使用75%的酒精或0.1%的新洁尔灭擦拭工作台面，注意保持工作台面和环境的清洁干净。

C.2.2 使用紫外灯对超净工作台进行照射，消除 DNA 交叉污染。

C.2.3 抽样和制样工具必须清洁干净，经无菌处理，PCR 试验的器皿、离心管和 PCR 管等必须经过121℃，15 min 高压灭菌后才可使用。

C.2.4 扩增前应检查各 PCR 管盖是否盖紧，对于采用热盖加热（PCR 管中不加石蜡油）的 PCR 扩增仪除要注意检查各 PCR 管盖是否盖紧外，还要注意检查不同 PCR 管放入加热槽后高度是否一致，以保证热盖压紧所有 PCR 反应管。

C.2.5 PCR 反应混合液配制、DNA 提取、PCR 扩增、电泳和结果观察等应分区或分室进行，实验室运作应从洁净区到污染区单方向进行。

C.2.6 所有的试剂、器材、仪器都应专用，不得交叉互用。

C.3 培养物等废弃物无害化处理

将细菌培养物及相关已污染的器械用可高压灭菌袋分装，封口，贴灭菌指示带，置高压锅中121℃高压灭菌20 min，按《兽医系统实验室考核管理办法》中要求处理。

附 录 D
(资料性附录)
引物及 PCR 产物的大小

引物及 PCR 产物的大小见表 D.1。

表 D.1 引物及 PCR 产物的大小

基因	引物名称	引物序列	目的片段大小 bp	引物特异性
hut	hut - F	5′- atgttgtcctgcccctggtaagaga - 3′	495	沙门氏菌属
	hut - R	5′- actggcgttatccctttctctgctg - 3′		
SdfⅠ	SE - F	5′- tgtgttttatctgatgcaagagg - 3′	304	肠炎沙门氏菌
	SE - R	5′- tgaactacgttcgttcttctgg - 3′		
SPY	SPY - F	5′- ttgttcactttttacccctgaa - 3′	401	鼠伤寒沙门氏菌
	SPY - R	5′- ccctgacagccgttagatatt - 3′		
glgc	SGP - F	5′- cggtgtactgcccgctat - 3′	252	鸡白痢/鸡伤寒沙门氏菌
	SGP - R	5′- ctgggcattgacgcaaa - 3′		
spec	SG - F	5′- gatctgctgccagctcaa - 3′	174	鸡伤寒沙门氏菌
	SG - R	5′- gcgcccttttcaaaacata - 3′		

附 录 E
（资料性附录）
沙门氏菌多重 PCR 检测阳性对照样品检测电泳图(2%琼脂糖凝胶)

E.1 沙门氏菌多重 PCR 检测阳性对照样品检测电泳图

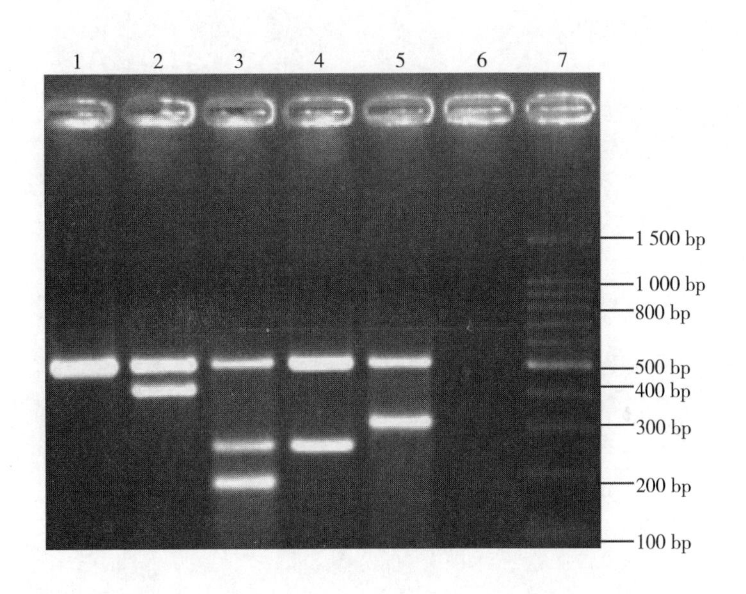

说明：

1——猪霍乱沙门氏菌；

2——鼠伤寒沙门氏菌；

3——鸡伤寒沙门氏菌；

4——鸡白痢沙门氏菌；

5——肠炎沙门氏菌；

6——阴性对照；

7——DNA 分子量标准品。

图 E.1 沙门氏菌多重 PCR 的电泳图

E.2 说明

琼脂糖凝胶的浓度为 2%。

第三部分

牛羊及多种动物疫病诊断及检测类

ICS 11.220
B 41

中华人民共和国农业行业标准

NY/T 565—2002

梅迪-维斯纳病琼脂凝胶免疫扩散试验方法

Agar gel immunodiffusion test for maedi-visna disease

2002-08-27 发布　　　　2002-12-01 实施

中华人民共和国农业部 发布

前　言

梅迪-维斯纳(Maedi-Visna)病是羊的慢性致死性传染病,世界动物卫生组织[World Organization for Animal Health(英),Office Intentional des Epizootic(法),OIE]将之列为B类、我国将其列为二类动物疫病。

梅迪-维斯纳病(Visna-Maedi)又称绵羊进行性肺炎、进行性间质性肺炎等,是在临床和病理学上明显不同的两种慢性进行性传染病。这两种病的潜伏期均长达数月至数年,病程长,发展缓慢,均以死亡而告终。梅迪病以慢性进行性间质性肺炎为特征,病羊消瘦,呼吸困难,出现干咳,最后死亡,羊群病死率达20%~30%。维斯纳病以慢性脱髓鞘的亚急性脑炎为特征,病羊口唇震颤,头部姿势异常,后肢麻痹,随后发展为截瘫病,全身麻痹,羊群病死率为6%~10%。尽管梅迪病和维斯纳病在临床症状和病理变化上有很大差别,但病毒学、血清学、分子生物学和动物试验都证明,这两种病的病原是同一种病毒,即梅迪-维斯纳病毒。1923年在加拿大蒙大拿绵羊中首先发现梅迪病,1933年在冰岛绵羊中大流行,其后发现维斯纳病。目前此病主要发生或曾经发生于冰岛、德国、法国、荷兰、美国、南非、肯尼亚、印度、以色列、秘鲁等国和地区。

我国20世纪60年代也曾发现可疑病例,其临床症状和剖检变化与梅迪病相似。1984年从澳大利亚和新西兰引进的边区莱斯特绵羊及其后代检出了抗体,并于1985年分离出病毒。该病既无疫苗可供预防,又无有效治疗方法,羊群一旦感染本病,生产性能下降,最终死亡,给养羊业造成巨大损失。

本标准是根据OIE《诊断试验和生物试剂标准手册》(2000年版)(Manual of Standards for Diagnostic Tests and Vaccines,2000)第2.4.4/5章所规定的"琼脂免疫扩散试验(国际贸易指定试验)"和本国的多年实验研究及实践制定的,但进行了以下修改:试验的孔径和孔距稍有不同,不影响试验结果且更易于操作和观察。

本标准的附录A为规范性附录。

本标准由农业部畜牧兽医局提出。

本标准由全国动物检疫标准化技术委员会归口。

本标准起草单位:中国农业科学院哈尔滨兽医研究所。

本标准主要起草人:荣骏弓、魏仁山。

梅迪-维斯纳病琼脂凝胶免疫扩散试验方法

1 范围

本标准规定了梅迪-维斯纳病琼脂凝胶免疫扩散试验的技术要求。

本标准适用于梅迪-维斯纳病感染的检测、诊断和流行病学调查。

2 琼脂免疫凝胶扩散试验

2.1 材料准备

2.1.1 琼脂板,制备方法见附录A(规范性附录)。

2.1.2 抗原,标准阳性血清、阴性血清。

2.2 操作方法

2.2.1 琼脂平皿,制备、打孔见附录A。

2.2.2 吸取抗原滴加中心孔,加满为止。

2.2.3 吸取标准阳性血清分别滴加外周2、4、6孔,加满为止。每一试验应包括一弱阳性对照。

2.2.4 吸取被检血清分别滴加外周1、3、5孔,加满为止。

2.3 判定

2.3.1 抗原、标准阳性血清和被检血清滴加完毕后,将平皿倒置,放湿盒内置37℃下孵育,并于24 h及48 h观察是否有沉淀线出现。

2.3.2 当标准阳性血清与抗原孔间有明显沉淀线,而被检血清与抗原孔间也有明显沉淀线,并与标准阳性血清的沉淀线相融合,或标准阳性血清与抗原孔的沉淀线末端明显在毗邻的被检血清孔处向中央孔方向偏弯时,该被检血清为阳性(+)。

当标准阳性血清与抗原孔间有明显沉淀线,而被检血清与抗原孔间无沉淀线,或标准阳性血清与抗原孔间沉淀线末端向毗邻的被检血清孔直伸或向该孔偏弯时,该被检血清为阴性(—)。

介于阴、阳性之间为可疑(±)。

可疑应重检,仍为可疑判为阳性(+)。

附 录 A
(规范性附录)
琼 脂 板 的 制 备

A.1 三羟甲基氨基甲烷(Tris)琼脂板制备

以 pH 8.0 含 8%氯化钠的 0.05 mol/L 三羟甲基氨基甲烷-盐酸(Tris-HCl)缓冲液，配制 1%琼脂糖，煮沸溶化后滤去沉淀，加 0.01%硫柳汞，倒成 2 mm～2.5 mm 厚琼脂板，待凝固后用打孔器打成孔径 5 mm，孔间距为 3 mm 的 7 孔“梅花型”。打好孔的平板封底备用。

A.2 琼脂板

琼脂板见图 A.1。

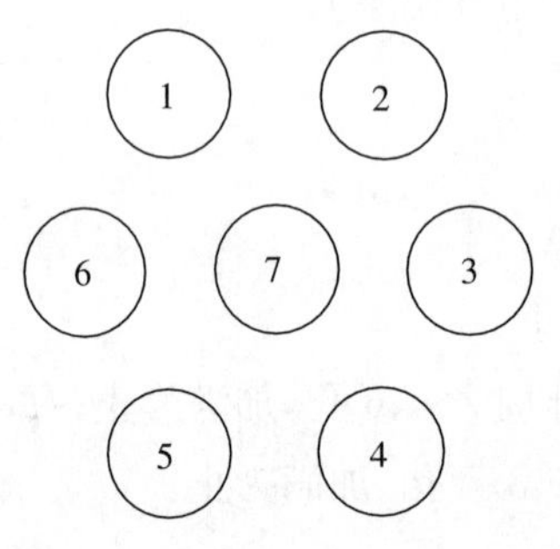

注：7 孔为抗原；1、3、5 孔为被检血清；2、4、6 孔为标准阳性血清。

图 A.1 琼脂板扩孔模式图

ICS 11.220
B 41

中华人民共和国农业行业标准

NY/T 576—2015
代替 NY/T 576—2002

绵羊痘和山羊痘诊断技术

Clinical diagnostic technology for sheep pox and goat pox

2015-05-21 发布　　2015-08-01 实施

中华人民共和国农业部 发布

前　言

本标准按照 GB/T 1.1—2009 给出的规则起草。

本标准代替 NY/T 576—2002《绵羊痘和山羊痘诊断技术》。

本标准与 NY/T 576—2002 相比，病原检测部分增加了 PCR 检测方法。

本标准由中华人民共和国农业部提出。

本标准由全国动物防疫标准化技术委员会(SAC/TC 181)归口。

本标准起草单位：中国兽医药品监察所。

本标准主要起草人：支海兵、薛青红、印春生、李宁、王乐元、江焕贤。

本标准的历次版本发布情况为：

——NY/T 576—2002。

绵羊痘和山羊痘诊断技术

1 范围

本标准规定了绵羊痘和山羊痘(以下简称羊痘)的诊断方法。

本标准所规定的临床检查和 PCR 试验适用于羊痘的诊断以及产地、市场、口岸的现场检疫;中和试验和 PCR 试验适用于羊痘的诊断、检疫和流行病学调查;电镜检查、包涵体检查适用于羊痘病原的检测。

2 缩略语

下列缩略语适用于本文件。

CPE:致细胞病变作用(cytopathic effect)

H. E:苏木精-伊红染色(hematoxylin-eosinstaining)

MEM:低限基础培养基(minimun essential medium)

PCR:聚合酶链反应(polymerase chain reaction)

Tris-EDTA:三羟甲基氨基甲烷-乙二胺四乙酸(tris-ethylene diamine tetraacetic acid)

3 临床检查

3.1 临床症状

羊痘的潜伏期一般为 5 d～14 d,感染初期表现为发热,体温超过 40℃,精神、食欲渐差。经 2 d～5 d 后开始出现斑点,先在体表无毛或少毛皮肤、可视黏膜上出现明显的小充血斑,随后在全身或腹股沟、腋下、会阴部出现散在或密集的痘疹,进而形成痘肿,分典型痘肿和非典型痘肿。

a) 典型痘肿:初期时,痘肿呈圆形,皮肤隆起,微红色,边缘整齐;进而发展为皮下湿润、水肿、水泡、化脓、结痂等反应。同时,痘肿的质地由软变硬;皮肤颜色由微红逐渐变为深红、紫红,严重的可成为"血痘"。患羊一般为全身发痘,并伴有全身性反应。

b) 非典型痘肿:在痘肿的发生、发展和消退过程中,皮肤无明显红色,无严重水肿,未出现水泡、化脓、结痂等反应,痘肿较小,质地较硬,有的成为"石痘"。患羊无严重的全身性反应。

随着病程的发展,有的病羊尚可见鼻炎、结膜炎、失明、体表淋巴结特别是肩胛前淋巴结肿大。病羊喜卧不起、废食、呼吸困难,严重的体温急剧下降,随后死亡。

存活病羊,可在痘肿结痂后 1 个月～2 个月,痂皮自然脱落,在皮肤上留下痘痕(疤)。

3.2 病理变化

病羊痘肿皮肤的主要病理变化表现为一系列的炎性反应,包括呼吸器官和消化器官上有大小、数量不等的痘斑、结节或溃疡;在肝脏、肾脏表面偶可见白斑;全身淋巴结肿大;细胞浸润、水肿、坏死和形成毛细血管血栓。尸体剖检,通常可见不同程度的黏膜坏死。

4 实验室诊断技术

4.1 样品采集

取活体或剖检羊的皮肤丘疹、肺部病变组织、淋巴结用于病毒分离和抗原检测;病料采集时间为临床症状出现后 1 周之内。采集病毒血症期间的组织进行病理组织学检查,病料为病变及病变周围组织,采集后迅速置于 10 倍体积的 10%福尔马林溶液中。经颈静脉无菌采集血液,分离血清,置于-20℃保存,用于血清学检测。

4.2 样品运输

福尔马林浸润的组织在运输时无特殊要求，用于病毒分离和抗原检测的样品应置于 4℃或－20℃保存。如果样品在无冷藏条件下需要运送到较远的地方，应将样品置于含 10%甘油的 Hank's 液中。用于血清学检测的样品，应置于加冰的冷藏箱内运输。

4.3 病原鉴定

4.3.1 病毒分离

4.3.1.1 材料

MEM 培养液(配制方法见附录 A)、待检组织绵羊羔睾丸细胞(制备方法见附录 B)、胎牛血清细胞培养瓶(25 cm^2)。

4.3.1.2 方法

4.3.1.2.1 样品制备

取待检组织，无菌剪碎，用组织匀浆器研磨；按 1∶10 的比例加入 MEM 培养液制备组织悬液，4℃过夜；1 500 r/min 离心 10 min，取上清液备用。

4.3.1.2.2 接种

取 25 cm^2 细胞培养瓶，待绵羊羔睾丸细胞形成 90%单层后，接种 1 mL 病料上清液，置 37℃吸附 1 h。弃去瓶内液体，补足细胞维持液，置 37℃、5%CO_2 条件下培养。同时，设立正常细胞对照 1 瓶。

4.3.1.2.3 培养及观察

每日观察细胞培养物是否出现 CPE，持续培养 14 d，在培养期间可适时更换 MEM 培养液。如果 14 d 仍未见 CPE，将细胞培养物反复冻融 3 次，取上清液继续接种绵羊羔睾丸细胞，一旦出现 CPE，可进行包涵体染色检查。

4.3.1.3 判定

羊痘病毒感染绵羊羔睾丸细胞的特征性 CPE 为细胞收缩变圆，界限明显，间隙变宽，形成拉网状，细胞脱落，并形成嗜酸性包涵体。包涵体大小不等，最大的约为细胞核的一半。

4.3.2 电镜负染检查法

4.3.2.1 材料

待检组织载玻片、400 目电镜甲碳网膜 Tris-EDTA(pH 7.8)缓冲液、1.0%磷钨酸(pH 7.2)。

4.3.2.2 方法

4.3.2.2.1 样品制备

取待检组织，无菌剪碎，用组织匀浆器研磨，按 1∶5 的比例加入 MEM 培养液制备组织悬液。

4.3.2.2.2 制片

取一滴组织悬液置于载玻片上，将碳网膜漂浮于液滴上 1 min；将 Tris-EDTA(pH 7.8)缓冲液滴加到碳网膜上浸泡 20 s；用滤纸吸干膜上液体，滴加 1.0%磷钨酸(pH 7.2)染色 10 s，用滤纸吸干膜上液体，待其自然干燥后用透射电镜观察。

4.3.2.3 病毒形态判定

在电镜下观察，病毒粒子呈卵圆形，大小为 150 nm～180 nm。

4.3.3 包涵体检查

4.3.3.1 材料

组织病料(置于福尔马林溶液中或 4℃保存备用)、载玻片、苏木精-伊红(H.E)染色液。

4.3.3.2 方法

取组织病料，用切片机切成薄片置于载玻片上，或直接将病料在载玻片上制成压片(触片)。经H.E 染色，置于光学显微镜下观察。

4.3.3.3 判定

羊痘病毒感染细胞的细胞质内应有不定形的嗜酸性包涵体，细胞核内应有空泡。

4.3.4 中和试验

4.3.4.1 材料

MEM 培养液（配制方法见附录 A）、绵羊羔睾丸细胞（制备方法见附录 B）、羊痘抗原及阳性血清、待检羊组织。

4.3.4.2 方法

4.3.4.2.1 样品制备

按 4.3.1 的方法将待检样品接种细胞，并培养至出现 CPE 时收获冻融后的细胞悬液，备用。

4.3.4.2.2 抗原及阳性血清

阳性血清，恢复至室温备用。标定羊痘抗原滴度，并将抗原液用 Hank's 液进行系列稀释至 100 $TCID_{50}$/0.1 mL。

4.3.4.2.3 加样

取 96 孔细胞培养板，待检样品的细胞悬液、羊痘抗原（100 $TCID_{50}$/0.1 mL）各加 2 孔，每孔 0.1 mL，向其中一孔加入等量阳性血清，向另一孔内加入等量 Hank's 液；阳性血清加 1 孔，每孔 0.1 mL，再向孔内加入等量 Hank's 液，作为阳性血清对照；Hank's 液加 1 孔，每孔 0.2 mL，作为空白对照。

4.3.4.2.4 感作

将 96 孔细胞培养板摇匀后置于 37℃水浴中和 1 h，期间每 15 min 振摇 1 次。

4.3.4.2.5 培养

取生长良好的绵羊羔睾丸细胞单层 1 瓶，按常规方法消化，调整细胞浓度至 10^5 个/mL，每孔接种细胞悬液 0.1 mL。接种后，置于 37℃、5%CO_2 条件下培养。

4.3.4.2.6 观察

培养 4 d～7 d，每日观察 CPE 情况。

4.3.4.3 结果判定

当正常细胞对照孔、羊痘抗原中和对照孔、阳性血清对照孔的细胞均无 CPE，而羊痘抗原对照孔细胞有特征性 CPE，试验成立。待检样品中和试验孔细胞无 CPE，而待检样品未中和试验孔的细胞有特征性 CPE，判定该待检抗原为羊痘抗原。

注：如果羊痘抗原中和对照细胞出现 CPE，表明阳性血清不能完全中和 100 $TCID_{50}$/0.1 mL 的羊痘抗原，可对待检样品和羊痘抗原进行适当稀释或更换更高效价的阳性血清再进行中和试验。

4.3.5 PCR 试验

4.3.5.1 材料

待检样品、羊痘病毒对照、DNA 提取试剂盒、2×*Taq* Master Mix（商品化试剂）、1.5%琼脂糖凝胶（见附录 A）、1×TAE 缓冲液（商品化试剂）、DNA Marker I（商品化试剂）、上样缓冲液（商品化试剂）、高压灭菌的去离子水、PCR 仪、台式高速冷冻离心机、电泳仪、电泳槽、冰箱、凝胶成像系统、微量移液器、水浴锅、涡旋仪等。

4.3.5.2 方法

4.3.5.2.1 样品处理

取待检组织（皮肤或其他组织），无菌剪碎，用组织匀浆器研磨；按 1∶10 的比例加入 MEM 培养液制备组织悬液，4℃过夜；1 500 r/min 离心 10 min，取上清液备用；冻融的抗凝血、精液或培养上清液等液体样品取 0.2 mL 备用。

4.3.5.2.2 DNA 提取

在 0.2 mL 血液样品中加入 2 μL 蛋白酶 K 溶液（20 mg/mL）或 0.8 mL 组织样品中加入 10 μL 蛋

白酶K溶液。按DNA提取试剂盒说明书或以下方法提取DNA。将上述样品56℃孵育2 h或过夜，再100℃加热10 h。按样品体积1∶1的比例加入等体积的苯酚、氯仿和异戊醇溶液（体积比为25∶24∶1）。振荡均匀，室温孵育10 min。将样品4℃，16 000 g离心15 min。小心收集上层水相（约200 μL），并转移到2.0 mL小管中，并加入等体积的冷乙醇和1/10体积的醋酸钠（3 mol/L，pH 5.3）。将样品置于−20℃静置1 h。将样品4℃，16 000 g离心15 min，去掉上清液。用70%冷乙醇（100 μL）洗涤沉淀，并4℃，16 000 g离心1 min。弃去上清液，并彻底干燥。用30 μL无RNA酶水悬浮溶解沉淀，置于−20℃保存，备用。

4.3.5.2.3 引物合成

按下列引物序列合成引物：

正向引物5′-TCC-GAG-CTC-TTT-CCT-GAT-TTT-TCT-TAC-TAT-3′；

反向引物5′-TAT-GGT-ACC-TAA-ATT-ATA-TAC-GTA-AAT-AAC-3′。

4.3.5.2.4 PCR扩增体系

按下列方法配制50 μL PCR扩增反应体系：

10×PCR缓冲液	5 μL
50mmol/L $MgCl_2$	1.5 μL
10mmol/L dNTP	1 μL
上游引物	1 μL
下游引物	1 μL
DNA模板（约10ng）	1 μL
Tag 酶	0.5 μL
无核酸酶水	39 μL

4.3.5.2.5 PCR扩增条件

按下列程序进行PCR扩增：先95℃变性2 min，然后按95℃变性45 s、50℃退火50 s、72℃延伸60 s的顺序循环，共循环34次，最后在72℃温度下延伸2 min，于4℃保存，备用。

4.3.5.2.6 PCR产物电泳

每个样品取10 μL与上样缓冲液充分混匀，再每管取5 μL加入琼脂糖凝胶板的加样孔中，在位于凝胶中央的孔加入DNA分子量标准。加样后，按照8V/cm～10V/cm电压，电泳40 min～60 min（每次电泳时，每隔10 min观察1次。当加样缓冲液中溴酚蓝电泳过半至凝胶下2/5处时，可停止电泳）。电泳后，置于紫外凝胶成像仪下观察，用分子量标准判断PCR扩增产物大小。

4.3.5.2.7 结果判定

羊痘病毒阳性对照出现192 bp的扩增条带，且阴性对照无此扩增带时，判定检测有效；否则判定检测结果无效，不能进行判断。被检样品出现192 bp扩增带为羊痘病毒阳性，否则为阴性。

4.4 血清学试验-中和试验法

4.4.1 材料

MEM培养液（配制方法见附录A）、绵羊羔睾丸细胞（制备方法见附录B）、羊痘抗原及阳性血清、待检羊血清。

4.4.2 方法

4.4.2.1 样品处理

经颈静脉无菌采集待检羊血，按常规方法分离血清，56℃灭能30 min后备用。

4.4.2.2 抗原及阳性血清

阳性血清，恢复至室温备用。标定羊痘抗原滴度，并将抗原液用Hank's液进行系列稀释至100 $TCID_{50}$/0.1 mL。

4.4.2.3 加样

取96孔细胞培养板，待检血清、阳性血清各加2孔，每孔0.1 mL，向其中一孔加入等量羊痘抗原($100\ TCID_{50}$/0.1 mL)，向另一孔内加入等量Hank's液；羊痘抗原($100\ TCID_{50}$/0.1 mL)加1孔，每孔0.1 mL，再向孔内加入等量Hank's液，作为抗原对照；Hank's液加1孔，每孔0.2 mL，作为空白对照。

4.4.2.4 感作

将96孔细胞培养板摇匀后置于37℃中和1 h，期间每15 min振摇1次。

4.4.2.5 培养

取生长良好的绵羊羔睾丸细胞单层1瓶，按常规方法消化，调整细胞浓度至10^5个/mL，每孔接种细胞悬液0.1 mL。接种后，置于37℃、5%CO_2条件下培养。

4.4.2.6 观察

培养4 d～7 d，每天观察CPE情况。

4.4.3 结果判定

当正常细胞和血清毒性对照孔细胞无CPE，而接种抗原对照孔细胞有明显CPE时，试验成立。

待检血清中和后，试验孔细胞出现特征性CPE，判定该血清为羊痘病毒抗体阴性；待检血清中和后，试验孔细胞未出现CPE，判定该血清为羊痘病毒抗体阳性。

注：如果羊痘阳性血清中和细胞出现CPE，表明阳性血清不能完全中和$100TCID_{50}$/0.1mL的羊痘抗原，可对羊痘抗原浓度进行适当调整再进行中和试验。

附 录 A
(规范性附录)
营养液及溶液的配制

A.1 Hank's 液(10×浓缩液)

A.1.1 成分

A.1.1.1 成分甲

氯化钠	80.0 g
氯化钾	4.0 g
氯化钙	1.4 g
硫酸镁($MgSO_4 \cdot 7H_2O$)	2.0 g

A.1.1.2 成分乙

磷酸氢二钠($Na_2HPO_4 \cdot 12H_2O$)	1.52 g
磷酸二氢钾	0.6 g
葡萄糖	10.0 g
1.0%酚红	16.0 mL

A.1.2 配制方法

按顺序将上述成分分别溶于 450 mL 注射用水中,即配成甲液和乙液;然后,将乙液缓缓加入甲液,边加边搅拌。补足注射用水至 1 000 mL,用滤纸过滤后,加入三氯甲烷 2 mL,置于 2℃～8℃保存。

A.1.3 使用

使用时,用注射用水稀释 10 倍,107.6 kPa 灭菌 15 min,置 2℃～8℃保存备用。使用前,用 7.5%碳酸氢钠溶液调 pH 至 7.2～7.4。

A.2 7.5%碳酸氢钠溶液

A.2.1 成分

碳酸氢钠	7.5 g
注射用水	100.0 mL

A.2.2 配制方法

将上述成分溶解,0.2 μm 滤器滤过除菌,分装于小瓶中,置－20℃保存。

A.3 1.0%酚红溶液

A.3.1 成分

酚红	10.0 g
1 mol/L 氢氧化钠溶液不超过	60 mL
注射用水补足至	1 000 mL

A.3.2 配制方法

1 mol/L 氢氧化钠溶液的制备:取澄清的氢氧化钠饱和液 56.0 mL,加注射用水至 1 000 mL 即可。

称酚红 10.0 g,加 1 mol/L 氢氧化钠溶液 20 mL,搅拌溶解。静置后,将已溶解的酚红溶液倒入 1 000 mL容器内。未溶解的酚红继续加入 1 mol/L 氢氧化钠溶液 20 mL,搅拌使其溶解。如仍未完全溶解,可继续加少量 1 mol/L 氢氧化钠溶液搅拌。如此反复,直至酚红完全溶解,但所加 1 mol/L 氢氧化钠溶液总量不得超过 60 mL。补足注射用水至 1 000 mL，分装小瓶，107.6 kPa 灭菌 15 min 后，置 2℃～8℃保存。

A.4 0.25%胰蛋白酶溶液

A.4.1 成分

氧化钠	8.0 g
氯化钾	0.2 g
柠檬酸钠($Na_3C_6H_5O_7 \cdot 5H_2O$)	1.12 g
磷酸二氢钠($NaH_2PO_4 \cdot 2H_2O$)	0.056 g
碳酸氢钠	1.0 g
葡萄糖	1.0 g
胰蛋白酶(1∶250)	2.5 g
注射用水加至	1 000 mL

A.4.2 配制方法

待胰酶充分溶解后，0.2 μm 滤器滤过除菌，分装于小瓶中，置于－20℃保存。使用时，用 7.5%碳酸氢钠溶液调 pH 至 7.4～7.6。

A.5 EDTA-胰蛋白酶分散液(10×浓缩液)

A.5.1 成分

氯化钠	80.0 g
氯化钾	4.0 g
葡萄糖	10.0 g
碳酸氢钠	5.8 g
胰蛋白酶(1∶250)	5.0 g
乙二胺四乙酸二钠	2.0 g

按顺序溶于 900 mL 注射用水中，然后加入下列各液：

1.0%酚红溶液	2.0 mL
青霉素(10 万 IU/mL)	10.0 mL
链霉素(10 万 μg/mL)	10.0 mL
补足注射用水至	1 000 mL

A.5.2 配制方法

将上述成分按顺序溶解，0.2 μm 滤器滤过除菌，分装小瓶，－20℃保存。临用前，用注射用水稀释 10 倍，作为分散工作液，适量分装，置于－20℃冻存备用。分散细胞时，将工作液取出，置于 37℃水浴融化，并用 7.5%碳酸氢钠溶液调 pH 至 7.6～8.0。

A.6 抗生素溶液(1 万 IU/mL)

A.6.1 10×浓缩液

青霉素	400 万 IU
链霉素	400 万 μg
注射用水	40 mL

充分溶解后，0.2 μm 滤器滤过除菌，分装小瓶，置于－20℃保存。

A.6.2 工作溶液

取上述10×浓缩液适量，用注射用水稀释10倍，分装后置于－20℃保存。

A.7 H.E 染色液

A.7.1 Harris 苏木精染液

苏木精	1.0 g
无水乙醇	10.0 mL
硫酸铝钾	20.0 g
蒸馏水	200.0 mL
氧化汞	0.5 g
冰醋酸	8.0 mL

先用无水乙醇溶解苏木精，用蒸馏水加热溶解硫酸铝钾，再将这两种液体混合后煮沸（约1 min）。离火后，向该混合液中迅速加入氧化汞，并用玻璃棒搅拌染液直至变为紫红色，用冷水冷却至室温。然后，加入冰醋酸并混合均匀，过滤后使用。

A.7.2 伊红染液

伊红染液有水溶性和醇溶性2种，常用0.5%水溶性伊红染液，配方如下：

伊红 Y	0.5 g
蒸馏水	100 mL
冰醋酸	1滴

先用少许蒸馏水溶解伊红Y，然后加入全部蒸馏水，用玻璃棒搅拌均匀。用冰醋酸将染液调至pH 4.5左右，过滤后使用。

A.7.3 盐酸-乙醇分化液

浓盐酸	1.0 mL
75%乙醇	99.0 mL

A.8 MEM 培养液

A.8.1 成分

MEM 干粉培养基按说明书要求	
注射用水	1 000 mL

A.8.2 配制方法

称取适量干粉培养基，加入注射用水500 mL，磁力搅拌使之完全溶解，根据说明书要求补加碳酸氢钠、谷氨酰胺和其他特殊物质，加水定容到终体积，调节pH 7.4～7.6，0.22 μm 滤膜过滤除菌，无菌分装，2℃～8℃保存备用。

配制好的培养液用前加入胎牛血清，细胞培养液胎牛血清含量为5%～10%，细胞维持液胎牛血清含量为1%～2%。

A.9 10%福尔马林溶液

附 录 B
（规范性附录）
绵羊羔睾丸细胞的制备

B.1 原代细胞制备

选取 4 月龄以内健康雄性绵羊，以无菌手术摘取睾丸，剥弃鞘膜及白膜，剪成 1 mm～2 mm 小块，用 Hank's 液（见 A.1）清洗 3 次～4 次。按睾丸组织量的 6 倍～8 倍加入 0.25%胰酶溶液（见 A.4），置于 37℃水浴消化。待睾丸组织呈膨松状，弃去胰酶溶液，用玻璃珠振摇法分散细胞，并用 MEM 培养液稀释成每毫升含 100 万左右细胞数，分装细胞瓶，37℃静置培养，2 d～4 d 即可长成单层。

B.2 次代细胞制备

取生长良好的原代细胞，弃去生长液，加入原培养液量 1/10 的 EDTA 胰酶分散液（见 A.5），消化 2 min～5 min。待细胞层呈雪花状时，弃去胰酶分散液。加少许 MEM 培养液吹散细胞，然后按 1∶2 的分种率，补足 MEM 培养液。混匀、分装细胞瓶，置于 37℃静置培养。细胞传代应不超过 5 代。

ICS 11.220
B 41

中华人民共和国农业行业标准

NY/T 577—2002

山羊关节炎/脑炎琼脂凝胶免疫扩散试验方法

Agar gel immunodiffusion test for caprine arthritis/encephalitis

2002-08-27 发布　　2002-12-01 实施

中华人民共和国农业部 发布

前　言

山羊关节炎/脑炎(caprine arthritis/encephalitis,简称 CAE)是由山羊关节炎/脑炎病毒(CAEV)引起的山羊的一种慢性病毒性传染病,其主要特征是成年的羊呈缓慢发展的关节炎,间或伴有间质性肺炎和间质性乳房炎。羔羊表现为上行性麻痹的神经症状,被世界动物卫生组织[World Organization for Animal Health(英),Office International des Epizooties(法),OIE]列为 B 类疾病,我国农业部把该病列为二类动物疫病。

本病的诊断方法为琼脂凝胶免疫扩散(AGID)试验,是根据 OIE《诊断试验的疫苗标准手册》(2000 版)和我国的实际情况制定的。技术上与 OIE 保持一致,该法简便、特异,在国际贸易中为指定的诊断方法。

本标准由农业部畜牧兽医局提出。

本标准由全国动物检疫标准化技术委员会归口。

本标准起草单位:中国农业科学院哈尔滨兽医研究所、新疆畜牧科学院。

本标准主要起草人:相文华、王治才。

山羊关节炎/脑炎琼脂凝胶免疫扩散试验方法

1 范围

本标准规定了山羊关节炎/脑炎琼脂凝胶免疫扩散试验的技术要求。

本标准适用于山羊关节炎/脑炎的诊断和检疫。

2 琼脂凝胶免疫扩散试验

2.1 材料准备

2.1.1 试剂及器皿：氯化钠（NaCl），叠氮钠（NaN_3），1 mol/L 三羟甲基氨基甲烷-盐酸（Tris-HCl）琼脂糖，移液器（50 μL～100 μL）及吸嘴，外径 7 mm 薄壁金属打孔器，直径 9.5 cm 平皿。

2.1.2 抗原、标准阳性血清、阴性血清。

2.2 操作方法

2.2.1 琼脂糖凝胶板制备

称琼脂糖 1.0 g、氯化钠 8 g 置 100 mL 三角瓶中，加入 pH 8.0 0.05 mol/L Tris-HCl 100 mL，隔水煮沸至全部溶化。将其自然冷却至 60℃左右时，倒入平皿。每只平皿加 15 mL，待其凝固后加盖，置湿盒内，放 4℃待用。

2.2.2 打孔

将琼脂板放于打孔模式图上（见图 1），用打孔器按图样打梅花型孔，孔径 7 mm，孔距 2.5 mm。打完孔后，挑出孔中琼脂块，再用溶化的琼脂封底。

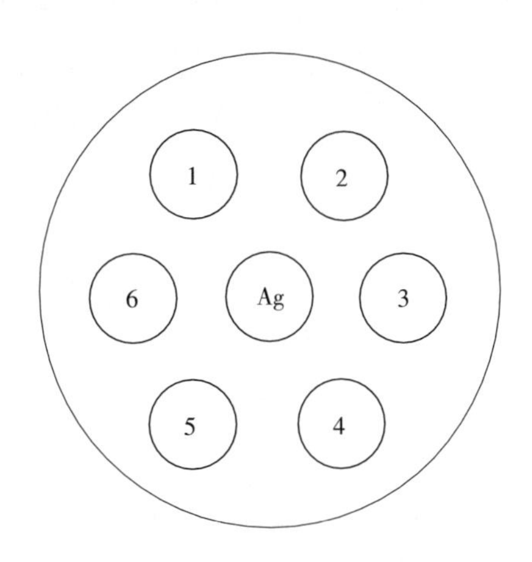

图 1 AGID 打孔模式图

2.2.3 加样

按图上中心孔加入抗原，2、4、6 孔滴加阳性血清，1、3、5 孔滴加被检血清，加满样品后，置 37℃温盒内。

2.3 结果判定

2.3.1 于 24 h、48 h 及 72 h 观察是否有沉淀线出现，终判时间为 72 h。检查时用斜射光，背景要暗。

2.3.2 判定标准：当标准阳性血清与抗原孔间有明显沉淀线而被检血清与抗原孔间也有明显沉淀线，

或标准阳性血清与抗原孔间的沉淀线末端向毗邻的被检血清孔内侧偏弯时,判为阳性。

当标准阳性血清与抗原孔间有明显沉淀线,而被检血清与抗原孔间无沉淀线,或标准阳性血清与抗原孔间的沉淀线末端向毗邻的被检血清孔直伸或向外方偏弯时,判为阴性。

标准阳性血清孔与抗原孔之间的沉淀线末端,似乎向毗邻受检血清孔内侧偏弯,但又不易判断者为可疑。可疑应重检,仍为可疑判为阳性。

ICS 11.220
B 41

中华人民共和国农业行业标准

NY/T 574—2002

地方流行性牛白血病琼脂凝胶免疫扩散试验方法

Agar gel immunodiffusion test for enzootic bovine leukosis

2002-08-27 发布 2002-12-01 实施

中华人民共和国农业部 发布

前言

地方流行性牛白血病(enzootic bovine leukosis,简称 EBL)是由牛白血病病毒引起牛的淋巴样细胞恶性增生,进行性恶病质变化和全身淋巴结肿大为特征的一种慢性、进行性、接触传染性肿瘤病。被世界动物卫生组织[World Organization for Animal Health(英),Office International des Epizooties(法),OIE]列为 B 类疾病,我国农业部把该病列为二类动物疫病。

本标准规定的琼脂凝胶免疫扩散(AGID),是根据 OIE《诊断试验和疫苗标准手册》(2000 年版)和我国实际情况制定的,是国际贸易指定的诊断方法。

本标准由农业部畜牧兽医局提出。

本标准由全国动物检疫标准化技术委员会归口。

本标准起草单位:中国农业科学院哈尔滨兽医研究所。

本标准起草人:刘焕章、辛九庆。

地方流行性牛白血病琼脂凝胶免疫扩散试验方法

1　范围

本标准规定了地方流行性牛白血病琼脂凝胶免疫扩散试验诊断技术要求。

本标准适用于地方流行性牛白血病的诊断、检疫和流行病学调查。

2　琼脂凝胶免疫扩散试验

2.1　材料准备

2.1.1　打孔器(内径 5 mm),琼脂糖(试剂级)。

2.1.2　抗原:标准阳性血清、阴性血清。

2.2　操作方法

2.2.1　琼脂糖凝胶板制备

在磷酸缓冲液(0.05 mol/ L pH 7.2)100 mL 中加入琼脂糖(试剂级)1.0 g,加氯化钠分析试剂 8.5 g,10%硫柳汞(试剂级)1 mL。将上述各种成分混合,加热充分溶解,趁热加到平皿中,注意不要产生气泡。每个平皿内加琼脂糖溶液 15 mL～17 mL(直径 9 cm),凝胶板厚度为 2 mm。待凝固后把平皿倒置,放在 4℃冰箱中保存 10 d。

2.2.2　打孔

2.2.2.1　孔型图案的准备:在坐标纸上画好 7 孔型(见图 1),孔径 5 mm,孔距 3 mm。

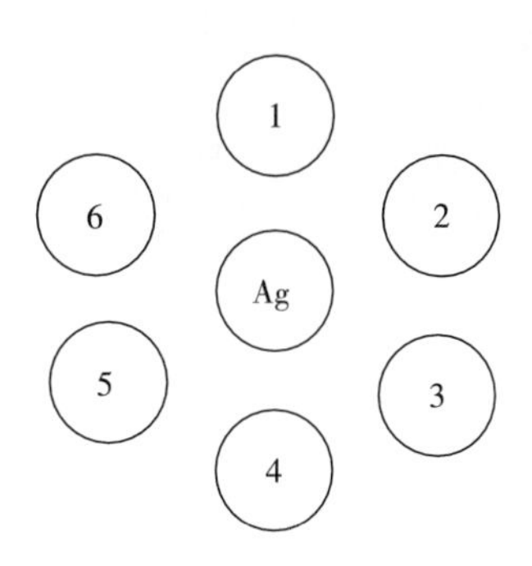

图 1　琼脂糖凝胶板打孔示意图

2.2.2.2　把图案放在琼脂板平皿下,用打孔器按图形准确位置打孔。孔内琼脂用针头小心挑出,勿破坏周围琼脂,将平皿底部在酒精灯上略烤封底。

2.2.3　滴加抗原和血清

七孔型中央孔加抗原(Ag),1、3、5 孔加标准阳性血清,2、4、6 孔分别加 3 份被检血清。

各孔一次加满,以不溢出为准,平皿加盖后放在湿盒中,于室温(20℃以上)作用,24 h 和 48 h 各检查一次,检查时用斜射强光,背景要暗。

2.3　结果判定

2.3.1　阳性:标准阳性血清与抗原孔之间有 2 条沉淀线。靠抗原孔的是 gp_{51}(对乙醚敏感的囊膜蛋白)抗体沉淀线,靠血清孔为 P_{24}(抗乙醚的核蛋白)抗体沉淀线。

抗原孔和被检血清孔之间出现一条清晰的沉淀线,并与标准阳性的 gp_{51} 沉淀线完全融合。少数被检血清在 gp_{51} 沉淀线的外侧(靠被检血清孔)还出现第二条沉淀线并与标准阳性血清的 P_{24} 沉淀线完全融合。抗原孔和被检血清孔之间虽无明显的沉淀线,但使两侧标准阳性血清形成的沉淀线末端向毗邻的被检血清孔内侧弯曲(主要是 gp_{51} 沉淀线)。

2.3.2 阴性被检血清孔与抗原孔之间无沉淀线,标准阳性血清形成的沉淀线直伸到被检血清孔的边缘。

2.3.3 疑似:标准阳性血清孔与抗原孔之间的沉淀线末端似乎向毗邻被检血清孔内侧弯曲,但不易判定时需重检,仍为疑似判为阳性。

ICS 11.220
B 41

中华人民共和国农业行业标准

NY/T 575—2002

牛传染性鼻气管炎诊断技术

Diagnostic techniques for infectous bovine rhinotracheitis

2002-08-27 发布　　2002-12-01 实施

中华人民共和国农业部 发布

前言

牛传染性鼻气管炎(infectious bovine rhinotracheitis,简称IBR)是由牛疱疹病毒1型(BHV-1)感染家养牛和野生牛引起的一种病毒性传染病,被世界动物卫生组织[World Organization for Animal Health(英),Office International des Epizooties(法),OIE]列为B类疾病,我国农业部列为二类动物疫病。该病广泛分布于世界各地,该病死亡率较低,许多感染牛呈亚临床症状经过,往往由于细菌继发感染导致更为严重的呼吸道疾病。本标准所规定的技术与OIE推荐的相应技术一致。

本标准的附录A、附录B为规范性附录。

本标准由农业部畜牧兽医局提出。

本标准由全国动物检疫标准化技术委员会归口。

本标准起草单位:农业部动物检疫所。

本标准主要起草人:封启民、李昌琳、李晓成、李其平。

牛传染性鼻气管炎诊断技术

1 范围

本标准规定了牛传染性鼻气管炎(IBR)诊断技术要求。

本标准规定的病毒分离方法适用于牛传染性鼻气管炎病毒的分离;微量血清中和试验和酶联免疫吸附试验适用于牛群检疫、流行病学调查及牛群抗体水平的检测。

2 牛传染性鼻气管炎病毒分离鉴定

2.1 材料准备

2.1.1 病料的采集

2.1.1.1 呼吸道拭子:用灭菌拭子伸入鼻道采取分泌物,然后放入含青霉素1 000 IU/mL,链霉素1 000 μg/mL,pH 7.2 的 Earle's 液中。也可用棉拭子刮取眼分泌物,并用相同的方法处理。

2.1.1.2 阴道拭子:用棉拭子采集脓疱性外阴阴道炎早期病变的阴道黏液,放入含青霉素1 000 IU/mL,链霉素 1 000 μg/mL,pH 7.2 的 Earle's 液中。

2.1.1.3 脑组织样品:在剖检时无菌采集脑组织。

2.1.1.4 流产胎儿组织样品:刚死亡的胎儿,无菌采集肺、肾、脾等各种组织样品,放入每 1.0 mL 含有1 000 IU 青霉素,1 000 μg 链霉素,pH 7.2 的 Earle's 液中。

2.1.1.5 精液:至少采集新鲜精液,或冷冻精液 0.5 mL,置液氮中保存备用。

2.1.2 样品的运送

采集的样品立即放入 4℃冰箱保存,在 24 h 内送到实验室。

2.1.3 样品处理

2.1.3.1 收到棉拭子样品后,先经冻融 2 次,并充分振动,拧干棉拭子,将样品液经 10 000 r/min 离心10 min,取上清液作为组织培养的接种分离材料。

2.1.3.2 组织样品先用 Earle's 液或 Hank's 液(pH 7.2)制成 20%的匀浆悬浮液,再经 10 000 r/min离心 10 min,取上清液作为接种分离材料。

2.1.3.3 精液冻融 2 次或超声波裂解,再经 10 000 r/min 离心 10 min,新鲜精液通常对细胞有毒性,在接种前应预先做稀释处理,用 Earle's 液做 1∶15 稀释。

2.2 操作方法

样品接种:取经处理过的样品 0.2 mL 接种到已形成良好单层的牛肾或睾丸原代或次代细胞培养瓶中。每份样品接种 4 瓶,于 37℃吸附 1 h 后,倾去接种液,用 Earle's 液洗 3 次,最后加入含 3%(不含IBR 抗体)的犊牛血清细胞维持液 1 mL。置 37℃培养,逐日观察细胞病变;若 7 d 仍不出现致细胞病变,则收获培养物继代于新制备的细胞上,盲传三代后,观察细胞病变,出现病变者收获培养物,保存于－70℃待鉴定。

2.3 病毒鉴定

病毒致细胞病变特点是细胞变圆,聚合,呈葡萄串状、拴网状,最后脱落。取出现上述病变的细胞培养物,经冻融、裂解 2 次后,以 10 000 r/min 离心 10 min,取上清液再做下列试验。

2.3.1 组织培养感染剂量($TCID_{50}$)的测定

按 Reed-Muench 方法测定,计算分离物 $TCID_{50}$终点。

2.3.2 分离物作血清中和试验

用 IBR 标准阳性血清(效价 1∶32 以上)和阴性血清分别与该分离物做中和试验(固定血清-稀释病毒法)按 Reed-Muench 法分别计算 $TCID_{50}$。

如分离物引起典型的 IBR 细胞病变,并且经血清中和试验,其阳性血清组和阴性血清组的 $TCID_{50}$ 对数之差≥2.5,则判该分离物为 IBR 病毒。

3 微量血清中和试验

3.1 材料准备

3.1.1 器材

灭菌的 96 孔细胞培养板,50 μL、100 μL、300 μL 微量移液器,灭菌的塑料滴头,无毒透明胶带(其宽度与培养板一致),灭菌的塑料锥形带盖离心管,倒置显微镜。

3.1.2 试验材料

IBR Baitha-Nu/67 弱毒株冻干毒,标准阳性血清,标准阴性血清。

3.1.3 细胞培养液

细胞培养液的配制方法见附录 A(规范性附录)。

3.1.4 细胞

无菌采取犊牛肾或睾丸,按常规胰蛋白酶消化法制备牛肾(BK)或睾丸(BT)细胞,置 37℃温箱培养,长成良好单层备用,一般使用继代细胞,但不超过 4 代,传代细胞系(MDBK)也可使用。

3.1.5 病毒抗原制备

将 IBR Baitha-Nu/67 弱毒株冻干毒用 L-E 细胞培养液(0.5%水解乳蛋白-Earle's 液)做 10 倍稀释,长成良好单层的 BK 或 BT 细胞瓶,用 Earle's 液洗 2 次后,按原培养液十分之一量接毒,置 37℃温箱吸附 1 h,然后加入 pH 7.1~7.2 内含青霉素 200 IU/mL,链霉素 200 μg/mL 的 L-E 液至原培养液量,37℃培养,待 80%~90%细胞出现典型的 IBR 病变时收获培养物,冻融 2 次后,以 3 000 r/min 离心 20 min,其上清液即为病毒抗原。测定病毒滴度($TCID_{50}$)并分装小瓶,每瓶 1 mL,做好标记和收毒日期,储存于-70℃备用。半年内病毒滴度保持不变。

3.1.6 病毒滴度测定

将制备的病毒抗原,用 pH 7.0~7.2 L-E 液做 10 倍递增稀释至 10^{-7},每一个滴度接种细胞培养板 4 孔,每孔 50 μL。随后每孔加入细胞悬液(含 50 万~60 万细胞/mL)100 μL 和细胞培养液 50 μL。设 4 孔细胞对照,用透明胶带封板,置 37℃培养,观察一周,每天记录细胞病变情况。

50%细胞培养物感染量($TCID_{50}$):按 Reed-Muench 方法计算。

即 $TCID_{50}$=50%百分数的病毒稀释度的对数+距离比值×稀释系数(10)的对数。

$$距离比值=\frac{高于50\%的百分数-50}{高于50\%的百分数-低于50\%的百分数}$$

3.1.7 被检血清

无菌采集分离血清,不加任何防腐剂。

3.2 操作方法

3.2.1 血清均于水浴中 56℃灭活 30 min。

3.2.2 将一瓶已知滴度 IBR 病毒抗原,用 pH 7.0~7.2 L-E 液稀释成含 100 $TCID_{50}$/50 μL。

3.2.3 取 0.3 mL 病毒悬液与等量的被检血清于塑料锥形管(或小试管中)中混合,置 37℃温箱中和 1 h。

3.2.4 将已中和的被检血清-病毒混合物加入培养板孔内,每个样品接种 4 孔,每孔 100 μL。

3.2.5 于每一样品孔加入 100 μL 细胞悬液,用透明胶带封板,置 37℃温箱培养。

3.2.6 每次试验时需设以下对照：

a) 标准阳性血清加抗原和标准阴性血清加抗原对照，其操作程序同3.2.4、3.2.5；

b) 被检血清毒性对照：每份被检血清样品接种2孔，每孔50 μL，再加细胞悬液100 μL；

c) 细胞对照：每孔加100 μL细胞悬液，再加细胞培养液100 μL。

3.2.7 实际使用病毒抗原工作量测定。将病毒抗原工作液（100 $TCID_{50}$/50 μL）做10倍递增稀释至10^{-3}，取病毒抗原工作液及每个稀释度接种4孔，每孔50 μL，加细胞培养液50 μL，再加细胞悬液100 μL，按Reed-Muench方法，计算本次试验$TCID_{50}$/50 μL的实际含量。

3.3 结果判定

3.3.1 判定方法

接种后72 h判定结果。当病毒抗原工作液对照，标准阴性血清对照均出现典型细胞病变；标准阳性血清对照无细胞病变，被检血清对细胞无毒性，细胞对照正常，病毒抗原实际含量在30 $TCID_{50}$～300 $TCID_{50}$时，方能判定，否则被认为无效。

3.3.2 判定标准

未经稀释的被检血清能使50%或50%以上细胞孔不出现病变者判为阳性。

4 酶联免疫吸附试验

4.1 材料准备

4.1.1 抗原

标准阴性血清，阳性血清和抗牛免疫球蛋白-辣根过氧化物酶标记抗体。

4.1.2 溶液

抗原包被缓冲液、封闭液、洗涤液、底物溶液和终止液，配制方法见附录B（规范性附录）。

4.1.3 器材

聚苯乙烯酶标反应板，酶标仪，微量可调移液器（20 μL～200 μL）和滴头。

4.2 操作方法

4.2.1 抗原包被

用包被缓冲液将抗原稀释至工作浓度包被反应板，每孔150 μL，4℃包被12 h，包被板置4℃下30 d内均可使用。

4.2.2 洗板

甩掉孔内的包被液，注满洗涤液，再甩干，如此连续操作5遍。

4.2.3 封闭

每孔注满封闭液，置37℃封闭90 min，然后按4.2.2洗涤。

4.2.4 加样

标准阴、阳性血清和被检血清均用封闭液做100倍稀释，每份被检血清加2孔，每孔150 μL。每块板均设标准阴、阳性血清及稀释液对照各2孔。加样完毕后封板，放37℃孵育1 h，再按4.2.2洗涤。

4.2.5 加酶标记抗体

每孔加入用封闭液稀释至工作浓度的酶标记抗体150 μL。置37℃再孵育1 h，按4.2.2洗涤。

4.2.6 加底物

每孔加底物溶液150 μL，置室温（20℃左右）避光反应20 min。

4.2.7 终止反应

每孔加终止液25 μL。

4.3 结果判定

4.3.1 P/N 比法：被检样品(P)的吸光度值和阴性标准样品(N)值之比。

$P/N<1.50$　　判为阴性

$2.1>P/N>1.50$　　判为可疑

$P/N\geqslant 2.0$　　判为阳性

4.3.2 目视比色法：被检血清孔近于或浅于标准阴性血清孔者判为阴性；略深于标准阴性血清孔者判为可疑；明显深于标准阴性血清孔者判为阳性。

4.3.3 凡可疑被检血清均应重检，仍为可疑时，则判为阴性。

附 录 A
(规范性附录)
细胞培养液配制

最低要素培养基(MEM)	45%
0.5%水解乳蛋白-Earle's液(L-E)	45%
犊牛血清	10%
谷氨酰胺	0.03%
青、链霉素	200 IU/mL

混合后用碳酸氢钠($NaHCO_3$)调至 pH 6.8~7.0。

附　录　B
（规范性附录）
酶联免疫吸附试验试剂的配制

B.1　包被缓冲液（pH 9.6 碳酸盐缓冲液）

碳酸钠（Na_2CO_3）　1.59%
碳酸氢钠（$NaHCO_3$）　2.93%
氯化钠（NaCl）　7.30%
加无离子水至 1 000 mL。

B.2　洗涤液（pH 7.4，0.05%吐温-磷酸盐缓冲液）

磷酸二氢钾（KH_2PO_4）　0.20 g
磷酸氢二钠（$Na_2HPO_4 \cdot 12H_2O$）　2.90 g
氯化钾（KCl）　0.20 g
氯化钠（NaCl）　8.20 g
吐温-20（Tween-20）　0.5 mL
加无离子水至 1 000 mL。

B.3　封闭液的配制

三羧甲基氨基甲烷（Tris）　6.06 g
氯化钠（NaCl）　8.80 g
乙二胺四乙酸二钠（EDTA）　0.37 g
加无离子水至 1 000 mL。

用 1 mol/L 盐酸调 pH 至 7.4，临用前加入吐温-20（Tween-20）和健康马血清，使终浓度分别达 0.1%和 3%。

B.4　底物溶液

磷酸氢二钠（Na_2HPO_4）　7.30 g
柠檬酸（$C_6H_8O_2 \cdot H_2O$）　5.10 g
加无离子水至 1 000 mL。

临用前称 40 mg 邻苯二胺溶解在 100 mL 上述溶液中，完全溶解后再加 0.15 μL 3%过氧化氢（H_2O_2），混合后立即使用。

B.5　终止液[2 mol/L 硫酸（H_2SO_4）]的配制

浓硫酸　22.2 mL
无离子水　177.8 mL

ICS 11.220
B 42

中华人民共和国农业行业标准

NY/T 906—2004

牛瘟诊断技术

Diagnosis techniques for rinderpest

2005-01-04 发布　　　　2005-02-01 实施

中华人民共和国农业部 发布

前　言

本标准附录 A、附录 B 为规范性附录。

本标准由中华人民共和国农业部提出。

本标准由全国动物检疫标准化技术委员会归口。

本标准起草单位：中国兽医药品监察所。

本标准主要起草人：张仲秋、支海兵、陈先国、吴华伟。

牛瘟诊断技术

1 范围

本标准规定了牛类家畜的牛瘟诊断技术。

本标准适用于牛瘟的临床诊断、诊断样品的采集和运输、病原学诊断、血清学诊断。

2 规范性引用文件

下列文件中的条款通过本标准的引用而成为本标准的条款。凡是注明日期的引用文件，其随后所有的修改单(不包括勘误的内容)或修订版均不适用于本标准。然而，鼓励本标准达到协议的各方研究是否使用这些文件的最新版本。凡是不注明日期的引用文件，其最新版本适用于本标准。

OIE 2000 诊断试验和疫苗标准手册 2.1.4 章《牛瘟》

FAO 牛瘟诊断手册第二版

3 牛瘟的临床诊断

3.1 牛瘟的临床症状

3.1.1 牛瘟的潜伏期为 1 周～2 周，第一个临床特征是急性发热，高热维持在 40℃～41.5℃之间。此时，可出现明显的前驱症状，表现为精神沉郁及鼻镜干燥，并伴有食欲减退、便秘、可视黏膜充血，口、鼻大量流涎。

3.1.2 高热期间，在下唇和齿龈出现隆起的、苍白的、针尖大小的上皮坏死斑点，随后很快出现在下齿龈和牙床的边缘，舌下、颊部及颊部的乳突和硬腭部位，通过病灶的扩大，形成新的病灶，2 d～3 d 后，出现大片口腔坏死，大量的坏死物质脱落形成浅表的、不出血的黏膜糜烂。

3.1.3 牛瘟的第二个特征是发生剧烈喷射状腹泻。在口腔病变发作后 1 d～2 d，起初腹泻量大而稀，呈喷射状；稍后便含有黏液、血液和上皮碎屑，并伴有里急后重。

3.1.4 在糜烂期里，可在鼻孔、阴门和阴道以及阴茎的包皮鞘看到坏死。以后，食欲废绝，鼻镜完全干裂，动物极度沉郁，眼和鼻有黏液脓性分泌物。

3.1.5 在疾病末期，呼吸出恶臭气味，动物可能 24 h～28 h 躺倒不动。此时，呼吸急促并经常可见到呼气伴有低沉的呼噜声。

3.1.6 当出现严重坏死、高热、腹泻或类似症状时，一旦体温下降，并降到正常体温之下，动物就可能死亡。有的糜烂期的非典型病例也可能高热减退。2 d～3 d 后口腔损伤迅速消失，腹泻停止，很快转入正常并康复。

3.1.7 当在畜群中出现以上症状的病畜及急性死亡病畜时，即可怀疑为牛瘟并对症状典型的病畜进行病理解剖。

3.2 牛瘟的病理变化

3.2.1 典型病例，尸体外观呈脱水、消瘦、污秽。鼻和嘴角可能有黏液性分泌物，眼凹陷、结膜充血。

3.2.2 口腔常有大面积坏死的上皮皮屑，坏死区轮廓鲜明，与毗邻的健康黏膜区分清楚。病变常可延伸到软腭，也可能蔓延到喉头和食道上部。

3.2.3 瘤胃、网胃和瓣胃常不受影响，但偶尔可在瘤胃上见到坏死斑。真胃，特别是幽门区受到严重侵害，表现为充血、淤斑和黏膜下水肿，上皮坏死使黏膜呈石板样颜色。

3.2.4 小肠除在集合淋巴结处有淋巴样坏死和腐肉脱落，形成充血的黑色的结缔组织等变化外，其他不受影响。

3.2.5 大肠病变包括:回盲瓣、盲肠扁桃体和盲肠皱褶出现高度充血。病期较长的颜色变色,形成斑马状条纹。

4 牛瘟诊断样品的采集和运输

按照一类传染病的采样防护要求采集以下样品。

4.1 活畜组织样品的采集

4.1.1 淋巴结的采集

用手在皮肤外将选用的外周淋巴结固定后,用套管针穿刺到淋巴结实质部,采集淋巴结组织块。将采集的组织块放入适当的容器中,加入 0.5 mL～1 mL 运输保存液,低温保存并运往实验室。

4.1.2 齿龈组织碎片的采集

将齿龈上的坏死组织膜碎片用刮勺或戴有橡胶手套的手指采集到适当的容器中。用于分子学诊断的样品应保存在 0.5 mL～1 mL PBSA 中。

4.1.3 泪液的采集

用棉签或棉拭子在眼睑内的结膜囊内吸取泪液后,将棉签或棉拭子折断放入 2 mL 灭菌注射器的针筒中,加入 150 μL PBSA,再将泪液压挤到适当的容器中。

用于分子学诊断的泪液样品,将吸有泪液的棉签或棉拭子头剪下浸入 0.5 mL～1 mL PBSA 中。

4.1.4 抗凝血的采集

通过颈静脉将病畜血液采集到含有适当抗凝剂,如 EDTA 或肝素的容器中,轻摇均匀,低温保存,但不能结冻。

4.1.5 血清的采集

通过颈静脉将病牛血液采集到采血管中或适当的灭菌容器中,血液凝固至少 24 h 后,分离血清。

4.1.6 从活畜采集的所有样品均应低温保存,组织样品应放入 PBSA 运输保存液中(附录 A.1、运输液中不得含有甘油)。

用于分离病毒的样品应尽快地运送到实验室。在运输途中应低温保存,但不要冻结如果样品需要长期保存,则应－70℃保存。

4.2 死亡动物样品的采集

4.2.1 对于怀疑牛瘟尚未死亡的患畜,至少应屠宰 2 头病畜,解剖后仔细检查病理变化并采集样品。

4.2.2 屠宰病畜时应选择清洁的屠宰地点,防止对尸体、器官和组织造成污染。

4.2.3 解剖后,无菌采集脾脏、淋巴结,特别是应采集肠系膜淋巴结,食道、呼吸道、尿道黏膜,扁桃体组织。将采集的样品放入适当的容器中,容器周围应加入冰块,低温运往实验室。

4.2.4 对于已经死亡的动物,应尽快在尸体新鲜时进行解剖并采集脾脏、肠系膜淋巴结、扁桃体、食道,呼吸道、尿道黏膜组织,并如前保存和运输。

4.3 牛瘟的样品采集和运输程序

对于牛瘟流行进行诊断的基本步骤如下:

4.3.1 对全群动物进行检查并至少选择 6 头早期急性期病畜。

4.3.2 选出的 6 头动物,每头均应采集适当的组织样品,而且至少应屠宰 2 头病畜,采集脏器标本。

4.3.3 对死亡病畜逐头进行解剖并采集适当的样本。

4.3.4 对于采集的样本,可采用免疫捕获 ELISA、免疫荧光、病毒分离及病毒中和试验进行病原学诊断。

4.3.5 病毒分离和实验室诊断应在国家牛瘟参考实验室进行。

4.3.6 必要时,可将样本送往 FAO 或 OIE 牛瘟参考实验室进行 PCR 和分子学诊断,以确定病原。

5 牛瘟的病原学诊断

5.1 琼脂扩散试验

5.1.1 器材:平皿或载玻片,直径 5 mm 打孔器,湿盒,50 mL~100 mL 试剂瓶。

5.1.2 试剂

5.1.2.1 琼脂或琼脂糖

5.1.2.2 防腐剂

硫柳汞或叠氮钠。

5.1.2.3 抗牛瘟高免血清

5.1.2.4 参考牛瘟抗原

参考牛瘟抗原是将牛瘟弱毒株病毒接种牛肾细胞或 VERO 细胞经培养和纯化后制备的灭活抗原。

5.1.3 待检样品的制备

将由怀疑牛瘟感染后 12 d 内的动物采集的样品做如下处理:

5.1.3.1 淋巴结和脾脏组织放入组织研磨器中制成组织匀浆,500 *g* 离心 10 min~20 min,取上清液作为待检样品。

5.1.3.2 齿龈坏死组织碎片

将齿龈组织碎片加入少量 PBSA 在组织研磨器中制成组织匀浆,作为待检样品。

5.1.4 琼脂板的制备

称取 1 g 琼脂或琼脂糖放入 100 mL 玻璃瓶中,加入 100 mL 蒸馏水,沸水中煮沸 30 min。将熔化的 1%琼脂液按需要量倒入水平放置的平皿中。一般直径为 5 cm 平皿加入 1%琼脂 8 mL、10 cm 平皿加 25 mL、载玻片加 3 mL~5 mL。加完琼脂后,室温静置 30 min,使琼脂凝固,待琼脂凝固后,移入 4℃~8℃冰箱中过夜。

加样前按照孔径 5 mm、孔距 5 mm 打梅花样孔,中央孔周围打 6 个孔。

5.1.5 加样

中间孔加牛瘟参考抗原,1、3、5 孔加牛瘟阳性血清,2、4、6 孔加待检样品。加样时,吸取样品加满琼脂孔。加样后,将琼脂板放湿盒中,37℃温箱放置 36 h,分别在加样后 12 h、24 h、36 h 检查琼脂板。

5.1.6 结果判定

首先观察阳性血清和标准抗原之间的沉淀线。应看到清晰可见的白色沉淀线。

随后观察待检样品与阳性血清之间的沉淀线。待检样品与阳性血清孔之间出现沉淀线且与参考抗原和阳性血清孔之间的沉淀线融合,弯曲成弧线状判为牛瘟阳性反应。

待检样品和阳性血清孔之间无沉淀线或虽有沉淀线但与标准抗原和阳性血清孔之间的沉淀线不融合呈交叉状,判为牛瘟阴性反应。

5.2 捕获 ELISA(Immunocapture ELISA)

5.2.1 仪器

5.2.1.1 酶标读数仪

5.2.1.2 96 孔酶标板

5.2.1.3 微量振荡器

5.2.1.4 50 μL~200 μL 单通道加样器,50 μL~200 μL 八通道加样器

5.2.2 试剂

捕获 ELISA 试剂盒由 OIE 牛瘟参考实验室提供,其中含有以下试剂。

5.2.2.1 捕获抗体

抗牛瘟病毒N蛋白单克隆抗体，为纯化制剂，冻干产品。

5.2.2.2 **指示抗体**

生物素化抗牛瘟病毒N蛋白单克隆抗体。

生物素化抗小反刍兽疫病毒N蛋白单克隆抗体。

均加入甘油作为保护剂，-20℃保存。

5.2.2.3 **牛瘟和小反刍兽疫参考抗原**

牛瘟和小反刍兽疫病毒参考株感染细胞培养上清。

5.2.2.4 **阴性血清**

冻干的牛瘟和小反刍兽疫阴性羔羊血清，4℃保存。

5.2.2.5 **包被缓冲液**

0.01 mol/L pH 7.4 PBS(附录B.1)。

5.2.2.6 **封闭缓冲液**

0.05% Tween-20、0.5%阴性羔羊血清的0.01 mol/L pH 7.4 PBS(附录B.1)。

5.2.2.7 **洗涤缓冲液**

0.05% Tween-20、0.002 mol/L pH 7.4 PBS溶液(附录B.1)。

5.2.2.8 **结合物**

链霉亲和素辣根过氧化物酶，-20℃保存。

5.2.2.9 **底物溶液**

邻苯二胺(OPD)过氧化脲溶液(附录B.1)。

5.2.2.10 **终止液**

1 mol/L硫酸(附录B.1)。

5.2.3 **试剂配制**

所有冻干试剂均用1 mL双蒸水或无离子水溶解后，-20℃冻结保存。

5.2.4 **待检样品的制备**

按照5.1.3项制备待检样品。

5.2.5 **试验操作**

5.2.5.1 **包被ELISA板**

	PPR空白	被检样品区								RP空白		
	1	2	3	4	5	6	7	8	9	10	11	12
A		1	1	8	8	1	1	8	8			
B		2	2	9	9	2	2	9	9			
C		3	3	10	10	3	3	10	10			
D		4	4	11	11	4	4	11	11			
E		5	5	12	12	5	5	12	12			
F		6	6	13	13	6	6	13	13			
G		7	7	14	14	7	7	14	14			
H		PPR参考抗原		RP参考抗原		PPR参考抗原		RP参考抗原				
	←PPR单抗→					←RP单抗→						
	←结合物→											

图1 捕获ELISA加样排列顺序

按照ELISA试剂盒说明书将抗牛瘟N蛋白单克隆抗体用PBS稀释成工作浓度，加入96孔ELISA板，每孔加100 μL，将板置微量振荡器上，37℃振荡2 h。

5.2.5.2 吸出抗体液，用洗涤缓冲液将板洗3次，甩干残留液体，按照图1所示的加样排列顺序加入50 μL，用封闭液稀释的待检样品、参考抗原。

5.2.5.2.1 将RPV参考抗原加到H4、H5、H8、H9孔；将PPR参考抗原加到H2、H3、H6、H7孔，每孔50 μL。

5.2.5.2.2 将待检样品按样品号加入待检样品区对应孔中，每份样品加4孔，每孔50 μL。

5.2.5.2.3 在A1～H1、A10～H10，每孔加入50 μL封闭缓冲液作为空白对照。加样后，37℃振荡作用1 h，洗板3次。

5.2.5.3 将RPV生物素化单抗按照试剂盒的使用说明用封闭缓冲液稀释到工作浓度，加入6、7、8、9列各孔，每孔50 μL。

5.2.5.4 将PPR生物素化单抗按试剂盒使用说明用封闭缓冲液稀释成工作浓度，加入2、3、4、5列各孔，每孔50 μL。

5.2.5.5 加样后，37℃振荡作用1 h，洗板3次。

5.2.5.6 将亲和素化过氧化物酶结合物按照试剂盒使用说明书用封闭缓冲液稀释成工作浓度，加入所有试验孔，每孔50 μL。37℃振荡作用60 min，洗板3次。

5.2.5.7 加入50 μL底物溶液到所有孔中，37℃避光作用10 min。

5.2.5.8 加入50 μL 1 mol/L硫酸溶液终止反应。

5.2.6 在酶标读数仪上以492 nm测定所有试验孔的OD值。

5.2.7 判定标准

样品孔OD值/空白对照孔平均OD值≥2，判为RPV或PPV阳性。

5.3 反转录聚合酶链反应(RT PCR)

5.3.1 仪器设备

5.3.1.1 RNA提取设备

高速离心机、低速离心机、微量离心机、紫外分光光度计、组织研磨器、离心管。

5.3.1.2 RT PCR用仪器

PCR仪、0.75 mL薄壁离心管、琼脂糖凝胶电泳仪、紫外检测仪、照相机。

5.3.2 试剂

5.3.2.1 RNA提取试剂

异硫氰酸胍、肌氨酸、柠檬酸钠、醋酸钠、B-2-巯基乙醇、水饱和酚、缓冲液饱和酚-氯仿、氯仿、异戊醇、无水乙醇、Hank's缓冲盐水(HBSS)、Ficoll、无菌纯水、DEPC处理水、Tris缓冲液、EDTA。

5.3.2.2 RT-PCR用试剂

SuperscriptⅡ反转录酶、*Taq*聚合酶、琼脂糖、随机引物、病毒特异性寡核糖酸引物、Tris-HCl缓冲液、$MgCl_2$、硼酸、EDTA、BSA、KCl、dATP、dGTP、dCTP、dTTP。

5.3.2.3 反转录缓冲工作液

由试剂供应商提供的各成分按附录B.2.11配制。

5.3.2.4 PCR缓冲工作液

由试剂供应商提供的各成分按附录B.2.12配制。

5.3.2.5 琼脂糖凝胶

称取0.75 g电泳级琼脂糖加入50 mL 1× TBE，微波炉中熔化，冷却到50℃～60℃时加入10 μL 1.0 mg/mL的溴化乙锭溶液，混匀后倾倒琼脂糖凝胶板。

5.3.2.6 **DNA 分子量 Markers**

采用100～600碱基对的DNA Markers,吸取0.5 μL 1 μg/mL Markers,加入7 μL～10 μL琼脂糖凝胶指示缓冲液中。

5.3.3 操作

5.3.3.1 提取样品**RNA**

5.3.3.1.1 固体组织

将0.5 g～1 g组织放在平皿中,用无菌剪刀剪碎后,加入4 mL溶液D(附录B.2.2),放玻璃研磨器中磨成组织匀浆,放入12 mL聚苯乙烯离心管中,加入1/10体积(0.4 mL)2 mol/L pH 4.2醋酸钠缓冲液混匀后再加入等体积水饱和酚混匀。

5.3.3.1.2 再加入1/5体积(0.8 mL)氯仿-异戊醇溶液(49∶1),混匀10 min,在冰浴中放置约20 min,将上层水层吸入另一个清洁离心管中,加入2.5体积的无水乙醇,在－20℃至少沉淀2 h(或在－70℃沉淀1 h),以10 000 *g* 离心10 min沉淀RNA。

5.3.3.1.3 吸弃上清液后,将沉淀用70%乙醇洗涤几次以除去残余的酚。将盛有RNA的离心管倒置于真空罐中抽气5 min～10 min,使RNA干燥。

5.3.3.1.4 将干燥的RNA用2 mL灭菌双蒸水溶解,并用260 nm、280 nm测定RNA浓度和纯度。如果260/280比值大于1.7,RNA浓度在0.5 mg～1 mg之间,可用于下一步RT/PCR。如比值小于1.7或RNA浓度过低,可如前再沉淀,直到达到要求。

如果提取的RNA样品中蛋白质含量过高,即260/280比值小于1.7,则应将RNA样品用蛋白酶进行消化。

5.3.3.1.5 吸取2 mL 2 mg/mL的蛋白酶溶液,加入2 mL RNA中,37℃消化1 h～2 h,加入等体积缓冲液饱和酚-氯仿混合液,充分混匀后,作用1 h～2 h,以880 *g*～900 *g* 离心10 min,将上层水层吸入另一离心管中,加入2.5体积的无水乙醇,－20℃如前沉淀。以上方法也可用于从泪液和口腔棉拭子样品中提取RNA。

5.3.3.2 提取外周血单核细胞(PBMCS)RNA。

5.3.3.2.1 对于10 mL以上EDTA或肝素抗凝的外周血样品,以1 300 *g* 室温(18℃～20℃)离心10 min,吸取上层的淡黄色PBMSC层,重新悬浮于终体积为20 mL的HBSS中。

5.3.3.2.2 对于少于**10 mL**的样品

取5 mL～10 mL全血,加入HBSS使终体积为20 mL,混匀后,在血液底层加入10 mL Ficoll溶液以800 *g*～900 *g* 室温离心30 min,沉淀红细胞后吸取Ficoll层顶部的清亮白细胞层,转移到另一个50 mL离心管中,加入8 mL HBSS(附录B.2),重新悬浮细胞,再加HBSS使体积达到40 mL～45 mL,混匀后,以500 *g* 离心10 min,如此离心洗涤2～3次。

最后一次离心后将PBMCS用HBSS配成8 mL～10 mL细胞悬液。取样10 μL,用1∶10苔酚蓝溶液染色后进行活细胞计数。其余细胞悬液分装后－70℃或液氮保存。该样品也可用于进行病毒分离培养。

5.3.3.2.3 **PBMCS RNA**提取

取相当于至少5 mL全血的洗涤PBMCS用1 mL HBSS悬浮后,加入无菌的1.5 mL离心管中离心20 min～30 min,弃上清液,加入0.4 mL溶液D,按5.3.3.1项提取RNA。

5.3.3.3 **RT-PCR**操作程序

5.3.3.3.1 **PCR**引物

第一对引物为PRV融合蛋白(F)基因特异性引物,序列如下:

RPVF3 5′ AAGAGGCTGTTGGGGAC

RPVF4 5′ GCTGGGTCCAAATAATGA 或

RPVF3 5′ GGGACAGTGCTTCAGCCTATTAAGG

RPVF4 5′ CAGCCCTAGCTTCTGACCCACGATA

第二对引物为 PPRF 基因特异性引物，序列如下：

PPRF1 5′ ATCACAGTGTTAAAGCCTGTAGAGG

PPRF2 5′ GAGACTGAGTTTGTGACCTACAAGC

另外还有 2 对套式引物，分别为：

$RPVF_{3a}$ 5′ GCTCTGAACGCTATTACTAAG

$RPVF_{4A}$ 5′ CTGCTTGTCGTATTTCCTCAA

用于扩增 235 个碱基对片段

PPRV 套式引物：

$PPRV_{1a}$ 5′ ATGCTCTGTCAGTGATAACC

$PPRV_{2a}$ 5′ TTATGGACAGAAGGGACAAG

用于扩增 309 个碱基对片段。

5.3.3.3.2 **RNA 反转录**

在 0.5 mL 微量离心管中加入 5 μL 1 mg/mL 的 RNA 样品溶液，加入 2 μL 50 ng/μL 随机引物，12 μL 5×RT缓冲液(附录 B.2.11)，使总体积为 19 μL，65℃孵育 10 min，迅速冷却到 0℃，静置 10 min，加入 1 μL 200 U/μL Superscript Ⅱ 反转录酶，42℃作用 60 min，70℃作用 15 min，4℃作用 30 min，－20℃冻结保存或直接进行 PCR。

5.3.3.3.3 **PCR 程序**

取 5 μL RT 产物，加入 45 μL PCR 缓冲工作液(附录 B.2.12)混匀后，离心 10 s～20 s，将离心管加到 PCR 仪中。

5.3.3.3.4 **PCR 仪程序设定**

每次试验均应包括一个阴性对照和一个阳性对照。PCR 程序如表 1：

表 1

步骤	温　度	时　间
步骤 1	95℃	5 min
步骤 2	94℃	1 min
步骤 3	51℃	1 min
步骤 4	72℃	2 min
步骤 5	重复步骤 2～4	30 次
步骤 6	72℃	10 min

5.3.3.3.5 **PCR 产物电泳鉴定**

按照 6.3.2.5 制备琼脂糖凝胶板，将凝胶板置电泳槽中，取出加样孔梳子，加入 1×TBE 电泳缓冲液，将 PCR 产物取 8 μL 加入 2 μL 5×琼脂糖凝胶电泳指示缓冲液(附录 B.2.8)，混匀后逐一加样并接通电泳仪电源，以 50 V～100 V 电泳到溴酚蓝带出现在距加样孔约 2/3 凝胶板处停止电泳，将电泳板置紫外监测仪下观察出现的荧光染色带，并与分子量 Markers 和阳性对照孔进行比较，当 DNA 扩增带位置在 400 bp～450 bp(436 bp)之间并与阳性样品位置相同时，判为阳性反应。

5.3.3.3.6 **PCR 产物的套式扩增和鉴定**

当第一次的扩增产物电泳后无扩增带或扩增带不清晰时，可将扩增产物取 1 μL 加入 45 μL 含有 RPV 套式引物的 PCR 缓冲工作液，混匀后置 PCR 仪中按 5.3.4.3.4 项进行扩增，并如前电泳，当 DNA

扩增带位置在 200 bp～300 bp(235 bp)之间并与阳性样品位置相同时，判为阳性反应。

5.4 直接法荧光抗体试验

5.4.1 仪器

5.4.1.1 冷冻切片机

5.4.1.2 荧光显微镜

5.4.1.3 染色架

5.4.1.4 恒温培养箱

5.4.1.5 湿盒

5.4.1.6 载玻片

5.4.2 试剂

5.4.2.1 荧光抗体

牛抗牛瘟荧光抗体用牛瘟兔化弱毒反复免疫健康黄牛制备牛抗牛瘟高免血清，并由其提取抗牛瘟 IgG，用荧光素标记而成。

5.4.2.2 组织固定剂：分析纯丙酮。

5.4.2.3 灭菌 0.01 mol/L pH 7.4 PBS。

5.4.2.4 Tris 缓冲甘油

5.4.3 试验操作

5.4.3.1 由淋巴结、肝脏或肾脏组织样品制备涂片或冰冻切片，用冷丙酮固定 2 次，每次 5 min。

5.4.3.2 对于待检样品接种细胞培养中的盖玻片培养飞片，从培养管中取出培养飞片，用 PBS 洗涤 2 次，用无离子水洗涤 1 次。在未干燥之前，用预冷到－20℃的丙酮固定 2 次，每次 5 min。

5.4.3.3 每次染色试验均应设立阳性和阴性对照样品。

5.4.3.4 染色

将载玻片或细胞培养飞片水平放置在湿盒中，滴加用 PBS 稀释到工作浓度的荧光抗体溶液，密闭湿盒，37℃作用 30 min～60 min。

5.4.3.5 移出载玻片或细胞培养飞片，吸弃未结合的荧光抗体溶液，用 PBS 洗涤 3 次，每次 30 s，室温干燥。

5.4.3.6 将干燥的荧光染色载玻片或细胞培养飞片滴加 Tris 缓冲甘油，置荧光显微镜下观察。

5.4.4 结果判定

首先观察阴性和阳性对照玻片，阳性对照应在细胞胞质看到黄绿色荧光，阴性对照不出现荧光。待检样品玻片在细胞质出现与阳性对照相同的黄绿色荧光时，判为牛瘟病毒阳性。

5.5 病毒分离鉴定

用分子生物学技术可以对牛瘟作出初步诊断，而要确诊必须进行病毒分离鉴定。另外，如需要对流行的牛瘟病毒的致病性、毒力及抗原性进行分析时，则病毒分离鉴定是最可靠的诊断方法。病毒分离鉴定必须在生物安全 3 级实验室进行。

5.5.1 仪器设备

5.5.1.1 CO_2 培养箱

5.5.1.2 离心机

5.5.1.3 高压锅

5.5.1.4 低温冰箱

5.5.1.5 除菌过滤设备

5.5.1.6 显微镜

5.5.1.7 转瓶机

5.5.1.8 细胞培养瓶、细胞培养管、48 孔细胞培养板

5.5.2 试剂

5.5.2.1 Hank's 液

5.5.2.2 0.25%胰酶消化液

5.5.2.3 199 营养液或 MEM 营养液

5.5.2.4 新生犊牛血清

5.5.3 细胞培养

5.5.3.1 原代犊牛肾细胞的培养

5.5.3.1.1 无菌采取 2 周龄以下犊牛肾脏，置无菌烧杯中迅速运往实验室。

5.5.3.1.2 在生物安全柜中将肾脏置无菌平皿中，用灭菌剪刀剪去肾脏周围的脂肪组织和被膜，将肾脏移往另一个无菌平皿中，剪开肾脏，剪除肾盂等肾髓质，将肾皮质移到一烧杯中，用无菌剪刀剪成 2 mm～3 mm 大小的组织块。用 Hank's 液洗涤 3 次以上直至上清液无色清亮为止。

5.5.3.1.3 倾倒上清后，加 400 mL 0.25%胰酶溶液，密封瓶口后，置 37℃水浴中消化 40 min～60 min，期间轻摇 3 次～4 次，当组织呈绒状时，移出水浴，室温静置 5 min～10 min。吸净上清液。

5.5.3.1.4 将消化后的组织用 Hank's 液洗涤 3 次，再吸净上清液，振摇消化瓶，使消化组织呈泥状，加入 10%牛血清 MEM 或 199 营养液 500 mL，继续振摇 3 min～5 min 使成细胞悬液，静置 3 min～5 min后倾出上层细胞悬液，向沉淀的组织泥中再加入 500 mL 10%牛血清 MEM 或 199 营养液，如前振摇，如此操作 3 次。

5.5.3.1.5 将 3 次细胞悬液混合后，以 8 层～10 层纱布过滤除去细胞团块。将滤过的细胞悬液，经细胞计数，用 10%牛血清营养液将细胞浓度调整到 2×10^5 个/mL 细胞左右分装细胞瓶，每个 30 mL 细胞瓶分装 5 mL 细胞悬液或分装不同规格的转瓶及细胞板。将细胞瓶或细胞板置 3% CO_2 培养箱中 37℃培养 3 d～4 d，等长成细胞单层后换 5%血清 MEM 或 199 营养液维持培养。

5.5.3.2 继代犊牛肾细胞培养

将原代肾细胞弃去维持液，每个 30 mL 细胞瓶加入 0.3 mL～0.5 mL 0.05%胰酶分散液洗涤一次，再加入 0.3 mL～0.5 mL 0.05%胰酶，水平放置，室温消化至细胞脱落后，以大口吸管吹打分散细胞，将细胞液移至离心管中。500 *g*～1 000 *g* 离心 5 min，弃上清液。将沉淀细胞按每瓶加入 15 mL 营养液的比例，加入 10%牛血清 MEM 或 199 培养液，大口吸管吹打分散细胞后分装细胞培养瓶，37℃ CO_2 培养箱继续培养即为二代犊牛肾细胞，必要时可继续传代。一般传代不超过 9 代。

5.5.4 待检样品的制备

5.5.4.1 血液样品的制备

由于牛瘟病毒与血液中的白细胞结合在一起，因此在采集用于分离病毒的血液样本时应采用肝素抗凝血。将抗凝血取 10 mL 移入圆底离心管中，以 2 000 *g* 4℃离心 15 min，弃去血浆成分，将沉淀细胞用 0.85%生理盐水离心洗涤 3 次。第三次离心时以 500 *g*～1 000 *g* 离心 5 min～10 min，使红细胞下沉后，吸取上清的淡黄色细胞层到另一瓶中，加入 10 mL 细胞维持液，混匀后接种犊牛肾细胞单层。

5.5.4.2 固体组织样品的制备

对于脾、淋巴结等固体组织样品，在生物安全柜中无菌剪取除去被膜的 1 g～2 g 组织，放入研磨器中剪成 2 mm～3 mm 组织块，再加入少量灭菌玻璃砂，研磨成组织匀浆，加入 10 mL 细胞维持液继续研磨成组织悬液，移至灭菌试管中 4℃浸泡过夜，第 2 d 以 1 000 *g* 4℃离心 5 min～10 min，吸取上清液直接接种单层犊牛肾细胞。

5.5.5 病毒接种细胞

5.5.5.1 将制备好的被检白细胞样品，接种 3 个～4 个 30 mL 细胞瓶犊牛肾细胞，接种时弃去细胞维持液，每瓶接种 0.2 mL～0.5 mL 样品，加入 5 mL 细胞维持液，37℃培养。

5.5.5.2 固体组织上清样品

对于由淋巴结、脾等固体样品制备的上清可直接进行病毒培养和鉴定。

接种时，每一样品吸取 2 mL 分置 2 支试管中，每管 1 mL。第一管加入 5%牛瘟阳性血清维持液，第二管加入 5%犊牛血清维持液，2 种样品分别接种犊牛肾细胞，接种时，弃去细胞瓶的原维持液，每瓶接种 0.2 mL～0.5 mL 样品，37℃吸附 1 h，再加 5 mL 维持液，37℃ 3% CO_2 培养箱培养。培养期间，每 2 d～3 d 交替用 5%犊牛血清的维持液和无血清维持液换液一次，直至培养到 14 d。每次接种均应设立不接种样品细胞对照。

5.5.6 病毒分离培养结果判定

被检样品接种细胞后，从第 2 d 开始，每日用显微镜观察接种细胞 1 次～2 次，观察时注意观察细胞病变(CPE)，并与不接毒细胞对照进行比较。

当无阳性血清中和组出现 CPE，牛瘟阳性血清中和组无 CPE 时，即可判为牛瘟感染。对于均无 CPE 出现的培养物应盲传 2 代～3 代，均无 CPE 出现时，判为牛瘟阴性。

5.5.7 病毒鉴定

5.5.7.1 捕获 ELISA 和 RT-PCR 鉴定

为了对培养的病毒液进行进一步鉴定，可将未加牛瘟阳性血清的培养瓶－20℃冻结后，冻融 2 次～3 次，采用免疫捕获 ELISA 或 PCR 技术进行病毒鉴定，如出现阳性反应，即可确诊。必要时可进行 F 基因的序列测定。

5.5.7.2 中和试验鉴定

将分离的病毒液用 TPB(附录 B.4)溶液做 10^{-5}～10^{-1} 10 倍系列稀释，每一样品稀释后，将每个稀释度样品分为 2 份，分置 2 支试管中，每管 1 mL，向第一支试管中加入 1 mL 牛瘟阴性血清，第二支试管中加入 1 mL 牛瘟阳性血清，混匀后，37℃作用过夜。然后，每一稀释度均各接种 3 个～5 个 30 mL 细胞瓶犊牛肾细胞，每瓶接种 0.2 mL，37℃吸附 1 h，再加 5 mL 无血清维持液，37℃ 3% CO_2 培养箱培养 11 d。从接种后第 2 d 开始，每天显微镜观察 1 次～2 次，如果阴性血清组 $TCID_{50}$ 达到 10^3～10^5，牛瘟阳性血清中和组病毒被完全中和不出现细胞病变，则可确诊为牛瘟。

6 血清学诊断

6.1 血清中和试验

6.1.1 仪器设备

同 5.5.1 项。

6.1.2 试剂

6.1.2.1 细胞培养试剂同 5.5.2 项

6.1.2.2 中和试验用病毒

采用冻干的适应细胞培养的牛瘟鸡胚化弱毒株或牛瘟 Kabete"0"疫苗株。病毒的毒价为 10^3 $TCID_{50}$/mL。

6.1.2.3 参考血清

6.1.2.3.1 参考阳性血清

牛瘟弱毒疫苗株病毒免疫牛阳性血清。

6.1.2.3.2 参考阴性血清

牛瘟抗体阴性牛血清。

6.1.2.4 **试验细胞**

继代犊牛肾细胞或 Vero 细胞，对于牛瘟鸡胚化弱毒株也可采用继代鸡胚成纤维细胞。

6.1.3 **试验操作**

6.1.3.1 **继代犊牛肾细胞或 Vero 细胞的培养同 6.5.3.2 项**

6.1.3.2 **血清稀释**

将待检血清由原液开始用 pH 7.3 PBS 对倍稀释到 1∶32。每一稀释度取 1 mL 置 8 mL 试管中。

6.1.3.3 **病毒稀释**

将牛瘟弱毒病毒用 pH 7.3 PBS 稀释成 10^3 $TCID_{50}$/mL。

6.1.3.4 **中和**

向每一血清稀释管中加入 1 mL 稀释好的病毒液，混匀后 4℃过夜。

6.1.3.5 **接种细胞**

将病毒血清混合液分别接种 48 孔细胞培养板，每一稀释度接种 5 孔，每孔接种 0.2 mL，接种后每孔加入 0.5 mL 2×10^5/mL 继代犊牛肾细胞或 Vero 细胞。37℃ 3% CO_2 培养箱培养 12 d～14 d，期间每隔 3 d 用无血清 MEM 维持液换液一次。每次试验均应设立病毒、阳性血清、阴性血清、待检血清和正常细胞对照。

6.1.4 **结果判定**

从接种后第 3 d 开始，每天在显微镜下观察细胞病变(CPE)，被检血清 1∶2 以上稀释。

接种细胞孔培养 12 d～14 d，无 CPE 出现，判为血清中和抗体阳性。

6.2 **竞争法酶联免疫吸附试验(Competitive ELISA C-ELISA)**

6.2.1 **仪器设备**

6.2.1.1 **平底 96 孔酶标板**

6.2.1.2 **－80℃低温冰箱**

6.2.1.3 **5 μL～200 μL 单通道和 8 通道加液器**

6.2.1.4 **－20℃低温冰箱**

6.2.1.5 **微量振荡器**

6.2.1.6 **ELISA 酶标仪**

6.2.1.7 **洗板机**

6.2.2 **试剂**

6.2.2.1 **0.01 mol/L pH 7.4 PBS(附录 B.1)**

6.2.2.2 牛瘟 C-ELISA 诊断试剂盒由 OIE 牛瘟参考实验室提供。

6.2.3 **试剂配制**

6.2.3.1 **牛瘟 C-ELISA 试剂盒各试验成分的配制**

将试剂盒提供的冻干抗原、单抗和牛瘟参考血清、兔抗鼠结合物均每瓶加入 1 mL 试剂盒配备的灭菌无离子水充分溶解后，－20℃冻结保存。

6.2.3.2 **封闭缓冲液**

0.1% Tween-20、0.3%阴性牛血清的 0.01 mol/L pH 7.4 PBS(附录 B.1)。该封闭液应当天配制。

6.2.3.3 **洗涤缓冲液**

0.1% Tween-20、0.002 mol/L pH 7.4 PBS(附录 B.1)。

6.2.3.4 底物溶液

邻苯二胺(OPD)过氧化脲溶液(附录B.1)。

6.2.3.5 终止液

1 mol/L硫酸(附录B.1)。

6.2.4 试验操作

6.2.4.1 试验加样排列

按图2排列顺序加样:

	1	2	3	4	5	6	7	8	9	10	11	12
A	Cc	Cc	1	1	9	9						
B	C++	C++	2	2	10	10						
C	C++	C++	3	3								
D	C+	C+	4	4								
E	C+	C+	5	5								
F	Cm	Cm	6	6								
G	Cm	Cm	7	7							39	39
H	C−	C−	8	8							40	40
注:Cc:结合物对照(不加血清和单抗) C++:强阳性对照 C+:弱阳性对照 C−:阴性血清对照 Cm:单抗对照												

图2 C-ELISA加样排列顺序

6.2.4.2 结合物对照

A1、A2 2孔为结合物对照,除加兔抗小鼠酶结合物外,其余试剂成分均以封闭液代替。

6.2.4.3 强阳性对照

B1、B2、C1、C2 4孔为RPV强阳性血清对照孔,除以阳性血清代替被检血清外,与试验孔其他成分相同。

6.2.4.4 弱阳性对照

D1、D2、E1、E2为RPV弱阳性血清对照孔,除以弱阳性血清代替被检血清外,与试验孔其他成分相同。

6.2.4.5 单抗对照孔

F1、F2、G1、G2为RPV单抗对照孔,除加单抗外,其他成分以封闭液代替。

6.2.4.6 阴性对照孔

H1、H2为RPV阴性对照孔,除以阴性血清代替被检血清外,与试验孔其他成分相同。

6.2.4.7 试验孔

除以上对照孔外,剩余各孔加被检血清,每份血清依照图2示排列顺序加2孔,每板可检测40份血清样品。

6.2.5 试验程序

6.2.5.1 包被抗原

用0.01 mol/L pH 7.4 PBS缓冲液将牛瘟ELISA抗原按照试剂盒说明书稀释成工作浓度,每孔加50 μL,然后置于轨道振荡器上,37℃振荡孵育1 h。用洗涤缓冲液洗板3次,拍干。

6.2.5.2 加样顺序

6.2.5.2.1 加样

向ELISA板的每一孔加40 μL封闭液。

A1、A2 孔再加入 60 μL 封闭缓冲液；

F1、F2、G1、G2 孔再加入 10 μL 封闭液；

B1、B2、C1、C2 孔加入 10 μL 强阳性血清；

D1、D2、E1、E2 孔加入 10 μL 弱阳性血清；

H1、H2 孔加入 10 μL 阴性血清。

将被检血清按血清号排列顺序加入到各自的试验孔中，每孔加入 10 μL。

6.2.5.2.2 加单抗

加 50 μL 用封闭缓冲液稀释成工作浓度的单抗到除 A1、A2 外的每个试验孔中，然后置轨道振荡器上，37℃振荡孵育 1 h。如前洗板。

6.2.5.3 加结合物

加 50 μL 用封闭液稀释到工作浓度的兔抗小鼠免疫球蛋白辣根过氧化物酶结合物到每一试验孔中，然后置轨道振荡器上，37℃孵育 1 h。如前洗板。

6.2.5.4 加底物

加 50 μL 底物/显色液到每一试验孔中，在室温下不振荡孵育 10 min。加 50 μL 1 mol/L 硫酸终止反应。

6.2.5.5 测定 OD 值

在酶标读数仪上以 492 nm 波长测定光吸收值(OD 值)，以单抗孔平均 OD 值为对照计算 PI 值。

6.2.6 结果判定

6.2.6.1 抑制率(PI)计算公式

PI 值按以下公式计算。

$$PI = 1 - ODs/ODm$$

ODs 为被检样品 2 孔平均光吸收值；

ODm 为 F1、F2、G1、G2 4 孔单抗对照孔平均光吸收值。

6.2.6.2 结果判定前提

阴性血清对照 PI 值应<0.5；阳性血清对照 PI 值应≥0.5。单抗对照孔 OD 值应介于 0.3～1.0 之间，试验方可成立。

6.2.6.3 判定标准

样品 PI 值≥0.5 判为牛瘟抗体阳性；PI 值<0.5 判为牛瘟抗体阴性。

附 录 A
(规范性附录)
牛瘟诊断样本的采集和运输

PBSA

NaCl	8.00 g
KCl	0.20 g
Na_2HPO_4	1.15 g
KH_2PO_4	0.20 g
双蒸水	加至 1 000 mL

附 录 B
（规范性附录）
牛瘟诊断试验

B.1 琼脂扩散试验、免疫捕获 ELISA、C-ELISA

B.1.1 PBS(0.01 mol/L pH 7.4)

NaCl	8.00 g
KCl	0.20 g
KH_2PO_4	0.20 g
Na_2HPO_4	2.83 g
双蒸水	加至 1 000mL

B.1.2 封闭缓冲液

Tween-20	1 mL
阴性牛血清	3 mL
0.01 mol/L pH 7.4 PBS	加至 1 000mL

B.1.3 洗涤缓冲液

Tween-20	1 mL
0.01 mol/L pH 7.4 PBS	200 mL
双蒸水	800 mL

B.1.4 底物溶液

30 mg OPD 片	1 片
双蒸水	75 mL

溶解后分装成 6 mL/瓶，-20℃冻结保存

过氧化脲片	1 片
双蒸水	10 mL

溶解后避光保存。

使用前每 6 mL OPD 溶液加入 24 μL 过氧化脲溶液。

B.1.5 终止液

浓硫酸	55 mL
双蒸水	945 mL

将浓硫酸缓慢滴加入水中摇匀即可。

B.2 RT-PCR

B.2.1 Hank's 缓冲盐水(HBSS)

10×浓缩液

NaCl	80 g
KCl	4 g
CaCl	1.4 g
$MgCl_2$（7 个结晶水）	2 g
$Na_2HPO_3 \cdot 12\ H_2O$	1.52 g

KH_2PO_4 0.6 g

双蒸水 加至 1 000 mL,除菌过滤

B.2.2 组织溶解液(溶液 D)

异硫氰酸胍 250 g

灭菌双蒸水 293 mL

0.75 mol/L 柠檬酸钠溶液 17.6 mL

10%肌氨酸 26.4 mL 在 65℃水浴中加热溶解

该储存液可在室温避光保存于安全柜中,可保存几个月。使用前,取 50 mL 以上储存液加入 0.36 mL B-2 巯基乙醇,该使用液在室温保存不应超过 1 个月。

B.2.3 10×Tris-硼酸缓冲液(TBE)

Tris 109 g

硼酸 55 g

EDTA 9.3 g

双蒸水 加到 1 000 mL

B.2.4 氯仿/异戊醇

氯仿 49 mL

异戊醇 1 mL

混合均匀即可。

B.2.5 2 mol/L 醋酸钠缓冲液

醋酸钠 2 moL

双蒸水 500 mL~1 000 mL

溶解后用冰醋酸将 pH 调至 4.7,再加双蒸水至 2 000 mL。

B.2.6 蛋白酶

将蛋白酶用 0.01 mol/L pH 7.5 Tris-HCl 缓冲液,0.01 mol/L 氯化钠配成 20 mg/mL 的溶液,37℃作用 1 h,以除去 DNase 和 RNase 污染,分装成小体积-20℃冻结保存,工作液浓度为 1 mg/mL。

B.2.7 10×蛋白酶反应缓冲液母液

0.1 mol/L pH 7.8 Tris-HCl 缓冲液

0.1 mol/L EDTA

5% SDS

B.2.8 5×琼脂糖凝胶指示缓冲液

Ficol 1 400 1 g

0.5 mol/L EDTA 250 μL

0.5%溴酚蓝 50 μL

3%二甲苯蓝 50 μL

溶解成终体积为 5 mL 的混合液。

B.2.9 5×RT 缓冲液

Tris-HCl 250 mmol/L(pH 8.3)

$MgCl_2$ 15 mmol/L

BSA(acelylated) 1 mg/mL

B.2.10 10×PCR 缓冲液

Tris-HCl 200 mmol/L(pH 8.3)

KCl 500 mmol/L

$MgCl_2$　　15 mmol/L

B.2.11　反转录缓冲工作液

5×RT 缓冲液	4 μL(50 mmol/L Tris-HCl、3 mmol/L $MgCl_2$、15 mmol/L KCl)
二硫苏糖醇(DTT)(0.1 mol/L)	2μL(10 mmol/L)
BSA(acelylated)	2 μL(0.1 mg/mL)
dNTPs	1 μL(0.5 mmol/L 每种)
灭菌纯水	3 μL

B.2.12　PCR 缓冲工作液

10×PCR 缓冲液	5 μL
Taq 聚合酶	0.5 μL
dNTPs(10 mmol/L 每种)	1 μL
引物	1 μL
反转录引物	1 μL
灭菌纯水	36.5 μL

B.3　荧光抗体

Tris-甘油缓冲液

Tris	1.21 g
双蒸水	80 mL

溶解后用浓盐酸调 pH 到 9.0 再加水至 100 mL

加甘油 100 mL 混匀即可。

B.4　病毒分离鉴定、血清中和试验

B.4.1　Hank's 液

10×浓缩液

NaCl	80 g
KCl	4 g
$CaCl_2$	1.4 g
$MgCl_2$(7 个结晶水)	2 g
$Na_2HPO_3 \cdot 12H_2O$	1.52 g
KH_2PO_4	0.6 g
葡萄糖	10 g
1%酚红	16 mL
双蒸水	加至 1 000 mL

溶解后,除菌过滤,或经 0.1 MPa(115℃)

灭菌 15 min。

B.4.2　7.5%碳酸氢钠溶液

$NaHCO_3$	7.5 g
双蒸水	100 mL

溶解后除菌过滤并分装于小瓶中冻结保存。

B.4.3　0.25%胰蛋白酶溶液

NaCl	8 g

KCl	0.4 g
葡萄糖	1 g
$NaHCO_3$	0.58 g
胰蛋白酶(1∶250)	2.5 g
EDTA	0.2 g
双蒸水	1 000 mL

溶解后除菌过滤并分装于小瓶中冻结保存。

B.4.4 3%谷氨酰胺溶液

L-谷氨酰胺	3 g
双蒸水	100 mL

溶解后除菌过滤并分装于小瓶中冻结保存，使用时每100 mL细胞营养液加1 mL。

B.4.5 3%丙酮酸钠溶液

丙酮酸钠	3 g
双蒸水	100 mL

溶解后除菌过滤并分装于小瓶中冻结保存，使用时每100 mL细胞营养液加1 mL。

B.4.6 MEM或199营养液

按包装说明用双蒸水溶解，经除菌过滤后分装于小瓶中冻结保存。

B.4.7 TPB溶液

胰蛋白酶(bacto-tryptose)	20.2 g
葡萄糖	2.0 g
NaCl	5.0 g
Na_2HPO_3	2.5 g
双蒸水	加至1 000 mL

溶解后分装于100 mL小瓶中，0.15 MPa(121℃)高压15 min，4℃保存。

ICS 11.220
B 41

中华人民共和国农业行业标准

NY/T 1467—2007

奶牛布鲁氏菌病 PCR 诊断技术

PCR for diagnosis of brucellosis in dairy cattle

2007-12-18 发布　　2008-03-01 实施

中华人民共和国农业部　发布

前　言

目前,我国家畜布鲁氏菌病的诊断主要方法包括虎红平板凝集试验、试管凝集试验、补体结合试验、乳牛全乳环状试验等血清学方法(GB/T 18646—2002),没有列入病原诊断的内容。对牛布鲁氏菌病的诊断,OIE推荐或指定的血清学诊断方法包括血清凝集试验(SAT)、补体结合试验(CFT)、酶联免疫吸附试验(ELISA);病原诊断采用常规病原分离鉴定技术,并认为PCR方法的建立为该病的诊断提供了新的检测手段,可标准化后推广使用。

本标准的附录A为资料性附录,附录B为规范性附录,附录C为规范性附录。

本标准由中华人民共和国农业部提出。

本标准由全国动物防疫标准化技术委员会归口。

本标准起草单位:中国农业科学院兰州兽医研究所

本标准主要起草人:邱昌庆、曹小安、周继章。

奶牛布鲁氏菌病 PCR 诊断技术

1 范围

本标准规定了检测牛种布鲁氏菌(*B. abortus*)套式聚合酶链反应诊断方法要求。

本标准适用于奶牛布鲁氏菌病的病原诊断、奶牛场检疫、疫情监测和流行病学调查。其他偶蹄动物布鲁氏菌病 PCR 诊断可参照本标准。

2 材料准备

2.1 器材:PCR 扩增仪、1.5 mL 离心管、2.0 mL 离心管、0.2 mL PCR 反应管、水浴箱、台式高速温控离心机、电泳仪、移液器、移液器吸管、紫外凝胶成像仪、冰箱。

2.2 试剂:NET 缓冲液,自配,配方见附录 A;Rnase A 酶、蛋白酶 K、*Taq* DNA 聚合酶、PCR 缓冲液、dNTPs、DL 2 000 DNA 分子质量标准、无水乙醇、酚-氯仿-异戊醇(25∶24∶1)、Tris、琼脂糖、EDTA、冰乙酸、氯化钠、溴酚蓝、二甲基苯青 FF、溴化乙锭、十二烷基硫酸钠(SDS)、乙酸钠、盐酸、聚蔗糖。

2.3 引物:

Bp1 5′- CGT GCC GCA ATT ACC CTC - 3′

Bp2 5′- CCG TCA GCT TGG CTT CGA - 3′

Bp3 5′- GAT GCT GCC CGC CCG ATAA - 3′

Bp4 5′- GCA CCG AGC GAG CCT TGA AA - 3′

引物在使用时用灭菌双蒸水稀释为 50 pmol/L。

2.4 被检材料:奶牛新鲜原乳、流产母牛乳汁、流产母牛阴道分泌物、血液(血清)、流产胎儿胃液、种公牛精液。布鲁氏菌病疑似病例病料采集和运输注意事项见附录 B。

2.5 布鲁氏菌总 DNA 的提取。

2.5.1 原乳乳样中布鲁氏菌总 DNA 的提取方法。

2.5.1.1 在室温下溶解冻存乳样(乳样长期保存应置于−20℃,当日检测可置于 4℃),取 500 μL 奶样于 2 mL 离心管中,加入 100 μLNET 缓冲液。

2.5.1.2 加入 100 μL 20%的 SDS(终浓度 3.4%),混匀。在 95℃~100℃孵育 10 min 后,迅速放置于冰上冷却 10 min~15 min。

2.5.1.3 在样品中加入 Rnase A 酶至终浓度为 75 μg/μL,50℃作用 2 h。然后加入蛋白酶 K 至终浓度为 325 μg/μL,50℃作用 2 h。

2.5.1.4 在消化液中加入等体积的酚-氯仿-异戊醇(25∶24∶1),颠倒 2 次~3 次,摇匀,4℃下 7 000 r/min离心 10 min。

2.5.1.5 移上清液于另一离心管中。

2.5.1.6 重复 2.5.1.4、2.5.1.5 操作过程,加入 2.5 倍体积的预冷无水乙醇,−20℃沉淀 30 min,12 000 r/min离心 10 min,弃去所有液相。

2.5.1.7 用 1 mL 70%乙醇漂洗,12 000 r/min 离心 2 min,重复 2 次~3 次。

2.5.1.8 真空或室温干燥,DNA 沉淀物用 25 μL 无菌双蒸水溶解作为模板,保存在−20℃备用。

2.5.2 血液中布鲁氏菌总 DNA 的提取。

2.5.2.1 血液分离血清。

2.5.2.2 布鲁氏菌总DNA的提取方法同2.5.1。

2.5.3 胃液中布鲁氏菌总DNA的提取。

胃液中布鲁氏菌总DNA的提取方法同2.5.1。

2.5.4 流产母牛阴道分泌物中布鲁氏菌总DNA的提取。

2.5.4.1 用NET缓冲液2 mL冲洗棉签蘸取的流产母牛阴道分泌物。

2.5.4.2 牛阴道分泌物中布鲁氏菌总DNA的提取方法同2.5.1。

2.5.5 流产胎衣中布鲁氏菌总DNA的提取。

2.5.5.1 取病变明显的一小块流产胎衣剪碎或刮下黏膜层，将碎组织块或黏膜层置于2 mL离心管中，加入400 μLNET裂解缓冲液(pH 7.6)。

2.5.5.2 胎衣中布鲁氏菌总DNA的提取方法同2.5.1。

2.5.6 公牛精液中布鲁氏菌总DNA的提取。

2.5.6.1 取100 μL精液，加入500 μL NET裂解缓冲液(pH 7.6)。

2.5.6.2 公牛精液中布鲁氏菌总DNA的提取方法同2.5.1。

3 PCR试验

3.1 反应体系

第一次PCR扩增：

10×PCR buffer(含Mg^{2+})	5 μL
脱氧三磷酸核苷酸混合液(dNTPs)	4 μL
BP1和BP2引物	各1 μL
模板(被检样品总DNA)	4 μL
无菌双蒸水	34.75 μL
Taq DNA聚合酶	0.25 μL

第二次PCR扩增：

10×PCR buffer(含Mg^{2+})	5 μL
dNTPs	4 μL
BP3和BP4引物	各1 μL
模板(一扩产物)	2 μL
无菌双蒸水	36.75 μL
Taq DNA聚合酶	0.25 μL

样品检测时，同时要设阳性对照和空白对照，阳性对照模板为布鲁氏菌omp25阳性质粒，空白对照为双蒸水。

3.2 反应程序

第一次PCR扩增：首先95℃变性5 min，然后35个循环，分别为：94℃变性1 min；49℃退火1 min；72℃延伸1 min。最后72℃延伸10 min。

第二次PCR扩增：20个循环，分别为：94℃变性30 s；51℃退火1 min；72℃延伸1 min。最后72℃延伸6 min。

3.3 电泳

3.3.1 制板

1%琼脂糖凝胶板的配方和制备，将1 g琼脂糖放入100 mL TAE电泳缓冲液中，加热融化。温度降至60℃左右时，加入10 mg/mL溴化乙锭(EB)3 μL～5 μL，均匀铺板，厚度为3 mm～5 mm。

3.3.2 加样

PCR 反应结束，取第二次扩增产物各 5 μL(包括被检样品、阳性对照、空白对照)、DL 2 000 DNA 分子质量标准 5 μL、上样缓冲液 1 μL 进行琼脂糖凝胶电泳。

3.3.3 电泳条件

凝胶电泳的条件和操作同常规。

3.3.4 胶成像仪观察

扩增产物电泳结束后，用凝胶成像仪观察检测结果、拍照，记录试验结果。

4 PCR 试验结果判定

4.1 将扩增产物电泳后用凝胶成像仪观察，DNA 分子质量标准、阳性对照、空白对照为如下结果时试验方成立，否则应重新试验。

DL 2 000 DNA 分子质量标准(Marker)电泳道，从上到下依次出现 2 000 bp、1 000 bp、750 bp、500 bp、250 bp、100 bp 6 条清晰的带。

阳性对照电泳道出现一条 419 bp 清晰的带。

空白对照电泳道不出现任何带。

4.2 被检样品结果判定

在同一块凝胶板上电泳后，当 DNA 分子质量标准、各组对照同时成立时，被检样品电泳道出现一条 419 bp 的带，判为阳性(+)；被检样品电泳道没有出现大小为 419 bp 的带，判为阴性(—)。结果判定参见附录 C 图 C.1。

附 录 A
(资料性附录)
NET缓冲液(pH 7.6)配方

Tris-HCl	50 mmol/L
EDTA	125 mmol/L
NaCl	50 mmol/L

附 录 B
（规范性附录）
布鲁氏菌病疑似病例病料采集和运输注意事项

B.1 法律依据：《中华人民共和国动物防疫法》《病原微生物实验室生物安全管理条例》《动物检疫管理办法》《国家动物疫情测报体系管理规范》。

B.2 怀孕奶牛发生流产，一律先按布鲁氏菌病疑似病例对待采样。

B.3 现场采样的工作人员要穿工作服和胶鞋、戴上口罩、防风眼镜和一次性塑料手套或乳胶手套，做好个人安全防护。

B.4 采病料用的工具，手术刀、剪、镊子分别包装并提前干烤消毒，灭菌的加盖塑料管、灭菌的塑料袋、一次性注射器、灭菌棉签、胶布、胶带、记号笔、保温桶。使用前要仔细检查塑料管、消毒的塑料袋，有破损者不得使用。

B.5 病料采集：用一次性注射器抽取流产胎儿的胃液 5 mL～8 mL；用手术刀、剪、镊子采病变明显的流产胎衣 2 cm×2 cm 两份；用消毒棉签蘸取流产母牛阴道分泌物或排出物取样两份；用一次性注射器采取流产母牛静脉血 3 mL 两份；采流产母牛乳汁 5 mL～10 mL 两份。一份病料放入一只塑料管，盖好盖子，胶布封口，在塑料管壁记录畜种、编号、病料名、采样时间，然后将同一头牛的各种病料塑料管放入一个塑料袋封口，在塑料袋上同样记录畜种、编号、病料名、采样时间。将装有病料的塑料管竖直口朝上和冰袋一块放入保温桶，盖好盖子，胶带封口。派车专程送往有条件的实验室进行布鲁氏菌 PCR 检测。检测完成后，要及时无害化处理。阳性病料放入密封袋中，登记后冻存在专用柜中，备复检。

B.6 在运送病料的过程，装病料的保温桶不得倾倒，以防液体外溢。到达目的地后，对车体应全面消毒。

B.7 现场采完病料，立即无害化处理胎衣、流产胎儿，现场要用 2%烧碱溶液或其他有效的消毒剂彻底消毒。将流产母牛隔离，由专人饲养，待检测结果出来后，再做进一步处理。如果确诊为布鲁氏菌病，要按相关规定淘汰流产母牛。同时，禁止该畜群外调，并对整个牛群进行布鲁氏菌病检疫，逐头检测，淘汰阳性牛只，半年复检一次，直到全部阴性。

B.8 种公牛每次鲜精采集后的处理分装，应在生物安全柜或生物安全实验室内进行，以防污染，然后随机取两份样品，密封、登记，送往有条件的实验室用 PCR 方法进行布鲁氏菌检测。检测完成后，要及时无害化处理。阳性精液放入密封袋中，登记后冻存在专用柜中，备复检。

附 录 C
（规范性附录）
样品检测结果判定图

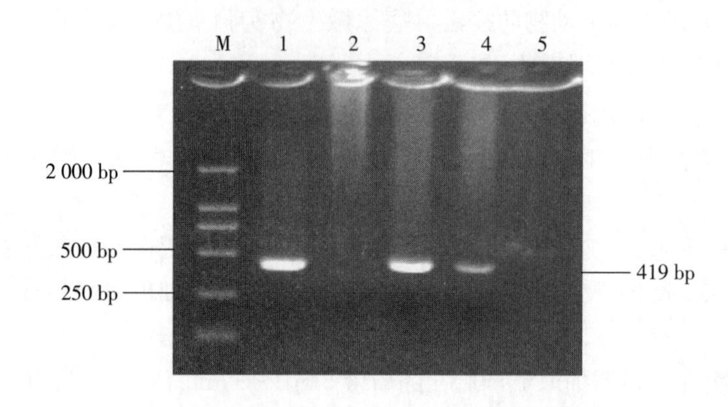

说明：

M ——DL 2 000 Marker；
1 ——阳性对照；
2 ——阴性对照；
3、4 ——检出的阳性样品；
5 ——检出的阴性样品。

图 C.1 奶样 PCR 检测结果电泳图

ICS 11.220
B 41

中华人民共和国农业行业标准

NY/T 2962—2016

奶牛乳房炎乳汁中金黄色葡萄球菌、凝固酶阴性葡萄球菌、无乳链球菌分离鉴定方法

Methods for isolation and identification *of Staphylococcus aureus*, coagulase-negative *Staphylococcus* and *Streptococcus agalactiae* in milk from dairy cow with mastitis

2016-10-26 发布　　2017-04-01 实施

中华人民共和国农业部 发布

前　言

本标准按照 GB/T 1.1—2009 给出的规则起草。

本标准由中华人民共和国农业部提出。

本标准由全国动物卫生标准化技术委员会(SAC/TC 181)归口。

本标准起草单位:中国农业科学院兰州畜牧与兽药研究所。

本标准主要起草人:王旭荣、李宏胜、李建喜、杨峰、王学智、张世栋、李新圃、杨志强、王磊、罗金印。

奶牛乳房炎乳汁中金黄色葡萄球菌、凝固酶阴性葡萄球菌、无乳链球菌分离鉴定方法

1 范围

本标准规定了奶牛乳房炎乳汁中病原性金黄色葡萄球菌、凝固酶阴性葡萄球菌、无乳链球菌的分离和鉴定方法。

本标准适用于奶牛乳房炎(临床型乳房炎和隐性乳房炎)的病原菌诊断,所分离的病原菌可进一步开展药物敏感性检测,为奶牛乳房炎的治疗措施提供依据。

2 规范性引用文件

下列文件对于本文件的应用是必不可少的。凡是注日期的引用文件,仅注日期的版本适用于本文件。凡是不注日期的引用文件,其最新版本(包括所有的修改单)适用于本文件。

GB/T 6682 分析实验室用水规格和试验方法

GB 19489 实验室生物安全通用要求

3 术语和定义

下列术语和定义适用于本文件。

3.1

金黄色葡萄球菌 *Staphylococcus aureus*

一种血浆凝固酶试验为阳性、革兰氏染色为阳性的葡萄球菌,是引起奶牛乳房炎的主要病原菌之一。

3.2

凝固酶阴性葡萄球菌 coagulase negative *Staphylococcus*,CNS

一类血浆凝固酶试验为阴性、革兰氏染色为阳性的葡萄球菌,是皮肤和黏膜的常居菌,常见的 CNS 主要包括表皮葡萄球菌、溶血葡萄球菌、腐生葡萄球菌、路邓葡萄球菌、松鼠葡萄球菌、产色葡萄球菌、鸡葡萄球菌、沃氏葡萄球菌等 20 多种。

3.3

无乳链球菌 *Streptococus agalactiae*

一种 CAMP 试验为阳性、革兰染色为阳性的 B 群链球菌,是引起奶牛乳房炎的主要病原菌之一。

3.4

CAMP 试验 CAMP test

CAMP 是 Christie,Atkins,Munch-Peterson 等人名的缩写,因本试验是他们 3 人所创建。CAMP 试验的原理是原来不溶血或溶血不明显的无乳链球菌,在有金黄色葡萄球菌产物存在时,呈明显的 β 型溶血,可区分无乳链球菌、停乳链球菌和乳房链球菌。在本标准中,用于无乳链球菌的鉴定。

3.5

***nuc* 基因 thermonuclease gene**

耐热核酸酶是金黄色葡萄球菌的一种毒力因子,100℃作用 15 min 不失去活性,一般由致病菌产生。*nuc* 基因是编码耐热核酸酶的基因序列,在本标准中,*nuc* 基因用于金黄色葡萄球菌的 PCR 鉴定。

3.6

sip **基因　surface immunogenic protein gene**

sip 蛋白是无乳链球菌的一种表面免疫相关蛋白，是暴露在菌体表面的一种具有黏附和定植作用的因子。*sip* 基因是编码 sip 蛋白的基因序列，基因序列保守。在本标准中，*sip* 基因用于无乳链球菌的PCR 鉴定。

4　采样前检查

4.1　总则

在采集乳样前，首先对乳房外观和乳汁性状进行观察。

4.2　临床型乳房炎的检查

临床型乳房炎的检查至少包括以下 5 个方面：

a)　乳房的大小、颜色、对称性和硬度；

b)　乳房是否有发红、肿胀和发热；触摸时奶牛是否有疼痛反应及有无外伤或瘘管；

c)　乳汁的气味和颜色；

d)　乳汁有无絮片、凝块；

e)　奶产量的变化。

4.3　临床型乳房炎的判定

奶牛乳区出现红、肿、热、痛或乳汁性状改变(乳汁颜色改变，或乳汁呈水样或有絮状或有乳凝块或血乳)等症状，则可判定为临床型乳房炎。

4.4　隐性乳房炎的检查与判定

隐性乳房炎可参照 NY/T 2692 的规定进行检验判定，也可用商品化的隐性乳房炎诊断试剂进行检验判定。

5　奶牛乳房炎病牛乳样的采集

5.1　试剂与材料

乳样采集管：配制方法见 A.1；生物冰袋或冰块。

5.2　操作方法

先用温水清洗乳房，然后依次用 0.2%新洁尔灭浸泡的脱脂棉或纱布、75%酒精棉擦拭消毒乳头。每个乳头弃去初始 2 把～3 把奶，然后按无菌操作规程分别采集每个乳室的乳样约 5 mL。采集的乳样保存于乳样采集管中，立即检验。如需运输送检，在运输过程中加入生物冰袋或冰块使乳样温度保持在2℃～8℃，并保证在 10 d 以内送到相关实验室。

5.3　样品记录

样品记录至少应包括以下 4 项内容：

a)　送检人的姓名和奶牛场的名称或地址；

b)　牛号和乳室；

c)　采样日期；

d)　送检日期。

5.4　乳样中的细菌分离鉴定流程

奶牛乳房炎乳样中金黄色葡萄球菌、凝固酶阴性葡萄球菌、无乳链球菌分离鉴定流程图见附录 B。

6　乳样接种和增菌

6.1　器材和设备

恒温培养箱(37℃)、冰箱(4℃)、洁净工作台、pH 计、接种环、天平(精度为 0.01 g)。

6.2 试剂与材料

血琼脂平板、改良营养肉汤(配制方法见 A.2)。

6.3 操作方法

将待检乳样摇匀,无菌操作,用接种环取 2 环～3 环待检乳样,间断划线接种于血琼脂平板上,置 37℃恒温培养箱中培养 18 h～24 h,观察细菌生长情况。对培养 18 h～24 h 无细菌生长的血琼脂平板,培养时间延长至 48 h。若血琼脂平板上仍无菌落生长,则取该乳样 50 μL,接种到改良营养肉汤中进行增菌培养,培养 18 h～24 h。然后,将增菌培养物间断划线接种于新的血琼脂平板上,培养 24 h～48 h,再观察细菌生长情况。

6.4 结果判定

乳样在血琼脂平板上接种培养 18 h～48 h,如肉眼观察到菌落,则判定乳样中有细菌,然后对血平板上生长的菌落按照第 7 章的规定进行初步鉴定。

增菌培养物在血琼脂平板上接种培养 24 h～48 h,如肉眼观察到菌落,则判定乳样中有细菌,然后对血琼脂平板上生长的菌落按照第 7 章的规定进行初步鉴定;如培养至 48 h 仍无细菌生长,则判定乳样中无细菌。

7 初步鉴定

7.1 器材和设备

光学显微镜、恒温培养箱(37℃)、洁净工作台、冰箱(4℃)、pH 计、接种环、天平(精度为 0.01 g)。

7.2 试剂与材料

革兰氏染色液、血琼脂平板。

7.3 菌落观察

肉眼观察血琼脂平板上的菌落。

7.4 菌落观察结果判定

7.4.1 当菌落为圆形、光滑凸起、湿润、边缘整齐,颜色呈金黄色、灰白色、乳白色或柠檬色,直径 0.5 mm～1.5 mm 的大菌落,溶血或不溶血,可初步判定为葡萄球菌属。

7.4.2 当菌落为圆形、光滑凸起、湿润、边缘整齐,颜色为灰白色或毛玻璃色,透明或半透明的小菌落或针尖大小的菌落,α 溶血、β 溶血或不溶血,可初步判定为链球菌属。

7.5 革兰氏染色镜检

分别挑取步骤 7.4 中疑似菌落进行革兰氏染色,将染色菌样置于显微镜油镜下观察。

7.6 革兰氏染色镜检结果判定

如果镜检观察到菌体为革兰氏阳性(G^+),形态为圆形或椭圆形,成对状、丛状、葡萄串状或链状排列的细菌,初步定为 G^+ 球菌。

7.7 纯化培养

挑取步骤 7.6 中初步判定为 G^+ 球菌的单个菌落,间断划线接种于新的血琼脂平板上,置 37℃恒温培养箱中进行纯化培养 18 h～24 h 后,再次按 7.4、7.5 进行判定和革兰氏染色镜检。

如果镜检为纯净的 G^+ 球菌,则可进行接触酶试验。纯净的葡萄球菌属细菌镜检观察到菌体为革兰氏阳性(G^+),形态为圆形,成对状、丛状或葡萄串状;纯净的链球菌属细菌镜检观察到菌体为革兰氏阳性(G^+),形态为圆形或椭圆形,成对状或链状排列。如果不纯净,重复本步骤,直至镜检菌落纯净。

7.8 属别鉴定

7.8.1 总则

对 7.7 中镜检观察为 G^+ 球菌的纯净菌落进行接触酶试验。

7.8.2 试验试剂

3% H_2O_2 溶液:配制方法见 A.3。

7.8.3 接触酶试验操作方法

取 3% H_2O_2 溶液 1 滴～2 滴置于干净载玻片上,然后加一接种环被检细菌菌落,与 H_2O_2 滴液混合,立即产生气泡者为阳性,不产生气泡者为阴性。

7.8.4 结果判定

G^+ 球菌,且接触酶试验阳性(+),初步判定为葡萄球菌属;

G^+ 球菌,且接触酶试验阴性(-),初步判定为链球菌属。

8 定性鉴定

8.1 凝固酶阴性葡萄球菌的定性鉴定

8.1.1 总则

将步骤 7.8.4 中鉴定为葡萄球菌属的细菌进行兔血浆凝固酶试验。

8.1.2 器材和设备

恒温培养箱(37℃)、洁净工作台、冰箱(4℃)。

8.1.3 试剂与材料

8.1.3.1 兔血浆

配制方法见 A.4。兔血浆也可用商品化的试剂,按说明书操作。

8.1.3.2 阳性对照菌株

兔血浆凝固酶阳性葡萄球菌菌株。

8.1.3.3 阴性对照

空白兔血浆。

8.1.4 兔血浆凝固酶试验操作方法

取新鲜配置的兔血浆 0.5 mL,放入无菌小试管中,再加入待检细菌肉汤培养物 0.1 mL,总体积为 0.6 mL,振荡摇匀,置 37℃恒温培养箱中培养,同时设立阳性对照和阴性对照。每 0.5 h 观察一次,观察 6 h,如呈现凝固(即将试管倾斜或倒置时,出现凝块)或凝固体积大于总体积(0.6 mL)的一半,则判定为阳性结果。

8.1.5 结果判定

葡萄球菌属的细菌,且符合兔血浆凝固酶试验阴性(-),则判定为凝固酶阴性葡萄球菌;

葡萄球菌属的细菌,且符合兔血浆凝固酶试验阳性(+),则判定为凝固酶阳性葡萄球菌。

8.2 金黄色葡萄球菌的定性鉴定

8.2.1 **Baird-Parker** 琼脂平板筛选

8.2.1.1 总则

将步骤 8.1.5 中判定为凝固酶阳性葡萄球菌的细菌进行 Baird-Parker 琼脂平板筛选。

8.2.1.2 器材和设备

恒温培养箱(37℃)、洁净工作台、冰箱(4℃)。

8.2.1.3 试剂与材料

Baird-Parker 琼脂平板:配制方法见 A.5。

8.2.1.4 **Baird-Parker** 琼脂平板筛选操作方法

将待检细菌划线接种到 Baird-Parker 琼脂平板上,置 37℃恒温培养箱中培养 18 h～24 h 后观察菌落形态。

8.2.1.5 **Baird-Parker 琼脂平板筛选结果判定**

如果菌落直径为 2 mm～3 mm，颜色呈灰色到黑色，边缘为淡色，周围为一混浊带，在其外层有一透明圈，某些菌落混浊带和透明圈不明显，则初步判定为金黄色葡萄球菌。

8.2.2 **金黄色葡萄球菌的聚合酶链式反应(PCR)检测**

8.2.2.1 **总则**

将 8.2.1.5 中初步判定为金黄色葡萄球菌的细菌进行 PCR 检测，预期扩增片段 279 bp，PCR 扩增的核苷酸序列参照附录 C。

8.2.2.2 **器材和设备**

PCR 仪及 PCR 管、核酸电泳仪、核酸电泳槽及配套的制胶板与制胶梳、紫外凝胶成像系统或其他核酸电泳凝胶成像系统(与对应的核酸染料相适用)、冰箱(4℃)、恒温水浴锅(30℃～70℃)、微量移液器及吸头(量程为 0.1 μL～10.0 μL、20 μL～200 μL、100 μL～1 000 μL)、涡旋仪、天平(精度为 0.01 g)、医用乳胶手套和 PE 手套、接种环。

8.2.2.3 **试剂与材料**

8.2.2.3.1 金黄色葡萄球菌 PCR 鉴定的引物：商业合成。

上游引物 nuc1 序列：5′- GCGATTGATGGTGATACGGTT - 3′；

下游引物 nuc2 序列：5′- AGCCAAGCCTTGACGAACTAAAGC - 3′。

8.2.2.3.2 营养肉汤。

8.2.2.3.3 革兰氏阳性细菌 DNA 提取试剂盒。

8.2.2.3.4 Premix *Taq* 或者其他商品化的 PCR 反应预混液。

8.2.2.3.5 超纯水。

8.2.2.3.6 DNA Ladder：DL 1 000 Ladder 或者 150 bp Ladder。

8.2.2.3.7 1×TAE 电泳缓冲液：配制方法见 A.6。

8.2.2.3.8 10 mg/mL 溴化乙锭：与紫外凝胶成像系统相适应，配制方法见 A.7。或者使用与其他核酸电泳凝胶成像系统相适应的商品化核酸染料。

8.2.2.3.9 琼脂糖：电泳级。

8.2.2.3.10 阳性对照菌株：金黄色葡萄球菌标准菌株或者经鉴定确认的金黄色葡萄球菌地方分离菌株。

8.2.2.3.11 阴性对照：设置超纯水为阴性对照。

8.2.2.4 **操作步骤**

8.2.2.4.1 **细菌基因组 DNA 的提取**

将 8.2.1.5 中初步判定为金黄色葡萄球菌的待检细菌、阳性对照菌株分别在营养肉汤中增菌培养 18 h～24 h 达到对数生长期，取对数生长期的细菌增殖菌液 1.5 mL，按照革兰氏阳性细菌 DNA 提取试剂盒的说明书的方法和步骤，分别提取待检细菌、阳性对照菌株的细菌总 DNA。

8.2.2.4.2 **反应体系**

以 8.2.2.4.1 中提取的细菌总 DNA 为模板 DNA，分别进行金黄色葡萄球菌的 *nuc* 基因 PCR 扩增鉴定。每个样品 50.0 μL 反应体系，组成如下：

Premix *Taq* (或者其他商品化的 PCR 反应预混液)	25.0 μL
超纯水	19.0 μL
上游引物 nuc1(100 mmol/L)	1.0 μL
下游引物 nuc2(100 mmol/L)	1.0 μL

模板 DNA　　　　　　　　　　　　　　4.0 μL(DNA 总量为 50 ng～120 ng)
总体积　　　　　　　　　　　　　　　　50.0 μL

8.2.2.4.3　**PCR 扩增**

按照 8.2.2.4.2 中的加样顺序全部加完后，充分混匀，瞬时离心，使液体都沉降到 PCR 管底。在每个 PCR 管中加入一滴液体石蜡油(约 20 μL)。

阳性对照、阴性对照随样品同步进行 DNA 提取及 PCR 扩增。

8.2.2.4.4　**金黄色葡萄球菌 *nuc* 基因的扩增条件**

第一阶段，95℃预变性 5 min；第二阶段，94℃ 50 s，54℃ 30 s，72℃ 30 s，30 个循环；第三阶段，72℃延伸 7 min；然后将扩增产物按下述进行电泳分析和结果判定或置 4℃保存。

8.2.2.4.5　**琼脂糖凝胶的制备**

nuc 基因的 PCR 扩增产物需要在浓度为 15.0 g/L 的琼脂糖凝胶上进行核酸电泳，按 A.8 的方法制备琼脂糖凝胶。

8.2.2.4.6　**电泳**

PCR 扩增结束后，取 *nuc* 基因的 PCR 产物 10.0 μL 在浓度为 15.0 g/L 的琼脂糖凝胶上电泳，在与核酸染料相适应的核酸电泳凝胶成像系统上观察电泳结果。

8.2.2.4.7　**电泳结果判定**

在核酸电泳凝胶成像系统下观察，金黄色葡萄球菌 *nuc* 基因的扩增片段为 279 bp，且阳性对照、阴性对照均成立，则判定 *nuc* 基因扩增阳性(＋)。

8.2.3　**结果判定**

如果待鉴定的凝固酶阳性葡萄球菌符合下列 2 项指标，则判定为金黄色葡萄球菌。

a)　Baird-Parker 平板上菌落直径为 2 mm～3 mm，颜色呈灰色到黑色，边缘为淡色，周围为一混浊带，在其外层有一透明圈，某些菌落混浊带和透明圈不明显；
b)　金黄色葡萄球菌 *nuc* 基因 PCR 扩增阳性(＋)。

8.3　**无乳链球菌的鉴定**

8.3.1　**CAMP 试验**

8.3.1.1　**总则**

将步骤 7.8.4 中鉴定为链球菌属的细菌进行 CAMP 试验。

8.3.1.2　**器材和设备**

恒温培养箱(37℃)、洁净工作台、冰箱(4℃)。

8.3.1.3　**试剂与材料**

血琼脂平板。

8.3.1.4　**CAMP 试验操作方法**

在血琼脂平板上用 β 溶血性金黄色葡萄球菌培养物划一条直线(竖线)，然后用待检细菌培养物分别划一横线，与 β 溶血性金黄色葡萄球菌线垂直，但不要与之接触，37℃培养 20 h～24 h 判定。在 β 溶血性金黄色葡萄球菌线于被检菌线形成的直角处，呈现半圆形或三角形的 β 溶血区，似一个箭头，即为 CAMP 阳性(＋)结果，不溶血者为 CAMP 阴性(－)结果。

8.3.1.5　**CAMP 试验结果判定**

链球菌属的细菌，且 CAMP 试验阳性(＋)，则判定疑似无乳链球菌。

8.3.2　**无乳链球菌的 PCR 鉴定**

8.3.2.1　**总则**

将步骤 8.3.1.5 中鉴定疑似无乳链球菌的细菌进行无乳链球菌的 PCR 鉴定，预期扩增片段

1 305 bp,PCR 扩增的核苷酸序列参照附录 D。

8.3.2.2 **器材和设备**

同 8.2.2.2。

8.3.2.3 **试验材料**

8.3.2.3.1 无乳链球菌 PCR 鉴定的引物序列为:商业合成。

上游引物 sip1:5′- ATGAAAATGAATAAAAAGGTAC - 3′;

下游引物 sip2:5′- TTATTTGTTAAATGATACGTG - 3。

8.3.2.3.2 THB 肉汤:配制方法见 A.9。

8.3.2.3.3 革兰氏阳性细菌 DNA 提取试剂盒。

8.3.2.3.4 Premix *Taq* 或者其他商品化的 PCR 反应预混液。

8.3.2.3.5 超纯水。

8.3.2.3.6 DNA Ladder:DL 2 000 Ladder。

8.3.2.3.7 琼脂糖:电泳级。

8.3.2.3.8 1×TAE 电泳缓冲液:配制方法见 A.7。

8.3.2.3.9 10 mg/mL 溴化乙锭:与紫外凝胶成像系统相适应,配制方法见 A.8。或者使用与其他核酸电泳凝胶成像系统相适应的商品化核酸染料。

8.3.2.3.10 阳性对照菌株:无乳链球菌标准菌株或者鉴定准确的无乳链球菌地方分离菌株。

8.3.2.3.11 阴性对照:阴性对照是超纯水。

8.3.2.4 **操作步骤**

8.3.2.4.1 **细菌基因组 DNA 的提取**

将 8.3.1.5 中疑似无乳链球菌的细菌、阳性对照菌株分别接种于 THB 肉汤中增菌培养 18 h~24 h 达到对数生长期,取对数生长期的细菌增殖菌液 1.5 mL,根据革兰氏阳性细菌 DNA 提取试剂盒说明书分别提取待检细菌、阳性对照菌株的细菌总 DNA。

8.3.2.4.2 **反应体系**

以 8.3.2.4.1 中提取的细菌总 DNA 为模板 DNA,分别进行无乳链球菌的 *sip* 基因 PCR 扩增鉴定。每个样品的 50.0 μL 反应体系,组成如下:

Premix *Taq* (或者其他商品化的 PCR 反应预混液)	25.0 μL
超纯水	19.0 μL
上游引物 sip1(100 mmol/L)	1.0 μL
下游引物 sip2(100 mmol/L)	1.0 μL
模板 DNA	4.0 μL(DNA 总量为 50 ng~120 ng)
总体积	50.0 μL

8.3.2.4.3 **PCR 扩增**

按照 8.3.2.4.2 加样顺序全部加完后,充分混匀,瞬时离心,使液体都沉降到 PCR 管底。在每个 PCR 管中加入一滴液体石蜡油(约 20 μL)。

阳性对照、阴性对照随样品同步进行 DNA 提取及 PCR 扩增。

8.3.2.4.4 **无乳链球菌 *sip* 基因的循环条件**

第一阶段,95℃预变性 5 min;第二阶段,94℃ 60 s,45℃ 90 s,72℃ 90 s,30 个循环;第三阶段,72℃延伸 10 min,然后将扩增产物按下述进行电泳分析和结果判定或置 4℃保存。

8.3.2.4.5 **琼脂糖凝胶的制备**

sip 基因的 PCR 扩增产物需要在浓度为 10.0 g/L 的琼脂糖凝胶上进行核酸电泳。按 A.9 的方法制备琼脂糖凝胶。

8.3.2.4.6 电泳

PCR 扩增结束后，取 *sip* 基因的 PCR 产物 10.0 μL 在 10.0 g/L 的琼脂糖凝胶上电泳，在与核酸染料相适应的核酸电泳凝胶成像系统上观察电泳结果。

8.3.2.4.7 电泳结果判定

在核酸电泳凝胶成像系统下观察，无乳链球菌 *sip* 基因扩增片段为 1 305 bp，且阳性对照、阴性对照均成立，则判定 *sip* 基因扩增阳性(+)。

8.3.3 结果判定

如果待鉴定的疑是无乳链球菌的细菌，且无乳链球菌 *sip* 基因 PCR 扩增阳性(+)，则判定为无乳链球菌。

附 录 A
(规范性附录)
培养基和试剂

A.1 乳样采集管

A.1.1 成分

蛋白胨	10.0 g
牛肉膏	3.0 g
氯化钠	5.0 g
琼脂	15.0 g～20.0 g
蒸馏水	1 000 mL

A.1.2 制法

将 A.1.1 试剂放入烧杯中,搅拌加热煮沸至完全溶解,调节 pH 至 7.2～7.4。也可用商品化的营养琼脂,按照说明书操作。

分装入 10 mL 螺口平底塑料试管中,每管 4 mL,旋上盖子,但不能拧紧,121℃高压灭菌 20 min。灭菌完成后拧紧盖子制成斜面培养基,琼脂凝固即可使用。

注:确保乳样采集管无菌。

A.2 改良营养肉汤

A.2.1 成分

牛肉膏	10.0 g
胰蛋白胨	20.0 g
酵母浸出物	3.0 g
氯化钠	3.0 g
蒸馏水	1 000 mL

A.2.2 制法

将 A.2.1 试剂放入烧杯中,搅拌加热煮沸至完全溶解,调节 pH 至 7.2～7.4,分装入玻璃试管,每管 2 mL。121℃高压灭菌 15 min,冷却后 4℃保存备用。使用前,每管加入 50%葡萄糖 40 μL、犊牛血清 40 μL。

A.3 3% H_2O_2 溶液

A.3.1 制法

吸取 1 mL 30% H_2O_2 溶液,溶于 9 mL 蒸馏水中,摇匀,即可使用。

A.4 兔血浆

制法:取柠檬酸钠 3.8 g,加蒸馏水 100 mL,溶解后过滤,瓶装,121℃高压灭菌 15 min。

无菌取 3.8%柠檬酸钠溶液 1 份,加健康兔全血 4 份,轻轻摇匀,静置或 3 000 r/min 离心 30 min,使血细胞沉降,即可得到血浆。经细菌培养检验为阴性,即可使用。也可用商品化的兔血浆,按照说明书操作。

A.5 Baird-Parker 琼脂平板

A.5.1 成分

胰蛋白胨	10.0 g
牛肉膏	5.0 g
酵母膏	1.0 g
丙酮酸钠	10.0 g
甘氨酸	12.0 g
氯化锂	5.0 g
琼脂	20.0 g
蒸馏水	950 mL

A.5.2 增菌剂的配法

30%卵黄盐水 50 mL 与经过过滤除菌的 1%亚碲酸钾 10 mL 混合，保存于冰箱(2℃～8℃)内。

A.5.3 制法

将各成分加入到蒸馏水中，加热煮沸至完全溶解，调节 pH 至 7.0±0.2。分装每瓶 95 mL，121℃高压灭菌 15 min。临时用加热融化琼脂，冷至 47℃～50℃，每 95 mL Baird-Parker 琼脂基础培养基加入预热至 47℃～50℃的卵黄亚碲酸钾增菌剂 5 mL，摇匀后倾注平板。培养基应是紧致不透明的。使用前，在冰箱储存不得超过 48 h。也可用商品化的 Baird-Parker 琼脂基础培养基，按照说明书操作。

A.6 1×TAE 电泳缓冲液

A.6.1 50×TAE 电泳缓冲液成分

Tris	242.0 g
$Na_2EDTA \cdot 2H_2O$	37.2 g
醋酸	57.1 mL

A.6.2 制法

分别称取上述成分，在 800 mL 去离子水，充分搅拌溶解。加入 57.1 mL 的醋酸，充分搅拌，然后加去离子水将溶液定容至 1 000 mL，室温保存备用。将 50×TAE 电泳缓冲液进行 50 倍稀释则为制备琼脂糖凝胶和核酸电泳的 1×TAE 电泳缓冲液。

A.7 溴化乙锭(10 mg/mL)

制法：称取 0.1 g 溴化乙锭，加入到洁净的 15 mL 塑料螺口离心管中，加入 10 mL 灭菌的去离子水，充分搅拌使溴化乙锭完全溶解，将溶液室温避光保存。

溴化乙锭的工作浓度为 0.5 μg/mL。

注：溴化乙锭是一种强烈的诱变剂并具有中毒毒性，要小心操作，带医用乳胶手套或 PE 手套。

A.8 琼脂糖凝胶

制法：

a) 根据样品数量的多少和电泳槽选择制胶板的大小，并决定琼脂糖凝胶的需用量。
b) 将配套的制胶梳安置到制胶板上。
c) 然后称取需用量的琼脂糖，加入到三角瓶中，加入相应量的电泳缓冲液(见 A.7)，在微波炉中加热融化。
d) 冷却至 60℃，加入溴化乙锭至终浓度(见 A.8)。或者使用其他商品化的核酸染料，按其说明书使用。

e） 将加入核酸染料的琼脂糖凝胶倒入安置好的制胶板，冷却凝固后，将制胶梳拔出准备电泳。

注：琼脂糖溶液若在微波炉里加热过长时间，溶液将过热并暴沸。

A.9 THB 培养基

A.9.1 成分

牛肉粉	10.0 g
胰蛋白胨	20.0 g
葡萄糖	2.0 g
碳酸氢钠	2.0 g
氯化钠	2.0 g
磷酸氢二钠	0.4 g

A.9.2 制法

称取上述成分，溶解于 1 000 mL 蒸馏水中，121℃高压灭菌 15 min。冷却至 47℃～50℃时，加入多黏菌素 E 10 mg 和萘啶酮酸 15 mg，混匀。分装到无菌小试管，每管 2 mL。

附 录 B
(规范性附录)
本标准的细菌分离鉴定流程图

本标准的细菌分离鉴定流程图见图 B.1。

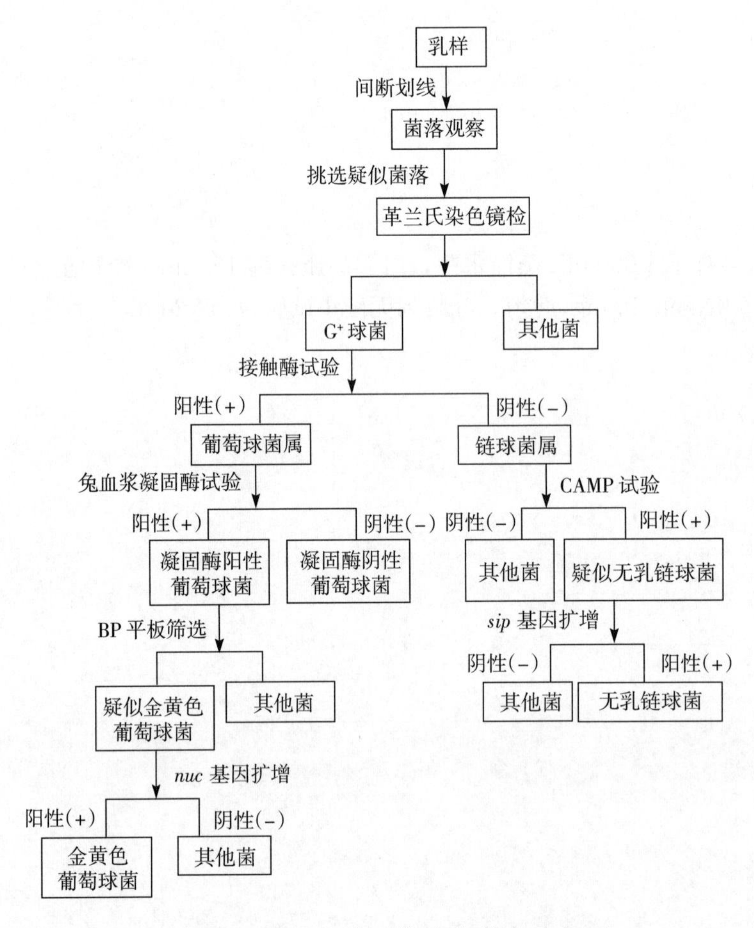

图 B.1 本标准的细菌分离鉴定流程图

附 录 C
（资料性附录）
金黄色葡萄球菌 *nuc* 基因 PCR 扩增核苷酸序列

GCGATTGATGGTGATACGGTTAAATTAATGTACAAAGGTCAACCAATGACATTCAGACTATTATTGGTTGATACACC
TGAAACAAAGCATCCTAAAAAAGGTGTAGAGAAATATGGTCCTGAAGCAAGTGCATTTACGAAAAAAATGGTAGAAA
ATGCAAAGAAAATTGAAGTCGAGTTTGACAAAGGTCAAAGAACTGATAAATATGGACGTGGCTTAGCGTATATTTAT
GCTGATGGAAAAATGGTAAACGAAGCTTTAGTTCGTCAAGGCTTGGCT

附 录 D
（资料性附录）
无乳链球菌 *sip* 基因 PCR 扩增核苷酸序列

ATGAAAATGAATAAAAAGGTACTATTGACATCGACAATGGCAGCTTCGCTATTATCAGTCGCAAGTGTTCAAGCACA
AGAAACAGATACGACGTGGACAGCACGTACTGTTTCAGAGGTAAAGGCTGATTTGGTAAAGCAAGACAATAAATCAT
CATATACTGTGAAATATGGTGATACACTAAGCGTTATTTCAGAAGCAATGTCAATTGATATGAATGTCTTAGCAAAA
ATTAATAACATTGCAGATATCAATCTTATTTATCCTGAGACAACACTGACAGTAACTTACGATCAGAAGAGTCATAC
TGCCACTTCAATGAAAATAGAAACACCAGCAACAAATGCTGCTGGTCAAACAACAGCTACTGTGGATTTGAAAACCA
ATCAAGTTTCTGTTGCAGACCAAAAAGTTTCTCTCAATACAATTTCGGAAGGTATGACACCAGAAGCAGCAACAACG
ATTGTTTCGCCAATGAAGACATATTCTTCTGCGCCAGCTTTGAAATCAAAAGAAGTATTAGCACAAGAGCAAGCTGT
TAGTCAAGCAGCAGCCAATGAACAGGTATCACCAGCTCCTGTGAAGTCGATTACTTCAGAAGTTCCAGCAGCTAAAG
AGGAAGTTAAACCAACTCAGACGTCAGTCAGTCAGTCAACAACAGTATCACCAGCTTCTGTTGCTGCTGAAACACCA
GCTCCAGTAGCTAAAGTATCACCGGTAAGAACTGTAGCAGCCCCTAGAGTGGCAAGTGCTAAAGTAGTCACTCCTAA
AGTAGAAACTGGTGCATCACCAGAGCATGTATCAGCTCCAGCAGTTCCTGTGACTACGACTTCAACAGCTACAGACA
GTAAGTTACAAGCGACTGAAGTTAAGAGCGTTCCGGTAGCACAAAAAGCTCCAACAGCAACACCGGTAGCACAACCA
GTTTCAACAACAAATGCAGTAGCTGCACATCCTGAAAATGCAGGGCTACAACCTCATGTTGCGGCTTATAAAGAAAA
AGTAGCGTCAACTTATGGAGTTAATGAATTCAGTACATACCGTGCGGGTGATCCAGGTGATCATGGTAAAGGTTTAG
CAGTTGACTTTATTGTAGGTACCAATCGAGCACTTGGTAATGAAGTTGCACAGTACTCTACACAAAATATGGCGGCA
AATAACATTTCATATGTTATCTGGCAACAAAAGTTTTACTCAAATACAAATAGTATTTATGGACCTGCTAATACTTG
GAATGCAATGCCAGATCGTGGTGGCGTTACTGCCAACCACTATGACCACGTTCACGTATCATTTAACAAATAA

ICS 11.220
B 41

中华人民共和国农业行业标准

NY/T 539—2017
代替 NY/T 539—2002

副结核病诊断技术

Diagnostic techniques for paratuberculosis

2017-06-12 发布　　2017-10-01 实施

中华人民共和国农业部 发布

前　言

本标准按照 GB/T 1.1—2009 给出的规则起草。

本标准代替 NY/T 539—2002《副结核病诊断技术》。与 NY/T 539—2002 相比，除编辑性修改外主要技术变化如下：

——修改了范围(见第 1 章)；

——增加了术语和定义(见第 2 章)；

——增加了临床诊断(见第 3 章)；

——修改了细菌学检查(见第 4 章)；

——增加了病原分离培养(见第 5 章)；

——删除了补体结合试验；

——修改了酶联免疫吸附(ELISA)试验(见第 7 章)；

——增加了琼脂扩散试验(见第 8 章)；

——增加了副结核病诊断方法的适用性(见附录 A)和培养基配制(见附录 C)。

本标准参考采用世界动物卫生组织(OIE)《陆生动物诊断试验和疫苗手册》(2016 年 OIE 官方网站在线版)中的副结核病章节。

本标准由农业部兽医局提出。

本标准由全国动物卫生标准化技术委员会(SAC/TC 181)归口。

本标准起草单位：中国动物卫生与流行病学中心、吉林农业大学。

本标准主要起草人：张喜悦、姜秀云、高云航、徐凤宇、范伟兴、孙明军、王伟利、巩红霞、田莉莉、王岩、赵宏涛。

本标准所代替标准的历次版本发布情况为：

——NY/T 539—2002。

副结核病诊断技术

1 范围

本标准规定了副结核病的诊断技术。

本标准的病原分离鉴定、组织病理学和粪便显微镜检查适用于临床病例的确诊；ELISA和琼脂扩散试验适用于感染率的流行病学调查以及免疫后个体或群体免疫状态的监测；变态反应试验适用于免疫状态的监测。

各种诊断方法的适用性见附录A。

2 术语和定义

下列术语和定义适用于本文件。

2.1

副结核病(约内氏病) paratuberculosis(Johne's disease)

由禽分枝杆菌副结核亚种引起的反刍动物的一种慢性肠炎性疾病。

3 临床诊断

3.1 临床症状

3.1.1 牛的症状表现为进行性消瘦和腹泻，腹泻牛在群中最初是间歇性出现，而后日益增加，直至腹泻牛在群中不断出现。

3.1.2 部分鹿感染后可能突发性腹泻、体重骤降，并在2周～3周内死亡。

3.1.3 其他动物可能在无明显腹泻的情况下，几个月后出现极度消瘦。

3.2 病理变化

3.2.1 临床症状的严重性与病变程度并无密切相关性。

3.2.2 牛的小肠和大肠末端黏膜增厚，尤其是回肠末端，应检查其特征性的增厚和皱褶病变。早期病变可于强光下观察到散在的蚀斑。

3.2.3 鹿的小肠和大肠末端可见黏膜充血、糜烂和瘀斑。

3.2.4 山羊、绵羊的肠系膜淋巴结可见干酪样坏死或钙化。

3.2.5 增生性肠炎病变样品经固定(10%福尔马林)、切片、苏木紫-伊红染色，病变可见黏膜固有层浸润、淋巴集结和肠系膜淋巴结皮质有大的淡染上皮样细胞和多核朗罕氏巨细胞浸润；经萋-尼氏染色，可见两种细胞中有成丛的或单个的抗酸菌。

3.3 流行特点

3.3.1 该病常见于家养和野生反刍动物。

3.3.2 该病主要经消化道感染，也可垂直传播给胎儿。

3.3.3 初次感染禽分枝杆菌副结核亚种的牛群中，首先是2岁～3岁的牛出现症状。当牛群持续感染1年～2年后，任何年龄段的牛均可出现症状，但3岁～5岁奶牛的病例较多。

3.4 结果判定

反刍动物出现3.1的临床症状、具有3.2的病理变化并符合3.3的流行特点时，可判为临床诊断阳性。

4 病原显微镜检查

4.1 材料准备

4.1.1 器材

水浴锅、离心机、显微镜和载玻片。

4.1.2 试剂

0.5%氢氧化钠溶液(0.5% NaOH)、萋-尼氏染色(Ziehl-Neelsen 染色、ZN 染色)试剂(配制及染色方法见附录 B)。

4.2 操作方法

取待检粪样(尽可能取带有黏液或血丝的粪便)15 g~20 g,加入约 3 倍体积的 0.5% NaOH 溶液,混匀,55℃水浴乳化 30 min,以 4 层纱布过滤,取滤液 1 000 r/min 离心 5 min,去沉渣后,再以 3 000 r/min 离心 30 min,去上清液,用沉淀涂片。也可以直肠刮取物、病变肠段黏膜直接涂片。火焰固定,萋-尼氏染色后镜检。

4.3 结果判定

4.3.1 阳性

在细胞内有被染成红色、成丛、成团(≥3 个)的抗酸短杆菌(0.5 μm~1.5 μm)即为显微镜检查阳性。

4.3.2 阴性

未出现 4.3.1 的结果则判为显微镜检查阴性。

5 病原分离培养

5.1 材料准备

5.1.1 器材

磁力搅拌器、离心机、恒温培养箱、显微镜和载玻片。

5.1.2 试剂

胰蛋白酶(2.5%)、4% NaOH、0.75%或 0.95%的氯化十六烷基吡啶(HPC)、Herrold's 或改良 Dubos's 培养基(配制方法见附录 C)。

5.2 样品准备

5.2.1 组织样品

为防止污染,用无菌盐水冲洗样本肠道中的粪便。采集的样品应-20℃保存,不得使用防腐剂。

从回盲瓣、肠系膜结节或其他病变区刮取 4 g 黏膜,装入含 50 mL 胰蛋白酶(2.5%)的无菌容器中。用 4% NaOH 调整 pH 至中性,室温下磁力搅拌 30 min,用纱布过滤后 2 000 *g*~3 000 *g* 离心 30 min,弃去上清液。沉淀用 20 mL 0.75% HPC 重新悬浮,室温静置 18 h。底部的沉淀即为接种物。

5.2.2 粪便样品

粪便样品处理前应-70℃冻存,不得使用防腐剂。

将 1 g 粪便放入装有 20 mL 无菌蒸馏水的 50 mL 试管中,室温振荡 30 min,静置 30 min。取最上层的 5 mL 悬浮液,加至含有 20 mL 0.95% HPC 的试管中,混匀后室温直立静置 18 h。试管底部的沉淀即为接种物。

5.3 接种培养

取 100 μL 接种物,分别接种 3 个含分枝杆菌素和 1 个不含分枝杆菌素的 Herrold's 培养基,将样品均匀接种于斜面。将试管螺帽拧松后于 37℃斜面放置约 1 周,当水分从斜面上蒸发以后,将试管螺帽拧紧后垂直放置。37℃培养 6 个月,从第 6 周起,每周观察 1 次。

5.4 生长特性

初代培养会在接种后 5 周至 6 个月长出菌落，在含有分枝杆菌素的 Herrold's 培养基上，禽分枝杆菌副结核亚种的初始菌落很小(0.25 mm～1 mm)，无色、半透明、半球状、边缘整齐、表面光滑、有光泽，随着时间延长，菌落变大(可达 2 mm)，不透明，菌落的形态从光滑变为粗糙，从半球状变为乳头状。

5.5 结果判定

如在含有分枝杆菌素的 Herrold's 培养基或含有分枝杆菌素的改良 Dubos's 培养基上有符合禽分枝杆菌副结核亚种特性的菌生长，而在不含分枝杆菌素的培养基上无菌生长，镜检为抗酸染色阳性的红色成丛杆菌，出菌时间较长，且 PCR 鉴定为阳性(参见附录 D、附录 E)，判为禽分枝杆菌副结核亚种培养阳性。

6 皮内变态反应试验

6.1 材料准备

6.1.1 器材

游标卡尺、灭菌的 1 mL 注射器或连续注射器、针头和 75%酒精棉。

6.1.2 试剂

禽分枝杆菌副结核亚种提纯蛋白衍生物(副结核 PPD)或禽分枝杆菌提纯蛋白衍生物(禽结核 PPD)。

6.2 操作方法

6.2.1 记录被检动物编号，在颈侧中 1/3 处的健康皮肤处剪毛，直径约 10 cm，用手捏起注射部位的皮肤，以游标卡尺测量皮肤皱褶厚度并记录，之后局部消毒。

6.2.2 将副结核 PPD 或禽结核 PPD 以灭菌生理盐水稀释至 0.5 mg/mL，针头与皮肤呈 15°～20°的角度进行皮内注射。无论动物种类及大小一律注射 0.1 mL。注射后，注射部位应呈现绿豆至黄豆大小的小包。如注至皮下或溢出，应于离原注射点 8 cm 以外处补注一针，并在记录中注明。

6.2.3 牛、羊也可在尾根无毛的皱褶部进行皮下注射。

6.3 结果判定

6.3.1 判定方法

注射 72 h 后观察反应，检查注射部位有无红、肿、热、痛等炎性反应，并以游标卡尺测量注射部位的皮肤皱褶厚度。

6.3.2 判定标准

具体判定标准如下：

a) 变态反应阳性(+)：局部有炎性反应，皮皱差≥4 mm；

b) 变态反应疑似(±)：局部炎性反应不明显，皮皱差为 2.1 mm～3.9 mm；

c) 变态反应阴性(−)：局部无反应或炎性反应不明显，皮皱差≤2.0 mm。

6.3.3 疑似反应的判定

变态反应疑似，应于 3 个月后复检。复检时，应于注射部位对侧的相应部位进行皮下注射，72 h 后仍为变态反应疑似的，则判为变态反应阳性。

6.3.4 其他情况的判定

尾根试验中有反应者(不论皮皱差大小和炎性反应轻重)均判为变态反应阳性(+)，鹿有任何形式的肿胀均判为变态反应阳性(+)，无任何反应者判为变态反应阴性(−)。

7 酶联免疫吸附试验

7.1 材料准备

7.1.1 器材

酶标仪、恒温箱和加样器等。

7.1.2 试剂

禽结核分枝杆菌副结核亚种抗原包被板、酶标抗体、阳性对照血清、阴性对照血清、样品稀释液(含草分枝杆菌吸收抗原)、洗涤液、底物溶液和终止液等 ELISA 试剂。上述试剂应于 2℃～8℃保存,使用前恢复至室温(18℃～26℃)。

7.2 操作方法

7.2.1 血清处理

将待检血清、阳性对照血清和阴性对照血清,使用血清稀释液(含草分枝杆菌吸收抗原)进行稀释,混匀后 37℃作用 30 min 或室温(18℃～26℃)作用 2 h,应用草分枝杆菌吸收抗原去除血清中的非特异性反应成分。

7.2.2 加样

将处理后的血清加入酶标板中,每孔 100 μL,37℃作用 30 min 或室温(18℃～26℃)作用 1 h,使用洗涤液洗涤 3 次。

7.2.3 加入酶标抗体

将酶标抗体稀释至工作浓度后加入酶标板中,每孔 100 μL,37℃作用 30 min 或室温(18℃～26℃)作用 1 h,使用洗涤液洗涤 3 次。

7.2.4 加入底物溶液

每孔加入 100 μL TMB 底物溶液,室温(18℃～26℃)避光作用 10 min～20 min(可根据颜色变化适当延长或缩短作用时间)。

7.2.5 加入终止液

每孔加入 100 μL 终止液,终止反应。

7.3 结果判定

使用酶标仪测定结果(450 nm),当阳性对照 OD 值≥0.35 且阳性对照 OD 值/阴性对照 OD 值≥3 时,计算样品 OD 值/阳性对照 OD 值(S/P),当 $S/P \geq 0.55$ 时判为阳性,$0.45 < S/P < 0.55$ 时判为可疑,$S/P \leq 0.45$ 时判为阴性。

8 琼脂扩散试验

8.1 材料准备

8.1.1 器材

平皿、加样器、打孔器、酒精灯、温箱等。

8.1.2 试剂

抗原、阳性对照血清、阴性对照血清和 pH 8.6 的巴比妥缓冲液(取甘氨酸 75.0 g、巴比妥钠 2.6 g、叠氮钠 3.8 g,加蒸馏水至 1 000 mL,用 0.2 mol/L 盐酸调 pH 8.6)等。

8.2 操作方法

8.2.1 琼脂平板制备

用含叠氮钠的巴比妥缓冲液(pH 8.6)配制 0.75%的琼脂糖平板。

8.2.2 打孔、封底

使用 7 孔梅花形打孔器打孔,用针头将孔内琼脂块挑出。为防渗漏,需用酒精灯火焰加热封底。

8.2.3 加样

在中央孔加入抗原,周围孔分别加入阳性对照血清、阴性对照血清和待检血清,各孔均以加满不溢为度。然后，置37℃湿盒扩散72 h，24 h初判，72 h终判。

8.3 结果判定

8.3.1 阳性

当阳性对照血清孔与抗原孔之间形成沉淀线、阴性对照血清孔与抗原孔之间无沉淀线，被检血清孔与抗原孔之间出现沉淀线，且与阳性对照血清沉淀线末端相吻合时，被检血清即判为阳性。

8.3.2 阴性

当阳性对照血清孔与抗原孔之间形成沉淀线、阴性对照血清孔与抗原孔之间无沉淀线，被检血清孔与抗原孔之间无沉淀线出现时，被检血清即判为阴性。

9 综合判定

3.4或5.5阳性，且6.3、7.3、8.3中任何一项阳性者，均判为副结核病阳性。3.4或4.3阳性，且5.5阳性者，也判为副结核病阳性。

附 录 A
(规范性附录)
副结核病诊断方法的适用性

副结核病各种诊断方法的适用性见表 A.1。

表 A.1 副结核病诊断方法的适用性

方法		副结核清净牛群的监测	调运前副结核阴性个体的复核	根除运动中的监测	临床病例的确诊	流行率的调查	免疫后个体或群体免疫状态的监测
病原鉴定	组织病理学*	+	−	+	+++	−	−
	粪便 ZN 染色	−	−	−	+	−	−
	病原分离培养	+++	+++	+	+++	+	−
免疫学试验	琼脂扩散试验**	++	−	+	+	+++	+++
	ELISA	++	+	+	+	+++	+++
	变态反应	−	−	+	−	−	+++

注:+++为推荐方法;++为适宜方法;+为某些情况下可以应用,但成本、可靠性或其他因素影响其使用;−为不适用;*仅用于屠宰后;**适用于绵羊和山羊。

附 录 B
（规范性附录）
萋-尼氏染色法（Ziehl-Neelsen 染色法）

B.1 染色液的配制

B.1.1 石炭酸复红液

取碱性复红 4 g，加 95％酒精 100 mL，即为饱和的复红原液。取复红原液 1 份，加 5％石炭酸水溶液 9 份，混合，滤纸过滤。

B.1.2 3％盐酸酒精

取浓盐酸 3 mL，加 95％酒精 97 mL。

B.1.3 碱性美蓝液

取美蓝 2 g，加 95％酒精 100 mL，溶解后即为饱和的美蓝原液。取原液 30 mL，加 0.01％的氢氧化钾溶液 100 mL，混合，滤纸过滤。

B.2 染色方法

将制好的涂片酒精灯火焰固定。滴满石炭酸复红液，在酒精灯上加热 5 min，以冒蒸汽不沸腾为度，稍冷，倾去染色液。加 3％盐酸酒精脱色至玻片无红色（约 1 min）。水洗，滴加碱性美蓝液染 2 min，水洗，干燥。镜检，抗酸菌红色，其他菌及杂质蓝色。

附 录 C
（规范性附录）
培 养 基 配 制

C.1 草酸、孔雀石绿混合液

取草酸 10 g、孔雀石绿 0.02 g 溶于 100 mL 蒸馏水中，用 0.45 μm 滤膜过滤除菌。

C.2 两性霉素 B、新霉素混合液

取两性霉素 B 5 mg、新霉素 5 mg 溶于 100 mL 蒸馏水中，用 0.45 μm 滤膜过滤除菌。

C.3 Herrold's 卵黄培养基

取蛋白胨 9.0 g、氯化钠 4.5 g、牛肉浸膏 2.7 g、甘油 27.0 mL、丙酮酸钠 4.1 g 和琼脂 15.3 g，将上述 6 种成分加入到 870 mL 蒸馏水中加热溶解。用 4%氢氧化钠溶液调 pH 6.9～7.0，并通过试验保证固体培养基的 pH 7.2～7.3。将 2 mg 分枝杆菌素溶解至 4 mL 乙醇中后加到培养基中。121℃高压 25 min。冷却至 56℃后无菌加入 120 mL（约 6 个）蛋黄和无菌的 5.1 mL 2%孔雀石绿水溶液。轻轻振荡后，分装到无菌试管中。加入 50 mg 氯霉素，10 万 IU 青霉素和 50 mg 两性霉素 B（含两性霉素 B 的 Herrold's 培养基在 4℃下保存 1 个月）。

C.4 改良的 Dubos 培养基

取酪蛋白氨基酸 2.5 g、天门冬酰胺 0.3 g、无水磷酸氢二钠 2.5 g、磷酸二氢钾 1.0 g、枸橼酸钠 1.5 g、结晶硫酸镁 0.6 g、甘油 25.0 mL、1%吐温-80 溶液 50.0 mL 和琼脂 15.0 g，将各种盐以微热溶于蒸馏水中，使体积为 800 mL。加入 0.05%分枝杆菌素酒精溶液（2 mg 溶解在 4 mL 乙醇中），而后将培养基水浴加热到 100℃，然后将培养基 115℃高压灭菌 15 min。水浴冷却至 56℃，加入抗生素（10 万 IU 青霉素、50 mg 氯霉素和 50 mg 两性霉素 B）和血清（200 mL 经过滤除菌、并 56℃灭能的牛血清）。培养基充分混合后，将其分装到灭菌的试管中。这种培养基的优点是透明，有利于菌落的早期检测。

附　录　D
(资料性附录)
病原菌 PCR 试验

D.1　样品处理

病原分离培养物经80℃灭活2 h，取100 mg，加3 mL PBS，混匀，放置30 min或300 r/min室温离心5 min。取上清液，室温放置30 min或300 r/min室温再次离心5 min。取上清液，12 000 r/min室温离心15 min，弃上清液，加入400 μL TE。

D.2　DNA模板提取

将处理样品于80℃水浴加热20 min，冷至室温。加50 μL溶菌酶，37℃振荡培养1 h。加75 μL SDS/蛋白酶K(70 mL 10% SDS中加入5 mL 10 mg/mL蛋白酶K)，混匀，65℃水浴加热10 min。加100 μL 5 mol/L NaCl和100 μL 65℃预热5 min的CTAB/NaCl(4.1 g NaCl溶于80 mL水，加入10 g CTAB，加水至100 mL)，上下颠倒混匀，直至液体变为白色(奶状)，65℃水浴加热10 min。加750 μL三氯甲烷：异戊醇(24：1)，混匀，12 000 r/min室温离心5 min。取上层水相于新管，加等体积的三氯甲烷：异戊醇(24：1)，混匀，12 000 r/min室温离心5 min。取上层水相于新管，小心加入0.6体积的异丙醇沉淀核酸，小心手摇混匀，－20℃放置30 min，12 000 r/min室温离心15 min。弃上清液，加入500 μL预冷的70%的乙醇，12 000 r/min室温离心5 min，弃上清液。小心吸走液体，室温下干燥10 min左右，用50 μL TE溶解，4℃保存。

D.3　PCR反应

D.3.1　引物

正向引物：Primer90：5′-GTT CGG GGC CGT CGC TTA GG-3′；反向引物：Primer91：5′-GAG GTC GAT CGC CCA CGT GA-3′。扩增副结核分枝杆菌基因中的400 bp DNA片段。

D.3.2　扩增程序及反应条件

95℃预变性5 min；93℃变性1 min→58℃退火1 min→72℃延伸3 min，共33个循环；72℃延伸10 min。

D.3.3　反应体系

设阳性对照、阴性对照和空白对照，用副结核标准菌株的模板DNA作阳性对照，用其他非副结核杆菌的模板DNA作阴性对照，用蒸馏水作空白对照模板。PCR反应总体积25 μL，依次加入以下试剂：无菌去离子水15.75 μL；不含镁离子10×*Tag*缓冲液2.5 μL；25 mmol/L氯化镁1.5 μL；3.2 μmol/L dNTPs 2.0 μL；100 pmol/μL Primer 90 0.5 μL；100 pmol/μL Primer 91 0.5 μL；5 U/μL *Taq*酶0.25 μL；DNA模板2.0 μL。

D.3.4　PCR扩增产物电泳检测

用TAE电泳缓冲液配制成1%琼脂糖平板(溴化乙锭终浓度0.5 μg/mL)。将平板放入水平电泳槽中，加入1×TAE电泳缓冲液刚刚高出凝胶表面，将PCR扩增产物6 μL与6 μL上样缓冲液混合，分别加入样品孔中，取5 μL DNA Marker DL 2 000加入到标准分子量对照孔内。5 V/cm恒压电泳40 min。凝胶成像分析系统检测，并记录结果。

D.4　结果判定

D.4.1　阳性

PCR后，阳性对照会出现一条400 bp的DNA片段，阴性对照和空白对照没有核酸带。待检样品中如出现400 bp的DNA片段，经测序后符合附录E的序列，即为PCR鉴定阳性。

D.4.2 阴性

在阳性对照、阴性对照和空白对照成立的情况下，未出现400 bp的DNA片段，即为PCR鉴定阴性。

附 录 E
（资料性附录）
PCR 扩增产物的参考序列

GTTCGGGGCCGTCGCTTAGGCTTCGAATTGCCCAGGGACGTCGGGTATGGCTTTCATGTGGTTGCTGTGTTGGATGGCCGAAGGAGATTGGCCGCCCGCGGTCCCGCGACGACTCGACCGCTAATTGAGAGATGCGATTGGATCGCTGTGTAAGGACACGTCGGCGTGGTCGTCTGCTGGGTTGATCTGGACAATGACGGTTACGGAGGTGGTTGTGGCACAACCTGTCTGGGCGGGCGTGGACGCCGGTAAGGCCGACCATTACTGCATGGTTATTAACGACGACGCGCAGCGATTGCTCTCGCAGCGGGTGGCCAACGACGAGGCCGCGCTGCTGGAGTTGATTGCGGCGGTGACGACGTTGGCCGATGGAGGCGAGGTCACGTGGGCGATCGACCTC

ICS 11.220
B 41

中华人民共和国农业行业标准

NY/T 561—2015
代替 NY/T 561—2002

动物炭疽诊断技术

Diagnostic techniques for animal anthrax

2015-10-09 发布　　2015-12-01 实施

中华人民共和国农业部 发布

前　言

本标准按照GB/T 1.1—2009给出的规则起草。

本标准代替NY/T 561—2002《动物炭疽诊断技术》。与NY/T 561—2002相比，除编辑性修改外主要技术变化如下：

——增加了规范性引用文件(见2)；

——增加了生物安全要求(见3)；

——增加了炭疽细菌学检查操作流程(见5)；

——增加了病料标本运输(见6.1.3)；

——增加了PCR鉴定试验(见6.6)；

——增加了陈旧动物病料和环境标本的细菌学检查(见7)；

——修改了病料标本采集(见6.1.1和6.1.2)；

——修改了细菌学检查的综合报告(见6.7)；

——修改了皮张标本取样和皮张抗原的制备方法(见8.1和8.3)；

——删除了雷比格尔氏荚膜染色法和荧光抗体染色法；

——删除了青霉素串珠试验；

——删除了非皮张类标本的沉淀试验检查。

本标准与世界动物卫生组织OIE编著《陆生动物诊断试验和疫苗手册》(2012年第7版)中有关炭疽的诊断技术基本一致。

本标准由农业部兽医局提出。

本标准由全国动物卫生标准化技术委员会(SAC/TC 181)归口。

本标准起草单位：军事医学科学院军事兽医研究所。

本标准主要起草人：冯书章、祝令伟、刘军、郭学军、孙洋、纪雪、周伟。

本标准的历次版本发布情况为：

——NY/T 561—2002。

动物炭疽诊断技术

1 范围

本标准规定了动物炭疽芽孢杆菌的分离、培养及鉴定方法。

本标准适用于动物炭疽的诊断和检疫以及环境标本中炭疽芽孢杆菌的检测。

2 规范性引用文件

下列文件对于本文件的应用是必不可少的。凡是注日期的引用文件,仅注日期的版本适用于本文件。凡是不注日期的引用文件,其最新版本(包括所有的修改单)适用于本文件。

国务院〔2004〕424 号 病原微生物实验室生物安全管理条例

农业部〔2003〕302 号 兽医实验室生物安全管理规范

农医发〔2007〕12 号 炭疽防治技术规范

3 生物安全要求

3.1 疑似炭疽病料标本的涂片、染色和镜检,以及灭活材料的 PCR 试验和沉淀试验操作应在 BSL-2 实验室进行。

3.2 病原分离培养操作应在 BSL-3 实验室进行。

3.3 采样过程中的个体防护按照农医发〔2007〕12 号的规定执行,实验过程中的操作和个体防护按照农业部〔2003〕302 号的规定执行,推荐长期从事炭疽诊断的专业人员接种炭疽疫苗。

3.4 所有可能受污染的物品应彻底灭菌处理,可能受污染的环境应消毒处理,灭菌及消毒方法按照农医发〔2007〕12 号的规定执行。

4 材料准备

4.1 器材

恒温培养箱、恒温水浴锅、高压灭菌锅、Ⅱ级生物安全柜、光学显微镜、台式离心机、CO_2 培养箱、PCR 扩增仪、电泳系统、紫外凝胶成像仪或紫外分析仪。

4.2 培养基及试剂

普通营养肉汤、普通营养琼脂平板、5%绵羊血液琼脂平板(或 5%马血液琼脂平板)、0.7%碳酸氢钠琼脂平板、PLET 琼脂平板;碱性美蓝染色液、草酸铵结晶紫染色液、革兰氏碘液、沙黄复染液、TAE 电泳缓冲液、2%琼脂糖凝胶、上样缓冲液、0.5%苯酚生理盐水。配制方法见附录 A。

4.3 诊断试剂

国家标准炭疽沉淀素血清、炭疽皮张抗原、健康皮张抗原、炭疽诊断用标准噬菌体和Ⅱ号炭疽疫苗菌株。

4.4 实验动物

体重 18 g~22 g 清洁级实验用小鼠。

5 操作流程

炭疽细菌学检查操作流程见图 1。

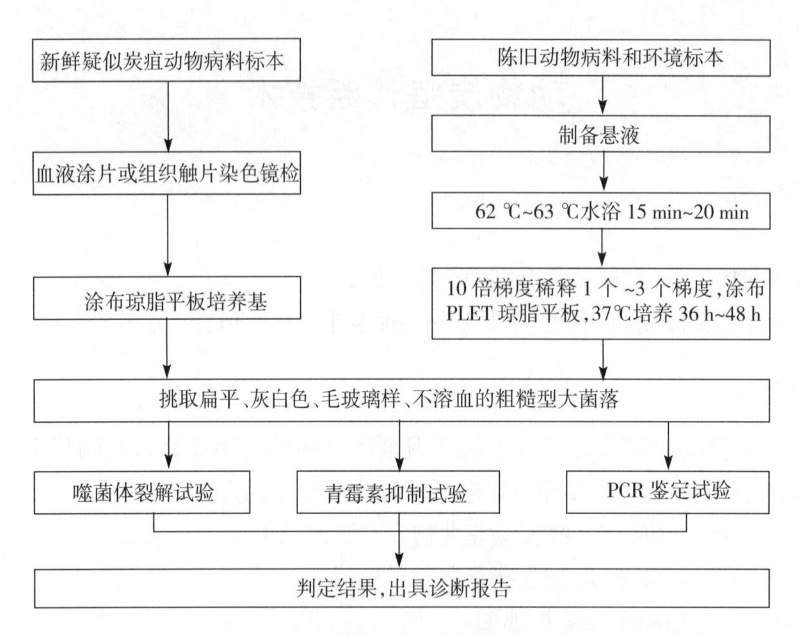

图 1　炭疽细菌学检查操作流程

6　新鲜疑似炭疽动物病料标本的细菌学检查

6.1　病料标本采集和运输

6.1.1　疑似炭疽患病动物病料标本采集

疑似炭疽患病动物，自消毒的耳部或尾根部静脉采血 1 mL～3 mL，或者抽取病变部水肿液或渗出液以及天然孔流出的血性物，放置于无菌采样管中。取少许血液或组织液直接涂于载玻片上，自然干燥后火焰固定，放置于载玻片盒中。

6.1.2　疑似炭疽死亡动物病料标本采集

疑似炭疽死亡动物，针刺鼻腔或尾根部静脉抽取血液。已经错剖的疑似炭疽动物尸体，应立即停止解剖活动，可抽取 1 mL～3 mL 血液或血性物，或者用无菌棉拭子蘸取组织切面采样，并做血液涂片或组织触片，然后立即按照农医发〔2007〕12 号的规定处理现场。

6.1.3　病料标本运输

病料标本的包装和运输应符合国务院〔2004〕424 号的要求，运输时间超过 1 h，应在 2℃～8℃条件下运输。

6.2　细菌染色法

6.2.1　碱性美蓝荚膜染色法

6.2.1.1　操作方法

滴加碱性美蓝染色液于载玻片涂抹面上，染色 2 min～3 min（如荚膜不清楚，染色时间可稍延长），水洗、干燥、镜检。冲洗后的废水以及吸水纸经高压灭菌处理或者用 10％次氯酸钠溶液处理过夜。

6.2.1.2　结果观察

镜下观察可见，炭疽芽孢杆菌菌体粗大，呈深蓝色，菌体外围荚膜呈粉红色。病料标本染色，菌体单在、成对或呈短链条排列；培养物染色，菌体呈长链条排列。

6.2.2　革兰氏染色法

6.2.2.1　操作方法

滴加草酸铵结晶紫染色液于载玻片涂抹面上，染色 1 min，水洗。滴加革兰氏碘液，作用 1 min，水洗。滴加 95％乙醇，脱色约 30 s，水洗。滴加沙黄复染液，复染 1 min，水洗，干燥，镜检。废水以及吸水纸如 6.2.1.1 处理。

6.2.2.2 结果观察

镜下观察可见，炭疽芽孢杆菌呈蓝紫色，为革兰氏阳性的粗大杆菌，长 3 μm～5 μm，宽 0.8 μm～1.2 μm，有时可见椭圆形、小于菌体未着色的中央芽孢。病料标本染色，菌体单在、成对或呈短链条排列；培养物染色，菌体呈长链条排列，两菌接触端平直。

6.3 细菌分离培养

6.3.1 操作方法

用接种环钓取血液、水肿液、渗出液等，划线接种于琼脂平板培养基表面；棉拭子标本直接涂于琼脂平板培养基表面。置 37℃培养 18 h ～ 24 h。挑取可疑菌落，接种于普通营养肉汤中，37℃培养 4 h～5 h，涂片进行革兰氏染色镜检，并进行后续检测试验。

6.3.2 结果观察

炭疽芽孢杆菌的菌落具有如下特征。

a） 在普通营养琼脂平板上，形成扁平、灰白色、毛玻璃样、边缘不整齐、直径 3 mm～5 mm 的粗糙型大菌落。用低倍显微镜观察，菌落呈卷发状，有的菌落可见拖尾现象。

b） 在 5％绵羊或马血液琼脂平板上，形成粗糙型大菌落，菌落周围不溶血。

c） 在 PLET 琼脂平板上，生长受轻度抑制，需培养 36 h～48 h，形成较小的毛玻璃样粗糙型菌落。

6.4 噬菌体裂解试验和青霉素抑制试验

6.4.1 操作方法

吸取 100 μL 待检菌液均匀涂布于普通营养琼脂平板表面，自然干燥 15 min。用接种环钓取炭疽诊断用标准噬菌体悬液一满环，点种于平板的一侧或划一短直线；在平板的另一侧贴 1 片含 10 U 青霉素的药敏纸片。同时，以Ⅱ号炭疽疫苗菌株培养的菌液作为阳性对照。37℃培养 3 h～5 h。

6.4.2 结果观察

噬菌体悬液滴加处细菌不生长，出现明显而清亮的噬菌斑(带)，为噬菌体裂解阳性反应。青霉素纸片周围细菌不生长，出现明显的抑菌环，为青霉素敏感菌株。如在培养平板上不出现或只出现不明显的噬菌斑(带)和抑菌环，应将培养时间延长到 12 h～18 h，再观察结果如前，应判为阴性反应；如出现明显的噬菌斑(带)和抑菌环，判为阳性反应。

6.5 荚膜形成试验

6.5.1 操作方法

用接种环钓取待检菌液划线接种于 0.7％碳酸氢钠琼脂平板上，置 20％二氧化碳条件下，于 37℃培养 18 h～24 h。同时，以Ⅱ号炭疽疫苗菌株作为阳性对照。挑取菌落，涂片，碱性美蓝染色，镜检。

6.5.2 结果观察

见 6.2.1.2。

6.6 PCR 鉴定试验

6.6.1 PCR 引物

炭疽芽孢杆菌 PCR 鉴定所使用的引物参见附录 B。

6.6.2 模板制备

吸取 100 μL 待检菌液于带螺口盖的离心管中，12 000 r/min 离心 1 min，菌体沉淀用 25 μL 无菌去离子水重悬；或者用接种环钓取可疑菌落于 25 μL 无菌去离子水中混匀。95℃加热处理 20 min，冷却到 4℃后 12 000 r/min 离心 1 min 取上清液作为 PCR 反应的模板 DNA。阳性对照为Ⅱ号炭疽疫苗菌株制备的模板 DNA，阴性对照为不加菌的无菌去离子水。

6.6.3 PCR 反应

6.6.3.1 **PCR 反应体系**

PCR 反应总体系 50 μL,依次加入以下试剂:

无菌去离子水	27.5 μL
不含镁离子 10×*Taq* 缓冲液	5 μL
15 mmol/L 氯化镁	5 μL
dNTP 混合物(各 2.5 mmol/L)	5 μL
上游引物(PAF,50 μmol/L;CAF 或 SAF,10 μmol/L)	1 μL
下游引物(PAR,50 μmol/L;CAR 或 SAR,10 μmol/L)	1 μL
Taq DNA 聚合酶(5 U/μL)	0.5 μL
模板 DNA	5 μL

6.6.3.2 **PCR 扩增条件**

95℃预变性 5 min;94℃变性 30 s,55℃退火 30 s,72℃延伸 30 s,循环 30 次;72℃再延伸 5 min,冷却至 4℃。

6.6.4 **电泳**

将 PCR 扩增产物与上样缓冲液(5×)混合,取 10 μL 点样于 2%琼脂糖凝胶孔中,5 V/cm 电压,电泳 30 min,紫外凝胶成像仪或紫外分析仪下观察结果。

6.6.5 **结果判定**

在阳性对照和阴性对照成立的条件下,被检样品出现特定的扩增带,判定为对应基因 PCR 检测阳性;被检样品未出现特定的扩增带,判定为对应基因 PCR 检测阴性。

6.7 细菌学检查的综合报告

6.7.1 无菌采集的新鲜血液涂片或组织触片标本中观察到革兰氏阳性、有荚膜的单在、成对或呈短链条排列的粗大杆菌,可初步报告为检出炭疽芽孢杆菌。

6.7.2 PCR 检测保护性抗原、荚膜和 S-层蛋白基因均为阳性;或者 PCR 检测保护性抗原、荚膜基因其中一种为阳性,可报告为检出炭疽芽孢杆菌。

6.7.3 噬菌体裂解试验阳性,可报告为检出炭疽芽孢杆菌。

6.7.4 炭疽芽孢杆菌被青霉素抑制不生长,可报告为检出炭疽芽孢杆菌青霉素敏感株。

7 陈旧动物病料和环境标本的细菌学检查

7.1 标本采集和运输

7.1.1 **陈旧动物病料标本采集**

肉、脏器、骨粉、皮张、鬃、毛等病料,每份采集 5 g~10 g。

7.1.2 **土壤标本采集**

怀疑受炭疽芽孢杆菌污染的区域(疑似炭疽疫点等),分散采集周围 50 m 内表层土壤(10 cm 内)5 份,每份 20 g~50 g。

7.1.3 **水体标本采集**

怀疑受炭疽芽孢杆菌污染的水源,如牲畜饮水槽、蓄水池、池塘和河流等,分散采集水样 5 份,每份 500 mL。蓄水池和池塘等,自怀疑泄污口处周围 100 m 范围内分散采样,河流自怀疑泄污口处下游 100 m~1 000 m 范围内分散采样。水深不足 1 m 时,在 1/2 水深处采样;水深超过 1 m 时,在水面下 0.5 m处采样。

7.1.4 **标本运输**

标本运输参照 6.1.3 执行。

7.2 细菌分离培养

7.2.1 陈旧动物病料和土壤标本剪碎或捣碎，加入 2 倍体积无菌去离子水充分研磨混匀。标本悬液 62℃～63℃水浴 15 min～20 min，1∶10 或者 1∶100 稀释(必要时可做 1∶1 000 稀释，以保证 PLET 琼脂平板上可见到适量的单菌落)，分别涂布于 3 块 PLET 琼脂平板。每块平板加入液体 200 μL，涂匀，自然干燥 15 min～30 min。37℃培养 36 h～48 h。

7.2.2 土壤标本需设置阳性对照，每克土加入 1 000 个～5 000 个Ⅱ号炭疽疫苗菌株芽孢作为阳性对照。

7.2.3 水样自然沉降或者用纱布滤除大块不溶物，3 000 r/min 离心 30 min，弃上清液，沉淀物加入 2 倍体积无菌去离子水，按照土壤标本方法处理，涂布于 PLET 琼脂平板。

7.3 细菌鉴定

挑取可疑菌落，按照 6.4、6.5 和 6.6 进行鉴定。

7.4 小鼠滤过试验

在细菌学检查未检测到炭疽芽孢杆菌的情况下，采用小鼠滤过试验。

7.4.1 按照 7.2 处理标本制成悬液，给 3 只小鼠各皮下注射 62℃～63℃热处理后的悬液 0.05 mL～0.1 mL。

7.4.2 小鼠死亡后(一般 48 h～72 h)，从尾部采血，制作涂片，碱性美蓝染色，镜检。

7.4.3 观察到有荚膜的粗大杆菌后，接种于 5%血液琼脂平板，挑取可疑菌落，按照 6.4 和 6.6 进行鉴定。

7.5 细菌学检查的报告

参照 6.7 的判定标准，出具细菌学检查的报告。

8 皮张标本炭疽的沉淀试验检查

8.1 标本采集和运输

8.1.1 在每张皮的腿根内侧剪取皮张标本一块约 2.0 g，并做好标记。复检时，仍在第一次取样的附近部位采取标本。

8.1.2 将皮张标本装入耐高压蒸汽灭菌的加盖塑料试管(10 mL～30 mL)中，以记号笔标号。

8.1.3 皮垛的编号应与装皮张标本的试管号相一致。

8.1.4 在未收到检疫结果通知单前，取样完毕的皮张应保持原状，不得重新分类、包装、加工和移动。

8.1.5 皮张标本运输参照 6.1.3 执行。

8.2 灭菌

8.2.1 收到皮张标本后，应按送检单内容进行登记。

8.2.2 检查无误后，将试管放入高压蒸气灭菌器内，121℃高压灭菌 30 min。

8.3 被检皮张抗原的制备

8.3.1 每份标本加入浸泡液(0.5%苯酚生理盐水)10 mL～ 20 mL，在 10℃～ 25℃条件下，浸泡 16 h～25 h。

8.3.2 用双层滤纸将待检标本浸泡液滤过，透明滤过液即为待检抗原，其编号应与原始标本编号相符。

8.4 操作方法

8.4.1 本试验应在 15℃～ 25℃的条件下进行。

8.4.2 实施本试验前须按下列要求，设对照试验：

a) 炭疽沉淀素血清，与炭疽皮张抗原作用 15 min，应呈阳性反应。

b) 炭疽沉淀素血清，与健康皮张抗原和0.5%苯酚生理盐水作用15 min，应呈阴性反应。

c) 阴性血清，与炭疽皮张抗原作用15 min，应呈阴性反应。

8.4.3 将最小反应管按标本的编号顺序排好，向反应管内加注炭疽沉淀素血清0.1 mL～0.2 mL。然后吸取等量的待检抗原，沿反应管壁徐徐加入，并记录加完后的时间，待判。

8.4.4 血清与抗原的接触面，界限应清晰、明显可见。界限不清者应重做。

8.4.5 如为盐皮抗原，应在炭疽沉淀素血清中加入4%氯化钠后，方能做血清反应。

8.5 结果观察

判定时，将反应管置于水槽中蘸水取出，放于眼睛平行位置，在光线充足、黑色背景下观察与判定。按下列标准记录结果，对可疑和无结果者，须重做一次。

a) 抗原与血清接触后，经15 min在两液接触面处，出现致密、清晰明显的白环为阳性反应。

b) 白环模糊，不明显者为疑似反应。

c) 两液接触面清晰，无白环者为阴性反应。

d) 两液接触面界限不清，或其他原因不能判定者为无结果。

8.6 复检

8.6.1 初检呈阳性和疑似的标本应复检。复检的方法同初检。

8.6.2 复检再呈阳性反应时，判为炭疽沉淀试验阳性。复检再呈疑似反应时，按阳性处理。

8.6.3 经确定为阳性的标本，应将对应的阳性皮张及其相邻的皮张挑出，无害化焚烧处理。

附 录 A
(规范性附录)
培养基和试剂

A.1 普通营养肉汤

A.1.1 成分

蛋白胨	20 g
牛肉膏	5 g
氯化钠	5 g
蒸馏水	1 000 mL

A.1.2 制法

将各成分加入蒸馏水中,搅混均匀,必要时加热溶解,调节 pH 至 7.2~7.4,分装,121℃高压灭菌 15 min。

A.2 普通营养琼脂平板

A.2.1 成分

蛋白胨	20 g
牛肉膏	5 g
氯化钠	5 g
琼脂	20 g
蒸馏水	1 000 mL

A.2.2 制法

将除琼脂外的各成分加入蒸馏水中,搅混均匀,加热溶解,调节 pH 至 7.2~7.4,加入琼脂粉混匀,高压灭菌 121℃,15 min,待冷至 45℃~50℃时倾注无菌培养皿平板(直径 90 mm)。

A.3 5%绵羊血液或5%马血液琼脂平板

A.3.1 成分

普通营养琼脂	100 mL
脱纤维绵羊血(或脱纤维马血)	5 mL

A.3.2 制法

将制备好的普通营养琼脂加热溶化后,冷至 45℃~50℃,加入无菌的脱纤维血,混匀,倾注无菌培养皿平板(直径 90 mm)。

A.4 0.7%碳酸氢钠琼脂平板

A.4.1 成分

普通营养琼脂	100 mL
7%碳酸氢钠溶液	10 mL
马血清或绵羊血清	7 mL

A.4.2 制法

称取配制 100 mL 普通营养琼脂所需固体成分溶于 83 mL 蒸馏水中,121℃高压灭菌 15 min。冷至 45℃~

50℃,加入过滤除菌的7%碳酸氢钠溶液10 mL以及血清7 mL,混匀,倾注无菌培养皿平板(直径90 mm)。

A.5 PLET琼脂平板

A.5.1 成分

心浸液琼脂	1 000 mL
多黏菌素	30 000 U
溶菌酶	300 000 U
3%EDTA溶液	10 mL
4%醋酸铊溶液	1 mL

A.5.2 制法

除心浸液琼脂外,其他成分制备成储存液,过滤除菌,分装保存。心浸液琼脂推荐使用Difco公司产品,按照说明书制备并高压灭菌后,冷至45℃～50℃,加入各成分后混匀,倾注无菌培养皿平板(直径90 mm)。

注:醋酸铊为剧毒化学品,称取时应做好个人防护,储存液应标注剧毒标识。

A.6 碱性美蓝染色液

A.6.1 成分

美蓝	0.3 g
95%乙醇	30 mL
0.01%氢氧化钾溶液	100 mL

A.6.2 制法

将0.3 g美蓝溶于30 mL 95%酒精中,然后与氢氧化钾溶液充分混合均匀。

注:制备好的碱性美蓝染色液,需置于室温充分熟化达1年以上,方可使用。

A.7 草酸铵结晶紫染色液

A.7.1 成分

结晶紫	1 g
95%乙醇	20 mL
1%草酸铵水溶液	80 mL

A.7.2 制法

将结晶紫溶解于乙醇中,然后与草酸铵溶液混合。

A.8 革兰氏碘液

A.8.1 成分

碘	1 g
碘化钾	2 g
蒸馏水	300 mL

A.8.2 制法

将碘与碘化钾先进行混合,加入蒸馏水少许,待完全溶解后,再加蒸馏水至300 mL。

A.9 沙黄复染液

A.9.1 成分

沙黄	0.25 g

95%乙醇	10 mL
蒸馏水	90 mL

A.9.2 制法

将沙黄溶解于乙醇中，然后用蒸馏水稀释。

A.10 TAE 电泳缓冲液(50×)

A.10.1 成分

三羟基甲基氨基甲烷(Tris)	242 g
冰乙酸	57.1 mL
0.5 mol/L EDTA 溶液(pH 8.0)	100 mL
蒸馏水	加至 1 000 mL

A.10.2 制法

称取 242 g Tris 加入 500 mL 蒸馏水中，充分溶解后加入冰乙酸和 EDTA 溶液，定容至 1 000 mL。

A.11 2%琼脂糖凝胶

A.11.1 成分

琼脂糖	4 g
TAE 电泳缓冲液(50×)	4 mL
蒸馏水	196 mL
1%溴化乙锭(EB)溶液	20 μL

A.11.2 制法

将琼脂糖和 TAE 电泳缓冲液加入蒸馏水中，微波炉中完全融化，加入 EB 溶液，混合均匀。

A.12 上样缓冲液(5×)

A.12.1 成分

溴酚蓝	0.2 g
蔗糖	50 g
蒸馏水	100 mL

A.12.2 制法

称取溴酚蓝 0.2 g，加蒸馏水 10 mL 过夜溶解。50 g 蔗糖加入 50 mL 蒸馏水中溶解后，移入已溶解的溴酚蓝溶液中，定容至 100 mL。

A.13 0.5%苯酚生理盐水

A.13.1 成分

苯酚	5 g
氯化钠	8.5 g
蒸馏水	1 000 mL

A.13.2 制法

将苯酚 50℃～70℃水浴溶解后，称取 5 g，溶解于 500 mL～800 mL 的 38℃～45℃水中，另取 8.5 g 氯化钠溶解于少量蒸馏水并加入苯酚溶液中，定容至 1 000 mL。

附 录 B
（资料性附录）
炭疽芽孢杆菌 PCR 鉴定引物

炭疽芽孢杆菌 PCR 鉴定所使用的引物见表 B.1。

表 B.1 炭疽芽孢杆菌 PCR 鉴定引物

靶基因	定位	引物名称	引物序列(5′-3′)	片段长度 bp	使用浓度 mmol/L
保护性抗原基因 (*pag*)	质粒 pXO1	PAF PAR	TCCTAACACTAACGAAGTCG GAGGTAGAAGGATATACGGT	597	1
荚膜基因 (*cap*)	质粒 pXO2	CAF CAR	CTGAGCCATTAATCGATATG TCCCACTTACGTAATCTGAG	847	0.2
S-层蛋白基因 (*sap*)	染色体	SAF SAR	CGCGTTTCTATGGCATCTCTTCT TTCTGCAGCTGGCGTTACAAAT	639	0.2

ICS 11.220
B 41

中华人民共和国农业行业标准

NY/T 1469—2007

尼帕病毒病诊断技术

Diagnostic techniques of Nipah virus disease

2008-04-29 发布　　2008-04-29 实施

中华人民共和国农业部 发布

前　言

本标准的附录 A、附录 B、附录 C 为规范性附录。

本标准由中华人民共和国农业部提出。

本标准由全国动物防疫标准化技术委员会归口。

本标准起草单位：中国动物卫生与流行病学中心。

本标准主要起草人：陈继明、王志亮、魏荣、孙承英、王清华、赵永刚、刘佩兰。

尼帕病毒病诊断技术

1 范围

本标准规定了尼帕病毒(Nipah virus,NiV)病临床诊断技术、实验室检测技术、疑似病例判定标准和确诊病例的判定标准以及相关操作要求。

本标准适用于各种动物尼帕病毒病的诊断,也可以作为诊断某些类似NiV的病毒感染的参考。

2 规范性引用文件

下列文件中的条款通过本标准的引用而成为本标准的条款。凡是注日期的引用文件,其随后的修改单(不包括勘误的内容)或修订版均不适用于本标准。然而,鼓励根据本标准达成协议的各方研究是否可使用这些文件的最新版本。凡是不注日期的引用文件,其最新版本适用于本标准。

GB 19489—2004 实验室生物安全通用要求

国务院令第424号 病原微生物实验室生物安全管理条例

3 生物安全措施

诊断尼帕病毒病疑似病例时,应遵守《实验室生物安全通用要求》(GB 19489—2004)和《病原微生物实验室生物安全管理条例》(国务院令第424号);在尼帕病毒病感染猪场或疑似感染猪场进行现场调查诊断过程中,生物安全防范措施参见附录A。

4 临床诊断

4.1 猪感染NiV的临床诊断

感染NiV的猪场临床发病的猪可能只占少数,大部分的猪可不表现任何临床症状。该病的潜伏期估计为7 d~14 d,猪可以经消化道和其他途径感染NiV。此病在猪群内传播迅速。NiV可以感染各个月龄的猪,都可表现出急性发热症状,并伴有呼吸困难和(或)神经症状,但不同类别的猪可表现不同的临床症状:种母猪主要表现为神经症状,包括兴奋、头颈僵直、破伤风样痉挛、四肢前伸、眼球震颤、空嚼等,怀孕的母猪可发生流产;种公猪可表现呼吸困难(气喘),唾液分泌增多,从鼻孔流出带有血丝和脓性分泌物的黏液,以及一些神经症状,也可发生急性死亡;肉用猪主要表现为呼吸道症状;绝大多数感染的乳猪表现张口呼吸、后肢无力并伴有肌肉震颤以及神经性抽搐等症状,乳猪病死率可达40%;断奶仔猪主要表现有程度不同的呼吸道症状。临床诊断时,应注意感染的猪场及其周围人和其他动物的发病情况,以及新猪引进情况。

4.2 其他动物感染NiV的临床诊断

人感染NiV后,出现急性高热,多数以神经症状为主,有些以呼吸道症状为主;犬感染NiV后,可出现类似犬瘟热症状;猫感染NiV后,死亡率很高;马感染NiV后可出现神经症状,通常可自然康复。

5 实验室检测

5.1 样品的采集和运输

按照生物安全要求,采集可疑动物的脑、肺、肾、脾、肝、淋巴结及血清,在低温和密封状态下,运输到指定的具备生物安全条件的实验室检测。

5.2 病理学诊断

动物感染NiV后,肺和脑膜是主要的病变器官:大多数病例肺部发生病变,包括程度不同的实变、气肿、淤斑性溢血以及呼吸道有带血丝的分泌物，切开肺部，可见肺小叶间隔肿胀；脑膜弥漫性充血、水肿。其他内脏器官一般无明显的变化。

5.3 病原学诊断

5.3.1 病毒分离

5.3.1.1 样品处理和细胞培养

在无菌情况下处理受检样品。用密闭的匀浆器处理含10%(*W*/*V*)组织样品的悬浮液(悬浮液为PBS,配方见附录B)。样品磨碎后，4℃下5 000 r/min离心15 min，将上清液加入到培养的Vero细胞或兔肾细胞(RK-13)中，培养5 d。如果5 d内细胞出现大量死亡，则停止培养，进行进一步检测。

5.3.1.2 结果判断

如果上述培养的细胞在2 d～5 d内出现大量的细胞死亡，则判受检样品含有病毒，但不一定是NiV。如果受检样品中含有NiV，一般可引起特征性细胞病变：经过24 h～48 h，有些感染的细胞死亡，有些感染的细胞发生融合，融合的细胞可含有60个以上的细胞核，并且融合细胞的细胞核分布在融合细胞的周围。如果上述培养的细胞在2 d～5 d内没有出现大量的细胞死亡，应该再盲传2次，每次培养5 d，如仍未见大量的细胞死亡，则判病毒分离阴性。

5.3.2 病毒中和实验(VNT)方法检测病原

5.3.2.1 病毒与细胞相互作用

标准的NiV样品以及受检的病毒样品(即5.3.1步骤所获得的病毒分离物)稀释到每50 μL约含有100个$TCID_{50}$的病毒。然后把它们分别加到96孔细胞培养板(平底)对应的孔中，再每孔加上50 μL EMEM培养基、50 μL倍比稀释的NiV标准抗血清，每份样品与每个稀释度的NiV标准抗血清相互作用的孔至少设置2个，37℃作用45 min后，每孔加上50 μL含有2.4×10^4个Vero细胞的EMEM培养基，最终每孔液体约为200 μL。37℃培养3 d后，观察细胞病变。

5.3.2.2 质量控制

在进行5.3.2.1步骤同时，设置4种对照：只含有细胞的细胞对照(不加标准NiV样品、受检样品和NiV标准抗血清)、含有细胞和1∶5稀释的NiV标准抗血清的标准抗血清对照(不加标准NiV样品或受检样品)、含有细胞和标准的NiV样品的标准NiV对照(不加标准抗血清)、含有细胞和受测样品的受测样品对照(不加标准抗血清)。每种对照至少设置2个重复。细胞对照和标准抗血清对照细胞都生长良好，且标准NiV对照和受测样品对照都出现细胞死亡等细胞病变，以及标准的NiV样品和一定稀释度的NiV标准抗血清相互作用的孔细胞都生长良好，判为检测质量符合要求。

5.3.2.3 结果判断

在符合质量控制要求的前提下，如果受检的病毒样品和1∶5或1∶5以上的标准阳性血清相互作用的孔细胞都生长良好，则检测结果为VNT阳性；如果受检样品和1∶5稀释的标准阳性血清相互作用的孔细胞发生细胞病变，则检测结果为VNT阴性。

5.3.3 逆转录-聚合酶链式反应(RT-PCR)方法检测病原

5.3.3.1 样本处理和RNA提取

用美国Invitrogen公司生产的TRIzol按照其说明书，或者用其他可靠的RNA提取方法，提取5.1部分所述的临床样品或5.3.1步骤所获得的病毒分离物的总RNA。提取的RNA如在2 h内检测则于冰上保存，否则置于-70℃冰箱保存。

5.3.3.2 扩增体系配置

每份被检样品检测1次，必要时应重新检测1次。可采取普通RT-PCR扩增体系和荧光RT-PCR扩增体系。荧光RT-PCR扩增体系，每管含有2.5 μL 10×PCR缓冲液、3 μL $MgCl_2$(25 mmol/L)、2 μL dNTPs(2.5 mmol/L)、0.5 μL引物NiV01(20 mmol/L)、0.5 μL引物NiV02(20 mmol/L)、0.3 μL探针NiV03(20 mmol/L)、5U *Taq* DNA聚合酶、5U AMV反转录酶、40U

RNase 抑制剂和 2 μL 从被检样品中提取的 RNA，用纯水将每管总体积补齐至 25 μL。普通 RT - PCR 扩增体系除了探针用等体积纯水替代之外，其余和荧光 RT - PCR 扩增体系完全相同。每次检测设置标准阳性对照和标准阴性对照。标准阳性对照用阳性对照 RNA 作为模板，而标准阴性对照用纯水作为模板。引物 NiV01、NiV02、探针 NiV03 和阳性对照 RNA 见附录 C。

5.3.3.3 扩增反应

荧光 RT - PCR 扩增反应的条件如下：42℃，40 min；然后 94℃，90 s；然后 94℃，10 s；57℃，30 s；72℃，20 s，6 个循环。然后 94℃，10 s；60℃，90 s，40 个循环，在此 40 个循环中 60℃时于 490 nm 处收集荧光信号。对于普通 RT - PCR 检测模式，扩增反应后用 1%的琼脂糖凝胶进行核酸电泳，电压 100 V，电泳 30 min 后，观察扩增片断大小。

5.3.3.4 结果判断

荧光 RT - PCR 如果阳性对照的 *Ct* 值在预期的范围之内，阴性对照检测为阴性，说明检测的质量合格，在此情况下如果受检样品的 *Ct* 值≤30，则判为阳性；阳性结果进一步用核酸电泳进行验证，如果受检样品 RT - PCR 扩增产物的大小约为 300 bp，则阳性结果得到进一步确认。

普通 RT - PCR 如果阳性对照的扩增产物的大小约为 200 bp，阴性对照检测无任何扩增条带，说明检测合格，在此情况下如果受检样品的 RT - PCR 扩增产物的大小约为 300 bp，则说明受测样品检测为阳性。

5.3.3.5 序列测定和分析

RT - PCR 检测阳性的扩增产物按照常规方法进行序列测定，测定后的序列在 GenBank（网址：http://www.ncbi.nlm.nih.gov/blast/）中进行最相似序列搜寻（BLAST），如果与已经报道的 NiV 序列最相似，则确认 RT - PCR 阳性检测结果真实，如果和其他病毒或生物的基因序列最为相似，而与已经报道的 NiV 序列相差较大，则判断 RT - PCR 阳性检测结果是虚假的。

5.3.4 免疫组织化学方法检测病原

5.3.4.1 组织样品和相关材料

组织样品来自 5.1 部分所述的临床样品。用于检测 NiV 特异性抗原的抗体可以是用纯化的 NiV 免疫兔而制备的兔抗 NiV 血清，也可以是特异性抗 NiV 的单克隆抗体。酶标第二抗体选用碱性磷酸酶标记的抗兔抗体。

5.3.4.2 免疫组化检测 NiV 特异性抗原

5.3.4.2.1 用福尔马林固定和石蜡包埋受检样品、阳性对照样品（取自发病动物的脏器）和阴性对照样品（取自正常动物的脏器），并制作超薄切片放在载玻片上，每个样品至少制作 2 个玻片。然后进行脱蜡：将这些载玻片放入二甲苯中浸泡 3 次，每次 1 min；再将它们放入 98%～100%乙醇中浸泡 2 次，之后用 70%乙醇浸泡 1 次，再让自来水轻轻流过片子，以去掉残余的乙醇。

5.3.4.2.2 将载玻片用蒸馏水洗后，浸没在含有 0.1%胰蛋白酶的 0.01 mol/L 的 $CaCl_2$ 溶液中（用 0.1 mol/L 的 NaOH 将 pH 调到 7.8），37℃作用 20 min，再用蒸馏水洗。

5.3.4.2.3 将载玻片平放在一个湿盒上，用 PBS 洗涤 5 min。然后每个片子加 200 μL 3%的 H_2O_2，室温下作用 20 min，阻断内源性过氧化物酶。

5.3.4.2.4 用 PBS 洗涤 5 min，然后在每个样品的第一套片子上加 200 μL 用含 0.1%脱脂奶粉的 PBS 适量稀释的兔抗 NiV 的血清，在每个样品的第二套片子上加 200 μL 用含 0.1%脱脂奶粉的 PBS 适量稀释的兔抗其他与 NiV 无关的病原的血清（作为对照），37℃作用 1 h。

5.3.4.2.5 用 PBS 洗涤 5 min，然后每个片子加上 2 滴～3 滴 Envision™溶液（过氧化物酶标记的抗兔的抗体，DAKO 公司生产），将载玻片平放在一个湿盒上，37℃作用 20 min。

5.3.4.2.6 用 PBS 洗涤 5 min，然后加上底物溶液（配方见附录 B），作用 2 min～5 min 使充分染色，再用蒸馏水洗涤。底物溶液应该在使用前新鲜配制。

5.3.4.2.7 用苏木素对片子进行反向染色 1 min～3 min，然后用自来水洗涤，再加入 Scott 溶液（0.04 mol/L $NaHCO_3$，0.3 mol/L $MgSO_4$），然后用自来水仔细洗涤，再用蒸馏水洗涤，然后盖上盖玻片，里面加有水性封片剂。

5.3.4.2.8 观察结果：如果受检的样品和阳性对照样品的细胞浆内中都观察到棕红色颗粒沉积，并且阴性对照样品检测没有观察到这些棕红色颗粒，则判断受检样品检测结果为阳性。

5.4 血清抗体检测

5.4.1 VNT 法检测血清抗体

VNT 法检测血清抗体采用引起 50%细胞培养孔发生细胞病变的 $TCID_{50}$判定法。将受检血清和标准 NiV 病毒液作用后再加到含有 Vero 细胞的 96 孔板中，3 d 后进行观察。细胞病变被彻底抑制的孔判为阳性孔。血清从 1∶2 开始倍比稀释进行检测。血清本身也会引起细胞病变，如果血清本身引起的细胞病变干扰性太强，可以先让受检血清和标准的病毒液在 37℃作用 10 min，然后将此混合液和细胞在 37℃作用 45 min，再倾去此混合液，以减轻血清本身引起的细胞病变的干扰。对于质量不好的血清，或者量少的血清（如蝙蝠等动物的血清）从 1∶5 开始稀释。

被检血清在 10 倍以上稀释时能够完全抑止细胞病变，判定为阳性；被检血清 2 倍～10 倍之间稀释时能够完全抑止细胞病变的，判为疑似；其他情况判为阴性。

5.4.2 酶联免疫吸附试验（ELISA）法检测血清抗体

抗 NiV 血清抗体 ELISA 检测所用的抗原包括用 NiV 感染的 Vero 细胞裂解液制备的 NiV 抗原和用正常 Vero 细胞裂解液制备的对照抗原。同一血清分别用 NiV 抗原来检测反应值和用对照抗原来检测背景值，最终以反应值和背景值的比值作为判定依据。

5.4.2.1 血清处理：在 2 级生物安全柜里，在 96 孔板的孔上用含有 0.5%（*V*/*V*）Triton X-100 和 0.5%（*V*/*V*）Tween-20 的 PBS 按照 1∶5 比例稀释受检血清。密封此 96 孔板，于 56℃水浴 30 min。然后，每份灭活的血清样品取 22.5 μL，和用 PBS 稀释 100 倍的对照抗原进行等体积彻底混合，并在 18℃～22℃作用 30 min。然后，每份血清样品加入 405 μL 封闭液（配方见附录 B），使血清的最终稀释 100 倍，在 18℃～22℃作用 30 min，在 2 个用 NiV 抗原包被的孔和在另外 2 个用对照抗原包被的孔中分别都加入 100 μL 这样稀释的受检血清。

5.4.2.2 包被抗原：用 PBS 稀释对照抗原和 NiV 抗原，要确保这两种抗原蛋白质浓度相同。抗原通常稀释到 1/4 000～1/1 000。但对每一批抗原，都应确定其合适的稀释度。按照下面方法向 NUNC Maxisorp 96 孔微孔板中加入 50 μL 对照抗原或 NiV 抗原：第 1、3、5、7、9、11 列的孔中加入 NiV 抗原，在第 2、4、6、8、10、12 列的孔中加入对照抗原，然后 37℃振荡 1 h。

5.4.2.3 封闭 ELISA 板：用含有 0.5%吐温-20 的 PBS 洗涤 ELISA 板 3 次，再加入含有 5%脱脂奶粉的 PBS，37℃振荡 30 min，封闭 ELISA 板。

5.4.2.4 加被检血清：用 PBST（配方见附录 B）洗涤 ELSIA 板 3 次，并再加入 100 μL 处理好的血清。在酶标 A 蛋白对照孔和底物对照孔中加入含有 5%卵清蛋白和 5%脱脂牛奶的 PBS。37℃静置 1 h 后用 PBST 洗涤 3 次。

5.4.2.5 在含有 1%脱脂牛奶的 PBST 中稀释酶标 A 蛋白和酶标记 G 蛋白的混合物，稀释倍数为 1/3 000。仔细混匀后每孔加入 100 μL。底物对照孔中加入 100 μL 含有 1%脱脂牛奶的 PBST，37℃静置 1 小时，然后用 PBST 洗涤 3 次。

5.4.2.6 每孔中加入 100 μL 底物溶液（配置见附录 B），18℃～22℃孵育 10 min 后每孔加入 100 μL 1 mol/L的硫酸，终止反应。

5.4.2.7 以底物对照孔为空白对照，测定各个孔的 450 nm 处的 OD 值，计算 OD 比，即每份血清样品在 NiV 抗原包被孔的 OD 值（OD_{NiV}）和在对照抗原包被孔中的 OD 值（OD_{CON}）的比值。

5.4.2.8 结果判定：①OD 比＞2.2，且 OD_{NiV}＞0.2，判为阳性；②OD 比＞2.0，且 OD_{NiV}＜0.2，判为阴

性；③OD 比在 2.0 和 2.2 之间，且 OD_{NiV}>0.2，判为疑似；④疑似和阳性样品应该用 VNT 进行进一步检测。

5.4.2.9 阳性血清从 1∶100 开始 2 倍系列稀释，按照上述方法进行检测，测定血清效价。

6 疑似病例和确诊病例的判定标准

6.1 疑似病例的判定标准

尼帕病毒病的疑似病例的判定标准是以下 4 项中任意 1 项：

第一项：按 5.3.2 所述方法，检测阳性。

第二项：按 5.3.4 所述方法，检测阳性。

第三项：未经人为的 NiV 特异性免疫的动物血清抗体按 5.4.1 部分所述方法，检测阳性。

第四项：未经人为的 NiV 特异性免疫的动物血清抗体按 5.4.2 部分所述方法，检测阳性。

6.2 确诊病例的判定标准

尼帕病毒病的确诊病例的判定标准应同时满足以下 2 项指标：

第一项：临床样品或临床样品中分离的病毒，按 5.3.3 所述的 RT-PCR 方法检测为阳性，并且一个地区的首发病例此 RT-PCR 阳性检测结果得到核酸序列测定的证实。

第二项：第一项所述的阳性结果得到国家外来动物疫病诊断中心的确认。

附 录 A
(规范性附录)
尼帕病毒病感染猪场或疑似猪场现场调查诊断时的生物安全防范措施

在尼帕病毒病感染猪场或疑似猪场进行有关操作,如临床症状的观察、剖检、采样时,应当采取以下生物安全防范措施:

A.1 到达猪场时,划定“干净区”(通常包括猪场里的住房、办公室和交通工具)和“潜在感染区”,保证在场的所有人员容易识别此两区的界限。采取一些措施以保证不会将猪圈里的可能存在的 NiV 传到干净区。在干净区和潜在感染区交界处放置消毒桶,使用的消毒剂有高氯酸钠、来苏儿等。

A.2 在干净区内,穿上合适的防护服,包括长袖外套、橡胶靴、手套(最好 2 双,用带子连在外套袖口上)、护眼(护目镜、安全眼镜或安全面具)以及护鼻和护口(口罩或可以过滤病毒颗粒的面具)。进行动物尸检的人员最好配上正压呼吸器和抗穿刺手套。

A.3 在进入感染区之前,计划好尽可能减少从感染区回到干净区的次数。如果在操作过程中返回到清洁区,那么必须在感染区和干净区的边界上消毒靴子、手套等。

A.4 进入感染区和进行现场视诊时,注意动物(猪)的健康状况、所有病畜或死畜的分布状况、需要采样的各组动物所在位置,注意选择合适的采样区或者进行尸检的场所。如果对猪进行采血,应使用专用的有利于凝集的采血管。如果进行验尸操作,应选择一个对其他动物感染机会较少并且便于清洁和消毒的地方。

A.5 在感染区内,应携带一个消毒喷雾瓶,以便手和设备在整个操作过程中可以随时清洗和消毒,从而防止人和设备带来的污染。

A.6 当操作完后,用合适的容器收集所有的垃圾,把所有的针或一次性解剖刀片放入标有“尖锐物”字样和含有消毒液的容器中,帮助畜主销毁验尸后的尸体(将尸体放入密封的口袋,消毒袋子的外面,然后掩埋或焚烧)。

A.7 从设备、靴子、手和衣服上洗掉所有可见的污染物(血、粪便),然后在干净区和感染区的边界处,对衣服、围裙、设备和样品进行消毒。喷雾消毒衣服,在消毒桶里清洗靴子,将设备搬上交通工具之前消毒设备。如果防水外套准备重新使用,那么也彻底消毒这些外套。

A.8 样品容器(血液管、组织瓶)的外面应该清理干净且用消毒剂消毒。这些容器必须用塑料袋系紧,然后放在运输容器内(理想的是塑料或金属容器,但起码是塑料袋),而且在运输容器的外面也要用消毒剂消毒。

A.9 当所有的东西消毒完搬上交通工具后,把样品和设备摆好,然后脱掉防护衣。如果使用了布制的外套,那么用消毒剂浸泡这些外套,并保存在防漏的塑料袋里。

A.10 丢弃的物品如手套和其他任何生物危害垃圾或者其他结实的塑料袋放入垃圾袋并系好袋口,并根据实际情况进行无害化处理。

A.11 离开清洁区之前换上干净衣服,完成最后一次脱衣之后才脱掉最里层手套。工作中,至少每天都要更换所有的衣服,而且在不同的猪场穿不同的衣服。

A.12 离开猪场前用消毒剂消毒交通工具,包括轮胎与轮轴。

附 录 B
（规范性附录）
溶 液 配 置

B.1 PBS的配置：8.0 g NaCl，0.2 g KCl，1.15 g $Na_2HPO_4 \cdot 7H_2O$，2.0 g KH_2PO_4，溶于800 mL H_2O_2中，调pH至7.2，用水定容到1 000 mL，高压灭菌而成。

B.2 PBST：每1 L PBS中加入0.5 mL吐温-20。

B.3 免疫组化检测NiV特异性抗原所用底物的配置：用200 μL二甲基甲酰胺溶解2 mg 3-氨基-9-乙基咔唑(AEC)，将其加入到10 mL 0.02 mol/L的醋酸溶液中(pH 7.0)，然后在其中加入5 μL H_2O_2(30%，*W/V*)，轻轻摇匀而成。

B.4 ELISA封闭液的配置：每100 mL PBST中加入5 g脱脂奶粉，摇匀。

B.5 ELISA底物的配置：用10 mL二甲亚砜(DMSO)溶解101 mg四甲基联苯胺(TMB)，分装保存在4℃，使用时在10 mL底物缓冲液(底物缓冲液为8.2 g醋酸钠加纯水900 mL溶解，然后用0.1 mol/L柠檬酸将pH调到5.9，再加纯水定容到1 000 mL而成)加入100 μL溶解的TMB溶液和1 μL H_2O_2(30%，*W/V*)，轻轻摇匀而成。

附 录 C
（规范性附录）
RT-PCR 引物、探针和阳性对照序列

C.1 上游引物 NiV01 的序列：5′-TAGAAATAATCTCAGACATCGGAAA-3′。

C.2 下游引物 NiV02 的序列：5′-CCCATAGACCTGTCAATAGTAGTAGC-3′。

C.3 探针 NiV03 的序列：FAM-TTTGCCCCTGGAGGTTACCCATTATCG-TAMRA。

C.4 阳性对照是体外转录的 RNA，含有 NiV01、NiV02 和 NiV03 的对应的序列。其序列为：
UAGAAAUAAUCUCAGACAUCGGAAACUAUGUCGGCUGCUGCAGUUCAGGAAA
CAUCAGCUACUCUACAGAGAAAUUGGCCCAAGAGCCCCUUAUAUGGUGCUUCU
UGAAGAAUCAAUUCAGACUAAAUUUGCCCCUGGAGGUUACCCAUUAUUCAGU
UCUGUGAGCACAUCCGGUUGGCUACUACUAUUGACAGGUCUAUGGG。

第四部分

兽医卫生技术规范类

ICS 11.220
B 41

中华人民共和国农业行业标准

NY/T 765—2004

高致病性禽流感
样品采集、保存及运输技术规范

2004-02-07 发布　　2004-02-17 实施

中华人民共和国农业部 发布

前　言

本标准中附录 A 和附录 B 为规范性附录。

本标准由中华人民共和国农业部提出。

本标准由全国动物检疫标准化技术委员会归口。

本标准起草单位:农业部动物及动物产品卫生质量监督检验测试中心、农业部兽医诊断中心。

本标准主要起草人:王玉东、郭福生、龚振华、王宏伟、曲志娜、王娟、刘俊辉、蒋正军。

高致病性禽流感　样品采集、保存及运输技术规范

1　范围

本标准规定了高致病性禽流感病料采集、保存和运输的方法。

本标准适用于疑似高致病性禽流感禽样品的采集、保存及运输。

2　规范性引用文件

下列文件中的条款通过本标准的引用而成为本标准的条款。凡是注日期的引用文件，其随后所有的修改单(不包括勘误的内容)或修订版均不适用于本标准。然而，鼓励根据本标准达成协议的各方研究是否可使用这些文件的最新版本。凡是不注日期的引用文件，其最新版本适用于本标准。

NY/T 768　高致病性禽流感　人员防护技术规范

3　采样前的准备

3.1　采样要求

3.1.1　根据采样目的，采集不同类型和不同数量的样品。

3.1.2　采样人员必须是兽医技术人员，熟悉采样器具的使用，掌握正确的采样方法。

3.2　器具和试剂

3.2.1　器具

3.2.1.1　动物检疫器械箱、保温箱或保温瓶、解剖刀、剪刀、镊子、酒精灯、酒精棉、碘酒棉、注射器及针头。

3.2.1.2　样品容器(如西林瓶、平皿、1.5 mL 塑料离心管、10 mL 玻璃离心管及易封口样品袋、塑料包装袋等)。

3.2.1.3　试管架、塑料盒(1.5 mL 小塑料离心管专用)、铝饭盒、瓶塞、无菌棉拭子、胶布、封口膜、封条、冰袋。

3.2.1.4　采样刀剪等器具和样品容器须经无菌处理。

3.2.2　试剂

加有抗生素的 pH 7.4 等渗磷酸盐缓冲液(PBS)(配制方法见附录 A)。

3.3　记录和防护材料

不干胶标签、签字笔、圆珠笔、记号笔、采样单、记录本等；口罩、一次性手套、乳胶手套、防护服、防护帽、胶靴等。

4　样品采集

4.1　基本要求

应从死禽和处于急性发病期的病禽采集样品，样品要具有典型性。采样过程要注意无菌操作，同时避免污染环境。采样人员要按 NY/T 768 的要求加强个人防护。

4.2　病死禽

4.2.1　一般采集组织样品。取死亡不久的 5 只病死禽采样，病死禽数不足 5 只时，取发病禽补齐 5 只。

4.2.2　每只禽采集肠管及肠内容物 1 份；肺和气管样品 1 份；肝、脾、肾、脑等各 1 份，并分别采集。上

述每个样品取样重量为15 g～20 g，放于样品袋或平皿中。如果重量不够可取全部脏器(如脾脏)。

4.2.3 不同禽只脏器不能混样，同一禽只不同脏器一般不能混样。将样品封口，贴好标签。

4.3 病禽

无病死禽时，采集病禽样品。

4.3.1 拭子样品

取5只病禽采样，每只采集泄殖腔拭子和喉气管拭子各1个，将样品端剪下，分别置于含有抗生素PBS的(加1.0 mL～1.3 mL PBS)小塑料离心管中，封好口，贴好标签。

4.3.1.1 泄殖腔拭子采集方法

将棉拭子插入泄殖腔1.5 cm～2 cm，旋转后沾上粪便。

4.3.1.2 粪便样品采集方法

小珍禽采泄殖腔拭子容易造成伤害，可只采集5个新鲜粪便样品(每个样品1 g～2 g)，置于内含有抗生素PBS(加1 mL～1.5 mL PBS)的西林瓶中，封好口，贴好标签。保存粪便和泄殖腔拭子的PBS中抗生素浓度较保存喉气管拭子提高5倍(配制方法见附录A)。

4.3.1.3 喉气管拭子采集方法

将棉拭子插入口腔至咽的后部直达喉气管，轻轻擦拭并慢慢旋转，沾上气管分泌物。保存喉气管拭子的PBS中抗生素浓度(配制方法见附录A)。

4.3.2 血清样品

采集10只病禽的血样。心脏或翅静脉采血，每只病禽采血样2 mL～3 mL，盛于西林瓶中或10 mL离心管中，经离心或自然放置析出血清后，将血清移到另外的西林瓶或小塑料离心管中，盖紧瓶塞，封好口，贴好标签。不同禽只的血样不能混合。

4.3.3 组织样品

当需要采集组织样品时，将5只病禽宰杀，组织样品采样方法同4.2。

4.4 整禽采样

4.4.1 适于禽主或兽医部门采样。

4.4.2 将病死禽或病禽装入塑料袋内，至少用2层塑料袋包装，同时和血清样品一起用保温箱加冰袋密封包装，由采样人员12 h内带回或送到实验室。

4.4.3 要求死禽和病禽总数不少于5只。组织采样方法同4.2。

4.4.4 血清样品不少于10份，每份不少于1.5 mL。采血方法同4.3.2。

4.5 采样单及标签等的填写

样品信息详见附录B，采样单要用钢笔或签字笔逐项填写(一式三份)，样品标签和封条应用圆珠笔填写，保温容器外封条用钢笔或签字笔填写，小塑料离心管上可用记号笔做标记。应将采样单和病史资料装在塑料包装袋中，随样品一起送到实验室。

4.6 包装要求

4.6.1 每个组织样品应仔细分别包装，在样品袋或平皿外面贴上标签，标签注明样品名、样品编号、采样日期等。再将各个样品放到塑料包装袋中。

4.6.2 拭子样品小塑料离心管要放在特定的塑料盒内。

4.6.3 血清样品装于西林瓶时，要用铝盒盛放，盒内加填塞物避免小瓶晃动。若装于小塑料离心管中，则放在塑料盒内。

4.6.4 包装袋外、塑料盒及铝盒要贴封条，封条上要有采样人签章，并注明贴封日期。标注放置方向，切勿倒置。

5 保存和运输

5.1 样品置于保温容器中运输,保温容器必须密封,防止渗漏。一般使用保温箱或保温瓶,保温容器外贴封条,封条有贴封人(单位)签字(盖章),并注明贴封日期。

5.2 样品应在特定的温度下运输,拭子样品和组织样品要做暂时的冷藏或冷冻处理,然后立即运送实验室。

5.2.1 若能在 4 h 内送到实验室,可只用冰袋冷藏运输。

5.2.2 如果超过 4 h,要做冷冻处理。应先将样品置于－30℃冻结,然后再在保温箱内加冰袋运输,经冻结的样品必须在 24 h 内送到。

5.2.3 若 24 h 不能送到实验室,需要在运输过程中保持－20℃以下。

5.3 血清样品要单独存放。若 24 h 内运达实验室,在保温箱内加冰袋冷藏运输;若超过 24 h,要先冷冻后,在保温箱内加大量冰袋运输,途中不能超过 48 h。

5.4 各种样品到达实验室后,若暂时不进行处理,则应冷冻(最好－70℃或以下)保存,不得反复冻融。

附 录 A
（规范性附录）
pH 7.4的等渗磷酸盐缓冲液（PBS）的配制

A.1 pH 7.4的等渗磷酸盐缓冲液（0.01 mol/L，pH 7.4，PBS）

NaCl	8.0 g
KH_2PO_4	0.2 g
$Na_2HPO_4 \cdot 12H_2O$	2.9 g
KCl	0.2 g

将上列试剂按次序加入定量容器中，加适量蒸馏水溶解后，再定容至1 000 mL，调pH至7.4，高压消毒灭菌112 kPa 20 min，冷却后，保存于4℃冰箱中备用。

A.2 棉拭子用抗生素PBS（病毒保存液）的配制

取上述PBS液，按要求加入下列抗生素：喉气管拭子用PBS液中加入青霉素（2 000 IU/mL）、链霉素（2 mg/mL）、丁胺卡那霉素（1 000 IU/mL）、制霉菌素（1 000 IU/mL）。粪便和泄殖腔拭子所用的PBS中抗生素浓度应提高5倍。加入抗生素后应调pH至7.4。在采样前分装小塑料离心管，每管中加这种PBS 1.0 mL～1.3 mL。采粪便时，在西林瓶中加PBS 1 mL～1.5 mL，采样前冷冻保存。

附 录 B
（规范性附录）
禽流感监测采样单

<table>
<tr><td colspan="2">场名或禽主</td><td colspan="3"></td><td>禽别(划√)</td><td>□祖代□父母代□商品代</td></tr>
<tr><td colspan="2">通信地址</td><td colspan="4"></td><td>邮编</td></tr>
<tr><td colspan="2">联系人</td><td colspan="2"></td><td>电话</td><td></td><td>传真</td></tr>
<tr><td>栋　号</td><td>样品名称</td><td>品种</td><td>日龄</td><td>存养量</td><td>采样数量</td><td>编号起止*</td></tr>
<tr><td rowspan="9"></td><td></td><td></td><td></td><td></td><td></td><td></td></tr>
<tr><td></td><td></td><td></td><td></td><td></td><td></td></tr>
<tr><td></td><td></td><td></td><td></td><td></td><td></td></tr>
<tr><td></td><td></td><td></td><td></td><td></td><td></td></tr>
<tr><td></td><td></td><td></td><td></td><td></td><td></td></tr>
<tr><td></td><td></td><td></td><td></td><td></td><td></td></tr>
<tr><td></td><td></td><td></td><td></td><td></td><td></td></tr>
<tr><td></td><td></td><td></td><td></td><td></td><td></td></tr>
<tr><td></td><td></td><td></td><td></td><td></td><td></td></tr>
<tr><td>既往病史及免疫情况</td><td colspan="6"></td></tr>
<tr><td>临床症状和病理变化</td><td colspan="6"></td></tr>
<tr><td>采样单位</td><td colspan="3"></td><td colspan="2">联系电话</td><td></td></tr>
<tr><td colspan="4">被采样单位盖章或签名

年　月　日</td><td colspan="3">采样单位盖章或签名

年　月　日</td></tr>
</table>

注：此单一式三份，第一联采样单位保存，第二联随样品，第三联由被采样单位保存。

*“编号起止”统一用阿拉伯数字 1、2、3、…表示，各场保存原禽只编号。

ICS 11.220
B 41

中华人民共和国农业行业标准

NY/T 766—2004

高致病性禽流感 无害化处理技术规范

2004-02-17 发布　　2004-02-17 实施

中华人民共和国农业部　发布

前　言

本标准由中华人民共和国农业部提出。

本标准由全国动物检疫标准化技术委员会归口。

本标准起草单位:农业部动物检疫所。

本标准主要起草人:于丽萍、黄保续、范伟兴、陈杰。

高致病性禽流感　无害化处理技术规范

1　范围

本标准规定了对因发生高致病性禽流感疫情而需处理的禽尸、产品和其他污染物品进行无害化处理的技术规范。

本标准适用于各类禽饲养场、屠宰加工企业、屠宰点和肉类市场等因发生高致病性禽流感疫情而进行的无害化处理。

2　规范性引用文件

下列文件中的条款通过本标准的引用而成为本标准的条款。凡是注日期的引用文件，其随后所有的修改单(不包括勘误的内容)或修订版均不适用于本标准。然而，鼓励根据本标准达成协议的各方研究是否可使用这些文件的最新版本。凡是不注日期的引用文件，其最新版本适用于本标准。

GB/T 18635　动物防疫　基本术语

NY 764　高致病性禽流感　疫情判定及扑灭技术规范

3　术语和定义

GB/T 18635 确立的以及下列术语和定义适用于本标准。

无害化处理　bio-safety disposal

用物理、化学或生物学等方法处理带有或疑似带有病原体的动物尸体、动物产品或其他物品，达到消灭传染源、切断传播途径、阻止病原扩散的目的。

4　一般原则

4.1　动物防疫监督机构应全过程监控无害化处理工作。无害化处理人员应当接受过专业技术培训。

4.2　所有病死禽、被扑杀禽及其产品、排泄物、被污染或可能被污染的垫料、饲料和其他物品，以及不能有效清污消毒的厂房、器械和建筑材料应当进行无害化处理。

4.3　疫情发生后，应尽早采取无害化处理措施，以减少疫情扩散。无害化措施以尽量减少损失，保护环境，不污染空气、土壤和水源为原则。

4.4　确保所采取的任何一种无害化处理措施都能够杀灭病原。

4.5　活禽按 NY 764 扑杀后再进行无害化处理。

4.6　清群时应关牢禽舍，同时对褥草和羽毛进行消毒，阻止病毒通过空气传播，避免同野鸟接触。处理禽舍、笼器具时，应先将垫料表面用消毒液淋湿，并尽可能堆成堆，用塑料布盖上再清理销毁。

4.7　运输过程中，应特别注意不扩散病毒。例如，车厢和底部必须防水，所有运载的物品必须用密闭防水容器包裹以防漏出，上部充分遮盖，以防溢出。运输工具应清洗和消毒。

5　深埋

5.1　深埋点应在感染的饲养场内或附近，远离居民区、水源、泄洪区和交通要道，不得用于农业生产，避开公众视野，清楚标示。

5.2　坑的覆盖土层厚度应不小于 1.5 m，坑底铺垫生石灰，覆盖土以前再撒一层 2 cm 厚的生石灰。坑的位置和类型应有利于防洪和避免动物扒刨。禽类尸体置于坑中后，用土覆盖，与周围持平。填土不要太实,以免尸腐产气,造成气泡冒出和液体渗漏。

5.3 污染的饲料、排泄物和杂物等物品,也应喷洒消毒剂后与尸体共同深埋。

6 焚烧

无法采取深埋方法处理时,采用焚烧处理。焚烧时,应符合环保要求。

6.1 疫区附近有大型焚尸炉的,可采用焚化的方法。

6.2 处理的尸体和污染物量小的,可以挖不小于2.0 m深的坑,浇油焚烧。

7 化制

当既不能深埋也不能焚烧时,可选用化制处理法。炼制后,应进行清污消毒。

7.1 应在动物防疫监督机构认可的化制厂化制。

7.2 化制厂必须建立有效的控制措施,以防病毒通过人员和物品扩散。

8 发酵

8.1 饲料发酵可在指定地点堆积,密闭发酵。发酵时间夏季不少于2个月,冬季不少于3个月。

8.2 发酵处理应符合环保要求,所涉及的运输、装卸等环节要避免泄漏,运输装卸工具要彻底消毒。

ICS 11.220
B 41

中华人民共和国农业行业标准

NY/T 767—2004

高致病性禽流感　消毒技术规范

2004-02-17 发布　　2004-02-17 实施

中华人民共和国农业部　发布

前言

本标准由中华人民共和国农业部提出。

本标准由全国动物检疫标准化技术委员会归口。

本标准起草单位:中国农业大学、北京市畜牧兽医总站。

本标准主要起草人:佘锐萍、曹平、祝俊杰。

高致病性禽流感　消毒技术规范

1　范围

本标准规定了高致病性禽流感(HPAI)疫点、疫区等的紧急防疫消毒、终末消毒技术,以及受威胁区的预防消毒技术。

本标准适用于发生怀疑、疑似或确认为高致病性禽流感疫情的处理。

2　术语和定义

下列术语和定义适用于本标准。

2.1

疫点

指患病禽类所在的地点。一般指患病禽类所在的禽场(户)、养禽小区或其他有关禽类屠宰加工、经营单位。如为农村散养,则应将病禽所在的自然村划为疫点。

2.2

疫区

指以疫点为中心,半径 3 km～5 km 范围内的区域。疫区划分时,注意考虑当地的饲养环境和天然屏障(如河流、山脉等)。

2.3

受威胁区

指疫区周边外延 5 km～30 km 范围内的区域。

2.4

消毒

指用物理的(包括清扫和清洗)、化学的和生物的方法杀灭病鸡体及其环境中的病原体。其目的是预防和防止高致病性禽流感的传播和蔓延。

2.5

预防消毒

又称定期消毒,是为了预防高致病性禽流感等疾病的发生,对禽舍、禽场环境、用具、饮水等所进行的常规的定期消毒工作。

2.6

紧急防疫消毒

在高致病性禽流感等疫情发生后至解除封锁前的一段时间内,对养禽场、禽舍、禽只的排泄物、分泌物及其污染的场所、用具等及时进行的防疫消毒措施。其目的是消灭由传染源(病鸡)排泄在外界环境中的病原体,切断传播途径,防止高致病性禽流感的扩散蔓延,把传染病控制在最小范围并就地消灭。

2.7

终末消毒

发生高致病性禽流感以后,待全部病禽及疫区范围内所有可疑禽只经无害化处理完毕,经过 21 d 再没有新的病例发生,在疫区解除封锁之前,为了消灭疫区内可能残留的高致病性禽流感病原体所进行的全面彻底的大消毒。

3 疫点、疫区消毒

3.1 疫点的紧急防疫消毒

3.1.1 用0.3%二氧化氯或0.3%过氧乙酸等溶液对病禽舍进行喷雾消毒。

3.1.2 清理禽舍

彻底将禽舍内的污物、鸡粪、垫料、剩料等各种污物清理干净，做无害化处理。可移动的设备和用具搬出鸡舍，集中堆放到指定的地点清洗、消毒。

3.1.3 焚烧

鸡舍清扫后，用火焰喷射器对鸡舍的墙裙、地面、笼具等不怕燃烧的物品进行火焰消毒。

3.1.4 冲洗

对鸡舍的墙壁、地面、笼具，特别是屋顶木梁柁架等，用高压水枪进行冲刷，清洗干净。

3.1.5 喷洒消毒药物

待鸡舍地面水干后，用消毒液对地面和墙壁等进行均匀、足量的喷雾、喷洒消毒。

3.1.6 熏蒸消毒

关闭门窗和风机，用福尔马林密闭熏蒸消毒24 h以上。

3.1.7 对疫点养禽场内禽舍外环境清理后进行消毒。

3.2 疫点、疫区交通道路、运输工具的消毒

3.2.1 封锁期间，疫区道口消毒站对出入人员、运输工具及有关物品进行消毒。

3.2.2 运输工具必须进行全面消毒。

3.3 工作人员的消毒

参加疫病防控工作的各类人员应进行消毒，其中包括穿戴的工作服、帽、手套、胶靴及器械等。消毒方法可采用浸泡、喷洒、洗涤等；工作人员的手及皮肤裸露部位应清洗、消毒。

3.4 疫区的终末消毒

在解除封锁前对疫区进行彻底消毒。消毒方法参照紧急消毒措施。

3.5 污水处理

以上消毒所产生的污水应进行无害化处理。

4 受威胁区的预防消毒

受高致病性禽流感威胁的养禽场、家禽产品集贸市场、禽类产品加工厂、交通运输工具等场所，应加强预防消毒工作。

ICS 11.220
B 41

中华人民共和国农业行业标准

NY/T 768—2004

高致病性禽流感
人员防护技术规范

2004-02-17 发布　　2004-02-17 实施

中华人民共和国农业部 发布

前　言

本标准由中华人民共和国农业部提出。

本标准由全国动物检疫标准化技术委员会归口。

本标准起草单位:农业部动物检疫所、农业部畜牧兽医局、全国畜牧兽医总站。

本标准主要起草人:魏荣、李金祥、于康震、贾幼陵、王长江、黄保续、郭福生。

高致病性禽流感　人员防护技术规范

1　范围

本标准规定了对密切接触高致病性禽流感病毒感染或可能感染禽和场的人员的生物安全防护要求。

本标准适用于密切接触高致病性禽流感病毒感染或可能感染禽和场的人员进行生物安全防护。此类人员包括:诊断、采样、扑杀禽鸟、无害化处理禽鸟及其污染物和清洗消毒的工作人员、饲养人员、赴感染或可能感染场进行调查的人员。

2　诊断、采样、扑杀禽鸟、无害化处理禽鸟及其污染物和清洗消毒的人员

2.1　进入感染或可能感染场和无害化处理地点

2.1.1　穿防护服。

2.1.2　戴可消毒的橡胶手套。

2.1.3　戴 N95 口罩或标准手术用口罩。

2.1.4　戴护目镜。

2.1.5　穿胶靴。

2.2　离开感染或可能感染场和无害化处理地点

2.2.1　工作完毕后,对场地及其设施进行彻底消毒。

2.2.2　在场内或处理地的出口处脱掉防护装备。

2.2.3　将脱掉的防护装备置于容器内进行消毒处理。

2.2.4　对换衣区域进行消毒,人员用消毒水洗手。

2.2.5　工作完毕要洗澡。

3　饲养人员

3.1　饲养人员与感染或可能感染的禽鸟及其粪便等污染物品接触前,必须戴口罩、手套和护目镜,穿防护服和胶靴。

3.2　扑杀处理禽鸟和进行清洗消毒工作前,应穿戴好防护物品。

3.3　场地清洗消毒后,脱掉防护物品。

3.4　衣服须用 70℃以上的热水浸泡 5 min 或用消毒剂浸泡,然后再用肥皂水洗涤,于太阳下晾晒。

3.5　胶靴和护目镜等要清洗消毒。

3.6　处理完上述物品后要洗澡。

4　赴感染或可能感染场的人员

4.1　需备物品

口罩、手套、防护服、一次性帽子或头套、胶靴等。

4.2　进入感染或可能感染场

4.2.1　穿防护服。

4.2.2 戴口罩,用过的口罩不得随意丢弃。

4.2.3 穿胶靴,用后要清洗消毒。

4.2.4 戴一次性手套或可消毒橡胶手套。

4.2.5 戴好一次性帽子或头套。

4.3 离开感染或可能感染场

4.3.1 脱个人防护装备时,污染物要装入塑料袋内,置于指定地点。

4.3.2 最后脱掉手套后,手要洗涤消毒。

4.3.3 工作完毕要洗浴,尤其是出入过有禽粪灰尘的场所。

5 健康监测

5.1 所有暴露于感染或可能感染禽和场的人员均应接受卫生部门监测。

5.2 出现呼吸道感染症状的人员应尽快接受卫生部门检查。

5.3 出现呼吸道感染症状人员的家人也应接受健康监测。

5.4 免疫功能低下、60 岁以上和有慢性心脏和肺脏疾病的人员要避免从事与禽接触的工作。

5.5 应密切关注采样、扑杀处理禽鸟和清洗消毒的工作人员及饲养人员的健康状况。

ICS 11.220
B 41

中华人民共和国农业行业标准

NY/T 769—2004

高致病性禽流感　免疫技术规范

2004-02-17 发布　　2004-02-17 实施

中华人民共和国农业部　发布

前　言

本标准由中华人民共和国农业部提出。

本标准由全国动物检疫标准化技术委员会归口。

本标准起草单位:中国农业科学院哈尔滨兽医研究所。

本标准主要起草人:刘明、田国斌、王秀荣、陈化兰。

高致病性禽流感　免疫技术规范

1　范围

本标准规定了禽流感油乳剂灭活疫苗使用过程中的运输、储存、免疫程序和免疫效果评价的技术规范。

本标准适用于H5或H7亚型禽流感油佐剂灭活疫苗。

2　规范性引用文件

下列文件中的条款通过本标准的引用而成为本标准的条款，凡是注日期的引用文件，其随后所有的修改单(不包括勘误的内容)或修订版均不适用于本标准。然而，鼓励根据本标准达成协议的各方研究是否可使用这些文件的最新版本。凡是不注日期的引用文件，其最新版本适用于本标准。

GB/T 18936　高致病性禽流感诊断技术

3　术语和定义

下列术语和定义适用于本标准。

3.1

批次

具有相同代码、组成均一的全部疫苗。

3.2

剂量

标签上标定的特定年龄家禽，经特定免疫途径，一次接种疫苗的使用量。

3.3

效力

根据生产商建议使用生物制品所产生的特异的免疫保护能力。

4　免疫效力保证

4.1　根据当前流行的禽流感病毒血凝素(HA)亚型，选择相同亚型的禽流感疫苗用于家禽的预防接种。

4.2　根据饲养家禽的数量，准备足够完成一次免疫接种所需要的同一厂家、同一批次的疫苗。

4.3　疫苗的运输和储藏

4.3.1　夏季疫苗宜采用冷藏运输；冬季运输要注意防冻。

4.3.2　疫苗避光冷藏(2℃～8℃)。

4.4　疫苗使用要求

4.4.1　家禽的要求

接种的家禽必须临床表现健康。此外，为了避免家禽发生反胃现象，疫苗注射的当天早晨要禁饲。

4.4.2　疫苗的检查

疫苗使用前，要仔细核对疫苗的抗原亚型，详细记录生产批号和失效日期。包装破损、破乳分层、颜色改变等现象的疫苗不得使用。

4.4.3　疫苗的预温

为了便于免疫接种，疫苗在使用前从冰箱中取出，置于室温(22℃左右)2 h左右。疫苗使用之前充分摇匀。疫苗注射期间，经常摇动，混匀疫苗。疫苗启封后，限 24 h 内用完。

4.4.4 接种针头的要求

使用 12 号的针头，同一养禽场的家禽，每注射 1 000 只至少要更换针头一次。

4.4.5 接种部位的选择

优先采用颈部皮下注射，注射部位为家禽颈背部下 1/3 处，针头向下与皮肤呈 45°。

4.5 疫苗接种质量控制

4.5.1 专人负责监督接种过程，确保每只家禽都被接种。发现漏种的家禽，要及时补种。

4.5.2 使用疫苗要做好记录。记录内容包括：家禽的品种、年龄，疫苗的来源、批次，接种时间等。

5 免疫程序

高致病性禽流感的免疫程序的制定，主要以禽群相应亚型禽流感病毒的血清抗体水平的高低为依据。

5.1 推荐的免疫程序

5.1.1 生产蛋鸡和肉种鸡

雏鸡在 2 周龄首次免疫，接种剂量 0.3 mL；5 周龄时加强免疫，接种剂量 0.5 mL；120 日龄左右再加强免疫，接种剂量 0.5 mL；以后间隔 5 个月加强免疫一次，接种剂量 0.5 mL。

5.1.2 8 周龄出栏肉仔鸡

雏鸡在 10 日龄免疫，接种剂量 0.5 mL。

5.1.3 100 日龄出栏肉仔鸡

雏鸡在 2 周龄首次免疫，接种剂量 0.3 mL；5 周龄时加强免疫，接种剂量 0.5 mL。

5.2 火鸡、鸭和鹅

在 2 周龄首次免疫，接种剂量 0.5 mL；5 周龄时加强免疫，接种剂量 1 mL；以后间隔 5 个月加强免疫一次，接种剂量 1 mL。

5.3 紧急免疫接种

高致病性禽流感受威胁区内的所有健康未接种禽流感疫苗的鸡、鸭和鹅等禽类，应当进行禽流感疫苗的紧急免疫接种。接种剂量：鸡 0.5 mL，鸭、鹅等禽类 1 mL。

6 免疫效力的评价

6.1 鸡群(30 只/群)在疫苗接种前、后(免疫后 3 周)分别静脉采血 3 mL，分离血清；然后，按 GB/T 18936 推荐的血凝抑制试验(HI)检测鸡血清 HI 的抗体水平。当鸡 HI 抗体平均水平小于 4 log2 时，判定为免疫效力低下，应当进行疫苗接种；HI 抗体水平大于或者等于 4 log2 时，判定为免疫效力良好。

6.2 火鸡、鸭、鹅等禽类接种禽流感疫苗免疫效力评价缺乏足够的血清学依据。

ICS 11.220
B 41

中华人民共和国农业行业标准

NY/T 770—2004

高致病性禽流感　监测技术规范

2004-02-17 发布　　　　2004-02-17 实施

中华人民共和国农业部　发布

前　言

本标准中的附录 A 和附录 B 为资料性附录。

本标准由中华人民共和国农业部提出。

本标准由全国动物检疫标准化技术委员会归口。

本标准起草单位:农业部动物检疫所、全国畜牧兽医总站。

本标准主要起草人:李晓成、陈杰、黄保续、王宏伟、范伟兴、于丽萍。

高致病性禽流感 监测技术规范

1 范围

本标准规定了高致病性禽流感监测技术。

本标准适用于高致病性禽流感常规监测和疫病发生后对疫点、疫区和受威胁区的监测。

2 规范性引用文件

下列文件中的条款通过本标准的引用而成为本标准的条款。凡是注日期的引用文件，其随后所有的修改单(不包括勘误的内容)或修订版均不适用于本标准。然而，鼓励根据本标准达成协议的各方研究是否可使用这些文件的最新版本。凡是不注日期的引用文件，其最新版本适用于本标准。

GB/T 18936 高致病性禽流感诊断技术

NY 764 高致病性禽流感 疫情判定及扑灭技术规范

NY/T 769 高致病性禽流感 免疫技术规范

NY/T 771 高致病性禽流感 流行病学调查技术规范

NY/T 772 禽流感病毒 RT-PCR 试验方法

中华人民共和国动物防疫法 中华人民共和国主席令(第 87 号)

3 术语和定义

下列术语和定义适用于本标准。

3.1

监测

对某种疫病的发生、流行、分布及相关因素进行系统的长时间的观察与检测，以把握该疫病的发生情况和发展趋势。

3.2

岗哨动物

在某地专门设立的易感动物群，一般每群为 30 只～100 只，通过临床观察和实验室检测来证实该地是否存在所监测的病原。

4 监测方法

4.1 流行病学调查

见 NY/T 771。

4.2 临床症状检查

发现禽类急性死亡，并且出现脚鳞皮下出血，或鸡冠出血，或发绀、头部水肿，或肌肉和其他组织器官广泛性严重出血，就可以怀疑为高致病性禽流感。

4.3 血清学检测

用间接酶联免疫吸附试验(间接 ELISA)或血凝抑制试验(HI)检测血清抗体(见 GB/T 18936)。如果出现间接 ELISA 阳性，或 H5 或 H7 的 HI 效价达到 1∶16 以上，须进行现场调查并采样进行病原学检测。

4.4 病原学检测

采集样品，用SPF鸡胚分离病原或用RT-PCR检测禽流感病原（见GB/T 18936和NY/T 772）。如果发现病原，应将样品送指定实验室进一步检验。

5 监测方式

5.1 常规监测

5.1.1 根据本标准4.2条，任何人发现可疑病例，须遵照《中华人民共和国动物防疫法》第二十条向当地兽医行政主管部门报告。

5.1.2 全国范围内，高致病性禽流感监测可采用血清学和病原学检测的方法实施。在免疫区，血清学检测不被使用。全国范围内的抽样方法如下：根据各省、市、自治区的县和乡级数量，按置信水平为95%，乡级按乡级感染率为2%抽样，被抽到的乡要覆盖到预计5%感染县的抽样数量（见附录A），同时考虑所涉及县的地理位置分布和养殖情况；养殖场禽群（侧重存栏量少于10 000只）和散养禽群（以自然村为单位）采样数量按95%置信水平感染率为5%的样本量计算（见附录B）；病原学检测采集咽喉和泄殖腔拭子，血清学检测采集禽血清；血清学检测和病原学检测方法和结果按本标准的4.3和4.4处置。

5.2 疫点、疫区和受威胁区的监测

5.2.1 按照NY/T 771的调查范围，对所调查的禽群每周3次进行连续1个月临床观察，也可以采用通信询问。对病死禽进行病理学剖检，并采样送国家指定的实验室进行病毒分离和鉴定。通过临床观察和病毒分离鉴定结果确定新的高致病性禽流感禽群。

5.2.2 封锁扑杀消毒后，对疫区和受威胁区所有养禽场、养猪场采集拭子样品，在野生禽类活动或栖息地采集新鲜粪便或水样。禽类每只采集咽喉和泄殖腔拭子1对，猪采集鼻腔拭子；每个养殖场采30个（对）拭子，散养动物每个自然村采集30个（对）拭子，野禽活动或栖息地采集30个样品。对采集的样品进行病原分离或RT-PCR检测。如果发现高致病性禽流感，参照NY 764处置。

5.2.3 强制免疫效果检测

强制免疫效果检测方法和结果评估见NY/T 769。

5.2.4 封锁令解除后无病监测

疫区内重新使用的禽舍中饲养高致病性禽流感非免疫禽，或者设立50只岗哨动物，进行临床症状观察和血清学检测，如果禽群有发病或死亡，应采集死禽样品送检分离病原；血清学检测分别在重新饲养非免疫鸡或设立岗哨动物后0 d、30 d和5个月时对感染场、危险接触场和可疑场进行，检测数量按照置信水平为95%检出率应低于5%的数量计算。并辅以开始每周2次临床的检查达30 d，然后2周1次达5个月。对血清学阳性禽群要进行流行病学调查和病毒分离。如果怀疑或确诊为高致病性禽流感，参照NY 764处置。如果检测均为阴性，可重新视为高致病性禽流感非疫区。

附 录 A
（资料性附录）
高致病性禽流感监测抽样数量参考表

序 号	省、自治区、直辖市	县级，个		乡级，个	
		总数	抽检数	总数	抽样乡数
1	北京	18	10	322	120
2	天津	18	10	239	110
3	河北	172	50	2 202	143
4	山西	119	47	1 384	140
5	内蒙古	101	45	1 405	141
6	辽宁	100	45	1 551	141
7	吉林	60	38	1 026	138
8	黑龙江	130	47	1 325	140
9	上海	19	10	234	110
10	江苏	106	45	1 590	141
11	浙江	88	44	1 610	142
12	安徽	105	46	1 996	143
13	福建	86	44	1 104	138
14	江西	99	45	1 615	142
15	山东	139	47	1 927	143
16	河南	158	49	2 422	144
17	湖北	102	45	1 234	140
18	湖南	122	47	2 583	144
19	广东	123	47	1 844	143
20	广西	108	45	1 388	140
21	海南	20	18	218	105
22	重庆	40	31	1 347	140
23	四川	180	48	5 275	147
24	贵州	87	44	1 539	141
25	云南	129	48	1 582	142
26	西藏	73	43	689	134
27	陕西	107	45	1 742	143
28	甘肃	86	44	1 650	143
29	青海	43	31	424	125
30	宁夏	23	19	343	115
31	新疆	99	45	1 004	138

附 录 B
(资料性附录)
检出疫病所需样本大小(Cannon 和 Roe 二氏,1982)

群体大小	病畜在群体中的百分率和抽样大小		群体大小	病畜在群体中的百分率和抽样大小	
	5%	2%		5%	2%
10	10	10	500	56	129
20	19	20	600	56	132
30	26	30	700	57	134
40	31	40	800	57	136
50	35	48	900	57	137
60	38	55	1 000	57	138
70	40	62	1 200	57	140
80	42	68	1 400	58	141
90	43	73	1 600	58	142
100	45	78	1 800	58	143
120	47	86	2 000	58	143
140	48	92	3 000	58	145
160	49	97	4 000	58	146
180	50	101	5 000	59	147
200	51	105	6 000	59	147
250	53	112	7 000	59	147
300	54	117	8 000	59	147
350	54	121	9 000	59	148
400	55	124	10 000	59	148
450	55	127	∞	59	148

ICS 11.220
B 41

中华人民共和国农业行业标准

NY/T 771—2004

高致病性禽流感
流行病学调查技术规范

2004-02-17 发布 2004-02-17 实施

中华人民共和国农业部 发布

前　言

本标准中附录 A、附录 B 和附录 C 为规范性附录。

本标准由中华人民共和国农业部提出。

本标准由全国动物检疫标准化技术委员会归口。

本标准起草单位:农业部动物检疫所、全国畜牧兽医总站。

本标准主要起草人:范伟兴、黄保续、于康震、李晓成、陈杰、于丽萍。

高致病性禽流感 流行病学调查技术规范

1 范围

本标准规定了发生高致病性禽流感疫情后开展的流行病学调查技术要求。

本标准适用于高致病性禽流感暴发后的最初调查、现地调查和追踪调查。

2 规范性引用文件

下列文件中的条款通过本标准的引用而成为本标准的条款。凡是注日期的引用文件,其随后所有的修改单(不包括勘误的内容)或修订版均不适用于本标准。然而,鼓励根据本标准达成协议的各方研究是否可使用这些文件的最新版本。凡是不注日期的引用文件,其最新版本适用于本标准。

NY 764 高致病性禽流感 疫情判定及扑灭技术规范

NY/T 768 高致病性禽流感 人员防护技术规范

3 术语和定义

3.1

最初调查

兽医技术人员在接到养禽场/户怀疑发生高致病性禽流感的报告后,对所报告的养禽场/户进行的实地考察以及对其发病情况的初步核实。

3.2

现地调查

兽医技术人员或省级、国家级动物流行病学专家对所报告的高致病性禽流感发病场/户的场区状况、传染来源、发病禽品种与日龄、发病时间与病程、发病率与病死率以及发病禽舍分布等所做的现场调查。

3.3

跟踪调查

在高致病性禽流感暴发及扑灭前后,对疫点的可疑带毒人员、病死禽及其产品和传播媒介的扩散趋势、自然宿主发病和带毒情况的调查。

4 最初调查

4.1 目的

核实疫情,提出对疫点的初步控制措施,为后续疫情确诊和现地调查提供依据。

4.2 组织与要求

4.2.1 动物防疫监督机构接到养禽场/户怀疑发病的报告后,立即指派2名以上兽医技术人员,备有必要的器械、用品和采样用的容器,在24 h内尽快赶赴现场,核实发病情况。

4.2.2 被派兽医技术人员至少3 d内没有接触过高致病性禽流感病禽及其污染物,按NY/T 768做好个人防护。

4.3 内容

4.3.1 调查发病禽场的基本状况、病史、症状以及环境状况4个方面,完成最初调查表(见附录A)。

4.3.2 认真检查发病禽群状况,根据NY 764做出是否发生高致病性禽流感的初步判断。

4.3.3 在不能排除高致病性禽流感的情况下，调查人员立即报告当地动物防疫监督机构，并建议提请省级/国家级动物流行病学专家前来做进一步诊断，并准备配合做好后续采样、诊断和疫情扑灭措施。

4.3.4 实施对疫点的初步控制措施，严禁从养禽场/户运出家禽、家禽产品和可疑污染物品，并限制人员流动。

4.3.5 画图标出可疑发病禽场/户周围10 km以内分布的养禽场、道路、河流、山岭、树林、人工屏障等，连同最初调查表一同报告当地动物防疫监督机构。

5 现地调查

5.1 目的

在最初调查无法排除高致病性禽流感的情况下，对报告养禽场/户做进一步的诊断和调查，分析可能的传染来源、传播方式、传播途径以及影响疫情控制和扑灭的环境和生态因素，为控制和扑灭疫情提供技术依据。

5.2 组织与要求

5.2.1 省级动物防疫监督机构接到怀疑发病报告后，必须立即派遣流行病学专家配备必要的器械和用品于24 h内赴现场，做进一步诊断和调查。

5.2.2 被派兽医技术人员必须符合4.2.2的要求。

5.3 内容

5.3.1 在地方动物防疫监督机构技术人员初步调查的基础上，对发病养禽场/户的发病情况，周边地理地貌，野生动物分布，近期家禽、产品和人员流动情况等开展进一步的调查；分析传染来源、传播途径以及影响疫情控制和消灭的环境和生态因素。

5.3.2 尽快完成流行病学现地调查表（见附录B），并提交给省和地方动物防疫监督机构。

5.3.3 与地方动物防疫监督机构密切配合，完成病料样品的采集、包装及运输等诊断事宜。

5.3.4 对暴发的疫情做出高致病性禽流感的诊断后，协助并参与地方政府和地方动物防疫监督机构扑灭疫情。

6 跟踪调查

6.1 目的

追踪疫点传染源和传播媒介的扩散趋势、自然宿主的发病和带毒情况，为可能出现的公共卫生危害提供预警预报。

6.2 组织

当地流行病学调查人员在省级或国家级动物流行病学专家指导下对有关人员、可疑感染家禽、可疑污染物品和带毒宿主进行的追踪调查。

6.3 内容

6.3.1 追踪出入发病养禽场/户的有关工作人员和所有家禽、禽产品及有关物品的流动情况，并对其做适当的隔离观察和控制措施，严防疫情扩散。

6.3.2 对疫点、疫区的家禽、水禽、猪、留鸟、候鸟等重要疫源宿主进行发病情况调查，追踪病毒变异情况。

6.3.3 完成跟踪调查表（见附录C），并提交本次暴发疫情的流行病学调查报告。

附　录　A
（规范性附录）
高致病性禽流感流行病学最初调查表

<table>
<tr><td colspan="2">任务编号：</td><td>国标码：</td></tr>
<tr><td colspan="2">调查者姓名：</td><td>电话：</td></tr>
<tr><td colspan="2">场/户主姓名：</td><td>电话：</td></tr>
<tr><td colspan="2">场/户名称</td><td>邮编：</td></tr>
<tr><td>场/户地址</td><td colspan="2"></td></tr>
<tr><td>饲养品种</td><td colspan="2"></td></tr>
<tr><td>饲养数量</td><td colspan="2"></td></tr>
<tr><td>场址地形环境描述</td><td colspan="2"></td></tr>
<tr><td rowspan="3">发病时天气状况</td><td colspan="2">温度</td></tr>
<tr><td colspan="2">干旱/下雨</td></tr>
<tr><td colspan="2">主风向</td></tr>
<tr><td>场区条件</td><td colspan="2">□进场要洗澡更衣　□进生产区要换胶靴　□场舍门口有消毒池
□供料道与出粪道分开</td></tr>
<tr><td>污水排向</td><td colspan="2">□附近河流　□农田沟渠　□附近村庄　□野外湖区　□野外水塘
□野外荒郊　□其他</td></tr>
<tr><td>过去一年曾发生的疫病</td><td colspan="2">□低致病性禽流感　□鸡新城疫　□马立克氏病　□禽白血病
□鸡传染性喉气管炎　□鸡传染性贫血　□鸡传染性支气管炎
□鸡传染性法氏囊病</td></tr>
<tr><td>本次典型发病情况</td><td colspan="2">□急性发病死亡　□脚鳞出血　□鸡冠出血或发绀、头部水肿
□肌肉和其他组织器官广泛性严重出血　□神经症状　□绿色稀便
□其他（请填写）：</td></tr>
<tr><td>疫情核实结论</td><td colspan="2">□不能排除高致病性禽流感　□排除高致病性禽流感</td></tr>
<tr><td colspan="2">调查人员签字：</td><td>时间：</td></tr>
</table>

附 录 B
（规范性附录）
高致病性禽流感现地调查表

疫情类型 （1）确诊 （2）疑似 （3）可疑

B.1 疫点易感禽与发病禽现场调查

B.1.1 最早出现发病时间：__________年________月________日________时，
发病数：____只，死亡数：____只，圈舍（户）编号：__________。

B.1.2 禽群发病情况：

圈舍（户）编号	家禽品种	日龄	发病日期	发病数	开始死亡日期	死亡数

B.1.3 袭击率：____________________

计算公式：

袭击率＝（疫情暴发以来发病禽数÷疫情暴发开始时易感禽数）×100％

B.2 可能的传染来源调查

B.2.1 发病前30 d内，发病禽舍是否新引进了家禽？

（1）是 （2）否

引进禽品种	引进数量	混群情况*	最初混群时间	健康状况	引进时间	来 源

* 混群情况：（1）同舍（户）饲养，（2）邻舍（户）饲养，（3）饲养于本场（村）隔离场，隔离场（舍）人员单独隔离。

B.2.2 发病前30 d内发病禽场/户是否有野鸭、鸟栖息或捕获鸟？

（1）是 （2）否

鸟 名	数 量	来 源	鸟停留地点*	鸟病死数量	与禽畜接触频率**

* 停留地点包括禽场（户）内建筑场上、树上、存料处及料槽等。

** 接触频率指鸟与停留地点的接触情况，分为每天、数次、仅一次。

B.2.3 发病前30 d内是否运入可疑的被污染物品(药品)?

(1)是 (2)否

物品名称	数 量	经过或存放地	运入后使用情况

B.2.4 最近30 d内是否有场外有关业务人员来场?

(1)无 (2)有,请写出访问者姓名、单位、访问日期,并注明是否来自疫区。

来 访 人	来访日期	来访人职业/电话	是否来自疫区

B.2.5 发病场(户)是否靠近其他养禽场及动物集散地?

(1)是 (2)否

B.2.5.1 与发病场的相对地理位置____________________。

B.2.5.2 与发病场的距离______________。

B.2.5.3 其大致情况__________。

B.2.6 发病场周围10 km以内是否有下列动物群?

B.2.6.1 猪______________。

B.2.6.2 野禽,具体禽种:____________________。

B.2.6.3 野水禽,具体禽种:____________________。

B.2.6.4 田鼠、家鼠:______________________。

B.2.6.5 其他:____________________。

B.2.7 在最近25 d～30 d内本场周围10 km有无禽发病?

(1)无 (2)有

B.2.7.1 发病日期:______________________。

B.2.7.2 病禽数量和品种:______________________。

B.2.7.3 确诊/疑似诊断疾病:______________________。

B.2.7.4 场主姓名:______________________。

B.2.7.5 发病地点与本场相对位置、距离:______________________。

B.2.7.6 投药情况:______________________。

B.2.7.7 疫苗接种情况:______________________。

B.2.8 场内是否有职员住在其他养殖场/养禽村?

(1)无 (2)有

B.2.8.1 该农场所处的位置:______________________。

B.2.8.2 该场养禽的数量和品种:______________________。

B.2.8.3　该场禽的来源及去向：________________________________。

B.2.8.4　职员拜访和接触他人地点：________________________________。

B.3　在发病前 30 d 是否有饲养方式/管理的改变？

(1)无　　(2)有，______________________________。

B.4　发病场(户)周围环境情况

B.4.1　静止水源——沼泽、池塘或湖泊：(1)是　　(2)否

B.4.2　流动水源——灌溉用水、运河水、河水：(1)是　　(2)否

B.4.3　断续灌溉区——方圆 3 km 内无水面：(1)是　　(2)否

B.4.4　最近发生过洪水：(1)是　　(2)否

B.4.5　靠近公路干线：(1)是　　(2)否

B.4.6　靠近山溪或森(树)林：(1)是　　(2)否

B.5　该养禽场/户地势类型属于：

(1)盆地　　(2)山谷　　(3)高原　　(4)丘陵　　(5)平原　　(6)山区
(7)其他(请注明)______________________________。

B.6　饮用水及冲洗用水情况

B.6.1　饮水类型：
(1)自来水　　(2)浅井水　　(3)深井水　　(4)河塘水　　(5)其他

B.6.2　冲洗水类型：
(1)自来水　　(2)浅井水　　(3)深井水　　(4)河塘水　　(5)其他

B.7　发病养禽场/户高致病性禽流感疫苗免疫情况：

(1)免疫　　(2)不免疫

B.7.1　疫苗生产厂家______________________________。

B.7.2　疫苗品种、批号______________________________。

B.7.3　被免疫鸡数量______________________________。

B.8　受威胁区免疫禽群情况

B.8.1　免疫接种 1 个月内禽只发病情况：
(1)未见发病　　(2)发病，发病率______________________________。

B.8.2　异源亚型血清学检测和病原学检测

标本类型	采样时间	检测项目	检测方法	结　果
注：标本类型包括鼻咽、脾淋内脏、血清及粪便等。				

B.9　解除封锁后是否使用岗哨动物

（1）否　　（2）是，简述结果______________________________。

B.10　最后诊断情况

B.10.1　确诊 HPAI，确诊单位______________________________。

B.10.2　排除，其他疫病名称______________________________。

B.11　疫情处理情况

B.11.1　发病禽群及其周围 3 km 以内所有家禽全部扑杀：

（1）是　　（2）否，扑杀范围：______________________________。

B.11.2　疫点周围 3 km～5 km 内所有家禽全部接种疫苗

（1）是　　（2）否

所用疫苗的病毒亚型：____________________厂家____________________。

附　录　C
（规范性附录）
高致病性禽流感跟踪调查表

C.1　在发病养禽场/户出现第一个病例前 21 d 至该场被控制期间出场的(A)有关人员，(B)动物/产品/排泄废弃物，(C)运输工具/物品/饲料/原料，(D)其他(请标出)＿＿＿＿＿＿＿＿，养禽场被隔离控制日期＿＿＿＿＿＿＿＿。

出场日期	出场人/物 (A/B/C/D)	运输工具	人/承运人姓名/ 电话	目的地/电话

C.2　在发病养禽场/户出现第一个病例前 21 d 至该场被隔离控制期间，是否有家禽、车辆和人员进出家禽集散地？

(1)无　　(2)有，请填写下表，追踪可能污染物，做限制或消毒处理。

出入日期	出场人/物	运输工具	人/承运人姓名/ 电话	相对方位/距离
注：家禽集散地包括展览场所、农贸市场、动物产品仓库、拍卖市场、动物园等。				

C.3　列举在发病养禽场/户出现第一个病例前 21 d 至该场被隔离控制期间出场的工作人员(如送料员、雌雄鉴别人员、销售人员、兽医等)3 d 内接触过的所有养禽场/户，通知被访场家进行防范。

姓　　名	出场人员	出场日期	访问日期	目的地/电话

C.4　疫点或疫区水禽

C.4.1　在发病后 1 个月发病情况

(1)未见发病　　(2)发病,发病率________________。

C.4.2　异源亚型血清学检测和病原学检测

标本类型	采样时间	检测项目	检测方法	结　　果

C.5　疫点或疫区留鸟

C.5.1　在发病后 1 个月发病情况

(1)未见发病　　(2)发病,发病率________________。

C.5.2　血清学检测和病原学检测

标本类型	采样时间	检测项目	检测方法	结　　果

C.6　受威胁区猪密切接触的猪只

C.6.1　在发病后 1 个月发病情况

(1)未见发病　　(2)发病,发病率________________。

C.6.2　血清学和病原学检测异源亚型血清学检测和病原学检测

标本类型	采样时间	检测项目	检测方法	结　果

C.7　疫点或疫区候鸟

C.7.1　在发病后1个月发病情况

(1)未见发病　　(2)发病,发病率________________。

C.7.2　血清学检测和病原学检测

标本类型	采样时间	检测项目	检测方法	结　果

C.8　在该疫点疫病传染期内密切接触人员的发病情况________________

(1)未见发病

(2)发病,简述情况:

接触人员姓名	性别	年龄	接触方式[a]	住址或工作单位	电话号码	是否发病及死亡

[a] 接触方式:(1)本舍(户)饲养员　(2)非本舍饲养员　(3)本场兽医　(4)收购与运输　(5)屠宰加工　(6)处理疫情的场外兽医　(7)其他接触。

ICS 11.220
B 41

中华人民共和国农业行业标准

NY/T 907—2004

动物布氏杆菌病控制技术规范

The rule for control techniques of animal brucellosis

2005-01-04 发布　　　　2005-02-01 实施

中华人民共和国农业部 发布

前 言

本标准由中华人民共和国农业部提出。

本标准由全国动物检疫标准化技术委员会归口。

本标准起草单位:内蒙古自治区兽医工作站。

本标准主要起草人:许燕辉、宝音达来、敖日格勒、谢大增、斯琴、李林川、武拉俊、赵心力、申之义。

动物布氏杆菌病控制技术规范

1 范围

本标准规定了动物布氏杆菌病的诊断技术、控制措施和考核验收标准。

本标准适用于布氏杆菌病控制。

2 规范性引用文件

下列文件中的条款通过本标准的引用而成为本标准的条款。凡是注日期的引用文件，其随后所有的修改单(不包括勘误的内容)或修订版均不适用于本标准。然而，鼓励根据本标准达成协议的各方研究是否可使用这些文件的最新版本。凡是不注日期的引用文件，其最新版本适用于本标准。

GB 16548 畜禽病害肉尸及产品无害化处理规程

GB 16549 畜禽产地检疫规范

GB 16567 种畜禽调运检疫技术规范

GB/T 18646 动物布氏杆菌病诊断技术

中华人民共和国动物防疫法

3 流行病学特点

3.1 流行病学

3.1.1 动物布氏杆菌病主要由牛种、羊种、猪种、犬种、绵羊附睾种和沙林鼠种布氏杆菌引起。人和多种动物对布氏杆菌易感，牛、羊、猪种布氏杆菌对人均能感染，人感染布氏杆菌病有明显的职业性。

3.1.2 患病动物和带菌动物是主要传染源，母畜在流产或分娩时，大量布氏杆菌随胎儿、羊水、胎衣等排出，污染周围环境，流产后的阴道分泌物、乳汁及公畜的精液中也含有布氏杆菌。山羊和绵羊是人类“流行性布氏杆菌病”的主要传染源，而牛和猪是人类“散发性布氏杆菌病”的主要传染源。

3.1.3 家畜主要通过消化道感染，也可经交配和吸血昆虫叮咬传播；人主要经皮肤、呼吸道感染。

3.1.4 本病一年四季均可发生，但在产羔、产犊期多发，并常呈地方性流行。

3.2 临床症状

牛：母牛主要表现为在怀孕的第6个月～第8个月时发生流产，产出死胎或弱胎儿，有时流产后伴发胎衣不下和子宫内膜炎及卵巢炎，可造成长期不孕；公牛可发生睾丸炎、副睾炎和关节炎。

羊：母羊主要表现为在怀孕的第3个月～第4个月时发生流产，有时伴发乳房炎、支气管炎及关节炎；公羊可发生睾丸炎、副睾炎等。

猪：母猪主要表现为在怀孕的第4周～第12周时发生流产，伴发胎衣不下和子宫内膜炎及卵巢炎，可造成长期不孕；公猪可发生睾丸炎、关节炎和淋巴结脓肿。

马：主要表现为髻甲脓肿，通常不发生流产。

骆驼：主要表现为散发性流产。

鹿：常表现为滑囊炎、关节炎、睾丸炎、流产和胎衣不下。

3.3 病理变化

成年病畜主要为生殖器官的炎性坏死，淋巴结、肝、脾、肾等器官的特异性肉芽肿、关节炎性病变等，流产胎儿主要呈败血症病变。

4 诊断

4.1 血清学诊断

具体实验方法参照GB/T 18646执行。

4.1.1 初筛试验

应用虎红平板凝集试验或全乳环状试验进行初筛。检出的阳性样品做正式试验。

4.1.2 正式试验

应用试管凝集试验或补体结合试验进行诊断。

4.2 细菌学诊断

胎儿取胃内容物、肝、脾、淋巴结等组织和胎衣，母畜取绒毛叶渗出液、水肿液、腹水、胸水、阴道分泌物及脓汁等做细菌分离鉴定。必要时进行动物试验。

4.3 感染畜的判定

根据血清学诊断阳性、细菌学检验结果、临床症状、病理变化判定为病畜。判定时，应注意排除其他疑似疫病和菌苗接种引起的血清学阳性。

5 控制措施

5.1 执行《中华人民共和国动物防疫法》《中华人民共和国传染病防治法》，坚持"预防为主"方针。疫区以免疫接种为主；控制区以监测、扑杀阳性畜、免疫接种为主；稳定控制区以监测净化为主。

5.2 免疫接种

5.2.1 疫区内应先检后免，淘汰阳性畜，易感动物连续3年全部进行免疫接种。

5.2.2 控制区只对幼畜进行一次免疫接种。

5.2.3 稳定控制区停止免疫接种。

5.3 监测

对辖区内牛、羊、猪、鹿等易感动物采用流行病学调查、血清学试验、细菌分离鉴定进行监测。

在疫区，对新生畜、接种疫苗8个月以后的牛和骆驼、口服免疫6个月以后的猪和羊进行血清学监测。每年至少监测1次，牧区(以县为单位)抽检500头(只)以上，农区和半农半牧区抽检200头(只)以上。

在控制区和稳定控制区，血清学监测至少每年进行1次。达到控制标准的牧区(以县为单位)抽检1 000头(只)以上；农区和半农半牧区抽检500头(只)以上；达到稳定控制标准的牧区抽检500头(只)以上，农区和半农半牧区抽检200头(只)以上。

奶牛、奶山羊及种畜每年进行2次(间隔6个月)血清学监测。

5.4 检疫

参照GB 16549进行检疫。引进种用、乳用动物依照GB 16567进行检疫隔离观察30 d以上，经血清学或细菌学检查，确认健康的混群饲养；检出的阳性病畜按照GB 16548处理。

5.5 疫情处理

发现病畜时，要及时报告。当地动物防疫监督机构要立即派人到现场，采取检疫、隔离、扑杀、销毁、消毒、紧急免疫接种，迅速控制疫情；当疫情呈暴发时，依照《中华人民共和国动物防疫法》第3章第21条、第27条的规定处理。

6 控制和稳定控制标准

6.1 控制标准

6.1.1 县级控制标准

连续 2 年以上达到下列条件者为控制布氏杆菌病县。

6.1.1.1 畜间感染率：未接种菌苗的牲畜和接种菌苗 18 个月后的育龄畜，牧区每年抽检 3 000 份以上，农区和半农半牧区抽检 1 000 份血样以上。试管凝集试验阳性率：羊 0.5%以下，牛 1%以下，猪 2%以下。补体结合试验：各种动物阳性率均在 0.5%以下。检出的阳性牲畜已全部淘汰。

6.1.1.2 细菌学检查：抽检牛、羊、猪流产材料（病例不足时，补检正产胎盘、乳汁等）200 份以上，检测结果为阴性。

6.1.2 地级控制标准

辖区内所有县均达到控制标准。

6.1.3 省级控制标准

辖区内所有地区都达到控制标准。

6.1.4 全国控制标准

全国各省均达到控制标准。

6.2 稳定控制标准

6.2.1 县级稳定控制标准

连续 3 年以上达到下列条件为稳定控制布氏杆菌病县。

6.2.1.1 牧区每年抽检 1 000 头（只）以上，农区和半农半牧区抽检 500 头（只）以上。试管凝集试验阳性率羊、猪在 0.3%以下，牛 0.1%以下或补体结合试验阳性率在 0.2%以下，阳性畜已全部淘汰。

6.2.1.2 每年抽检牛、羊、猪等动物各种样品 2 000 份以上进行细菌培养，检测结果为阴性。

6.2.2 地级稳定控制标准

辖区内所有县均达到稳定控制标准。

6.2.3 省级稳定控制标准

辖区内所有地区均达到稳定控制标准。

6.2.4 全国稳定控制标准

全国各省均达到稳定控制标准。

ICS 65.020.30
B 41

中华人民共和国农业行业标准

NY/T 1955—2010

口蹄疫免疫接种技术规范

Technical regulation for vaccinization of foot-and-mouth disease

2010-09-21 发布　　2010-12-01 实施

中华人民共和国农业部　发布

前　言

本标准按照GB/T 1.1—2009给出的规则起草。

本标准由中华人民共和国农业部提出。

本标准由全国动物检疫标准化技术委员会(SAC/TC 181)归口。

本标准起草单位:中国农业科学院兰州兽医研究所。

本标准主要起草人:王永录、张永光、方玉珍、刘湘涛、刘在新。

口蹄疫免疫接种技术规范

1 范围

本标准规定了口蹄疫疫苗在使用过程中的免疫效力保证、免疫原则、免疫程序、不良反应及解决措施和免疫效果评价的技术规范。

本标准适用于口蹄疫疫苗的免疫接种。

2 规范性引用文件

下列文件对于本文件的应用是必不可少的。凡是注日期的引用文件，仅注日期的版本适用于本文件。凡是不注日期的引用文件，其最新版本(包括所有的修改单)适用于本文件。

GB/T 18935 口蹄疫诊断技术

3 术语和定义

下列术语和定义适用于本文件。

3.1

批次 batch

用同一生产种子批和同一原料，在同一条件下生产的具有相同代码、组成均一的全部疫苗。

3.2

剂量 dosage

标签上标定的疫苗对特定年龄家畜、经特定免疫途径，一次接种的用量。

3.3

效力 potency

按生产商建议的方法使用疫苗后，动物机体所产生的特异性免疫保护能力。

3.4

计划免疫 programmatic vaccinization

在经常发生疫病的地区、疫病潜在发生的地区或常受到邻近地区疫病威胁的地区，为了防患于未然，在平时有计划地给健康畜群进行的免疫接种，称为预防接种或计划免疫。

3.5

紧急接种 emergency vaccinization

在发生疫病时，为了迅速控制和扑灭疫病的流行，对疫区尚未发病的动物和受威胁区的动物进行的应急性免疫接种。

3.6

半数保护剂量 50% protective dose，PD_{50}

使一半免疫动物能耐受10 000 ID_{50}同源强毒攻击的最小免疫剂量。

4 免疫效力保证

4.1 根据当前流行的口蹄疫病毒血清型，选择相同型的口蹄疫疫苗，用于家畜的预防接种。

4.2 疫苗毒株与流行毒株的抗原关系须基本一致。经双相中和试验测定，疫苗毒株与流行毒株的 r 值应大于或等于0.3；经液相阻断-酶联免疫吸附试验(LPB-ELISA)测定，疫苗毒株与流行毒株的 r 值应大于或等于 0.4。

4.3 免疫密度至少应达 85%以上。

4.4 疫苗的储藏和运输

疫苗应在 2℃～8℃下避光储藏。运输时，夏季要注意冷藏，冬季要注意防冻。

4.5 疫苗使用要求

4.5.1 家畜的要求

接种家畜必须临床健康。

4.5.2 疫苗的检查

疫苗使用前，要仔细核对疫苗的抗原型，详细记录生产批号和失效日期。凡出现包装破损、破乳分层、有沉淀物和颜色改变等现象的疫苗产品不得使用。

4.5.3 疫苗的预温

疫苗使用前，应置于室温(22℃左右)下 2 h 左右；使用时，应充分摇匀；使用过程中，应保持匀质。疫苗启封后，应于 24 h 内用完。

4.5.4 注射器的要求

一头家畜一套注射器，针头以 8 号为宜。

4.6 疫苗接种的质量控制

4.6.1 专人负责监督接种过程，确保每头家畜都被有效接种。发现漏种时，应及时补种。

4.6.2 做好记录工作，记录内容包括家畜种类及品种、年龄、疫苗来源、批次、接种时间、接种剂量和操作人员等。

5 免疫原则

5.1 紧急接种

5.1.1 用于紧急接种的疫苗，免疫效力应达每头份 6 个 PD_{50} 以上；否则，免疫剂量应加倍。

5.1.2 采用环形免疫接种方法，由疫区外向内开展疫苗接种工作。先从安全区开始，再接种受威胁区，最后接种疫区内的健康畜群。严禁疫区的工作人员到非疫区进行免疫接种工作。

5.1.3 采取首免与二免相结合的免疫程序，首免 3 周～4 周后应加强免疫一次。

5.2 计划免疫

根据本地区疫情的风险种类、风险程度和国家对重大动物疫病防控的政策要求，选择国家批准生产的疫苗种类，确定免疫程序。按免疫程序，实施计划免疫接种。用于计划免疫接种的疫苗，免疫效力应达每头份 3 个 PD_{50} 以上。

6 免疫程序

6.1 免疫程序的制定依据

根据被免疫动物的生活周期、疫苗的效力、免疫持续期以及疫病流行的严重程度等制定。

6.2 免疫途径及剂量

肌肉注射，进针要达到足够深度，保证将疫苗注入肌肉。免疫剂量按使用说明书执行。

6.3 新生幼畜的免疫程序

6.3.1 犊牛

80 日龄～90 日龄首免，免疫剂量是成年牛的一半。

6.3.2 仔猪

30 日龄～45 日龄首免，免疫剂量是成年猪的一半。

6.3.3 羔羊

30日龄～45日龄首免，免疫剂量是成年羊的一半。

6.3.4 其他易感动物

参照牛羊执行。

6.4 非疫区的免疫程序

6.4.1 牛

首免后，每隔6个月免疫1次。

6.4.2 猪

育肥猪首免后，间隔4周～5周进行第二次免疫，种猪每隔6个月免疫1次。

6.4.3 羊

首免后，每隔6个月免疫1次。

6.4.4 其他易感动物

参照牛羊执行。

6.5 疫区的免疫程序

6.5.1 牛

首免后，间隔1个月～2个月进行一次强化免疫，以后每隔4个月免疫1次。

6.5.2 猪

育肥猪，首免后，间隔4周～5周进行第二次免疫；如果生长期超过6个月，应于4月龄时再免疫1次。种猪于首免后，每隔4个月免疫1次。

6.5.3 羊

首免后，间隔1个月～2个月进行一次强化免疫，以后每隔4个月免疫1次。

6.5.4 其他易感动物

参照牛羊执行。

6.6 紧急接种

发生口蹄疫疫情时，要对疫区、受威胁区域的全部健康易感家畜进行一次强化免疫。边境地区受到境外威胁时，要对距边境线30 km以内的所有易感家畜进行一次强化免疫。最近1个月内已免疫的家畜可以不强化免疫。

7 不良反应及解决措施

7.1 一般反应

进行口蹄疫疫苗免疫接种时，个别动物会出现轻微的局部或全身反应，如注射部位轻微肿胀，体温略有升高，暂时性减食反应和精神沉郁等。这些均属正常现象，不经任何处理，2 d～3 d后，上述症状会自行消失，不影响动物的生产性能。

7.2 严重反应

与正常反应在性质上没有区别，但程度较重或发生反应的动物数超过正常比例。引起严重反应的原因很复杂，或由于某一批疫苗质量较差；或由于所使用疫苗过期、变质、包装破损等；或由于使用方法不当，如接种剂量过大、接种方法不正确、接种途径错误等；或由于个别动物对某种生物制品过敏。这类反应通过严格控制制品质量和遵照使用说明书可以减少到最低限度，只有在个别特别敏感的动物中才会发生。

7.3 合并症

指与正常反应性质不同的反应。主要包括超敏感（过敏休克、变态反应等）和诱发潜伏期感染中的其他疫病。同一地区,同一种家畜,在同一季节内往往可能有两种以上疫病流行,给家畜接种口蹄疫疫苗后,可能会诱发潜伏期感染中的其他疫病。遇到这种情况,要正确分析、客观对待。超敏感动物往往表现为在接种进行中或接种后几秒钟或数分钟内,突然发生晕厥或过敏性休克。患畜倒地,口吐白沫,丧失知觉,大小便失禁等,数分钟内自然康复或死亡。纯种奶牛和多年未有传染病发生和流行地区的牛、羊、猪易出现超敏反应。遇到这种情况,应将动物的头部放低,安静休息。若数分钟内不能恢复,可皮下注射1%肾上腺素或肌肉注射地塞米松。

8 免疫效果的评价

按GB/T 18935中的液相阻断-酶联免疫吸附试验(LPB-ELISA)或病毒中和试验(VN),监测免疫动物群体血清抗体水平,评价免疫效果。免疫合格与否的判定标准以农业部每年制订的"高致病性禽流感和口蹄疫等重大动物疫病免疫方案"的要求为准。

ICS 65.020.30
B 41

中华人民共和国农业行业标准

NY/T 1956—2010

口蹄疫消毒技术规范

Technical regulation for disinfection of foot-and-mouth disease

2010-09-21 发布　　2010-12-01 实施

中华人民共和国农业部　发布

前　言

本标准按照 GB/T 1.1—2009 给出的规则起草。

本标准由中华人民共和国农业部提出。

本标准由全国动物防疫标准化技术委员会(SAC/TC 181)归口。

本标准起草单位:中国农业科学院兰州兽医研究所。

本标准主要起草人:王永录、张永光、方玉珍、刘湘涛、刘在新。

口蹄疫消毒技术规范

1 范围

本标准规定了对口蹄疫疫点和疫区的紧急防疫消毒、终末消毒以及受威胁区和非疫区的预防消毒技术规范和消毒方法。

本标准适用于疑似或确认为口蹄疫疫情后的消毒。

2 规范性引用文件

下列文件对于本文件的应用是必不可少的。凡是注日期的引用文件，仅注日期的版本适用于本文件。凡是不注日期的引用文件，其最新版本(包括所有的修改单)适用于本文件。

NY/T 1168　畜禽粪便无害化处理技术规范

GB 16548　病害动物和病害动物产品生物安全处理规程

GB 18596　畜禽养殖业污染物排放标准

3 术语和定义

下列术语和定义适用于本文件。

3.1

疫点　infected premises，IP

为发病畜所在地点。病畜在饲养过程中的，散养畜以自然村为疫点，放牧畜以畜群放牧地为疫点，养殖场以病畜所在场为疫点；病畜在运输过程中的，以运载病畜的车、船、飞机等为疫点；病畜在市场的，以所在市场为疫点；病畜在屠宰加工过程中的，以屠宰加工厂(场)为疫点。

3.2

疫区　protection zone

以疫点为中心、半径 3 km 以内的区域。划分疫区时，应注意考虑当地的饲养环境、人工和天然屏障(如河流、山脉等)。

3.3

受威胁区　surveillance zone

疫区周边外延 10 km 以内的区域。划分受威胁区时，应注意考虑当地的饲养环境、人工和天然屏障(如河流、山脉等)。

3.4

消毒　disinfection

用物理的、化学的和生物的方法杀灭染病动物机体表面及其环境中的病原体。

3.5

常规消毒　routine disinfection

又称定期消毒，是为了预防口蹄疫等疫病的发生，对畜舍、养殖场环境、用具、饮水等进行的常规消毒。

3.6

紧急防疫消毒　emergency disinfection

在口蹄疫等疫情发生后至解除封锁前的一段时间内，对养殖场、畜舍、动物的排泄物、分泌物及其污染场所、用具等进行的紧急防疫消毒。

3.7

终末消毒 terminal disinfection

发生口蹄疫以后,待全部病畜及疫区范围内所有可疑家畜经无害化处理完毕,最后一头病畜死亡或扑杀后 14 d 不再出现新的病例,需对疫区解除封锁之前,为了消灭疫区内可能残存的口蹄疫病毒所进行的全面彻底的消毒。

4 消毒

4.1 消毒方法

4.1.1 物理消毒法

借助物理因素杀灭口蹄疫病毒的方法。现推荐几种对口蹄疫病毒有效的常用物理消毒方法。

4.1.1.1 火焰喷射消毒

火焰喷射消毒器中喷射的火焰具有很高的温度,瞬间就能有效杀死物体表面的口蹄疫病毒。常用于砖混或水泥墙壁、地面、金属笼具、金属或水泥饲槽等非易燃物品的表面消毒。

4.1.1.2 煮沸消毒

从水沸腾开始计算时间,煮沸 5 min~10 min 即可杀灭口蹄疫病毒。适用于金属、木质、玻璃、塑料等器具以及布类的消毒。

4.1.1.3 高压蒸汽灭菌消毒

利用高压蒸汽灭菌器在 15 磅/英寸^2 压力下(121.6℃)维持 15 min~30 min,不仅能杀灭口蹄疫病毒,而且能杀死所有微生物的繁殖体及芽孢。适用于耐高温和耐水物品的消毒。

4.1.1.4 干烤消毒

利用干烤箱加热 120℃~130℃维持 2 h,不仅能杀灭口蹄疫病毒,而且能杀死所有微生物的繁殖体及芽孢。适用于玻璃器具等耐高温物品的消毒。

4.1.1.5 流通蒸汽消毒

利用流通蒸汽灭菌器发出的 100℃左右的水蒸气进行消毒的方法。一般维持 15 min~39 min,不仅可杀灭口蹄疫病毒,还可杀灭所有微生物的繁殖体。适用于耐高温和耐水物品的消毒。

4.1.1.6 巴氏消毒法

加温至 61.1℃~62.8℃维持 30 min,可杀灭口蹄疫病毒。适用于不耐高温的物品的消毒。

4.1.2 化学消毒法

使用化学消毒剂杀灭口蹄疫病毒的方法。

4.1.2.1 喷雾法

将化学消毒剂配制成一定浓度的溶液后,装入喷雾器内,用喷雾器向被消毒的对象喷雾,对其进行消毒。

4.1.2.2 喷洒法

将化学消毒剂配制成一定浓度的溶液后,直接喷洒到待消毒的对象表面,对其进行消毒。

4.1.2.3 擦拭法

用布块等浸蘸配制好的消毒药液,擦拭被消毒的物品,对其进行消毒。

4.1.2.4 浸泡法

将被消毒的物品浸泡于配制好的消毒药液内,对其进行消毒。

4.1.2.5 熏蒸法

将消毒剂加热或加入氧化剂,使其气化。气态的消毒剂会弥散到密闭空间内的每一个角落,从而在标准的浓度及时间内，达到消毒的目的。

4.2 消毒剂

选择消毒剂须遵从3条基本原则：一是对口蹄疫病毒敏感，工作浓度的酸类消毒剂pH小于3、碱类消毒剂pH大于13、含氯消毒剂中有效氯的浓度大于60 mg/L；二是国家批准的正规厂家所生产；三是具有生产批准文号。

4.2.1 氧化剂类消毒剂

4.2.1.1 醛类消毒剂

主要有甲醛、聚甲醛、戊二醛等。其中，以甲醛最为常用。适用于对畜舍等可密闭空间的熏蒸消毒。根据消毒空间的大小，将高锰酸钾按7 g/m^3～21 g/m^3加入到14 mL～42 mL福尔马林（含甲醛36%～38%）溶液中，对密闭的畜舍等进行熏蒸消毒24 h以上。消毒时室温不低于15℃，相对湿度应为60%～80%。

4.2.1.2 过氧化物类消毒剂

主要有过氧乙酸、过氧化氢、环氧乙烷、高锰酸钾等，以过氧乙酸最为常用。市售消毒用过氧乙酸的浓度为20%左右，将其配成0.5%的水溶液，在0℃～26℃下，可对被污染畜舍、屠宰场、食品厂、运动场、饲槽、器具、装置、运输车船、粪便、尸体、泔水、其他被污染物品等进行喷洒或喷雾消毒，对被污染耐腐蚀器具进行浸泡消毒和对被污染畜舍等可密闭空间进行熏蒸消毒。

4.2.2 碱类消毒剂

4.2.2.1 氢氧化钠（又名苛性钠或烧碱）

使用时需加热配成1%～2%的水溶液，将其喷洒到待消毒的对象上，维持6 h～12 h后用清水冲洗干净。适用于被污染畜舍、屠宰场、食品厂、运动场、饲槽、器具、装置、运输车船、粪便、尸体、泔水、其他被污染物品等的喷洒消毒和被污染耐碱器具、装置、物品等的浸泡消毒。

4.2.2.2 草木灰水

将新鲜草木灰和水按1∶5的比例混合，充分搅拌、煮沸1 h，自然沉淀，取上清液（大约含1%苛性碱成分），用其对被污染畜舍、屠宰场、食品厂、运动场、饲槽、器具、装置、运输车船、粪便、尸体、泔水、其他被污染物品等进行喷洒消毒，也可用其对被污染耐碱器具、装置、物品等进行浸泡消毒。

4.2.2.3 生石灰

将生石灰和水按1∶1的比例混合，制成熟石灰（氢氧化钙），然后将其配成10%～20%的混悬液。适用于被污染畜舍、屠宰场、食品厂、运动场、饲槽、器具、装置、运输车船、粪便、尸体、泔水、其他被污染物品等的喷洒消毒和被污染耐碱器具、装置、物品等的浸泡消毒。

4.2.3 酸类消毒剂

4.2.3.1 柠檬酸

0.2%的柠檬酸水溶液加入适量清洁剂后，可以改善其效力，适用于被污染畜舍、屠宰场、食品厂、运动场、饲槽、器具、装置、运输车船、粪便、尸体、泔水、其他被污染物品等的喷洒消毒和被污染耐酸器具、装置、物品等的浸泡消毒。

4.2.3.2 复合酚

将其按产品说明书标示的比例配制成水溶液后，适用于被污染畜舍、屠宰场、食品厂、运动场、饲槽、器具、装置、运输车船、粪便、尸体、泔水、其他污染物品等的喷洒或喷雾消毒。

4.2.4 含氯消毒剂

4.2.4.1 漂白粉

漂白粉，又称氯化石灰，是次氯酸钙（含32%～36%）、氯化钙（29%）、氧化钙（10%～18%）、氢氧化钙（15%）的混合物。漂白粉的有效氯含量一般在25%～30%之间。将其配制成10%～20%的混悬液，可对被污染畜舍、屠宰场、食品厂、运动场、饲槽、器具、装置、运输车船、粪便、尸体、泔水、其他被污染物品等进行喷洒消毒,对被污染耐腐蚀器具进行浸泡消毒。应注意密封保存,现配现用,不能用于金属和纺织品的消毒。

4.2.4.2 二氯异氰脲酸钠

按产品说明书标示的比例配制成水溶液后,可用于被污染畜舍、屠宰场、食品厂、运动场、饲槽、器具、装置、运输车船、粪便、尸体、泔水、其他被污染物品等的喷洒或喷雾消毒,以及被污染器具、装置、物品等的浸泡消毒。

4.2.5 含碘消毒剂

络合碘、碘酸、碘伏、碘甘油等均属于含碘消毒剂,常用于皮肤、黏膜等的擦拭消毒。

4.2.6 对口蹄疫病毒不敏感的消毒剂

醇类消毒剂如乙醇、甲醇、异丙醇等,常用于对其他微生物的消毒,但对口蹄疫病毒无杀灭作用,在口蹄疫消毒中忌用。季铵盐和酚类消毒剂,对口蹄疫病毒杀灭效果较差,在口蹄疫消毒中慎用。

5 疫点、疫区的紧急防疫消毒

5.1 病畜舍的消毒

5.1.1 病畜舍清理前的消毒

在彻底清理被污染的病畜舍之前,须用0.5%的过氧乙酸等消毒剂对其进行喷雾消毒。

5.1.2 病畜舍的清理

彻底将病畜舍内的粪便、垫草、垫料、剩草、剩料等各种污物清理干净,对清理出来的污物按NY/T 1168进行无害化处理。将可移动的设备和用具搬出畜舍,集中堆放到指定的地点进行清洗、消毒。

5.1.3 火焰消毒

病畜舍经清扫后,用火焰喷射器对畜舍的墙裙、地面、用具等非易燃物品进行火焰消毒。

5.1.4 冲洗

病畜舍经火焰消毒后,对其墙壁、地面、用具,特别是屋顶木梁、柁架等,用高压水枪进行冲刷,清洗干净。对冲洗后的污水要收集到一起进行消毒,并做无害化处理,达到GB 18596的要求。

5.1.5 喷洒消毒

待病畜舍地面水干后,用消毒液对地面和墙壁等进行均匀、足量地喷雾或喷洒消毒。为使消毒更加彻底,首次消毒冲洗后间隔一定时间,进行第二次甚至第三次消毒。

5.1.6 熏蒸消毒

病畜舍经喷洒消毒后,关闭门窗和风机,用福尔马林密闭熏蒸消毒24 h以上。

5.2 病畜舍外环境的消毒

对疫点、疫区养殖场内病畜舍的外环境,先喷洒消毒剂全面消毒后,彻底清理干净,再进行第二次消毒。

5.3 疫点、疫区交通道路、运输工具、出入人员的消毒

5.3.1 出入疫区的交通要道必须设立临时消毒站。

5.3.2 疫区内所有运载工具应严格消毒。车辆内外及所有角落和缝隙都须用消毒剂全面消毒后,用清水冲洗干净,再进行第二次消毒,不留任何死角。

5.3.3 对车辆上的物品必须进行严格消毒。

5.3.4 从车辆上清理下来的垃圾、粪便等污物须经过彻底消毒后,按NY/T 1168的规定做无害化处理。

5.3.5 封锁期间,疫区道口消毒站必须对出入人员进行严格消毒。

5.4 牲畜市场的清洗消毒

疫点、疫区所在的牲畜市场,必须用消毒剂全面喷洒消毒后,彻底清理干净,再进行第二次消毒。对清理的废饲料和粪便等污物须按NY/T 1168的规定做无害化处理。

5.5 屠宰、加工、储藏等场所的清洗消毒

5.5.1 疫点、疫区所在的屠宰、加工、储藏等场所的所有牲畜及其产品均须按 GB 16548 的规定做无害化处理。

5.5.2 圈舍、过道和舍外区域用消毒剂喷洒消毒后清洗干净，再进行第二次消毒。

5.5.3 所有设备、桌子、冰箱、地板、墙壁等均用消毒剂喷洒消毒后冲洗干净。

5.5.4 所有衣物用消毒剂浸泡消毒后清洗干净，其他物品都要用适当的方式进行消毒。

5.6 低温条件下的消毒

在低温条件下，用 33%甲醇水溶液配制过氧乙酸可有效杀灭口蹄疫病毒，醇类不仅对过氧乙酸是一个增效剂，而且是一个抗冻剂。

5.7 主要动物产品的消毒

5.7.1 皮毛的消毒

对疫点、疫区内被污染或疑似被污染的皮毛，在解除封锁后，可通过环氧乙烷气体熏蒸消毒法进行消毒。

5.7.2 冻肉等冷冻产品的消毒

对疫点、疫区内库存的健康冻肉等冷冻产品，在解除封锁后，进行不透水、不透气的密封包装，再用消毒剂对包装的外表面进行全面喷洒或喷雾消毒。

5.8 工作人员的消毒

参加疫病防控工作的各类人员及其穿戴的工作服、帽、手套、胶靴、所用器械等均应进行消毒。消毒方法可采用浸泡、喷洒、洗涤等；工作人员的手及皮肤裸露部位也应清洗、消毒。

6 疫点、疫区的终末消毒

在解除封锁前对疫点、疫区进行全面彻底的消毒，消毒方法参照紧急防疫消毒。对于集贸市场、加工厂等进行终末消毒后，一个月内不宜再进易感动物。

7 受威胁区的预防消毒

受口蹄疫威胁区的养殖场、家畜产品集贸市场、动物产品加工厂等场所以及交通运输工具等均应加强预防消毒工作。

8 非疫区预防性消毒

非口蹄疫疫区的养殖场、家畜产品集贸市场、动物产品加工厂等场所以及交通运输工具等均应加强平时的预防消毒工作。

9 污水处理

以上消毒所产生的污水直接排放时，应符合 GB 18596 的规定。

10 重新恢复饲养的消毒效果监测

在终末消毒后，试养 10 头左右口蹄疫易感动物(口蹄疫抗体阴性)作为“哨兵”动物，让“哨兵”动物进入养殖场的每个建筑物或动物饲养区。每日观察“哨兵”的临床症状，连续观察 28 d(等于两个潜伏期)。“哨兵”进入农场或在农场中最后移动达 28 d 后，采集血样，检测口蹄疫病毒抗体。若口蹄疫病毒抗体阴性，则表明消毒彻底、效果可靠。

ICS 11.220
B 41

中华人民共和国农业行业标准

NY/T 1958—2010

猪瘟流行病学调查技术规范

Guidelines for epidemiological investigation of the outbreak of classical swine fever

2010-09-21 发布　　　　2010-12-01 实施

中华人民共和国农业部　发布

前言

本标准按照GB/T 1.1—2009给出的规则起草。

本标准由中华人民共和国农业部提出。

本标准由全国动物防疫标准化技术委员会(SAC/TC 181)归口。

本标准主要起草单位:中国动物卫生与流行病学中心、青岛易邦生物工程有限公司。

本标准主要起草人:邵卫星、魏荣、范根成、李卫华、孙映雪。

猪瘟流行病学调查技术规范

1 范围

本标准规定了疑似或确认发生猪瘟后开展猪瘟流行病学调查的技术要求。

本标准适用于疑似或确认发生猪瘟后开展现场调查和追踪追溯调查，以核实疫情、查明疫源、确定疫病三间（时间、空间和猪群间）分布，为制定有效控制、扑灭猪瘟措施及解除疫情封锁提供科学依据。

2 规范性引用文件

下列文件对于本文件的应用是必不可少的。凡是注日期的引用文件，仅注日期的版本适用于本文件。凡是不注日期的引用文件，其最新版本（包括所有的修改单）适用于本文件。

GB/T 16651 猪瘟诊断技术

NY/T 541 动物疫病实验室采样方法

中华人民共和国预案 2006年发布 《国家突发重大动物疫情应急预案》

中华人民共和国国务院令 2005年第450号 《重大动物疫情应急条例》

3 术语和定义

下列术语和定义适用于本文件。

3.1

猪瘟暴发 classical swine fever outbreak

猪瘟暴发是指在一定范围（如养殖场、行政区域）内短时间发生多起猪瘟病例，发生的病例明显多于以往同期水平，且传播迅速。

3.2

暴发调查 outbreak investigation

是指对怀疑或确认发生猪瘟疫情的饲养单位及周围环境或局部地区所进行的流行病学调查。一般来讲，发生猪瘟疫情都具有一些共同的暴露因素，如外购猪、疫苗失效、气候突然改变、外来人员、周边环境、阴性带毒猪等。疫情调查的目的是能及时发现和确定引发猪瘟暴发的确切原因及暴露的途径和方式，从而达到追查传染源，确定发病原因，查明疫情扩散范围的目的，为提出科学合理的扑灭和防控措施提供依据。疫情调查可分为现场调查和跟踪调查两个阶段。

3.3

现场调查 field survey

县级以上动物疫病预防控制中心对所报告的疑似猪瘟疫情进行现场调查，完成专题调查表，确定“三间”（时间、空间和猪群）分布，分析获得的数据资料，初步确定此次疫情发生的原因，为制定有效的防控措施提供科学依据。

3.4

跟踪调查 track survey

实施猪瘟疫情应急预案后，对疫点及其周围和相关地点进行跟踪调查，完成跟踪调查表，确定疫情发生的原因及疫情的扩散范围，验证现场调查提出的假设，评估采取防控措施的有效性，并作为解除疫情封锁依据。跟踪调查包括追踪调查和追溯调查。

4 现场调查

4.1 目的

核实疫情，对所报告的疑似猪瘟疫情进行专题调查和疫情分析，确定“三间”（时间、空间和猪群）分布和病因；形成疫情报告，并上报。

4.2 调查前的准备

4.2.1 人员准备

县级以上动物疫病预防控制中心组织由流行病学、实验室、临床等方面的专家组成现场调查工作组。调查组应明确各自分工，并指定负责人，组织协调整个调查组在现场的调查工作。现场调查工作组成员至少3 d内没有接触过患猪瘟的猪及其污染物。调查组应明确调查的目的和任务；明确发生疑似猪瘟的具体地点，并联系当地（县级）兽医主管部门，做好现场调查准备。

4.2.2 物资准备

调查工作组在奔赴现场开展现场调查前，应准备必要的资料和物品，至少应包括：

a） 现场调查表若干份；

b） 采样器械和物品；

c） 照相机；

d） 个人防护设备，包括防护服、鞋、手套、口罩、眼镜等；

e） 现地联系资料，包括联系人及联系方式。

4.3 现场调查

接到疑似猪瘟报告后，由县级以上动物疫病预防控制中心组织成立的现场调查工作组应立即赶赴现场，着手开展现场调查。

4.3.1 核实疫情

通过现地察看、查阅病史、检查病例，根据发病猪的临床表现和病理变化，对报告的情况进行核实，对疫情做初步判断。

4.3.2 完成现场调查表

调查发病地点（猪场）的基本情况、病史、临床症状、病理变化及环境状况等内容，完成现场调查表（见附录A）。

4.3.3 样品采集、运送和确诊

疑似猪瘟时，应立即按照GB/T 16651和NY/T 541的要求采集病料，并运送到省级动物疫病预防控制中心实验室确诊。如不能确诊，送国家参考实验室确诊。确诊后，应立即报农业部，并抄送省级兽医行政管理部门。如果排除猪瘟，应停止调查，并将调查报告报给当地动物卫生监督机构。

4.3.4 疫情分析

4.3.4.1 确定疫情“三间”分布

分析现场调查表（见附录A），确定疫情分布区域。

4.3.4.2 建立病因学假设，并检验假设正确性

4.3.4.2.1 建立病因学假设

对获得的信息和数据进行分析，提出病因假设。根据各种特定因素，如年龄、免疫、调运、饲料、饮水、人员、泔水、猪产品等，计算出各种特定因素发病率，建立关于这些特定发病率的分类排列表，分析各种因素与此次猪瘟疫情的关系。调查组应该形成有关疫病流行的类型、传染源种类和传播方式等方面的假设，并推测此次猪瘟暴发的原因。

形成的假设应该具备如下特征：

a） 合理性；

b） 能够被调查的事实所支持，包括流行病学、实验室检测和临床特点；

c） 能够解释此次疫情中大多数病例发生的原因。

4.3.4.2.2 检验病因学假设

形成假设后，需要进行直观的分析和检验。必要时，还要进行实验室检测结果，并进行统计分析。如果否定一个假设，需形成另外一个假设，最终建立确切或具体的病因学假设。

4.3.5 撰写现场调查报告

根据现场调查的进程，现场调查报告一般包括初步报告和进程报告。

4.3.5.1 撰写初步报告

调查组第一次现场调查后的报告，一般包括调查所用的方法、初步流行病学调查结果、初步病因假设以及下一步工作建议。

4.3.5.2 撰写进程报告

随着调查的深入和疫情的进展，需要及时向上级书写调查进程报告，汇报疫情发展的趋势、疫情处理的进展、调查中存在的问题等。

4.4 猪瘟流行病学调查技术规范

按照《重大动物疫情应急条例》和《国家突发重大动物疫情应急预案》的相关规定，提出猪瘟疫情控制措施，并配合当地动物卫生监督机构实施。

5 跟踪调查

5.1 目的

通过追踪和追溯，调查疫点病原的来源、扩散范围和趋势，验证现场调查提出的病因假设的正确性和防控措施的有效性。

5.2 调查前的人员和物资准备

5.2.1 人员准备

由省级或/和国家级动物流行病学专家及当地兽医防疫监督机构技术人员组成调查工作组。

5.2.2 物资准备

调查组在开展跟踪调查前，应准备必要的资料和物品，至少应包括：

a） 跟踪调查表若干份；

b） 照相机；

c） 个人防护设备，包括防护服、鞋、手套、口罩、眼镜等。

5.3 跟踪调查

5.3.1 追溯调查

根据病因假设确定追溯调查的地点、猪群和可疑媒介及可疑污染物进行追溯调查，验证病因假设。

5.3.2 追踪调查

根据发病前期、中期和后期疫点发病猪、可疑健康猪、可疑的媒介及可疑污染物的流向，完成追踪调查表(见附录 B)，通过调查，确定疫情的扩散范围。

6 撰写调查总结报告

调查结束后的一定时间内，及时撰写本次现场调查和跟踪调查总结报告。内容包括疫情暴发的总体情况描述、引起暴发的主要原因、采取控制的控制措施及效果评价、应吸取的经验教训、对今后工作的建议等。总结报告应遵循实效性、真实性、实用性和创造性。调查报告至少应该包括以下几部分：

a） 疫情暴发的基本情况。根据调查表提高的信息编写本次疫情暴发的基本情况。

b） 初步确定疫情暴发原因情况。主要反映如何进行初步调查信息进行分析、归纳和总结，并初步确定疫情暴发的原因情况。

c) 全面调查和跟踪调查情况。是如何开展全面调查和跟踪调查的,主要调查了哪些项目。

d) 分析和总结。根据初步调查和全面调查获得的信息,分析本次猪瘟暴发与哪些因素有关,是如何确定本次疫情暴发具体原因的;如果不能确定具体的原因,给出理由。总结此次猪瘟疫情的流行规律,并对猪瘟的扩散程度做必要的风险评估。

e) 提出防制措施。针对本次猪瘟暴发的原因,提出具体的、有针对性的防制措施,并提出意见和建议。

附 录 A
(规范性附录)
猪瘟疫情现场调查表

国标码:□□□□□□　　　　病例编码:□□□□

A.1 一般情况

A.1.1 被调查者姓名:　　　　联系电话:
A.1.2 场/户名称:　　　　联系电话:
A.1.3 场/户地址:
A.1.4 饲养品种:
A.1.5 饲养数量:①饲养总量　　②断奶前数量　　③断奶后数量

A.2 发病情况

A.2.1 发病日期:d
A.2.1.1 发病开始日期:　　年　　月　　日
A.2.1.2 发病升高时间:从　　年　　月　　日到　　年　　月　　日
A.2.2 疫情暴发分布情况
A.2.2.1 开始发病情况:
A.2.2.1.1 发病数量:①断奶前数量　　②断奶后数量
A.2.2.1.2 发病症状:
A.2.2.1.3 死亡数量:
A.2.2.1.4 病例变化:
A.2.2.2 发病后情况:
A.2.2.2.1 发病数量:①饲养总量　　②断奶前数量　　③断奶后数量
A.2.2.2.2 发病症状:
A.2.2.2.3 死亡数量:①饲养总量　　②断奶前数量　　③断奶后数量
A.2.2.2.4 病理变化:
A.2.2.3 发病率:

发病率=(疫情暴发以来发病猪数/疫情暴发开始时易感数)×100%

A.2.2.4 病程:
A.2.2.5 疫情在本地区(或饲养场)的分布情况:
A.2.2.6 周围临近地区(或饲养场)有无类似疫情:

A.3 临床症状及病理变化

病猪有无下列症状("1"表示有,"0"表示无):

表 A.1 临床症状

急性死亡		饮水增加	
精神委顿、倦怠、食欲不振		眼有分泌物(结膜炎)	
可视黏膜充血、出血点		腹泻	
便秘		母猪流产或产弱仔和死胎	
便秘腹泻交替		耳尖发绀	
仔猪衰弱、震颤或发育不良		其他(请填写)	
发热			

表 A.2 病理变化

皮肤或皮下有出血点		喉头黏膜、会咽软骨、膀胱黏膜、心外膜、肠浆膜和黏膜出血	
颈部、内脏淋巴结肿大,暗红色,切面周边出血		盲肠、结肠及回盲口处黏膜上形成纽扣状溃疡	
肾脏色淡,有数量不等的出血点		其他(请填写)	
脾脏边缘梗死			

A.4 流行病学调查

A.4.1 饲养场环境描述

A.4.2 天气状况特点(最近1个月内):

A.4.2.1 温度:

A.4.2.2 湿度:

A.4.2.3 风力及主风向:

A.4.3 发病史(过去1年内)(“1”表示有,“0”表示无)

表 A.3 发 病 史

猪瘟		传染性胃肠炎	
猪流感		猪轮状病毒病	
口蹄疫		猪伪狂犬病	
猪细小病毒病		猪流行性腹泻	
猪呼吸与繁殖障碍综合征		其他(请填写)	

A.5 疫情核实结论

不能排除猪瘟 □　　　　排除猪瘟 □

A.6 可能的发病原因调查

A.6.1 发病前30 d内,发病猪舍是否新引进了猪?

(1)是,请填表A.4　　　　(2)否

表 A.4 原因调查表 1

引进时间	来源	引进数量	引进猪年龄	最初混群时间	混群情况[a]	健康状况

[a] 混群情况为:(1)同舍(户)饲养;(2)邻舍(户)饲养;(3)饲养于本场(村)隔离场【隔离场(舍)人员应单独隔离】。

A.6.2 发病前30 d内发病猪场/户是否运入可疑的被猪瘟病毒污染的物品(药品)?

(1)是,请填表A.5　　(2)否

表A.5 原因调查表2

物品名称	数量	经过或存放地	运入后使用情况

A.6.3 最近30 d内的是否有场外有关业务人员/车辆来场? (1)无 (2)有,请填表A.6

表A.6 原因调查表3

来访人	来访日期	来访人职业/电话	是否来自疫区

A.6.4 发病场(户)是否靠近其他养猪场及动物集散地?

(1)是　　(2)否

A.6.4.1 与发病场的相对地理位置____________

A.6.4.2 与发病场的距离____________

A.6.4.3 其大致情况____________

A.6.5 在最近30 d内本场周围有无猪发病? (1)无 (2)有,请回答:

A.6.5.1 发病日期:

A.6.5.2 病猪数量:

A.6.5.3 确诊/疑似诊断疫病:

A.6.5.4 发病地点与本场相对位置、距离:

A.6.5.5 疫苗免疫情况:

A.6.5.6 猪群现在的状态:

A.6.6 场内是否有职员住在其他养殖场/养猪村? (1)无 (2)有,请回答:

A.6.6.1 该农场所处的位置:

A.6.6.2 该场养猪的数量和品种:

A.6.6.3 该场猪的来源及去向:

A.6.6.4 职员拜访和接触他人地点:

A.6.7 最近30 d内饲料是否发生改变? (1)无 (2)否,请回答:

A.6.7.1 是否饲喂过泔水? (1)是 (2)否

A.6.7.2 是否更换饲料厂家? (1)是 (2)否

A.6.7.3 饲料中是否加入猪源血粉或骨粉?

A.7 在发病前30 d是否有饲养方式/管理的改变

(1)无 (2)有,____________________

A.8 发病养猪场/户是否免疫猪瘟疫苗

(1)否 (2)是,请填写____________________

A.8.1　疫苗生产厂家________________

A.8.2　疫苗品种、批号________________

A.8.3　免疫猪数量________________

A.8.4　免疫猪日龄________________

表 A.7　血清学检测和病源学检测

标本类型	采样时间	检测项目	检测方法	结果
注:标本类型包括扁桃体、脾脏、肾脏、淋巴结、回肠和血清等。				

A.9　最后诊断情况

A.9.1　确诊猪瘟,确诊单位____________________

A.9.2　排除,其他疫病名称____________________

调查人员(签字):

调查时间:　　年　　月　　日

附 录 B
(规范性附录)
猪瘟疫情追踪调查表

国标码:□□□□□□　　　　　　　　　　　　　　病例编码:□□□□

B.1 对发病猪场/户采取隔离封锁日期________________。

B.2 在发病养猪场/户出现第1个病例前30 d至该场被隔离封锁期间是否有如下人员和物品出场?(A)有关人员,(B)动物/产品/排泄废弃物,(C)运输工具/物品/饲料/原料,(D)其他(请标出)________________

(1)否　(2)是,请填写

出场日期	出场人/物	运输工具	人/承运人姓名/电话	目的地/电话

B.3 在发病养猪场/户出现第1个病例前30 d至该场被隔离封锁期间,是否有猪、车辆和人员进出猪集散地?(猪集散地包括展览场所、农贸市场、动物产品仓库、拍卖市场、动物园等。)(1)无　(2)有,请填写

出入日期	出场人/物	运输工具	人/承运人姓名/电话	猪集散地位置

B.4 列举在发病猪场/户出现第一个病例前30 d至该场被隔离封锁期间出场的工作人员(如送料员、销售人员、兽医等)3 d内接触过的所有养猪场/户。

姓　名	访问日期	访问地点	被访问猪场发病情况	目的地/电话

B.5 疫情处理情况:

B.5.1 疫区猪群是否扑杀:

(1)是　(2)否,扑杀范围:________________

B.5.2 受威胁区内猪群是否接种疫苗

(1)是　(2)否,请简述接种范围:________________

B.6 解除封锁后是否使用岗哨动物:

(1)否　(2)是,简述结果________________

B.7 疫点周围猪场情况:

B.7.1 猪瘟疫苗接种情况:

B.7.1.1 疫苗生产厂家________________

B.7.1.2 疫苗品种、批号________________

B.7.1.3 免疫猪数量________________

B.7.1.4 免疫猪日龄________________

B.7.2 免疫接种一个月内猪群发病情况：

(1)未见发病 (2)发病，发病率________

B.7.3 在采取隔离封锁等控制措施一个月发病情况：

(1)未见发病 (2)发病，发病率________

B.7.4 血清学检测和病源学检测：

标本类型	采样时间	检测项目	检测方法	结果
注：标本类型包括扁桃体、胰脏、脾脏、肾脏、淋巴结、回肠和血清等。				

B.8 受威胁区猪群情况：

B.8.1 疫情暴发后一个月内猪只发病情况：

(1)未见发病 (2)发病，患病率________

B.8.2 血清学检测和病源学检测：

标本类型	采样时间	检测项目	检测方法	结果
注：标本类型包括扁桃体、脾脏、肾脏、淋巴结、回肠和血清等。				

B.9 最后诊断情况：

B.9.1 确诊猪瘟，确诊单位________

B.9.2 排除，其他疫病名称________

调查人员(签字)：

调查时间： 年 月 日

ICS 11.220
B 41

中华人民共和国农业行业标准

NY/T 1981—2010

猪链球菌病监测技术规范

The surveillance guideline of swine streptococcosis

2010-12-23 发布　　2011-02-01 实施

中华人民共和国农业部　发布

前言

本标准按照 GB/T 1.1—2009 给出的规则起草。

本标准由中华人民共和国农业部提出。

本标准由全国动物防疫标准化技术委员会(SAC/TC 181)归口。

本标准起草单位:中国动物卫生与流行病学中心、广西壮族自治区动物疫病预防与控制中心。

本标准主要起草人:范伟兴、王楷宬、张喜悦、王幼明、康京丽、黄保续、刘棋、熊毅。

猪链球菌病监测技术规范

1 范围

本标准制定了在全国范围内开展猪链球菌病监测和暴发疫情处理的技术规范，主要适用于散养户的调查、监测。

各地可参考本标准，按实际情况开展有针对性的猪链球菌病监测工作。

2 规范性引用文件

下列文件对于本文件的应用是必不可少的。凡是注日期的引用文件，仅注日期的版本适用于本文件。凡是不注日期的引用文件，其最新版本(包括所有的修改单)适用于本文件。

GB/T 4789.28 食品卫生微生物学检验染色法、培养基和试剂

GB/T 19915.1 猪链球菌 2 型平板和试管凝集试验操作规程

GB/T 19915.2 猪链球菌 2 型分离鉴定操作规程

GB/T 19915.3 猪链球菌 2 型 PCR 定型检测技术

GB/T 19915.4 猪链球菌 2 型三重 PCR 检测方法

3 术语和定义

下列术语和文件适用于本文件。

3.1

猪链球菌病 swine streptococcosis

由多种链球菌感染引起的猪传染病。其中，由猪链球菌 2 型感染所引起的猪链球菌病是一种人畜共患传染病，该病能引致猪急性败血死亡，并能使人致死。

3.2

监测 surveillance

对某种疫病的发生、流行、分布及相关因素进行系统的长时间的观察与检测，以把握该疫病的发生发展趋势。

3.3

暴发 outbreak

在一定地区或某一单位动物短时期内突然发生某种疫病很多病例。

4 常规监测

4.1 目的

了解病例的流行形式、感染率、发病率和病死率以及该病畜间、空间和时间的分布情况。

4.2 监测点的选择

4.2.1 非疫区监测抽样

4.2.1.1 养猪场(户)的活体监测

按照每个乡镇至少抽检一个行政村的抽样比例，从该县(市、区)所有行政村中随机抽样确定待抽样村、在待抽样村随机抽样采集该村饲养猪只的扁桃体拭子。每年 3 月、6 月和 10 月各采集一批。以行政村为单位，每村采样 20 头。在对被抽样猪只的选择上，原则上只对 100 日龄以上的存栏育肥猪进行

采样。对不足 20 头的村，按实际饲养头数采样。填写采样登记表(见附录 A)。

4.2.1.2 屠宰场(点)散养屠宰猪的监测

屠宰检疫应将猪链球菌作为重要检查项目，并详细记录检疫结果，对辖区内的屠宰场(点)的屠宰猪只，随机采集扁桃体样品 20 份，每年 3 月、6 月和 10 月各采集一次，并对采样猪只的原场(户)来源做好详细记录，填写采样登记表(见附录 A)。

4.2.2 曾为疫区的监测抽样

近 3 年有人、猪链球菌病发病或死亡的疫区，需进行以下监测：

——每年 6 月在疫点及周围 5 km 范围内，从所饲养的猪只中随机采集 30 头猪的扁桃体拭子，进行病原学检测；

——若此地区实行猪链球菌疫苗免疫，每年 6 月和 8 月分别在疫点周围 5 km 范围内，从所饲养的猪只中随机采集 30 头猪血清样品，进行抗体监测。填写采样登记表(见附录 A)。

4.3 样品采集

当地动物疫病预防控制机构的兽医技术人员，按照"猪链球菌病样品采集方法"(见附录 B)，对病死猪、活猪以及慢性和局部感染病例，分别采集相应样品。

4.4 实验室检测

待检样品送至实验室后，按猪链球菌病实验室检测流程(见附录 C)，选用适当的方法进行分离鉴定和血清抗体检测。若本实验室不具备实验条件或能力，可送国家指定的猪链球菌病诊断实验室进行鉴定。

4.5 结果汇总与分析

样品检测结果填报猪链球菌病病原检测结果汇总表(附录 D)，计算猪群的猪链球菌感染率、发病率和病死率，分析疫情发生的可能性与风险因素。

5 暴发疫情监测

5.1 目的

确定引起疫情的病原，明确疫情发生范围，详细调查疫点的饲养方式、饲养密度、发病情况、自然地理条件、气象资料等流行病学因素。了解疫点所在地的既往疫情和免疫情况。

5.2 病例发现与疫情报告

从事动物疫情监测、检验检疫、疫病研究与诊疗以及动物饲养、屠宰、经营、隔离、运输等活动的单位和个人，发现患有猪链球菌病或疑似猪链球菌病暴发疫情时，要立即向当地兽医主管部门、动物卫生监督机构或者动物疫病预防控制机构报告。发现疑似猪链球菌病疫情时，当地动物疫病预防控制机构应及时派员到现场进行突发病例调查(见附录 E)，同时采集病料进行检测或送检。动物疫病预防控制机构防疫、检疫人员在对辖区内的猪只进行防疫、检疫和诊疗的过程中，加强对猪链球菌病的诊断工作，发现疑似病例按规定进行剖检，采集病料送检，填写病例调查与采样送检单(见附录 E)，并做好无害化处理。

5.3 样品采集

当地动物疫病预防控制机构的兽医技术人员，按照"猪链球菌样品采集方法"(见附录 D)，对病死猪、活猪以及慢性和局部感染病例分别采集相应样品。样品种类依附录 D，样品采集数量依当地估计流行率查询暴发疫情采样数量表(见附录 F)。

5.4 实验室检测

同 4.4。

5.5 结果汇总与分析

样品检测结果填报猪链球菌病病原检测结果汇总表(见附录 F)，确定引起疫情的病原是否为链球菌，明确病原的血清群和种型。必要时，分析流行菌株的毒力因子与基因背景，推测疫情发生原因等。

附　录　A
（规范性附录）
采样登记表

______________________（□养殖场　□养殖户　□屠宰场）

<table>
<tr><td colspan="5">□常规监测</td><td rowspan="3">□疫情监测</td></tr>
<tr><td rowspan="2">□曾为疫区</td><td colspan="4">□非疫区</td></tr>
<tr><td colspan="2">□屠宰场</td><td colspan="2">□养殖场</td></tr>
<tr><td>样品编号</td><td>采样日期</td><td>样品种类</td><td>是否免疫该病疫苗及种类，何时免疫</td><td>症状</td><td>猪只来源地（村）/畜主姓名</td></tr>
<tr><td></td><td></td><td></td><td></td><td></td><td></td></tr>
<tr><td></td><td></td><td></td><td></td><td></td><td></td></tr>
<tr><td></td><td></td><td></td><td></td><td></td><td></td></tr>
<tr><td></td><td></td><td></td><td></td><td></td><td></td></tr>
<tr><td></td><td></td><td></td><td></td><td></td><td></td></tr>
<tr><td></td><td></td><td></td><td></td><td></td><td></td></tr>
<tr><td></td><td></td><td></td><td></td><td></td><td></td></tr>
<tr><td></td><td></td><td></td><td></td><td></td><td></td></tr>
<tr><td></td><td></td><td></td><td></td><td></td><td></td></tr>
<tr><td></td><td></td><td></td><td></td><td></td><td></td></tr>
<tr><td></td><td></td><td></td><td></td><td></td><td></td></tr>
<tr><td></td><td></td><td></td><td></td><td></td><td></td></tr>
<tr><td></td><td></td><td></td><td></td><td></td><td></td></tr>
</table>

采样单位：__________　　　采样人：__________________

送检人：___________　　　送检日期：_____年_____月_____日

附　录　B
（规范性附录）
猪链球菌样品采集、包装、运送

猪链球菌样品采集、包装、运送应由经过培训的兽医技术人员进行操作。

B.1　采样器材准备

B.1.1　防护服、无粉乳胶手套和防护口罩，如活体采样备开口器、长 30 cm 左右的棉拭子等。

B.1.2　灭菌的剪刀、镊子手术刀、注射器和针头等。可以清楚标记且标记不易脱落的记号笔、标签纸和胶布等。

B.1.3　用来采集器官、组织的带螺口盖塑料管等灭菌容器。

B.1.4　血平板和增菌培养液。

B.1.5　带有冰袋或干冰的冷藏容器。

B.1.6　样品采集登记表。

B.2　样品的采集

B.2.1　养殖场(户)活猪的样品采集

用开口器给猪开口，用灭菌的棉拭子(长约 30 cm)采集活猪的扁桃体拭子，并随即置于选择增菌培养液(含 15 μg /mL 多黏菌素 B，30 μg /mL 萘啶酮酸的脑心浸液)中，带回实验室进行增菌培养；如需进行抗体效价检测，同时采集对应猪的血液 5 mL；如遇急性菌血症或败血症病例，可无菌采集抗凝全血 5 mL。

B.2.2　养殖场(户)剖检病死猪的样品采集

无菌采集死亡猪的肝、脾、肺、肾、心血和淋巴结等组织及心血样品，脑膜炎病例还可采集脑脊液、脑组织等样品。

B.2.3　屠宰场健康猪的样品采集

无菌采集屠宰猪的腭扁桃体。

B.2.4　屠宰场肺部急性病变猪的样品采集

无菌采集屠宰猪的肺脏。

B.3　样品运输保存与运输

B.3.1　装病料的容器要做好标记，并根据所采样品的种类详细填写样品采集登记表。

B.3.2　冷藏容器应包装完好，防止运输过程中破损。

B.3.3　采集的样品如不能马上进行检测，则应立即置于安全密闭的保温容器中冷藏运输。

B.3.4　用来检测的标本可在 4℃～8℃冰箱暂放，剩余样品应放置于－20℃保存。用于病原检测的样品不可放置时间太长，尽可能在 1 周内送实验室进行检测，切勿反复冻融。

B.4　注意事项

B.4.1　采样过程应严格无菌操作，采取一头猪的病料，使用一套器械和容器，避免混用，防止样品交叉污染。

B.4.2　应尽可能在解剖现场接种绵羊血血平板和增菌培养液。如无法在解剖现场接种，样品应尽快送实验室,并立即检测。

B.4.3 在标本采集过程中,应穿戴防护用具,注意安全防护,谨防剪、刀、针头等锐器刺伤。

附　录　C
（规范性附录）
参考方法

C.1　病料的触片镜检

用灭菌刀片或剪刀将病料组织做一新切面，然后在载玻片上做组织触片，姬姆萨染色（按 GB/T 4789.28 规定的方法进行染色）后镜检，检查视野中是否有蓝紫色链状球菌。

C.2　链球菌分离鉴定

C.2.1　病料或扁桃体的培养

C.2.1.1　直接分离

用火焰灭菌并冷却的接种环蘸取样品内部组织后，划线接种于绵羊血琼脂平板，于 37℃培养16 h～20 h。如菌落生长缓慢，可延长至 46 h～50 h 后观察。

C.2.1.2　增菌培养

无菌采集样品置于脑心肉汤中，37℃增菌培养 18 h～48 h，接种新鲜绵羊血平板，置 37℃培养 16 h～20 h。如菌落生长缓慢，可延长至 46 h～50 h 后观察。对污染样品接种选择性增菌培养液（15 μg /mL 多黏菌素 B，30 μg /mL 萘啶酮酸的脑心浸液）增菌约 15 h 后接种绵羊血平板，或直接划线接种含两种抗生素（15 μg /mL 多黏菌素 B，30 μg /mL 萘啶酮酸）的绵羊血琼脂平板，37℃培养 22 h～26 h 后观察。

C.2.2　扁桃体拭子或抗凝全血的培养

扁桃体拭子或抗凝全血 1 mL 加入到含有 5 mL 灭菌的选择性增菌培养液试管中，于 37℃培养 16 h～20 h 后，划线接种于选择性绵羊血琼脂平板，37℃培养 22 h～26 h 后观察。

C.2.3　分离纯培养

参照 GB/T 19915.2 的规定执行。

C.2.4　鉴定

C.2.4.1　猪链球菌种的鉴定

采用纯化后的单菌落或液体纯培养或提取的细菌基因组，利用猪链球菌种的特异性引物（推荐使用 *gdh* 基因）进行检测，若为阳性者判为猪链球菌（也可先用增菌培养液进行猪链球菌种的鉴定，再进行细菌分离，最终以分离到细菌判为阳性）。

C.2.4.2　猪链球菌 2 型的 PCR 鉴定

按照 GB/T 19915.2 的规定执行。

C.2.4.3　其他血清型的鉴定

若属猪链球菌种，但不属猪链球菌 2 型的病原菌，可送到有资质的实验室进行鉴定。

C.2.4.4　猪链球菌的毒力因子 PCR 检测

必要时，进行猪链球菌毒力因子的 PCR 检测。可检测的主要毒力基因包括溶菌酶释放蛋白基因（*mrp*）、细胞外蛋白因子基因（*epf*）、溶血素（*sly*）和 *orf* 2 等。

C.3　结果报告

样品检测结果汇总后，填报猪链球菌病病原检测结果汇总表（见附录 D）。

C.4 猪链球菌病实验室检测流程

见图 C.1。

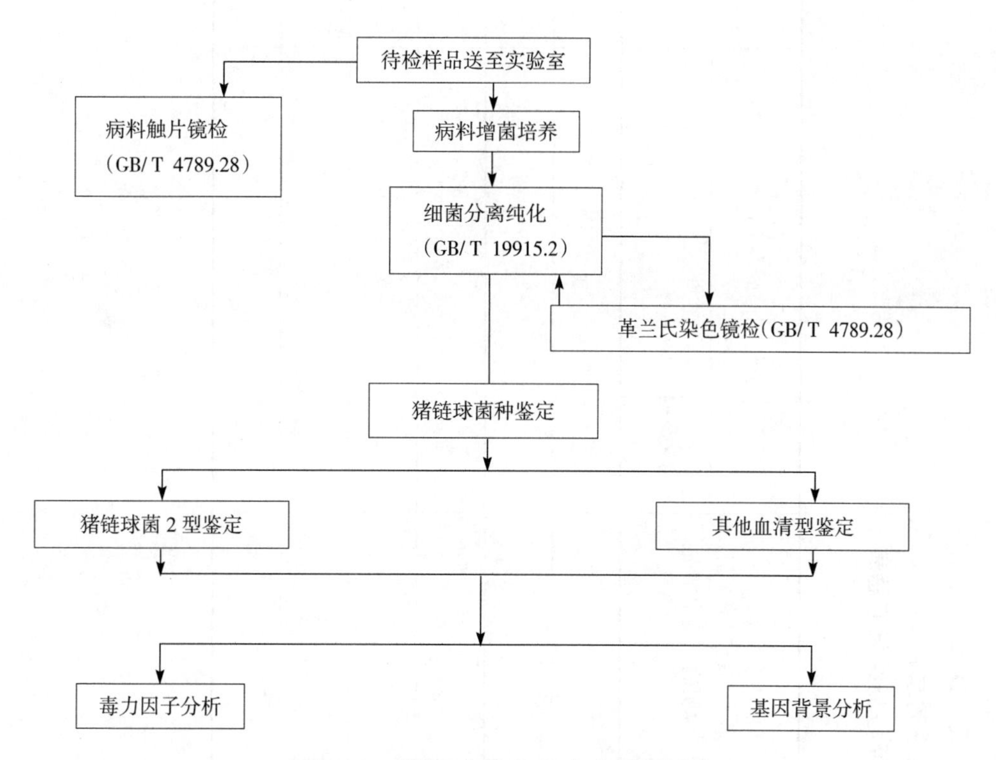

图 C.1 猪链球菌病实验室检测流程

附　录　D
（规范性附录）
猪链球菌病病原检测结果汇总表

样品编号	猪只来源	样品类型	分离培养	猪链球菌 2 型（是：+；否：－）	若非猪链球菌 2 型，说明病原鉴定情况	猪链球菌的毒力因子				结果判定
						mrp	*epf*	*sly*	*orf 2*	

______省______年______月

填报单位：______　　填报人：______

填报时间：______年______月______日

附 录 E
（规范性附录）
病例调查与采样送检单

采样单位			样品编号		检验单位	
联系电话			采样地点		样品收到日期	
发病日期	年 月 日 时		死亡时间	年 月 日 时	检验人	
送检日期	年 月 日 时		取材时间	年 月 日 时	结果通知日期	
病例有关情况	猪的品种		猪舍卫生状况	□良好 □一般 □较差 □很差	联系电话	
	猪舍面积		猪舍通风情况	□良好 □一般 □较差 □很差	实验室病原检测结果	□是猪链球菌 2 型
	同舍猪数		猪舍潮湿情况	□干燥 □较干燥 □潮湿 □很潮湿		
菌苗免疫状况	菌苗全称	免疫次数	免疫日龄	免疫日期		□不是猪链球菌 2 型，而是________
疫点既往疫情、自然地理和气候状况					诊断结论	
病例的流行形式、发病率，畜间、空间和时间分布						
主要临床症状						
主要剖检病变					处理意见	
疫点人群感染、发病情况						
初步诊断结果	□疑似诊断 □临床诊断		送检人			

附　录　F
（规范性附录）
暴发疫情采样数量表

群体大小	估算流行率					
	0.1%	1%	2%	5%	10%	20%
10	10	10	10	10	10	8
50	50	50	48	35	22	12
100	100	98	78	45	25	13
500	500	225	129	56	28	14
1 000	950	258	138	57	29	14
10 000	2 588	294	148	59	29	14
无穷大	2 995	299	148	59	29	14

根据《OIE陆生动物诊断试剂与疫苗手册》中，试验敏感性和特异性为100%时，要95%至少检出一例感染的样品数的公式计算。

ICS 11.220
B 41

中华人民共和国农业行业标准

NY/T 2842—2015

动物隔离场所动物卫生规范

Animal health technical specifications for animal quarantine station

2015-10-09 发布　　2015-12-01 实施

中华人民共和国农业部　发布

前　言

本标准按照GB/T 1.1—2009给出的规则起草。

本标准由中华人民共和国农业部提出。

本标准由全国动物卫生标准化技术委员会(SAC/TC 181)归口。

本标准起草单位:上海市动物卫生监督所、中国动物疫病预防控制中心。

本标准主要起草人:侯佩兴、夏永高、陈炎、宋晓晖、黄优强、王安福、李钦。

动物隔离场所动物卫生规范

1 范围

本标准规定了动物隔离场所的基本要求、动物隔离检验和档案信息等内容。

本标准适用于跨省、自治区、直辖市引进乳用、种用动物或输入到无规定动物疫病区相关易感动物到达输入地后，在输入地进行隔离观察的隔离场所。

2 规范性引用文件

下列文件对于本文件的应用是必不可少的。凡是注日期的引用文件，仅注日期的版本适用于本文件。凡是不注日期的引用文件，其最新版本(包括所有的修改单)适用于本文件。

GB 5749 生活饮用水卫生标准

GB 13078 饲料卫生标准

GB 16548 病害动物和病害动物产品生物安全处理规程

GB/T 17823 集约化猪场防疫基本要求

GB/T 17824.1 规模猪场建设

GB 18596 畜禽养殖业污染物排放标准

NY/T 541 动物疫病实验室检验采样方法

SN/T 2032 进境种猪临时隔离场建设规范

3 术语和定义

下列术语和定义适用于本文件。

3.1

动物隔离场所 animal quarantine station

对跨省、自治区、直辖市引进的乳用、种用动物或输入到无规定动物疫病区的相关易感动物进行隔离观察的场所。

3.2

隔离检疫 quarantine

在动物卫生监督机构指定的隔离场所，对跨省、自治区、直辖市引进的乳用、种用动物或输入到无规定动物疫病区的相关易感动物的检疫行为。

3.3

消毒 disinfection

运用物理、化学或生物等方法消除或杀灭由传染源排放到外界环境中的病原体的过程或措施。

3.4

无害化处理 harmless processing

运用物理、化学或生物学等方法处理染疫或疑似染疫的动物、动物尸体、动物产品或其他物品的活动。

3.5

废弃物 waste

指动物排泄物、垫料、污水、病死或死因不明的动物尸体，腐败、变质或保质期的动物产品以及超过有效期的兽药、医疗废物等。

3.6

全进全出　all in all out

同一批动物同时进出同一棚舍。

3.7

净道　clean channel

指运送饲料、健康动物和人员进出的道路。

3.8

污道　dirty channel

指排泄物、垫料、病死动物或疑似染疫动物出场的道路。

4　基本要求

4.1　规划要求

动物隔离场所应符合省级兽医主管部门统一规划和环保要求。

4.2　防疫要求

动物隔离场所应符合动物防疫条件，并取得动物防疫条件合格证。

4.3　选址

4.3.1　动物隔离场应距离动物饲养场、养殖小区、种畜禽场、动物屠宰加工场所、无害化处理场所、动物诊疗场所、动物和动物产品集贸市场以及其他动物隔离场 3 000 m 以上。

4.3.2　距离城镇居民区、文化教育科研等人口集中区域及公路、铁路等主要交通干线、生活饮用水源地 500 m 以上。

4.3.3　应选择地势高燥、背风、向阳、排水方便、无污染源、供电和交通方便的地方。

4.4　布局

4.4.1　动物隔离场所应设有管理区、隔离区和辅助区。

a）管理区设在场区常年主导风向的侧风处。

b）隔离区分设隔离饲养区、隔离处理区、粪便污水处理区、饲料储藏区、动物无害化处理收集区等。隔离饲养区包括大、中、小动物棚舍，各区域应相对独立，设置物理隔离。应设有净道和污道，两者严格分开，道路应当固化、坚硬、平坦，便于消毒。

c）辅助区应设在隔离区的下风向，设有兽医室、收集暂存室、污水处理系统、无害化处理间等辅助设施。

4.4.2　动物隔离场所周围应建有防疫用围墙，设置防疫沟或绿化带。按照 SN/T 2032 的要求，四周围墙必须有不低于 2.5 m 的实心围墙，与外界有效隔离，管理区、隔离区和辅助区应当以不低于 2 m 实心内围墙分隔，设置排水沟或绿化带。

4.5　设施

4.5.1　动物隔离场内应具备防鸟、防鼠、防风、防盗、供水、供电等设施以及存放、加工饲草、饲料的场所，水质符合 GB 5749 的要求。隔离区应建有日常饲养、防疫管理所需的更衣室、休息室、饲料间、维修间、卫生间、装卸设备和视频监控系统。按照 GB/T 17824.1，各棚舍间距至少 8 m。

4.5.2　隔离区的出、入口处应设消毒池、消毒通道、更衣室。更衣室内应有紫外灯，有专用衣、帽、鞋。按照 GB/T 17823 的规定，动物隔离区大门入口处设置消毒池，宽度同大门相同，长 4 m，深度 0.3 m，水泥结构，隔离舍门口设置 1 m×1 m×0.1 m 的消毒池。

4.5.3　隔离舍应选择便于冲洗消毒的建造材料，根据不同种类动物设置饲养设备。有对动物采样和处理的场地,有安全保定设施以及对患病动物隔离饲养设施。

4.5.4 有对动物排泄物、垫料、污水及其他废弃物无害化处理的设施。

4.5.5 有供动物隔离场运行及隔离观察的必要设备,包括消毒设备、熏蒸设备、样品采集和保存设备、温度调节设备、信息处理设备、封闭运输车辆等。

4.6 人员配备

4.6.1 动物隔离场所内工作人员配备包括管理人员、技术人员、饲养人员,接受官方兽医的监督检查与指导,从业人员必须持证上岗,所有员工应定期体检,无人畜共患病。

4.6.2 管理人员应具有一定的管理能力,具有畜牧、兽医相关专业中级以上职称。

4.6.3 技术人员应具有畜牧、兽医等相关专业学历。畜牧技术人员应当具有初级以上职称;兽医技术人员应当具有执业兽医资格。

4.6.4 饲养人员应经过畜牧、兽医职业技能培训合格。

4.7 管理制度

4.7.1 应建立健全工作人员岗位责任制。

4.7.2 应建立门卫制度、防火防盗安全保障制度。

4.7.3 应建立隔离场所防疫、消毒、隔离观察、采样送样、隔离检疫、应急处置、无害化处理和疫情报告、员工培训等制度。

4.8 卫生要求

4.8.1 工作人员进入隔离区前,应淋浴后穿着专用工作服、工作鞋、工作帽,每天对使用后的工作服清洗、消毒。

4.8.2 饲养人员严禁串棚,应当每天打扫棚舍,及时清除粪便,保持地面清洁,舍内定期消毒;保持料槽、饮水器、用具等常用器具的卫生。

4.8.3 定期在隔离区内开展灭鼠、灭蚊、灭蝇。

4.8.4 使用的饲料按照 GB 13078 的规定执行,无霉烂变质或未受农药或病原体污染。

4.8.5 饲养人员应认真观察动物的采食、排便、精神状态等情况,填写饲养记录,发现异常应及时报告技术人员;技术人员每天对动物进行健康检查,填写隔离观察日志,并向官方兽医报告。

4.9 消毒

4.9.1 日常消毒

定期进行场内外环境消毒、动物体表的喷洒消毒、饮水消毒、夏季灭源消毒。

4.9.2 应急消毒

发生疫病时应增加消毒次数,对排泄物、垫料应集中消毒,对隔离区内外环境进行全面消毒。

4.9.3 空棚消毒

每批动物隔离结束运出后,棚舍应清扫、冲洗和消毒,空棚时间不得少于 7 d;动物进入隔离场前,所有场地、设施、工具保持清洁,进行 2 次消毒处理,每次消毒间隔 3 d。

4.9.4 消毒药选择

选择消毒药应安全、高效、低毒、低残留;消毒药应专人保管、配置方便。

4.9.5 消毒方法

消毒方式可采用喷雾消毒、浸液消毒、熏蒸消毒、喷洒消毒、紫外线消毒等方式,对棚舍内外环境、饲养器具、受污染区域等进行消毒。

5 动物隔离检疫

5.1 接收

5.1.1 登记

5.1.1.1 技术人员应记录货主/畜主、品种、数量、规格、产地以及检疫证明、车牌号、签证单位、畜禽标识等,并与实际情况核实。

5.1.1.2 做好与移送单位及相关监管部门的移交手续,进行核对与登记。

5.1.1.3 进入隔离区的动物按批次、棚舍等进行区分并做好记录。

5.1.2 入场消毒

入场动物及车辆应经车辆专用消毒通道彻底消毒后入场,进入隔离区的人员必须淋浴后穿着专用工作服、工作鞋、工作帽,走专用通道。

5.2 隔离观察

5.2.1 饲养管理

在符合国家法律法规要求的前提下,饲养管理按照货主提出的隔离动物饲养要求进行,实行全进全出管理。

5.2.2 隔离期限

5.2.2.1 大中动物的隔离期为 45 d;小动物的隔离期为 30 d。

5.2.2.2 需要实验室检测的时间不包含在上述时间内。

5.2.3 隔离期间处置

5.2.3.1 隔离期间,按照防疫要求做好各项工作,并填写各项记录。

5.2.3.2 隔离动物采样按照 NY/T 541 的规定执行。检验检疫机构负责隔离检疫期间样品的采集、送检和保存工作。样品采集工作应当在动物进入隔离场后 7 d 内完成。样品保存时间至少为 6 个月。

5.2.3.3 隔离期间,发现动物出现群体发病或者死亡的,应按照《重大动物疫情应急条例》采取应急处理。

5.3 隔离检疫

5.3.1 达到规定的隔离期限,具备检疫条件后,实施隔离检疫。

5.3.1.1 隔离的动物经临床检查健康的,依据相应的产地检疫规程实施检疫。

5.3.1.2 隔离的动物经临床检查怀疑染疫的,依据相应的产地检疫规程进行实验室检测。

5.3.1.3 动物卫生监督机构可依据动物疫病风险评估要求,对怀疑可能存在的动物疫病进行实验室检测。

5.3.2 经隔离检疫后,合格的动物需要继续在省内运输的,应由动物卫生监督机构依法出具动物检疫合格证明,并办理解除隔离通知文书后放行。

5.3.3 经隔离检疫后,不合格的动物在动物卫生监督机构的监督下,由货主对动物进行无害化处理。

5.4 废弃物处理

5.4.1 按照 GB 18596 的规定执行,棚舍污水应经污水通道统一纳入污水处理系统,用物理、化学或生物等方法集中处理,达到环保要求。

5.4.2 排泄物、垫料采用物理、化学、生物等方法集中处理。

5.4.3 隔离过程中发现病死或死因不明的动物尸体、受到污染的垫料、饲料及粪污等废弃物,动物尸体按照 GB 16548 的规定执行。

6 档案信息

6.1 档案保存期限

隔离场所实行档案集中管理制度,档案信息必须准确、真实、完整,保存期限不少于 24 个月。隔离场所应对关键环节的视频、音频资料进行不间断记录，视频、音频资料至少保存3个月。

6.2 日常管理记录

6.2.1 人员、物品及车辆进出场记录

包含人员姓名、事由、所携物品、车辆号牌、进场时间和离场时间等。

6.2.2 饲料进出库记录

包含饲料生产厂家、数量、生产日期和使用情况、库存等记录。

6.2.3 兽药进出库记录

包含日期、兽药名称、批准文号、批号、有效期、生产单位、供药单位、数量及规格等。

6.2.4 隔离动物饲养记录

包含隔离动物品种、数量、每天饲料消耗、饲喂次数、饮水情况和饲养人员等。

6.3 防疫记录

6.3.1 日常巡查记录

包含巡查时间、巡查区域、巡查人员、有无异常情况和处置情况。

6.3.2 免疫记录

包含疫苗种类、免疫时间、剂量、批号、生产厂家、执行人和有无免疫反应等。

6.3.3 动物诊疗记录

包含发病时间、症状、预防或治疗用药经过、治疗结果和执行人等。

6.3.4 消毒记录

包含消毒方法、消毒日期、消毒对象、消毒药品名称、配比浓度和消毒人员等。

6.3.5 无害化处理记录

包含处理日期、对象、处理原因、处理方式和执行人。

6.4 隔离检疫记录

6.4.1 观察日志

按隔离动物批次每日记录来源、品种、数量、群体状况、当日免疫、用药、死亡数、死亡原因和无害化处理等。

6.4.2 采样及疫病监测记录

包含采样时间、采样地点、采样单位或人员、采样基数，疫病监测种类、监测机构和监测结果等。

6.4.3 隔离动物检疫记录

包含隔离动物来源、品种、数量、检疫时间、检疫地点、检疫人员、检疫结果和隔离检疫证明编号等。

6.5 隔离动物进出记录

6.5.1 隔离动物接收记录

包含日期、时间、品种、数量、产地、货主、运输车号、运输人、检疫证明编号、健康状况和接收人等。

6.5.2 隔离动物合格出场记录

包含日期、时间、品种、数量、产地、货主、运输车号、运输人、原检疫证明编号、隔离观察起止日期、隔离检疫证明编号、健康状况和办理人等。

ICS 11.220
B 41

中华人民共和国农业行业标准

NY/T 2843—2015

动物及动物产品运输兽医卫生规范

Norm for the veterinary sanitation of animal and animal products transport

2015-10-09 发布 2015-12-01 实施

中华人民共和国农业部 发布

前 言

本标准按照 GB/T 1.1—2009 给出的规则起草。

本标准由中华人民共和国农业部提出。

本标准由全国动物卫生标准化技术委员会(SAC/TC 181)归口。

本标准起草单位:北京市动物卫生监督所。

本标准主要起草人:刘建华、吉鸿武、曲志娜、孙淑芳、郑川、王小军、张莉、王成玉、康金立、于鲲、仇妍虹、赵思俊、王娟。

动物及动物产品运输兽医卫生规范

1 范围

本标准规定了动物及动物产品运输前、运输中、运输后的兽医卫生要求。

本标准适用于动物及动物产品的运输。

2 规范性引用文件

下列文件对于本文件的应用是必不可少的。凡是注日期的引用文件,仅注日期的版本适用于本文件。凡是不注日期的引用文件,其最新版本(包括所有的修改单)适用于本文件。

GB 1589 道路车辆外廓尺寸、轴荷及质量限值

GB/T 27882 活体动物航空运输载运

QC/T 449 保温车、冷藏车技术条件及试验方法

交通部令〔2000〕9 号 国内水路货物运输规则

农医发〔2007〕3 号 无规定动物疫病区管理技术规范(试行)

农医发〔2013〕34 号 病死动物无害化处理技术规范

铁运〔2009〕148 号 铁路鲜活货物运输规则

3 术语和定义

下列术语和定义适用于本文件。

3.1

动物 animal

指家畜和家禽。

3.2

动物产品 animal products

指动物的肉、生皮、原毛、绒、脏器、脂、血液、精液、卵、胚胎、骨、蹄、头、角、筋以及可能传播动物疫病的奶、蛋等。

3.3

冷冻动物产品 animal products

保持在－18℃以下的动物产品。

3.4

冷藏动物产品 frozen animal products

保持在 0℃～4℃的动物产品。

3.5

动物卫生监督 animal health inspection

由动物卫生监督机构对有关单位和个人执行动物卫生法律规范的情况进行监督检查,纠正和处理违反动物卫生法律规范的行为,决定动物卫生行政处理、处罚。

3.6

无害化处理 harmless treatment

用物理、化学或生物学等方法处理带有染疫或疑似染疫、病死或死因不明和其他不符合国家有关规

定的动物、动物产品以及相关物品的活动，以达到生物安全和保护环境的目的。

3.7

消毒　disinfection

采用物理、化学或生物措施杀灭病原微生物。

3.8

运输　transport

指公路、铁路、航空和水路4种方式。

3.9

兽医卫生　veterinary sanitation

指为了预防、控制和扑灭动物疫病，维护公共卫生安全，政府部门所采取的一系列防疫措施。

3.10

冷藏运输设备　refrigerated transport equipment

用于运输冷冻、冷藏动物产品的运输设备，包括冷藏汽车、冷藏火车、冷藏集装箱、冷藏运输船、附带保温箱的其他运输设备和不带有制冷机及厢体用隔热材料制成的保温车等。

4　一般要求

4.1　运输工作人员

从事动物及产品运输的驾驶员、押运员应持有有效的健康证。

4.2　无规定动物疫病区的要求

与无规定动物疫病区运输有关的，需符合农医发〔2007〕3号的要求。

5　运输工具要求

5.1　运输动物的工具

5.1.1　运输工具

应当采用防滑地板或采取防滑措施，具有防震的缓冲装置、防渗漏或遗洒、隔热和通风设施、粪尿废料收集容器或区域。

5.1.2　公路运输动物的工具

5.1.2.1　运输车辆的顶部空间应充分，以便所有动物能自然站立，且上部有通风的空间。对于大中体型动物的顶部高度要求为：

a)　成年牛的顶部最少保留10 cm空间；

b)　绵羊、猪、山羊、幼龄牛的顶部最少保留5 cm空间；

c)　运输马匹的车辆每层高度应不少于1.98 m，必要时可适度加高。

5.1.2.2　车厢四周应搭建护栏，高度不低于动物自然站立的高度，护栏空隙不得使动物头部伸出护栏外。

5.1.2.3　散装动物的运输车辆应安装顶棚，防止动物跳出。

5.1.2.4　在多层车/厢中，应采取防渗漏措施，防止上层动物粪便污染渗漏。

5.1.3　铁路运输动物的工具

应符合铁运〔2009〕148号的规定。

5.1.4　航空运输动物的工具

应符合GB/T 27882的规定。

5.1.5 水路运输动物的工具

应符合交通部令〔2000〕9号的规定。

5.2 运输动物产品的工具

5.2.1 需要冷藏或保温运输的，应当采用冷藏车、保温车、冷藏集装箱或附带保温箱的运输设备。

5.2.2 冷藏车、保温车性能应符合 QC/T 449 的规定。冷藏车、保温车的外廓尺寸应符合 GB 1589 的规定。

5.2.3 冷藏车装载前，制冷装置运行正常，厢体整洁，各项设施完好。装载冷冻动物产品的，车厢内温度预冷到−10℃以下；装载冷藏动物产品的，车厢内温度预冷到7℃以下。

5.2.4 运输设备应实行专车专用，运输动物产品不得与非食品货物混装。

6 运输前要求

6.1 动物

6.1.1 凭动物检疫合格证明托运、承运。

6.1.2 跨省调运乳用种用动物的，凭跨省引进乳用种用动物检疫审批手续和动物检疫合格证明托运、承运。

6.1.3 动物的装载数量根据动物种类、体重、生理状况和运输工具等情况确定（部分动物的装运密度参见附录A，其他动物可参考），确保动物有必要的活动空间；装载怀孕动物、遇到炎热天气或运输时间超过8 h等特殊情况，应适当降低装运密度。

6.1.4 装载时，可以将动物加以区隔、固定，不应将幼龄、怀孕、有角动物等特殊动物与其他动物混栏。

6.1.5 装载动物前，对运载工具进行消毒，并做好人员防护，主要方法如下：

a) 喷雾消毒。使用消毒剂对货箱、栏杆、车架、车轮等部位进行彻底喷雾消毒；消毒顺序为由上风向至下风向、从上到下进行喷洒或淋湿透，不留死角；喷完厢壁后向上向空中喷雾一遍，要求雾点均匀在空中悬浮。

推荐的消毒剂有：

1) 0.5%过氧乙酸或2%的枸橼酸；
2) 4%的碳酸钠和0.1%的硅酸钠；
3) 有效氯含量为2 000 mg/L～5 000 mg/L的含氯消毒剂。

b) 熏蒸消毒法。适用于封闭货箱，可选用醛类和过氧乙酸等熏蒸剂。装载前，使厢体与外界有效隔绝，要封闭所有与外界门、窗、通风孔、洞及电线通过处的缝隙等；然后，按顺序投药，投药路线应由里往外，由下风到上风；投药结束后，退出熏蒸区，关闭车门；达到密封作用时间后，戴防毒面具，开启门窗通风排气散毒；最后，将熏蒸器具撤出，人员迅速离开。

6.2 动物产品

6.2.1 凭动物检疫合格证明托运、承运。

6.2.2 跨省调运精液、胚胎、种蛋等繁殖材料的，凭跨省引进乳用种用动物检疫审批手续和动物检疫合格证明托运、承运。

6.2.3 对车辆等运载工具进行消毒，方法参照6.1.5。

6.2.4 冷冻、冷藏动物产品出库时，应当及时装载，防止货物温度回升融化。

7 运输中要求

7.1 动物

7.1.1 由依法设立的公路、铁路、航空、水路等动物卫生监督检查站查验动物检疫合格证明和畜禽标识；检查动物有无异常，证物是否相符。

7.1.2 必要时，对运输工具进行防疫消毒。应采用喷雾消毒法对车厢、底盘、轮胎等表面均匀喷洒至湿润，消毒剂使用参照6.1.5。

7.1.3 运输中发现动物染疫或者疑似染疫的，应当立即向当地兽医主管部门、动物卫生监督机构或者动物疫病预防控制机构报告，并采取隔离等控制措施，防止动物疫情扩散。染疫动物及其排泄物、染疫动物产品，病死或者死因不明的动物尸体，运载工具中的动物排泄物以及垫料、包装物、容器等污染物，应当按照农医发〔2013〕34号的规定进行无害化处理。

7.1.4 运输过程中应当保持运输工具内的空气畅通，定时为动物补充饮水。超过24 h的运输，可提供少量食物，及时收集排泄物，并采取一定的防暑降温或防冻保温措施。

7.2 动物产品

7.2.1 由依法设立的公路、铁路、航空、水路等动物卫生监督检查站查验动物检疫合格证明和检疫标志、验讫印章；检查动物产品证物是否相符。

7.2.2 必要时，对运输工具进行防疫消毒，应采用喷雾消毒法对车厢、底盘、轮胎等表面均匀喷洒至湿润。消毒剂使用参照6.1.5。

7.2.3 检查动物产品时的每次车厢开启时间，冷冻产品不宜超过15 min、冷藏产品不宜超过30 min。

7.2.4 有温度要求的，运输过程中应保持运输温度要求，全程均衡制冷。冷冻动物产品的厢体内温度应保持在－18℃以下。冷藏动物产品的厢体内温度应保持0℃～4℃。

8 运输后要求

8.1 动物

8.1.1 运抵目的地后，应当在24 h内向所在地县级动物卫生监督机构报告。承运人应将动物检疫合格证明交给接受方，以备查验。

8.1.2 跨省引进乳用种用动物的，应在到达地动物卫生监督机构的指定隔离场所进行隔离观察。

8.1.3 装卸完毕，应彻底清扫运输工具内的动物排泄物、垫料、废弃物；并对运输工具内外进行彻底消毒，方法参照6.1.5。

8.2 动物产品

8.2.1 运抵目的地后，承运人应将动物检疫合格证明交给接受方，以备查验。

8.2.2 冷冻、冷藏动物产品到达接受方时，应及时搬卸，防止货物温度回升融化。

8.2.3 装卸完毕，运输工具应及时清洁，并对运输工具内外进行彻底消毒（参照6.1.5）。

附 录 A
(资料性附录)
动物的装运密度

A.1 牛的装运密度

见表A.1。

表A.1 牛的装运密度

类 别	每头牛占用面积,m²
重量低于55 kg的牛	0.30～0.40
重量在55 kg～110 kg的牛	0.40～0.70
重量在110 kg～200 kg的牛	0.70～0.95
重量在200 kg～325 kg的牛	0.95～1.30
重量在325 kg～550 kg的牛	1.30～1.60
重量超过700 kg的牛	超过1.60

A.2 羊(绵羊/山羊)的装运密度

见表A.2。

表A.2 羊的装运密度

类 别	大约重量,kg	每只羊占用面积,m²
26 kg及其以上的剪毛的绵羊和羔羊	＜55	0.20～0.30
	＞55	＞0.30
未剪毛的绵羊	＜55	0.30～0.40
	＞55	＞0.40
山羊	＜35	0.20～0.30
	35～55	0.30～0.40
	＞55	0.40～0.75

A.3 猪的装运密度

见表A.3。

表A.3 猪的装运密度

类 别	每头猪占用面积,m²
重量低于30 kg的猪	0.10～0.20
重量在30 kg～60 kg的猪	0.20～0.40
重量在60 kg～100 kg的猪	0.40～0.80
重量超过100 kg的猪	超过0.80

A.4 家禽的装运密度

见表A.4。

表A.4 家禽的装运密度

类　别	空　间
雏禽	21 cm²/羽～25 cm²/羽
重量低于1.6 kg的家禽	180 cm²/kg～200 cm²/kg
重量在1.6 kg～3 kg的家禽	160 cm²/kg
重量在3 kg～5 kg的家禽	115 cm²/kg
重量高于5 kg的家禽	105 cm²/kg

A.5 不同动物空运时的装运密度

见表A.5。

表A.5 不同动物空运时的装运密度

动物种类	体重,kg	密度,kg/m²	空间,m²/动物	每10 m²动物数量	每层动物数,头(只)	
					224 cm×274 cm	224 cm×318 cm
小牛	50	220	0.23	43	26	31
	70	246	0.28	36	22	25
牛	300	344	0.84	12	7	8
	500	393	1.27	8	5	6
	600	408	1.47	7	4	5
	700	400	1.75	6	3	4
绵羊	25	147	0.20	50	31	36
	70	196	0.40	25	15	18
猪	25	172	0.15	67	41	47
	100	196	0.51	20	12	14

ICS 11.220
B 41

中华人民共和国农业行业标准

NY/T 2957—2016

畜禽批发市场兽医卫生规范

Animal health specifications for livestock & poultry wholesale market

2016-10-26 发布　　　　2017-04-01 实施

中华人民共和国农业部　发布

前言

本标准按照 GB/T 1.1—2009 给出的规则起草。

本标准由中华人民共和国农业部提出。

本标准由全国动物卫生标准化技术委员会(SAC/TC 181)归口。

本标准起草单位:中国动物疫病预防控制中心。

本标准主要起草人:刘兴国、赵婷、张杰、张志远、关婕葳、庄玉珍、赵俭波、邴国霞、王赫、孙杰、董瑞鹏、寇占英、王瑞红、姚强。

畜禽批发市场兽医卫生规范

1 范围

本标准规定了畜禽批发市场的布局、设施设备、清洗消毒、应急处置等所应遵循的动物卫生要求。

本标准适用于专营或兼营猪、牛、羊、马属动物等家畜和鸡、鸭、鹅、鸽等家禽的批发市场。

2 规范性引用文件

下列文件对于本文件的应用是必不可少的。凡是注日期的引用文件，仅注日期的版本适用于本文件。凡是不注日期的引用文件，其最新版本(包括所有的修改单)适用于本文件。

GB 5749 生活饮用水卫生标准

GB 7959 粪便无害化卫生标准

GB 16548 病害动物和病害动物产品生物安全处理规程

GB 18596 畜禽养殖业污染物排放标准

农医发〔2013〕34 号 农业部关于印发《病死动物无害化处理技术规范》的通知

3 术语和定义

下列术语和定义适用于本文件。

3.1

畜禽 livestock & poultry

猪、牛、羊、马属动物等家畜和鸡、鸭、鹅、鸽等家禽。

3.2

畜禽批发市场 wholesale market of livestock & poultry

功能设施配套齐全、批量交易活畜禽、服务辐射范围广、可适应现代流通业发展要求的专业交易市场。

3.3

无害化处理 harmless disposal

通过用焚烧、化制、掩埋或其他物理、化学、生物学等方法将病害动物尸体和病害动物产品或附属物进行处理，以彻底消灭其所携带的病原体，达到消除病害因素、保障人畜健康安全的目的的方法。

3.4

兽医卫生 veterinary sanitation

为了预防、控制和扑灭动物疫病，保护动物健康，维护公共卫生安全所采取的一系列防疫措施。

3.5

废弃物 waste

畜禽交易市场内产生的粪便、废弃垫料、饲料残渣、散落的毛羽等废物。

4 选址布局

4.1 选址符合本地区农牧业生产发展总体规划、土地利用发展规划、区域性环境规划、环境卫生设施建设规划、城乡建设发展规划和环境保护规划的要求。

4.2 市场周围有实体围墙，与周边相对隔离。

4.3　市场出入口处应设置与门同宽，长 4 m、深 0.3 m 以上的消毒池。

4.4　市场管理区、畜禽交易区、隔离区、清洗消毒区、废弃物堆放区、无害化处理区应当顺着当地夏季主风风向依次建造且相对独立。

4.5　在市场管理区设置工作人员办公室、清扫器具及消毒药品等的存放间。

4.6　交易区地面致密坚实、防滑，便于清洗和消毒。

4.7　不同种类动物交易区域相对独立。

4.8　水禽经营区域与其他家禽经营区域要相对隔离。

4.9　交易区附近设置清洗消毒区，对推车、笼具等物品进行集中清洗消毒。

5　设施设备

5.1　有相应的排水、排污设施，排水排污方便且符合国家相关规定。

5.2　有清洗、消毒设施设备。

5.3　有清运粪污等废弃物的设备。

5.4　有灭火器、防护服等应急处理设备。

5.5　有灭蝇、灭蚊、灭鼠等设施设备。

5.6　有与经营规模相适应的车辆、笼具等的清洗、消毒设施设备。

5.7　有畜禽装卸的设施设备。

5.8　有畜禽临时存养和隔离的设施设备。

5.9　有死亡畜禽收集、废弃物清扫和堆放的设施设备。

5.10　有污水污物处理设施设备。

5.11　在室内进行交易的市场，室内应设有排风及照明装置，墙面(裙)和台面应防水、易清洗。

6　防疫要求

6.1　畜禽须持有《动物检疫合格证明》，猪、牛、羊须佩戴畜禽标识。

6.2　在市场显著位置公示动物防疫相关制度。

6.3　保持场区内清洁卫生。

6.4　定期清洁饲喂及饮水设施。

6.5　定期对门口、道路和地面进行清扫消毒。

6.6　定期灭蝇、灭蚊和灭鼠。

6.7　定期对废弃物进行无害化处理。

6.8　有应急预案，能够及时处置突发问题。

6.9　从事畜禽经营的人员要符合卫生部门的要求，掌握基本防护知识，采取必要的防护措施。

6.10　根据市场需求调整进货数量，避免畜禽大量滞留市场。

6.11　对于入场当日不能完成交易的畜禽，应给予充分的躺卧、转身、活动空间，具有攻击性的畜禽应有单独的笼具或围栏。

6.12　禁止随意丢弃畜禽尸体和废弃物，按规定进行无害化处理。

6.13　市场应建立畜禽入(出)场登记记录、购销台账、消毒记录、无害化处理记录、患病动物隔离监管记录、畜禽发病死亡记录、疫情报告记录等，各种记录档案保存 2 年以上。

7　休市

7.1　常年营业的畜禽交易市场应实行休市制度。

7.2 实施整体或不同交易区域轮流休市。

7.3 实时整体休市的市场，每月至少固定休市 2 d。

7.4 实施市场区域轮休的市场，每个独立区域至少每月休市 2 d。

7.5 休市期间，关闭休市区域并按第 8 章的规定进行彻底清扫、清洗、整理和消毒。

8 清洗消毒

8.1 范围

批发市场经营区域内所有可能被污染的场地环境、设施设备、畜禽运载工具等都应进行清洗消毒。

8.2 方法

8.2.1 运输畜禽的车辆进入市场时，应采取全轮缓慢驶过消毒池的方式或喷洒消毒液的方式进行消毒。卸载后，对车辆的外表、内部及所有角落和缝隙都应用清水冲洗，用消毒液进行消毒。

8.2.2 饲喂、管理、交易、清扫等人员宜采取淋浴、紫外线照射、消毒液浸泡洗手等方法消毒。

8.2.3 衣、帽、鞋等可能被污染的物品，宜采取消毒液浸泡、高温高压灭菌等方式消毒。

8.2.4 办公、饲养等工作人员的宿舍、公共食堂等场所，宜采用低毒、无刺激的消毒药品喷雾消毒。

8.2.5 畜舍、场地、车辆等宜采用消毒液清洗、喷洒等方式消毒。

8.2.6 金属设施设备宜采取火焰、喷洒、熏蒸等方式消毒。

8.3 消毒频次

8.3.1 批发市场畜禽交易区、禽类批发市场宰杀区的场地、摊位、笼具、宰杀工器具等设施设备要每日清洗消毒。

8.3.2 运载车辆每次进出场区应进行消毒或清洗。

8.3.3 隔离观察区、废弃物堆放区、无害化处理区的设施设备每次使用后应进行清洗消毒。

8.3.4 批发市场周边、管理区的工作人员办公室、兽医工作室、药品工器具存放间每月消毒 1 次～2 次。

8.3.5 批发市场休市或市场区域轮休期间，对市场所有设施设备、畜禽运载工具等应进行彻底的清洗消毒。

8.4 消毒药

8.4.1 消毒药应安全、高效、低毒、低残留、配置方便，并有专人保管。

8.4.2 应购置 2 种以上，交替使用，并定期更换。

9 无害化处理

9.1 暂存

待处理的废弃物和动物肉尸应收集存放于废弃物堆放区，并在当天进行处理。

9.2 废弃物处理

9.2.1 有地方政府统一处理制度的地区，可将废弃物处理纳入当地市政处理系统，统一处理。

9.2.2 无地方政府统一处理制度的地区，日常污染的饲料、垫料、粪便等，应按 GB 7959 的规定执行。

9.2.3 批发市场污水污物的排放应达到 GB 18596 的要求。

9.3 动物肉尸处理

9.3.1 按照 GB 16548 和农医发〔2013〕34 号的规定处理。

9.3.2 建成病死畜禽无害化处理体系的，可集中处理，但要做好消毒。

10 动物福利

10.1 保证畜禽有足够的清洁饮水、饲料和新鲜空气，饮用水水质应达到 GB 5749 的要求。

10.2 保持干爽、清洁。

10.3 避免过强照明。

10.4 在笼具或圈舍内，给畜禽留出适当的活动空间，避免拥挤。

10.5 隔离畜禽的隔栏和装载畜禽的笼具表面应平整光滑。栏杆间距应可以调整。

10.6 须在市场内过夜的畜禽应给予更多的空间，保证能自由走动、舒适站立、躺卧与栖息。

10.7 做好防暑与保暖。

11 应急处置

11.1 畜禽交易市场发生畜禽异常死亡或出现可疑临床症状时，市场管理人员和经营人员要立即向当地兽医行政主管部门报告，并采取隔离等控制措施，防止动物疫情扩散。

11.2 从业人员出现发热伴咳嗽、呼吸困难等呼吸道症状，应立即送医疗机构就诊，并说明其从业情况。卫生部门要及时诊治、排查和报告。

11.3 发现不明原因死亡或怀疑为重大动物疫情的，应立即向当地兽医行政管理部门报告，并停止畜禽交易，关闭市场，实施隔离。

ICS 65.040.20
B 93

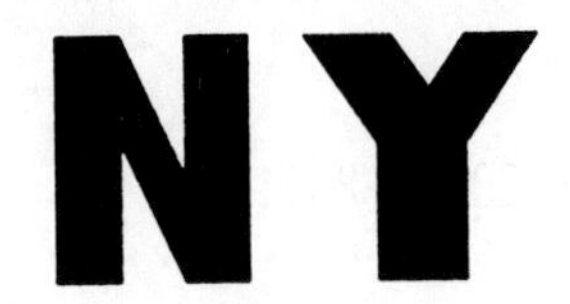

中华人民共和国农业行业标准

NY/T 2076—2011

生猪屠宰加工场(厂)动物卫生条件

Veterinary sanitary conditions for pig packinghouse

2011-09-01 发布　　2011-12-01 实施

中华人民共和国农业部 发布

前　言

本标准按照GB/T 1.1—2009给出的规则起草。

本标准由中华人民共和国农业部兽医局提出。

本标准由全国动物防疫标准化技术委员会(SAC/TC 181)归口。

本标准起草单位:中国动物卫生与流行病学中心。

本标准主要起草人:李卫华、魏荣、陈向前、邵卫星、孙映雪。

生猪屠宰加工场(厂)动物卫生条件

1 范围

本标准规定了生猪屠宰加工场(厂)的动物卫生要求。

本标准适用于生猪屠宰场或加工厂。

2 规范性引用文件

下列文件对于本文件的应用是必不可少的。凡是注日期的引用文件,仅注日期的版本适用于本文件。凡是不注日期的引用文件,其最新版本(包括所有的修改单)适用于本文件。

GB 5749 生活饮用水卫生标准

GB 12694 肉品加工厂卫生规范

GB 13457 肉类加工工业水污染物排放标准

GB 16548 动物及动物产品生物安全处理规程

《动物防疫条件审查办法》 农业部

3 术语和定义

下列术语和定义适用于本文件。

3.1

隔离观察圈 isolating room

隔离可疑病畜,观察、检查疫病的场所。

3.2

待宰圈 waiting pens

宰前停食、饮水、冲淋的场所。

3.3

急宰间 emergency slaughtering room

紧急屠宰病畜、伤畜的场所。

3.4

屠宰间 slaughtering room

自致昏放血到加工成胴体的场所。

3.5

分割加工间 cutting and debonding room

剔骨、分割、分部位肉的场所。

3.6

无害化处理间 biosafety processing room

对患病动物或不宜食用的动物产品进行无害化处理的场所。

4 总体要求

4.1 生猪屠宰加工场(厂)选址布局应当符合《动物防疫条件审查办法》的规定,应取得《动物防疫条件合格证》。

4.2 生猪屠宰加工场(厂)应设有宰前管理区、屠宰间、分割加工间、患病动物隔离观察圈、急宰间、无害化处理间和检疫室。

4.3 生猪屠宰加工场(厂)应建立健全下列卫生管理规章制度：

a) 车间内场地、器具、操作台等定期清洗消毒制度；

b) 更衣室、淋浴室、厕所、休息室等公共场所定期清洗、消毒制度；

c) 废弃物定期处理、消毒制度；

d) 定期除虫、灭鼠制度；

e) 危险物保存和管理制度；

f) 动物入场和动物产品出场登记、检疫申报、疫情报告、消毒、无害化处理制度。

4.4 生猪屠宰场(厂)工作人员卫生应当符合 GB 12694 的要求。

5 宰前管理区

5.1 宰前管理区设动物饲养圈、待宰圈和兽医室。

5.2 动物装卸台设置照度不小于 300 lx 的照明设备。

5.3 饲养圈地面硬化、平整，配备饮水、饲料和消毒设备，设有排水、排污系统和消毒设施。饲料、饮水应达到国家相关规定的卫生要求。

5.4 待宰圈地面硬化、平整，配备排水、排污系统和淋浴、消毒设施。

5.5 检疫室配备宰前检查的设备。

6 屠宰间

6.1 屠宰间及设施卫生要求

6.1.1 车间与设施结构合理、坚固，地面、操作台、墙壁、天棚应耐腐蚀、不吸潮、易清洗。

6.1.2 车间及设施与生产能力相适应，车间高度满足生产操作、设备安装与维修、采光和通风的需要。

6.1.3 车间设有防蚊蝇、鼠及其他害虫侵入或隐藏的设施，并设有防灰尘设施。

6.1.4 车间地面使用防滑、不吸潮、可冲洗、耐腐蚀的无毒材料制作，坡度为 1%～2%。表面无裂缝、无局部积水，易于清洗和消毒。明地沟应呈弧形，排水口设网罩。

6.1.5 车间墙壁和墙柱使用不吸潮、可冲洗、无毒、淡色的材料制作，墙群贴瓷砖不低于 2 m，顶角、墙角和地角呈弧形。

6.1.6 车间天花板表面光滑，不易脱落，防止污物积聚。

6.1.7 车间门窗装配严密，使用不变形的材料制作，所有门窗及其他开口安装易于清洗和拆卸的纱门、纱窗，并经常维修，保持清洁，内窗台下斜 45°或采取无窗台结构。

6.1.8 车间配有与屠宰同步检疫所需的设施和设备。

6.1.9 车间有与生产规模相适应的无害化处理、污水处理设施设备。

6.2 传送装置

屠宰车间设置架空轨道和运转机，并有防油污装置。放血地段的传送轨道下设置收集血液的金属或水泥斜槽，表面光滑。

6.3 通风设备

6.3.1 屠宰车间应设有通风设备。门窗有利于空气对流，并有防蚊、防蝇和防尘装置。

6.3.2 在大量发生水蒸气或大量散热的部位装设排风罩或通风孔。空气交换的次数根据悬挂的动物数量和内部温度而定，一般每小时交换 1 次～3 次。

6.4 照明

屠宰间配备照度不小于500 lx的照明设备。光线不改变物体本色,亮度应能满足兽医检疫和生产操作需要。吊挂在车间上方的灯具,要装有安全防护罩。

6.5 供水系统

屠宰间要有充足的冷热水供应,供水管道要有防虹吸设施。水质应符合GB 5749规定,每个加工点设有冷热水龙头和蓄水池。水龙头采用脚踏式或感应式。蓄水池定期清洗、消毒。制冷及储存过程中应防止污染。制气、制冷、消防用水,要使用独立管道系统,不能与生产用水交叉连接。

6.6 污水排放系统

屠宰车间有完善的排污系统。根据污水排放量,地面设置若干装有滤水篦子的收容坑,排水管的直径能保证坑内污水充分排出且畅通无阻;排水管的出口处设置清除脂肪装置。排出的污水经过净化和无害化处理,达到GB 13457规定的要求。

6.7 生产设备和用具

运输工具、工作台、挂钩、容器器具等,应采用无毒、无味、不吸水、耐腐蚀,经得起反复清洗、消毒的材料制成。表面平滑,无凹坑和裂缝,设备组件易于拆洗。

6.8 废弃物临时存放设施

在远离车间的下风口适当地方设置废弃物临时存放设施,采用便于清洗、无毒的材料制成,结构严密,防止害虫进入,并避免废弃物污染厂区和道路。

6.9 废气(汽)排放设施

车间应配备废气(汽)排放设施,并保持良好的工作状态。

6.10 更衣室、淋浴室和厕所

车间应设有与职工人数相适应的更衣室、淋浴室和厕所。车间内的厕所可与走廊或操作间相连,厕所的门窗不能直接开向操作间。便池为水冲式,粪便排泄管不能与车间污水排放管混用。

6.11 清洗、消毒设施

在车间的进口处及车间内部的适当位置设冷、热水洗手设施,并备有清洁剂和一次用纸巾。车间内应设有器具、容器清洗、消毒设备,由无毒、耐腐蚀、易清洗的材料制作。

7 分割加工车间

7.1 车间及设施卫生要求

7.1.1 分割加工车间建筑卫生要求参照6.1的规定执行,通风、照明、供水、污水排放、生产设备及用具等设施按6.3~6.11的规定执行。

7.1.2 分割加工间应备有温度调控装置,并配有温度表或电子温度记录仪。

7.1.3 分割加工车间应配备不透气、不漏水的特制容器,盛放分割后不适于食用的废弃肉,并加盖;如果数量大,当日无法无害化处理时,应有专用房间存放,并加锁。

8 患病动物隔离观察圈

8.1 应远离生产、生活区,处于屠宰加工场(厂)下风口位置,并有隔离设施。

8.2 入口处应设置消毒池。

8.3 配备消毒、检查设备。

8.4 圈内净道、污道分设,并在入口设置人员更衣消毒室。

8.5 圈内应当有无害化处理、污水污物处理设备。

8.6 设置紧急扑杀间,并配备相关设备。

8.7 应当建立动物登记、消毒、无害化处理后的物品流向登记、人员防护等制度。

9 无害化处理间

9.1 屠宰场或屠宰加工场(厂)应当设置无害化处理间。

9.2 无害化处理间出入口处设置消毒池,并设有单独的人员消毒通道。

9.3 无害化处理间入口处设置人员更衣室,出口处设置消毒室。

9.4 无害化处理间应配置消毒设备。

9.5 无害化处理间配备污水污物处理设施、设备。

9.6 污水、污物、患病动物的无害化处理按照 GB 16548 的要求进行。

9.7 无害化处理间应当建立动物和动物产品入场登记、消毒、无害化处理后的物品流向登记、人员防护等制度。

ICS 11.220
B 41

中华人民共和国农业行业标准

NY/T 2958—2016

生猪及产品追溯关键指标规范

Specification of key traceability indicators of quality control for the whole process of pig and product production

2016-10-26 发布　　2017-04-01 实施

中华人民共和国农业部 发布

前　言

本标准按照 GB/T 1.1—2009 给出的规则起草。

本标准由中华人民共和国农业部提出。

本标准由全国动物卫生标准化技术委员会(SAC/TC 181)归口。

本标准起草单位:中国动物疫病预防控制中心。

本标准主要起草人:朱长光、李扬、杨龙波、王芳。

生猪及产品追溯关键指标规范

1 范围

本标准规定了生猪及产品生产全过程中，与场所、标识、免疫、投入品、动物疫病、药物残留、肉品品质和移动轨迹有关的卫生质量控制关键追溯指标的基本要求。

本标准适用于从事生猪养殖、交易、屠宰的单位和个人。

2 术语和定义

下列术语和定义适用于本文件。

2.1

生猪养殖场　pig farms

经当地农业、工商等行政主管部门批准的，具备法人资格且猪年出栏大于或等于500头的养猪场。

2.2

畜禽标识　animal identification

加施在畜禽特定部位，用于证明畜禽身份，承载畜禽个体信息的标志物。编码具有唯一性，由畜禽种类代码、县级行政区域代码、标识顺序号共15位数字及专用二维码组成。

2.3

畜禽养殖代码　livestock and poultry code

县级人民政府畜牧兽医行政主管部门对辖区内畜禽养殖场按照备案顺序统一编号形成的唯一代码，由6位县级行政区域代码和4位顺序号组成，作为养殖档案编号。

3 场所

3.1 生猪养殖、交易、屠宰场所均应具备国务院畜牧兽医行政部门规定的动物防疫条件，对于此类场所应记录其详细信息。

3.2 生猪养殖场应记录其名称、动物防疫条件合格证证号、畜禽养殖代码、养殖规模、详细地址、法定代表人(负责人)姓名与联系方式。生猪养殖户应记录其户主姓名与联系方式、详细地址。

3.3 生猪交易市场应记录其名称、交易规模、详细地址、法定代表人(负责人)姓名与联系电话。

3.4 生猪屠宰场(点)应记录其名称、屠宰规模、详细地址、法定代表人(负责人)姓名与联系电话。

4 标识

4.1 在生猪及其产品生产过程中，均应加施标识，包括养殖环节的畜禽标识、屠宰环节的产品标识。

4.2 生猪应按规定佩戴畜禽标识，并记录标识生猪的畜主、品种、标识佩戴日期。补戴畜禽标识的，应记录补戴标识所对应的原标识号码。

4.3 生猪屠宰、分割时，应对胴体、分割肉品外包装加施产品标识。该标识内容应记录屠宰厂(场)名称、同批次的畜禽标识编码。

5 免疫

养殖生猪按规定实施计划免疫，应记录被免疫生猪的畜禽标识信息，所使用疫苗的名称、生产企业、批次号、免疫注射时间和免疫人员。

6 投入品

6.1 养殖生猪使用饲料及饲料添加剂产品，应记录使用饲料的产品名称、生产企业名称和生产日期。

6.2 养殖生猪使用兽药产品，应记录使用兽药的产品名称、生产企业名称、产品批次号、生产日期、使用量和休药期。

7 检疫监督

7.1 在生猪生产检疫和监督过程中，应记录其各个环节有关疫病的信息。

7.2 在动物检疫过程中，检疫人员应记录4.2的畜禽标识码及有关检疫信息，包括检疫日期、检疫机构名称、检疫人员和检疫结果。

7.3 在动物卫生监督过程中，监督人员应记录4.2的畜禽标识码及有关监督信息，包括监督日期、监督机构名称、监督人员和监督结果。

7.4 感染疫病的生猪进行无害化处理时，监督人员应记录4.2的生猪标识码及畜(货)主名称、处理原因、处理头数、处理方式、实施机构和实施人员，同时在追溯系统中注销其畜禽标识号码。

8 药物残留

生猪屠宰时，对生猪进行的药物残留和违禁物质抽样检测，应记录抽检样品来源生猪4.2的畜禽标识码，并记录该抽检批次生猪的抽检比例、检测日期、检测内容、检测方法和检测结果。

9 肉品品质

生猪屠宰进行肉品品质检验时，应记录4.3的产品标识及肉品品质检验信息，包括注水或者注入其他物质、有害物质、有害腺体、白肌肉(PSE肉)或黑干肉(DFD肉)以及国家规定的其他检验项目。

10 移动轨迹

生猪及其产品在移动时，应记录畜禽标识码、启运地点、道路检查点、目的地、运输工具类型、运输工具识别号码、启运时间与到达时间。

11 记录保存期限

所有记录应保留至少2年以上。

ICS 11.220
B 41

中华人民共和国农业行业标准

NY/T 1620—2016
代替 NY/T 1620—2008

种鸡场动物卫生规范

Sanitary control on breeding fowl farms

2016-10-26 发布　　2017-04-01 实施

中华人民共和国农业部 发布

前言

本标准是按照 GB/T 1.1—2009 给出的规则起草。

本标准代替 NY/T 1620—2008《种鸡场孵化厂动物卫生规范》。与 NY/T 1620—2008 相比,除编辑性修改外主要变化如下:

——调整了标准的名称;

——整合和调整了标准的内容体系,原标准内容调整后分为范围、规范性引用文件、术语和定义、选址和布局、设施设备、动物防疫、投入品控制、内部管理及鸡只福利共 9 块内容;

——丰富和完善了动物防疫相关内容,增加了免疫、监测、动物疫情报告与处置、无害化处理等相关内容;

——调整了原标准中雏鸡检疫内容中同《家禽产地检疫规程》(农医发〔2010〕20 号)、《跨省调运种禽产地检疫规程》(农医发〔2010〕33 号)等不相适应的内容,增加了入场种鸡或者供孵化的种蛋的检疫、孵出雏鸡申报检疫、省内调运种鸡(蛋)的检疫以及跨省调运种鸡(蛋)等相关内容;

——增加了投入品控制相关内容;

——增加了鸡只福利相关内容;

——删去原标准 3.2.3 种蛋、孵化器及孵化用具的消毒方法的内容;

——删去原标准第 4 章种鸡场孵化场沙门氏菌监测的内容;

——增加附录 A 种蛋、孵化器及孵化用具的消毒方法;

——增加附录 B 种鸡场沙门氏菌的监测。

本标准由中华人民共和国农业部提出。

本标准由全国动物卫生标准化技术委员会(SAC/TC 181)归口。

本标准起草单位:中国动物疫病预防控制中心。

本标准主要起草人:宋晓晖、李秀峰、张银田、吴威、李琦。

本标准的历次版本发布情况为:

——NY/T 1620—2008。

种鸡场动物卫生规范

1 范围

本标准规定了种鸡饲养场的选址和布局、设施设备、动物防疫、投入品控制、内部管理以及鸡只福利等要求。

本标准主要适用于种鸡饲养场的动物卫生控制。

2 规范性引用文件

下列文件对于本文件的应用是必不可少的。凡是注日期的引用文件,仅注日期的版本适用于本文件。凡是不注日期的引用文件,其最新版本(包括所有的修改单)适用于本文件。

GB 16548 病害动物和病害动物产品生物安全处理规程

农医发〔2010〕20 号 家禽产地检疫规程

农医发〔2010〕33 号 跨省调运种禽产地检疫规程

农医发〔2013〕34 号 病死动物无害化处理技术规范

兽药管理条例

3 术语和定义

下列术语和定义适用于本文件。

3.1

免疫接种 vaccination

按照疫苗的使用说明,将带有特定疫病病原制成抗原的疫苗接种到靶动物体内,使其获得对抗该疫病病原感染的免疫力。

3.2

动物检疫 animal quarantine

按照国家法律规定,依据特定标准,采取科学技术方法,对动物及动物产品进行的现场检查、临床诊断、实验室检验和检疫处理的一种行政行为。

3.3

鸡只福利 fowl welfare

鸡只如何适应其所处的环境,满足其基本的自然需求。良好的鸡只福利应当包括健康、舒适、安全、饲喂良好,能够表现本能,无疼痛、痛苦、恐惧和焦虑等。

4 选址和布局

4.1 选址

4.1.1 场址应选在地势较高、干燥平坦、背风向阳的地方。

4.1.2 距离生活饮用水源地、动物饲养场、养殖小区和城镇居民区、文化教育科研等人口集中区域及公路、铁路等主要交通干线 1 000 m 以上;距离动物隔离场所、无害化处理场所、动物和动物产品集贸市场、动物诊疗场所 3 000 m 以上。

4.1.3 选址不应在饮用水水源保护区、风景名胜区、自然保护区的核心区和缓冲区以及山谷洼地等易受洪涝威胁的地区。

4.1.4　场址应水源充足、水质良好。

4.2　布局

4.2.1　场内布局应考虑工艺流程合理、空气流通适当的原则。

4.2.2　场内应划分管理区、生产辅助区、生产区和隔离区。各区之间应严格区分，并有明显的物理隔断。隔离区应处于各区下风向，主要包括兽医室、隔离禽舍和无害化处理场地。

4.2.3　污道与净道分开，互不交叉。

4.2.4　管理区位于场区常年主导风向的上风处及地势较高处。

4.2.5　生产辅助区位于管理区下风向处或与生产区平行。

4.2.6　生产区位于生产辅助区下风向或与辅助区平行，主要包括孵化室、育雏舍、育成舍和成年鸡舍。

4.2.7　孵化区如设在种鸡场内，应处于整个生产区上风向。孵化区内人员、物品应单向流动，并按照单向运送蛋和初孵雏的原则进行隔离分区，依次分为：

a）工作人员更衣室、淋浴及卫生间；
b）种蛋接收和储存间；
c）孵育间；
d）孵出间；
e）检雏、雌雄鉴别、装雏间；
f）蛋箱、初孵雏箱等物品储存区；
g）雏鸡存放间；
h）洗涤和废物处理间；
i）工作人员办公区。

5　设施设备

5.1　场区周围应建有围墙。

5.2　鸡舍应尽量选用光滑的防渗透材料，其他区域采用混凝土或其他防渗透材料，以便于清洁及消毒。

5.3　鸡舍、储存饲料和鸡蛋的场所有防止野禽、啮齿动物和节肢动物入内的设施。

5.4　在场区门口设置消毒池，生产区出入口应设置更衣室、消毒通道或消毒室，每栋鸡舍门口设有消毒池或消毒垫。

5.5　兽医室应配备必要的检测设备。祖代以上鸡场应具备相应疫病抗体的检测能力。

5.6　场内建有与饲养规模相适应的无害化处理、污水污物处理等设施。

6　动物防疫

6.1　免疫

6.1.1　按照国家强制免疫计划要求实施免疫。

6.1.2　对于强制免疫计划以外的其他疫病，应根据本地禽病流行情况和生产需要制订和实施相应的免疫计划。

6.1.3　免疫鸡只按规定建立免疫档案。

6.2　监测

6.2.1　应接受各级动物疫病预防控制机构组织的监测。

6.2.2　应根据本地禽病流行情况和本场鸡群免疫情况制订和实施相应的监测计划。

6.2.3　应开展禽白血病和鸡白痢等垂直性传播疫病监测净化工作。

6.2.4　沙门氏菌的监测方法见附录A。

6.3 疫情报告与处置

6.3.1 发现鸡只染疫或疑似染疫时，应当立即向当地兽医部门报告，并采取隔离、消毒等控制措施。

6.3.2 应遵守国家有关动物疫情管理规定，不得随意发布疫情信息，不得瞒报、谎报、迟报、漏报疫情，不得授意他人瞒报、谎报、迟报疫情，不得阻碍他人报告疫情。

6.3.3 遵守当地政府依法做出的有关隔离、扑杀的规定。

6.4 检疫

6.4.1 入场种鸡或者供孵化的种蛋，应持有动物卫生监督机构出具的动物检疫证明。

6.4.2 孵出雏鸡在出场前 3 d 应向当地动物卫生监督机构申报检疫。

6.4.3 雏鸡、种蛋以其父母代检疫结果为判定依据。

6.4.4 省内调运种鸡或种蛋的检疫应按照农医发〔2010〕20 号的相关要求进行，跨省调运种鸡或种蛋的按照农医发〔2010〕33 号的相关要求进行。

6.5 消毒

6.5.1 种鸡场应建立定期消毒制度，人员、车辆进出应严格消毒。场内环境每 2 d 消毒 1 次，必要时每天消毒 1 次，鸡舍内环境每天消毒 1 次～2 次。

6.5.2 鸡舍清群后，应及时清除粪便和垫料，并进行彻底清洗和消毒。

6.5.3 种蛋应用消毒过的蛋托和蛋箱或者一次性蛋托或蛋箱运送到孵化区（厂），每次运送前都要对运输工具进行清洗和消毒。

6.5.4 初孵雏应用消毒过的雏鸡盒或者一次性雏鸡盒运送，每次运送前都要对运输工具进行清洗和消毒。

6.5.5 工作人员应淋浴后更换消毒过的工作服、鞋帽，方可进入孵化区（厂）。

6.5.6 处理不同批次出雏鸡之前，工作人员应更换新的工作服及鞋帽。

6.5.7 收集的种蛋应经消毒后方可入库，并在入孵前再次进行消毒。

6.5.8 种蛋、孵化器以及孵化用具的消毒方法见附录 B。

6.6 无害化处理

6.6.1 染疫鸡只及染疫鸡产品、病死或者死因不明的鸡只尸体，应当按照 GB 16548，或者农医发〔2013〕34 号的规定进行无害化处理，不得随意处置。

6.6.2 染疫鸡只、病死或者死因不明鸡只的排泄物、垫料、运载工具、包装物、容器等污染物，应当进行无害化处理。

6.6.3 孵化过程中的死蛋、孵化废弃物应当按照 GB 16548，或者农医发〔2013〕34 号的规定进行无害化处理，不得随意处置。

6.6.4 经检疫不合格的鸡只、种蛋，应当按照 GB 16548，或者农医发〔2013〕34 号的规定进行无害化处理，不得随意处置。

6.6.5 未使用完的疫苗、使用过的疫苗瓶、注射器、针头、过期疫苗以及检测试剂等应按照医疗废弃物处理要求进行处理。

7 投入品控制

7.1 饲料及饲料添加剂

7.1.1 不得使用未取得新饲料、新饲料添加剂证书的新饲料、新饲料添加剂以及禁用的饲料、饲料添加剂。

7.1.2 应当按照产品使用说明和注意事项使用饲料。在饲料或者动物饮用水中添加饲料添加剂的，应当符合饲料添加剂使用说明和注意事项的要求，遵守国务院农业行政主管部门制定的饲料添加剂安全使用规范。

7.1.3 使用自行配制饲料的，应当遵守国务院农业行政主管部门制定的自行配制饲料使用规范，并不得对外提供自行配制的饲料。

7.2 兽药

7.2.1 兽药的采购、储存、使用及过期药品的处理，应符合《兽药管理条例》及有关规定，并有相应记录。

7.2.2 不得在饲料和饮用水中添加激素类药品和兽医部门规定的其他禁用药品。

7.2.3 不得将人药用于鸡只。

7.2.4 不得将原料药直接添加到饲料及动物饮用水中或者直接饲喂鸡只。

8 内部管理

8.1 制度建设

8.1.1 种鸡场应建立动物卫生质量保证体系相关制度，包括岗位责任制度、疫情报告制度、防疫制度、疫病监测制度、消毒制度、兽医室工作制度、无害化处理制度等，并有效实施。

8.1.2 根据本场实际情况，建立相应的动物疫病净化制度，并有效实施。

8.2 人员管理

8.2.1 种鸡场应配备一名具有兽医师以上职称，熟悉国家动物防疫法律法规政策的业务场长，主管本场的兽医卫生工作，并配备与其生产规模相适应的执业兽医人员。兽医人员应熟悉防疫、检疫、兽药、诊疗等业务知识，并具有一定的操作技能。

8.2.2 饲养人员应具有禽只饲养、禽只福利方面的知识。

8.2.3 饲养人员和兽医人员没有人与禽间传染病，并取得健康证后方可上岗。

8.3 流动管理

8.3.1 工作人员只能在本责任区内活动，不能在生产区内各禽舍间随意走动。非生产区工作人员不得进入生产区。

8.3.2 场内物品的流动方向应为小日龄鸡只饲养区流向大日龄鸡只饲养区、正常饲养区流向患病隔离区。

8.3.3 各鸡舍之间不得串换、借用工具。

8.4 档案管理

8.4.1 建立鸡群饲养全过程的相关记录档案。

8.4.2 档案应包括生产记录、防疫记录、种鸡质量记录和销售记录等。

8.4.3 生产记录应包括饲养期信息、生产性能信息和饲料信息等。

8.4.4 防疫记录应包括日常健康检查信息、预防和治疗信息、免疫记录、消毒记录和无害化处理信息等。

8.4.5 档案信息应准确、真实、完整、及时，并保存 2 年以上。

9 鸡只福利

9.1 鸡只有足够的空间，以满足其站立、展翅、蹲卧等空间。

9.2 鸡只能获得充足、洁净的饲料和饮水(有限制饲养要求的除外)。

9.3 对不适宜种用的淘汰鸡，应采用适当方式进行处理或快速无感觉处死。

附 录 A
(规范性附录)
种鸡场沙门氏菌的监测

A.1 样品采集

A.1.1 随机采样,保证采集样品的科学性和代表性。

A.1.2 种鸡场可采集新鲜粪便(至少 1 g)、死淘鸡,初孵雏还需取鸡盒衬垫。

A.1.3 孵化区可采集入场种蛋、胎粪、壳内死雏和淘汰雏鸡。

A.1.4 环境样品可采集环境试子、垫料、绒毛和尘埃等。

A.1.5 采样时,应详细记录采样信息。

A.1.6 样品在送达实验室前应在 1℃~4℃保存,保存时间不得超过 5 周。

A.2 采样频率

A.2.1 育雏群在 1 日龄和转入产蛋舍之前 3 周各采 1 次样。若种鸡不是从育雏舍直接转入产蛋舍,转移前 3 周时应再采 1 次样。

A.2.2 产蛋种鸡在产蛋期间,每月至少采样 1 次。

A.2.3 饮用水及种蛋应每天采样。

A.2.4 孵化器、孵化间过道、储蛋室、出雏器、出雏室过道、放雏室每周采样 1 次。

A.2.5 入场种蛋在熏蒸消毒前后各采 1 次样。

A.3 细菌控制标准

A.3.1 孵化器、孵化间过道、储蛋室、出雏器、出雏室过道、放雏室,用营养琼脂平板放置采样部位暴露 15 min,培养 24 h,菌落总数应少于 50 个。

A.3.2 入场种蛋在熏蒸消毒前后,用棉拭子涂抹 30 s,培养 24 h,菌落总数应少于 1.0×10^{3} 个/cm^{2}。

A.3.3 每批雏鸡采集 0.5 g 绒毛与 50 mL 无菌蒸馏水混合,取 1 mL 倒在营养琼脂上,培养 24 h,菌落总数应少于 1.0×10^{4} 个/cm^{2}。

附 录 B
(规范性附录)
种蛋、孵化器及孵化用具的消毒方法

B.1 消毒方法

B.1.1 高锰酸钾熏蒸消毒

熏蒸室温度应保持在 24℃～38℃之间,相对湿度维持在 60%～80%之间。每立方米空间用 14 mL～42 mL 的福尔马林加入 7 g～21 g 高锰酸钾进行熏蒸。操作时,容器中先加入高锰酸钾,再加福尔马林。

B.1.2 多聚甲醛熏蒸消毒

室温应保持在 24℃～28℃之间,相对湿度维持在 60%～80%之间。每立方米空间用 10 g 多聚甲醛粉剂或颗粒剂进行消毒。操作时,将多聚甲醛粉剂或颗粒剂放进预先加热的盘中即可。

B.2 入场种蛋的消毒

入场种蛋应在密闭的消毒间内使用 B.1 规定的方法进行熏蒸消毒。消毒 20 min 后,方可选蛋。

B.3 孵化机内种蛋的消毒

B.3.1 孵化器内种蛋的熏蒸消毒

种蛋入孵后 12 h 内,并且保证温度和湿度在正常工作水平内,使用 B.1 规定的方法进行熏蒸消毒。消毒时,关闭入孵器的门和通风口,开启风扇。熏蒸 20 min 后,打开通风口,排出气体。已孵化 24 h～96 h 的种蛋不能进行熏蒸消毒,否则会导致鸡胚死亡。

B.3.2 出孵器内种蛋的熏蒸消毒

孵化 18 d 的种蛋从入孵器转移到出孵器后,在 10%的雏鸡开始啄壳前应进行熏蒸消毒。消毒室保证出孵器的温度和湿度在正常工作状态,使用 B.1 规定的方法进行熏蒸消毒。消毒时,关闭通风口,开启风扇,熏蒸 20 min 后,打开通风口;再将盛有 150 mL 福尔马林的容器放入出孵器内,自然挥发消毒,在出孵前 6 h 将其移出。

B.4 孵化器、出孵器及孵化器的熏蒸消毒

孵化器、出孵器及孵化器具在使用后应进行清洗,并将孵化器具装入孵化器内,使用 B.1 规定的方法进行熏蒸消毒,熏蒸消毒 3 h(最好过夜)。孵化器、出孵器及孵化器在熏蒸剂残留消除后,方可使用。

B.5 注意事项

B.5.1 在混合大量福尔马林和高锰酸钾时,应使用防毒面具。为预防火险,应使用不可燃材料制作的容器。容器上口应向外倾斜,容器的容量应为所盛福尔马林容积的 4 倍以上。种蛋熏蒸时的摆放,应考虑空气流通,保证每个种蛋都能接触到熏蒸的气体。

B.5.2 保证最佳的温度和湿度才能保证熏蒸效果。在低温或干燥条件下,甲醛气体可立即失效。

ICS 11.220
B 42

中华人民共和国农业行业标准

NY/T 3075—2017

畜禽养殖场消毒技术

Disinfection techniques for animal breeding farm

2017-06-12 发布　　2017-10-01 实施

中华人民共和国农业部　发布

前　言

本标准按照GB/T 1.1—2009给出的规则起草。

本标准由农业部兽医局提出。

本标准由全国动物卫生标准化技术委员会归口。

本标准起草单位:中国动物卫生与流行病学中心、中国动物疫病预防控制中心。

本标准主要起草人:孙淑芳、王媛媛、宋晓晖、刘陆世、魏荣、王岩、肖肖、庞素芬、宋健德。

畜禽养殖场消毒技术

1 范围

本标准规定了畜禽养殖场不同生产环节的消毒技术。

本标准适用于畜禽养殖场的消毒。

2 规范性引用文件

下列文件对于本文件的应用是必不可少的。凡是注日期的引用文件，仅注日期的版本适用于本文件。凡是不注日期的引用文件，其最新版本(包括所有的修改单)适用于本文件。

GB/T 25886 养鸡场带鸡消毒技术要求

GB 26367 胍类消毒剂卫生标准

GB 26369 季铵盐类消毒剂卫生标准

GB 26371 过氧化物类消毒剂卫生标准

NY/T 1551 禽蛋清选消毒分级技术规范

中华人民共和国农业部 农医发〔2013〕34号 病死动物无害化处理技术规范

卫生部 卫法监发〔2002〕282号 消毒技术规范

国家食品药品监督管理总局2015年公告第67号 中华人民共和国药典(2015年版)(四部)

中华人民共和国农业部公告第2438号 中华人民共和国兽药典(2015年版)(一部)

3 术语与定义

下列术语和定义适用本文件。

3.1

清洁 cleaning

去除场所、器具和物体上污物的全过程，包括清扫、浸泡、洗涤等方法。

3.2

清洁剂 detergent

清洁过程中帮助去除被处理物品上有机物、无机物和微生物的制剂。

3.3

消毒 disinfection

用物理、化学或生物学方法清除或杀灭环境(场所、饲料、饮水及畜禽体表皮肤、黏膜及浅表体)和各种物品中的病原微生物及其他有害微生物的处理过程。

3.4

消毒剂 disinfectant

能杀灭环境或物体等传播媒介(不包括生物媒介)上的微生物，达到消毒或灭菌要求的制剂。

3.5

灭菌 sterilization

用物理或化学方法杀灭物品和环境中一切微生物(包括致病性微生物和非致病性微生物及其芽孢、霉菌孢子等)的处理过程。

3.6

有效氯 available chlorine

有效氯是衡量含氯消毒剂氧化能力的标志，是指与含氯消毒剂氧化能力相当的氯量(非指消毒剂所含氯量)，其含量用 mg/L 或%表示。

4 消毒方法及消毒剂选用原则

4.1 应使用符合《中华人民共和国药典(2015 年版)》(四部)、《中华人民共和国兽药典(2015 年版)》(一部)要求，并经卫生部或农业部批准生产、具有生产文号和生产厂家的消毒剂，严格按照说明在规定范围内使用。

4.2 应选择广谱、高效、杀菌作用强、刺激性低，对设备不会造成损坏，对人和动物安全，低残留毒性、低体内有害蓄积的消毒剂。

4.3 稀释药物用水应符合消毒剂特性要求，应使用含杂质较少的深井水、放置数小时的自来水或白开水，避免使用硬水；应根据气候变化，按产品说明书要求调整水温至适宜温度。

4.4 稀释好的消毒剂不宜久存，大部分消毒剂应即配即用。需活化的消毒剂，应严格按照消毒剂使用说明进行活化和使用。

4.5 用强酸、强碱及强氧化剂类消毒剂消毒过的畜禽舍，应用清水冲刷后再进畜禽，防止灼伤畜禽。

5 养殖场不同生产环节消毒技术

5.1 人员消毒

5.1.1 养殖场生产区入口应设消毒间或淋浴间。消毒间地面设置与门同宽的消毒池(垫)，上方设置喷雾消毒装置。

5.1.2 喷雾消毒剂可选用 0.1%～0.2%的过氧乙酸(应符合 GB 26371 的规定)或 800 mg/L～1 200 mg/L 的季铵盐消毒液(应符合 GB 26369 的规定)。

5.1.3 消毒池(垫)内消毒剂可选择 2%～4%氢氧化钠溶液或 0.2%～0.3%过氧乙酸溶液，至少每 3 d 更换一次。

5.1.4 人员进入生产区应经过消毒间，更换场区工作鞋服并洗手后，经消毒池对靴鞋消毒 3 min～5 min，并进行喷雾消毒 3 min～5 min 后进入；或经淋浴、更换场区工作鞋服(衣、裤、靴、帽等)后进入。

5.1.5 每栋畜禽舍进、出口应设消毒池(垫)和洗手、消毒盆。消毒池或消毒垫内消毒剂要求同 5.1.3。

5.1.6 生产人员出入栋舍，可穿着长筒靴站入消毒池(垫)中消毒 3 min～5 min。

5.1.7 消毒盆内可选用有效含量为 400 mg/L～1 200 mg/L 的季胺类消毒液、2 g/L～45 g/L 的胍类消毒剂(应符合 GB 26367 的规定)或 0.2%过氧乙酸溶液。工作人员进出养殖栋舍，可将手和裸露胳膊于消毒盆内浸泡 3 min～5 min，也可选用浸有 0.5%碘伏溶液(含有效碘 5 000 mg/L)、0.5%氯己定醇溶液或 0.2%过氧乙酸的棉球或纱布块擦拭手和裸露胳膊 1 min～3 min，进行消毒。

5.1.8 用过的工作服可选用季铵盐类、碱类、0.2%～0.3%过氧乙酸或有效氯含量为 250 mg/L～500 mg/L的含氯消毒剂浸泡 30 min，然后水洗；或用 15%的过氧乙酸 7 mL/m^3～10 mL/m^3 熏蒸消毒 1 h～2 h；也可煮沸 30 min，或用流通蒸汽消毒 30 min，或进行高压灭菌。

5.2 出入车辆消毒

5.2.1 进出养殖区的车辆应在远离养殖区至少 50 m 外的区域实施清洁消毒。

5.2.2 用高压水枪等，清除车身、车轮、挡泥板等暴露处的泥、草等污物。

5.2.3 清空驾驶室、擦拭干净，再用干净布浸消毒剂消毒地面和/或地垫、脚踏板。车内密封空间，可用 15%的过氧乙酸，以 7 mL/m^3～10 mL/m^3 的用量进行熏蒸消毒 1 h 或用 0.2%过氧乙酸气溶胶喷雾消毒 1 h。

5.2.4 所有从驾驶室拿出的物品都应清洗，并用季铵盐类、碱类、0.2%～0.3%过氧乙酸或

250 mg/L～500 mg/L 有效氯的含氯消毒剂浸泡 30 min 消毒，然后冲洗干净。

5.2.5 大中型养殖场可在大门口设置与门同宽的自动化喷雾消毒装置，小型养殖场可使用喷雾消毒器，对出入车辆的车身和底盘进行喷雾消毒。可选用有效氯含量为 10 000 mg/L 的含氯消毒剂、0.1%新洁尔灭、0.03%～0.05%癸甲溴铵或 0.3%～0.5%过氧乙酸以及复合酚等任何一种消毒剂，从上往下喷洒至表面湿润，作用 60 min。

5.2.6 消毒后，用高压水枪把消毒剂冲洗干净。

5.2.7 轮胎消毒。养殖场办公区与养殖区入口大门应设与门同宽、长 4 m 以上、深 0.3 m～0.4 m，防渗硬质水泥结构的消毒池；池顶修盖遮雨棚，消毒液可选用 2%～4%氢氧化钠液或 3%～5%来苏儿溶液，每周至少更换 3 次。车辆进入养殖场应经消毒池缓慢驶入。

5.3 出入设备用具的消毒

5.3.1 保温箱、补料槽、饲料车和料箱等物品冲洗干净后，可用 0.1%新洁尔灭溶液或 0.2%～0.3%过氧乙酸或 2%的漂白粉澄清液(有效氯含量约 5 000 mg/L)进行喷雾、浸泡或擦拭消毒，或在紫外线下照射 30 min，或在密闭房间内进行熏蒸消毒。

5.3.2 进入生产区的设备用具在消毒后应将消毒液冲洗干净后才可使用。

5.4 场区道路、环境清洁消毒

5.4.1 道路清洁

场区道路应每日清扫，硬化路面应定期用高压水枪清洗，保持道路清洁卫生。

5.4.2 道路和环境消毒

5.4.2.1 进动物前，对畜禽舍周围 5 m 内地面和道路清扫后，用 0.3%～0.5%过氧乙酸或 2%～4%氢氧化钠溶液彻底喷洒，用药量为 300 mL/m^2～400 mL/m^2。

5.4.2.2 保持场区道路清洁卫生，每 1 周～2 周用 10%漂白粉液、0.3%～0.5%过氧乙酸或 2%～4%氢氧化钠等消毒剂对场区道路、环境进行一次喷雾消毒；每 2 周～3 周用 2%～4%氢氧化钠对畜禽舍周围消毒 1 次。

5.4.2.3 场内污水池、排粪坑、下水道出口，定期清理干净，用高压水枪冲洗，至少每月用漂白粉消毒 1 次。

5.4.2.4 被病畜禽的排泄物、分泌物污染的地面土壤，应先对表层土壤清扫后，与粪便、垃圾集中深埋或进行生物发酵和焚烧等无害化处理；然后，用消毒剂对地面喷洒消毒，可选用 5%～10%漂白粉澄清液、2%～4%氢氧化钠溶液、4%福尔马林溶液或 10%硫酸苯酚合剂，用药量为 1 L/m^2；或撒漂白粉 0.5 kg/m^2～2.5 kg/m^2。

5.4.2.5 被传染病病畜污染的土壤，可首先用 10%～20%漂白粉乳剂或 5%～10%二氯异氰尿酸钠喷洒地面后，掘起 30 cm 深度的表层土壤，撒上干漂白粉与土混合，将此表土运出掩埋；或将表土深翻 30 cm后，每平方米表土撒 5 kg 漂白粉，混合后加水湿润，原地压平；若是水泥地，则用消毒剂仔细冲刷。

5.5 空畜禽舍内部清洁、消毒

5.5.1 空畜禽舍内部清洁

5.5.1.1 干扫

5.5.1.1.1 清除啮齿动物和昆虫，清除地面和裂缝中的有机物，铲除基石和地板上的结块粪便、饲料等。

5.5.1.1.2 彻底清洁畜禽舍及饲料输送装置、料槽、饲料储器、运输器、饮水器等设施设备，及地板、灯具、扇叶和百叶窗等。

5.5.1.1.3 将畜禽舍内无法清洗的设备拆卸至临时场地清洗，清洗废弃物应远离畜禽舍排放处理。

5.5.1.1.4 饲料、饲草及垫料等废弃物应运至无害化处理场所进行处理。

5.5.1.2 **湿扫**

5.5.1.2.1 用清洗剂对畜禽舍进行湿扫，清除在干扫清理过程中残留的粪便和其他有机物。清洁剂应与随后使用的消毒剂可配伍。按照浸泡、洗涤、漂洗和干燥步骤进行湿扫。首先，用≥90℃的热水或清洁剂浸泡，使污物容易冲刷掉；然后，用加洗衣粉的热水按照从后往前、先房顶后墙壁、最后是地面的顺序喷雾，水泥地面，用清洁剂浸润 3 h 以上；最后，用低压冷水冲洗掉清洁剂和难去除的有机物。

5.5.1.2.2 清洗消毒时严禁带电操作，清洁做好电源插头、插座等用电设施以及消毒设备本身的防水处理。

5.5.1.2.3 特别注意确保清洁剂深入连接点和墙面、屋顶的接缝处。

5.5.1.2.4 排空饮水、清洁饲喂系统。

5.5.1.2.5 封闭的乳头或杯形饮水系统，可先松开部分连接点确认内部污物性质。其中，有机污物(如细菌、藻类、霉菌等)可用碱性化合物或过氧化氢去除，无机污物(如盐类和钙化物)可用酸性化合物去除。

5.5.1.2.6 先用高压水枪冲洗，然后将对应的碱性/酸性化合物灌满整个系统。通过闻每个连接点的药物气味或测定 pH 确认是否被充满。浸泡 24 h 以上后排空系统，最后用清水或冷开水彻底冲洗干净。

5.5.1.2.7 开放的圆形和杯形饮水系统用清洁液浸泡 2 h～6 h，冲洗干净。如果钙质过多，则必须刷洗。

5.5.1.2.8 天花板、风扇转轴和墙壁表面最好使用泡沫清洁剂，浸泡 30 min 后，用水自上向下冲洗。

5.5.1.2.9 清理供热和通风装置内部，注意水管、电线和灯管的清理。

5.5.1.2.10 检查清洁过的畜禽舍和设备是否有污物残留。重新安装好畜禽舍内设备，包括通风设备后，关闭并干燥房舍。

5.5.2 **空畜禽舍消毒**

5.5.2.1 **新建畜禽舍**

5.5.2.1.1 对畜禽舍地面和墙面进行清扫，对畜禽舍内设施设备进行擦拭清洁。

5.5.2.1.2 用 2%～4%氢氧化钠或 0.2%～0.3%过氧乙酸溶液进行全面、彻底的喷洒。

5.5.2.1.3 没有可燃物的畜禽舍，也可采用火焰消毒法，用火焰喷枪对地面和墙壁进行消毒。

5.5.2.2 **排空畜禽舍**

5.5.2.2.1 按照 5.5.1 步骤进行清洁。

5.5.2.2.2 畜禽舍清洁干燥后，选用 3%～5%氢氧化钠溶液、0.2%～0.3%过氧乙酸溶液、500 mg/L～1 000 mg/L 二溴海因溶液或 1 000 mg/L～2 000 mg/L 有效氯含氯消毒剂溶液任何一种喷洒地面、墙壁、门窗、屋顶、笼具、饲槽等 2 次～3 次。泥土墙消毒剂用量为 150 mL/m^2～300 mL/m^2，水泥墙、木板墙、石灰墙消毒剂用量为 100 mL/m^2，地面消毒剂用量为 200 mL/m^2～300 mL/m^2。消毒处理时间应不少于 1 h。

5.5.2.2.3 其他不易用水冲洗和氢氧化钠消毒的设备，可用 250 mg/L～500 mg/L 含氯消毒剂或 0.5%新洁尔灭擦拭消毒。

5.5.2.2.4 移出的设备和用具，可放到指定地点，先清洗再消毒。可放入 3%～5%氢氧化钠溶液或 3%～5%福尔马林溶液的消毒池内浸泡，不能放入池内的可用 3%～5%氢氧化钠溶液彻底全面喷洒，2 h～3 h 后用清水冲洗干净。

5.5.2.2.5 能够密闭的畜禽舍，特别是幼畜舍，可将清洁后设备和用具移入舍内，进行密闭熏蒸消毒。

5.5.2.2.6 没有易燃物的畜禽舍，也可采用火焰消毒法，用火焰喷枪对地面、墙壁进行消毒。

5.6 **畜禽舍外部清洁、消毒**

5.6.1 畜禽舍外 3 m 范围内应定期进行清洁、消毒。

5.6.2 如果没有易燃物，可使用火焰消毒法。

5.6.3 通风设备和通风进气口用低压喷雾消毒。

5.6.4 室外污染表面用 1 000 mg/L～2 000 mg/L 含氯消毒剂喷洒，按照 500 mL/m^2 剂量作用 1 h～2 h；或用 500 mg/L～1 000 mg/L 二溴海因喷洒，按照 500 mL/m^2 药量作用 30 min；也可喷撒漂白粉，按照 20 g/m^2～40 g/m^2 剂量，作用 2 h～4 h。

5.7 饮水、饲喂设备用具消毒

5.7.1 饮水、饲喂用具每周至少洗刷消毒 1 次，炎热季节增加次数。

5.7.2 拌饲料的用具及工作服可每天用紫外线照射 1 次，20 min～30 min。

5.7.3 每周对料槽、水槽、饮水器以及所有饲喂用具进行彻底清洁、干燥，可选用 0.01%～0.05%新洁尔灭、0.01%～0.05%高锰酸钾、0.2%～0.3%过氧乙酸、漂白粉或二氧化氯等溶液喷洒涂擦消毒 1 次～2 次，消毒后应将消毒剂冲洗干净。

5.8 带畜禽消毒

5.8.1 常用消毒剂。可选用 0.015%～0.025%癸甲溴铵溶液、0.1%～0.2%过氧乙酸溶液、0.1%新洁尔灭溶液或 0.2%次氯酸钠溶液。

5.8.2 选用 5.8.1 的消毒剂进行喷雾消毒，喷雾量为 50 mL/m^3～80 mL/m^3，以均匀湿润墙壁、屋顶、地面，畜禽体表稍湿为宜，不得直接喷向畜禽。

5.8.3 注意事项

5.8.3.1 带畜禽消毒宜在中午前后，冬季选择天气好、气温较高的中午进行。

5.8.3.2 日常带畜禽消毒可每周进行 2 次～3 次，发生疫情后每日 1 次。

5.8.3.3 免疫接种时慎行带畜禽消毒，免疫前后各 2 d，不得实施带畜禽消毒。

5.9 垫料消毒

5.9.1 可将垫草放在烈日下，暴晒 2 h～3 h，少量垫草可用紫外线灯照射 1 h～2 h。

5.9.2 在进动物前 3 d，对碎草、稻壳或锯屑等垫料用消毒液掺拌消毒，可选用 50%癸甲溴铵溶液 2 000 倍液（或 10%癸甲溴铵溶液 400 倍液）、0.1%新洁尔灭溶液或 0.2%过氧乙酸溶液等。

5.9.3 清除的垫料可与粪便集中堆放，按照 5.10.1 或 5.10.2 进行生物热消毒，或喷洒 10 000 mg/L 有效氯含氯消毒剂溶液，作用 60 min 以上后深埋。

5.10 粪尿、污水的处理消毒

5.10.1 堆粪生物热消毒法

5.10.1.1 适用于马粪、驴粪、羊粪、鸡粪等固体粪便的处理。

5.10.1.2 选择距离畜禽舍 100 m～200 m 外处，挖一宽 3 m、两侧深 25 cm 向中央稍倾斜的浅坑，坑的长度根据粪便量确定，坑底用黏土夯实。

5.10.1.3 用小树枝条或小圆棍横架于中央，进行空气流通。坑的两端冬天关闭，夏天打开。

5.10.1.4 在坑底铺一层 25 cm 厚的干草或健康畜禽粪便。然后，将要消毒的粪便堆积在上面，粪便堆放时应疏松，掺 10%稻草；干粪需加水浸湿，冬天加热水。

5.10.1.5 粪堆高 1.5 m 左右，在粪堆表面覆盖厚 10 cm 的稻草或杂草；然后，在外面封盖一层 10 cm 厚的泥土或沙子。根据季节变化，堆放 3 周～10 周。

5.10.2 发酵池生物热消毒法

5.10.2.1 适用于大型养殖场猪、牛等稀薄粪便的发酵处理。

5.10.2.2 选择距离养殖场、居民区、河流、水池、水井 200 m 以外的地方挖方形或圆形发酵池，大小根据粪便数量确定。池内壁用水泥或坚实的黏土筑成，使其不透水。

5.10.2.3 堆粪之前，在坑底铺一层稻草或其他秸秆或畜禽干粪，然后在上方堆放待消毒的粪便。

5.10.2.4 快满时,在粪便表面铺一层稻草或健康畜禽粪便,上面盖一层10 cm厚的泥土或草泥。有条件时用木板盖上,利于发酵和卫生。

5.10.2.5 根据季节变化,堆放发酵处理1个月~3个月。

注意:生物热处理可能引起自燃,发酵场所应远离人群及易燃物。

5.10.3 无粪尿液的处理消毒

每1 000 mL加入干漂白粉5 g、次氯酸钙1.5 g或10 000 mg/L有效氯含氯消毒剂溶液100 mL任何一种,混匀放置2 h。

5.10.4 污水的处理消毒

5.10.4.1 先将污水处理池出水管关闭,将污水引入污水池后,加入消毒剂进行消毒。

5.10.4.2 按有效氯80 mg/L~100 mg/L的量将含氯消毒剂投入污水中。搅拌均匀,作用1 h~1.5 h。检查余氯在4 mg/L~6 mg/L时,即可排放。

5.10.4.3 发生疫情时,每10 L污水加4 g~8 g漂白粉或有效氯10 000 mg/L的含氯消毒剂10 mL,搅匀放置2 h,余氯为4 mg/L~6 mg/L时即可排放。

5.11 兽医器械及用品消毒

5.11.1 兽医诊室应保持日常清洁卫生,可采用紫外线照射或熏蒸消毒,或用0.2%~0.5%过氧乙酸对地面、墙壁、棚顶喷洒消毒。每周至少进行3次。

5.11.2 兽医诊室进行过患病动物解剖或治疗,或进行过诊断实验后,应立即消毒。

5.11.3 诊疗器械及用品等应根据类型进行高压灭菌或浸泡、擦拭灭菌处理。

5.12 发生疫病时的消毒和无害化处理

5.12.1 养殖场或周边区域发生地方政府认定的重大动物疫病疫情,被地方政府划定为疫点、划定在疫区或受威胁区内时,应按照县级以上兽医主管部门的规定程序及方法实施消毒和无害化处理。

5.12.2 养殖场发生国家规定无须扑杀的病毒、细菌或寄生虫病时,应及时采取隔离、淘汰或治疗措施,并加大场区道路、畜禽舍周围和带畜禽消毒频率。

5.12.3 养殖场病死、淘汰的畜禽尸体应按照农医发〔2013〕34号的规定进行无害化处理和消毒。

5.13 养鸡场消毒具体措施按照GB/T 25886和NY/T 1551的规定执行。

6 消毒效果评价

按照卫法监发〔2002〕282号的规定,对消毒后的理化指标、杀灭微生物效果指标和毒理学指标进行检验。

7 消毒记录

消毒记录应包括消毒日期、消毒场所、消毒剂名称、生产厂家、生产批号、消毒浓度、消毒方法、消毒人员签字等内容,至少保存2年。

8 消毒人员的防护

8.1 消毒操作人员应进行必要的防护教育培训,按使用说明正确使用消毒剂。

8.2 消毒时应佩戴必要的防护用具,如皮手套、面罩、口罩、防尘镜等。喷雾消毒时,操作人员应倒退逆风前进、顺风喷雾。

8.3 如果消毒液不慎溅入眼内或皮肤上,应用大量清水冲洗直至不适症状消失,严重者应迅速就医。

ICS 11.220
B 41

中华人民共和国农业行业标准

NY/T 3189—2018

猪饲养场兽医卫生规范

Veterinary health rules for swine farm

2018-03-15 发布　　2018-06-01 实施

中华人民共和国农业部 发布

前 言

本标准按照 GB/T 1.1—2009 给出的规则起草。

本标准由农业部兽医局提出。

本标准由全国动物卫生标准化技术委员会(SAC/TC 181)归口。

本标准起草单位:中国动物卫生与流行病学中心。

本标准主要起草人:刘俊辉、刘静、范钦磊、王栋、李卫华、张衍海、郑增忍、蒋正军。

猪饲养场兽医卫生规范

1 范围

本标准规定了猪饲养场基本条件、疫病预防、饲养管理、检疫申报、疫情报告与处置、无害化处理、档案记录等方面的要求。

本标准适用于规模猪饲养场的兽医卫生管理。

2 规范性引用文件

下列文件对于本文件的应用是必不可少的。凡是注日期的引用文件,仅注日期的版本适用于本文件。凡是不注日期的引用文件,其最新版本(包括所有的修改单)适用于本文件。

中华人民共和国国务院第450号令 重大动物疫情应急条例

中华人民共和国农业部2006年第67号令 畜禽标识及养殖档案管理办法

中华人民共和国农业部2010年第6号令 动物检疫管理办法

中华人民共和国农业部农医发〔2017〕25号 病死及病害动物无害化处理技术规范

3 基本条件

3.1 选址、布局和设施设备等应达到饲养场动物防疫条件的要求,依法取得《动物防疫合格证》。

3.2 猪饲养场兴办后,按要求向当地畜牧兽医主管部门备案,取得养殖代码。

3.3 进行环境影响评价,符合环保要求。

3.4 配备与规模相适应的执业兽医或专业技术人员。

4 疫病预防

4.1 生物安全管理

4.1.1 建立完善的生物安全管理制度,对猪饲养场实施有效的生物安全管理。

4.1.2 制定严密的生物安全计划,实施以预防为主的动物疫病防控生物安全措施。

4.1.3 管理和主要生产人员应进行生物安全相关知识学习和培训。

4.2 免疫和监测

4.2.1 科学制订本场的动物疫病免疫计划和程序,并落实执行。

4.2.2 对国家要求实施强制免疫的动物疫病病种,实施强制免疫工作,免疫密度符合要求。

4.2.3 根据当地流行病学情况,完成其他疫病的免疫预防工作。

4.2.4 按照《畜禽标识及养殖档案管理办法》的规定,对猪加施标识。

4.2.5 按照国家有关要求,结合当地实际情况,制订口蹄疫、猪瘟、猪繁殖与呼吸障碍综合征等动物疫病监测方案,定期进行监测;实施强制免疫的动物疫病,免疫合格率要达到要求。

4.3 消毒

4.3.1 建有与饲养规模相适应的污水、污物的清洗消毒设施设备。

4.3.2 建立完善的消毒制度并有效实施,包括环境消毒、人员消毒、猪舍消毒、用具消毒、带畜消毒等。

4.3.3 运输饲料、垫料、生猪、粪便等的运载工具在装载前和卸载后,应当及时进行清洗、消毒。

4.3.4 生猪出栏后,应对饲养舍进行清洗、消毒,同一饲养舍2次使用间隔时间应不少于15 d。

4.3.5 定期更换消毒剂,并根据消毒剂的种类,轮换使用。

4.4 隔离

4.4.1 发现染疫和疑似染疫的生猪,应当立即向当地兽医主管部门、动物卫生监督机构或者动物疫病预防控制机构报告,并采取隔离等控制措施,防止动物疫情扩散。

4.4.2 新购入的生猪和跨省(自治区、直辖市)引进的种猪到达饲养场后,应按照《动物检疫管理办法》的规定进行隔离检疫,合格后方可混群饲养。

4.5 驱虫

制定生猪常见寄生虫的驱虫制度,并有效实施。

4.6 种猪场监测净化

种猪场,还应制订并执行猪瘟、猪伪狂犬病、猪繁殖与呼吸综合征等动物疫病的监测净化方案,并按照方案进行监测净化。

5 饲养管理

5.1 为所饲养的生猪提供适当的繁殖条件和生存、生长环境。

5.2 猪饲养场内不得饲养其他动物。

5.3 实行单元式或“全进全出”的饲养方式。

5.4 猪饲养场要有严格的人员进出管理制度,生产区应谢绝参观,外来人员不得随意进出。

5.5 饲养人员、工作人员不得随意交叉出入饲养舍、隔离舍。

5.6 使用的饲料、垫料等物品,来源清楚,清洁卫生。

5.7 根据猪饲养场的实际需求,进行灭鼠、灭蚊蝇及灭吸血昆虫的工作。

5.8 兽药、疫苗及其他生物制品等有国家正式批准的生产文号,来源清楚。

5.9 兽药、疫苗及其他生物制品等严格按照规定使用,不得滥用、超标违规使用。

6 检疫申报

6.1 生猪出售或调运前,饲养场应当向当地动物卫生监督机构申报检疫。

6.2 取得《动物检疫合格证明》后,方可调运和经营。

6.3 跨省(自治区、直辖市)引进种猪、精液时,应按规定向输入地省级动物卫生监督机构提出申请,办理相关审批手续,并取得《动物检疫合格证明》。

7 疫情报告与处置

7.1 发现饲养场内生猪染疫或者疑似染疫重大动物疫病的,应按照《重大动物疫情应急条例》的有关规定,及时进行疫情报告和处置。

7.2 根据不同的动物疫病,对场内存栏生猪、环境、器具等,采取相应的消毒处理措施。

7.3 发生疫病时,对全场进行彻底清洗消毒。病死猪、扑杀猪或淘汰猪以及其他相关废弃物等,按《病死及病害动物无害化处理技术规范》的有关要求进行无害化处理。

8 无害化处理

8.1 建有与饲养规模相适应的污水、污物、病死猪的无害化处理设施设备。

8.2 染疫生猪及其排泄物,病死或者死因不明的生猪尸体,运载工具中的排泄物以及垫料、包装物、容器等污染物,应当按照《病死及病害动物无害化处理技术规范》的规定处理。

8.3 应当保证粪便、废水及其他固体废弃物综合利用或者无害化处理设施的正常运转,保证污染物达标排放,防止污染环境。

8.4 违法排放粪便、废水及其他固体废弃物,造成环境污染危害的,应当排除危害,依法赔偿损失。

8.5 未使用完的疫苗,使用过的疫苗瓶、注射器和针头、检测试剂等,应进行消毒或焚烧处理。

9 档案记录

9.1 生产记录,包括饲养生猪的品种、数量、繁殖记录、来源和进出场日期等。

9.2 饲料、兽药及其他投入品使用记录,包括饲料、饲料添加剂等投入品和兽药的来源、名称、使用对象、时间和用量等有关情况等。

9.3 检疫、免疫、监测、消毒记录等。

9.4 生猪发病、诊疗、死亡和无害化处理记录。

9.5 种猪个体养殖档案,注明性别、出生日期、父系和母系品种类型、来源等信息。

9.6 种猪调运时应当在个体养殖档案上注明调入和调出地,个体养殖档案应当随同调运。

9.7 商品代生猪档案应保存2年,种猪档案应长期保存。

ICS 65.020.01
B 40

中华人民共和国农业行业标准

NY/T 3236—2018

活动物跨省调运风险分析指南

Guideline for risk analysis for live animal trans-provincial movement

2018-05-07 发布　　　　2018-09-01 实施

中华人民共和国农业农村部　发布

前　言

本标准按照 GB/T 1.1—2009 给出的规则起草。

本标准由农业农村部兽医局提出。

本标准由全国动物卫生标准化技术委员会(SAC/TC 181)归口。

本标准起草单位:中国动物卫生与流行病学中心、青岛易邦生物工程有限公司。

本标准主要起草人:李卫华、李芳、刘陆世、王媛媛、范钦磊、王岩、李昂、翟海华。

活动物跨省调运风险分析指南

1 范围

本标准规定了活动物跨省调运疫病传播风险分析的原则和方法。

本标准适用于活动物跨省调运时的疫病传播风险分析。

2 术语和定义

下列术语和定义适用于本文件。

2.1

风险 risk

一定时期内病原体通过动物及动物产品流通传入的可能性及对流入地造成危害的严重程度。

2.2

风险分析 risk analysis

进行危害确认、风险评估、风险管理和风险交流的整个过程。

2.3

风险评估 risk assessment

评估危害进入特定区域并造成疫情及疫情蔓延的概率及其对区域内生物和经济的影响程度。

2.4

危害确认 hazard identification

鉴定流通动物中可能携带致病因子的过程。

2.5

释放评估 release assessment

评估在现有风险管理措施下，通过流通的动物把病原从一个区域传入（释放）到另一个区域的过程及潜力。

2.6

暴露评估 exposure assessment

动物输入地的易感动物接触到流通动物释放的特定病原体及该病原体在当地定植的可能性。

2.7

后果评估 consequences assessment

病原体通过动物流通传入并定殖后所产生的社会经济后果和生物后果。

2.8

风险估算 risk estimate

综合考虑风险计算和后果评估，决定是否需要对某特定疾病制定安全措施，并根据可接受的风险水平制定对付危害引起风险的总体措施。

2.9

定性风险评估 qualitative risk assessment

用高、中、低或忽略不计等定性词语，来表示对某事件发生概率或其后果的严重程度进行风险评估的结果。

2.10

风险交流　risk communication

风险分析过程中，风险评估人员、风险管理人员、风险报告人员、公众和其他有关各方就风险、风险相关因素和风险认知等事宜，进行信息与观点的互动传递与交流。

2.11

风险管理　risk management

寻找、选择及实施降低风险措施的过程。

2.12

可接受风险　acceptable risk

确定的、与当地动物和公共卫生相适应的风险水平。

2.13

危害　hazard

可能危害动物健康或动物产品安全的生物、化学或物理因子，或动物、动物产品受威胁的状态。

2.14

透明度　transparency

全面提供风险分析中应用的各种数据、信息、假设、方法、结果、讨论和结论的文献。

2.15

卫生措施　sanitary measure

为保护区域内动物或人类的生命、健康免受危害传入、定殖或传播所采取措施。

3　风险分析基本内容及准则

3.1　风险分析基本内容

风险分析包括危害确认、风险评估、风险管理和风险交流。四者间的关系见图1。

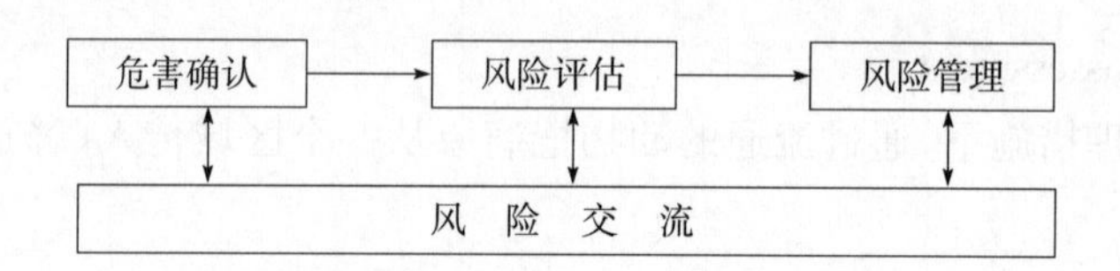

图1　风险分析基本内容

3.2　风险分析基本原则

3.2.1　在风险评估前须进行危害确认。

3.2.2　风险分析需要对动物输出地的兽医机构、区域区划、生物安全隔离区划、疫病监测体系等风险要素进行评价。

3.2.3　动物跨省流通风险分析采用定性评估方法。

3.2.4　风险评估结果是风险交流和风险管理的重要依据。

3.2.5　动物输入地风险分析必须透明，并且要给动物输出地书面材料，说明同意或拒绝进入的理由。

4　成立风险分析工作组

4.1　启动风险分析的机构应当成立风险分析工作组，工作组由动物疫病流行病学专家、风险评估专家、法律法规专家和管理人员等组成。必要时，邀请人兽共患病流行病学专家或人类疾病流行病专家参加。

4.2　工作组组长制订工作计划、人员分工，组织起草风险评估报告和风险分析报告。

5 信息收集

5.1 基本原则

开展风险评估前，工作组需要确定收集的信息内容。风险评估期间，根据需要可以不断补充和查询风险评估所需要的相关信息。信息来源应可靠，需要收集的信息主要包括三类：

a) 有关动物疫病的科学研究成果；

b) 动物输出地、输入地动物卫生监督管理的信息；

c) 动物疫病的流行病学资料。

5.2 信息收集

5.2.1 动物疫病信息

收集有关动物疫病的流行病学资料。病原体生物学特征、传播途径等科学研究成果信息应来自正式出版物的书刊、在正式学术会议上交流的文献资料，或其他权威机构的相关信息资料。

5.2.2 动物输出地动物防疫情况

a) 动物输出地兽医体系、疫病监测与控制计划、区域区划和生物安全隔离区划体系等信息；

b) 规模场动物防疫条件情况，动物防疫条件合格证申办、年度报告情况；

c) 动物疫病监测、疫情发生及报告情况；

d) 动物疫病防控制度建立及落实情况；

e) 免疫情况；

f) 加施畜禽标识情况；

g) 养殖档案、防疫档案的建立、填写保存情况；

h) 防疫消毒情况；

i) 染疫、病死、死因不明动物的无害化处理设施设备建设使用情况；

j) 出栏动物检疫情况；

k) 乳用动物符合健康标准情况，以及检测不合格的处理情况；

l) 兽医人员管理情况；

m) 从事动物饲养的工作人员身体健康情况；

n) 动物防疫诚信自律及守法经营情况；

o) 动物疫病净化情况；

p) 动物运输过程的控制情况。

5.2.3 动物输入地动物防疫情况

a) 动物输入地兽医体系、疫病监测与控制计划、区域区划和生物安全隔离区划体系等信息；

b) 规模场动物防疫条件情况，动物防疫条件合格证申办、年度报告情况；

c) 动物疫病监测、疫情发生及报告情况；

d) 动物疫病防控制度建立及落实情况；

e) 免疫情况；

f) 加施畜禽标识情况；

g) 养殖档案、防疫档案的建立、填写保存情况；

h) 防疫消毒情况；

i) 染疫、病死、死因不明动物的无害化处理设施设备建设使用情况；

j) 出栏动物申报检疫情况；

k) 跨省引进乳用种用动物审批、到达后隔离观察和跨省引进非乳用非种用动物落地后报告情况；

l) 乳用动物符合健康标准情况，以及检测不合格的处理情况；

m） 兽医人员管理情况；

n） 从事动物饲养的工作人员身体健康情况；

o） 动物防疫诚信自律及守法经营情况；

p） 动物疫病净化情况；

q） 动物运输过程的控制情况。

6 危害确认

6.1 危害确认方法

危害确认可通过分类过程确定生物因子是否有潜在危害。输入某种动物时，首先应当列明动物易感染的疫病种类，然后根据用“是”“否”“不确定”“可能”回答下列类问题来鉴别危害：

a） 疫病是否在输出地区存在？

b） 疫病在输出地区是否受到官方控制？

c） 疫病在输入地区是否存在并受到官方控制？

d） 输入地区是否存在疫病的传播媒介，或是否具有疫病病原生存的适宜条件？

e） 疫病传入对输入地区是否具有潜在的负面影响？

6.2 危害确认原则

6.2.1 通过对7.1中有关问题的回答进行综合分析来确认危害：

a） 输出省或地区存在，且输入省或地区实施官方控制的疫病应鉴定为危害，并进行风险评估；

b） 输入省或地区列为外来疫病的，应确认为危害，进行风险评估；

c） 开展输入风险分析时，对于输入动物的一类动物疫病，以及重要的人兽共患病，原则上应鉴定为危害，并进行风险评估。

6.2.2 确认某种危害不需要进行风险评估应有充足的理由。通常可通过下列途径判定该地区不存在某种疫病：

a） 符合世界动物卫生组织（OIE）的无疫区标准，并得到OIE认可；

b） 没有国际上认可的无疫区标准的疫病，根据信息收集时掌握的情况，可以肯定输出省对该疫病实施了官方控制和监测计划，监测结果表明过去3年内没有疫病发生；

c） 符合农业农村部无规定动物疫病区标准，并得到农业农村部认可。

6.2.3 如果危害确认不能确定危害因素，则风险评估程序可终止。从无规定动物疫病区输入动物可以排除规定动物疫病的危害。

7 风险评估

7.1 风险评估原则

7.1.1 风险评估须充分考虑与疫病特性有联系的多重因素、监测体系、接触情况等。

7.1.2 风险评估应以最新科技信息为基础，应保证证据充分，并附有引用的科技文献和其他资料，包括专家意见。

7.1.3 风险评估应遵循公平、合理原则，确保透明度。

7.1.4 风险评估应阐明不确定项、假设及其对最终结果的影响。

7.1.5 风险评估应能在获取新的信息时进行更新。

7.2 释放评估

7.2.1 释放评估所需因素

a） 生物学因素：动物种类、年龄和品种；病原易感部位；接种疫苗、检验、治疗和隔离检疫状况。

b） 区域疫病控制因素：发病率或流行率；输出地区兽医机构、疫病监控计划、区域区划、生物安全隔离区划体系的评估。

c) 其他因素：输入动物数量、易感染程度、运输影响。

7.2.2 释放评估过程

a) 考察输入动物的种类、数量、用途；

b) 根据输出地病原的分布状况、发病率/流行率，疫病控制与监测情况，以及兽医机构的独立性和权威性、人力资源、财政保障、物资保障、技术保障等情况，确定输入动物被病原感染或污染的可能性；

c) 考察输入动物的运输过程、方式和条件，以及这些运输和处理程序、方式和条件对病原存活状况的影响；

d) 考察经过运输的动物向某一特定环境释放病原体的生物学途径及“释放”条件，“释放”条件包括输入地的疫病控制状况、社会文化习惯、生态环境、输入动物的数量、去向及用途等；

e) “释放”可能性的综合评估。

7.2.3 如果释放评估证明没有风险，风险评估程序可终止。

7.3 暴露评估

7.3.1 暴露评估所需因素

a) 生物学因素：病原特性；

b) 区域因素：潜在媒介、人和动物统计数、习惯和文化风俗、地理和环境特征；

c) 其他因素：输入动物数量、输入动物的用途、处置措施。

7.3.2 如果暴露评估表明没有明显的暴露风险，则风险评估程序可终止。

7.4 后果评估

7.4.1 后果种类包括直接后果和间接后果

7.4.2 直接后果主要考虑的风险因素

a) 对动物健康的影响，包括动物感染、发病及生产损失；

b) 对人体健康产生的公共卫生后果。

7.4.3 间接后果主要考虑的风险因素

a) 增加财政支出，包括：
   1) 扑灭、根除的费用；
   2) 监测和预防控制费用的增加；
   3) 采取扑杀政策时的补偿费用。

b) 对国内市场和有关产业的影响，包括：
   1) 由于疫病发生影响市场供应和相关产品价格；
   2) 对养殖业及相关产业的影响；
   3) 对人们心理和消费需求的影响。

c) 对现有国际贸易的潜在影响，包括：
   1) 失去动物的现有国际市场；
   2) 改变现有检疫检验政策；
   3) 影响新的国际市场的开发。

d) 对生态环境的影响，包括：
   1) 动物本身对生态环境的影响；
   2) 环境质量下降；
   3) 病原对生态环境的影响。

7.5 风险估算

风险估算是综合考虑释放评估、暴露评估和后果评估的结果，测算危害因子的总体风险量。因此，风险估算要考虑从危害确认到产生有害结果的全部风险途径，即在清楚危害释放可能性的基础上，计算释放后接触的可能性，将二者结合起来综合考虑。同时，在制定风险管理措施时，应制定适合不同情况的风险管理措施，以备选择。

7.6 风险评估报告

7.6.1 起草风险评估报告

完成风险评估后，工作组撰写风险评估报告草案，包括：

a） 风险评估的背景、目的；
b） 危害确定及确定的方法、原则；
c） 采取的评估方法；
d） 评估结果；
e） 结论；
f） 参考文献。

7.6.2 同行和专家评议

将风险评估报告草案交同行和专家进行评议，专家可来自科研机构或大学。风险分析的组织者负责选择评议的同行和专家。给予评议的同行和专家在提出评议意见的同时，应向风险分析组织者提供本人的专业背景和所从事的工作。

7.6.3 完成风险评估报告

工作组根据专家的评议意见对报告进行修订，修订后的风险评估报告中应列明同行和专家的意见，并说明采纳及未采纳的理由。

8 风险管理

8.1 风险管理原则

8.1.1 风险管理是为达到适当保护水平而制定相关措施并执行的过程。风险管理的目标一方面是防止疫病的传入或减少疾病发生的频率，另一方面是确保对贸易的负面影响降到最低限度。

8.1.2 提出风险管理措施建议时，应遵循以下原则：

a） 符合法律法规规定，如禁止输入措施应有明确的法律依据；
b） 最小影响原则，即风险管理措施不应对贸易产生不必要的限制，或存在变相限制的效果；
c） 非歧视原则，即对风险状况相同的地区不应采取不同的风险管理措施；
d） 等效原则，即如果不同的风险管理措施具有相同的效果，这些措施应均可以接受；
e） 低成本高效益，即在不同的风险管理措施具有相同的效果时，应选择成本最低的措施。

8.2 风险管理措施

8.2.1 控制和降低释放风险的管理措施

8.2.1.1 对动物输出地区动物卫生状况的要求

a） 动物输出地区应符合国家或国际上认可的非疫区条件，或动物输出地区制定并实施了强制性的覆盖全地区的控制措施，如制订实施监测计划、免疫计划、动物识别体系、扑杀销毁政策等；
b） 实施动物疫病区域化管理；
c） 动物输入地区官方机构对输出地区动物卫生状况和管理措施的定期或不定期审核。

8.2.1.2 对输出动物的管理措施

a） 对动物原饲养场的管理措施，如原农场应在某一时限内没有发生某种危害；
b） 防止动物接触到危害的措施，如动物的隔离检疫措施，防止传播媒介的措施等；

c) 对动物实行检查、检验措施，如在原农场对动物实施检查，输出前隔离检疫期间实施检查，对动物逐一或抽样进行实验室检验等；

d) 消毒除害处理措施，对动物产品实施物理、化学等处理措施；

e) 防止二次感染或污染措施，对动物的运输等过程提出管理要求。

8.2.2 控制和降低暴露风险的管理措施

8.2.2.1 跨区域引进种用乳用动物检疫审批制度。

8.2.2.2 实施指定通道措施。

8.2.2.3 输入查验措施，例如批批检查检验、抽样检查检验等。

8.2.2.4 动物的隔离检疫措施。

8.2.2.5 防止传播媒介的措施。

8.2.2.6 消毒除害措施。

8.2.2.7 实验室检验。

8.2.2.8 限定动物饲养区域。

8.2.3 特殊措施

8.2.3.1 禁止输入动物。

8.2.3.2 限制输入动物，包括限制输入动物的数量和用途等。

8.3 备选方案评价

为减少输入动物引起的风险，根据保护水平确定所采取的措施并评估其有效性及可行性的过程。有效性是指所选备选方案降低不良卫生和经济后果的程度。备选方案有效性评价是一项反复多次的过程，需与风险评估相结合，并与可接受的风险水平进行比较。

9 起草风险分析报告

将风险评估报告和风险管理措施建议有机地融合，形成风险分析报告草案。内容包括摘要、分析的目的和背景、风险评估报告、风险管理措施建议、采取风险管理措施后风险降低的水平和参考文献等。

10 风险交流

风险交流是在风险分析期间，从潜在受影响方或当事方收集风险和危害信息及意见，并向动物输入地决策者或利益相关方通报风险评估结果或风险管理措施的过程。风险交流是一个多方参加的反复过程，风险交流应当贯穿风险分析的全过程。

a) 每次开始风险分析前，应当制订风险交流方案；

b) 风险交流应该互动、反复和透明，并可在决定进输入动物后继续进行；

c) 风险交流参与单位包括动物输出地管理部门及其他当事人，如企业集团、家畜生产单位及消费者等；

d) 同行评议也是风险交流的组成部分，旨在得到科学的评判，确保获得可靠的资料、信息、方法和假设等。

11 审定风险分析报告

在有关各方对风险分析报告草案提出意见或建议后，工作组应对各方的意见或建议进行综合分析，形成风险分析报告，提交给风险分析组织者审定。在审定过程中，工作组应向审定者详细介绍风险评估方法、评估结果、风险管理措施建议、风险交流过程中各方的意见或建议、意见或建议的采纳情况及未采纳的原因。审定通过的报告应包括以下内容：

a) 目录；

b） 中文摘要；
c） 引言(目的和背景)；
d） 危害确定；
e） 风险评估；
f） 风险管理措施建议；
g） 风险交流情况；
h） 结论；
i） 参考文献。

ICS 11.220
B 41

中华人民共和国农业行业标准

NY/T 541—2016
代替 NY/T 541—2002

兽医诊断样品采集、保存与运输技术规范

Technical specifications for collection, storage and transportation of veterinary diagnostic specimens

2016-10-26 发布　　　　2017-04-01 实施

中华人民共和国农业部　发布

前　言

本标准按照 GB/T 1.1—2009 给出的规则起草。

本标准代替 NY/T 541—2002《动物疫病实验室检验采样方法》。与 NY/T 541—2002 相比，除编辑性修改外主要技术变化如下：

——补充了该标准相关的规范性引用文件；

——补充了动物疫病实验室检验样品、采样、抽样单元、随机抽样等术语和定义；

——对样品采样的基本原则进行了梳理归类，细化和完善了采样的基本原则；

——补充了原标准 NY/T 541—2002 未涵盖实验室检测样品（环境和饲料样品、脱纤血样品、扁桃体、牛羊 O-P 液、肠道组织样品、鼻液、唾液等）的采集规定，补充细化了常见畜禽的采血方法，克服了部分标题用词不准确和规定相对笼统的问题；

——细化和完善了样品的包装、保存和运送环节，增强了标准的可操作性、实用性。

本标准由农业部兽医局提出。

本标准由全国动物卫生标准化技术委员会（SAC/TC 181）归口。

本标准起草单位：中国动物卫生与流行病学中心、青岛农业大学。

本标准主要起草人：曲志娜、刘焕奇、孙淑芳、赵思俊、姜雯、王娟、曹旭敏、宋时萍。

本标准的历次版本发布情况为：

——NY/T 541—2002。

兽医诊断样品采集、保存与运输技术规范

1 范围

本标准规定了兽医诊断用样品的采集、保存与运输的技术规范和要求，包括采样基本原则、采样前准备、样品采集与处理方法、样品保存包装与废弃物处理、采样记录和样品运输等。

本标准适用于兽医诊断、疫情监测、畜禽疫病防控和免疫效果评估及卫生认证等动物疫病实验室样品的采集、保存和运输。

2 规范性引用文件

下列文件对于本文件的应用是必不可少的。凡是注日期的引用文件，仅注日期的版本适用于本文件。凡是不注日期的引用文件，其最新版本(包括所有的修改单)适用于本文件。

GB 16548 病害动物和病害动物产品生物安全处理规程

GB/T 16550—2008 新城疫诊断技术

GB/T 16551—2008 猪瘟诊断技术

GB/T 18935—2003 口蹄疫诊断技术

GB/T 18936—2003 高致病性禽流感诊断技术

NY/T 561—2015 动物炭疽诊断技术

中华人民共和国国务院令第 424 号 病原微生物实验室生物安全管理条例

中华人民共和国农业部公告第 302 号 兽医实验室生物安全技术管理规范

中华人民共和国农业部公告第 503 号 高致病性动物病原微生物菌(毒)种或者样本运输包装规范

3 术语和定义

下列术语和定义适用于本文件。

3.1

样品 specimen

取自动物或环境，拟通过检验反映动物个体、群体或环境有关状况的材料或物品。

3.2

采样 sample

按照规定的程序和要求，从动物或环境取得一定量的样本，并经过适当的处理，留做待检样品的过程。

3.3

抽样单元 sampling unit

同一饲养地、同一饲养条件下的畜禽个体或群体。

3.4

随机抽样 random sampling

按照随机化的原则(总体中每一个观察单位都有同等的机会被选入到样本中)，从总体中抽取部分观察单位的过程。

3.5

灭菌 sterilization

应用物理或化学方法杀灭物体上所有病原微生物、非病原微生物和芽孢的方法。

4 采样原则

4.1 先排除后采样

凡发现急性死亡的动物，怀疑患有炭疽时，不得解剖。应先按 NY/T 561—2015 中 2.1.2 的规定采集血样，进行血液抹片镜检。确定不是炭疽后，方可解剖采样。

4.2 合理选择采样方法

4.2.1 应根据采样的目的、内容和要求合理选择样品采集的种类、数量、部位与抽样方法。样品数量应满足流行病学调查和生物统计学的要求。

4.2.2 诊断或被动监测时，应选择症状典型或病变明显或有患病征兆的畜禽、疑似污染物；在无法确定病因时，采样种类应尽量全面。

4.2.3 主动监测时，应根据畜禽日龄、季节、周边疫情情况估计其流行率，确定抽样单元。在抽样单元内，应遵循随机取样原则。

4.3 采样时限

采集死亡动物的病料，应于动物死亡后 2 h 内采集。无法完成时，夏天不得超过 6 h，冬天不得超过 24 h。

4.4 无菌操作

采样过程应注意无菌操作，刀、剪、镊子、器皿、注射器、针头等采样用具应事先严格灭菌，每种样品应单独采集。

4.5 尽量减少应激和损害

活体动物采样时，应避免过度刺激或损害动物；也应避免对采样者造成危害。

4.6 生物安全防护

采样人员应加强个人防护，严格遵守生物安全操作的相关规定，严防人兽共患病感染；同时，应做好环境消毒以及动物或组织的无害化处理，避免污染环境，防止疫病传播。

5 采样前准备

5.1 采样人员

采样人员应熟悉动物防疫的有关法律规定，具有一定的专业技术知识，熟练掌握采样工作程序和采样操作技术。采样前，应做好个人安全防护准备（穿戴手套、口罩、一次性防护服、鞋套等，必要时戴护目镜或面罩）。

5.2 采样工具和器械

5.2.1 应根据所采集样品种类和数量的需要，选择不同的采样工具、器械及容器等，并进行适量包装。

5.2.2 取样工具和盛样器具应洁净、干燥，且应做灭菌处理：

a) 刀、剪、镊子、穿刺针等用具应经高压蒸汽（103.43 kPa）或煮沸灭菌 30 min，临用时用 75%酒精擦拭或进行火焰灭菌处理；

b) 器皿（玻制、陶制等）应经高压蒸汽（103.43 kPa）30 min 或经 160℃干烤 2 h 灭菌；或置于 1%～2%碳酸氢钠水溶液中煮沸 10 min～15 min 后，再用无菌纱布擦干，无菌保存备用；

c) 注射器和针头应放于清洁水中煮沸 30 min，无菌保存备用；也可使用一次性针头和注射器。

5.3 保存液

应根据所采样品的种类和要求，准备不同类型并分装成适量的保存液，如 PBS 缓冲液、30%甘油磷酸盐缓冲液、灭菌肉汤（pH 7.2～7.4）和运输培养基等。

6 样品采集与处理

6.1 血样

6.1.1 采血部位

6.1.1.1 应根据动物种类确定采血部位。对大型哺乳动物，可选择颈静脉、耳静脉或尾静脉采血，也可用肱静脉或乳房静脉；毛皮动物，少量采血可穿刺耳尖或耳壳外侧静脉，多量采血可在隐静脉采集，也可用尖刀划破趾垫 0.5 cm 深或剪断尾尖部采血；啮齿类动物，可从尾尖采血，也可由眼窝内的血管丛采血。

6.1.1.2 猪可前腔静脉或耳静脉采血；羊常采用颈静脉或前后肢皮下静脉采血；犬可选择前肢隐静脉或颈静脉采集；兔可从耳背静脉、颈静脉或心脏采血；禽类通常选择翅静脉采血，也可心脏采血。

6.1.2 采血方法

应对动物采血部位的皮肤先剃毛（拔毛），用 1%～2%碘酊消毒后，再用 75%的酒精棉球由内向外螺旋式脱碘消毒，干燥后穿刺采血。采血可用采血器或真空采血管（不适合小静脉，适用于大静脉）。少量的血可用三棱针穿刺采集，将血液滴到开口的试管内。

6.1.2.1 猪耳缘静脉采血

按压使猪耳静脉血管怒张，采样针头斜面朝上、呈 15°角沿耳缘静脉由远心端向近心端刺入血管，见有血液回流后放松按压，缓慢抽取血液或接入真空采血管。

6.1.2.2 猪前腔静脉采血

6.1.2.2.1 站立保定采血

将猪的头颈向斜上方拉至与水平面呈 30°以上角度，偏向一侧。选择颈部最低凹处，使针头偏向气管约 15°方向进针，见有血液回流时，即把针芯向外拉使血液流入采血器或接入真空采血管。

6.1.2.2.2 仰卧保定采血

将猪前肢向后方拉直，针头穿刺部位在胸骨端与耳基部连线上胸骨端旁 2 cm 的凹陷处，向后内方与地面呈 60°角刺入 2 cm～3 cm，见有血液回流时，即把针芯向外拉使血液流入采血器或接入真空采血管。

6.1.2.3 牛尾静脉采血

将牛尾上提，在离尾根 10 cm 左右中点凹陷处，将采血器针头垂直刺入约 1 cm，见有血液回流时，即可把针芯向外拉使血液流入采血器或接入真空采血管。

6.1.2.4 牛、羊、马颈静脉采血

在采血部位下方压迫颈静脉血管，使之怒张，针头与皮肤呈 45°角由下向上方刺入血管，见有血液回流时，即可把针芯向外拉使血液流入采血器或接入真空采血管。

6.1.2.5 禽翅静脉采血

压迫翅静脉近心端，使血管怒张，针头平行刺入静脉，放松对近心端的按压，缓慢抽取血液；或用针头刺破消毒过的翅静脉，将血液滴到直径为 3 mm～4 mm 的塑料管内，将一端封口。

6.1.2.6 禽心脏采血

6.1.2.6.1 雏禽心脏采血

针头平行颈椎从胸腔前口插入，见有血液回流时，即把针芯向外拉使血液流入采血器。

6.1.2.6.2 成年禽心脏采血

右侧卧保定时，在触及心搏动明显处，或胸骨脊前端至背部下凹处连线的 1/2 处，垂直或稍向前方刺入 2 cm～3 cm，见有血液回流即可采集。

仰卧保定时，胸骨朝上，压迫嗉囊，露出胸前口，将针头沿其锁骨俯角刺入，顺着体中线方向水平刺入心脏，见有血液回流即可采集。

6.1.2.7 犬猫前臂头静脉采血

压迫犬猫肘部使前臂头静脉怒张，绷紧头静脉两侧皮肤，采样针头斜面朝上、呈15°角由远心端向近心端刺入静脉血管，见有血液回流时，缓慢抽取血液或接入真空采血管。

6.1.3 血样的处理

6.1.3.1 全血样品

样品容器中应加0.1%肝素钠、阿氏液（见A.1，2份阿氏液可抗1份血液）、3.8%～4%枸橼酸钠（0.1 mL可抗1 mL血液）或乙二胺四乙酸（EDTA，PCR检测血样的首选抗凝剂）等抗凝剂，采血后充分混合。

6.1.3.2 脱纤血样品

应将血液置入装有玻璃珠的容器内，反复振荡，注意防止红细胞破裂。待纤维蛋白凝固后，即可制成脱纤血样品，封存后以冷藏状态立即送至实验室。

6.1.3.3 血清样品

应将血样室温下倾斜30°静置2 h～4 h，待血液凝固有血清析出时，无菌剥离血凝块，然后置4℃冰箱过夜，待大部分血清析出后即可取出血清，必要时可低速离心（1 000 *g* 离心10 min～15 min）分离出血清。在不影响检验要求原则下，可以根据需要加入适宜的防腐剂。做病毒中和试验的血清和抗体检测的血清均应避免使用化学防腐剂（如叠氮钠、硼酸、硫柳汞等）。若需长时间保存，应将血清置－20℃以下保存，且应避免反复冻融。

采集双份血清用于比较抗体效价变化的，第一份血清采于疫病初期并做冷冻保存，第二份血清采于第一份血清后3周～4周，双份血清同时送至实验室。

6.1.3.4 血浆样品

应在样品容器内先加入抗凝剂（见6.1.3.1），采血后充分混合，然后静止，待红细胞自然下沉或离心沉淀后，取上层液体即为血浆。

6.2 一般组织样品

应使用常规解剖器械剥离动物的皮肤。体腔应用消毒器械剥开，所需病料应按无菌操作方法从新鲜尸体中采集。剖开腹腔时，应注意不要损坏肠道。

6.2.1 病原分离样品

6.2.1.1 所采组织样品应新鲜，应尽可能地减少污染，且应避免其接触消毒剂、抗菌、抗病毒等药物。

6.2.1.2 应用无菌器械切取作病原（细菌、病毒、寄生虫等）分离用组织块，每个组织块应单独置于无菌容器内或接种于适宜的培养基上，且应注明动物和组织名称以及采样日期等。

6.2.2 组织病理学检查样品

6.2.2.1 样品应保证新鲜。处死或病死动物应立刻采样，应选典型、明显的病变部位，采集包括病灶及临近正常组织的组织块，立即放入不低于10倍于组织块体积的10%中性缓冲福尔马林溶液（见A.2）中固定，固定时间一般为16 h～24 h。切取的组织块大小一般厚度不超过0.5 cm，长宽不超过1.5 cm×1.5 cm，固定3 h～4 h后进行修块，修切为厚度0.2 cm、长宽1 cm×1 cm大小（检查狂犬病则需要较大的组织块）后，更换新的固定液继续固定。组织块切忌挤压、刮摸和用水洗。如做冷冻切片用，则应将组织块放在0℃～4℃容器中，送往实验室检验。

6.2.2.2 对于一些可疑疾病，如检查痒病、牛海绵状脑病或其他传染性海绵状脑病（TSEs）时，需要大量的脑组织。采样时，应将脑组织纵向切割，一半新鲜加冰呈送，另一半加10%中性缓冲福尔马林溶液固定。

6.2.2.3 福尔马林固定组织应与新鲜组织、血液和涂片分开包装。福尔马林固定组织不能冷冻，固定后可以弃去固定液，应保持组织湿润，送往实验室。

6.3 猪扁桃体样品

打开猪口腔，将采样枪的采样钩紧靠扁桃体，扣动扳机取出扁桃体组织。

6.4 猪鼻腔拭子和家禽咽喉拭子样品

取无菌棉签，插入猪鼻腔 2 cm～3 cm 或家禽口腔至咽的后部直达喉气管，轻轻擦拭并慢慢旋转 2 圈～3 圈，沾取鼻腔分泌物或气管分泌物取出后，立即将拭子浸入保存液或半固体培养基中，密封低温保存。常用的保存液有 pH 7.2～7.4 的灭菌肉汤（见 A.3）或 30％甘油磷酸盐缓冲液（见 A.4）或 PBS 缓冲液（见 A.5），如准备将待检标本接种组织培养，则保存于含 0.5％乳蛋白水解物的 Hank's 液（见 A.6）中。一般每支拭子需保存 5 mL。

6.5 牛、羊食道-咽部分泌物（O-P 液）样品

被检动物在采样前禁食（可饮水）12 h，以免反刍胃内容物严重污染 O-P 液。采样用的特制探杯（probang cup）在使用前经 0.2％柠檬酸或 2％氢氧化钠浸泡，再用自来水冲洗。每采完一头动物，探杯都要重复进行消毒和清洗。采样时动物站立保定，操作者左手打开动物空腔，右手握探杯，随吞咽动作将探杯送入食道上部 10 cm～15 cm，轻轻来回移动 2 次～3 次，然后将探杯拉出。如采集的 O-P 液被反刍内容物严重污染，要用生理盐水或自来水冲洗口腔后重新采样。在采样现场将采集到的 8 mL～10 mL O-P 液倒入盛有 8 mL～10 mL 细胞培养维持液或 0.04 mol/L PBS（pH 7.4）的灭菌容器中，充分混匀后置于装有冰袋的冷藏箱内，送往实验室或转往－60℃冰箱保存。

6.6 胃液及瘤胃内容物样品

6.6.1 胃液样品

胃液可用多孔的胃管抽取。将胃管送入胃内，其外露端接在吸引器的负压瓶上，加负压后，胃液即可自动流出。

6.6.2 瘤胃内容物样品

反刍动物在反刍时，当食团从食道逆入口腔时，立即开口拉住舌头，伸入口腔即可取出少量的瘤胃内容物。

6.7 肠道组织、肠内容物样品

6.7.1 肠道组织样品

应选择病变最明显的肠道部分，弃去内容物并用灭菌生理盐水冲洗，无菌截取肠道组织，置于灭菌容器或塑料袋送检。

6.7.2 肠内容物样品

取肠内容物时，应烧烙肠壁表面，用吸管扎穿肠壁，从肠腔内吸取内容物放入盛有灭菌的 30％甘油磷酸盐缓冲液（见 A.4）或半固体培养基中送检，或将带有粪便的肠管两端结扎，从两端剪断送检。

6.8 粪便和肛拭子样品

6.8.1 粪便样品

应选新鲜粪便至少 10 g，做寄生虫检查的粪便应装入容器，在 24 h 内送达实验室。如运输时间超过 24 h 则应进行冷冻，以防寄生虫虫卵孵化。运送粪便样品可用带螺帽容器或灭菌塑料袋，不得使用带皮塞的试管。

6.8.2 肛拭子样品

采集肛拭子样品时，取无菌棉拭子插入畜禽肛门或泄殖腔中，旋转 2 圈～3 圈，刮取直肠黏液或粪便，放入装有 30％甘油磷酸盐缓冲液（见 A.4）或半固体培养基中送检。粪便样品通常在 4℃下保存和运输。

6.9 皮肤组织及其附属物样品

对于产生水泡病变或其他皮肤病变的疾病，应直接从病变部位采集病变皮肤的碎屑、未破裂水泡的水泡液、水泡皮等作为样品。

6.9.1 皮肤组织样品

无菌采取 2 g 感染的上皮组织或水泡皮置于 5 mL 30%甘油磷酸盐缓冲液(见 A.4)中送检。

6.9.2 毛发或绒毛样品

拔取毛发或绒毛样品,可用于检查体表的螨虫、跳蚤和真菌感染。用解剖刀片边缘刮取的表层皮屑用于检查皮肤真菌,深层皮屑(刮至轻微出血)可用于检查疥螨。对于禽类,当怀疑为马立克氏病时,可采集羽毛根进行病毒抗原检测。

6.9.3 水泡液样品

水泡液应取自未破裂的水泡。可用灭菌注射器或其他器具吸取水泡液,置于灭菌容器中送检。

6.10 生殖道分泌物和精液样品

6.10.1 生殖道冲洗样品

采集阴道或包皮冲洗液。将消毒好的特制吸管插入子宫颈口或阴道内,向内注射少量营养液或生理盐水,用吸球反复抽吸几次后吸出液体,注入培养液中。用软胶管插入公畜的包皮内,向内注射少量的营养液或生理盐水,多次揉搓,使液体充分冲洗包皮内壁,收集冲洗液注入无菌容器中。

6.10.2 生殖道拭子样品

采用合适的拭子采取阴道或包皮内分泌物,有时也可采集宫颈或尿道拭子。

6.10.3 精液样品

精液样品最好用假阴道挤压阴茎或人工刺激的方法采集。精液样品精子含量要多,不要加入防腐剂,且应避免抗菌冲洗液污染。

6.11 脑、脊髓类样品

应将采集的脑、脊髓样品浸入 30%甘油磷酸盐缓冲液(见 A.4)中或将整个头部割下,置于适宜容器内送检。

6.11.1 牛羊脑组织样品

从延脑腹侧将采样勺插入枕骨大孔中 5 cm~7 cm(采羊脑时插入深度约为 4 cm),将勺子手柄向上扳,同时往外取出延脑组织。

6.11.2 犬脑组织样品

取内径 0.5 cm 的塑料吸管,沿枕骨大孔向一只眼的方向插入,边插边轻轻旋转至不能深入为止,捏紧吸管后端并拔出,将含脑组织部分的吸管用剪刀剪下。

6.11.3 脑脊液样品

6.11.3.1 颈椎穿刺法

穿刺点为环枢孔。动物实施站立保定或横卧保定,使其头部向前下方屈曲,术部经剪毛消毒,穿刺针与皮肤面呈垂直缓慢刺入。将针体刺入蛛网膜下腔,立即拔出针芯,脑脊液自动流出或点滴状流出,盛入消毒容器内。大型动物颈部穿刺一次采集量为 35 mL~70 mL。

6.11.3.2 腰椎穿刺法

穿刺部位为腰荐孔。动物实施站立保定,术部剪毛消毒后,用专用的穿刺针刺入,当刺入蛛网膜下腔时,即有脊髓液滴状滴出或用消毒注射器抽取,盛入消毒容器内。腰椎穿刺一次采集量为 1 mL~30 mL。

6.12 眼部组织和分泌物样品

眼结膜表面用拭子轻轻擦拭后,置于灭菌的 30%甘油磷酸盐缓冲液(见 A.4,病毒检测加双抗)或运输培养基中送检。

6.13 胚胎和胎儿样品

选取无腐败的胚胎、胎儿或胎儿的实质器官,装入适宜容器内立即送检。如果在 24 h 内不能将样品送达实验室,应冷冻运送。

6.14 小家畜及家禽样品

将整个尸体包入不透水塑料薄膜、油纸或油布中,装入结实、不透水和防泄漏的容器内,送往实验室。

6.15 骨骼样品

需要完整的骨标本时,应将附着的肌肉和韧带等全部除去,表面撒上食盐,然后包入浸过5%石炭酸溶液的纱布中,装入不漏水的容器内送往实验室。

6.16 液体病料样品

采集胆汁、脓、黏液或关节液等样品时,应采用烫烙法消毒采样部位,用灭菌吸管、毛细吸管或注射器经烫烙部位插入,吸取内部液体病料,然后将病料注入灭菌的试管中,塞好棉塞送检。也可用接种环经消毒的部位插入,提取病料直接接种在培养基上。

供显微镜检查的脓、血液及黏液抹片的制备方法:先将材料置玻片上,再用一灭菌玻棒均匀涂抹或另用一玻片推抹。用组织块做触片时,持小镊子将组织块的游离面在玻片上轻轻涂抹即可。

6.17 乳汁样品

乳房应先用消毒药水洗净,并把乳房附近的毛刷湿,最初所挤3把~4把乳汁弃去,然后再采集10 mL左右乳汁于灭菌试管中。进行血清学检验的乳汁不应冻结、加热或强烈震动。

6.18 尿液样品

在动物排尿时,用洁净的容器直接接取;也可使用塑料袋,固定在雌畜外阴部或雄畜的阴茎下接取尿液。采取尿液,宜早晨进行。

6.19 鼻液(唾液)样品

可用棉花或棉纱拭子采取。采样前,最好用运输培养基浸泡拭子。拭子先与分泌物接触1 min,然后置入该运输培养基,在4℃条件下立即送往实验室。应用长柄、防护式鼻咽拭子采集某些疑似病毒感染的样品。

6.20 环境和饲料样品

环境样品通常采集垃圾、垫草或排泄的粪便或尿液。可用拭子在通风道、饲料槽和下水处采样。这种采样在有特殊设备的孵化场、人工授精中心和屠宰场尤其重要。样品也可在食槽或大容器的动物饲料中采集。水样样品可从饲槽、饮水器、水箱或天然及人工供应水源中采集。

6.21 其他

对于重大动物疫病如新城疫、口蹄疫、禽流感、猪瘟和高致病性猪蓝耳病,样品采集应按照GB/T 16550—2008中4.1.1、GB/T 18935—2003中附录A、GB/T 18936—2003中2.1.1、GB/T 16551—2008中3.2.1和3.4.1的规定执行。

7 样品保存、包装与废弃物处理

7.1 样品保存

7.1.1 采集的样品在无法于12 h内送检的情况下,应根据不同的检验要求,将样品按所需温度分类保存于冰箱、冰柜中。

7.1.2 血清应放于−20℃冻存,全血应放于4℃冰箱中保存。

7.1.3 供细菌检验的样品应于4℃保存,或用灭菌后浓度为30%~50%的甘油生理盐水4℃保存。

7.1.4 供病毒检验的样品应在0℃以下低温保存,也可用灭菌后浓度为30%~50%的灭菌甘油生理盐水0℃以下低温保存。长时间−20℃冻存不利于病毒分离。

7.2 样品包装

7.2.1 每个组织样品应仔细分别包装，在样品袋或平皿外贴上标签，标签注明样品名、样品编号和采样日期等，再将各个样品放到塑料包装袋中。

7.2.2 拭子样品的小塑料离心管应放在规定离心管塑料盒内。

7.2.3 血清样品装于小瓶时应用铝盒盛放，盒内加填塞物避免小瓶晃动。若装于小塑料离心管中，则应置于离心管塑料盒内。

7.2.4 包装袋外、塑料盒及铝盒应贴封条，封条上应有采样人的签章，并应注明贴封日期，标注放置方向。

7.2.5 重大动物疫病采样，如高致病性禽流感、口蹄疫、猪瘟、高致病性蓝耳病、新城疫等应按照中华人民共和国农业部公告第503号的规定执行。

7.3 废弃物处理

7.3.1 无法达到检测要求的样品做无害化处理，应按照GB 16548、中华人民共和国国务院令第424号和中华人民共和国农业部公告第302号的规定执行。

7.3.2 采过病料用完后的器械，如一次性器械应进行生物安全无害化处理；可重复使用的器械应先消毒后清洗，检查过疑似牛羊海绵状脑病的器械应放在2 mol/L的氢氧化钠溶液中浸泡2 h以上，才可再次使用。

8 采样记录

8.1 采样时，应清晰标识每份样品，同时在采样记录表上填写采样的相关信息。

8.2 应记录疫病发生的地点(如可能，记录所处的经度和纬度)、畜禽场的地址和畜主的姓名、地址、电话及传真。

8.3 应记录采样者的姓名、通信地址、邮编、E-mail地址、电话及传真。

8.4 应记录畜(禽)场里饲养的动物品种及其数量。

8.5 应记录疑似病种及检测要求。

8.6 应记录采样动物畜种、品种、年龄和性别及标识号。

8.7 应记录首发病例和继发病例的日期及造成的损失。

8.8 应记录感染动物在畜群中的分布情况。

8.9 应记录农场的存栏数、死亡动物数、出现临床症状的动物数量及其日龄。

8.10 应记录临床症状及其持续时间，包括口腔、眼睛和腿部情况，产奶或产蛋的记录，死亡时间等。

8.11 应记录受检动物清单、说明及尸检发现。

8.12 应记录饲养类型和标准，包括饲料种类。

8.13 应记录送检样品清单和说明，包括病料的种类、保存方法等。

8.14 应记录动物的免疫和用药情况。

8.15 应记录采样及送检日期。

9 样品运输

9.1 应以最快最直接的途径将所采集的样品送往实验室。

9.2 对于可在采集后24 h内送达实验室的样品，可放在4℃左右的容器中冷藏运输；对于不能在24 h内送达实验室但不影响检验结果的样品，应以冷冻状态运送。

9.3 运输过程中应避免样品泄漏。

9.4 制成的涂片、触片、玻片上应注明编号。玻片应放入专门的病理切片盒中，在保证不被压碎的条件下运送。

9.5 所有运输包装均应贴上详细标签，并做好记录。

9.6 运送高致病性病原微生物样品，应按照中华人民共和国国务院令第424号的规定执行。

附 录 A
(规范性附录)
样品保存液的配制

A.1 阿(Alserer)氏液

葡萄糖 2.05 g
柠檬酸钠($Na_3C_6H_5O_7 \cdot 2H_2O$) 0.80 g
氯化钠(NaCl) 0.42 g
蒸馏水(或无离子水) 加至 100 mL

调配方法:溶解后,以 10%柠檬酸调至 pH 为 6.1 分装后,70 kPa,10 min 灭菌,冷却后 4℃保存备用。

A.2 10%中性缓冲福尔马林溶液(pH 7.2~7.4)

A.2.1 配方 1:

37%~40%甲醛 100 mL
磷酸氢二钠(Na_2HPO_4) 6.5 g
一水磷酸二氢钠($NaH_2PO_4 \cdot H_2O$) 4.0 g
蒸馏水 900 mL

调配方法:加蒸馏水约 800 mL,充分搅拌,溶解无水磷酸氢二钠 6.5 g 和一水磷酸二氢钠4.0 g,将溶解液加入到 100 mL 37%~40%的甲醛溶液中,定容到 1 L。

A.2.2 配方 2:

37%~40%甲醛 100 mL
0.01 mol/L 磷酸盐缓冲液 900 mL

调配方法:首先称取 8 g NaCl、0.2 g KCl、1.44 g Na_2HPO_4 和 0.24 g KH_2PO_4,溶于 800 mL 蒸馏水中。用 HCl 调节溶液的 pH 至 7.4,最后加蒸馏水定容至 1 L,即为 0.01 mol/L 的磷酸盐缓冲液(PBS, pH 7.4)。然后,量取 900 mL 0.01 mol/L PBS 加入到 100 mL 37%~40%的甲醛溶液中。

A.3 肉汤(broth)

牛肉膏 3.50 g
蛋白胨 10.00 g
氯化钠(NaCl) 5.00 g

调配方法:充分混合后,加热溶解,校正 pH 为 7.2~7.4。再用流通蒸汽加热 3 min,用滤纸过滤,获黄色透明液体,分装于试管或烧瓶中,以 100 kPa、20 min 灭菌。保存于冰箱中备用。

A.4 30%甘油磷酸盐缓冲液(pH 7.6)

甘油 30.00 mL
氯化钠(NaCl) 4.20 g
磷酸二氢钾(KH_2PO_4) 1.00 g
磷酸氢二钾(K_2HPO_4) 3.10 g
0.02%酚红 1.50 mL
蒸馏水 加至 100 mL

调配方法:加热溶化,校正 pH 为 7.6,100 kPa,15 min 灭菌,冰箱保存备用。

A.5 0.01 mol/L PBS 缓冲液(pH 7.4)

磷酸二氢钾(KH_2PO_4)	0.27 g
磷酸氢二钠(Na_2HPO_4)/12 水磷酸氢二钠($Na_2HPO_4 \cdot 12H_2O$)	1.42 g/3.58 g
氯化钠(NaCl)	8.00 g
氯化钾(KCl)	0.20 g

调配方法:加去离子水约 800 mL,充分搅拌溶解。然后,用 HCl 溶液或 NaOH 溶液校正 pH 为 7.4,最后定容到 1 L。高温高压灭菌后室温保存。

A.6 0.5%乳蛋白水解物的 Hank's 液

甲液:

氯化钠(NaCl)	8.0 g
氯化钾(KCl)	0.4 g
7 水硫酸镁($MgSO_4 \cdot 7H_2O$)	0.2 g
氯化钙($CaCl_2$)/2 水氯化钙($CaCl_2 \cdot 2H_2O$)	0.14 g/0.185 g

置入 50 mL 的容量瓶中,加 40 mL 三蒸水充分搅拌溶解,最后定容至 50 mL。

乙液:

磷酸氢二钠(Na_2HPO_4)/12 水磷酸氢二钠($Na_2HPO_4 \cdot 12H_2O$)	0.06 g/1.52 g
磷酸二氢钾(KH_2PO_4)	0.06 g
葡萄糖	1.0 g

置入 50 mL 的容量瓶中,加 40 mL 三蒸水充分搅拌溶解后,再加 0.4%酚红 5 mL,混匀,最后定容至 50 mL。

调配方法:取甲液 25 mL、乙液 25 mL 和水解乳蛋白 0.5 g,充分混匀,最后加三蒸水定容至500 mL,高压灭菌后 4℃保存备用。

ICS 65.100
B 17

中华人民共和国农业行业标准

NY/T 1948—2010

兽医实验室生物安全要求通则

General biosafety standard for veterinary laboratory

2010-09-21 发布　　2010-12-01 实施

中华人民共和国农业部　发布

前　言

本标准按照GB 1.1—2009给出的规则起草。

本标准由农业部兽医局提出。

本标准由全国动物防疫标准化技术委员会(SAC/TC 181)归口。

本标准起草单位:中国动物疫病预防控制中心、中国农业科学院哈尔滨兽医研究所、中国动物卫生与流行病学中心、中国农业大学。

本标准主要起草人:李文京、关云涛、王君玮、吴东来、刘伟、王宏伟、杨汉春、郭昭林、梁智选。

兽医实验室生物安全要求通则

1 范围

本标准规定了兽医实验室生物安全管理的术语和定义、生物安全管理体系建立和运行的基本要求、应急处置预案编制原则、安全保卫、生物安全报告、持续改进的基本要求。

本标准适用于中华人民共和国境内一切兽医实验室。

2 规范性引用文件

下列文件对于本文件的应用是必不可少的。凡是注日期的引用文件,仅注日期的版本适用于本文件。凡是不注日期的引用文件,其最新版本(包括所有的修改单)适用于本文件。

GB 19489 实验室 生物安全通用要求

3 术语和定义

下列术语和定义适用于本文件。

3.1

事故 accident

造成死亡、疾病、伤害、损坏或其他损失的意外情况。

3.2

持续改进 continual improvement

根据生物安全方针,不断促进和提高生物安全管理能力和安全保证的过程。

3.3

危险 hazard

可能导致死亡、伤害或疾病、财产损失、工作环境破坏或这些情况组合的根源或状态。

3.4

生物因子 biological safety

微生物和生物活性物质

3.5

危险识别 hazard identification

识别存在的危险并确定其特性的过程。

3.6

事件 incident

导致或可能导致事故的情况。

3.7

兽医实验室 veterinary laboratory

一切从事动物病原微生物和寄生虫教学、研究与使用,以及兽医临床诊疗和疫病检疫监测的实验室。

3.8

实验室生物安全 laboratory biosafety

为了避免各种有害生物因子造成的实验室生物危害所采取的防控措施(硬件)和管理措施(软件)。

3.9

生物安全管理体系　biosafety management system

实验室系统地管理涉及生物风险的所有相关活动，控制、减少或消除实验室活动相关的生物风险，保障实验室生物安全。

3.10

个体防护装备　personal protective equipment(PPE)

防止人员个体受到生物性、化学性或物理性等危险因子伤害的器材和用品。

3.11

风险　risk

危险发生的概率及其后果严重性的综合。

3.12

风险评估　risk assessment

评估风险大小以及确定是否可接受的全过程。

4　生物安全管理体系的建立

实验室建立生物安全管理体系应与实验室规模、实验室活动的复杂程度和风险相适应。

4.1　组织机构

4.1.1　实验室设立单位应成立生物安全委员会和任命实验室生物安全负责人。单位的法定代表人为生物安全委员会主任。

4.1.2　应明确生物安全委员会和实验室生物安全负责人的职责。

4.2　生物安全管理体系文件

4.2.1　实验室应编写《生物安全管理手册》作为实验室生物安全管理的纲领性文件，应考虑以下内容：

a）生物安全管理的方针、目标和承诺；

b）生物安全管理体系描述(组织机构、人员岗位及职责、体系文件架构等)；

c）文件控制；

d）外部服务和供应；

e）安全及安保要求；

f）样品和菌/毒种管理；

g）废弃物处置；

h）应急处置；

i）纠正措施、预防措施、持续改进；

j）安全检查、内部审核和管理评审；

k）记录。

4.2.2　实验室应编制程序文件，明确规定实施具体安全要求的责任部门、责任人、责任范围、工作流程、任务安排及对操作人员能力的要求、与其他责任部门的关系、应使用的工作文件等。制订的程序文件应考虑以下内容：

a）人员培训、考核、监督程序和健康监护程序；

b）文件控制和维护程序及记录管理程序；

c）供应品(如消毒剂、仪器设备、个人防护装备)控制程序；

d）样品管理程序；

e）菌/毒种管理程序；

f）废弃物处理和处置程序；

g) 安全检查、内审和管理评审程序；
h) 生物安全事故处理程序。

4.2.3 实验室应根据开展的实验活动和使用的设施、设备制定相应的操作规程。

4.2.4 实验室制定的安全手册(快速阅读文件)应考虑以下内容：
a) 实验室平面图、紧急出口、撤离路线；
b) 实验室标识系统；
c) 紧急电话、联系人；
d) 生物安全、化学品安全；
e) 低温、高热、辐射、消防及电气安全；
f) 危险废弃物的处理和处置；
g) 事件、事故处理及工作区撤离的规定和程序。

应要求所有员工阅读并在工作区随时可用。

实验室管理层应至少每年对安全手册进行评审和更新。

4.2.5 实验室应对所有与生物安全有关的活动进行记录。

5 生物安全管理体系运行的基本要求

5.1 风险评估

实验室应在建设和开展实验活动前组织适当的有经验的专业人员编制风险评估报告，并持续进行危险辨识、风险评估和实施必要的控制措施。编制的报告应至少考虑以下内容：
a) 生物因子已知或未知的特性；
b) 已发生的事故分析；
c) 实验室相关所有常规活动和非常规活动过程中的风险；
d) 设施、设备等相关的风险；
e) 实验动物相关的风险；
f) 人员相关的风险，如身体状况、能力、可能影响工作的压力等；
g) 消除、减少或控制风险的管理措施和技术措施以及采取措施后残余风险或新带来风险的评估；
h) 应急措施及预期效果评估。

5.2 标志的使用

实验室应正确使用各种标志，参见附录A。

5.3 样品的管理

样品的采集、运输、使用、保存和销毁应执行国家相关规定。

5.4 菌/毒种管理

菌/毒种的使用、保藏、运输和销毁应执行国家相关规定。

5.5 人员管理

5.5.1 实验室组成人员的资质和数量应能满足所开展工作和生物安全的需要。

5.5.2 所有人员都应经过培训、考核合格，持证上岗。

5.5.3 实验室应定期对实验人员进行与其从事实验活动相关的健康检查，并建立健康档案。

5.6 文件控制

管理体系文件应能唯一识别、受控并现行有效。

5.7 安全操作

应保证所有实验活动按附录B的要求开展。

5.8 实验动物

应保证所有涉及动物的实验活动按附录C的要求开展。

5.9 废弃物处置

应符合GB 19489的要求。

5.10 设施、设备

实验室应定期对设施设备进行检测和维护，确保其处于正常运行状态。

5.11 档案管理

实验室档案管理工作应符合附录D的相关要求。

6 应急处置预案

实验室应制定应急处置预案，具体参照附录E要求编制。

7 安全保卫

实验室应制定安保措施，确保实验室的安全。

8 生物安全报告

实验室应将工作情况、实验活动情况、关键人员变动情况和事故等报告有关部门，具体见附录F。

9 持续改进

实验室应定期开展安全检查、内部审核和管理评审，不断改进和完善实验室生物安全管理体系。

附　录　A
（资料性附录）
兽医实验室标志规范

A.1　设置原则

兽医实验室使用的标志分警告标志、禁止标志、指令标志和提示标志四大类型。标志设置应遵守“安全、醒目、便利、协调”的原则。

A.1.1　标志设置后，不应有造成人体任何伤害的潜在危险及影响开展实验活动。

A.1.2　周围环境有某种不安全的因素而需要用标志加以提醒时，应设置相关标志。

A.1.3　标志应设在最容易看见的地方。要保证标志具有足够的尺寸，并使其与背景间有明显的对比度。

A.1.4　标志应与周围环境相协调，要根据周围环境因素选择标志的材质及设置方式。

A.2　设置要求

A.2.1　便于视读

A.2.1.1　标志的偏移距离应尽可能小，应放在最佳视觉角度范围内。

A.2.1.2　标志的正面或其邻近不得有妨碍人们视读的固定障碍物，并尽量避免经常被其他临时性物体所遮挡。

A.2.1.3　标志通常不设在可移动的物体上。

A.2.2　应将标志设在明亮的地方。如在应设置标志的位置附近无法找到明亮地点，则应考虑增加辅助光源或使用灯箱。用各种材料制成的带有规定颜色的标志经光源照射后，标志的颜色仍应符合有关颜色规定。

A.2.3　设置地点

A.2.3.1　提示标志应设在便于人们选择目标方向的地点，并按通向目标的最佳路线布置。如目标较远，可以适当间隔重复设置，在分岔处都应重复设置标志。提示标志中的图形标志如含有方向性，则其方向应与箭头所指方向一致。

A.2.3.2　局部信息标志应设在所要说明（禁止、警告、指令）的设备处或场所附近醒目位置。

A.2.4　设置禁止标志时，标志中的否定直杠应与水平线成45°夹角。

A.2.5　局部信息标志的设置高度可根据具体场所的客观情况来确定。

A.2.6　布置要求

A.2.6.1　图形标志除单独使用外，常与其他图形标志、箭头或文字共同显示在一块标志牌上，或多个单一图形标志牌、方向辅助标志牌组合显示。图形标志、箭头、文字等信息一般采取横向布置，亦可根据具体情况采取纵向布置。

A.2.6.2　图形标志之间的间隔，按照国家有关规定执行。

A.2.6.3　导向性提示标志的布置

A.2.6.3.1　标志中的箭头应采用GB 1252中的形式，箭头的方向不应指向图形标志。

A.2.6.3.2　箭头的宽度不应超过图形标志尺寸的0.6倍。箭杆长度可视具体情况加长。

A.2.6.3.3　标志中的箭头可带有正方形边框，也可没有该边框。没有边框时，箭头的位置可按有边框时的位置确定。

A.2.6.3.4　标志横向布置应遵循：

a)　箭头指左向（含左上、左下），图形标志应位于右方；

b) 箭头指右向(含右上、右下),图形标志应位于左方;

c) 箭头指上向或下向,图形标志一般位于右方。

A.2.6.3.5 标志纵向布置应遵循:

a) 箭头指下向(含左下、右下)时,图形标志应位于上方;

b) 除 a)的情况外,图形标志均应位于下方。

A.2.6.4 图形标志与文字或文字辅助标志结合

与某个特定图形标志相对应的文字应明确地排列在该标志附近,文字与图形标志间应留有适当距离。不得在图形标志内添加任何文字。

A.3 标志规范

A.3.1 标志的制作

A.3.1.1 各种图形标志必须按照规定的图案、线条宽度成比例放大制作,不得修改图案。

A.3.1.2 图形标志应带有衬边。除警告标志用黄色外,其他标志均使用白色作为衬边。衬边宽度为标志尺寸的 0.025 倍。

A.3.1.3 标志牌的材质应采用易清洁、不渗水、不易燃、耐化学品和消毒剂腐蚀的材料制作。有触电危险的作业场所应使用绝缘材料。

A.3.1.4 标志牌应图形清楚,无毛刺、孔洞和影响使用的任何瑕疵。

A.3.1.5 标志所用的颜色应符合 GB 2893 规定的颜色要求。

红色——表示禁止和阻止;

蓝色——表示指令,要求人们必须遵守的规定;

黄色——表示提醒人们注意;

绿色——表示给人们提供允许、安全的信息。

A.3.1.6 用灯箱显示标志时,灯箱的制作应符合有关标准的规定。

A.3.2 固定规范

各种方式设置的标志都应牢固地固定在其依托物上,不能产生倾斜、卷翘、摆动等现象。

A.3.3 警告标志

警告标志是提醒人们对周围环境或操作引起注意,以避免可能发生危害的图形标志。警告标志的基本形式是正三角形边框。兽医实验室常用的警告标志见表 A.1。

表 A.1 兽医实验室常用的警告标志

图　示	意　义	建议场所
	生物危害 当心感染	门、离心机、安全柜等
	当心毒物	试剂柜、有毒物品操作处
	小心腐蚀	试剂室、配液室、洗涤室

表 A.1（续）

图　示	意　义	建议场所
	当心激光	有激光设备或激光仪器的场所，或激光源区域
	当心气瓶	气瓶放置处
	当心化学灼伤	存放和使用具有腐蚀性化学物质处
	当心玻璃危险	存放、使用和处理玻璃器皿处
	当心锐器	锐器存放、使用处
	当心高温	热源处
	当心冻伤	液氮罐、超低温冰柜、冷库
	当心电离辐射 当心放射线	辐射源处、放射源处

A.3.4　禁止标志

禁止标志是禁止不安全行为的图形标志。兽医实验室常用的禁止标志有禁止吸烟、禁止明火、禁止饮用等，见表 A.2。

表 A.2　兽医实验室常用的禁止标志

图　示	意　义	建议场所
	禁止入内	可引起职业病危害的作业场所入口处或泄险区周边，如可能产生生物危害的设备故障时，维护、检修存在生物危害的设备、设施时，根据现场实际情况设置

表 A.2（续）

图　示	意　义	建议场所
	禁止吸烟	实验室区域
	禁止明火	易燃易爆物品存放处
	禁止用嘴吸液	实验室操作区
	禁止吸烟、饮水和吃东西	实验区域
	禁止饮用	用于标志不可饮用的水源、水龙头等处
	禁止存放食物和饮料	用于实验室内冰箱、橱柜、抽屉等处
	禁止宠物入内	工作区域
	非工作人员禁止入内	工作区域
	儿童禁止入内	实验室区域

A.3.5 指令标志

指令标志是强制人们必须做出某种动作或采用防范措施的图形标志。指令标志的基本形式是圆形边框。兽医实验室常用的指令标志有必须穿防护服、必须戴防护手套等,见表A.3。

表A.3 兽医实验室常用的指令标志

图示	意义	建议场所
	必须穿实验工作服	实验室操作区域
	必须戴防护手套	易对手部造成伤害或感染的作业场所,如具有腐蚀、污染、灼烫及冰冻危险的地点,低温冰柜,实验操作区域
	必须戴护目镜 必须进行眼部防护	有液体喷溅的场所
	必须戴防毒面具 必须进行呼吸器官防护	具有对人体有毒有害的气体、气溶胶等作业场所
	戴面罩	需要面部防护的操作区域
	必须穿防护服	生物安全实验室核心区入口处
	本水池仅供洗手用	专用水池旁边
	必须加锁	冰柜、冰箱、样品柜,有毒有害、易燃易爆物品存放处

A.3.6 提示标志

提示标志是向人们提供某种信息(如标明安全设施或场所等)的图形标志。提示标志的基本形式是正方形边框。兽医实验室常用的提示标志有紧急出口、疏散通道方向、灭火器、火警电话等,见表A.4。

表A.4 兽医实验室常用的提示标志

图　示	意　义	建议场所
	紧急洗眼	洗眼器旁
	紧急出口	紧急出口处
	左行	通道墙壁
	左行方向组合标志	通道墙壁
	右行	通道墙壁
	右行方向组合标志	通道墙壁
	直行	通道墙壁
	直行方向指示组合标志	通道墙壁
	通道方向	通道墙壁

表 A.4（续）

图　　示	意　　义	建议场所
	灭火器	消防器存放处
	火警电话	

A.4　检查与维修

随时检查，发现有破损、变形、褪色等不符合要求的标志时要及时修整或更换。

附 录 B
（资料性附录）
兽医实验室生物安全操作技术规范

B.1 基本要求

B.1.1 实验室根据有关法律法规，对所从事的病原微生物和其他危险物质操作的危害等级划分、防护要求以及危害性评估，制定标准操作规程。

B.1.2 操作人员应熟悉实验室运行的一般规则，掌握相应仪器、设备和装备的操作步骤与要点，熟悉从事的病原微生物和相关危险物质操作的可能危害。

B.1.3 操作人员应掌握各种感染性物质和其他危害物质操作的一般准则和技术要点。

B.1.4 实验室所有操作人员必须经过培训，考核合格，获得上岗证书。

B.2 兽医生物安全实验室运行的基本规范

B.2.1 BSL-1 和 BSL-2 实验室

B.2.1.1 实验室的进入

B.2.1.1.1 未经批准，与实验室无关人员严禁进入实验室工作区域。不允许可能增加获得性感染的危害性或感染后可能引起严重后果的人员进入实验室或动物房。

B.2.1.1.2 BSL-2 实验室门上应有标志，包括国际通用的生物危害警告标志、标明实验室操作的传染因子、实验室负责人姓名、电话以及进入实验室的特殊要求。

B.2.1.1.3 实验室门应有锁，并可自动关闭。

B.2.1.1.4 工作人员进入动物房应经过特别批准。

B.2.1.1.5 与实验室工作无关的动物不得带入实验室。

B.2.1.2 工作人员的防护

B.2.1.2.1 工作人员在实验室工作时，必须穿着合适的工作服或防护服。

B.2.1.2.2 工作人员在进行可能具有潜在感染性材料或动物以及其他有害物质的操作时，应戴手套。手套用完后，应先消毒再摘除，随后必须洗手。

B.2.1.2.3 在处理完感染性实验材料、动物或其他有害物质后，或离开实验室工作区域前，都必须洗手。

B.2.1.2.4 工作人员应佩戴适当的个人防护装备。

B.2.1.2.5 严禁穿着实验室防护服离开实验工作区域。

B.2.1.2.6 严禁在实验室内穿露脚趾的鞋。

B.2.1.2.7 严禁在实验室工作区域饮食、吸烟、化妆和处理隐形眼镜。

B.2.1.2.8 严禁在实验室工作区域储存食品和饮料。

B.2.1.2.9 在实验室内用过的防护服应放在指定的位置并妥善处理。

B.2.1.3 相关操作规范

B.2.1.3.1 严禁用口吸移液管、舔标签以及将实验材料置于口内。

B.2.1.3.2 要尽量减少气溶胶和微小液滴的形成。

B.2.1.3.3 应限制使用注射针头和注射器。除了进行肠道外注射或抽取实验动物体液外，注射针头和注射器不能用作移液器或其他用途。

B.2.1.3.4 出现溢出事故以及明显或可能暴露于感染性物质时，必须向实验室负责人报告。如实记录有关暴露和处理情况，保存原始记录。

B.2.1.3.5 污水处理应达到国家排放标准。

B.2.1.3.6 高压灭菌器应定期检查验证。

B.2.1.4 实验室工作区管理规范

B.2.1.4.1 实验室应保持清洁、整齐，严禁摆放与实验无关的物品。

B.2.1.4.2 每天工作结束后，应清除工作台面的污染。若发生具有潜在危害性的材料溢出，应立即清除污染。

B.2.1.4.3 所有受到污染的材料、样本和培养物在废弃或清洁再利用之前，必须先清除污染。

B.2.1.4.4 感染性材料的包装、保存和运输应遵循国家和/或国际的相关规定。

B.2.1.4.5 如果窗户可以打开，则应安装防止节肢动物进入的纱窗。

B.2.2 BSL-3 实验室

BSL-3 实验室的运行规范除满足 B.2.1 要求外，还应遵循以下操作规范。

B.2.2.1 BSL-3 实验室的设立和使用必须符合动物病原微生物实验室生物安全管理的相关规定。

B.2.2.2 张贴在实验室入口处的生物危害警告标志，应注明生物安全级别以及实验室负责人姓名和电话。

B.2.2.3 在进入实验室之前以及离开实验室时，应更换全部衣服和鞋。

B.2.2.4 工作人员需接受紧急撤离程序的培训。

B.2.2.5 实验室防护服应为长袖、背面开口的隔离衣或连体衣，应穿着鞋套或专用鞋。实验室防护服不能在实验室外穿着，且必须在清除污染后再清洗。最好使用一次性连体防护服。

B.2.2.6 开启各种潜在感染性物质的操作应在生物安全柜或其他类似的防护设施中进行。

B.2.2.7 特殊实验室操作，或在进行感染了某些可经空气传播给人的病原微生物的动物实验操作时，必须配戴呼吸防护装备。

B.2.2.8 实行双人工作制，严禁任何人单独在实验室内工作。

B.2.2.9 实验室记录未经可靠消毒不得带出实验室。为保证安全，应通过传真等方式进行原始记录的传输。

B.2.2.10 从事人兽共患病病原微生物操作的工作人员应定期开展健康监测。在开始工作前应收集并妥善保存工作人员的本底血清。

B.2.2.11 实验人员离开实验室时必须淋浴。

B.2.3 BSL-4 实验室

BSL-4 实验室的运行规范除满足 B.2.2 之外，还应遵循以下操作规范。

B.2.3.1 实验室中的工作人员与实验室外面的支持人员之间，必须建立常规情况和紧急情况下的联系方式。

B.2.3.2 每名进入实验室的人员都必须完成针对四级实验室操作的培训课程，并且充分理解和掌握培训内容，培训必须记录在案并由工作人员和管理人员双方签字。

B.2.3.3 必须建立紧急事件处理程序，包括正压服的损坏、呼吸空气的损耗、化学淋浴的损耗、受伤或疾病状态下紧急撤离。

B.2.3.4 在涉及操作国家规定的一类病原微生物时，工作人员必须佩戴疾病监测卡(如工作人员姓名、管理人员或者其他人员的电话号码)。实验室员工在碰到不明原因的发热性疾病时，必须立刻向实验室生物安全负责人汇报。及时查明未出勤人员原因。

B.2.3.5　必须做好实验室内所有活动的日志记录。

B.2.3.6　传染性物质必须储存在实验室区域。

B.2.3.7　必须每日检查实验室系统并记录。

B.2.3.8　进入实验室的所有人员必须脱去日常衣物(包括内衣)和首饰,并换上专门的实验防护服和鞋。

B.2.3.9　必须定期检查正压防护服的完整性。

B.2.3.10　对身着防护服将要离开实验室的人员需要采取适当停留时间的化学淋浴消毒,所用消毒剂必须能有效杀灭相关生物因子,并根据要求新鲜配制并稀释到特定浓度。

B.2.3.11　实验人员脱下防护服淋浴后方可离开实验室。

B.3　生物安全柜

B.3.1　操作准备

B.3.1.1　每年至少对生物安全柜进行一次检测。每次使用前应检查生物安全柜的正常指标,包括风速、气流量和负压应在正常范围。如果出现异常,应停止使用并进行检修。

B.3.1.2　启动生物安全柜时,不要打开玻璃观察窗。

B.3.1.3　开始工作之前,需准备一张实验工作所需要的材料清单。先将工作所需物品放入,以避免双臂在操作中频繁横向穿过气幕而破坏气流。放入生物安全柜的物品表面应使用适当消毒剂消毒,以除去污染。

B.3.1.4　打开风机 5 min～10 min,待安全柜内的空气得到净化且气流稳定后再开始操作。开始操作前,事先调整好凳子或椅子的高度,以确保操作者的脸部在工作窗口之上。然后,将双臂伸入安全柜静止至少 1 min,使安全柜内气流稳定后再开始操作。

B.3.1.5　生物安全柜上装有窗式报警器和气流报警器两种报警器。当窗式报警器发出警报时,表明操作者将滑动窗移到了不当位置,应将滑动窗移到适宜的位置;当气流警报器报警时,表明安全柜的正常气流模式受到了干扰,操作者或物品已处于危险状态,应立即停止工作,通知实验室负责人,并采取相应的处理措施。

B.3.2　物品摆放与污染物预防措施

B.3.2.1　生物安全柜内尽量少放仪器和物品,只摆放本次工作需要的物品。

B.3.2.2　物品摆放不能阻塞后面气口处的空气流通。所有物品应尽量放在工作台后部靠近工作台后缘的位置,容易产生气溶胶的仪器(如离心机、涡旋振荡器等)应尽量往安全柜后部放置。生物安全柜前面的空气栅格不能被吸管或其他材料挡住,否则会干扰气流的正常流动而造成物品的污染和操作者的暴露。

B.3.2.3　废物袋以及盛装废弃吸管的容器等必须放在安全柜内,体积较大的物品可放在一侧,但不能影响气流。污染的吸管、容器等应先置于安全柜中装有消毒液的容器中消毒 1 h 以上,然后转入医疗废弃物专用垃圾袋中进行高压灭菌等处理。

B.3.2.4　洁净物品和使用过的污染物品要分开放在不同区域,工作台面上的操作应按照从清洁区到污染区的方向进行,以避免交叉污染。为吸收可能溅出的液滴,可在台面上铺一消毒剂浸湿的毛巾或纱布,但不能盖住生物安全柜格栅。

B.3.2.5　在柜内的所有工作都要在工作台中央或后部进行,并且通过观察窗能看见柜内的操作。操作者不要频繁移动及挥动手臂,以免破坏定向气流。

B.3.2.6　工作用纸不允许放在生物安全柜内。

B.3.2.7　尽量减少操作者背后人员的走动以及快速开关房间的门,以免对生物安全柜的气流造成影响。

B.3.3 明火的使用

禁止在柜内使用本生灯,因其产生的热量会改变气流方向和可能破坏滤板。可使用微型的电烧灼器进行细菌接种,但最好使用无菌的一次性接种环。

B.3.4 消毒与灭菌

工作完成后,应至少让安全柜继续工作 5 min 来完成净化过程。在操作结束后,使用适当消毒剂擦拭生物安全柜的台面和内壁(不包括送风滤器的扩散板)。

B.4 实验室仪器设备

B.4.1 吸管和移液器

B.4.1.1 严禁用嘴吸液,应使用机械移液装置。

B.4.1.2 在操作感染性物质时,使用带有滤芯的吸头。所有的吸管都应有棉塞,以减少对移液器或吸球的污染。在 BSL-2 及以上级别实验室中,尽量减少使用玻璃吸管。

B.4.1.3 为防止气溶胶的产生和发生液体溅洒,不能用吸管吹打感染性材料。操作时,吸管应放入操作液面下的 2/3 处,以防止产生气泡和气溶胶。从吸管吹出液体时也不要太用力,吸管内的液体应自动流出,不要强制性排出预留液。

B.4.1.4 已被污染的吸管应立即浸没在含有适宜消毒剂的防破碎容器内。在处理之前,应浸泡足够长的时间。盛装废弃吸管的容器应放在生物安全柜里。

B.4.1.5 严禁用带有注射针头的注射器吸液。

B.4.1.6 为防止从吸管滴落的感染性物质发生扩散,工作台表面应放一块具有吸收性能的材料,使用后应按感染性废弃物予以处理。

B.4.2 离心机

B.4.2.1 所有的离心机应处于正常的工作状态并具有合格的机械性能,以避免伤害事故的发生。应根据厂家的说明书进行操作,并制定标准操作程序。

B.4.2.2 离心机应放置在适宜的位置和高度,以便工作人员能看见离心桶并便于进行更换转头、放好离心管或离心桶、拧紧转头盖等操作。

B.4.2.3 用于离心的离心管和样本容器应根据厂家要求选用,最好使用塑料制品,而且在使用前应检查有无破损。所使用的离心管或容器必须能耐受所设定的离心力或速度,以防止离心管或样本容器破裂。用于离心的离心管和样本容器应始终盖严,要尽量用螺旋盖。操作感染性物质必须在安全柜内打开盖子。

B.4.2.4 使用转头时,应注意转头盖与转头型号是否匹配。操作病原微生物时,离心桶的装载、平衡、密封和打开必须在生物安全柜内进行。离心管放到恰当位置后,离心桶要配平,以保持平衡。离心管内液面水平距管口应留出一定空隙,以确保离心过程中液体不会溢出,尤其是使用角转头时更要注意。操作高致病性病原微生物必须使用封闭的离心桶(安全杯)。

B.4.2.5 应每天检查在特定的转速下,离心杯或转头的内表面有无污染物,否则需重新评估离心的规程。应每天检查离心转头和离心桶有无腐蚀点以及极细的裂缝,以确保安全。离心桶、转头和离心腔每次用后都应进行消毒。每次用后,应该把离心桶或转头倒放,以排净离心配平的液体和防止冷凝水残留。

B.4.2.6 为保证安全,对于高致病性病原微生物,必须要高度警惕离心过程中产生的气溶胶风险。大型离心机上应加装负压罩,以及时吸出离心机排出的气体,并排至实验室的过滤通风系统,在 BSL-3 及以上级别实验室尤其要注意。微型离心机可放在安全柜内离心,但应注意其对安全柜气流的影响。如果不能在安全柜内离心也无负压罩,则必须将密封的转头在安全柜内打开。所有的离心管必须带盖密封，其开启应在安全柜内进行。

B.4.3 搅拌器、振荡器、混匀器和超声波破碎仪

B.4.3.1 应使用实验室专用的搅拌器和拍打式混匀器。

B.4.3.2 使用的管子、盖子、杯子或瓶子都应保持完好，无裂缝、无变形。盖子、垫圈应配套，保持完好。

B.4.3.3 在混匀、振荡和超声破碎过程中，器皿内的压力会增大，含有感染性材料的气溶胶可能会从容器和盖子间的空隙逸出。推荐使用塑料的，特别是聚四氟乙烯器皿。因为玻璃可能会破裂，释放出感染性物质，并可能伤及操作者。

B.4.3.4 当使用匀浆器、振荡器和超声波破碎仪处理感染性物质时，应有防护装置，在生物安全柜里操作。尤其是使用涡旋振荡器时，必须在生物安全柜内操作，并且操作的容器必须为密闭的，以避免产生气溶胶和发生液体溅洒。

B.4.3.5 在操作结束后，应在生物安全柜里开启容器。

B.4.3.6 操作人员在使用超声波破碎仪时，应佩戴耳部听力保护装置。

B.4.3.7 仪器每次使用完后都应根据厂家的说明书进行消毒。

B.4.4 组织研磨器

B.4.4.1 使用玻璃的研磨器时，应戴上手套，手里再垫上一块柔软的纱布后操作。推荐使用塑料研磨器。

B.4.4.2 操作感染性物质时，组织研磨器应在生物安全柜里操作和开启。

B.4.5 冰箱和液氮罐

B.4.5.1 定期监测冰箱的运行状况，冰箱上应有负责人姓名与联系方式。冰箱、低温冰箱和固体干冰盒要定期除霜和清扫。在储存过程中已破裂的安瓿、冻存管等，要及时移走和处理。在清扫过程中应佩戴面部保护装置并戴手套，清扫后，抽屉内表面应消毒处理。

B.4.5.2 冰箱内的储存物应有详细的目录。所有保存在冰箱里的容器等都应有清楚的标签，并且标签上有内容物的科学命名、储存日期和储存人姓名。无标签的和过期的材料应高压灭菌后废弃。

B.4.5.3 除非有防爆措施，否则严禁将易燃液体保存在冰箱内，冰箱门上应张贴注意事项。

B.4.5.4 应定期检查液氮罐内的液氮量，及时添加液氮。

B.4.6 冻干机

B.4.6.1 高致病性病原微生物应在 BSL-3 或以上级别的实验室进行冻干。

B.4.6.2 冻干高致病性病原微生物时排出的气体应经过 HEPA 过滤，并将排出管道插入装有消毒液的容器中，产生的冷凝水应收集到消毒容器中并高压灭菌处理。

B.4.6.3 冻干机的机舱恢复到室温后用适宜的消毒液擦拭。

B.4.7 冰冻切片机

使用冰冻切片机时，应罩住冷冻机。操作者戴防护面罩。每次实验结束后，应对切片机进行消毒，消毒时仪器的温度至少应升至20℃。

B.5 感染性物质

B.5.1 样本的采集、标签粘贴及运输操作

B.5.1.1 样本采集时，应严格采取标准的防护措施；所有的操作都要戴手套完成。

B.5.1.2 从动物身上采集血液及组织样本应由受过训练的人员来完成。

B.5.1.3 进行静脉采血时，宜使用专用的一次性安全真空采血器。

B.5.1.4 样本应放在适当的容器里运往实验室和在实验室内运输。样本表格应放在防水的袋子或信

封里。接收人员不应打开这些袋子,以防污染。样本应贴上标签,注明样本名称、数量、编号、采样日期等。盛装样本容器的外壁应用消毒剂擦拭,以防止污染。

B.5.1.5 样本管应在生物安全柜里打开。必须戴手套,并使用眼部和黏膜保护装置。防护服外应再戴一个塑料围裙。打开样本管的塞子时,应在手里先垫上一块纸或纱布再握住塞子,防止溅出。

B.5.1.6 用显微技术检测固定并染色的血液、分泌物和排泄物等样本时,应用镊子来操作,妥善保存,并且在丢弃以前要进行消毒和/或高压灭菌。

B.5.1.7 含有或疑似含有国家规定的一、二类病原微生物的组织样本应使用福尔马林固定,避免进行冷冻切片。

B.5.2 实验室内样本

B.5.2.1 容器。装盛感染性物质的容器可以是玻璃的,但最好采用塑料制品。容器应当坚固,不易破碎,盖子或塞子盖好后不应有液体渗漏。所有的样本都应存放在容器内。容器应正确地贴上标签以利于识别,标签上应有样品名称、采集日期、编号等必要的信息。样品的有关表格和/或说明不要绑在容器外面,而应当单独放在防水的袋子内,以防止发生污染而影响使用。

B.5.2.2 实验室内运输。为防止发生意外渗漏或溢出而威胁操作者的安全,实验室内运输感染性物质时应使用金属的或塑料材质的第二层容器(如盒子)加以包裹。在第二层容器中应有样本容器的支架,将样本容器固定在支架上,以使其保持直立。第二层容器应耐高压或者能抵抗化学消毒剂的腐蚀,以便定期清除污染。封口处最好有一个垫圈,以防止发生渗漏。

B.5.2.3 样本的接收。大规模接收样本的实验室应在一个专用的房间或区域进行。对于病原已知的按国家规定可在 BSL-2 实验室操作的病原微生物或未知的感染性材料,最低应在一个专用区域或房间接收,并在生物安全柜内打开外包装,操作人员应穿防水的防护服,戴生物安全专用口罩和眼罩、手套。按国家规定需要在 BSL-3 或以上级别实验室操作的病原微生物或样本,应按国家规定的防护等级,在相应级别的实验室的安全柜内打开,并采取相应的防护措施。

B.5.2.4 样本包装的打开。接收并打开样本包装的人员应受过防护培训(尤其是处理破裂的或渗漏的容器),应知道所操作样本的潜在的健康危害,操作时要采取合适的防护措施。所有样本应在生物安全柜里打开包装,同时备有吸水材料和消毒剂,以便随时处理可能出现的样本泄漏。打开包装前先仔细检查容器的外观、标签是否完整,标签、送检报告与内容物是否相符,是否有污染以及容器是否有破损等,要登记详细的报告单并记录处置方法。

B.5.2.5 样本保存。样本应及时保存在冰箱内,并防止样本包装物的污染,防止样本泄漏,防止样本污染容器外壁。

B.5.3 避免感染性物质扩散

B.5.3.1 为避免接种物从接种环上脱落,微生物接种环直径应为 2 mm~3 mm,并且完全闭合。柄的长度不应超过 6 cm,以最大限度地减少抖动。

B.5.3.2 应使用密闭的微型电加热灭菌接种环,以免在开放式的本生灯火焰上灭菌时感染性物质溅落。最好使用一次性、无需灭菌的接种环。

B.5.3.3 小心操作干燥的动物体液及分泌物样本,以免产生气溶胶。

B.5.3.4 需高压灭菌和/或丢弃的废弃样本及培养物应放在防渗漏的容器里(如医疗废物专用袋)。放入废弃物容器前,样本的顶部应标明是安全的(如使用高压标签)。

B.5.3.5 对实验室应进行定期的日常消毒与终末消毒。

B.5.4 避免吸入或接触感染性物质

B.5.4.1 操作者应戴一次性手套,避免触摸嘴、眼和面部。

B.5.4.2 严禁在实验室里饮食以及储存食品和饮料。

B.5.4.3 实验室内不许咬笔、嚼口香糖。

B.5.4.4 实验室内不许化妆和处理隐形眼镜。

B.5.4.5 在任何可能导致潜在的传染性物质溅出的操作过程中，应该保护好面部、眼睛和嘴。

B.5.5 避免传染性物质接种

B.5.5.1 要尽力避免由破裂的或有缺口的玻璃器皿引起的感染性物质的意外感染，尽量以塑料器皿和吸管代替玻璃器皿和吸管。

B.5.5.2 锐器，如接种针(针头)、玻璃吸管和碎玻璃，可导致实验人员感染，因此应小心操作。

B.5.5.3 必须使用注射器和针头时，要采用锐器保护装置。针头不要重新盖帽，用过的一次性针头要放进专用的耐针刺的有盖容器中。

B.5.6 血清分离

B.5.6.1 操作时，要戴手套及佩戴眼镜和黏膜保护装置。

B.5.6.2 只有良好的实验室技术才能避免溅出和气溶胶产生，或将这种可能性降至最低。吸取血液及血清时要小心，不要倾倒。严禁用嘴吸液。

B.5.6.3 吸管用后应完全浸没在适当的消毒液里，并且在处理之前或洗刷及灭菌再利用前要浸泡足够长的时间。

B.5.6.4 带有血凝块的废弃样本管等，加盖后应当放到适当的、防渗漏的容器中，以备高压和/或焚烧。

B.5.6.5 应备有适当的消毒液，用以随时清除溅出物及溢出物。

B.5.7 开启装有冻干感染性物质安瓿

当开启装有冻干感染性物质的安瓿时应注意，因其中的内容物可能处于负压状态。空气的突然涌入会使内容物的一部分扩散到空气中。所以，安瓿应始终在生物安全柜内打开，并采用下面的步骤：

B.5.7.1 首先消毒安瓿的外表面。

B.5.7.2 安瓿里如果有棉塞或纤维塞，应先用砂轮在安瓿外表面的棉塞或纤维塞中部挫一划痕。

B.5.7.3 于划痕处打破安瓿以前，先在手里垫一块酒精浸透的棉花再握住安瓿，以免扎伤或/和污染手部。

B.5.7.4 轻轻地移去安瓿顶部，并将其按锐器污染物处理。

B.5.7.5 如果棉垫或纤维塞仍然留在安瓿上，则用灭菌镊子将其除去。

B.5.7.6 向安瓿内缓慢地加入液体以重悬内容物，要避免产生泡沫。残余瓶体应按污染锐器处理。

B.5.8 含有感染性物质的安瓿的储存

含有感染性物质的安瓿不要浸入液氮，以防止破损的或密封不好的安瓿在移动时可能会破裂或爆炸。安瓿应保存在液氮上面的气相中。实验室人员在从冷藏处拿出安瓿时，要佩戴手和眼睛保护装置，并对安瓿外表面进行消毒。

B.5.9 对可能含有朊病毒材料的预防措施

B.5.9.1 操作朊病毒的实验室应使用专用的设备，不能和其他实验室共享设备。所有的操作都应在生物安全柜里进行。在操作过程中，必须穿一次性的实验室保护服(罩衫和围裙)和戴手套。用一次性的塑料器皿取代玻璃器皿。

B.5.9.2 含有朊病毒的组织应使用 1 mol/L NaOH、次氯酸和 132℃ 4.5 h 高压蒸汽灭活。

B.6 危险化学品的使用

B.6.1 实验室对剧毒、爆炸性物品应做好领用和使用记录。实验室内的危险化学品应保持最低数量，暂时不用的和使用后剩余的危险化学品，须及时归橱上锁，不准私自保存，不准随意丢弃、倾倒，更不准转送其他部门和个人，严禁把危险化学品带出实验室。

B.6.2 危险化学品保管人员和使用人员应当对剧毒化学品的购买数量、流向、储存量和用途如实记录，并采取必要的保护措施。使用过程中要防止剧毒化学品被盗或者误用。发现剧毒化学品被盗、丢失或者误用时，必须立即通过本单位向当地公安部门报告。

B.6.3 为了避免发生火灾和/或爆炸，应特别注意不相容化学品的储存和使用安全。

B.7 放射性核素和紫外线及激光光源

B.7.1 辐射区域

B.7.1.1 应限定放射性物质的操作区域，只能在指定区域使用放射性物质，严禁在非指定区域操作。在放射性核素和放射性废弃物的储存场所和放射工作场所出入口，应设置明显的电离辐射警示标志。在使用强辐射源和射线装置的房门外，应设置显示放射源或射线装置工作状态的指示灯。进行放射性核素标志、示踪和化学分析的实验室，应设有通风设备，地板、墙壁应使用便于去污染的材料制作。

B.7.1.2 只允许必要的工作人员参与，无关人员不得进入。

B.7.1.3 妥善使用个体防护装备，放射性核素实验室应便于清洁和清除污染。严禁徒手操作放射源、用嘴吸移液管的方式移取放射性液体以及在放射性工作场所吸烟、饮水和进食。

B.7.1.4 监测实验人员的辐射暴露。工作时应佩带个人剂量计，进入带有^{60}Co等强辐射源的工作场所时，还应携带剂量报警仪。

B.7.2 实验区域

B.7.2.1 为避免放射性物质的污染，应使用溢出盘，内衬一次性吸收材料，随时吸收溅出或溢出的放射性物质。

B.7.2.2 应限制大量操作放射性核素，并有一定的剂量限制。

B.7.2.3 在辐射区域、工作区域以及放射性废弃物区域设置辐射源的隔离防护装置和通风设施。进出口应设有放射性标志、防护安全联锁、报警及工作信号装置。工作人员应经常对防护设施、报警系统进行检修，使其处于正常状态。

B.7.2.4 辐射容器应用辐射计测量工作区域、防护服和手的辐射情况并做记录。

B.7.2.5 运输容器应适当保护，以防止污染。

B.7.3 放射性废弃物区域

B.7.3.1 应设定专门的区域和容器来收集放射性废弃物。

B.7.3.2 要及时从工作区域清除放射性废弃物，废弃物应有警示标志，不能将放射性废弃物混入其他实验室废弃物中。

B.7.3.3 应对放射性物质的使用、废弃物处理以及意外事故和其处理过程进行详细记录。要筛查超过剂量限度物质的剂量测定记录，并予以注意和改进。发生意外事故时，首先要帮助受伤人员尽快救治，并报告本单位。发生污染时，要彻底清洁受污染区域。如果可能，请求有关机构、专家进行协助指导。

B.7.4 紫外线和激光光源

B.7.4.1 实验室内有可能发射紫外线的设备和装置，应有明显的警示标识。实验室应组织相关管理和使用该类设备的工作人员进行相应的培训，以确保其时刻处于安全运行状态。

B.7.4.2 使用该类设备的场所，应提供适用且充分的个人防护装备，以保证工作人员的身体健康不受影响。

B.7.4.3 实验室所有的紫外线和激光光源发生设备只能用于其最初的设计目的，严禁挪作他用。

附 录 C
(资料性附录)
动物实验生物安全操作技术规范

C.1 基本要求

C.1.1 应熟悉动物实验室运行的一般规则,能正确操作和使用各种仪器设备。

C.1.2 应了解操作对象的习性,并熟悉动物实验操作中可能产生的各种危害及预防措施。

C.1.3 应熟悉动物实验操作中意外事件的应急处置方法。

C.1.4 在开展相关工作之前,应制定全面、细致的标准操作规程。

C.1.5 进行动物实验的所有操作人员应经过培训,考核合格,取得上岗证书。

C.1.6 进入动物实验室人员应经过实验室负责人许可。

C.1.7 严禁在动物实验室内饮食、吸烟、化妆和处理隐形眼镜等。

C.2 动物实验操作

C.2.1 动物实验室的进出

C.2.1.1 动物实验操作人员应先提出申请,并获得生物安全负责人批准。

C.2.1.2 进入动物实验室的人员应准备好实验所需的全部材料,一次性全部带入或传入实验室内。如果遗忘物品,必须服从既定的传递程序。

C.2.1.3 进入实验室的所有人员必须更换专门的实验防护服和鞋。

C.2.1.4 出动物实验室时,根据不同级别实验室要求,按照出实验室程序依次离开实验室。

C.2.2 动物实验室内操作

C.2.2.1 对有特殊危害的动物房必须在入口处加以标识。

C.2.2.2 动物实验室门在饲养动物期间应保持关闭状态。

C.2.2.3 在处理完感染性实验材料和动物以及其他有害物质后,以及在离开实验室工作区域前,都必须洗手。

C.2.2.4 操作时必须细心,以减少气溶胶的产生及粉尘从笼具、废料和动物身上散播出来。

C.2.2.5 应防止意外自我接种事件的发生。

C.2.2.6 对实验动物应当采取适当的限制手段,避免对实验人员造成伤害。

C.2.2.7 搬运动物时,应关闭所有处理室和饲养室的门。

C.2.2.8 手术室/解剖室应保持整洁干净,设备、纸张、报告等应安全存放并不能堆积,在手术室进行清洁和消毒时应清除地面障碍物。

C.2.2.9 针对不同动物,必须遵循其特殊的尸体剖检程序,以免使用切割设备或解剖工具时受伤。

C.2.2.10 每次操作前后,应认真检查饲养器具的状态、笼内动物数量,做好记录。操作时,尽量降低动物应激反应。

C.2.2.11 在操作台上更换笼子、盖子、饲料等。更换的底面敷设物、笼子等从饲养室搬出时,要全部消毒或装入耐高压袋内进行高压消毒。

C.2.2.12 每次操作结束后,应清理操作台和地面,并进行消毒。

C.2.2.13 每次试验结束必须对动物隔离间和污染走廊进行清扫并有效消毒。

C.2.3 动物室消毒操作

C.2.3.1 饲养期间,需要对笼具消毒时,用抹布浸上适宜的消毒剂擦拭。

C.2.3.2 隔离器使用后用适当的消毒剂消毒。

C.2.3.3 动物室内的污染设备和材料,必须经过适当的消毒后方可继续使用或运出。

C.2.3.4 实验结束时,所有剩余的动物隔离间的补给物质(如辅助材料、饲料)必须拿走并消毒。

C.2.3.5 样品容器及从防护屏障内拿出的其他物品以及许多不能采用热处理的物品,可以采用化学消毒剂去除污染。

C.2.3.6 实验结束后,所有的解剖器械必须经过高压灭菌或消毒。

C.2.3.7 需要用以进一步研究的标本(新鲜的、冰冻的或已固定的)应放在防漏容器中,并做适当标记。容器外壁必须在剖检完成后从手术/解剖室移出时,必须进行清理和消毒。样品只能在相同防护屏障级别的实验区内开启。

C.2.3.8 实验结束后,采用甲醛熏蒸等适宜的方法对动物室熏蒸消毒。

C.2.3.9 实验人员在离开动物实验室时必须换下防护服并消毒。

C.2.4 实验废弃物处置

C.2.4.1 应采用一种能减少气溶胶和粉尘的方式转移动物垫料,在转移垫料之前必须对笼舍进行消毒处理。

C.2.4.2 废弃的锐器、针头、刀片、载玻片等必须放到适当的容器中消毒。

C.2.4.3 实验结束或中断而不需要的动物进行安乐死后,将动物尸体(大动物尸体必须分割成小块,每块残体都应小心地放置在防漏容器内,以避免溅出或形成气溶胶)装入防漏的塑料袋或规定容器并封口,粘贴标签,注明内容物、联系人和日期,按规定进行无害化处理。

C.2.4.4 对洗涤、擦拭用的少量废水应通过高压消毒。排放消除污染的液体必须符合相关规定。

附　录　D
(资料性附录)
兽医实验室档案管理规范

D.1　基本要求

D.1.1　兽医实验室做好档案收集、保管和利用等工作。兽医实验室档案管理实行部门主要领导负责制;专人负责档案集中管理工作。

D.1.2　兽医实验室档案实行集中统一管理的原则。兽医实验室各部门的档案,应当按照本规范规定时间移交档案室,并办理移交手续;任何部门和个人不得随意丢弃或据为己有。

D.1.3　兽医实验室档案管理应当严格遵守相关保密规定。

D.2　归档范围

D.2.1　诊断监测

动物疾病诊断、监测过程中,涉及临床症状、流行病学、样品采集、实验室检验等相关内容的各项原始记录和结果报告单等。

D.2.2　科学研究

从事科学研究中,准备阶段、试验阶段、总结鉴定验收阶段和成果奖励申报阶段的所有相关资料。

D.2.3　计划总结

兽医实验室工作计划、报表、大事记及工作总结等;动物疫病流行病学调查、监测、分析、预警预报等形成的相关总结材料;为防控动物疫病和解决重大公共卫生问题提供技术支持形成的相关总结材料。

D.2.4　技术培训

兽医实验室工作有关的标准、规范、文件和技术资料等;兽医实验室技术人员参加培训、会议等相关活动获取的资料;兽医实验室举办技术培训班(通知、教学计划、讲义、现场音像等)和培训人员(名单、试题、分数单、证书编号等)资料。

D.2.5　生物安全

兽医生物安全实验室运行中的相关记录资料。菌毒种的采集、分离、引进、移交、保存、使用和无害化处理等记录资料;污水、废弃物处理等记录资料;安全事故处理记录、报表和报告等。

D.2.6　基本建设和配套设施

兽医实验室土建、改建和维修,包括准备、施工、验收全过程的相关资料。配套设施的建设、改造、维修和维护,包括准备、实施、验收、日常维护以及报废等方面的相关资料。

D.2.7　仪器设备和器械器材

购置仪器设备的调研及计划文件、合同、协议书等;随机文件,如安装说明书、图纸、操作指南、合格证书、装箱清单等;安装、调试、验收记录、报告等;使用实效记录,维护、维修记录,事故记录及处理报告等;仪器设备报废技术鉴定材料、报告及主管部门批件、处理结果等。器械器材的采购、保管和使用等记录。

D.2.8　试剂药品和耗材

试剂药品和耗材,尤其是剧毒品、放射品、危险品和菌毒种等的申请、采购、保管、领取、使用和销毁等记录。

D.2.9　认定认可

兽医实验室认定、认可和考核等相关资料。

D.2.10 人员档案

兽医实验室人员简历、培训、考核和健康状况等个人资料。

D.2.11 其他资料

兽医实验室历史沿革、对外活动、相互合作、内部管理以及其他有关的资料。

D.3 分类与保管

D.3.1 检验报告资料在异议期(15 d)过后及时归档,其他各种资料随时归档。

D.3.2 兽医实验室档案每年集中整理一次,按年度、事件、保管期限分类编号。

D.3.3 兽医实验室档案保管期限,根据保存价值分为10年、30年和永久。

D.3.4 案卷目录采用簿式目录,编写科技档案分类目录和专题检索目录。应当使用计算机辅助档案管理,利用检索工具进行专题检索。

D.3.5 科学保管,消除损坏档案因素,降低档案自然损坏率,维护档案完整和安全,延长档案寿命,保证档案的利用。

D.3.6 档案室有防火、防虫、防潮、防尘、防光、防盗等措施,保持清洁卫生,严禁吸烟。

D.3.7 定期对档案保管状况进行检查,发现问题及时采取措施。

D.4 档案的借阅

D.4.1 借阅档案应当办理借阅、归还手续。档案借出一般不超过3 d,继续使用应当办理续借手续。

D.4.2 密级档案借阅应当遵守相关规定;非相关部门借阅档案,需经主要领导批准。

D.4.3 借阅人不得私自将档案转借他人,更不能转借其他单位。

D.4.4 借阅人应当保持借阅档案的原样,严禁拆散、涂改、乱划和私自翻印。

D.4.5 对归还的档案要进行检查,发现问题及时处理。

D.5 档案的销毁

D.5.1 定期对已过保管期限的档案进行分析、鉴定,对无保存价值的档案予以销毁。鉴定由主管领导、鉴定人员、档案管理人员共同进行。销毁由主要领导批准。未经鉴定和批准的档案不得任意销毁。

D.5.2 销毁档案现场应当有2人以上监督实施。

D.5.3 要建立销毁清单,注明销毁目录、日期、地点、方式并签章。销毁清单要永久保存。

附 录 E
(资料性附录)
兽医实验室应急处置预案编制规范

E.1 应急组织体系建立的基本要求

由于存在仪器设备或设施出现意外故障或操作人员出现疏忽和错误的可能及工作人员情绪变化因素的影响,兽医实验室发生意外事件是难以完全避免的。兽医实验室在其建立之初或从事某项危险实验活动之前,应结合本单位实际情况,建立处置意外事件的应急指挥和处置体系,制定各种意外事件的应急预案并不断修订,使之能满足实际工作的需要并定期演练,使所有工作人员熟知。

E.1.1 应急指挥机构

E.1.1.1 兽医实验室应结合本单位和实验室所在地实际情况,结合应急处置工作的实际需要,成立兽医实验室应急指挥机构。

E.1.1.2 制定的应急处置预案中应明确责任人员及其责任,如生物安全负责人、地方兽医行政管理部门、医生、微生物学家、兽医学家、流行病学家以及消防和警务部门的责任。

E.1.2 专家委员会

兽医实验室所在单位应组建应急处置专家委员会。

E.2 制定应急处置预案时应考虑的问题

E.2.1 明确实验室中存在的潜在危险因素及处理方法。

E.2.2 高危险等级动物病原微生物的检测和鉴定。

E.2.3 高危险区域的地点。

E.2.4 明确处于危险的个体和人群及这些人员的转移。

E.2.5 列出能够接受暴露或感染人员进行治疗和隔离的单位。

E.2.6 列出事故处理需要的免疫血清、疫苗、药品、特殊仪器和其他物资及其来源。

E.2.7 应急装备和制剂,如防护服、消毒剂、化学和生物学溢出处理盒、清除污染的器材和供应。

E.2.8 制定的预案中应包括消防人员和其他服务人员的工作,应事先告知他们哪些房间有潜在危险物质。

E.3 应急物资储备

E.3.1 急救箱。

E.3.2 灭火器或灭火毯。

E.3.3 防护服(依据实验室涉及病原微生物类别而准备)。

E.3.4 有效防护化学物质和颗粒的全面罩式防毒面具。

E.3.5 房间消毒设备。

E.3.6 担架。

E.3.7 工具,如锤子、斧子、扳手、螺丝刀、梯子和绳子等。

E.3.8 划分危险区域界限的器材和警告标志等。

E.4 日常应对措施

E.4.1 在设施内明显位置张贴以下电话号码及地址:

E.4.1.1 实验室名称。

E.4.1.2 单位法人。

E.4.1.3 实验室负责人。

E.4.1.4 生物安全负责人。

E.4.1.5 消防队。

E.4.1.6 医院/急救机构/医务人员。

E.4.1.7 警察。

E.4.1.8 工程技术人员。

E.4.1.9 水、电和气等维修部门。

E.4.2 菌毒种和样品保存

E.4.2.1 实验室内保存的所有菌毒种和样品必须放入指定冰箱或容器内保存,严禁保存在实验室其他位置。

E.4.2.2 所有菌毒种和样品在放入冰箱前必须按《高致病性动物病原微生物菌(毒)种或者样本运输包装规范》(中华人民共和国农业部公告)要求进行包装。

E.4.2.3 菌毒种和样品保存用冰箱均通过实验室内的UPS供电,冰箱电源严禁直接通过墙壁上的插座接通电源。

E.4.2.4 菌毒种和样品保存用冰箱或容器均加双锁。

E.4.2.5 在应急处置预案中,应标明菌毒种和样品保存用冰箱或容器在实验室内的具体摆放位置。

E.5 各类意外事故的处理原则

E.5.1 溢出

溢出的危害取决于溢出材料本身的危险度、溢出的体积、溢出影响的范围等因素。溢出发生后,应立即由专业人员对溢出事件进行危害评估,并按实验室生物安全手册所制定的溢出处理程序采取相应的措施。没有产生气溶胶的少量危害材料的溢出,可用含有化学消毒剂的布或纸巾清洁。大面积的高危险感染材料并产生气溶胶的溢出,则需要专门人员穿上防护服和呼吸防护装置来处理。

E.5.1.1 感染性材料溢出处理的一般原则

E.5.1.1.1 通知溢出区域的其他人员,以控制对其他人员或环境的进一步污染。

E.5.1.1.2 根据溢出材料的性质和危险程度,处理人员穿戴相应的个人防护装备。

E.5.1.1.3 用布或纸巾覆盖并吸收溢出物。

E.5.1.1.4 向布或纸巾上倾倒适当的消毒剂(根据溢出物而定),并立即覆盖周围区域。

E.5.1.1.5 使用消毒剂时,从溢出区域的外围开始,向中心进行处理。

E.5.1.1.6 作用适当时间后,将溢出材料清理掉。如含有碎玻璃或其他锐器,要使用簸箕或硬的厚纸板等来收集处理过的物品,并将它们置于防刺透容器中待处理。

E.5.1.1.7 对溢出区域再次清洁并消毒(如有必要,则重复5.1.1.3~5.1.1.6步骤)。

E.5.1.1.8 完成消毒后,通知相关人员溢出区域的清除污染工作已经完成。

E.5.1.2 一级生物安全实验室溢出的处理原则

一级生物安全实验室溢出时,采用感染性材料溢出处理的一般原则即可。

E.5.1.3 二级生物安全实验室溢出的处理原则

E.5.1.3.1 生物安全柜内溢出时,如溢出量较少按以下步骤处理:

a) 保持生物安全柜处于开启状态;

b) 用布或纸巾覆盖并吸收溢出物,向布或纸巾上倾倒适当的消毒剂(根据溢出物而定,不得使用有腐蚀性的消毒剂)并作用适当时间后将溢出材料清理掉;处理溢出物时,不得将头部伸入安全柜内;必要时,用消毒剂浸泡工作表面以及排水沟和接液槽;
c) 处理完毕后消毒手套,并在安全柜内脱下手套;如防护服已经污染,应先脱下消毒;重新穿上防护服和新手套后进行下面的清洁工作;
d) 用适当的消毒剂喷洒或擦拭安全柜内壁、工作表面以及前视窗的内侧,作用一定时间后擦干消毒剂并将擦拭物置于生物危害收集袋中;
e) 如溢出流入安全柜内,如需浸泡接液槽,不要尝试清理接液槽,立即通知实验室主管,需对安全柜进行更为广泛的清除污染处理;
f) 将所有清理用物品以及脱下的防护服高压消毒,用杀菌肥皂和水洗手和暴露皮肤。

E.5.1.3.2 生物安全柜外溢出时,推荐采用下述方法处理:

a) 人员迅速撤离房间,通知实验室及相关人员,并在溢出房间门口张贴禁止进入的警告,至少让通风系统运行 30 min 以清除气溶胶;
b) 脱掉污染的防护服,将暴露面折向内置于耐高压袋中;
c) 用杀菌肥皂和水清洗暴露皮肤,如果眼睛暴露至少冲洗 15 min 并进行进一步的医学评估;
d) 通风系统运行 30 min 后,由实验室主管安排人员按感染性材料溢出处理的一般原则清除溢出物;
e) 所有用于清除污染的物品和防护服置于耐高压袋中,高压消毒。

E.5.1.4 三级生物安全实验室溢出的处理原则

E.5.1.4.1 在生物安全柜内的溢出

a) 如溢出量较少,按 5.1.3.1 所述方法处理即可;
b) 如溢出量较大时应立即停止工作,在风机工作状态下,按 5.1.3.1 所述方法处理台面,然后将安全柜内全部物品移出,处理安全柜接液槽,进行紫外线照射消毒,视情况采用气体消毒。

E.5.1.4.2 在生物安全柜外的溢出

应立即停止工作,按 5.1.3.2 要求处理后,所有人员安全撤离,对当事人进行医疗观察。

E.5.2 防护服被污染

应立即就近进行局部消毒,然后对手进行消毒。在实验室缓冲区,按操作规程脱下防护服,用消毒液浸泡后高压处理。更换防护服后,对可能污染的实验室区域消毒。

E.5.3 皮肤黏膜被污染

应立即停止工作,撤离到实验室缓冲区。能用消毒液消毒的皮肤部位进行消毒,然后用清水冲洗 15 min~20 min 后立即撤离,视情况隔离观察。对可能污染的区域消毒。

E.5.4 皮肤刺伤(破损)

应立即停止工作,撤离到实验室缓冲区,对局部进行可靠消毒。如果手部损伤脱去手套,由其他工作人员戴上洁净手套按规定程序对伤口进行消毒处理,用水冲洗 15 min~20 min 后立即撤离。视情况隔离观察,期间应进行适当的预防治疗。对可能污染的实验室区域消毒。

E.5.5 离心机污染

发现离心机被污染应重新小心关好盖子,人员迅速撤离房间,通知实验室及相关人员,并在溢出房间门口张贴禁止进入的警告。至少让通风系统运行 30 min,以清除气溶胶。脱掉污染的防护服,将暴露面折向内置于耐高压袋中。用杀菌肥皂和水清洗暴露皮肤。如果眼睛暴露,至少冲洗 15 min 并进行进一步的医学评估。通风系统运行 30 min 后,由实验室主管安排人员穿戴相应防护装备(应穿戴全面罩式防护用品)进入实验室,将离心机转子转移到生物安全柜内,用适当消毒液浸泡适当时间后小心处理脱盖或打破的离心管。用浸有适当消毒剂的布或纸巾小心擦拭离心机内部。用适当消毒剂喷雾消毒离心机内部。所有用于清除污染的物品和防护服置于耐高压袋中,高压消毒。

E.5.6 发现相关症状

如实验室工作人员出现与被操作病原微生物导致疾病类似的症状,应视为可能发生实验室感染,应根据病原微生物特点进行就地隔离或到指定医院就诊。

E.6 紧急情况的处理原则

E.6.1 实验室停电

要迅速启动双路电源或备用电源或自备发电机,电源转换期间应保护好呼吸道,加强个人防护,如配戴专用头盔;如停电时间较长,则停止实验,将正在操作的种毒/样品密封消毒后装入不锈钢容器中,密封容器,并在容器表面加以标记后放在实验室生物安全柜的最内侧,然后,对实验区域及房间消毒后按正常程序撤离实验室,按相关程序报告实验室相关人员处理。

E.6.2 生物安全柜正压

若生物安全柜正压,应立即停止工作,将正在操作的种毒/样品密封消毒后装入不锈钢容器中,密封容器,并在容器表面加以标记后放在实验室生物安全柜的最内侧,消毒后缓慢撤出双手离开操作位置,避开从安全柜出来的气流,关闭安全柜电源。在保持房间负压和加强个人防护的条件下消毒安全柜和房间,撤离实验室,按相关程序报告实验室相关人员处理。

E.6.3 房间正压而生物安全柜负压

对于生物安全三级实验室,当出现房间正压而生物安全柜负压时视为房间轻微污染,应立即停止工作,将正在操作的种毒/样品密封消毒后装入不锈钢容器中,密封容器并在容器表面加以标记后放在实验室生物安全柜的最内侧,消毒后缓慢撤出双手离开操作位置,避开从安全柜出来的气流,关闭安全柜电源。在保持房间负压和加强个人防护的条件下消毒安全柜和房间,撤离实验室,按相关程序报告实验室相关人员处理。

E.6.4 房间和生物安全柜均正压

对于生物安全三级实验室,当出现房间和生物安全柜均正压时,视为房间发生污染,应立即停止工作,将正在操作的种毒/样品密封消毒后装入不锈钢容器中,密封容器并在容器表面加以标记后放在实验室生物安全柜的最内侧,消毒后缓慢撤出双手离开操作位置,避开从安全柜出来的气流,关闭安全柜电源。在保持房间负压和加强个人防护的条件下消毒安全柜和房间,严格对实验室房间、缓冲间及个人消毒后按程序撤离实验室,锁闭实验室门并标明实验室污染,按相关程序报告实验室相关人员处理。

E.6.5 地震、水灾等自然灾害

E.6.5.1 当国家相关部门发布地震、水灾预警后,立即对实验室进行全面消毒。在发布的地震、水灾预告时间段内,实验室工作人员严禁进入实验室开展相关实验工作。

E.6.5.2 发生地震、水灾等自然灾害时,实验室工作人员应立即停止工作,妥善处置所操作的样品。

E.6.5.3 当确认实验室内无工作人员后立即切断实验室内所有电源,锁闭实验室。但对于三级生物安全实验室应保证实验室空调系统的正常运转,并适当加大实验室排风。

E.6.5.4 当发生地震、水灾等自然灾害时,立即疏散相关人员,封闭实验室相关区域,严禁无关人员靠近,通知相关部门,等待救援人员的到来。

E.6.6 火灾

实验室平时应加强防火。万一发生火灾,生物安全三级以下实验室工作人员在判断火势不会蔓延时,可力所能及地扑灭或控制火情,协助消防人员灭火。生物安全三级及以上实验室,首先要考虑人员安全撤离,其次是工作人员在判断火势不会蔓延时,可力所能及地扑灭或控制火情。消防人员应在受过训练的三级实验室工作人员陪同下进入现场,三级实验室区域严禁用高压水枪灭火,应指导消防人员先对三级实验室相邻区域进行灭火工作,阻止火势的蔓延,待三级实验室火势减小到可以使用干粉灭火器

扑救或自然熄灭后再行救援。

E.6.7 发生地震、水灾、火灾等自然灾害后的紧急救援

E.6.7.1 由实验室有经验的工作人员和相关专家根据实验室损害程度对实验室内保存种毒/样品的泄露情况和生物危险性进行评估，并根据评估结果采取相应的急救措施。

E.6.7.2 警告地方或国家紧急救援人员实验室建筑内和附近存在的潜在危害。

E.6.7.3 只有在受过训练的实验室工作人员的陪同下，佩戴相应的防护装备后，救援人员才能进入这些区域展开救援工作。

E.6.7.4 培养物和感染物应收集在防漏的盒子内或结实的可废弃袋内。由实验室工作人员和相关专家依据现场情况决定挽救或最终丢弃。

E.6.8 发生地震、水灾、火灾等自然灾害后的危害性评估

E.6.8.1 由实验室有经验的工作人员和相关专家对灾后实验室状况进行评估。

E.6.8.2 如未对实验室造成结构性破坏，则请相关专家和部门对实验室进行检测，根据检测结果决定实验室是否需要加以维修或改造。

E.6.8.3 待确认实验室合格后方可重新投入使用。

E.7 培训和演习

实验室应对实验室工作人员系统培训已制定的实验室应急处置预案，每年要有计划地进行演练，确保实验室工作人员熟练掌握应急处置预案。

E.8 应急处置预案的管理与更新

实验室制定的应急预案应上报上级相关主管部门并定期评审，并根据形势变化和实施中发现的问题及时修订。

附 录 F
(资料性附录)
兽医实验室生物安全报告规范

F.1 报告范围

F.1.1 兽医实验室生物安全报告分为工作情况报告、实验活动报告、关键人员变动情况报告和事故报告四大类。

F.1.2 根据兽医实验室生物安全事故的性质、危害程度、涉及范围、人员感染情况以及经济损失，将兽医实验室生物安全事故分为特别重大事故、重大事故、严重事故和一般事故四个级别。

F.1.2.1 特别重大事故：指兽医实验室使用或保存的高致病性动物病原微生物引起人员感染，造成死亡并在人间扩散，或引起特别重大动物疫情。

F.1.2.2 重大事故：指兽医实验室使用或保存的高致病性动物病原微生物引起人员感染，造成死亡或人间扩散，或引起重大动物疫情。

F.1.2.3 严重事故：指兽医实验室使用或保存的高致病性动物病原微生物引起人员感染发病；或引起较大动物疫情；或保存的高致病性动物病原微生物的菌毒种等感染性材料发生被盗、被抢、丢失、泄露或因地震、水灾等自然灾害而导致的逃逸等。

F.1.2.4 一般事故：指兽医实验室发生感染性物质洒溢在实验室的清洁区、工作人员的皮肤、黏膜等处，发生气溶胶外溢，但没有引起严重后果的事故。

F.1.3 取得从事高致病性动物病原微生物实验活动资格证书的实验室，应当将实验活动结果以及工作情况向农业部报告。

F.1.4 实验室发生高致病性动物病原微生物泄露或者扩散，造成或者可能造成严重环境污染或者生态破坏的，应当立即采取应急措施，通报可能受到危害的单位和居民，并向当地人民政府环境保护主管部门和有关部门报告。

F.1.5 省级兽医实验室和高级别兽医生物安全实验室负责人和生物安全负责人发生变化时，应报告中国动物疫病预防控制中心。县(地)级兽医实验室负责人发生变化时，应报告所在地兽医主管部门。

F.2 报告程序和报告时限

F.2.1 省级以下的兽医实验室应当在每年1月15日前，将上一年度实验室的运行和管理等情况逐级上报所在地省级人民政府兽医主管部门。兽医实验室工作情况报告格式见附表F.1。省级人民政府兽医主管部门应将本辖区兽医实验室的情况进行汇总后，于2月15日前上报给中国动物疫病预防控制中心。

F.2.2 省级以上兽医实验室、高级别兽医生物安全实验室应当分别在每年7月15日和翌年1月15日前，将半年的实验室生物安全培训、考核其工作人员的情况以及实验室的运行和管理等情况上报给省、自治区、直辖市人民政府兽医主管部门和中国动物疫病预防控制中心。兽医实验室工作情况格式见表F.1，高致病性动物病原微生物实验活动报告格式见附表F.2。

F.2.3 兽医实验室生物安全事故发生后，事故现场有关人员应当立即向本单位负责人报告；单位负责人接到报告后，应当于1 h内向事故发生地县级以上人民政府兽医主管部门报告。兽医实验室生物安全事故报告格式见附表F.3。

F.2.4 事故发生单位负责人接到事故报告后，应立即启动事故相应应急预案，或者采取有效措施，防止事故扩大。

F.2.5　县级以上人民政府兽医主管部门接到兽医实验室生物安全事故报告后，应依照下列规定上报事故情况，并通知公安机关、卫生和环保部门：

F.2.5.1　特别重大事故逐级上报至农业部；

F.2.5.2　重大事故逐级上报至省、自治区、直辖市人民政府兽医主管部门；

F.2.5.3　严重事故和一般事故上报至设区的县级人民政府兽医主管部门。

F.2.6　兽医实验室发生特别重大生物安全事故后，应在 2 h 内将情况逐级报省、自治区、直辖市动物防疫监督机构，并同时报所在地人民政府兽医主管部门。

F.2.7　省、自治区、直辖市动物防疫监督机构应当在接到报告后 1 h 内，向省、自治区、直辖市人民政府兽医主管部门和国务院兽医主管部门所属的动物防疫监督机构报告。

F.2.8　省、自治区、直辖市人民政府兽医主管部门应当在接到报告后 1 h 内报本级人民政府和国务院兽医主管部门。

F.2.9　特别重大生物安全事故发生后，省、自治区、直辖市人民政府和国务院兽医主管部门应当在 4 h 内向国务院报告。

F.2.10　兽医实验室生物安全事故报告包括下列内容：

F.2.10.1　事故发生单位概况；

F.2.10.2　事故发生的时间、地点以及事故现场情况；

F.2.10.3　事故的简要经过；

F.2.10.4　病原微生物的名称及分类；

F.2.10.5　已经采取的控制措施；

F.2.10.6　事故报告的单位、负责人、报告人及联系方式。

F.2.11　省级以上兽医实验室以及高级别兽医生物安全实验室负责人和生物安全负责人发生变化时，应当在 7 d 内报告中国动物疫病预防控制中心。兽医实验室负责人变动情况报告格式见附表 F.4。

F.2.12　县(地)级兽医实验室生物安全负责人发生变化时，应当在 30 d 内报告所在地兽医主管部门。兽医实验室负责人变动情况报告格式见附表 F.4。

F.2.13　取得从事高致病性病原微生物实验活动资格证书的实验室，在实验活动结束后 30 d 内，将病原微生物菌毒种、样品的销毁或送交保藏情况、实验活动结果以及工作情况以书面形式向省、自治区、直辖市人民政府兽医主管部门和农业部报告。

F.2.14　县级以上人民政府兽医主管部门管理人员应对辖区内报告的生物安全信息进行审核，对有疑问的报告信息及时反馈报告单位或向报告人核实。

F.2.15　各级各类兽医实验室的兽医实验室生物安全报告必须进行登记备案，按照国家有关规定纳入档案管理。

附表 F.1

20 ________ 年兽医实验室工作情况报告表

所属省(自治区/直辖市):________________

<table>
<tr><td>实验室名称</td><td colspan="6"></td></tr>
<tr><td>地　址</td><td colspan="3"></td><td>邮政编码</td><td colspan="2"></td></tr>
<tr><td>实验室负责人</td><td colspan="3"></td><td>联系电话</td><td colspan="2"></td></tr>
<tr><td>法人单位名称</td><td colspan="6"></td></tr>
<tr><td>单位法定代表人</td><td colspan="3"></td><td>联系电话</td><td colspan="2"></td></tr>
<tr><td>实验室生物安全级别(原有)</td><td colspan="6">□BSL-1　□BSL-2　□BSL-3　□BSL-4
□ABSL-1　□ABSL-2　□ABSL-3　□ABSL-4</td></tr>
<tr><td>实验室生物安全级别(现有)</td><td colspan="6">□BSL-1　□BSL-2　□BSL-3　□BSL-4
□ABSL-1　□ABSL-2　□ABSL-3　□ABSL-4</td></tr>
<tr><td rowspan="2">实验室面积有无变化</td><td colspan="3" rowspan="2">□有　□无</td><td>原有面积(m^2)</td><td colspan="2"></td></tr>
<tr><td>现有面积(m^2)</td><td colspan="2"></td></tr>
<tr><td>实验室面积变化情况的说明</td><td colspan="6"></td></tr>
<tr><td rowspan="2">主要仪器设备有无变化</td><td colspan="3" rowspan="2">□有　□无</td><td>原有数量(台套)</td><td colspan="2"></td></tr>
<tr><td>现有数量(台套)</td><td colspan="2"></td></tr>
<tr><td>仪器设备变化情况的说明</td><td colspan="6"></td></tr>
<tr><td rowspan="2">实验室人员有无变化</td><td colspan="3" rowspan="2">□有　□无</td><td>原有人员数量</td><td colspan="2"></td></tr>
<tr><td>现有人员数量</td><td colspan="2"></td></tr>
<tr><td>人员变化情况的说明</td><td colspan="6"></td></tr>
<tr><td rowspan="2">实验室负责人有无变化</td><td colspan="3" rowspan="2">□有　□无</td><td>原负责人姓名</td><td colspan="2"></td></tr>
<tr><td>现负责人姓名</td><td colspan="2"></td></tr>
<tr><td rowspan="4">现负责人的基本情况</td><td>姓　名</td><td></td><td>性　别</td><td></td><td>出生年月</td><td></td></tr>
<tr><td>职　务</td><td></td><td>职　称</td><td></td><td>文化程度</td><td></td></tr>
<tr><td>电　话</td><td></td><td>传　真</td><td></td><td>电子邮件</td><td></td></tr>
<tr><td colspan="6">何年毕业于何院校、何专业、受过何种培训:

工作经历及从事实验室工作的经历:</td></tr>
<tr><td>菌(毒)种保存和使用情况</td><td colspan="3">保存菌(毒)种的名称和数量</td><td colspan="3">使用菌(毒)种的名称和数量</td></tr>
</table>

（续）

<table>
<tr><td rowspan="2">生物安全培训和考核情况</td><td colspan="2">培训人次数：</td></tr>
<tr><td colspan="2">参加考核人数：　　　　合格人数：　　　　不合格人数：</td></tr>
<tr><td rowspan="4">实验室的有效运行时间</td><td>实验室级别</td><td>运行时间(h)</td></tr>
<tr><td></td><td></td></tr>
<tr><td></td><td></td></tr>
<tr><td></td><td></td></tr>
<tr><td>实验室运行情况</td><td colspan="2">检测样品总数：　　(份)。
其中血清学：　　(份)；　病原学：　　(份)；
组织病理学：　　(份)；　分子生物学：　　(份)。</td></tr>
<tr><td colspan="3">实验室负责人：(签字)　　　　日　期：</td></tr>
<tr><td>实验室设立单位意见</td><td colspan="2">负责人：(签字)　　　　年　月　日
(单位盖章)</td></tr>
<tr><td>县级兽医主管部门意见</td><td colspan="2">负责人：(签字)　　　　年　月　日
(单位盖章)</td></tr>
<tr><td>地(市)级兽医主管部门意见</td><td colspan="2">负责人：(签字)　　　　年　月　日
(单位盖章)</td></tr>
<tr><td>省级兽医主管部门意见</td><td colspan="2">负责人：(签字)　　　　年　月　日
(单位盖章)</td></tr>
</table>

填表人：(签字)　　　　填表日期：

附表 F.2

高致病性动物病原微生物实验活动报告表

所属省(自治区/直辖市):________________

<table>
<tr><td>实验室名称</td><td colspan="3"></td></tr>
<tr><td>实验室负责人</td><td></td><td>联系电话</td><td></td></tr>
<tr><td>实验室设立单位</td><td colspan="3"></td></tr>
<tr><td>法定代表人</td><td></td><td>联系电话</td><td></td></tr>
<tr><td>通信地址</td><td></td><td>邮政编码</td><td></td></tr>
<tr><td>实验室生物安全级别</td><td colspan="3">□BSL-3　□BSL-4　□ABSL-3　□ABSL-4</td></tr>
<tr><td>实验室国家认可认证编号</td><td></td><td>有效期限</td><td></td></tr>
<tr><td>高致病性动物病原微生物实验室资格证书编号</td><td></td><td>有效期限</td><td></td></tr>
<tr><td>高致病性动物病原微生物实验活动批准文件号</td><td></td><td>批准单位</td><td></td></tr>
<tr><td>批准的实验活动起止时间</td><td></td><td>实验活动目的</td><td></td></tr>
<tr><td rowspan="8">实验活动的主要参加人员</td><td></td><td></td><td></td></tr>
<tr><td></td><td></td><td></td></tr>
<tr><td></td><td></td><td></td></tr>
<tr><td></td><td></td><td></td></tr>
<tr><td></td><td></td><td></td></tr>
<tr><td></td><td></td><td></td></tr>
<tr><td></td><td></td><td></td></tr>
<tr><td></td><td></td><td></td></tr>
<tr><td>实验活动的
实际工作情况</td><td colspan="3"></td></tr>
<tr><td>实验活动的
主要结果</td><td colspan="3"></td></tr>
<tr><td>菌(毒)种的送交时间</td><td></td><td>送交保藏单位</td><td></td></tr>
<tr><td>菌(毒)种的销毁时间</td><td></td><td>销毁监管单位</td><td></td></tr>
<tr><td>菌(毒)种的销毁的验证情况</td><td colspan="3"></td></tr>
<tr><td>需要说明的其他问题和建议</td><td colspan="3"></td></tr>
<tr><td>实验室负责人</td><td colspan="3">(签字)</td></tr>
<tr><td>实验室所属单位意见</td><td colspan="3">法定代表人(签字)　　　　年　月　日
(单位盖章)</td></tr>
<tr><td>省级兽医主管部门意见</td><td colspan="3">法定代表人(签字)　　　　年　月　日
(单位盖章)</td></tr>
</table>

填表人:(签字)　　　　　　填表日期:

附表 F.3

兽医实验室生物安全事故报告表

所属省(自治区/直辖市):__________________

实验室名称			
实验室负责人		联系电话	
实验室设立单位名称			
单位法定代表人		联系电话	
通信地址		邮政编码	
报告人		联系电话	
实验室生物安全级别	□BSL-1　□BSL-2　□BSL-3　□BSL-4 □ABSL-1　□ABSL-2　□ABSL-3　□ABSL-4		
事故发生时间			
事故所涉及的病原微生物名称			
事故的详细描述			
事故发生原因的评估			
事故可能造成的危害			
预防类似事故发生的建议			
已经采取的措施			

报告人:(签字)　　　　　　　　　　　　　　　　报告日期:

附表 F. 4

兽医实验室负责人变动情况报告表

所属省(自治区/直辖市):________________

<table>
<tr><td>实验室名称</td><td colspan="3"></td><td colspan="3">实验室所属单位</td><td colspan="2"></td></tr>
<tr><td>通信地址</td><td colspan="3"></td><td colspan="3">邮政编码</td><td colspan="2"></td></tr>
<tr><td>实验室联系人</td><td colspan="3"></td><td colspan="3">电话号码</td><td colspan="2"></td></tr>
<tr><td>实验室级别</td><td colspan="3"></td><td colspan="3"></td><td colspan="2"></td></tr>
<tr><td rowspan="3">实验室原有负责人</td><td>姓　名</td><td></td><td colspan="2">性　别</td><td></td><td colspan="2">出生年月</td><td></td></tr>
<tr><td>职　称</td><td></td><td colspan="2">学　历</td><td></td><td colspan="2">电　话</td><td></td></tr>
<tr><td>传　真</td><td></td><td colspan="2">手　机</td><td></td><td colspan="2">电子邮件</td><td></td></tr>
<tr><td rowspan="6">实验室现负责人简历</td><td>姓　名</td><td></td><td colspan="2">性　别</td><td></td><td colspan="2">出生年月</td><td></td></tr>
<tr><td>职　称</td><td></td><td colspan="2">学　历</td><td></td><td colspan="2">电　话</td><td></td></tr>
<tr><td>传　真</td><td></td><td colspan="2">手　机</td><td></td><td colspan="2">电子邮件</td><td></td></tr>
<tr><td>业　务
分　管</td><td colspan="7"></td></tr>
<tr><td colspan="8">何年毕业于何院校、何专业、受过何种培训:</td></tr>
<tr><td colspan="8">工作经历及从事实验室工作的经历:</td></tr>
<tr><td colspan="9">本人声明:本人有能力和权利实施所负责的工作,理解所承担的责任,对所提供材料的真实性负责。

本人签字:
年　月　日</td></tr>
<tr><td colspan="9">实验室所属单位负责人意见:

负责人:(签字)

年　月　日
(单位盖章)</td></tr>
</table>

(续)

<table>
<tr><td>县级兽医主管部门意见</td><td>负责人:(签字)　　　　年　月　日
(单位盖章)</td></tr>
<tr><td>地(市)级兽医主管部门意见</td><td>负责人:(签字)　　　　年　月　日
(单位盖章)</td></tr>
<tr><td>省级兽医主管部门意见</td><td>负责人:(签字)　　　　年　月　日
(单位盖章)</td></tr>
</table>

ICS 11.220
B 41

中华人民共和国农业行业标准

NY/T 2961—2016

兽医实验室　质量和技术要求

Veterinary laboratory—Requirements of quality and technique

2016-10-26 发布　　　　2017-04-01 实施

中华人民共和国农业部　发布

目　次

前　　言

本标准按照GB/T 1.1—2009给出的规则起草。

本标准由中华人民共和国农业部提出。

本标准由全国动物卫生标准化技术委员会(SAC/TC 181)归口。

本标准起草单位:中国动物卫生与流行病学中心、中国动物疫病预防控制中心。

本标准主要起草人:王君玮、李文京、张维、刘伟、王娟、邵卫星、魏荣、洪军、宋时萍、赵格。

引　言

兽医实验室是动物疫病检测、监测、诊断和开展研究工作的基础，因此应满足所有相关方的需求。这些需求包括样品采集、接收、处理、检测及检测结果的报告、结果解释以及动物疫病研究等内容，涉及养殖、兽医诊疗和诊断、实验室检测、管理等多个领域的人员。由于有些兽医实验室还承担政府委派的动物疫病检测、监测或流行病学调查等行业职能，因而还应包括疫病暴发时的应急检测和积极参与针对检测或监测结果实施的动物疫病防控等工作。此外，还应考虑兽医实验室工作的安全性。

本标准的目的是通过借鉴国际上公认的管理理念，充分考虑兽医实验室的特点，指导实验室通过构建管理体系并安全有效运行，保证从事动物疫病检测活动的质量。从事动物疫病检测和研究的实验室应首先考虑依据国际标准运作，并考虑兽医实验室运作的专用要求。

兽医实验室　质量和技术要求

1　范围

本标准规定了兽医实验室的质量管理和技术控制要求。

本标准适用于从事动物疫病检测、监测、诊断和研究活动的兽医服务机构。

2　规范性引用文件

下列文件对于本文件的应用是必不可少的。凡是注日期的引用文件，仅注日期的版本适用于本文件。凡是不注日期的引用文件，其最新版本(包括所有的修改单)适用于本文件。

GB 19489　实验室　生物安全通用要求

GB/T 27000　合格评定　词汇和通用原则

GB/T 27025　检测和校准实验室能力的通用要求

NY/T 541　兽医诊断样品采集、保存与运输技术规范

NY/T 1948　兽医实验室生物安全要求通则

JJF 1001　通用计量术语及定义

OIE 陆生动物诊断试验与疫苗手册

3　术语和定义

GB/T 27000、JJF1001 和 OIE《陆生动物诊断实验和疫苗手册》界定的以及下列术语和定义适用于本文件。

3.1

兽医实验室　veterinary laboratory

从事兽医病原微生物和寄生虫研究，以及动物疫病诊断、检测和监测的实验室。实验室可以提供其检查范围内的咨询服务，包括解释结果和为进一步的适当检查提供建议。

3.2

客户　client

委托开展动物疫病检测的组织或个人，也包括因行业发展需要委托开展职能检测的上级管理部门。

3.3

权威实验室　authority laboratory

获得国际组织、区域组织或国家认可的实验室机构。例如：世界动物卫生组织(OIE)、联合国粮农组织(FAO)设立的参考实验室，欧盟(EU)参考实验室以及国家级参考实验室、专业实验室。

3.4

母体组织　parent organization

非独立法人实验室所依托的具有明确法律地位和从事相关实验活动资格的上一级法人机构。

3.5

测量不确定度　uncertainty of measurement

表征合理地赋予被测量之值的分散性，是与测量结果相关联的一组参数。

4　质量要求

4.1　组织机构

4.1.1　兽医实验室或其母体组织应有明确的法律地位和从事相关实验活动的资格，能独立承担法律责任。如果该实验室是某个研究所、中心、大学或企业等较大组织的一部分，本身不具备独立法人资格，其从事兽医实验室活动应得到其母体组织的书面授权。

4.1.2　如果实验室负责人不是组织机构的法定代表人，应获得机构法定代表人的书面授权。

4.1.3　应明确实验室不同层级人员的岗位要求、职责和相互关系。

4.1.4　应明确实验室的组织和管理机构、实验室在母体组织中的地位，以及实验室与母体组织内其他相关部门的关系，不应因利益冲突影响检测结果的判定。

4.1.5　如果兽医实验室希望作为第三方检测机构开展检测或获得认可，应能证明其公正性，并能证明实验室及其员工不受任何不正当的商业、财务和其他可能干扰其技术判断的压力影响。

4.1.6　实验室管理层负责实验室管理体系的建立、实施维持和改进，并应：

a）指定一名质量负责人（或其他称谓），赋予其职责和权利以保证实验室所有活动遵循管理体系要求。质量负责人应有直接向具有实验室政策或资源决策权的管理层（者）报告的畅通渠道，并能直接向具有决策权的实验室最高管理层（者）报告；

b）指定一名技术负责人（或其他称谓），全面负责技术运作，确保实验室活动质量的技术资源需求。根据实验室规模，必要时，可设立在技术负责人领导下的技术管理层；

c）为实验室所有人员提供履行其职责所需的适当权力和资源；

d）建立机制以避免管理层和实验室人员受任何不利于其工作质量的压力或影响（如财务、人事或其他方面的），或卷入任何可能降低其公正性、判断力和能力的活动；

e）制定管理规定，确保实验室工作相关机密信息受到保护；

f）指定熟悉相关实验目的、程序和结果分析的人员，依据实验室制定的程序对实验人员（包括新进人员、在培员工）进行必要的培训、考核和监督；

g）指定关键岗位的代理人（对规模较小的实验室，可以考虑一人兼多职）。

4.1.7　应建立沟通机制，以便适时就管理体系运行有效性等事宜进行沟通。

4.2　管理体系

4.2.1　实验室应建立、实施和保持与实验活动范围相适应的管理体系。考虑到兽医实验室工作的特殊性，管理体系应覆盖实验室在固定设施内、野外采样和解剖现场、养殖场、屠宰场、交易市场等场所，或在相关的临时或移动设施中进行的工作。

4.2.2　实验室应编制质量管理体系文件，包括质量手册、程序文件、标准操作规范等。体系文件应通过宣贯、培训等多种方式传达至相关人员，确保其已理解并有能力执行。

4.2.3　实验室应制定总体目标和质量方针，并在管理评审时加以评审。体系文件中应包含质量方针声明，且简明扼要，并在实验室最高管理者批准后发布。一般情况下，质量方针应包含以下内容：

a）对服务质量和服务标准的承诺；

b）要求与实验活动有关人员熟悉体系文件，并在工作中始终贯彻执行相关政策和程序；

c）实验室对良好职业行为、实验工作质量和遵守管理体系的承诺；

d）实验室对遵守本标准及持续改进管理体系有效性的承诺。

4.2.4　质量手册中应包含或指明含技术程序在内的支持性程序，并概述所用文件的架构。应有措施保证实验室所用质量手册为现行有效版本。

兽医实验室管理体系手册内容（目录）应简洁、全面，可包括（但不限于）以下内容：

a）引言；

b）兽医实验室简介；

c）授权书；

d）公正性声明；

c) 质量方针、目标；

d) 管理体系描述(包括组织机构、人员岗位及职责、体系文件架构等)；

e) 质量要求条款；

f) 技术要求条款；

g) 程序文件、标准操作规范目录；

h) 表单目录；

i) 参考文献等。

4.2.5 质量手册中应规定关键岗位人员的作用和职责，包括确保遵循本标准在内的相关标准的责任。

4.2.6 质量手册应包含建立、实施、更新管理体系以及持续改进其有效性的承诺。管理体系有重大变更时，最高管理层应确保其完整性和适用性。

4.3 文件和档案管理

4.3.1 实验室应制定文件档案管理程序，以便对所有管理体系文件进行有效控制。兽医实验室应纳入管理的体系文件包括质量手册、程序文件、标准操作规范、图表、项目或任务来源、研究或检测记录和结果等各类档案，以及外部文件，如标准、法规等。

4.3.2 供实验室人员使用的所有文件，包括管理规定、标准检测操作规范、记录表格等，在发布或使用前应经审核和批准。修订后的文件经审核或批准后应及时发布，确保实验室人员使用现行有效版本文件。

4.3.3 应定期评审管理体系文件，必要时进行修订，以确保体系文件持续适用，并能满足实验室使用要求。

4.3.4 存留或归档的已废止文件，如修订前的旧版本文件、出于法律或知识保存目的而保留的作废文件，应适当标注以防流入检测现场误用。

4.3.5 所有管理体系文件应有唯一性标识，并易于检索。唯一性标识包括以下内容：发布日期、修订标识、页码、总页数、表示文件结束的标记和发布机构等。

4.3.6 应有更改和控制保存在计算机系统中的电子文档的管理措施。检测设备上的数据可以拷贝后保管，也可以保存在原检测设备上。对无法拷贝的检测设备上的数据，应打印后归档保存。

4.3.7 存档文件应规定其保存期限及借阅权限。

4.3.8 文件可以用适当的媒介保存，如硬盘、光盘，不限定为纸张。

4.4 合同评审

4.4.1 实验室应建立合同评审程序，对客户(包括政府委派)委托的检测进行必要的规定。合同评审时，应对实验室能力、所用检测方法、样品来源、样品量、结果报告方式、报告时间等与客户充分沟通后予以充分规定，形成文件并获得客户认可，有任何异议应在开始检测工作前得到解决。

4.4.2 合同评审的方式可以内容详尽、规范，也可以简化。应根据客户委托的项目、方法、标准或规范状况、结果使用方式和实验室资源等与客户充分商定后选定，可以是书面正式合同，也可以是简化的口头协议，但应有记录。对工作方案明确的、持续的政府委派任务，仅需在初期调查阶段进行评审或在任务批准时进行评审。

4.4.3 合同评审的内容应包括分包给其他实验室的工作。

4.4.4 应保存合同评审记录，包括合同评审时间、参加人员、合同签订后任何重大的改动、执行合同期间与客户进行讨论的有关记录等。

4.4.5 工作开始后如果需要修改合同，应再次进行合同评审，并将修改内容通知所有相关人员。

4.4.6 涉及重大动物疫情控制时，政府委派的检测或监测项目的合同评审不仅考虑上述质量控制和技术能力能否满足要求，还应重点考虑是否具备生物安全条件。必要时，合同评审内容应征询相关专业委员会的意见或建议。

4.5 实验室工作分包

4.5.1 应制定实验室工作分包管理程序，对分包时机、分包方要求、能力评估、报告使用、监督管理等事项做出规定。

4.5.2 兽医实验室在进行检测项目分包时，应分包给具备相应资质和能力的分包方，并将分包安排以书面形式通知客户，征得其同意。

4.5.3 实验室应保存分包工作安排的所有记录。

4.5.4 实验室应对分包方提交结果的质量负责，并会同本实验室获得的实验结果做出综合判定。由客户或法定管理机构指定的分包方提交的结果除外。

4.6 外部服务与供应

4.6.1 实验室应建立外部服务和供应品采购管理程序，以保证选择和使用所购买的外部服务、供应品符合规定要求，且不会对检测结果的质量产生负面影响。一般情况下，兽医实验室购买的外部服务和供应品包括(但不限于)以下内容：

a) 测量设备的检定和校准服务；

b) 电镜观察、核酸测序或基因合成服务；

c) 影响实验工作质量的设施与环境条件的设计、安装、调试服务，设备的安装、调试、维修维护和人员培训；

d) 实验室重要消耗材料，如培养细胞或细菌用的培养基、核酸提取试剂、电泳试剂、免疫学检测试剂、SPF 鸡胚、实验动物等。

4.6.2 实验室应确保外部服务和供应品只有经检查或验证，并确认符合标准、规范或要求之后才能投入使用。应保存符合性检查或验证的所有记录。

4.6.3 实验室应制订供应品的采购计划，并经过审查和批准。

4.6.4 实验动物、SPF 鸡胚的采购应确认供应商能满足国家规定的要求，且应对每批采购的实验动物和 SPF 鸡胚进行必要的检查，确认合格后方可接收。

4.6.5 在不存在标准化试剂的情况下，实验室应要求供应商提供所用试剂的说明，以及试剂溯源的基本材料。

4.6.6 对供应品应有库存管理规定。库存管理规定应包括全部相关试剂的批号记录、实验室接收日期以及这些材料投入使用日期。

4.6.7 应定期对影响检测质量的重要试剂、耗材和服务的供应商进行评价，并保存这些评价的记录和获准使用的供应商名录。

4.7 客户服务

4.7.1 需要时，实验室可设专门人员对样品采集、包装运输、检测项目和检测方法选择等为客户提供咨询服务。适用时，应提供对检测结果的解释。

4.7.2 在检测过程中，实验室应有专业人员与客户保持沟通，及时解决客户疑惑或咨询问题。

4.7.3 实验室应主动向客户征求意见和反馈，并进行分析，以改进管理体系、实验活动及服务客户。

4.8 投诉的解决

实验室应有解决来自客户或其他方面的投诉、反馈意见的政策和程序。应按要求保存所有投诉或反馈意见，以及实验室针对投诉或意见开展的调查记录和采取的纠正措施记录。

4.9 不符合工作的控制

4.9.1 当发现检测过程有不符合客户要求或实验室制定的管理体系要求时，实验室管理层应有政策和程序以确保：

a) 将解决问题的责任落实到个人；
b) 明确规定应采取的措施；
c) 分析产生不符合工作的原因和影响范围，并对不符合工作的严重性进行评价；
d) 必要时，停止检测，通知客户并取消工作；
e) 立即采取纠正措施；
f) 收回或适当标识已发出的不符合检测报告；
g) 明确规定恢复检测工作的授权人、相关人员职责和时限；
h) 记录不符合项及其相对应的处理过程并形成文件。

4.9.2 实验室应按规定的周期评审不符合工作报告，以便发现不符合工作出现的趋势，并采取相应预防措施。

4.9.3 当评价表明不符合检测工作可能再度发生，或对实验室的正常运作产生怀疑时，应立即实施预防措施程序。

4.10 持续改进

4.10.1 实验室管理层应定期系统地评审管理体系，以识别所有潜在的不符合项来源、识别对管理体系或技术的改进机会。适用时，应对识别的潜在不符合工作制订改进方案，并实施和监督。

4.10.2 应对采取的措施通过重点评审或审核相关范围的方式评价其效果。

4.10.3 应建立促进所有员工积极参加改进活动的机制，并提供相关的教育和培训机会。

4.11 纠正措施

4.11.1 实验室应制定纠正措施控制程序，以便在出现不符合工作时实验室能及时确定问题产生的根本原因，识别出各种可能的纠正措施，并针对根本原因选择和实施最可能消除问题和防止问题再次发生的纠正措施。

4.11.2 采取的纠正措施应与问题的严重程度和风险大小相适应。

4.11.3 应对采取的纠正措施效果进行监控，以确保所采取的纠正措施已有效解决识别出的问题。

4.11.4 实验室应将纠正措施所引起的任何变更制定成文件并加以实施。

4.11.5 在对不符合项识别或原因调查过程中，当怀疑其原因是由于实验室相关政策、程序或质量管理体系存在缺陷时，应对可能存在缺陷的方面进行审核，再采取相应措施。纠正措施的结果应提交实验室管理评审。

4.12 预防措施

4.12.1 预防措施是主动识别改进机会的过程。无论技术方面还是管理体系方面，当识别出改进机会或需采取相应的预防措施时，应制订预防措施控制计划，并实施和监控，以便降低发生这类不符合情况的可能性。

4.12.2 预防措施程序应包括(但不限于)：
a) 对潜在的不符合或需改进的事项进行确定和评估；
b) 制订和实施包括预防措施的启动和控制在内的行动方案；
c) 在降低不符合工作的可能性或在提出改进的特定需求时，监测其有效性。

4.13 质量和技术记录

4.13.1 实验室应建立并实施对质量和技术记录识别、索引、存取、维护和安全处置的程序，应有管理电子记录的程序，并防止未经授权的侵入或修改。

4.13.2 原始记录应真实，并可以提供足够的信息，保证可追溯性。观察的结果、数据和计算应在产生的当时予以记录。

4.13.3 应明确规定对实验活动进行记录的要求，至少应包括记录的内容、要求、记录的档案管理、使用权限、保存期限等。记录的保存期限应符合国家和地方法规或标准的要求。

4.13.4 应提供适宜的存放环境，以防止损坏、丢失或未经授权的使用。所有记录应予安全保护和保密。兽医实验室的记录一般包括(但不限于)以下内容：

a) 送检样品登记单；
b) 样品接收记录；
c) 检验结果记录和检验报告；
d) 实验室工作记录；
e) 人员专业档案及培训记录；
f) 质量控制记录；
g) 内部审核和管理评审记录；
h) 外部质量评价、实验室间比对和能力验证记录；
i) 仪器设备维护、检定记录；
j) 废弃物处置等生物安全记录。

4.13.5 对原始记录的任何更改均不应影响识别被修改的内容，修改人应签字和注明日期。对电子存储的记录也应采取同等措施，以避免原始数据的丢失或改动。

4.14 内部审核

4.14.1 实验室应定期对管理体系的所有质量要素及技术要素进行内部审核，以证实体系运作持续符合管理体系和本标准的要求。内部审核应覆盖体系的所有要素，对影响实验结果的关键环节和要素应重点审核。

4.14.2 应由质量负责人(或其他称谓)或其指定的有资格的人员，按照本标准的要求和管理体系的要求以及管理层的需要策划、组织并实施内部审核。审核应由经过培训并具备资格的人员来执行，只要资源允许，审核人员不得审核自己的工作。

4.14.3 当审核中发现有导致对体系运作的有效性或对实验室检测结果的正确性产生怀疑时，实验室应及时采取适当的纠正或预防措施。如果调查表明实验室的检测结果可能已受影响时，应书面通知客户。

4.14.4 应记录审核活动、审核发现问题及采取的纠正措施。

4.14.5 通常情况下，每年应对体系的全部要素进行一次内部审核。内部审核的结果应提交实验室管理层评审。

4.15 管理评审

4.15.1 实验室管理层应对实验室质量管理体系以及与检测有关的所有活动进行评审，包括检测、咨询工作，以确保其持续适用和有效，并根据评审结果进行必要的变更或改进。评审应考虑(但不限于)以下内容：

a) 前次管理评审输出的落实情况；
b) 质量方针的执行和总体目标实现情况；
c) 所采取纠正措施的状态和所需的预防措施；
d) 政策和程序的适用性；
e) 检测技术标准和相关法规的更新与维持情况；
f) 管理和监督人员的报告；
g) 近期内部审核的结果；
h) 外部机构的评价；
i) 实验室间比对或能力验证的结果，或其他形式的外部质量评价；
j) 检测工作量和工作类型的变化；

k） 反馈信息，包括客户或其他相关方的投诉和相关信息；

l） 持续改进过程的结果和建议；

m） 对外部服务和供应商的评价报告；

n） 设施设备的状态报告；

o） 管理职责的落实情况；

p） 人员状态、培训、能力评估报告；

q） 必要时，实验室检测风险评估报告；

r） 实验室年度工作计划，包括检测计划、安全计划的落实情况；

s） 其他相关因素，如质量控制活动、资源以及员工培训；

t） 其他。

4.15.2 应尽可能以客观的方式评价上述要素。

4.15.3 应记录管理评审中的发现及提出拟采取的措施，应将评审发现和作为评审输出的决定列入含目标、措施的计划中，并及时告知实验室人员。实验室管理层应确保提出的改进措施在规定时限内得到实施。

4.15.4 一般情况下，应按不大于12个月的周期进行管理评审。

5 技术要求

5.1 人员

5.1.1 实验室管理层应有保证所有人员具备资格的人事规划和岗位说明，确保所有实验室人员有能力胜任所指定的工作。岗位说明至少应规定岗位职责、岗位所需的资质、结果评价和解释权限、签字权限等。

5.1.2 应保存全部人员的档案，以便查阅。档案信息应齐全，包括：

a） 教育背景；

b） 证书；

c） 继续教育及业绩记录；

d） 能力评估；

e） 以往工作背景；

f） 当前工作描述；

g） 健康检查和免疫记录（可以不包括涉及隐私的健康检查记录）；

h） 接受培训记录；

i） 员工表现评价。

5.1.3 实验室负责人应具有相应的教育、专业背景和工作经历。除具备管理能力外，还应具备兽医专业技术能力，应由兽医学或相关专业人员担任。质量负责人、技术负责人应有3年以上从事动物疫病研究或检测、管理或相关从业经验，熟悉本专业理论知识和操作技能。

5.1.4 应有足够的人员，以满足兽医实验室开展工作及履行管理体系职责的需求。

5.1.5 应制订针对所有级别人员的继续教育和培训目标，应有确定培训需求和提供人员培训的政策和程序。人员培训计划应与实验室当前和预期的任务相适应。

制订人员培训计划时，应考虑（但不限于）以下内容：

a） 上岗培训，包括对较长期离岗或下岗人员的再上岗培训；

b） 实验室管理体系培训；

c） 实验室操作技能培训；

d） 实验室设施设备的安全、正确使用培训；

e) 实验室生物安全培训。

5.1.6 从事采样、动物解剖、检测、使用实验室信息系统的计算机和操作特定类型的仪器设备(如荧光定量 PCR 仪、高速离心机、高压灭菌器等)等的人员,开展工作前应经实验室负责人授权。特殊岗位,如按照国家规定超过一定容量的高压灭菌器的操作、蒸汽发生器的操作等,应取得相关资质证书。

5.1.7 如果实验室使用临时签约人员,应确保其有能力胜任所承担的工作,了解并遵守实验室管理体系的要求。

5.1.8 培训结束后,应对人员胜任指定工作的能力进行考核与评估,之后定期评审。

5.1.9 对检测结果做专业判断和结果解释的人员,除了应具备相应的资格外,还应根据实际需要满足(但不限于)下列要求:

a) 具有相应的兽医理论知识,尤其是兽医传染病学、兽医微生物学、免疫学和病理学方面的知识;

b) 熟悉我国相关的国家标准、行业标准和国际标准的内容,了解我国现行法律、法规的要求;

c) 了解相应的动物养殖、动物产品的生产工艺。

5.2 设施与环境

5.2.1 兽医实验室应配备必要的安全设备和个人防护装备,具备从事相应级别病原体操作的生物安全防护条件,满足实验室生物安全相关法律法规以及 GB 19489、GB/T 27025 和 NY/T 1948 等相关标准的要求。

5.2.2 实验室应有足够的空间,并进行合理布局。资源的配置应以能够满足实验室工作的需要为原则。在实验室固定设施以外进行样品采集、检测的场所亦应满足上述要求。

5.2.3 实验室的设施和环境应适合所从事的工作。实验设施包括(但不限于)电力、光照、通风、供水、排水、废弃物处置以及环境条件等。当环境因素可能影响检测结果时,实验室应对其相应的环境条件进行监测、控制并记录。应特别注意电力供应、压差或气流流向(如 BSL - 2 生物安全实验室、BSL - 3 生物安全实验室)和温湿度等关键要素的变化。必要时,应立即停止检测活动。

5.2.4 应对进行不同实验活动的相邻区域实施有效分隔,并采取措施防止交叉污染。

5.2.5 应在实验室工作区邻近(但应安全隔开)设计适宜且足够的空间,以安全存放样本、菌毒种、细胞株、剧毒化学试剂、记录以及用于垃圾和特定的实验室废物在处置前的存放。

5.2.6 实验室应有明确标识,除应对溶液、试剂、菌毒种、生物材料进行标识以确保材料有效、结果准确外,还应标示出紧急撤离路线、具体的危险材料、生物危险、有毒有害、腐蚀性、刺伤、易燃、高温、低温等。需要时,应同时提示必要的防护措施。

5.2.7 如果涉及动物实验,应有专门的动物饲养设施,并取得实验动物生产/使用许可证,或者取得国家实验动物机构认可的资质。

5.2.8 应对人员进出和操作可能会影响检测结果的区域进行控制。

5.2.9 应遵从良好内务规范,保持实验工作区域清洁、安全。废弃物处置应符合相关法规规定。必要时,制定专门程序并对相关人员培训。

5.3 实验设备

5.3.1 实验室应配置满足检测需要的基本设备,包括样品采集、处理、存放以及数据处理分析等。当实验室需要使用固定设施以外的设备时,应选择满足本标准要求的设备。

5.3.2 实验室管理层应制定设备管理程序,规定设备操作、使用前核查、消毒灭菌、校准或检定,定期维护、监测并证实其处于正常功能状态。

5.3.3 检测设备及其软件应当能达到准确度要求,并符合相应检测规范的要求。对检测结果有重要影响的检测设备,应建立检定/校准程序。

5.3.4 应由经过授权且具备资格的人员操作和使用实验室设备。设备使用和维护操作规程应现行有效,并便于使用。需要时,操作人员应随时可以阅读所用设备的使用和维护最新版说明书,包括由制造商提供的设备使用手册。

5.3.5 应在每台设备的显著部位标示出唯一编号、校准或检定日期、下次校准或检定日期、合格、准用或停用状态。

5.3.6 应建立设备档案,并保存设备购买、验收、使用等活动的记录。记录应包括(但不限于):

a) 设备及其软件标识;

b) 制造商名称、型号、序列号或其他唯一性标识;

c) 验收记录;

d) 设备到货日期和投入使用日期;

e) 接收时的状态,如新品、使用过、修理过;

f) 设备目前的存放地点;

g) 校准或检定记录、期间核查记录;

h) 任何损坏、故障、改装或修理记录;

i) 服务合同;

j) 设备维护记录;

k) 校准或检定计划;

l) 年度维护计划。

5.3.7 对于超负荷运转、发现设备运转不正常、产生可疑结果、出现问题或超过使用期限的仪器设备,应立即停止使用。清楚地标识后,妥善存放直至其被修复。停用设备修复后,应经校准或检定、验证或检测表明其达到规定标准后方可使用。实验室应检查上述故障对之前检测结果的影响,必要时采取纠正措施。

5.3.8 实验室应根据风险评估的结果,在设备维护、修理、报废或被移出实验室前先去污染。但可能仍然需要当事人员采取适当的防护措施。实验室应将采取的去污染措施文件提供给拟处理该设备的工作人员,或以其他适当方式告知。

5.3.9 无论什么原因,设备一旦脱离了实验室的直接控制,待该设备返回后,应在使用前对其性能进行确认并记录。必要时,应重新进行校准或检定。

5.3.10 如果使用计算机或自动化检测设备进行数据收集、处理、记录、报告、存储或检索,实验室应确保:

a) 计算机软件包括内置软件,经确认适用于该设备;

b) 建立并执行相应的管理程序,以便随时保护数据的安全性和完整性,并可随时检索;

c) 应充分保护计算机程序,以防止无意的或未经授权的访问、修改或破坏。

5.3.11 应保护实验设备安全,包括安装在设备上的硬件、软件,避免发生因调整、篡改而导致检测结果无效。

5.4 检测方法的选择与确认

5.4.1 实验室应建立选择检测方法和对方法进行确认的规定和程序。选择检测方法时,应考虑其适用性、科学性、客户检测的目的和可接受性,以及实验资源是否充足。一般应考虑以下因素:

a) 国际上通用;

b) 有科学依据;

c) 方法未过时;

d) 方法性能,如敏感性、特异性、准确性等;

e) 样品类型(如血清、组织、棉拭子)及其质量;

f) 拟分析的对象,如抗原、抗体、细菌、病毒等;

g) 实验室资源和技术水平；
h) 检测的目的，如流行病学监测、疾病诊断；
i) 客户的期望值；
j) 生物安全因素；
k) 检测成本；
l) 是否有商品化的检测试剂等。

5.4.2 应优先选择国际标准或国家标准、行业标准、地方标准发布的方法，并应确保使用标准的最新有效版本；也可使用知名技术组织或有关书籍和期刊公布的非标准方法。但仲裁检验时，应优先选择国家标准或行业标准、地方标准规定的方法。所选用的方法应在合同评审时与客户充分沟通，并得到其认可。

5.4.3 实验室在使用非标准方法、扩充或修改过的标准方法时，或者基于上述方法(包括标准方法)制备的商品化试剂盒时，应进行确认并记录使用的确认程序、所获得的结果以及该方法是否适合该项目检测的预期用途。

5.4.4 通常情况下，兽医检测方法的确认主要采用以下方式之一或下列几种方式的组合：
a) 使用来自权威实验室的标准品进行测定比较；
b) 与其他方法所得的结果进行比较；
c) 与权威实验室或已认可实验室的实验室间比对；
d) 与权威实验室使用的检测试剂盒进行检测比较；
e) 对影响检测结果的各种因素做系统分析、评审；
f) 对检测结果的不确定度进行评定。

5.4.5 应有对标准查新管理的规定，定期查新新颁布的检测技术标准或方法，以保证所使用的标准为最新有效版本。

5.5 样品的采集、接收与管理

5.5.1 实验室应按照附录A的规定。制定检测样品控制程序，确保样品符合检测要求，且使样品中病原微生物散播的风险降至可接受的程度。样品控制程序应包括(但不限于)以下内容：
a) 样品的采集；
b) 样品标识；
c) 样品接收与预处理；
d) 样品的检测；
e) 留存或备份样品；
f) 对检测样品和检测完毕剩余样品的弃置规定等。

5.5.2 应记录样品采集的全部过程，包括采集操作规程、采集人员身份、样品采集环境条件等。必要时，用图标或其他方式来表明采集部位(如采集组织样品时)。最好能记录采样程序所依据的统计学原理。

5.5.3 实验室在接收检测样品前应与客户进行充分沟通，了解检测目的和结果要求，如实记录所接收样品的数量和状态等。应根据检测项目和备份的需要尽可能获取足够量的样品，避免补送样品。

5.5.4 应制定拒收样品的程序和规定，确保收取的样品符合检测要求。如果收到样品后发现不能满足检测要求，则应详细记录，并与客户沟通评估是否需要继续检测。如果客户确认需要检测，则应在最终报告中予以说明，并在解释结果或做出结论时慎重考虑这方面的因素。

5.5.5 实验室应提供适当的设备和设施条件用于检测过程中样品的临时储存，避免样品腐败或性质的改变。

5.5.6 实验室应建立样品标识系统，以确保样品在采集、运输、接收、存放、处理、检测和备份等流转过程中样品之间不会产生混淆。

5.5.7 实验室应有防止样品交叉污染(包括病原体和核酸污染等)的措施。

5.5.8 实验室应按照规定留存备份样品,并保存一定时间以备复验。

5.5.9 不再留存的检测样品以及实验中剩余拟废弃的阳性对照、标准菌毒株等实验室废弃物处置,应满足附录B的要求。

5.5.10 适用时,实验室应对突发动物疫情样品检测的受理制订应急预案。

5.6 检测结果的溯源及不确定度分析

兽医实验室中用于检测且影响检测结果的准确性或有效性的所有仪器设备、器械、生物材料,在投入使用前均应进行校准、检定或验证。对影响检测结果的不确定度因素应进行充分的考虑和分析,并采取适当的控制措施。实验室应制定进行检测结果溯源和检测方法不确定度分析的规定或程序。

5.6.1 检测结果的量值溯源

5.6.1.1 生物材料的溯源

实验室应制定对阳性血清、标准菌株/毒株、细胞系、诊断试剂等关键要素进行溯源和管理的程序。标准对照血清、标准菌株/毒株和细胞系等生物材料应能溯源到国际标准或国家标准,或来自行业权威实验室或经认可的保藏机构。如果所用生物材料无法溯源,实验室应有相应的程序保证其质量,包括与其他试剂之间比对、与其他方法比较、相关方确认或公认。

5.6.1.2 设备的计量学溯源

实验室内具有计量功能的检测设备均应溯源到国际单位(SI)。对检测结果有影响的仪器设备、移取器械,如天平、移液器和酶标仪等,在投入使用前应进行检定或校准。

注:某些检测项目是通过测试系统或者设备完成的,其检测结果的量值溯源主要是通过对测试系统的检定或者校准实现。

5.6.2 检测结果的不确定度分析

适用且可能时,实验室应对所使用的检测方法及可能产生的结果进行不确定度分析。这些检测方法一般可以分为2类:一类是定量方法,包括ELISA方法、实时荧光定量PCR等;另一类是定性方法,如细菌培养、病毒分离、免疫印迹实验等。

定量检测方法可以参照QUAM方法进行不确定度评估;而对定性检测方法进行不确定度评估时,应根据自身经验、内部质量控制结果、比对数据等尽可能查找、分析兽医实验室工作中的不确定度分量,确定每个操作过程的关键控制点,并采取措施加以控制,降低或减少因不确定度对检测结果的影响。一般情况下,兽医实验室检测过程中常见的不确定度来源有以下几个方面:

a) 采样;
b) 交叉污染;
c) 样品的运输和存储条件;
d) 样品处理;
e) 检测试剂的质量和存储;
f) 生物参考材料的类型;
g) 样品操作量,如体积、重量;
h) 检测环境条件;
i) 设备的影响;
j) 分析人员或实验操作者的偏见或能力差异;
k) 未知或随机因素;
l) 样品的标记和如何防止标记丢失等。

5.7 结果的质量保证

5.7.1 日常运行中的质量保证

5.7.1.1 实验室应设计内部质量控制体系，并有计划地实施和定期评审，以保证检测结果达到预期的质量标准。实验室质量控制通常采用(但不限于)以下方式(一般可选用2种～3种)：

a) 与权威实验室或已认证/认可实验室的实验室间比对；
b) 参加由上级管理部门、国内或国外权威实验室、认可机构组织的能力验证计划；
c) 实验室内使用相同或不同的方法进行重复检测，比较分析结果差异；
d) 使用已知性能的实验室存留样品或从权威实验室获取的已知样品进行再检测；
e) 实验室内不同检测人员的检测结果比较。

5.7.1.2 实验室应对标准生物材料样品存储做出规定，以满足检测结果的质量保证要求。生物材料应按照供应方或生产商提供的说明书以合适的方式存储，以确保其性能。使用前，应根据规定的实验程序和要求进行预实验，以验证其有效性。

为防止生物材料被污染或变质，并保证其完整性，实验室应有安全操作、运输、存储和使用的程序。

5.7.1.3 实验室应记录所进行的质量监控活动，对获得的结果进行评估，对发现的问题或不足及时采取纠正和预防措施。

5.7.2 检测完成后结果的质量保证

检测工作完成后，授权签字人应系统地审核检测结果。对样品接收、样品处理、方法运用、试剂使用、结果出具等检测的全过程进行有效性评审。必要时，进行重复检测。经审查结果无误后，签字确认并报告结果。

鼓励实验室采用统计分析方法定期分析质控数据，了解实验室检测质量的变化及变动趋势。

5.8 检测结果报告

5.8.1 实验室管理层应负责设计规范的结果报告格式。报告的递送、接收方式可与客户协商后确定。

5.8.2 结果报告应客观、完整、清晰、明确，格式规范。兽医实验室出具的报告中应至少包含以下信息：

a) 标题；
b) 发布报告的兽医实验室名称；
c) 检测的环境条件；
d) 检测方法及标准；
e) 报告的唯一性标识和每一页上的标识，以确保能够识别该页属于检测报告的一部分，以及表明检测报告结束的清晰标识；
f) 客户的名称与地址；
g) 检测样品的状态描述和明确的标识；
h) 样品接收和检测日期；
i) 报告发布日期；
j) 适用时，结果的不确定度；
k) 结果解释(必要时)；
l) 签发报告人员的标识，包括编制、审核和批准人员。

5.8.3 如果收到的原始样品质量不适于检测或可能影响检测结果时，应在合同评审时明确，并在报告中说明。

5.8.4 当检测报告中包含分包方所出具的检测结果时，应清晰标注。分包方应以书面或电子方式报告结果。

5.8.5 实验室应保存报告副本，并可迅速检索。副本保存期限应满足国家、区域或地方法规的要求，以备查询。

5.8.6 实验室应制定程序或规范，以确保通过传真、电话或其他电子方式发布的检测结果只能送达被授权接收者。口头报告检测结果后,应随后提供适当的有记录的报告。

5.8.7　如果检测结果事先已按临时报告的形式传送给客户,则应与其协商是否需要正式报告。

5.8.8　如果客户要求对检验结果做出解释,实验室应由具备能力的人员负责解释。必要时,向客户索要样品的进一步详细背景信息。

5.8.9　由于兽医实验室检测工作的特殊性,实验室应制定检测结果延迟报告情况下的政策和程序,以便及时分析延迟原因并与客户沟通,消除双方分歧。

5.8.10　实验室应有更改结果报告的规定和程序。

附 录 A
（规范性附录）
样品的采集、接收与管理要求

A.1 采样

A.1.1 采样前，应充分考虑检测的目的和拟采用的检测方法。采集的样品量和样本数量应能满足检测和复检要求。适用时，还应考虑作为参考样品备份的数量要求。

A.1.2 一般发病动物的组织样品或体液、分泌液含有大量病原。进行动物疫病诊断采样时，应考虑可能感染病原的组织嗜性、携带病原较多的病变组织器官以及病原在这些组织的可能的动态分布、持续时间、是否有抗体反应以及抗体何时能检测到。在进行群体疾病调查或监测时，还应采集未发病群动物的样品，以便对检测结果进行比较分析。

A.1.3 应根据不同的检测目的选用适宜的样品保存液，同时应考虑保存液成分可能对样品中病原的潜在影响。

A.1.4 采样过程中应尽可能详细记录发病或拟监测的动物群的背景信息，并随样品一起送交兽医实验室。一般应记录的信息包括（但不限于）：

a） 地点和联系信息；

b） 病例信息，如可疑病原体感染、申请检测的项目、动物群状况和发病史等；

c） 流行病学信息，如动物群的传播、发病率、死亡率、免疫情况等。

A.1.5 样品可以采集自活体动物，也可以在动物发病死亡或处死后采样。应根据不同检测目的采集动物样品。

a） 全血。可以用于血液原虫或细菌感染的直接涂片检查、PCR 检测、免疫学检测、病毒或细菌培养、临床化学等目的的检测。样品采集时，应选择适宜的抗凝剂以防止血液凝固，并遵从无菌操作规范以避免样品交叉污染。

b） 血清。用于抗体检测。采血时不需加抗凝剂，一般采集后数小时或过夜待血细胞凝集后即可收取上面析出的血清。进行血清分离时，为避免影响实验结果，应尽可能避免血细胞破裂溶解和样品污染。

c） 粪便。粪便样品可以用于寄生虫检查、细菌培养、病毒分离、分子生物学检测等目的。一般采集新鲜粪便，或采用棉拭子进行直肠采样或泄殖腔采样。棉拭子采样时，应事先湿润拭子，采集后尽快放入带有缓冲液的容器中。粪便样品采集后应低温运送至实验室并尽快检测，以防止样品中待检病原死亡、细菌增殖或虫卵孵化。

d） 泪液、唾液和水泡液等分泌液。可以直接收取分泌液或用棉拭子收集。分泌液中含有大量病原体，采集后应妥善包装，防止病原体散播。

e） 奶样。可以采集单个动物样品，也可以采集多个动物的混合奶样，根据检测目的不同实施样品采集活动。单个动物采样时，应避免清洗消毒奶头对样品的影响，且应弃去最先挤出的奶，采集随后挤出的新鲜奶样品。

f） 组织样品。组织样品采集时，除了采集病变部位样品外，还要关注组织的病变，获取发病动物的可能致病原因信息。需要进行组织病理学检测时，样品采集、固定和保存应满足病理学检测的要求。

A.1.6 实验室制订采样方案时，应考虑采样的统计学要求。

A.1.7 采样前，应由具备资格的人员就动物群的健康状况或发病情况，采样中可能给采样人员带来的生物安全风险进行评估，并根据评估结果采取适宜的个体防护措施。

A.1.8 样品的采集方法按 NY/T 541 的规定执行。

A.2 样品接收

A.2.1 实验室应有专门用于样品接收的场所。

A.2.2 应由经培训合格并经授权的人员接收样品。

A.2.3 实验室在收到送检样品后，按照客户提供的信息填写送检样品登记单，记录样品的名称、数量、编号、来源、要求检测的项目名称，要求完成日期等内容，进行简单的合同评审。对客户有特殊检测或特殊要求的，样品接收人员应将检测合同提交管理层评审。

A.2.4 样品接收后，应按照实验室规范对送检样品重新编号，加贴唯一性识别标志和状态标识。

A.2.5 样品在送检测室检测前，应加贴注明样品保管人、样品编号、任务下达日期的未检标识。

A.2.6 必要时，应在样品接收前对样品的生物安全风险可接受程度进行评估。

A.3 检测前的样品处理

A.3.1 样品处理应由兽医实验室检验人员进行。

A.3.2 接收并打开样品包装的人员应受过防护培训(尤其是处理破裂或渗漏的容器)，应知道所操作标本的潜在健康危害。操作时，要采取合适的防护措施。

A.3.3 样品的外包装应在临近生物安全柜的区域打开。同时，备有吸水材料和消毒剂，以便随时处理可能出现的样品泄漏。

A.3.4 打开外层包装后，仔细检查第二层容器的外观是否完好，样品登记是否与送检报告相符。

A.3.5 对于病原检测样品，如动物组织、体液和棉拭子，应在生物安全柜内打开内层包装。血清学检测样品可以在实验台面打开包装，但应注意实施个人防护。内层包装打开前，检查包装是否破损，标签是否完整、清晰，是否与内容物、送检登记相符，是否有污染。应记录样品检查结果和处置方法。

A.3.6 检测过程中，应对样品流转状态和检测进度进行标识，如待检、在检或已检标签，注明操作人员姓名、编号和日期。

A.4 实验室内样品的储存与流转

A.4.1 样品储存容器应当坚固，不易破碎，盖子或塞子盖好后不应有液体渗漏，可以是玻璃的，但最好采用塑料制品。应正确地贴上标签以利于识别，标签上应有样品名称、采集日期、编号等必要的信息。样品的有关表格和/或说明应单独放在防水的袋子里，以防止发生污染而影响辨识。

A.4.2 检验过程中，应及时将样品妥善保存，防止样品泄漏和污染容器外壁。

A.4.3 实验室检验完毕后，应及时将备份样品交样品保管室保管，并记录。多余样品按照实验室废弃物进行无害化处理。

A.4.4 样品流转、保存过程中，如果丢失，应及时向实验室管理层报告。涉及高致病性动物病原微生物的，应按照相关法律法规规定报告。

A.4.5 样品储存设备应足够保存所有的实验检测样本，并确保样本完整和性状稳定。在实验样本需要低温保存时，冷冻冷藏设备必须有足够的容量和满足样本保存所要求的条件。

A.4.6 应采取适当的措施保护样品及其他实验物品，防止未经授权的使用。

A.4.7 原始样品及其他实验室样品的保存应符合相关的政策，至少应保证样品的质量、安全性和相关要求规定的保存期。

A.4.8 样品的保存期限根据不同检测目的分别制定，一般不超过 3 个月。

A.4.9 样品库应卫生清洁、无鼠害,防火、防盗措施齐全,温湿度符合样品储存要求。样品架结实整齐,便于样品的存放和运输。

A.4.10 样品应分类定位存放、标识清楚。

A.4.11 样品库应由专人管理。

A.5 超过保存期样品的处置

A.5.1 应及时处理超过保存期的样品。样品处理时,应经审批,并应符合国家和地方关于废弃物处置的法规或有关废弃物管理的建议。

A.5.2 样品处置时,应有2人以上参加,以便实施有效监督。

A.5.3 样品处置方式:根据风险评估结果,对样品进行有害性分级,分别采取高压灭菌消毒、化制、焚烧等方法处理。

A.5.4 应归档保存所有样品处理记录,保存期应满足国家相关规定的要求。

附　录　B
（规范性附录）
兽医实验室的废弃物管理

B.1　应建立实验室废弃物管理规定或程序，以明确实验室内废弃物的分类原则、处理程序和方法、排放标准和监测计划等。

B.2　应按照制定的废弃物管理程序对废弃物进行科学分类，并在评估基础上，选择安全可靠的方法进行处置。兽医实验室产生的废弃物一般包括（但不限于）以下几种：

a）　废弃的生物材料，如血清、病毒培养液、细菌培养液等；

b）　动物组织，如送检发病动物的肝脏、脾脏等；

c）　验余样品，如棉拭子、尿、血液、血清；

d）　病理学废弃物，如甲醛固定的脑组织；

e）　分子生物学废弃物，如染液；

f）　细菌培养基；

g）　固形废弃物，如尖锐物品（剪刀、镊子、针头等）、离心管、玻璃制品、用过的手套和口罩等；

h）　普通垃圾，如纸张、笔、包装等物品。

B.3　兽医实验室内废弃物的管理和处置应符合国家或地方法规和标准的要求。需要时，应征询相关主管部门的意见和建议。

B.4　兽医实验室使用的病毒或细菌培养基、废弃的菌毒种、检测剩余或超过留存期的阳性样品等生物材料属于高危险废弃物，应在实验室内就地消毒灭菌后，再按照机构要求进行无害化处理。

B.5　应定期评估实验室废弃物来源、风险程度、人员能力、处理工作执行情况以及处置方法的有效性。

B.6　不应将性质不同的废弃物混合在一起，应根据废弃物的性质和危险性分开存放，并由经过培训的人员按照相关标准或规定要求，分类处理和处置实验室产生的废弃物。处理兽医实验室内产生的废弃物时，应按照风险评估的结果选择穿戴适当的个体防护装备。

B.7　实验室不应积存废弃物，至少每天清理一次。在消毒灭菌或最终处置之前，应按照所在机构要求存放在指定的安全的地方。同时，应在存放危险废弃物的容器外面清晰粘贴标签，并标注通用的生物危害标志。外部标签应包含（不限于）以下内容：

a）　存放日期；

b）　来自实验室名称；

c）　联系人姓名、电话；

d）　必要时，注明废弃物的性质，如成分、性质等；

e）　潜在危险，如易燃、腐蚀性和感染危害等。

B.8　未经授权允许，不应从实验室取走或排放不符合相关运输或排放要求的实验室废弃物。

B.9　如果法规许可，实验室所在机构可以委托有资质的专业单位处理废弃物。向机构外运送实验室废弃物时，废弃物的包装、运输和接收均应符合危险废弃物的运输要求。

B.10　普通办公产生的废弃物可按日常生活垃圾进行一般处理。

图书在版编目（CIP）数据

动物卫生行业标准选编：2019版 / 全国动物卫生标准化技术委员会组编；滕翔雁，王媛媛主编．—北京：中国农业出版社，2019.8
ISBN 978-7-109-25851-8

Ⅰ．①动… Ⅱ．①全… ②滕… ③王… Ⅲ．①畜禽卫生—行业标准—汇编—中国 Ⅳ．①S851.2-65

中国版本图书馆CIP数据核字（2019）第182111号

中国农业出版社出版
地址：北京市朝阳区麦子店街18号楼
邮编：100125
责任编辑：刘 伟 冀 刚
版式设计：韩小丽　　责任校对：周丽芳
印刷：中农印务有限公司
版次：2019年8月第1版
印次：2019年8月北京第1次印刷
发行：新华书店北京发行所
开本：880mm×1230mm　1/16
印张：41
字数：1 300千字
定价：420.00元